基于气候变化影响下的中国水资源管理与对策研究

李德峰 尚俊生 庞进 陈立强 刘中利等 著

天津出版传媒集团

天津科学技术出版社

图书在版编目（CIP）数据

基于气候变化影响下的中国水资源管理与对策研究 / 李德峰等主编. -- 天津 ：天津科学技术出版社，2018.11

ISBN 978-7-5576-5828-1

Ⅰ. ①基… Ⅱ. ①李… Ⅲ. ①气候变化－影响－水资源管理－研究－中国 Ⅳ. ①TV213.4

中国版本图书馆CIP数据核字 (2018) 第267493号

基于气候变化影响下的中国水资源管理与对策研究
JIYUQIHOUBIANHUAYINGXIANGXIADEZHONGGUOSHUIZIYUANGUANLIYUDUICEYANJIU

责任编辑：石　崑

责任印制：兰　毅

出　　版：　天津出版传媒集团

天津科学技术出版社

地　　址：天津市西康路 35 号

邮　　编：300051

电　　话：（022）23332369（编辑部）23332393（发行科）

网　　址：www.tjkjcbs.com.cn

发　　行：新华书店经销

印　　刷：天津印艺通制版印刷有限责任公司

开本 787×1092　1/16　印张 28　字数 660 000

2021年1月第1版第2次印刷

定价：88.00 元

基于气候变化影响下的中国水资源管理与对策研究

主　编：李德峰（黄河水利委员会水文局）
　　　　尚俊生（黄委山东水文水资源局）
　　　　庞　进（黄委山东水文水资源局）
　　　　陈立强（黄委山东水文水资源局）
　　　　刘中利（黄河水利委员会水文局）
副主编：张　冬（黄委山东水文水资源局）
　　　　刘安国（黄委山东水文水资源局）
　　　　李　蛟（黄委山东水文水资源局）
　　　　高　坚（黄委山东水文水资源局）
　　　　刘　凯（黄委山东水文水资源局）
　　　　张　佳（黄委山东水文水资源局）
　　　　蒋公社（黄委山东水文水资源局）

前　言

中国水资源区域分布极不平衡,水旱灾害频繁发生。由于受亚洲季风气候的影响,全国大部分地区的降水变率和变化非常明显,降水空间分布不均匀,产生了一系列突出的水资源问题。

黄河是中华民族的母亲河,也是我国西北、华北地区的重要水源,但是,黄河也是中华民族的忧患。黄河水资源的可持续利用是沿黄地区社会经济可持续发展的关键。沿黄地区具有丰富的土地、矿产和能源等资源,为社会经济可持续发展奠定了良好的基础,但这些优势条件的发挥都需要水资源的保证。黄河流域大部分地区属于干旱半干旱地区,水资源贫乏,单黄河作为我国北方最大的供水水源,以其占全国河川径流2%的有限水资源,承担着本流域和下游银黄灌区占全国国土面积9%的土地和占总人口12%的人口的供水任务,同时还有向流域外部分地区远距离调水的任务。新中国成立以来,国家在黄河水资源开发利用方面投入了大量的人力、物力和财力,兴建了一大批水利枢纽和灌溉、供水、除涝工程,为国民经济建设提供了必要的基础设施,促进了黄河供水区经济的高速发展,取得了显著的社会、经济和生态效益。

随着社会经济和国民经济的发展,对黄河水资源的需求不断增加,水资源供需矛盾越来越突出,下游河段频繁断流是黄河水资源供需失衡的集中体现,缺水已成为沿黄地区社会和经济可持续发展的主要制约因素。进入20世纪90年代,黄河下游断流现象日趋严重,引起了社会各界的广泛关注。因此,合理配置、优化调度、有效保护黄河水资源,最大限度地满足沿黄地区国民经济各部门的需求,促进水资源和生态环境的良性循环,对黄河流域社会经济的发展和生态环境的改善,具有重大的战略意义。

本书由李德峰（黄河水利委员会水文局）、尚俊生（黄委山东水文水资源局）、庞进（黄委山东水文水资源局）、陈立强（黄委山东水文水资源局）、刘中利（黄河水利委员会水文局）担任主编，张冬（黄委山东水文水资源局）、刘安国（黄委山东水文水资源局）、李蛟（黄委山东水文水资源局）、高坚（黄委山东水文水资源局）、刘凯（黄委山东水文水资源局）、张佳（黄委山东水文水资源局）、蒋公社（黄委山东水文水资源局）担任副主编。具体分工如下：李德峰负责第一章和第二章的编写，尚俊生负责第三章的编写，庞进负责第四章和第五章的编写，陈立强负责第六章和第七章的编写，刘中利负责第九章和第十章的编写，张冬负责第十一章和第十二章的编写，刘安国负责第十三章和第十四章的编写，李蛟负责第十五章和第十六章的编写，高坚第十七章的编写，张佳负责第十八章和第八章的编写，蒋公社负责第十九章和第二十章的编写。

编　者

目 录

第一章　气候变化的概念

第一节　气候的简介

一、气候的概念

气候这一概念从古代就有,古人从事以农业为主的生产活动,使得人们对于不同时期的天气变化关心起来,就有了掌握气候规律,应用于安排农业生产的要求,而天文学的发展和气候知识的积累,渐渐使人们能够根据天文学严格的季节规律,配合各个时期的气候特点,得出了明确的季节概念。按季节的交替演变,人们进一步认识了气候随时间而变化的规律,创造了二十四节气和七十二候,从而满足了当时的农业生产需求。按照宋朝郑玄的说法,"周公作时训,定二十四气,分七十二候,则气候之起,始于太昊(伏羲),而定于周公"。因此,可以说古人的气候概念就是二十四节气与七十二候的总称。

现代科学的气候概念由政府间气候变化专门委员会(简称IPCC)定义,这是一个附属于联合国之下的跨政府组织,在1988年由世界气象组织、联合国环境署联合成立,专责研究由人类活动所造成的气候变迁。其对气候比较狭隘的定义是"普遍的天气状况",或稍严谨些解释为:从几个月到成百上千年的时间中,气候在量方面的变动所作出的统计描述。世界气象组织(简称WMO)将气候统计的周期定为30年。气温、降雨量和风力是最浅显的经常性变动。从更广阔的层面来讲,包括统计描述,气候就是气候体系的状态。

二、气候的分类

地球上可以根据纬度划分成几个气候相对均匀的呈带状分布的气候带。在同一气候带内,又因气流、下垫面以及自然环境的不同,形成的气候特征相对均匀的地区,称为气候型。在气候带和气候型概念确定之后,就可以把全球各地的气候进行分析、比较和综合,将特点相似的气候归为一种气候类型,把不同的气候类型归纳在同一系统之中,这就是气候分类。依据不同气候有纬度带分类法、温度带分类法、成因分类法和中国气候分类法等。

(一)纬度带分类法

古希腊哲学家亚里士多德曾在他的《太阳气候》一书中提到此分类法,他的划分原则为:以纬度为重要依据、划分因素是太阳高度角和昼夜长短、以南北回归线和南北极圈为界将地球划分出五带:热带、北温带、南温带、北寒带、南寒带。

(二)温度带分类法

1.苏本分类法。苏本是一位奥地利的气候学家,他在1879年首先提出用等温线作为划分气候的依据。他把全球分为热带、温带和寒带,其中热带和温带的分界线为年平均温度为20℃的等温线,这也是椰子树、棕榈树的南北界线;温带和寒带的分界线为最热月平均温度为10℃的等温线,这也是针叶林的南北界线。其中热带的年平均温度大于20℃;温带的范围在年平均温度20℃和最热月的平均温度10℃的等温线之间;寒带的最热月的平均温度小于10℃,常年积雪,生长苔藓和地衣等低等植物。

2.柯本分类法。柯本(1846—1940年)是著名的气象学家、气候学家、地理学家、植物学家,他出生在俄罗斯圣彼得堡,1874年起任职于德国汉堡海洋气象台,长达50年。他发明的柯本气候分类法是最被广泛使用的气候分类法,于1918年发表首个完整版本,1936年发表最后修订版。

柯本分类法的发展经历了三个阶段:第一个阶段是在1884年前后,他以日平均温度10℃和20℃在一年中的持续时间为依据把全球划分五带;第二个阶段是在1918年,除了1884年版本的温度指标外,还考虑到了降水;最后一个阶段是在1953年由柯本的学生盖格尔和波根据柯本的理论及自己的研究,得出柯本—盖格尔—波气候分类法,简称"柯本分类法"。主要划分原则是考虑了温度、降水、植被等因素,有五带十二型,经常应用在自然地理领域中。

(三)成因分类法

成因分类法是根据气候形成的辐射因子、环流因子和下垫面因子来划分气候带和气候型。这一派的学者很多,最著名的有阿里索夫、弗隆、特尔真和斯查勒等。以斯查勒气候分类法为例,他认为天气是气候的基础,而天气特征和变化又受气团、锋面、气旋和反气旋所支配。因此他首先根据气团源地、分布,锋的位置和它们的季节变化,将全球气候分为三大带,再按桑斯维特气候分类原则中计算可能蒸散量 E_p 和水分平衡的方法,用年总可能蒸散量 E_p、土壤缺水量 D、土壤储水量 S 和土壤多余水量 R 等项来确定气候带和气候型的界限,将全球气候分为3个气候带,13个气候型和若干气候副型,高地气候则另列一类。这种分类方法的优点在于很好地反映了太阳辐射、大气环流、下垫面等因素在气候形成中的作用,符合气候的特点和分布规律。

(四)中国气候分类法

中国的气候分类方法最先是在1959年由中国自然区划委员会提出的,而到了1966年则由中央气象局、中国科学院在1959年分类的基础上完善了根据热量高低分成的九带:

全球温度带 $\begin{cases} 热带:北热带、中热带、南热带 \\ 亚热带:北亚热带、中亚热带、南亚热带 \\ 温带:北温带、中温带、南温带 \end{cases}$

又根据热量、降水、干燥度分成四个大区:湿润区、亚湿润区、亚干旱区、干旱区。

第二节 柯本气候分类法

柯本气候分类法是以气温和降水两个气候要素为基础,并参照自然植被的分布而确定的。[1]他首先把全球气候分为A、B、C、D、E五个气候带,其中A、C、D、E为湿润气候,B带为干旱气候,各带之中又划分为若干气候型。

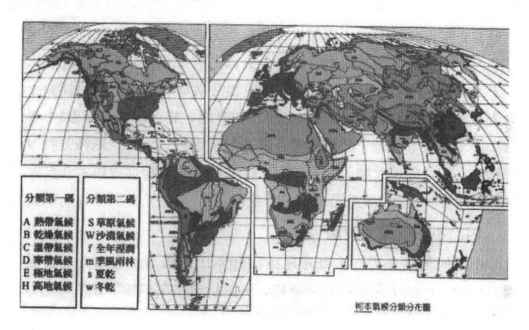

图1-1 柯本气候分类示意图

一、赤道气候带

赤道气候带的特征是水平面与低海拔地区全年高温炎热,每月平均气温在18℃以上,根据降水的差异分为三个主要气候型:

热带雨林气候(用Af表示),受赤道无风带支配,全年高温多雨,没有明显的季节,每月平均降水在60毫米以上。主要分布在赤道两侧5度到10度范围内,如南美洲西北部、中美洲东海岸、非洲中部、太平洋岛屿及东南亚地区。

热带季风气候(用Am表示),由于受到季风的影响,不同的季节风向会有明显的变化,且在冬季时会有旱月,旱月降水量可能会出现小于60毫米的情况,但又始终高于100毫米减去1/4年降水量。主要分布在印度南部、斯里兰卡、中南半岛、中非、西非和南美中北部。

热带疏林草原气候(用Aw表示),有旱季和湿季的分别,雨季小于6个月。最干旱月份降

---

①朱耿睿,李育. 基于柯本气候分类的1961—2013年我国气候区类型及变化[J]. 干旱区地理,2015,(6):1121-1132.

水可能会在60毫米以下且也小于100毫米减去1/4年降水量。旱季在冬季。主要分布在中美洲西海岸、墨西哥、巴西高原、马达加斯加西岸、澳大利亚北部及东南亚部分地区。

二、干燥气候带

干燥气候带分为以下两个气候类型：

干旱型沙漠气候（用BW表示），根据年积温分为炎热型（用BWh表示，又称热带沙漠气候）和寒冷型（用BWk表示，又称温带沙漠气候）两种。这种气候类型全年少雨，降水量为：冬雨区 $r < 10t$，夏雨区 $r < 10(t+14)$，年雨区 $r < 10(t+7)$。冬雨区指70%以上的降水发生在冬季，夏雨区指70%以上的降水发生在夏季，年雨区指非夏雨区和冬雨区的其他地区。炎热型分布在非洲北部、纳米比亚、阿拉伯半岛、伊朗南部、巴基斯坦南部、澳大利亚西部以及美洲部分地区。寒冷型分布在中亚、蒙古、中国西北及美国西南。

干旱性草原气候（用BS表示），根据年积温分为炎热型（用BSh表示，又称热带草原气候）和寒冷型（用BSk表示，又称温带草原气候）两种。这种气候全年相对少雨，但是多于沙漠型气候。降水量为：冬雨区 $10t < r < 20t$，夏雨区 $10(t+14) < r < 20(t+14)$，年雨区 $10(t+7) < r < 20(t+7)$。炎热型分布在撒哈拉以南一线、澳大利亚、南亚和西亚部分地区以及美洲部分地区。寒冷型分布在中亚、中北亚、北美落基山麓、南部非洲以及阿根廷。

三、暖温带气候带

暖温带气候带主要分为以下三个气候类型：

地中海气候（用Cs表示），夏半年干燥，最干月降水量小于40毫米，且小于冬季最多雨月降水的三分之一。分为夏季炎热（用Csa表示）和夏季温暖（用Csb表示）两种。夏季炎热型分布在地中海南岸和东岸。夏季温暖型分布在地中海北岸、加州南部、南非西部、智利中南部以及澳大利亚南部。

冬干温暖型气候（用Cw表示），夏热冬温，冬半年最干月降水量小于夏半年最多雨月降水的一成。分为夏季炎热型（用Cwa表示，又称亚热带季风性湿润气候）、夏季温暖型（用Cwb表示）和夏季凉爽型（用Cwc表示）三种。夏季炎热型分布在美国东南岸、东亚南部和澳大利亚东北岸。夏季温暖型分布在巴西南部、巴拉圭及南部非洲东海岸。夏季凉爽型分布在阿根廷北部和乌拉圭。

常湿温暖型气候（用Cf表示），全年降水较多且分布较平均，分为夏季炎热型（用Cfa表示）、夏季温暖型（用Cfb表示）和夏季凉爽型（用Cfc表示，又称温带海洋性气候）三种。夏季炎热型分布在中国最南部、印度北部、越南北部及澳大利亚东南岸。夏季温暖型分布在南非部分地区和西欧部分地区及新西兰。夏季凉爽型分布在西欧大部，英伦诸岛及北欧部分地区及北美西海岸北部。

四、冷温带气候带

冷温带气候带可以分为常湿冷温气候和冬干冷温气候：

常湿冷温气候（用Df表示），全年降水分配比较均匀（亚洲东部因受强季风影响，冬季较干旱)。分为夏季炎热型(用Dfa表示)、夏季温暖型(用Dfb表示)、夏季凉爽型(用Dfc表示,又称温带季风性气候)和显著大陆型(用Dfd表示)四种。夏季炎热型分布在美国中大西洋地区。夏季温暖型分布在中国秦岭淮河一线及朝鲜半岛北部。夏季凉爽型分布在中国河南山东一线、京津及辽宁地区、多瑙河下游以及日本北部。冬季寒冷型分布在中国东北、东欧平原、北美五大湖区及西伯利亚南部。

冬干冷温气候(用Dw表示,又称温带大陆型气候),夏季最多雨月降水至少10倍于冬季最干月降水。分为夏季炎热型(用Dwa表示)、夏季温暖型(用Dwb表示)、夏季凉爽型(用Dwc表示)和显著大陆型(用Dwd表示)四种。夏季炎热型分布在藏南地区及中亚部分地区。夏季温暖型分布在中亚和蒙古北部及北美新英格兰地区。夏季凉爽型分布在西伯利亚大部分地区、加拿大北部、阿拉斯加及挪威中北部。显著大陆型分布在密西西比河中上游、中亚北部、加拿大大部分地区、西伯利亚部分地区、斯堪的纳维亚中部和东欧北部。

五、极地气候带

极地气候带分为苔原气候和冰原气候:

极地苔原气候[1](用ET表示),最热月均温在10℃以下,0℃以上,可生长苔藓、地衣等植被。分布在西伯利亚北部、斯堪的纳维亚北部、加拿大北部及诸岛、格陵兰岛南部及冰岛。

冰原及高原气候(用EF表示),最热月均温在0℃以下,终年积雪。分布在格陵兰北部、南极大陆、西伯利亚东北部分地区以及青藏高原、帕米尔高原、东非高原、阿尔卑斯山、落基山、安第斯山、新几内亚查亚峰等高寒地区。

表1-1　柯本气候分类法[r表示年降水量(cm),t表示年平均温度℃]

气候带	特征	气候型	特征
A 赤道气候带	受赤道无风带支配,全年高温多雨,每月平均降水在60毫米以上,一般都在赤道南北5到10度。	Af热带雨林气候	受赤道无风带支配,全年高温多雨,每月平均降水在60毫米以上,一般都在赤道南北5到10度。
		Am热带季风气候	受到季风的影响,不同的季节风向会有明显的变化,最干月降水量少于60毫米且高于(100毫米-0.04×年平均降水量)毫米。
		Aw热带疏林草原气候	有旱季和湿季的分别,判定条件为最干月降水量同时少于60毫米和(100毫米-0.04×年平均降水量)毫米,且旱季位于冬季。

---

① 高迅. 气候类型难点分析[J]. 地理教育,2005,(5):42-43.

B 干燥气候带	全年降水稀少,分为冬雨区、夏雨区和年雨区,根据当地的降水量来确定干带的界线。	Bs 草原气候	冬雨区:10t<r<20t 夏雨区:10(t+14)<r<20(t+14) 年雨区:10(t+7)<r<20(t+7)
		Bw 沙漠气候	冬雨区:r<10t 夏雨区:r<10(t+14) 年雨区:r<10(t+7)
C 温暖带气候带	无经常的雪被,最热月温度大于10℃,最冷月在-18℃~0℃之间。	Cs 下干温暖气候(又称地中海气候)	或称地中海型气候,夏半年最干月降水量小于40毫米,且小于冬季最多雨月降水的三分之一。
		Cw 冬干温暖气候	冬半年最干月降水量小于夏半年最多雨月降水的一成。
		Cf 常湿温暖气候	全年降水分配平均,降水不足上述比例者。
D 冷温带气候带	最冷月温度小于0℃,最暖月温度大于10℃。	Df 常湿冷温气候	冬长、低温,全年降水分配平均。
		Dw 冬干冷温气候	冬长、低温,夏季最多雨月降水至少10倍于冬季最干月降水。
E 极地气候带	全年寒冷,最热月温度小于10℃。	ET 苔原气候	最热月均温在10℃以下,0℃以上,可生长苔藓、地衣等植被。
		EF 冰原气候	最热月均温在0℃以下,终年积雪。

柯本分类法是最广泛被使用的气候分类法,它具有以下优点:①柯本气候分类法的界限明显,便于应用,且避免了以往气候描述中的主观因素;②气候类型与自然景观相符合;③各种气候类型用字母表示,一目了然。

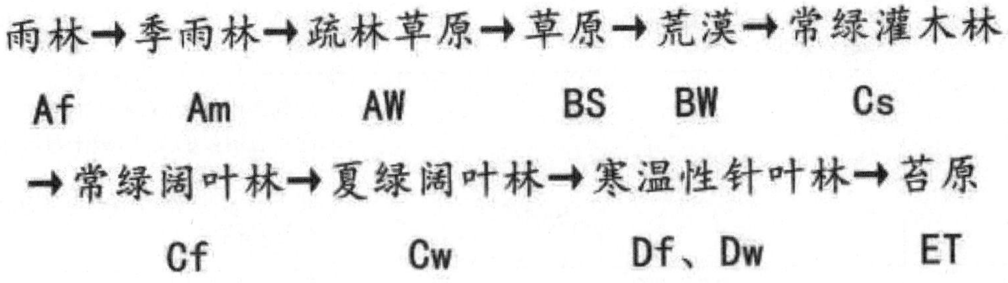

雨林→季雨林→疏林草原→草原→荒漠→常绿灌木林

Af　　　Am　　　　AW　　　　BS　BW　　　Cs

→常绿阔叶林→夏绿阔叶林→寒温性针叶林→苔原

Cf　　　　　Cw　　　　　Df、Dw　　　　ET

图1-2　柯本气候分类法和植被分布的对应关系

柯本分类法在长久的使用过程中,也被认为有以下不足:①把干燥气候带B与A、C、D、E等四个气候带相并列是不妥的。A、C、D、E等是按温度来分带的,而B带的划分是依据干燥指标;②柯本分类只注意气象要素的温度、降水分析,忽视了高度因素,使垂直气候变化与纬向气候变化没有差异;③忽视了对气候形成因素的分析。

第三节 全球气候类型

全球气候按纬度可以分为低纬度气候带,中纬度气候带和高纬度气候带,同时每个纬度区间又可根据降水等因素分为若干个小气候类型。[①]

一、低纬度气候带

(一)赤道多雨气候

赤道多雨气候通常位于赤道地区及向南、北伸展到纬度5℃~10℃,主要分布在非洲的刚果河流域、南美洲亚马孙河流域和大洋洲与亚洲间的苏门答腊岛到几内亚岛一带。由于此区处于赤道低压带内,水平风力大,气流辐合上升,多对流雨,一年中有两次太阳直射,全年受热带海洋气团控制,昼夜平分。主要气候特征:全年长夏,无季节变化,年平均温度在26℃;气温年较差小于日较差,气温年较差小于3℃、气温日较差在6℃~12℃之间:全年多雨无干季,年平均降水量大于2000毫米,最少月降水大于60毫米;天气变化单调,闷热、潮湿、无风、多雷雨。

(二)热带海洋气候

热带海洋气候主要分布在南北纬10°~25°的信风带大陆东岸及热带海洋中的若干岛屿上,比如中北美洲加勒比海的沿岸和岛屿、南美巴西高原东侧沿岸的狭长地带、非洲马达加斯加岛的东岸、太平洋中的夏威夷群岛及澳大利亚昆士兰州的沿海地带等。由于此地终年盛行热带海洋气团,陆地面积小,海洋面积大,因而海陆热力差异不明显,无季风现象。主要气候特征:全年气温变化小,但最冷月气温在25℃以下;全年降水均多,但夏末较集中。

(三)热带干湿季气候

热带干湿季气候集中分布在中北美洲、南美洲、非洲的南北纬5℃~15℃,由于此地区一年中受赤道气团和热带海洋气团交替控制,所以拥有降水量差异明显的干季和湿季。主要气候特点:一年中干湿季分明,一年中至少有1~2个月为干季,平均年降水量在750~1000毫米,雨季的降水量可达年降水总量的70%:热季出现在干季之后雨季之前,最冷月的平均气温大于16℃~18℃;植被以热带疏林草原为主,动物多为黄羊、羚羊等善于奔跑类种。

(四)热带季风气候

热带季风气候主要分布在南北纬10°到回归线附近的大陆东岸,比如中国台湾省的南部、雷州半岛和海南岛;中南半岛;印度半岛的大部分地区;菲律宾群岛以及澳大利亚北部沿海等地区。夏季到来之时,赤道低压带北移,南亚有印度低压和西太平洋副高、印度低压的西南季风及副高西部的东南季风,成为南亚和东亚的夏季风。水汽充足,降水多;而到了冬

---

①黄文锋.世界气候类型.黑河教育,2001(004):34-35.

季,赤道低压带南移,亚洲北部有蒙古高压和青藏高压的影响,高压东部和南部分别盛行西北风和东北风,成为东亚和南亚的冬季风。主要气候特点:年降水量大,集中夏季,降水变率大;年平均降水量1500~2000毫米;长夏无冬,春秋极短;年平均温度大于20℃,最冷月平均温度大于18℃;植被以木棉树、大榕树、小榕树为主。

(五)热带干旱和半干旱气候

热带干旱和半干旱气候主要出现在副热带高压带以及信风带的大陆中心和西岸,平均位置在纬度15℃~25℃,因干旱程度和气候特征的不同,又分为三个亚型:

1.热带干旱气候亚型。主要处于非洲的撒哈拉沙漠、卡拉哈里沙漠;西亚、南亚的阿拉伯沙漠、塔尔沙漠;澳大利亚西部、中部沙漠和南美的阿塔卡马沙漠等。由于此类地区终年受副高下沉气流的控制,处于信风带的背风海岸,沿岸有寒流,是热带大陆气团的源地。主要气候特点:降水稀少,变率大,年平均降水量小于125毫米,如南美智利北部的阿里卡,17年内仅下过三次雨,总量0.15毫米;南美智利的伊基克4年无雨,但有一年竟降雨36.5毫米;日照强烈,相对湿度小;气温高,年较差大,最热月的平均气温为30℃~35℃,一年中有5个月月平均温度大于30℃,气温的年较差在10℃~20℃之间。

2.热带西岸多雾干旱气候亚型。主要分布在热带大陆西岸南北纬20°~30°,有寒流经过的地方。比如北美的加利福尼亚地区、南美的秘鲁、北非的加那利和南非的本格拉寒流沿岸等地区。由于此地常年位于副高东部下沉气流区内,受冷洋流影响下层气温较低,有明显的逆温现象,空气层结稳定,多雾,雾日可达150天;降水稀少;日照不强,夏季气温不高。特别要提到的是,在秘鲁、智利东海岸地区,是世界著名的厄尔尼诺多发区,20世纪90年代以来,连续发生5次,特别是1997年5月—1998年的那一次,据科学家们分析及实际海水温度变化情况,大约是150年以来强度最大的一次,造成了极大的危害。如秘鲁的1997年8月份下了深达1米的大雪,菲律宾的森林大火,澳大利亚的墨尔本市长达一周的43℃的高温等。因此,这里将成为气候学家和气象学家关注的焦点。

3.热带半干旱气候亚型。这一气候类型主要分布在热带干旱和湿润气候区的过渡带;此地区受热带海洋气团和赤道低压槽的影响,有短暂的雨季;而大部分时间受副高的控制,东北信风带来的热带大陆气团影响,干燥无雨。主要气候特点:干季长,雨季短;年降水量少,降水变率大;年平均降水量250~750毫米,气温年较差小于气温日较差。

二、中纬度气候带

(一)副热带干旱与半干旱气候

这一气候带可分为副热带干旱气候亚型和副热带半干旱气候亚型。

1.副热带干旱气候型。是热带干旱气候的延伸,基本气候特点和热带干旱气候相似,但因纬度稍高也有些许不同:首先副热带干旱气候的凉季气温较低,年较差大于热带荒漠;其次在凉季温带气旋路径偏南时,有少量气旋雨。

2.副热带半干旱气候型。出现在副热带干旱气候型的外缘、与地中海式气候区相毗连。

与副热带干旱气候相比有两点不同:夏季气温比副热带干旱气候低,无一个月气温在30℃以上;冬季降水比副热带荒漠稍多,是冬季温带气旋南移带来的降水,年降水量为300毫米左右,但变率大,能维持草类生长。

(二)副热带季风气候

主要分布在以纬度30°为中心向南、北各延伸5°左右的地区,比如中国东部秦岭、淮河以南,热带季风区以北地带,日本南部和朝鲜半岛南部等地。本地区是热带海洋气团和极地大陆气团交替控制地带。夏季到来时,正午太阳高度角相当大,白昼时间长;海上的副热带高压强大,亚洲大陆被印度低压控制,盛行偏南风(即夏季风);沿岸又有暖流经过,夏季风带来热带海洋气团。所以,夏季高温(22℃以上)多雨。而到了冬季,受蒙古高压偏北气流控制(即冬季风),强大干冷的冬季风使气温降低(最冷月0℃~15℃)。主要气候特点:夏季气温高,冬季温暖,最热月平均温度大于22℃,最冷月温度大于0℃小于15℃;降水丰富,夏雨较多,年平均降水量750~1000毫米;植被以常绿阔叶林和落叶阔叶林为主。

(三)副热带湿润气候

副热带湿润气候主要分布在北美大陆东岸;北纬25°~35°的大西洋沿岸、墨西哥湾沿岸、南美的阿根廷、乌拉圭和巴西南部、非洲的东南海岸和澳大利亚的东岸。此地区所处的纬度及海陆相对位置与东亚副热带季风气候相似,所以其气候有类同之处;但因北美大陆面积小,海陆热力差异不像东亚那样突出,所以未形成季风气候。主要受迎风海岸的影响,有暖流经过。这一气候类型与副热带季风气候又有明显差别,冬夏温差比季风气候区小;降水分配比季风气候区均匀;植被以常绿阔叶林为主。

(四)地中海式气候

地中海式气候出现在大约纬度30°~40°间的大陆西岸,比如地中海沿岸、美国加利福尼亚沿岸、南美智利中部海岸、南非南端和澳大利亚的南端等地。以北半球为例,当北半球夏季时,副热带高压北移到地中海地区(30°~40°N),这里正是副热带高压中心或在它的东缘,下沉气流不利于云、雨的形成,使副热带大陆西岸干燥少雨、日照强、气候十分炎热;而到了冬季,因副热带高压南移,此带处于副热带暖气流与温带冷气流的交缓地带,锋面气旋活动频繁,带来较多降水。值得一说的是,亚欧非三洲之间的地中海是个面积较大的内海,与其周围陆地间的热力差异,分别对该区的冬、夏季气候形成的地带性因素起了加强作用,使夏季干旱区有扩大,冬季的水汽更充足,雨区有增大。因地中海附近地区气候特点显著,且范围较大,故命名为"地中海式气候"。该地区夏季干燥,冬季多雨;沿岸和内陆夏季温度明显不同。

地中海式气候又可分为凉夏型和暖夏型。凉夏型主要出现在靠近大洋有寒流过的区域,夏季凉爽多雾,最高气温在22℃以下,但干燥少雨十分显著,日照并不强,以多雾著称。冬季受海风影响,最冷月气温也在10℃以上,故年较差较小。比如美国西海岸的蒙特雷、葡萄牙的里斯本、摩洛哥大西洋的苏维拉、澳大利亚的佩思和智利的瓦尔帕来索等地区。暖夏型经常出现在离大洋稍远的地区,因受不到寒流的调节,夏季在副热带高压控制下,炎热而干燥,冬季温和多雨,最热月的平均气温大于22℃,气温年较差比凉夏型大。比如意大利的那不勒斯和美国的红布拉夫等地。

(五)温带海洋性气候

温带海洋性气候主要分布在以纬度50°为中心向南、北伸展10°左右的温带大陆西岸,比如欧洲的英国、法国、荷兰、比利时、丹麦和斯堪的那维亚半岛南部;北美洲太平洋沿岸的阿拉斯加南部;加拿大的不列颠哥伦比亚和美国的华盛顿州和俄勒冈州;澳大利亚的东南角;塔斯马尼亚岛和新西兰岛等地。因地处中纬度大陆西岸,所以全年盛行西风,受温带海洋气团控制;沿岸有暖流,冬季温暖,气温较高。该种气候类型冬暖夏凉,气温年较差小;最冷月的平均温度大于0℃,最热月的平均温度小于22℃;全年湿润多雨,且冬雨较多。其中平原区的年平均降水量在750~1000毫米,迎风坡的年平均降水量则通常大于2000毫米,植被以夏绿阔叶林为主。

(六)温带季风气候

温带季风气候类型主要出现在35°~55°N的亚欧大陆东岸,比如中国的华北、东北,朝鲜的大部分,日本的北部和俄罗斯远东地区的一部分。此类地区冬季受大陆强大的蒙古高压的影响,从高压东侧吹来的偏北风(西北风、北风、东北风),即冬季风,主要受干冷的极地大陆气团所控制;而到了夏季,太平洋上的副热带高压强度增大,并且西伸北进,从高压西侧吹来的东南风或西南风,即为夏季风,此时处于温带海洋气团或变性的热带海洋气团控制。此种气候类型冬季寒冷干燥,南北气温差异很大;夏季暖热多雨,南北气温差异小;降水集中在夏季,季节变化明显:天气的非周期性变化显著。植被以针阔混交林为主。

(七)温带大陆性湿润气候

此种气候类型主要分布在亚欧大陆温带海洋性气候区的东侧,比如北美大陆西经100°以东,北纬40°~60°的地区。该地区受变性的温带海洋气团影响,冬季冷而少雨,夏季炎热而多雨。南半球以夏绿阔叶林为主,北半球以针阔混交林为主。这里的气候与温带季风气候有些类似,但没有温带季风气候那样明显的冬夏季的变化。因为这里冬季的寒冷少雨不是由于干冷的冬季风影响的,而是盛行西风气流所带来的海洋气团,深入大陆后逐渐变性冷却、湿度减小所致。因此,冬季比同纬度温带季风气候区要暖和些。而且冬季有锋面气旋经过,冬雨量介于温带海洋性气候和温带季风气候之间。夏季的气温因海洋气团深入陆地变性而增温,也介于温带海洋性气候与温带季风气候之间,有对流雨,其集中程度次于温带季风气候区。

(八)温带干旱和半干旱气候

这种气候包括温带草原气候和温带荒漠气候。其中在北半球占有广大的面积,分布在北纬35°~50°的亚洲和北美大陆中心部分。比如西南亚干旱气候区、俄罗斯的中亚干旱气候区、中国西北干旱气候区、美洲西部的内华达州、犹他州和加利福尼亚州的东南部。由于亚洲大陆面积广大,东西向延伸很远,加上青藏高原的屏障作用,使位于大陆中心地区受不到海风的调节,终年在大陆气团的控制下,气候十分干燥。夏季,在其南部正午太阳高度角比较大,因而大陆剧烈增温形成了浅热低压,成为热带大陆气团的源地。冬季在其北部白昼较短,正午太阳高度角小,大陆急剧冷却形成冷高压,是极地大陆气团的冬季源地。而北美由于大陆面积小,中纬度干旱气候只出现在美国西部,包括内华达州、犹他州和加利福尼亚州的东南部。南半球只有南美洲南端温带纬度地区出现温带干旱气候。其成因与北半球不同,也不位于大陆中心,而是处于西风的背风面,在大陆西岸安第斯山脉的阻挡下,背风坡有焚风效应,加之沿岸有寒流的影响,空气稳定少雨,并且不在气旋活动的路径上,因而形成全年干燥少雨的干旱气候,虽然大陆面积狭小,又濒临海洋,仍是干旱气候。

三、高纬度气候带

高纬度气候带盛行极地气团和冰洋气团。北半球高纬度的陆地面积大,西伯利亚和加拿大分别为亚洲和北美洲极地大陆气团的源地。北冰洋和南极冰原又分别是冰洋气团(北极气团和南极气团)的源地。在冰洋气团与极地气团和交绥的冰洋锋上有气旋活动。

(一)副极地大陆性气候

副极地大陆性气候在北半球占有广大面积,大致范围从北纬50°到北纬65°左右。比如从阿拉斯加经加拿大到拉布拉多和纽芬兰的大部分;自斯堪的那维亚半岛(南部除外),经芬兰和俄罗斯的西部(南界沿列宁格勒—高尔基城—斯维尔得洛夫斯克一线)、俄罗斯东部的大部分。由于这里是极地大陆气团的源地,在冬季北极气团侵入机会很多,在暖季热带大陆气团有时也能伸入。主要气候特征:冬季漫长而严寒,暖季短促,气温年较差大、降水量少,集中夏季、蒸发弱,相对湿度大,降水量小于500毫米。

(二)极地苔原气候

主要分布在北美洲和亚欧大陆的北部边缘,格陵兰沿海和北冰洋中的若干岛屿上;南半球则分布在马尔维纳斯群岛、南设得兰群岛和南奥克尼群岛等地。这一地区纬度较高,并受北冰洋和冰洋锋的影响。全年皆冬,一年中只有1~4个月平均气温在0℃~10℃;降水量少,多云雾,蒸发微弱。植被以苔藓、地衣、小灌木为主。

(三)极地冰原气候

主要分布在格陵兰和南极大陆的冰冻高原和北冰洋的若干岛屿上,这里也是冰洋气团和南极气团的源地。全年严寒,各月气温均在0℃以下。是全球平均气温最低的地区,北极地区年平均气温为-22.3℃,南极大陆年平均气温约在-28.9℃。极昼、极夜现象很明显。极夜期间气温极低,俄罗斯在距北极约1300公里,海拔3488米的沃斯托克基地观测到的极端最低气温为-88.3℃。南极站7、8、9三个月的月平均气温都在-60℃以下。极昼期间虽日照时间长,但太阳高度角小,地表冰雪反射率又很大,太阳辐射受到很大削弱;因此气温仍在0℃以下。降水雪量少,但能长年积累,形成很厚的冰原。据不完全的观测资料,年降水量小于250毫米,雪干而硬,不融化,只有少量的蒸发损失。

四、高山地区气候带

高山地带随着高度的增加,空气逐渐稀薄,气压降低,风力增大,日照增强,气温降低,降水量随高度而加大,越过最大降水带后,降水又随高度升高而减少。由于各气象要素的垂直变化,使高山气候具有明显的垂直地带性。垂直地带性又因高山所在的纬度不同而各有差异。

高地气候主要有以下特征。

(一)山地垂直气候带因所在纬度和山地本身高度不同而有差异

在低纬地区的山地,山麓为赤道或热带气候,随着高度的增加,水热条件逐渐变化,可划分的垂直气候带的类型较多。同在低纬度,若山地的相对高度较小,气候垂直带的类型就少。在高纬度极地的山麓已常年积雪,所以垂直气候的差别就很小了。

(二)山地垂直气候带具有所在地大气候类型的烙印

赤道山地从山麓至山顶各带都具有全年季节变化不明显的特征,全年各月气温和降水的差值都很小;而珠穆朗玛峰和长白山的垂直气候带都有季风气候的特色,例如各高度的降水在年内分配不均匀;冬干冷夏湿热等。例如长白山主峰2700米,具有典型的温带高寒山区气候特点和明显的季风色彩,整个山区气候特征是冬季长、寒冷干燥,夏季短暂而湿润,全年多云雾,大风,霜期长。

(三)湿润气候山地垂直气候的差异,以热量条件的垂直差别为其主要因素;然而干旱、半干旱气候区的山地垂直气候差异则和热量、湿润状况关系密切

(四)同一山地还因坡向、坡度及地形等条件不同而气候的垂直变化各不相同。比如珠穆朗玛峰南坡属于湿润山区而北坡属于半干旱区

(五)山地的垂直气候带与随纬度而变化的水平气候带在成因和特征上均有所不同,不可将其混为一谈

五、地方性气候与小气候

小气候学是研究近地气层和土壤上层气候的一门科学,是气候学的一个重要分支。所谓小气候是指在局地内(1.5～2.0米以下的气层内),因下垫面结构不均一性影响而形成的贴地层与土壤上层的气候。这种气候的特点主要是表现在个别气象要素和个别天气现象的差异上,如温度、湿度、风、降水以及雾、霜等的分布,但不影响整个天气过程。

小气候具有很大的实践意义,因为人类经常活动在近地面层,植物(尤其是农作物)和动物,也都是在这个区域中生长和生活。人类可通过改变下垫面的局部特性影响和改造小气候,进而影响和改造大气候,使之更适于人类的生活和生产的需要。

小气候温度变化的特性有三点:一是由于一般土壤和岩石等活动面的气温变化都比较大,贴地空气层受这些活动面的影响,气温的昼夜变化也很剧烈,愈近地面气温日较差愈大;二是由于贴近地面层的空气湍流混合作用很弱,所以气温的垂直差异特别显著;三是由于贴

近地面层的风速比较小,空气的水平混合作用也很弱,因此在短距离内气温的水平差异也非常突出。

近地面层的风具有愈近地面风速愈小和阵性明显的特点。这是因为近地面层摩擦力增大和乱流交换的结果。风的阵性还与气层的稳定性有关。在超绝热温度直减率的情况下,阵性加强;在有逆温出现时,阵性减弱。活动面结构的不规则性也可使阵性加强。

近地面层中风速白昼最大,夜间最小;而在高层空气中相反。这是由于白天近地面层气温直减率大,乱流混合使上下层的风速得以交换。使得上层中的大风速由湍流混合传到低层;而低层的小风速又传到高层。而夜间,因气温直减率变小,甚至常出现逆温,结果湍流作用逐渐减弱以至停止,使高低气层间的交换也渐减甚至停止,这时地面气层趋于平衡,而高空气层的风速却逐渐增大,直到最高值。

常见的局部气候有以下几种。

(一)坡地气候

在山区,因地形条件不同,气候的差异十分显著,特别是坡向和坡度的影响更为明显。在北半球的山地中,日照时间南坡较长,北坡较短,所以南坡气温高于北坡,其土壤也较北坡干燥。坡向不同,受热不等,使土壤温度与近地面的气温都有差异。在冬季,西坡表层的最高土温比东坡的高。这是由于冬季表层土壤有冻结,东坡受太阳辐射最强的时间是上午,大部分热量用于土壤解冻,所以用于土温升高的就不多了;而西坡受辐射最强的时间是在下午,土壤早已解冻,并且较干燥,因此西坡上有较多的热量用于土温的增高。坡向愈近于南方,白昼接受太阳辐射愈强,下层土壤积存的热量就愈多,夜间土壤冷却也就较慢。北坡情况则相反。因此,冬季出现的霜冻几率及其强度是南向坡地最少、最轻;北向坡地最多、最重。在夏季,平坦斜坡比陡坡峻斜坡获得的太阳辐射能多些。在冬季,南向陡坡比平坦斜坡得到的热量多些,北坡一般得不到热量或得到很少。在春、秋分时,南向坡的倾斜度小的可获得较多的热量,坡度大的则受不到太阳的照射。在温带地区,倾斜1°的南向坡在中午前后所获得的太阳能数量可视为相当于南移纬度1°地方的水平面上所获得的太阳能数量。坡向、坡度不同,辐射强度不等,土温与气温都相应出现差异,其结果使小气候也因坡度、坡向而不同。因而根据植物生态特性,充分利用坡向小气候的特点,因地制宜地种植作物,在生产上具有重要意义。

(二)森林气候

在成片的森林区,林冠层的下部,其内部空气与自由大气几乎隔绝,形成局部的有特色的森林小气候,林冠能吸收80%以上的太阳能辐射,可达林内地面的只有5%左右,所以林冠能够减弱林内的辐射,也能防止地面辐射的散失,因而林内的气温变化和缓,其最高温低于林外,最低温高于林外。冬、春、秋林内可增高气温1℃~2℃,夏季可降低1℃~2℃。林内气温的垂直分布,因构成森林的树种和疏密程度而不同。森林能减少径流,增加土壤含水量1%~4%,使可能蒸发增多,加之林内受热不强,空气铅直对流微弱等综合影响结果,使林内湿度加大,空气相对湿度可提高5%~10%。林冠对降水有遮阻,中纬地区平均可阻留25%的降水,热带可遮阻65%以上;森林附近地区又容易形成降水,使雨量增多。据研究,森林可增加6%的年降水量,而且在干旱年代的影响大于湿润年代。此外,当空气中含有小水滴吹过森林时,还可形成水平降水。据观测,山上的森林由于出现雾凇,森林内可获得1.9毫米的降水量。森林还可减低风速,平均可降低20%~30%,甚至更多。森林不但可使林内风速减小,对其周围地区的风速也有减弱作用。当树林相当厚密时,林内几乎完全无风。风吹进森林时,在距离树高2~4倍的地方就开始减弱;气流极少穿过森林,大都上升越顶流过。在森林树冠上流线密集,流速加大,与开阔地同一高度相比,树冠上风速较大。背风面的风速减弱效应距离,约在树高30倍的范围内。

总之,森林可使温度变化趋于缓和;增大湿度和降水;加速水分循环,改变风向和风速。森林还可净化空气、消除空气污染、减低噪声影响;可保持水土,防风固沙,调节气候,涵养水分,净化污水。据医学界研究,在人的视野中,绿色达到25%时,心情最舒畅,精神感觉最好。绿色可消除疲劳,使皮肤降温1℃~2℃,使脉搏减少4~8次,使呼吸均匀,血压稳定,有益健康。所以,营造森林,保护森林是改造气候、保护环境的有效措施,也是造福子孙后代的大业。

(三)城市气候

城市气候的主要特征是"城市热岛"现象。

"城市热岛"即城市内部气温比郊区高。城郊气温差称为热岛强度。城市热岛主要是由大量人为热排放造成的。

城市是人口和工厂的集中区,空气的污染、人为热量的释放和下垫面性质的改变是改变城市小气候形成的三个原因。城市的工厂、汽车和家庭的取暖设备不断地排放出大量的气体和固体杂质,使空气受到污染,大气混浊度增大,日照减少。所以,到达地面的太阳辐射被减弱很多。因日照的减少,太阳直接辐射也大为减弱。据观测,太阳直接辐射在市区比郊区平均约少10%~20%。当太阳高度角比较小时,如冬季和每日的早晚,阳光通过混浊空气的路径要长些,直接辐射可减少到50%。散射辐射在城市的削弱状况不如直接辐射明显,各地的观测表明,其增减的情况也很不一样。这主要决定于城市空气的污染物质的状况。总辐射量大致要比郊外低15%~20%。又因城市建筑的多次反射,使反射率减少。据布达佩斯的对比观测:暖季(4~9月)市区的反射率为12%,郊区为15%~18%;冷季(10~3月)市区反射率为24%,而郊区则为64%,其中与城市积雪较少有关。城市对紫外线辐射的减弱更加明显,冬季的市区比郊外减少30%,夏季只少5%。但因城市上空混浊度增大,长波辐射却比郊区多10%左右。据大量观测证明,城市气温高于周围郊区,当天气晴朗无风的夜晚,城、郊的温差更大。如,上海市在1979年12月13日20时,据56个站点的实测气温记录看,市中心为8.5℃,近郊4℃,远郊仅3℃。在空间分布上,城区气温高,好像一个热岛,矗立在农村较凉的海洋之上,该现象称为"城市热岛效应"。在世界上规模不等、纬度位置不同以及自然存在差别的城市,均可观测到热岛效应。其热岛强度又因城市规模、人口多少、工业发达程度等有所不同。

城市对风的影响有两种：一是城市的热岛效应造成市内与郊区之间的差异，形成与海陆风类同的热力环流。尤其是在大范围水平气流微弱的晴天午后到夜晚，市中心的热空气上升，郊区近地面的空气从四周流入城市，气流向热岛中心辐合。自热岛中心上升的空气在一定高度又流向郊区并下沉，形成一个缓慢的热岛环流，所以叫"城市风系"。在近地面层自郊区向城内辐合的风称"乡村风"。在北京、上海等大城市均曾多次观测到乡村风。其风速很小，一般只有1~2米/秒，并且只能在背景风场微弱时才能观测到。二是城市各种不同高度的建筑物，纵横的街道，对气流的运行影响极大。故市内静风频率增加，大风频率减少，使平均风速一般比郊外空旷区减小20%~30%，瞬时最大风速成也减小10%~20%。随着城市的扩大和高层建筑的增加，市区风速将进一步减小。如上海近百年城市发展速度很快，年平均风速比郊县减小10%左右。

城市空气中的水汽来源于自然表面蒸发和在燃烧过程中产生的人为水汽。据美国密苏里州圣路易斯夏季的观测资料：城市"人为水汽"量尚不足自然蒸散量的1/6。郊区人为水汽虽少于城内，但其自然蒸散量却远远大于城区。所以，在绝大多数时间和地区，城内的绝对湿度小于郊区。城市形成了干岛，其强度白昼最大，到了夜晚，特别是从子夜至凌晨的一段时间，城区因凝露量比郊区小，绝对湿度可能比郊区稍大，形成湿岛。国内外均有过这种现象。总之，日、月、年的平均绝对湿度，都是城区小于郊区。城市因凝结核较多，出现雾的频率大于郊区。据国外资料：冬季市内比郊区多100%，夏季多30%。城内的云量，尤其是低云量比郊区多。多数人认为城市有使城区及其下风方向降水量增多的效应。以上海为例，据1957—1978年统计，其平均降水量和汛期(5~9月)降水量，均以市区及其下风方向为多。

值得引起注意的是，随着城市人口的不断密集，许多工厂排放到大气中的二氧化硫(SO_2)、二氧化氮(NO_2)不断增多，SO_2和NO_2在一系列复杂的化学反应后，形成硫酸和硝酸，再经成雨和冲刷过程成为酸雨降落。酸雨在世界许多国家已造成严重危害。中国的重庆、南京、上海等大城市及其附近地区，近来也发现酸雨，并有不断增加和扩大范围的趋势，应该及早采取有效措施加以治理，否则后果不堪设想。

第四节 地球气候基本特征

辐射因子包括太阳辐射和各种形式的太阳活动，这是大气运动最根本的能源。地球气候最基本的特征，是由到达地球表面的太阳辐射能的时间变化和空间分布所决定的。太阳辐射能在大气中的传输同地—气系统辐射能的收支、云量、大气成分和地球表面特征有关（见大气吸收光谱、大气环流的能量平衡和转换）。

大气环流因子作为大气运动基本状态的大气环流，与气候形成有密切的关系。具有气候意义的大气环流因子有:平均经圈环流和平均纬圈环流,行星风带以及长波、急流、大气活动中心和大气环流型等。它们是造成气候要素分布的直接原因,从某种意义上说,也是地球气候特征的一种表现形式。

大气直接吸收太阳短波辐射能的能力很低,主要靠地球表面的长波辐射和热量交换等方式间接加热。地球表面的特征,不仅决定它对太阳辐射的吸收能力(如新雪覆盖时,吸收极少),而且决定它对大气的能量供给状况(如湿润下垫面蒸发的水汽,在凝结过程中释放潜热)。下垫面的不同作用包括海洋和陆地明显的热力差异,如冷暖洋流和海面温度的分布、海冰和大陆上的雪被面积的变化、植被和土壤湿度以及地形(如青藏高原)的热力作用等(见海—气关系、反射率、青藏高原气象学);地形起伏和地表的粗糙度,对大气的动力作用;火山爆发时将大量尘埃喷至平流层,影响辐射过程等。

20世纪中叶以来,由于工业化发展,大量有害气体和尘埃污染着地球大气,导致了气候变化加速。据统计,1950—1973年,二氧化碳的年增长率为8.06%;自1940年以来,大气中气溶胶的浓度以每年4%的速度增长着;在平流层中,飞机的飞行对该层的臭氧和水汽含量也有影响;人类大规模改造自然的活动,如开垦荒地、修建大型水利工程和城市建设所引起的地面环境的变化等,对气候的影响都是不能忽视的。

对气候形成因子的定义和划分存在不同的看法:有人认为大气环流本身是一种气候现象,不能称为气候形成因子;有人把地球轨道参数当作气候形成的因子之一。以上各类气候因子不是孤立的,它们相互作用,又综合影响着地球的气候及其变化,构成了复杂的气候系统。

一、太阳辐射

太阳辐射在大气上界的时空分布是由太阳与地球间的天文位置决定的,又称天文辐射。由天文辐射所决定的地球气候称为天文气候,它反映了世界气候的基本轮廓。

(一)太阳辐射与地理分布

除太阳本身的变化外,天文辐射能量主要决定于日地距离、太阳高度和白昼长度。地球绕太阳公转的轨道为椭圆形,太阳位于两焦点之一上。因此日地距离时时都在变化,这种变化以一年为周期,地球上受到太阳辐射的强度是与日地间距离的平方成反比的。一年中地球在公转轨道上运行,就近代情况而言,在1月初经过近日点,7月初经过远日点,按上式计算,便得到各月一日大气上界太阳辐射强度变化值(给出与太阳常数相差的百分数,如表1-2所示):

表1-2　大气上界太阳辐射强度的变化

月份	1	2	3	4	5	6	7	8	9	10	11	12
百分比	3.4	2.8	1.8	0.2	−1.5	−2.8	−3.5	−3.1	−1.7	−0.3	1.6	2.8

由表1-2可见,大气上界的太阳辐射强度在一年中变动于+3.4%～3.5%之间。如果略去其他因素的影响,北半球的冬季应当比南半球的冬季暖些,夏季则比南半球凉些。但因其他

因素的作用,实际情况并非如此。

表1-3 大气上界水平面天文辐射的分布

维度		10	20	23.5	30	40	50	60	66.5	70	80	90
夏半年	6585	6970	7161	7182	7157	6963	6601	6118	5801	5704	5519	5476
冬半年	6585	6019	5288	4998	4418	2443	2406	1376	779	556	120	
年总量	13170	12989	12449	12179	11575	10460	9007	7494	6580	6260	5639	5476

从表1-3中可以看出,天文辐射的时空分布具有以下一些基本特点,这些特点构成了因纬度而异的天文气候带。在同一纬度带上,还有以一年为周期的季节性变化和因季节而异的日变化。

天文辐射能量的分布是完全因纬度而异的。全球获得天文辐射最多的是赤道,随着纬度的增高,辐射能渐次减少,最小值出现在极点,仅及赤道的40%。这种能量的不均衡分布,必然导致地表各纬度带的气温产生差异。地球上之所以有热带、温带、寒带等气候带的分异,与天文辐射的不均衡分布有密切关系。

夏半年获得天文辐射量的最大值在20°～25°的纬度带上,由此向两极逐渐减少,最小值在极地。这是因为在赤道附近太阳位于或近似位于天顶的时间比较短,而在回归线附近的时间比较长。例如在6°N与6°S间,在春分和秋分附近,太阳位于或近似位于天顶的时间各约30天。在纬度17.5°～23.5°的纬度带上,在夏至附近,位于或近似位于天顶的时间约86天。赤道上终年昼夜长短均等,而在20°～25°纬度带上,夏季白昼时间比赤道长,这是热赤道北移(就北半球而言)的一个原因。又由于夏季白昼长度随纬度的增高而增长,所以由热带向极地所受到的天文辐射量,随纬度的增高而递减的程度也趋于和缓,表现在高低纬度间气温和气压的水平梯度也是夏季较小。

冬半年北半球获得天文辐射最多的是赤道。随着纬度的增高,正午太阳高度角和每天白昼长度都迅速递减,所以天文辐射量也迅速递减下去,到极点为零。表现在高低纬度间气温和气压的水平梯度也是冬季比较大。天文辐射的南北差异不仅随冬、夏半年而有不同,而且在同一时间内随纬度亦有不同。在两极和赤道附近,天文辐射的水平梯度都较小,而以中纬度约在45°～55°间水平梯度最大,所以在中纬度,环绕整个地球,相应可有温度水平梯度很大的锋带和急流现象。

夏半年与冬半年天文辐射的差值是随着纬度的增高而加大的。表现在气温的年较差上是高纬度大,低纬度小。在赤道附近(约在南北纬15°间),天文辐射日总量有两个最高点,时间在春分和秋分。在纬度15°以上,天文辐射日总量由两个最高点逐渐合为一个。在回归线及较高纬度地带,最高点出现在夏至日(北半球)。辐射年变化的振幅是纬度愈高愈大,从季节来讲,则是南北半球完全相反。

在极圈以内,有极昼、极夜现象。在极夜期间,天文辐射为零。在一年内一定时期中,到达极地的天文辐射量大于赤道。例如,在5月10日到8月3日期间内,射到北极大气上界的辐射能就大于赤道。在夏至日,北极天文辐射能大于赤道0.368倍,南极夏至日(12月22日)

天文辐射量比北极夏至日(6月22日)大。这说明南北半球天文辐射日总量是不对称的,南半球夏季各纬圈日总量大于北半球夏季相应各纬圈的日总量。相反,南半球冬季各纬圈的日总量又小于北半球冬季相应各纬圈的日总量。这是日地距离有差异的缘故。

(二)辐射收支与能量系统

太阳辐射自大气上界通过大气圈再到达地表,其间辐射能的收支和能量转换十分复杂,因此地球上的实际气候与天文气候有相当大的差距。

根据实际观测,到达地表的年平均总辐射(W/m)最高值并不出现在赤道,而是位于热带沙漠地区。例如在非洲撒哈拉和阿拉伯沙漠部分地区年平均总辐射高达293W/m,而处在同纬度的中国华南沿海只有160W/m左右。再例如美国西部干旱区年平均总辐射高达239W/m~266W/m,而其附近的太平洋面只有186W/m左右。空气湿度、云量和降水等的影响,破坏了天文辐射的纬圈分布,只有在广阔的大洋表面,年平均总辐射等值线才大致与纬线平行,其值由低纬向高纬递减,在极地最低,降至80W/m以下。

根据美国NOAA极轨卫星在1974年6月至1978年2月,共45个月,扫描辐射仪的观测资料,经过处理分析,绘制出在此期间全球地一气系统冬季(12、1、2月)和夏季(6、7、8月)的平均反射率、长波射出辐射(W/m)和净辐射(W/m)的分布图,可以反映出,在极地冰雪覆盖区地表反射率最大,可达0.7以上。其次在沙漠地区反射率亦甚高,常在0.4左右。大洋水面反射率较低,特别是在太阳高度角大时反射率最小,小于0.08。但如洋面为白色碎浪覆盖时,反射率会增大。

地—气系统的长波射出辐射以热带干旱地区为最大,夏季尤为显著。如北非撒哈拉和阿拉伯等地夏季长波射出辐射达300W/m以上。极地冰雪表面值最低,冬季北极最低值在175W/m以下,南极最低值在125W/m左右。除两极地区全年为负值,赤道附近地带全年为正值外,其余大部分地区是冬季为负值,夏季为正值,季节变化十分明显。就全球地一气系统全年各纬圈吸收的太阳辐射和向外射出的长波辐射的年平均值而言,对太阳辐射的吸收值,低纬度明显多于高纬度。这一方面是因为天文辐射的日辐射量本身有很大的差别,另一方是高纬度冰雪面积广,反射率特别大,所以由热带到极地间太阳辐射的吸收值随纬度的增高而递减的梯度甚大。在赤道附近稍偏北处因云量多,减少其对太阳辐射的吸收率。

就长波射出辐射而言,高低纬度间的差值却小得多,这是因为赤道与极地间的气温梯度不完全是由各纬度所净得的太阳辐射能所决定的。通过大气环流和洋流的作用,可缓和高、低纬度间的温度差。长波辐射与温度的4次方成正比,南北气温梯度减小,其长波辐射的差值亦必随之减小。因此长波射出辐射的经向差距远比所吸收的太阳辐射小。

这种辐射能收支的差异是形成气候地带性分布,并驱动大气运动,力图使其达到平衡的基本动力。

二、大气环流

(一)大气环流和风系

大气环流是指地球上各种规模和形式的空气运动综合情况。大气环流的原动力是太阳辐射能,大气环流把热量和水分从一个地区输送到另一个地区,从而使高低纬度之间,海陆之间的热量和水分得到交换,调整了全球性的热量、水分的分布,是各地天气、气候形成和变化的重要因素。

1.全球气压分布和风带。地球表面,赤道附近,终年太阳辐射强,气温高,空气受热上升,到高空向外流散,导致气柱质量减小,在低空形成低压,称"赤道低压带"。两极地区,终年太阳辐射弱,气温低,空气冷却收缩下沉,积聚在低空,导致气柱质量增多,形成高压,称"极地高压带"。由于地球自转,从赤道上空向极区方向流动的气流,在地转偏向力的作用下,方向发生偏转,到纬度20°~30°附近,气流完全偏转成纬向西风,阻挡来自赤道上空的气流继续向高纬流动,加上气流移行过程中温度降低,纬圈缩小,发生空气质量辐合和下沉,形成高压带,称"副热带高压带"。在副热带高压带和极地高压带之间,是一个相对的低气压区,称"副极地低压带"。这样便形成了全球性的7个纬向气压带,如图1-3所示:

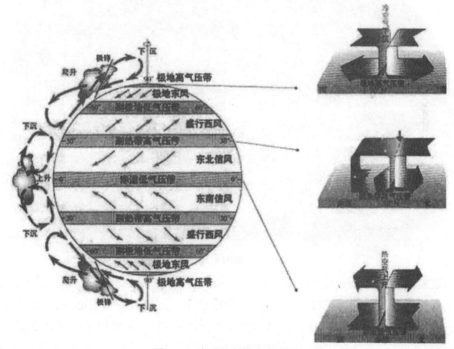

图1-3 地球上的七个气压带

由于气压带的存在,产生气压梯度力,高压带的空气便向低压带流动。在北半球,副热带高压带的空气,向南北两边流动。其中,向南的一支,在地转偏向力的作用下,成为东北风,称"东北信风"(南半球为东南信风)。到达赤道地区,补充那里上升流出的气流,构成赤道与20°~30°之间的低纬环流圈,也称"哈得莱环流圈"向北的一支,在地转偏向力的作用下,成为偏西风,称"盛行西风"。而从极地高压带向南流的气流,在地转偏向力的作用下,成为偏东风,称"极地东风"。它们在副极地低压带相遇,形成锋面,称"极锋"。锋面上南来的暖空气沿着北来的干冷空气缓慢爬升,在高空又分为南北两支,向南的一支在副热带地区下沉,构成中纬度环流圈,又称"费雷尔环流圈"。向北的一支在极地下沉,补偿极地地面高压流出的空气质量,构成高纬度环流圈,又称"极地环流圈"。

2.海平面气压分布。地球表面,海陆相间分布,由于海陆热力性质差异,使纬向气压带发生断裂,形成若干个闭合的高压和低压中心。冬季(1月),北半球大陆是冷源,有利于高压的形成,如亚欧大陆的西伯利亚高压和北美大陆的北美高压;海洋相对是热源,有利于低压的形成,如北太平洋的阿留申低压,北大西洋的冰岛低压。夏季(7月)相反,北半球大陆是热源,形成低压,如亚欧大陆的印度低压(又称亚洲低压)和北美大陆上的北美低压。副热带高压带在海洋上出现两个明显的高压中心,即夏威夷高压和亚速尔高压。南半球季节与北半球相反,冬、夏季气压性质也发生与北半球相反的变化。而且因南半球陆地面积小,纬向气压带比北半球明显,尤其在南纬40°以南,无论冬夏,等压线基本上呈纬向带状分布。

图1-4　七月份海平面气压分布图

上述夏季海平面气压图上出现的大型高、低压系统,称"大气活动中心"。其中北半球海洋上的太平洋高压(夏威夷高压)和大西洋高压(亚速尔高压)、阿留申低压、冰岛低压,常年存在,只是强度、范围随季节有变化,称为"常年活动中心"。而陆地上的印度低压、北美低压、西伯利亚高压、北美高压等,只是季节性存在,称为"季节性活动中心"。活动中心的位置和强弱,反映了广大地区大气环流运行特点,其活动和变化对附近甚至全球的大气环流,对高低纬度间、海陆间的水分、热量交换,对天气、气候的形成、演变起着重要作用。

3.高空大气环流的基本特征。平均纬向气流大气运动状态千变万化,其最基本的特征是盛行以极地为中心的纬向气流,也就是东、西风带。平均而言,对流层中上层,由于经向温度梯度指向高纬,除赤道地区有东风外,各纬度几乎全是一致的西风。近地面层,高纬地区冬夏都是一个浅薄的东风带,称"极地东风带"。其厚度和强度都是冬季大于夏季。中纬度地区,从地面向上都是西风,称"盛行西风带"。低纬度地区,自地面到高空是深厚的东风层,称"信风带"。从冬到夏,东风带北移,范围扩展,强度增大;从夏到冬,东风带南移,范围缩小,强度减弱。

高空急流和锋区无论低纬存在的东风环流,还是中高纬存在的西风环流,风速都不是均匀分布的,在某些区域出现风速30米/秒以上的狭窄强风带,称为"急流"。急流环绕地球自西向东弯弯曲曲延伸几千公里,急流中心风速可达50~80米/秒,强急流中心风速达100~150米/秒。

在对流层上层,已经发现的急流有:温带急流,也称"极锋急流",位于南、北半球中高纬度地区的上空,是与极锋相联系的西风急流;副热带急流,又称"南支急流",位于200hPa高空副热带高压的北缘,同副热带锋区相联系;热带东风急流,位于150~100hPa副热带高压的南缘。其位置变动于赤道至南北纬20°。

在中高纬地区,对流层中上层等压面上,常有弯弯曲曲地环绕半球、宽度为几百公里水平温度梯度很大(等温线密集)的带状区域,称"高空锋区",也称"行星锋区"。北半球行星锋区主要有两支:北支是冰洋气团和极地气团之间的过渡带,称"极锋区";南支是极地变性气团和热带气团之间的过渡带,称"副热带锋区"。急流区大多与水平温度梯度很大的锋区相对应。

高空平均水平环流由于地球表面海陆分布以及地面摩擦和大地形作用,高空纬向环流受到扰动,形成槽、脊、高压、低压环流。1月份,北半球对流层中层500hPa等压面上,西风带中存在着三个平均槽,即位于亚洲东岸140°E附近的东亚大槽,北美东岸西经70°~80°附近的北美大槽和乌拉尔山西部的欧洲浅槽。在三槽之间并列着三个脊,脊的强度比槽弱得多。7月份,西风带显著北移,槽位置也发生变动,东亚大槽东移入海,欧洲浅槽变为脊,欧洲西岸、贝加尔湖地区,各出现一个浅槽。

4.季风环流。以一年为周期,大范围地区的盛行风随季节而有显著改变的现象,称为"季风"。季风不仅仅是指风向上有明显的季节转换,1、7月盛行风向的变化至少120°,而且两种季风各有不同源地,气团属性有本质差异,冬季由大陆吹向海洋,属性干冷;夏季由海洋吹向大陆,属性暖湿。因而伴随着风向的转换,天气和气候也发生相应的变化。

季风的形成与多种因素有关,但主要是由于海陆间的热力差异以及这种差异的季节性变化引起,行星风系的季节性移动和大地形的影响起加强作用。大陆冬冷夏热,海洋冬暖夏凉。冬季,大陆上的气压比海洋上高,气压梯度由陆地指向海洋,所以气流由陆地流向海洋,形成冬季风。夏季,海洋上的气压比陆地高,气压梯度由海洋指向陆地,风由海洋吹向陆地,形成夏季风。这种由海陆热力差异而产生的季风,大都发生在大陆与大洋相接的地方,特别是温带、副热带的东部。例如亚洲的东部是世界最显著的季风区。

在两个行星风系相接的地方,也会发生风向随季节而改变的现象,但只有在赤道和热带地区季风现象才最为明显。例如,夏季太阳直射北半球,赤道低压带北移,南半球的东南信风受低压带的吸引而跨过赤道,转变成为北半球的西南季风;冬季,太阳直射南半球,赤道低压带南移,北半球的东北信风越过赤道后,转变成为南半球的西北季风。由于它多见于赤道和热带地区,所以又称它为"赤道季风"或"热带季风"。受这种季风影响的地区,一年中有明显的干季和湿季,以亚洲南部为典型。

世界季风区域分布很广,大致在西经30°W—170°,北纬20°S-35°的范围。其中,东亚和南亚的季风最显著。而东亚是世界上最著名的季风区,季风范围广,强度大。因为这里位于世界最大的欧亚大陆东部,面临世界最大的太平洋,海陆的气温与气压对比和季节变化比其他任何地区都显著,加上青藏高原大地形的影响,冬季加强偏北季风,夏季加强偏南季风,所以季风现象最突出。而且冬季风强于夏季风。南亚季风以印度半岛表现最为明显,因此又称"印度季风"。它主要由行星风带的季节性移动引起,但也含有海陆热力差异和青藏高原的大地形作用。它夏季风强于冬季风,因为冬季,它远离大陆冷高压,东北季风长途跋涉,并受青藏高原的阻挡,而且半岛面积小,海陆间的气压梯度小,所以冬季风不强。而夏季,半岛气温特高,气压特低,与南半球高压之间形成较大的气压梯度,加上青藏高原的热源作用,使南亚季风不但强度大而且深厚。

季风对气候有重要影响。冬季风盛行时,气候寒冷、干燥和少雨;夏季风盛行时,气候炎热、湿润、多雨。夏季风的强弱和迟早,是造成季风地区旱涝灾害的重要原因。

5.局地环流。行星风系和季风环流都是在大范围气压场控制下的大气环流,在小范围的局部地区,还有空气受热不均匀而产生的环流,称为"局地环流",也称"地方性风系"。它包括海陆风、山谷风和焚风等。

沿海地区,由于海陆热力性质的不同,使风向发生有规律的变化。白天,陆地增温比海洋快,陆地上的气温比海上高,因而形成局地环流,下层风由海洋吹向陆地,称"海风";夜间,陆地降温快,地面冷却,而海面降温慢,海面气温高于陆地,于是产生了与白天相反的热力环流,下层风自陆地吹向海洋,称"陆风"。这种以一天为周期而转换风向的风系,称"海陆风"。

在山区,白天日出后,山坡受热,其上的空气增温快,而同一高度的山谷上空的空气因距地面较远,增温较慢,于是暖空气沿山坡上升,风由山谷吹向山坡,称"谷风"。夜间,山坡辐射冷却,气温迅速降低,而同一高度的山谷上空的空气冷却较慢,于是山坡上的冷空气沿山坡下滑,形成与白天相反的热力环流,下层风由山坡吹向山谷,称"山风"。这种以一日为周期而转换风向的风,称"山谷风"。山岭地区,山谷风是较为普遍的现象,只要大范围气压场的气压梯度比较弱,就可以观测到。如乌鲁木齐市南倚天山、北临准噶尔盆地,山谷风交替的情况便很明显。

焚风是一种翻越高山,沿背风坡向下吹的干热风。[①]当空气翻越高山时,在迎风坡被迫抬升,空气冷却,起初按干绝热直减率(1℃/100m)降温。空气湿度达到饱和时,按湿绝热直减率(0.5~0.6℃/100m)降温,水汽凝结,产生降水,降落在迎风坡上。空气越过山顶后,沿背

[①]袁泽惠. 焚风现象的理论分析[J]. 科技信息,2010,(18):93.

风坡下降,此时,空气中的水汽含量大为减少,下降空气按干绝热直减率增温。以至背风坡气温比山前迎风坡同高度上的气温高得多,湿度显著减小,从而形成相对干而热的风,称"焚风"。焚风无论隆冬还是酷暑,白昼还是夜间,均可在山区出现。它有利也有弊。初春的焚风可促使积雪消融,有利灌溉;夏末的焚风可促使粮食与水果早熟。但强大的焚风容易引起森林火灾。

(二)大气环流对气候的影响

大气环流形势和大气化学组成成分的变化是导致气候变化和产生气候异常的重要因素,例如近几十年来出现的旱涝异常就与大气环流形势的变化有密切关系。在20世纪50年代和60年代,北半球大气环流的主要变化,就是北冰洋极地高压的扩大和加强。这种扩大加强对北极区域是不对称的,在极地中心区域平均气压的变化较小,平均气压的主要变化发生在大西洋北部区域,最突出的特点是大西洋北纬50°以北的极地高压的扩展,它导致北大西洋地面偏北风加强,促使极地海冰南移和气候带向低纬推进。

根据高纬度洋面海冰的观测记录,在北太平区域海冰南限与上一次气候寒冷期(1550—1850年)结束后的海冰南限位置相差无几,而大西洋区域的海冰南限却南进甚多,这是极地高压在北大西洋区域扩大与加强的结果。北极变冷导致极地高压加强,气候带向南推进,这一过程在大气活动中心的多年变化中也反映出来。从冬季环流形势来看,大西洋上冰岛低压的位置在一段时间内一直是向西南移动的;太平洋上的阿留申低压也同样向西南移动。与此同时,中纬度的纬向环流减弱,经向环流加强,气压带向低纬方向移动。

从1961—1970年,这10年是经向环流发展最明显的时期,也是中国气温最低的10年。在转冷最剧的1963年,冰岛地区竟被冷高压所控制,原来的冰岛低压移到了大西洋中部,亚速尔高压也相应南移,这就使得北欧奇冷,撒哈拉沙漠向南扩展。在这一副热带高压中心控制下,盛行下沉气流,再加上生物地球物理反馈机制,因而造成这一区域的持续干旱。而在地中海区域正当冷暖气团交绥的地带,静止锋在此滞留,致使这里暴雨成灾。

大气中有一些微量气体和痕量气体对太阳辐射是透明的,但对地气系统中的长波辐射却有相当强的吸收能力,对地面气候起到类似温室的作用,故称"温室气体"。地气系统的长波辐射及影响气候变化的主要温室气体中,二氧化碳(CO_2)、甲烷(CH_4)、二氧化氮(N_2O)、臭氧(O_3)等成分是大气中所固有的,CFC11和CFC12是由近代人类活动所引起的。这些成分在大气中总的含量虽很小,但它们的温室效应,对地气系统的辐射能收支和能量平衡却起着极重要的作用。这些成分浓度的变化必然会对地球气候系统造成明显扰动,引起全球气候的变化。

据研究,上述大气成分的浓度一直在变化着。引起这种变化的原因有自然的发展过程,也有人类活动的影响。这种变化有数千年甚至更长时间尺度的变化,也有几年到几十年就明显表现出来的变化。人类活动可能是造成几年到几十年时间尺度变化的主要原因。由于大气是超级流体,工业排放的气体很容易在全球范围内输送,人类活动造成的局地或区域范围的地表生态系统的变化也会改变全球大气的组成,因为大气的许多化学组分大都来自地表生物源。

由上所述,大气环流基本上是纬向环流中包含着经圈环流,纬向主流上又叠加着涡旋运动。这些不同运动形式之间相互联系,相互制约,形成一个整体的环流系统。

三、大气下垫面

大气的下垫面指地球表面,包括海洋、陆地及陆上的高原、山地、平原、森林、草原、城市等。[①]下垫面的性质和形状,对大气的热量、水分、干洁度和运动状况有明显的影响,在气候的形成过程中起着重要的影响。海洋和陆地是性质差异最大的下垫面,无论是温度、水分和表面形状都有很大的不同。在整个地质时期中,下垫面的地理条件发生了多次变化,对气候变化产生了深刻的影响。其中以海陆分布和地形的变化对气候变化影响最大。

(一)海陆分布的变化

在各个地质时期,地球上海陆分布的形势也是有变化的。以晚石炭纪为例,那时海陆分布和现在完全不同,在北半球有古北极洲、北大西洋洲(包括格陵兰和西欧)和安加拉洲三块大陆。前两块大陆是相连的,在三大洲之南为坦弟斯海。在此海之南为冈瓦纳大陆,这个大陆连接了现在的南美、亚洲和澳大利亚。在这样的海陆分布形势下,有利于赤道太平洋暖流向西流入坦弟斯海。这个洋流分出一支经伏尔加海向北流去,因此这一带有温暖的气候。从动物化石可以看到,石炭纪北极区和斯匹次卑尔根地区的温度与现代地中海的温度相似,即受此洋流影响的缘故。冈瓦纳大陆由于地势高耸,有冰河遗迹,在其南部由于赤道暖流被东西向的大陆隔断,气候比较寒冷。此外,在古北极洲与北大西洋洲之间有一个向北的海湾,同样由于与暖流隔绝,其附近地区有显著的冰原遗迹。又例如,大西洋中从格陵兰到欧洲经过冰岛与英国有一条水下高地,这条高地因地壳运动有时会上升到海面之上,而隔断了墨西哥湾流向北流入北冰洋。这使整个欧洲西北部受不到湾流热量的影响,因而形成大量冰川。有不少古气候学者认为,第四纪冰川的形成就与此有密切关系。当此高地下沉到海底时,就给湾流进入北冰洋让出了通道,西北欧气候即转暖。这条通道的阻塞程度与第四纪冰川的强度关系密切。

(二)地形地貌的变化

在地球史上,地形的变化是十分显著的。高大的喜马拉雅山脉,在现代有"世界屋脊"之称,可是在地史上,这里却曾是一片汪洋,称为"喜马拉雅海"。直到距今约7000万至4000万年的新生代早第三纪,这里地壳才上升,变成一片温暖的浅海。在这片浅海里缓慢地沉积着以碳酸盐为主的沉积物,从这个沉积层中发现有不少海生的孔虫、珊瑚、海胆、介形虫、鹦鹉螺等多种生物的化石,足以证明当时那里确是一片海区。由于这片海区的存在,有海洋湿润气流吹向今日中国西北地区,所以那时新疆、内蒙古一带气候是很湿润的。其后由于造山运动,出现了喜马拉雅山等山脉,这些山脉成了阻止海洋季风进入亚洲中部的障碍,因此新疆和内蒙古的气候才变得干旱。

---

①洪雯,王毅勇. 非均匀下垫面大气边界层研究进展[J]. 南京信息工程大学学报,2010,(2):155-161.

综上,下垫面也是气候形成的重要因素,并且主要表现在以下几个方面:

1.海陆差异的影响。因热力性质不同,陆地比海洋气温的年较差和日较差都要大;海陆位置不同的地区水热状况存在差异。

2.洋流的影响。暖流对大气底部有加热作用,形成降水;寒流有冷却作用,降水偏少,但易形成雾。

3.地形的影响。海拔高的地区比海拔低的地区温度低;坡向对降水也有很大影响。

4.其他因素的影响。例如,地表物质组成(岩石、土壤、水面、冰雪和植被)不同,对太阳辐射的放射率也不同,从而直接影响到地表对太阳辐射能的吸收,进而导致地区间热量状况出现差异。

同样的,下垫面对气候的影响主要来自于对气温的影响和对大气水分的影响。由于气温是气候最主要的要素,故这也是下垫面对大气的影响的主要方面。对于低层大气而言,由于几乎不能吸收太阳辐射,而能强烈吸收地面辐射,地面辐射成为它的主要直接热源。此外,下垫面还以潜热输送、湍流输送等方式影响大气热量;在相同气象条件下不同下垫面表面温度有很大差异,下垫面的绿化能够有效改善了局部微气候;当地正午太阳高度角对于下垫面表面温度来说起主导作用。

四、人类活动的影响

(一)改变大气化学气候效应

工农业生产排放的大量废气、微尘等污染物质进入大气,主要有二氧化碳(CO_2)、甲烷(CH_4)、一氧化二氮(N_2O)和氟氯烃化合物(CFCs)等。据确凿的观测事实证明,近数十年来大气中这些气体的含量都在急剧增加,而平流层的臭氧(O_3)总量则明显下降。如前所述,这些气体都具有明显的温室效应,CH_4、N_2O、CFCs等气体在大气窗内均各有其吸收带,这些温室气体在大气中浓度的增加必然对气候变化起着重要作用。

甲烷是一种重要的温室气体。它主要由水稻田、反刍动物、沼泽地和生物体的燃烧而排放入大气。在距今200年以前直到11万年前,甲烷含量均比较稳定,而近年来增长很快。一氧化二氮向大气排放量与农面积增加和施放氮肥有关,平流层超音速飞行也可产生一氧化二氮,N_2O除了引起全球增暖外,还可通过光化学作用在平流层引起臭氧层离解,破坏臭氧层。

CFCs是制冷工业(如冰箱)、喷雾剂和发泡剂中的主要原料。此族的某些化合物如CFC11和CFC12是具有强烈增温效应的温室气体。近年来还认为它是破坏平流层臭氧的主要因子,因而限制氟里昂的生产已成为国际上突出的问题。在制冷工业发展前,大气中本没有这种气体成分,CFC11在1945年、CFC12在1935年开始有工业排放,其未来含量的变化取决于今后的限制情况。

臭氧(O_3)也是一种温室气体,它受自然因子(太阳辐射中紫外辐射对高层大气氧分子进行光化学作用而生成)影响而产生,但受人类活动排放的气体破坏,如氟氯烃化合物、卤化烷化合物、N_2O和CH_4、CO均可破坏臭氧。其中以CFC11、CFC12起主要作用,其次是N_2O。自80

年代初期以后,臭氧量急剧减少,以南极为例,最低值达-15%,北极为-5%以上,从全球而言,正常情况下振荡应在±2%之间,据1987年实测,这一年达-4%以上。南北纬60°间臭氧总量自1978年以来已由平均为300多普生单位减少到1987年290单位以下,亦即减少了3%~4%。从垂直变化而言,以15~20km高空减少最多,对流层低层略有增加。南极臭氧减少最为突出,在南极中心附近形成一个极小区,称为南极臭氧洞。自1979年到1987年,臭氧极小中心最低值由270单位降到150单位,小于240单位的面积在不断扩大,表明南极臭氧洞在不断加强和扩大。在1988年其臭氧总量虽曾有所回升,但到1989年南极臭氧洞又有所扩大。1994年10月4日世界气象组织发表的研究报告表明,南极洲3/4的陆地和附近海面上空的臭氧已比10年前减少了65%还要多一些,但对流层的臭氧却稍有增加。

大气中温室气体的增加会造成气候变暖和海平面抬高。根据目前最可靠的观测值的综合,自1885以来直到1985年间的100年中,全球气温已增加0.6℃~0.9℃,1985年以后全球地面气温仍在继续增加,多数学者认为是温室气体排放所造成的。从气候模式计算结果还表明此种增暖是极地大于赤道,冬季大于夏季。

全球气温升高的同时,海水温度也随之增加,这将使海水膨胀,导致海平面升高。再加上由于极地增暖剧烈,当大气中CO_2浓度加倍后会造成极冰融化而冰界向极地萎缩,融化的水量会造成海平面抬升。实际观测资料证明,自1880年以来直到1980年,全球海平面在百年中已抬高了10~12cm。据计算,在温室气体排放量控制在1985年排放标准情况下,全球海平面将以5.5cm/10a速度而抬高,到2030年海平面会比1985年增加20cm,2050年增加34cm。若排放不加控制,到2030年,海平面就会比1985年抬升60cm,2050年抬升150cm。

温室气体增加对降水和全球生态系统都有一定影响。据气候模式计算,当大气中CO_2含量加倍后,就全球讲,降水量年总量将增加7%~11%,但各纬度变化不一。从总的看来,高纬度因变暖而降水增加,中纬度则因变暖后副热带干旱带北移而变干旱,副热带地区降水有所增加,低纬度因变暖而对流加强,因此降水增加。

就全球生态系统而言,因人类活动引起的增暖会导致在高纬度冰冻的苔原部分解冻,森林北界会更向极地方向发展。在中纬度将会变干,某些喜湿润温暖的森林和生物群落将逐渐被目前在副热带所见的生物群落所替代。根据预测,全球沙漠将扩大3%,林区减少11%,草地扩大11%,这是中纬度的陆地趋于干旱造成的。

温室气体中臭氧层的破坏对生态和人体健康影响甚大。臭氧减少,使到达地面的太阳辐射中的紫外辐射增加。大气中臭氧总量若减少1%,到达地面的紫外辐射会增加2%,此种紫外辐射会破坏核糖核酸(DNA)以改变遗传信息及破坏蛋白质,能杀死10m水深内的单细胞海洋浮游生物,减低渔产以及破坏森林,减低农作物产量和质量,削弱人体免疫力、损害眼睛、增加皮肤癌等疾病的发病率。

此外,由于人类活动排放出来的气体中还有大量硫化物、氮化物和人为尘埃,它们能造成大气污染,在一定条件下会形成酸雨,能使森林、鱼类、农作物及建筑物蒙受严重损失。大气中微尘的迅速增加会减弱日射,影响气温、云量(微尘中有吸湿性核)和降水。

(二)人为热和水汽的排放

随着工业、交通运输和城市化的发展,世界能量的消耗迅速增长。人类在工业生产、机动车运输中有大量废热排出,居民炉灶和空调以及人、畜的新陈代谢等亦放出一定的热量,这些"人为热"像火炉一样直接增暖大气。目前如果将人为热平均到整个大陆,等于在每平方米的土地上放出0.05W的热量。从数值上讲,它和整个地球平均从太阳获得的净辐射热相比是微不足道的,但是由于人为热的释放集中于某些人口稠密、工商业发达的大城市,其局地增暖的效应就相当显著。在高纬度城市如费尔班克斯、莫斯科等,其年平均人为热(QF)的排放量大于太阳净辐射;中纬度城市如蒙特利尔、曼哈顿等,因人均用能量大,其年平均人为热QF的排放量亦大于RG。特别是蒙特利尔冬季因空调取暖耗能量特大,其人为热竟然相当于太阳净辐射的11倍以上。但是像热带的香港,赤道带的新加坡,其人为热的排放量与太阳净辐射相比就微乎其微了。

在燃烧大量化石燃料(天然气、汽油、燃料油和煤等)时除有废热排放外,还向空气中释放一定量的"人为水汽",根据对美国大城市的气象试验,圣路易斯城由燃烧产生的人为水汽量为10.8×10^{11}g/h,而当地夏季地面的自然蒸散量为6.7×10^{8}g/h。显然人为水汽量要比自然蒸散的水汽量小得多,但它对局地低云量的增加有一定作用。

据估计,目前全世界能量的消耗每年约增长5.5%。其排放出的人为热和人为水汽又主要集中在城市中,对城市气候的影响将愈来愈显示其重要性。此外,喷气飞机在高空飞行喷出的废气中除混有CO_2,还有大量水汽,据研究,平流层(50hPa高空)的水汽近年来有显著地增加,这也和大量喷气飞机经常在此高度飞行有关。水汽的热效应与CO_2相似,对地表有温室效应。有人计算,如果平流层水汽量增加5倍,地表气温可升高2℃,而平流层气温将下降10℃。在高空水汽的增加还会导致高空卷云量的加多,据估计在大部分喷气机飞行的北美—大西洋—欧洲航线上,卷云量增加了5%~10%。云对太阳辐射及地气系统的红外辐射都有很大影响,它在气候形成和变比中起着重要的作用。

(三)城市气候系统

城市是人类活动的中心,在城市里人口密集,下垫面变化最大。工商业和交通运输频繁,耗能最多,有大量温室气体、"人为热"、"人为水汽"、微尘和污染物排放至大气中。因此人类活动对气候的影响在城市中表现最为突出。城市气候是在区域气候背景上,经过城市化后,在人类活动影响下而形成的一种特殊局地气候。

从大量观测事实看来,城市气候的特征可归纳为城市五岛效应(混浊岛、热岛、干岛、湿岛、雨岛)和风速减小、多变。

1.城市混浊岛效应。[①]城市混浊岛效应主要有四个方面的表现。首先城市大气中的污染物质比郊区多,仅就凝结核一项而论,在海洋上大气平均凝结核含量为940粒/cm³,绝对最大值为39800粒/cm³;而在大城市的空气中平均为147000粒/cm³,为海洋上的156倍,绝对最大值竟达4000000粒/cm³,也超出海洋上绝对最大值100倍以上。

---

①钟成索."雨岛效应"和"混浊岛效应"[J].环境保护与循环经济,2009,(7):67-69.

其次,城市大气中因凝结核多,低空的热力湍流和机械湍流又比较强,因此其低云量和以低云量为标准的阴天日数(低云量≥8的日数)远比郊区多。据上海1980—1989年统计,城区平均低云量为4.0,郊区为2.9。城区一年中阴天(低云量≥8)日数为60天而郊区平均只有31天,晴天(低云量<2)则相反,城区为132天而郊区平均却有178天。欧美大城市如慕尼黑、布达佩斯和纽约等亦观测到类似的现象。

第三,城市大气中因污染物和低云量多,使日照时数减少,太阳直接辐射(S)大大削弱,而因散射粒子多,其太阳散射辐射(D)却比干洁空气中强。在以D/S表示的大气混浊度的地区分布上,城区明显大于郊区。根据上海1959—1985年的观测资料统计计算,上海城区混浊度因子比同时期郊区平均高15.8%,城区呈现出一个明显的混浊岛,国外许多城市也有类似现象。

第四,城市混浊岛效应还表现在城区的能见度小于郊区。这是因为城市大气中颗粒状污染物多,它们对光线有散射和吸收作用,有减小能见度的效应。当城区空气中二氧化氮浓度极大时,会使天空呈棕褐色,在这样的天色背景下,使分辨目标物的距离发生困难,造成视程障碍。此外城市中由于汽车排出废气中的一次污染物—氮氧化合物和碳氢化合物,在强烈阳光照射下,经光化学反应,会形成一种浅蓝色烟雾,称为光化学烟雾,能导致城市能见度恶化。美国洛杉矶、日本东京和中国兰州等城市均有此现象。

2.城市热岛效应。根据大量观测事实证明,城市气温经常比其四周郊区为高。特别是当天气晴朗无风时,城区气温T_u与郊区气温T_r的差值$\triangle T_{u-r}$(又称热岛强度)更大。例如上海在1984年10月22日20时天晴,风速1.8m/s,广大郊区气温在13℃上下,一进入城区气温陡然升高,等温线密集,气温梯度陡峻,老城区气温在17℃以上,好像一个热岛矗立在农村较凉的海洋之上。城市中人口密集区和工厂区气温最高,成为热岛中的高峰(又称热岛中心),城中心62中学气温高达18.6℃,比近郊川沙、嘉定高出5.6℃,比远郊松江高出6.5℃,类似此种强热岛在上海一年四季均可出现,尤以秋冬季节晴稳无风天气下出现频率最大。

图1-5 城市的热岛效应

世界上大大小小的城市,无论其纬度位置、海陆位置、地形起伏有何不同,都能观测到热岛效应。而其热岛强度又与城市规模、人口密度、能源消耗量和建筑物密度等密切有关。由于热岛效应经常存在,大城市的月平均和年平均气温经常高于附近郊区。

3.城市干岛和湿岛效应。城市相对湿度比郊区小,有明显的干岛效应,这是城市气候中普遍的特征。城市对大气中水汽压的影响则比较复杂,有明显的日变化,全天皆呈现出城市干岛效应。上述现象的形成,既与下垫面因素又与天气条件密切相关。在白天太阳照射下,对于下垫面通过蒸散过程而进入低层空气中的水汽量,城区(绿地面积小,可供蒸发的水汽量少)小于郊区。

到了盛夏季节,郊区农作物生长茂密,城郊之间自然蒸散量的差值更大。城区由于下垫面粗糙度大(建筑群密集、高低不齐),又有热岛效应,其机械湍流和热力湍流都比郊区强,通过湍流的垂直交换,城区低层水汽向上层空气的输送量又比郊区多,这两者都导致城区近地面的水汽压小于郊区,形成城市干岛。到了夜晚,风速减小,空气层结稳定,郊区气温下降快,饱和水汽压减低,有大量水汽在地表凝结成露水,存留于低层空气中的水汽量少,水汽压迅速降低。城区因有热岛效应,其凝露量远比郊区少,夜晚湍流弱,与上层空气间的水汽交换量小,城区近地面的水汽压乃高于郊区,出现城市湿岛。这种由于城郊凝露量不同而形成的城市湿岛,称为"凝露湿岛",且大都在日落后若干小时内形成,在夜间维持。以凝露湿岛为例,在日出后因郊区气温升高,露水蒸发,很快郊区水汽压又高于城区,即转变为城市干岛。在城市干岛和城市湿岛出现时,必伴有城市热岛,这是因为城市干岛是城市热岛形成的原因之一(城市消耗于蒸散的热量少),而城市湿岛的形成又必须先具备城市热岛的存在。

城区平均水汽压比郊区低,再加上有热岛效应,其相对湿度比郊区显得更小。以上海为例,上海1984—1990年的7年时间平均相对湿度,城中心区不足74%,而郊区则在80%以上,呈现出明显的城市干岛。经普查,即使在水汽压分布呈现城市湿岛时,在相对湿度的分布上仍是城区小于四周郊区。

4.城市雨岛效应。城市对降水影响问题,国际上存在着不少争论。20世纪70年代美国曾在其中部平原密苏里州的圣路易斯城及其附近郊区设置了稠密的雨量观测网,运用先进技术进行持续5年的大城市气象观测实验,证实了城市及其下风方向确有促使降水增多的雨岛效应。这方面的观测研究资料甚多,以上海为例,根据本地区170多个雨量观测站点的资料,结合天气形势,进行众多个例分析和分类统计,发现上海城市对降水的影响以汛期(5～9月)暴雨比较明显。

城市雨岛形成的条件是:①在大气环流较弱,有利于在城区产生降水的大尺度天气形势下,由于城市热岛环流所产生的局地气流的辐合上升,有利于对流雨的发展;②城市下垫面粗糙度大,对移动滞缓的降雨系统有阻障效应,使其移速更为缓慢,延长城区降雨时间;③城区空气中凝结核多,其化学组分不同,粒径大小不一,当有较多大核(如硝酸盐类)存在时,有促进暖云降水作用。上述种种因素的影响,会诱导暴雨最大强度的落点位于市区及其下风方向,形成雨岛。城市不仅影响降水量的分布,并且因为大气中的SO_2和NO_2甚多,在一系列复杂的化学反应之下,形成硫酸和硝酸,通过成雨过程和冲刷过程成为酸雨降落,危害甚大。

(四)改变下垫面性质与气候效应

人类活动改变下垫面的自然性质是多方面的,目前最突出的是破坏森林、坡地、干旱地的植被及造成海洋石油污染等。

森林是一种特殊的下垫面,它除了影响大气中CO_2的含量以外,还能形成独具特色的森林气候,而且能够影响附近相当大范围地区的气候条件。森林林冠能大量吸收太阳入射辐射,用以促进光合作用和蒸腾作用,使其本身气温增高不多,林下地表在白天因林冠的阻挡,透入太阳辐射不多,气温不会急剧升高,夜晚因为有林冠的保护,有效辐射不强,所以气温不易降低。因此林内气温日(年)较差比林外裸露地区小,气温的大陆度明显减弱。森林树冠可以截留降水,林下的疏松腐殖质层及枯枝落叶层可以蓄水,减少降雨后的地表径流量,因此森林可称为绿色蓄水库。雨水缓缓渗透入土壤中使土壤湿度增大,可供蒸发的水分增多,再加上森林的蒸腾作用,导致森林中的绝对湿度和相对湿度都比林外裸地大。森林可以增加降水量,当气流流经林冠时,因受到森林的阻障和摩擦,有强迫气流的上升作用,并导致湍流加强,加上林区空气湿度大,凝结高度低,因此森林地区降水机会比空旷地多,雨量亦较大。据实测资料,森林区空气湿度可比无林区高15%~25%,年降水量可增加6%~10%。森林有减低风速的作用,当风吹向森林时,在森林的迎风面,距森林100米左右的地方,风速就发生变化。在穿入森林内,风速很快降低,如果风中挟带泥沙的话,会使流沙下沉并逐渐固定。穿过森林后在森林的背风面在一定距离内风速仍有减小的效应。在干旱地区森林可以减小干旱风的袭击,防风固沙。在沿海大风地区森林可以防御海风的侵袭,保护农田。森林根系的分泌物能促使微生物生长,可以改进土壤结构。森林覆盖区气候湿润,水土保持良好,生态平衡有良性循环,可称为绿色海洋。

根据考证,全世界森林曾占地球陆地面积的2/3,但随着人口增加,农、牧和工业的发展,城市和道路的兴建,再加上战争的破坏,森林面积逐渐减少,到19世纪全球森林面积下降到46%,20世纪初下降到37%,目前全球森林覆盖面积平均约为22%。中国上古时代也有浓密的森林覆盖,其后由于人口繁衍,农田扩展和明清两代战祸频繁,到1949年全国森林覆盖率已下降到8.6%。新中国成立以来,党和政府组织大规模造林,人造林的面积达4.6亿亩,但由于底子薄,毁林情况相当严重,目前森林覆盖面积仅为12%,在世界160个国家中居116位。

由于大面积森林遭到破坏,使气候变旱,风沙尘暴加剧,水土流失,气候恶化。相反,中国在新中国成立后营造了各类防护林,如东北西部防护林、豫东防护林、西北防沙林、冀西防护林、山东沿海防护林等,在改造自然,改造气候条件上已起了显著作用。在干旱、半干旱地区,原来生长着具有很强耐旱能力的草类和灌木,它们能在干旱地区生存,并保护那里的土壤。但是,由于人口增多,在干旱、半干旱地区的移民增加,他们在那里扩大农牧业,挖掘和采集旱生植物作燃料(特别是坡地上的植物),使当地草原和灌木等自然植被受到很大破坏。坡地上的雨水汇流迅速,流速快,对泥土的冲刷力强,在失去自然植被的保护和阻挡后,就造成严重的水土流失。在平地上一旦干旱时期到来,农田庄稼不能生长,而开垦后疏松了的土地又没有植被保护,很容易受到风蚀,结果表层肥沃土壤被吹走,而沙粒存留下来,产生沙漠化现象。畜牧业也有类似情况,牧业超过草场的负荷能力,在干旱年份牧草稀疏、土地表层被牲畜践踏破坏,也同样发生严重风蚀,引起沙漠化现象。在沙漠化的土地上,气候更加恶化,具体表现为:雨后径流加大,土壤冲刷加剧,水分减少,使当地土壤和大气变干,地表反射率加大,破坏原有的热量平衡,降水量减少,气候的大陆度加强,地表肥力下降,风沙灾害大量增加,气候更加干旱,反过来更不利于植物的生长。

据联合国环境规划署估计,当前每年世界因沙漠化而丧失的土地达6万平方公里,另外还有21万平方公里的土地地力衰退,在农、牧业上已无经济价值可言。沙漠化问题也同样威胁中国,在中国北方地区历史时期所形成的沙漠化土地有12万平方公里,近数十年来沙漠化面积逐年递增,因此必须有意识地采取积极措施保护当地自然植被,进行大规模的灌溉,进行人工造林,因地制宜种植防沙固土的耐旱植被等来改善气候条件,防止气候继续恶化。

海洋石油污染是当今人类活动改变下垫面性质的另一个重要方面,据估计每年大约有10亿吨以上的石油通过海上运往消费地。由于运输不当或油轮失事等原因,每年约有100万吨以上石油流入海洋,另外,还有工业过程中产生的废油排入海洋。有人估计,每年倾注到海洋的石油量达200万吨～1000万吨。倾注到海中的废油,有一部分形成油膜浮在海面,抑制海水的蒸发,使海上空气变得干燥。同时又减少了海面潜热的转移,导致海水温度的日变化、年变化加大,使海洋失去调节气温的作用,产生海洋沙漠化效应。在比较闭塞的海面,如地中海、波罗的海和日本海等海面的废油膜影响比广阔的太平洋和大西洋更为显著。

此外,人类为了生产和交通的需要,填湖造陆,开凿运河以及建造大型水库等,改变下垫面性质,对气候亦产生显著影响。例如中国新安江水库于1960年建成后,其附近淳安县夏季较以前凉爽,冬季比过去暖和,气温年较差变小,初霜推迟,终霜提前,无霜期平均延长20天左右。

第二章　世界气候问题

近百年来,全球气候正经历着一次以变暖为主要特征的显著变化,自1860年有气象仪器观测记录以来,全球平均温度升高了0.6℃左右。20世纪北半球温度的增幅,可能是过去1000年中最高的。20世纪以来,全球冬季平均温度的增加是最明显的。尤其是在中高纬的大陆地区出现连续暖冬的趋势非常明显。温度的变化导致了降水的变化。北半球大陆的大部分中高纬地区在20世纪降水增加了5%~10%,热带增加了2%~3%,而副热带减少了2%~3%。北半球中高纬度地区在20世纪后半期,暴雨的频率增加了2%~4%。另外,全球气候变化后,温室效应、臭氧层破坏、酸雨问题和极端天气事件的出现频率也会随之发生变化。20世纪后半叶,北半球中高纬地区强降雨事件的出现频率可能增加了2%~4%;而北半球中高纬地区降水量减少的地区,大雨和极端降水事件有下降趋势。在亚洲和非洲的一些地区,近几十年来干旱和洪涝的发生频率增高了,强度增强了。以气候变暖为主要特征的全球气候变化已成事实,造成这种问题存在的原因很复杂,然而人类活动在造成全球气候问题中起着重要的作用。

第一节　温室效应

一、温室效应[①]概述

在哥本哈根召开的世界气候大会再一次将全世界的目光聚焦到人类生存的气候上来,这次大会的主题是"为了明天",温度的确随着温室气体的排放正在逐年升高。自工业革命以来,人类向大气中排放的二氧化碳等吸热性强的温室气体逐年增加,大气的温室效应也随之增强,已引起全球气候变暖等一系列严重问题,引起了全世界各国广泛的关注。

温室效应(英文:Greenhouse effect),又称"花房效应",是大气保温效应的俗称。由环境污染引起的温室效应是指地球表面变热的现象。温室效应主要是由于现代化工业社会过多燃烧煤炭、石油和天然气,放出大量的二氧化碳气体进入大气造成的,因此减少碳排放有利于改善温室效应状况。

温室效应是指透射阳光的密闭空间由于与外界缺乏热交换而形成的保温效应,就是太

---

①王兆夺,祝超伟,于东生. 全球气候变化背景下对"温室效应"的思考[J]. 辽宁师范大学学报(自然科学版),2017,(3):407-414.

阳短波辐射可以透过大气射入地面,而地面增暖后放出的长波辐射却被大气中的二氧化碳等物质所吸收,从而产生大气变暖的效应,如图2-1所示。大气中的二氧化碳就像一层厚厚的玻璃,使地球变成了一个大暖房。据估计,如果没有大气,地表平均温度就会下降到-23℃,而实际地表平均温度为15℃,这就是说温室效应使地表温度提高38℃。

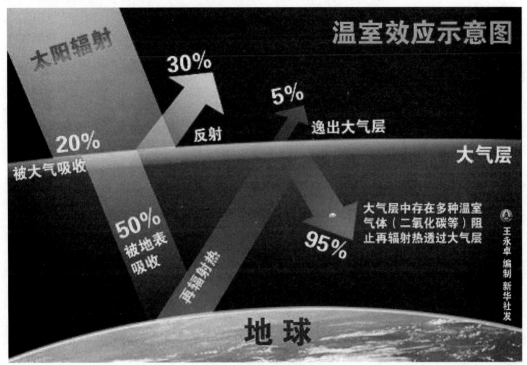

图2-1 温室效应示意图

大气能使太阳短波辐射到达地面,但地表向外放出的长波热辐射如天然气燃烧产生的二氧化碳,远远超过了过去的水平。而另一方面,由于对森林滥砍乱伐,大量农田建成城市和工厂,破坏了植被,减少了将二氧化碳转化为有机物的条件。再加上地表水域逐渐缩小,降水量大大降低,减少了吸收溶解二氧化碳的条件,破坏了二氧化碳生成与转化的动态平衡,就使大气中的二氧化碳含量逐年增加。空气中二氧化碳含量的增长,就使地球气温发生了改变。但是有乐观派科学家声称,人类活动所排放的二氧化碳远不及火山等地质活动释放的二氧化碳多。他们认为,20世纪初期地球处于活跃状态,诸如喀拉喀托火山和圣海伦斯火山接连大爆发就是例证。地球正在把它腹内的二氧化碳释放出来。所以温室效应并不全是人类的过错。这种看法有一定道理,但是无法解释工业革命之后二氧化碳含量的直线上升,难道全是火山喷出的吗?

在空气中,氮和氧所占的比例是最高的,它们都可以透过可见光与红外辐射。但是二氧化碳就不行,它不能透过红外辐射。所以二氧化碳可以防止地表热量辐射到太空中,具有调节地球气温的功能。如果没有二氧化碳,地球的年平均气温会比目前降低20℃。但是,二氧化碳含量过高,就会使地球仿佛捂在一口锅里,温度逐渐升高,就形成"温室效应"。形成温室效应的气体,除二氧化碳外,还有其他气体。其中二氧化碳约占75%、氯氟烷代烷约占15%~20%,此外还有甲烷、一氧化氮等30多种。

如果二氧化碳含量比现在增加一倍,全球气温将升高3℃~5℃,两极地区可能升高10℃,气候将明显变暖。气温升高,将导致某些地区雨量增加,某些地区出现干旱,飓风力量增强,出现频率也将提高,自然灾害加剧。更令人担忧的是,由于气温升高,将使两极地区冰川融化,海平面升高,许多沿海城市、岛屿或低洼地区将面临海水上涨的威胁,甚至被海水吞没。20世纪60年代末,非洲下撒哈拉牧区曾发生持续6年的干旱。由于缺少粮食和牧草,牲畜被宰杀,饥饿致死者超过150万人。

这是"温室效应"给人类带来灾害的典型事例。因此,必须有效地控制二氧化碳含量增加,控制人口增长,科学使用燃料,加强植树造林,绿化大地,防止温室效应给全球带来的巨大灾难。科学家预测,今后大气中二氧化碳每增加1倍,全球平均气温将上升1.5℃~4.5℃,而两极地区的气温升幅要比平均值高3倍左右。因此,气温升高不可避免地使极地冰层部分融解,引起海平面上升。海平面上升对人类社会的影响是十分严重的。如果海平面升高1米,直接受影响的土地约5×10^6平方公里,人口约10亿,耕地约占世界耕地总量的1/3。如果考虑到特大风暴潮和盐水侵入,沿海海拔5米以下地区都将受到影响,这些地区的人口和粮食产量约占世界的1/2。一部分沿海城市可能要迁入内地,大部分沿海平原将发生盐渍化或沼泽化,不适于粮食生产。同时,对江河中下游地带也将造成灾害。当海水入侵后,会造成江水水位抬高,泥沙淤积加速,洪水威胁加剧,使江河下游的环境急剧恶化。温室效应和全球气候变暖已经引起了世界各国的普遍关注,目前正在推进制订国际气候变化公约,减少二氧化碳的排放已经成为大势所趋。

科学家预测,如果我们现在开始有节制地对树木进行采伐,到2040年,全球暖化会降低5%。

二、温室效应成因[①]

1896年4月,瑞典科学家Svante Arrhenius在《伦敦、爱丁堡、柏林哲学与科学杂志》上发表题为《空气中碳酸对地面温度的影响》的论文(瑞典),这是人类针对大气二氧化碳浓度对地表温度的影响进行量化的首次尝试,是世界上第一个对人为造成的全球温度变化的估计。第一个在大气—地球系统是使用"温室效应(Greenhouse Effect)"一词的是美国物理学家伍德,他于1909年第一次使用了这一术语。

根据物理学原理,自然界的任何物体都在向外辐射能量,一般物体热辐射的波长由该物体的绝对温度决定。温度越高,热辐射的强度越大,短波所占的比重越大;温度越低,热辐射的强度越低,长波所占的比例越大。太阳表面温度约为绝对温度6000K,热辐射的最强波段为可见光部分;地球表面的温度越为288K,地表热辐射的最强波段位于红外区。太阳辐射透过大气层到达地球表面后,被岩石土壤等吸收,地球表面温度上升;与此同时,地球表面物质

①刘晓东,潘文慧.温室效应成因及对策研究综述[J].绵阳师范学院学报,2013,(5):91-94.

向大气发射出红外辐射。由于大气层中存在水气、CO_2等强烈吸收红外线的气体成分对红外辐射的吸收作-用,造成地球表面从太阳辐射获得的热量相对较多,而散失到大气层以外的热量少,使得地球表面的温度得以维持,这就是大气的温室效应,这些气体被称温室气体(Greenhouse Gas);当CO_2等温室气体在大气中的浓度增加时,大气的温室效应就会加剧。鉴于CO_2等温室气体浓度递增可能引起的气候变暖对人类自身利益的巨大影响,温室效应已引起世人的关注和各国政府的重视,成为各国科学家研究的热点。

三、温室效应危害

温室效应具有影响范围广,制约因素复杂,后果严重等显著的特点,全球气候变化是温室效应直接造成的后果。因此,温室效应是人类面临的重大环境问题,已引起各国政府及科学家的高度重视,成为科学家和环境工作者关注、研究的焦点。温室效应的影响主要有以下几个方面。

(一)对环境的危害

1.气候转变:"全球变暖"。温室气体浓度的增加会减少红外线辐射放射到太空外,地球的气候因此需要转变来使吸取和释放辐射的分量达至新的平衡。这转变可包括'全球性'的地球表面及大气低层变暖,因为这样可以将过剩的辐射排放出外。虽然如此,地球表面温度的少许上升可能会引发其他的变动,例如:当一年中只有三个季节时对动物们生活的影响如图2-2所示。

图2-2 当一年只有三季时

利用复杂的气候模式,政府间气候变化专门委员会在第三份评估报告中估计全球的地面平均气温会在2100年上升1.4℃~5.8℃。这种预计已考虑到大气层中悬浮粒子倾于对地球气候降温的效应与及海洋吸收热能的作用(海洋有较大的热容量)。但是,还有很多未确定的因素会影响这个推算结果,例如:未来温室气体排放量的预计、对气候转变的各种反馈过程和海洋吸热的幅度等。

2.海平面上升。假若全球变暖正在发生,有两种过程会导致海平面升高。第一种是海水受热膨胀令水平面上升。第二种是冰川和格陵兰及南极洲上的冰块融解使海洋水分增加,如图2-3。预期由1900年至2100年地球的平均海平面上升幅度介乎0.09米至0.88米之间。

图2-3　冰川融化

全球变暖使南北极的冰层迅速融化,海平面不断上升,世界银行的一份报告显示,即使海平面只小幅上升1米,也足以导致5600万发展中国家人民沦为难民。而全球第一个被海水淹没的有人居住岛屿即将产生—位于南太平洋国家巴布亚新几内亚的岛屿卡特瑞岛,目前岛上主要道路水深及腰,农地也全变成烂泥巴地。全球暖化还会影响气候反常,海洋风暴增多,土地干旱,沙漠化面积增大。

3.海洋生态的影响。沿岸沼泽地区消失肯定会令鱼类,尤其是贝壳类的数量减少。河口水质变咸会减少淡水鱼的品种数目,相反该地区海洋鱼类的品种也可能相对增多。至于整体海洋生态所受的影响仍未能清楚知道。

4.地球上的病虫害增加。温室效应可使史前致命病毒威胁人类。美国科学家发出警告,由于全球气温上升令北极冰层融化,被冰封十几万年的史前致命病毒可能会重见天日,导致全球陷入疫症恐慌,人类生命受到严重威胁。纽约锡拉丘兹大学的科学家在最新一期《科学家杂志》中指出,早前他们发现一种植物病毒TOMV,由于该病毒在大气中广泛扩散,推断在北极冰层也有其踪迹。于是研究员从格陵兰抽取4块年龄由500至14万年的冰块,结果在冰层中发现TOMV病毒。研究员指该病毒表层被坚固的蛋白质包围,因此可在逆境生存。这项新发现令研究员相信,一系列的流行性感冒、小儿麻痹症和天花等疫症病毒可能藏在冰块深处,目前人类对这些原始病毒没有抵抗能力,当全球气温上升令冰层融化时,这些埋藏在冰层千年或更长的病毒便可能会复活,形成疫症。科学家表示,虽然他们不知道这些病毒的生存希望,或者其再次适应地面环境的机会,但肯定不能抹杀病毒卷土重来的可能性。

(二)对人类生活的影响

1.经济的影响。全球有超过一半人口居住在沿海100公里的范围以内,其中大部分住在海港附近的城市区域。所以,海平面的显著上升对沿岸低洼地区及海岛会造成严重的经济损害,例如:加速沿岸沙滩被海水的冲蚀、地下淡水被上升的海水推向更远的内陆地方。

2.农业的影响。实验证明在CO_2高浓度的环境下,植物会生长得更快速和高大。但是,"全球变暖"的结果会影响大气环流,继而改变全球的雨量分布及各大洲表面土壤的含水量。由于未能清楚了解"全球变暖"对各地区性气候的影响,以致对植物生态所产生的转变亦未能确定。

3.水循环的影响。全球降水量可能会增加。但是,地区性降水量的改变则仍未可知。某些地区可有更多雨量,但有些地区的雨量可能会减少。此外,温度的提高会增加水分的蒸发,这对地面上水源的运用带来压力。

4.人类健康的影响。研究认为,气温与人的死亡率之间呈U型关系,在过冷和过热条件下的死亡率都将增加,最低死亡率处于16℃~25℃的温度范围内,人类为适应预测的21世纪的气候变化将付出重大代价。

但是,温室效应也并非全是坏事。因为最寒冷的高纬度地区增温最大,因而农业区将向极地大幅度推进。CO_2增加也有利于植物光合作用而直接提高有机物产量。

自1975年以来,地球表面的平均温度已经上升了0.9华氏度,由温室效应导致的全球变暖已成了引起世人关注的焦点问题。学术界一直被公认的学说认为由于燃烧煤、石油、天然气等产生的二氧化碳是导致全球变暖的罪魁祸首。温室效应会导致许多的可怕的后果,包括南北极冰川融化、全球海平面上升等一系列严重的后果。全球海平面的上升将直接淹没人口密集、工农业发达的大陆沿海低地地区,因此后果十分严重。1995年11月在柏林召开的联合国《气候变化框架公约》缔约方第二次会议上,44个小岛国组成了小岛国联盟,为他们的生存权而呼吁。

此外,研究结果还指出,CO_2增加不仅使全球变暖,还将造成全球大气环流调整和气候带向极地扩展。包括中国北方在内的中纬度地区降水将减少,加上升温使蒸发加大,因此气候将趋干旱化。大气环流的调整,除了中纬度干旱化之外,还可能造成世界其他地区气候异常和灾害。例如,低纬度台风强度将增强,台风源地将向北扩展等。气温升高还会引起和加剧传染病流行等。以疟疾为例,过去5年中世界疟疾发病率已翻了两番,现在全世界每年约有5亿人得疟疾,其中200多万人死亡。所以说温室效应已是当今世界公认的环境危机,减少温室气体的排放、改善全球的环境需要每一个国家的努力。相信大家携起手来一定能创造一个更加和谐、更加美好的家园。

第二节 臭氧层破坏

一、臭氧层概述

人类真正认识臭氧是在150多年以前,德国化学家先贝因(Schanbein)博士首次提出,在水电解及火花放电中产生的臭味,同在自然界闪电后产生的气味相同,先贝因博士认为其气味难闻,由此将其命名为臭氧。臭氧层顾名思义,带有微臭,在闪电的时候,有可能会闻到一股怪味,这便是闪电带下来的。

臭氧层是指大气层的平流层中臭氧浓度相对较高的部分,主要作用是吸收短波紫外线。臭氧层密度不是很高,如果它被压缩到对流层的密度,它会只有几毫米厚了。大气层的臭氧主要是以紫外线打击双原子的氧气,把它分为两个原子,然后每个原子和没有分裂的O_2合并成臭氧。臭氧分子不稳定,紫外线照射之后又分为氧气分子和氧原子,形成一个继续的臭氧氧气循环过程,如此产生臭氧层。

臭氧层能够吸收太阳光中的波长306.3nm以下的紫外线,主要是一部分UV-B(波长290~300nm)和全部的UV-C(波长<290nm),保护地球上的人类和动植物免遭短波紫外线的伤害。只有长波紫外线UV-A和少量的中波紫外线UV-B能够辐射到地面,长波紫外线对生物细胞的伤害要比中波紫外线轻微得多。所以臭氧层犹如一把保护伞保护地球上的生物得以生存繁衍。臭氧吸收太阳光中的紫外线并将其转换为热能加热大气,由于这种作用大气温度结构在高度50km左右有一个峰,地球上空15~50km存在着升温层。正是由于存在着臭氧才有平流层的存在。而地球以外的星球因不存在臭氧和氧气,所以也就不存在平流层。大气的温度结构对于大气的循环具有重要的影响,这一现象的起因也来自臭氧的高度分布。在对流层上部和平流层底部,即在气温很低的这一高度,臭氧的作用同样非常重要。如果这一高度的臭氧减少,则会产生使地面气温下降的动力。因此,臭氧的高度分布及变化是极其重要的。

二、臭氧层破坏的原因[①]

关于臭氧层变化及破坏的原因,一般认为,太阳活动引起的太阳辐射强度变化,大气运

---

①郭武臣.臭氧层被破坏的主要原因[J].黑河教育,2003,(1):33.

动引起的大气温度场和压力场的变化以及与臭氧生成有关的化学成分的移动、输送都将对臭氧的光化学平衡产生影响，从而影响臭氧的浓度和分布。而化学反应物的引入，则将直接地参与反应而对臭氧浓度产生更大的影响。人类活动的影响，主要表现为对消耗臭氧层物质的生产、消费和排放方面。

大气中的臭氧可以与许多物质起反应而被消耗和破坏。在所有与臭氧起反应的物质中，最简单而又最活泼的是含碳、氢、氯和氮几种元素的化学物质，如氧化亚氮（N_2O）、水蒸气（H_2O）、四氯化碳（CCl_4）、甲烷（CH_4）和现在最受重视的氯氟烃（CFC）等。这些物质在低层大气层正常情况下是稳定的，但在平流层受紫外线照射活化之后，就变成了臭氧消耗物质。这种反应消耗掉平流层中的臭氧，打破了臭氧的平衡，导致地面紫外线辐射的增加。

在自然状态下，大气层中的臭氧是处于动态平衡状态的，当大气层中没有其他化学物质存在时，臭氧的形成和破坏速度几乎是相同的。然而大气中有一些气体，例如亚硝酸、甲基氯、甲烷、四氯化碳以及同时含有氯与氟（或溴）的化学物质，如CFC和哈龙等，它们能长期滞留在大气层中，并最终从对流层进入平流层，在紫外线辐射下，形成含氟、氯、氮、氢、溴的活性基因，剧烈地与臭氧起反应而破坏臭氧。这类物质进入平流层的量虽然很少，但因起催化剂作用，自身消耗甚少，而对臭氧的破坏作用十分严重，导致臭氧平衡被打破，浓度下降。

氯氟烷烃与臭氧层氯氟烷烃是一类化学性质稳定的人工源物质，在大气对流层中不易分解，寿命可长达几十年甚至上百年。但它进入平流层后，受到强烈的紫外线照射，就会分解产生氯游离基$Cl\cdot$，氯游离基与臭氧分子O_3作用生成氧化氯游离基。$ClO\cdot$和氧分子O_2消耗掉臭氧进而氧化氮游离基再与臭氧分子作用生成氯游离基，如此，氯游离基不断产生，又不断与臭氧分子作用，使一个CFC分子可以消耗掉成千上万个臭氧分子。其主要反应式如下（以CFC-11为例）：$CFCl_3 \rightarrow \cdot CFCl_2 + Cl\cdot Cl\cdot + O_3 \rightarrow ClO\cdot + O_2 ClO\cdot + O_3 \rightarrow Cl\cdot + 2O_3$。作为臭氧层破坏元凶而被人们高度重视的CFC，有5种物质为"特定氟里昂"，它们主要用作制冷剂、发泡剂、清洗剂等。世界气象组织认为，溴比氯对整个平流层中臭氧的催化破坏作用可能更大。南极地区臭氧的减少至少有2%是溴的作用所致。有人指出，在对极地臭氧的破坏中，BrO与ClO反应可能起重要作用：$BrO + ClO \rightarrow Cl\cdot + O_2 Br\cdot + O_3 \rightarrow BrO + O_2 Cl\cdot + O_3 \rightarrow ClO + O_2$，整个反应使$2O \rightarrow 3O_2$。对极地平流层的BrO和ClO的观察支持这种观点，并由此认为南极地区臭氧破坏的20%~30%是由溴引起的，而且认为，溴对北半球臭氧的破坏可能更加严重。所以溴化物的量虽少，作用却不可低估。氮氧化物与臭氧层氮氧化物系列中的N_2O（氧化亚氮），化学性质稳定，至今还不清楚它对生物的直接影响，因而还未列为大气污染物。但是，N_2O同氯氟烃一样能破坏平流层臭氧，同二氧化碳一样，也是一种温室气体，并且其单个分子的温室效应能力是CO_2分子的100倍。关于南极臭氧洞的形成和发展，人们曾认为主要是由于CFC单个因素的破坏，但是，用CFC的光化学反应不可能解释臭氧洞。在南极地区的大规模大气物理和化学综合观测以及相应的化学动力学理论和实验研究，较好地回答了为什么主要在北半球中纬度地区排放的CFC对南极地区臭氧的破坏最大这一问题。在南极地区，每年4月~10月盛行很强的南极环极涡旋，它经常把冷气团阻塞在南极达几个星期，使南极平流层极冷（−

84℃以下),因而形成了平流层冰晶云。实验证明,在这种特定的条件下,破坏臭氧的两个过程(即Cl+O$_3$→ClO+O$_2$和ClO+O→Cl+O$_2$)将因原子氯的活性大大增加而变得更为有效,这就使南极春天平流层臭氧浓度大幅度下降。在北极地区,虽然也存在环极涡旋,但其强度较弱,且持续时间较短,不能有效地阻止极地气团与中纬度气团的交换,再加上气体交换造成的臭氧向极区输送便使北极臭氧洞不像南极明显。

三、臭氧层破坏的危害

臭氧层被大量损耗后,吸收紫外辐射的能力大大减弱,导致到达地球表面的紫外线明显增加,给人类健康和生态环境带来多方面的危害,目前已受到人们普遍关注的主要有对人体健康、陆生植物、水生生态系统、生物化学循环、材料以及对流层大气组成和空气质量等方面的影响。

(一)对人体健康的影响

阳光紫外线UV-B的增加对人类健康有严重的危害作用。潜在的危险包括引发和加剧眼部疾病、皮肤癌和传染性疾病。对有些危险如皮肤癌已有定量的评价,但其他影响如传染病等目前仍存在很大的不确定性。

实验证明紫外线会损伤角膜和眼晶体,如引起白内障、眼球晶体变形等。据分析,平流层臭氧减少1%,全球白内障的发病率将增加0.6%~0.8%,全世界由于白内障而引起失明的人数将增加1万到1.5万人;如果不对紫外线的增加采取措施,从现在到2075年,UV-B辐射的增加将导致大约1800万例白内障病例的发生,如图2-4所示。

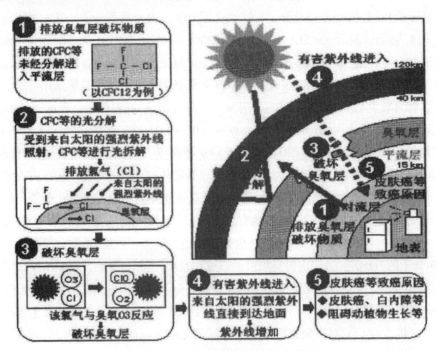

图2-4 臭氧层破坏对人体健康的影响

紫外线UV-B段的增加能明显地诱发人类常患的三种皮肤疾病。这三种皮肤疾病中,巴塞尔皮肤瘤和鳞状皮肤瘤是非恶性的。利用动物实验和人类流行病学的数据资料得到的最新的研究结果显示,若臭氧浓度下降10%,非恶性皮肤瘤的发病率将会增加26%。另外的一种恶性黑瘤是非常危险的皮肤病,科学研究也揭示了UV-B段紫外线与恶性黑瘤发病率的内在联系,这种危害对浅肤色的人群特别是儿童尤其严重。

人体免疫系统中的一部分存在于皮肤内,使得免疫系统可直接接触紫外线照射。动物实验发现紫外线照射会减少人体对皮肤癌、传染病及其他抗原体的免疫反应,进而导致对重复的外界刺激丧失免疫反应。人体研究结果也表明暴露于紫外线中会抑制免疫反应,人体中这些对传染性疾病的免疫反应的重要性目前还不十分清楚。但在世界上一些传染病对人体健康影响较大的地区以及免疫功能不完善的人群中,增加的UV-B辐射对免疫反应的抑制影响相当大。

已有研究表明,长期暴露于强紫外线的辐射下,会导致细胞内的DNA改变,人体免疫系统的机能减退,人体抵抗疾病的能力下降。这将使许多发展中国家本来就不好的健康状况更加恶化,大量疾病的发病率和严重程度都会增加,尤其是包括麻疹、水痘、疱疹等病毒性疾病,疟疾等通过皮肤传染的寄生虫病,肺结核和麻风病等细菌感染以及真菌感染疾病等。

(二)对陆生植物的影响

臭氧层损耗对植物的危害的机制目前尚不如其对人体健康的影响清楚,但研究表明,在已经研究过的植物品种中,超过50%的植物有来自UV-B的负影响,比如豆类、瓜类等作物,另外某些作物如土豆、番茄、甜菜等的质量将会下降;植物的生理和进化过程都受到UV-B辐射的影响,甚至与当前阳光中UV-B辐射的量有关。

植物也具有一些缓解和修补这些影响的机制,在一定程度上可适应UV-B辐射的变化。不管怎样,植物的生长直接受UV-B辐射的影响,不同种类的植物,甚至同一种类不同栽培品种的植物对UV-B的反应都是不一样的。在农业生产中,就需要种植耐受UV-B辐射的品种,并同时培养新品种。对森林和草地,可能会改变物种的组成,进而影响不同生态系统的生物多样性分布。

UV-B带来的间接影响,例如,植物形态的改变,植物各部位生物质的分配,各发育阶段的时间及二级新陈代谢等可能跟UV-B造成的破坏作用同样大,甚至更为严重。这些对植物的竞争平衡、食草动物、植物致病菌和生物地球化学循环等都有潜在影响。

(三)对水生态系统的影响

世界上30%以上的动物蛋白质来自海洋,满足人类的各种需求。在许多国家,尤其是发展中国家,这个百分比往往还要高。海洋浮游植物并非均匀分布在世界各大洋中,通常高纬度地区的密度较大,热带和亚热带地区的密度要低10到100倍。除可获取的营养物,温度、盐度和光外,在热带和亚热带地区普遍存在的阳光UV-B的含量过高的现象也在浮游植物的分布中起着重要作用。

浮游植物的生长局限在光照区,即水体表层有足够光照的区域,生物在光照区的分布地点受到风力和波浪等作用的影响。另外,许多浮游植物也能够自由运动,以提高生产力,以保证其生存。暴露于阳光UV-B下会影响浮游植物的定向分布和移动,因而减少这些生物的存活率。

研究人员已经测定了南极地区UV-B辐射及其穿透水体的量的增加,有足够证据证实天然浮游植物群落与臭氧的变化直接相关。对臭氧洞范围内和臭氧洞以外地区的浮游植物生产力进行比较的结果表明,浮游植物生产力下降与臭氧减少造成的UV-B辐射增加直接有关。一项研究表明,在冰川边缘地区的生产力下降了6%～12%。由于浮游生物是海洋食物链的基础,浮游生物种类和数量的减少还会影响鱼类和贝类生物的产量。据另一项科学研究的结果,如果平流层臭氧减少25%,浮游生物的初级生产力将下降10%,这将导致水面附近的生物减少35%。

研究发现,阳光中的UV-B辐射对鱼、虾、蟹、两栖动物和其他动物的早期发育阶段都有危害作用,最严重的影响是繁殖力下降和幼体发育不全。即使在现有的水平下,阳光紫外线UV-B已是限制因子。紫外线UV-B的照射量很少量的增加就会导致消费者生物的显著减少。

(四)对生物化学循环的影响

阳光紫外线的增加会影响陆地和水体的生物地球化学循环,从而改变地球—大气这一巨系统中一些重要物质在地球各圈层中的循环,如温室气体和对化学反应具有重要作用的其他微量气体的排放和去除过程,包括二氧化碳(CO_2)、一氧化碳(CO)、氧硫化碳(COS)及臭氧(O_3)等。这些潜在的变化将对生物圈和大气圈之间的相互作用产生影响。

对陆生生态系统,增加的紫外线会改变植物的生成和分解,进而改变大气中重要气体的吸收和释放。当紫外线UV-B光降解地表的落叶层时,这些生物质的降解过程被加速;而当主要作用是对生物组织的化学反应而导致埋在下面的落叶层光降解过程减慢时,降解过程被阻滞。植物的初级生产力随着UV-B辐射的增加而减少,但对不同物种和某些作物的不同栽培品种来说影响程度是不一样的。

在水生生态系统中阳光紫外线也有显著的作用。这些作用直接造成UV-B对水生生态系统中碳循环、氮循环和硫循环的影响。UV-B对水生生态系统中碳循环的影响主要体现于UV-B对初级生产力的抑制。在几个地区的研究结果表明,现有UV-B辐射的减少可使初级生产力增加,由南极臭氧洞的发生导致全球UV-B辐射增加后,水生生态系统的初级生产力受到损害。除对初级生产力的影响外,阳光紫外辐射还会抑制海洋表层浮游细菌的生长,从而对海洋生物地球化学循环产生重要的潜在影响。阳光紫外线促进水中的溶解有机质(DOM)的降解,使得所吸收的紫外辐射被消耗,同时形成溶解无机碳(DIC)、CO以及可进一步矿化或被水中微生物利用的简单有机质等。UV-B增加对水中的氮循环也有影响,它们不仅抑制硝化细菌的作用,而且可直接光降解像硝酸盐这样的简单无机物种。UV-B对海洋中硫循环的影响可能会改变COS和二甲基硫(DMS)的海—气释放,这两种气体可分别在平流层和对流层中被降解为硫酸盐气溶胶。

(五)对材料的影响

因平流层臭氧损耗导致阳光紫外辐射的增加会加速建筑、喷涂、包装及电线电缆等所用材料,尤其是高分子材料的降解和老化变质。特别是在高温和阳光充足的热带地区,这种破坏作用更为严重。由于这一破坏作用造成的损失估计全球每年达到数十亿美元。

无论是人工聚合物,还是天然聚合物以及其他材料都会受到不良影响。当这些材料尤其是塑料用于一些不得不承受日光照射的场所时,只能靠加入光稳定剂或进行表面处理以保护其不受日光破坏。阳光中UV-B辐射的增加会加速这些材料的光降解,从而限制了它们的使用寿命。研究结果已证实短波UV-B辐射对材料的变色和机械完整性的损失有直接的影响。在聚合物的组成中增加现有光稳定剂的用量可能缓解上述影响,但需要满足下面三个条件:①在阳光的照射光谱发生了变化即UV-B辐射增加后,该光稳定剂仍然有效;②该光稳定剂自身不会随着UV-B辐射的增加被分解掉;③经济可行。目前,利用光稳定性更好的塑料或其他材料替代现有材料是一个正在研究中的问题。然而,这些方法无疑将增加产品的成本。而对于许多正处在用塑料替代传统材料阶段的发展中国家来说,解决这一问题更为重要和迫切。

(六)对对流层空气质量的影响

平流层臭氧的变化对对流层的影响是一个十分复杂的科学问题。一般认为平流层臭氧的减少的一个直接结果是使到达低层大气的UV-B辐射增加。由于UV-B的高能量,这一变化将导致对流层的大气化学更加活跃。

首先,在污染地区如工业和人口稠密的城市,即氮氧化合物浓度较高的地区,UV-B的增加会促进对流层臭氧和其他相关的氧化剂如过氧化氢(H_2O_2)等的生成,使得一些城市地区臭氧超标率大大增加。而与这些氧化剂的直接接触会对人体健康、陆生植物和室外材料等产生各种不良影响。在那些较偏远的地区,即NO_x的浓度较低的地区,臭氧的增加较少甚至还可能出现臭氧减少的情况。但不论是污染较严重的地区还是清洁地区,H_2O_2和OH自由基等氧化剂的浓度都会增加。其中H_2O_2浓度的变化可能会对酸沉降的地理分布带来影响,结果是污染向郊区蔓延,清洁地区的面积越来越少。

其次,对流层中一些控制着大气化学反应活性的重要微量气体的光解速率将提高,其直接的结果是导致大气中重要自由基浓度如OH基的增加。OH自由基浓度的增加意味着整个大气氧化能力的增强。由于OH自由基浓度的增加会使甲烷和CFC替代物如HCFCs和HFCs的浓度成比例的下降,从而对这些温室气体的气候效应产生影响。

而且对流层反应活性的增加还会导致颗粒物生成的变化,例如云的凝结核,由来自人为源和天然源的硫(如氧硫化碳和二甲基硫)的氧化和凝聚形成。尽管目前对这些过程了解得还不十分清楚,但平流层臭氧的减少与对流层大气化学及气候变化之间复杂的相互关系正逐步被揭示。

如何保护臭氧层,最方便有效的方法就是尽快停止生产和使用氟氯烃和哈龙。目前此类物质在全世界的消耗量,美国占28.6%,欧洲共同体占30.6%,日本占7%,前苏联和东欧占14%,发展中国家总量占14%,其中中国消费量尚不足2%。因此,保护臭氧层使人类健康免受危害,发达国家应尽更多义务。从人口意义上讲,臭氧层破坏受害最多的是发展中国家,尤其是中国。1985年8月,美国、前苏联、日本、加拿大等20多个国家签署了《保护臭氧层国际公约》,并且目前有30多个国家批准了该公约的《关于臭氧层物质的蒙特利尔协议书》,该协议书规定签字国在20世纪末把氯氟烃使用量减少到1986年的一半。欧洲共同体12国已同意20世纪末完全停止使用氯氟烃,而比利时、葡萄牙则宣布禁止生产。然而,在当今世界上,从冷冻机、冰箱、汽车到硬质薄膜、软垫家具,从计算机到灭火器,都离不开氯氟烃。因此,必须研究新的代用品和技术。这不仅是资金问题,而且涉及有关工业结构的改变。第三世界国家对停止生产和使用氯氟烷烃仍持冷淡态度,人类对臭氧层的保护还将是一项十分艰巨的任务。当代的地球人为保护臭氧层而联合行动的时候到了!

第三节　酸雨问题

一、酸雨概述

酸雨(Acid Rain)是指pH值小于5.6的雨、雪或其他形式的降水。雨、雪等在形成和降落过程中,吸收并溶解了空气中的二氧化硫、氮氧化物等物质,形成了pH低于5.6的酸性降水。酸雨主要是人为地向大气中排放大量酸性物质造成的,中国的酸雨主要是因大量燃烧含硫量高的煤而形成的,多为硫酸雨,少为硝酸雨。此外,各种机动车排放的尾气也是形成酸雨的重要原因。中国一些地区已经成为酸雨多发区,酸雨污染的范围和程度已经引起人们的密切关注。

什么是酸?纯水是中性的,没有味道;柠檬水,橙汁有酸味,醋的酸味较大,它们都是弱酸;小苏打水有略涩的碱性,而苛性钠水就涩涩的,碱味较大,苛性钠是碱,小苏打虽显碱性但属于盐类。科学家发现酸味大小与水溶液中氢离子浓度有关;而碱味与水溶液中羟基离子浓度有关;然后建立了一个指标:氢离子浓度对数的负值,叫pH。于是,纯水(蒸馏水)的pH为7;酸性越大,pH越低;碱性越大,pH越高。(pH一般为0～14之间)未被污染的雨雪是中性的,pH近于7;当它为大气中二氧化碳饱和时,略呈酸性(水和二氧化碳结合为碳酸),pH为5.65。pH小于5.65的雨叫酸雨;pH小于5.65的雪叫酸雪;在高空或高山(如峨眉山)上弥漫的雾,pH值小于5.65时叫酸雾。检验水的酸碱度一般可以用几个工具:石蕊试剂、酚酞试液、pH试纸(精确率高,能检验pH)、pH计(能测出更精确的pH值)。

一年之内可降若干次雨,有的是酸雨,有的不是酸雨,因此一般称某地区的酸雨率为该地区酸雨次数除以降雨的总次数。其最低值为0%;最高值为100%。如果有降雪,当以降雨视之。

有时,一个降雨过程可能持续几天,所以酸雨率应以一个降水全过程为单位,即酸雨率为一年出现酸雨的降水过程次数除以全年降水过程的总次数。

除了年均降水pH之外,酸雨率是判别某地区是否为酸雨区的又一重要指标。

某地收集到酸雨样品,还不能算是酸雨区,因为一年可有数十场雨,某场雨可能是酸雨,某场雨可能不是酸雨,所以要看年均值。目前中国定义酸雨区的科学标准尚在讨论之中,但一般认为:年均降水pH高于5.65,酸雨率是0~20%,为非酸雨区;pH在5.30~5.60之间,酸雨率是10%~40%,为轻酸雨区;pH在5.00~5.30之间,酸雨率是30%~60%,为中度酸雨区;pH在4.70~5.00之间,酸雨率是50%~80%,为较重酸雨区;pH小于4.70,酸雨率是70%~100%,为重酸雨区。这就是所谓的五级标准。其实,北京、拉萨、西宁、兰州和乌鲁木齐等市也收集到几场酸雨,但年均pH和酸雨率都在非酸雨区标准内,故为非酸雨区。

中国酸雨[①]主要是硫酸型,中国三大酸雨区分别为:

(1)西南酸雨区:是仅次于华中酸雨区的降水污染严重区域。

(2)华中酸雨区:目前它已成为全国酸雨污染范围最大,中心强度最高的酸雨污染区。

(3)华东沿海酸雨区:它的污染强度低于华中、西南酸雨区。

近代工业革命从蒸汽机开始,锅炉烧煤,产生蒸汽,推动机器;而后火力电厂星罗棋布,燃煤数量日益猛增。遗憾的是,煤含杂质硫,在燃烧中约百分之一将排放酸性气体SO_2;燃烧产生的高温还能促使助燃的空气发生部分化学变化,氧气与氮气化合,也排放酸性气体NO_x。它们在高空中为雨雪冲刷,溶解,雨就成为了酸雨;这些酸性气体成为雨水中杂质硫酸根、硝酸根和铵离子。1872年英国科学家史密斯分析了伦敦市雨水成分,发现它呈酸性,且农村雨水中含碳酸铵,酸性不大;郊区雨水含硫酸铵,略呈酸性;市区雨水含硫酸或酸性的硫酸盐,呈酸性。于是史密斯最先在他的著作《空气和降雨:化学气候学的开端》中提出"酸雨"这一专有名词。

二、酸雨成因

酸雨的成因是一种复杂的大气化学和大气物理的现象。酸雨中含有多种无机酸和有机酸,绝大部分是硫酸和硝酸,还有少量灰尘。

酸雨是工业高度发展而出现的副产物,由于人类大量使用煤、石油、天然气等化石燃料,燃烧后产生的硫氧化物或氮氧化物,在大气中经过复杂的化学反应,形成硫酸或硝酸气溶胶,或为云、雨、雪、雾捕捉吸收,降到地面成为酸雨。

(一)空中酸碱物质与酸雨

现代工业、农业和交通运输业的排放量增大,种类更多的污染物r包括酸碱性物质)与尘埃一起升到高空,通过扩散、迁移、转化而后重力沉降到地面,或经雨雪冲刷到达地面。酸性物质可破坏植被、酸化土壤、酸化水域、造成水生和陆地生态失衡,加速岩石风化和金属

①张新民,柴发合,王淑兰,等. 中国酸雨研究现状[J]. 环境科学研究,2010,(5):527-532.

腐蚀。

自然活动和人类活动向大气排放若干物质形成酸雨。其中有的物质是中性的,如风吹浪沫漂向空中的海盐,NaCl,KCl等;有的物质是酸性的,如SOx和NOx及酸性尘埃(火山灰)等;有的是碱性的,如NH3及来自风扫沙漠和碱性土壤扬起的颗粒;有的本身并无酸碱性,但在酸碱物质的迁移转化中可起催化作用,如CO和臭氧;降水的pH值是它们在雨水冲刷过程中相互作用和彼此中和的结果。自然活动和人类活动的排放规律完全不同:在较长时间内,如一个世纪以至几个世纪,前者的排放量大致不变;而后者,在某些经济正在腾飞的地区几十年甚至十年内就会有明显的增加。

(二)酸性物质SOx的排放

酸性物质SOx有四类天然排放源:海洋雾沫,它们会夹带一些硫酸到空中;土壤中某些机体,如动物死尸和植物败叶在细菌作用下可分解某些硫化物,继而转化为Sox;火山爆发,也将喷出可观量的SOx气体;雷电和干热引起的森林火灾也是一种天然SOx排放源,因为树木也含有微量硫。

中国浙江省衢州市常山县某地地下蕴藏含高硫量的石煤,开采价值不大,但原因不明地在地下自燃数年,通过洞穴和岩缝,每年逸出大量SOx。既是自燃,也归属于天然排放源。

中国安徽省铜陵市铜山铜矿的矿石为富硫的硫化铜矿石,其含硫量平均为20%,最高为41.3%,世间罕见。高硫矿石遇空气可自燃,即:$2CuS+3O_2=2CuO+2SO_2$。因此在开采过程中,能自燃,形成火灾,并释放出大量热的SOx,腐蚀性极大,污染周边环境。

(三)酸性物质NOx的排放

酸性物质NOx排放有两大类天然源:闪电,高空雨云闪电,有很强的能量,能使空气中的氮气和氧气部分化合生成NO,继而在对流层中被氧化为NO_2,NOx即为NO和NO_2之和;土壤硝酸盐分解,即使是未施过肥的土壤也含有微量的硝酸盐,在土壤细菌的帮助下可分解出NO,NO_2和N_2O等气体。

(四)化石燃料与酸雨

酸性物质SOx、NOx排放人工源之一,是煤、石油和天然气等化石燃料燃烧,无论是煤,或石油,或天然气都是在地下埋藏多少亿年,由古代的动植物化石转化而来,故称作化石燃料。科学家粗略估计,1990年中国化石燃料约消耗近700万吨,仅占世界消耗总量的12%,人均相比并不惊人;但是中国近几十年来,化石燃料消耗的增加速度实在太快,大约增加了30倍左右,不能不引起足够重视。

(五)工业过程与酸雨

酸性物质SOx、NOx排放人工源之二是工业过程,如金属冶炼:某些有色金属的矿石是硫化物,铜,铅,锌便是如此。将铜,铅,锌硫化物矿石还原为金属的过程中将逸出大量SOx气体,部分回收为硫酸,部分进入大气。再如化工生产,特别是硫酸生产和硝酸生产可分别跑冒滴漏掉可观量的SOx和NOx,由于NO_2带有淡棕的黄色,因此,工厂尾气所排出的带有NOx

的废气像一条"黄龙",在空中飘荡。

(六)交通运输与酸雨

酸性物质SO_x、NO_x排放人工源之三是交通运输,如汽车尾气。在发动机内,活塞频繁打出火花,像天空中闪电,N_2变成NO_x。不同的车型,尾气中NO_x的浓度有多有少,机械性能较差的或使用寿命已较长的发动机的尾气中NO_x浓度较高。汽车停在十字路口,不熄火等待通过时,要比正常行车尾气中的NO_x浓度要高。近年来,中国各种汽车数量猛增,它的尾气对酸雨的贡献正在逐年上升,不能掉以轻心。人们常说车祸猛于虎,因为车祸看得见摸得着,血肉模糊,容易引起震动;污染是无形的,影响短时间看不出来,容易被人忽视。

(七)土壤—扬沙—酸雨

土地耕作、交通运输、建筑工地都会常见平地扬沙。中国古代诗词中所描述的"黄尘古道",形象地描述了中国北方平地扬沙的景观。特别在北方植被发育不全的冬春两季,土地裸露,现象更为严重。大致上北方土壤偏碱性,被风吹起的扬尘也偏碱性,会中和雨中酸性物质;南方土壤偏酸性,扬尘也偏酸性,使雨中酸性物质增加,会促成酸雨。扬尘中的粗颗粒,近似于土壤成分,含钙的硅酸盐和碳酸盐,呈碱性,可中和酸雨;细颗粒,在高空会吸附酸性气体,总体呈酸性,会促进酸雨。中国北方干旱少雨,雨量集中,大雨或暴雨有较大缓冲酸的能力,大气中同样数量的酸性物质,一次成雨,雨量大,pH值未必低;北方多风沙,来自沙漠的沙粒偏碱性;北方土壤也偏碱性,飘尘也偏碱性,都会中和大气中某些酸性物质。经过监测得知北方雨水含碳酸氢根离子和粘土矿物较多,对酸性物质有较强缓冲能力。这些因素都决定中国北方目前不可能成为酸雨地区,短期内也不会扩展成为酸雨地区,虽然中国北方某些地区SO_x和NO_x排放并不比中国南方低。

三、酸雨的危害

酸雨给地球生态环境,人类社会生活和全球经济发展带来了严重的影响和破坏。研究表明,目前备受人们关注的酸雨对人类健康、陆生生态系统、建筑材料、水生生物等均带来严重危害,不仅造成重大经济损失,更危及生存和发展。

在酸雨区,酸雨造成的破坏比比皆是,触目惊心。如瑞典的9万多个湖泊中,已有2万多个遭到酸雨破坏,4000多个成为无鱼湖。美国和加拿大的许多湖泊成为死水,鱼类、浮游生物,甚至水草和藻类均一扫而光。而北美的酸雨区已发现有大片森林死于酸雨。德、法、瑞典、丹麦等国已有700多万公顷森林正在衰亡,中国四川、广西等省有10多万公顷森林也正在衰亡,如图2-5所示。世界上许多古建筑和石雕艺术品遭酸雨腐蚀而严重损坏,如图2-6中国的乐山大佛、加拿大的议会大厦等。最近发现,北京卢沟桥的石狮和附近的石碑,五塔寺的金刚宝塔等均遭酸雨浸蚀而严重损坏。

图2-5　树木枯死

图2-6　乐山大佛伤痕累累

（一）酸雨对人类的影响

1.酸雨对人体的直接危害。人体耐酸能力高于耐碱能力，如果经常用弱碱性洗衣粉洗衣服，不带手套，手就会变得粗糙，皮革工人，经常接触碱液，也有类似情况；但皮肤角质层遇酸就好一些。可是，眼角膜和呼吸道黏膜对酸类却十分敏感，酸雨或酸雾对这些器官有明显刺激作用,导致红眼病和支气管炎、咳嗽不止甚至可诱发肺病。

而且酸雨对正在成长发育的儿童、青少年的体质危害很大。调查发现:与清洁地区相比,酸雨污染区儿童血压有下降的趋势,红细胞及血红蛋白偏低,而白细胞数较高。一些呼吸道疾病症状如咳嗽、胸闷、鼻塞、鼻出血的发生率增高,儿童哮喘发病率增加尤为突出,甚至有6个月的婴儿患哮喘病的病例,酸雨污染区调查表明,成年人人均患病次数、天数、医疗费用等都明显高于清洁区,其中患呼吸疾病是清洁区的4.4倍,患哮喘病为清洁区的2.6倍,患心脏病为1.7倍。实验室研究表明,酸雨对呼吸道中起主要防御功能的细胞有重要损伤作用,其后果将会使呼吸道感染,肺肿瘤的发生机会大大增加,甚至会诱发癌症,这是酸雨对人类的直接影响。

2.酸雨对人体的间接危害。对人类而言,酸雨的一个间接影响是溶解在水中的有毒金属被水果、蔬菜和动物的组织吸收。虽然这些有毒金属不直接影响这些动物,但是食用这些动物会对人类产生严重影响。例如,累积在动物器官和组织中的汞是与脑损伤和神经混乱有关联的。同样地,农田土壤酸化,使本来固定在土壤矿化物中的有害重金属如汞、铝等再溶出,继而为粮食、蔬菜吸收和富集,人类摄取后会中毒得病,这是酸雨对人类的间接危害。

(二)对陆地生态系统的危害

酸雨可使土壤的性质发生变化,加速土壤矿物如硅(Si)、镁(Mg)的风化、释放,使植物的营养元素特别是钾、钠、钙、镁等流失,降低土壤的饱和度,导致植物营养不良。

酸雨可使土壤微生物种群变化,细菌个体生长变小,生长繁殖速度降低。如分解有机质及其蛋白质的主要微生物类群牙孢杆菌,极毛杆菌和有关真菌数量降低,影响营养元素的良性循环,造成农业减产。特别是酸雨可降低土壤中氨化细菌和固氮细菌的数量,使土壤微生物的氨化作用和硝化作用能力下降,对农作物大为不利。

2004年科学家试验后估计中国南方七省大豆因酸雨受灾面积达2380万亩,减产达20万吨,减产幅度约6%,每年经济损失1400万元。如图2-7所示:火力发电厂周围的粮地稻、麦等禾本科作物叶面积小,蜡质层厚,可湿性差,对酸雨敏感性弱,但强酸雨仍将导致叶面扭曲,褐黄或褐红伤斑,大麦减产。重庆电厂附近酸雨区域受害粮地4.1%。

图2-7 火力发电厂周围植物

(三)酸雨对建筑材料的危害

酸雨地区的混凝土桥梁、大坝和道路以及高压线钢架、电视塔等土木建筑基础设施都是直接暴露在大气中,遭受酸雨的腐蚀。酸雨与这些基础设施的构筑材料发生化学的或电化学的反应,造成诸如金属的锈蚀、水泥、混凝土的剥蚀疏松、矿物岩石表面的粉化侵蚀以及塑料、涂料侵蚀等。砂浆混凝土墙面经酸雨侵蚀后,出现"白霜",经分析此种白霜就是石膏(硫酸钙)。建筑材料变脏、变黑,影响城市市容质量和城市景观,被人们称之为"黑壳"效应。

中国雾都重庆"黑壳"效应相当明显。天然大理石俗称汉白玉,三年之后,经酸雨淋洗,完全变色;失去光泽的时间为3至8年。据报道,仅美国因酸雨对建筑物和材料的腐蚀每年损失达20亿美元。

(四)酸雨对水生物的危害

一旦酸雨降落至水中,它会给水生生物造成巨大的损害。首先,酸雨降落至水中,会使水体酸化。

湖水pH值在9.0~6.5之间的中性范围时,对鱼类无害;在5.0~6.5之间的弱酸性时,鱼卵难已孵化,鱼苗数量减少;当湖水pH值低于5.0时,大多数鱼类不能生存。因此,湖泊酸化会引起鱼类死亡。相对于忍耐湖水酸化的能力而言,虾类比鱼类更差,在已酸化的湖泊中,虾类要比鱼类提前灭绝。

草本植物是一些鱼虾类赖以生活的基础。湖水酸化,水生生物将减少,例如,某湖泊酸化后,绿藻从原来的26种降到5种,金藻从22种降到5种,蓝藻从22种减至10种。俗话说大鱼吃小鱼,小鱼吃虾米,虾米吃污泥,其实污泥中含有大量水生生物,鱼虾离开了水草和水生生物,好比鸟兽离开森林,如图2-8所示。因此,从生物食物链角度来看,湖泊酸化,也将使鱼虾难以生存,如图2-9所示。酸雨是青蛙和鸟类的天敌,鸟穿过酸雾,酸对角膜有刺激性,而鸟和青蛙对酸又十分敏感,即患红眼病,如图2-10所示。美国到1979年因水体酸化导致的渔业损失每年达2.5亿美元。20世纪以来,加拿大的30万个湖泊中已有近5万个湖水酸化使生物完全灭绝。

图2-8　湖泊中的水生物

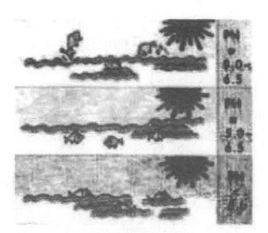

图2-9 pH对鱼类的影响

图2-10 换红眼病的青蛙

　　世界上酸雨最严重的欧洲和北美在遭受多年的酸雨危害之后，许多国家终于都认识到，大气无国界，防治酸雨是一个国际性的环境问题，不能依靠一个国家单独解决，必须共同采取对策，减少硫氧化物和氮氧化物的排放量。经过多次协商，1979年11月在日内瓦举行的联合国欧洲经济委员会的环境部长会议上，通过了《控制长距离越境空气污染公约》，并于1983年生效。《公约》规定，到1993年底，缔约国必须把二氧化硫排放量削减为1980年排放量的70%。欧洲和北美(包括美国和加拿大)等32个国家都在公约上签了字。为了实现许诺，多数国家都已经采取了积极的对策，制定了减少致酸物排放量的法规。例如，美国的《酸雨法》规定，密西西比河以东地区，二氧化硫排放量要由1983年的2000万吨／年，经过10年减少到1000万吨/年；加拿大二氧化硫排放量由1983年的470万吨/年，到2004年减少到160万吨/年等。目前世界上减少二氧化硫排放量的主要措施有：

　　1. 订定严格管制标准，以迫使污染源地区采用排烟脱硫及排烟脱硝之设备。

　　2. 引进最佳可行控制技术，以减少硫氧化物及氮氧化物之排放。

　　3. 改善汽、机车引擎及防污设备，并加严排放标准，以减少氮氧化物之排放。

　　4. 优先使用低硫燃料，如含硫较低的低硫煤和天然气等。

5.改进燃煤技术,减少燃煤过程中二氧化硫和氮氧化物的排放量。例如,液态化燃煤技术是受到各国欢迎的新技术之一。它主要是利用加进石灰石和白云石,与二氧化硫发生反应,生成硫酸钙随灰渣排出。

6.对煤燃烧后形成的烟气在排放到大气中之前进行烟气脱硫。目前主要用石灰法,可以除去烟气中85%~90%的二氧化硫气体。不过,脱硫效果虽好但十分费钱。例如,在火力发电厂安装烟气脱硫装置的费用,要达电厂总投资的25%之多。这也是治理酸雨的主要困难之一。

7.在火电、钢铁、电解铝、水泥等大气污染重点行业实施排污许可证制度,明确重点企业主要污染物允许排污问题和削减量,强制安装在线监测装置,严格监督管理。

8.开展以控制燃烧污染为主的大气污染综合防治,政府工程规划是高污染燃烧禁区,禁止使用高污染设备,大力推广清洁能源,利用燃煤;大幅度提高城市气化率,减少城市燃烧量,限制高硫煤使用,加速城区空气的改善。

9.配合有关部门研究制定并尽早组织实施控制二氧化硫的经济政策:重点是将现有火电机组脱硫成本纳入上网电价,保证脱硫机组上网前制定发电环保折价标准。鼓励多渠道加大脱硫资金投入,落实国债资金和排污费对重点脱硫工程项目的补助等政策。

10.开发新能源,如氢能、太阳能、水能、潮汐能、地热能等。

但更令人担忧的是,酸雨是一种超越国境的污染物,它可以随同大气转移到1000公里以外甚至更远的地区。因此,酸雨问题已经不再是一个局部环境问题。尤其是工业发达国家,汽车排放的氮氧化物占总排放量的50%,是向其周边国家的酸雨"出口"国。中国目前二氧化硫的排放量约1800万吨,西南、华南地区已形成了世界第三大酸雨地区,并有向华中、华东、华北蔓延的趋势。具体做法是大力进行煤炭洗运,综合开发煤、硫资源;对于高硫煤和低硫煤实行分产合理使用:在煤炭燃烧过程中,采取排烟脱硫技术:回收二氧化硫,生产硫酸;发展脱硫煤,成型煤供民用;有计划地进行城市煤气化改造等。中国科学家和环保工作者经过多年研究,提出建议修改中国南方酸雨标准。研究证实,在中国南方只有当雨水pH值小于4.6时,才发现对植物生长有明显影响。如何防治酸雨呢?最根本的途径是减少人为硫氧化物和碳氧化物的排放。人为排放的二氧化硫主要是由于燃烧高硫煤造成的,因此,研究煤炭中硫资源的综合开发和利用,是防治酸雨的有效途径。

酸雨是工业高度发展而出现的副产物,由于人类大量使用煤、石油、天然气等化石燃料,燃烧后产生的硫氧化物或氮氧化物,在大气中经过复杂的化学反应,形成硫酸或硝酸气溶胶,或为云、雨、雪、雾捕捉吸收,降到地面成为酸雨。对人类的身体健康有极大危害,同时也对农作物,建筑物都有极大破坏力。人们的不顾一切造成了巨大危害,这不是我们想看到的,为了我们自身安全,也为了子孙后代,不要再过多地排放有害气体。

第四节 极端天气

一、飓风（龙卷风）

（一）飓风的概述

发生在大西洋、墨西哥湾、加勒比海和北太平洋东部的热带气旋称为飓风，如图2-11所示。飓风通常发生在夏季和早秋，它来临时常常电闪雷鸣。在仅仅一天内，飓风就能够释放出大量的能量，而这些能量足以满足整个美国约六个月电的需要量。

英文Hurricane一词源自加勒比海语言中恶魔一词Hurican，亦有说它是玛雅人神话中创世众神的其中一位，就是雷暴与旋风之神Hurakan。而台风一词则源自希腊神话中大地之母盖亚之子Typhon，它是一头长有一百个龙头的魔物，传说其孩子就是可怕的大风。至于中文"台风"一词，有人说源于日语，亦有人说来自中国。以前，中国东南沿海经常有风暴，当地渔民统称其为"大风"，后来变成台风。

图2-11 飓风卫星云图

世界气象组织对热带气旋的定义和分类标准是，按热带气旋中心附近最大平均风力将热带气旋划分为四级：风力＜8级为热带低压；风力8～9级为热带风暴；风力10～11级为强热带风暴；风力12级为台风或飓风。飓风和台风都是指风速达到33米/秒以上的热带气旋，只是因发生的地域不同，才有了不同名称。出现在北太平洋西部和中国南海的强热带气旋被称为"台风"；发生在大西洋、墨西哥湾、加勒比海和北太平洋东部的强热带气旋则称"飓风"。飓风在一天之内就能释放出惊人的能量。

飓风与龙卷风也不能混淆。后者的时间很短暂，属于瞬间爆发，最长也不超过数小时。此外，龙卷风一般是伴随着飓风而产生。龙卷风最大的特征在于它出现时，往往有一个或数个如同"大象鼻子"样的漏斗状云柱，同时伴随狂风暴雨、雷电或冰雹。龙卷风经过水面时，能吸水上升形成水柱，然后同云相接，俗称"龙取水"。经过陆地时，常会卷倒房屋，甚至把人吸卷到空中。

(二)飓风的成因

飓风形成需要三个条件:温暖的水域;潮湿的大气;海洋洋面上的风能够将空气变成向内旋转流动。

在多数风暴结构中,空气会变得越来越暖并且会越升越高,最后流向外界大气。如果在这些较高层次中的风比较轻,那么这种风暴结构就会维持并且发展。在飓风眼(即飓风中心)中相对来说天空比较平静。最猛烈的天气现象发生在靠近飓风眼的周围大气中,称之为(飓风)眼墙。在眼墙的高层,大多数空气向外流出,从而加剧大气的上升运动。

飓风产生于热带海洋的一个原因是因为温暖的海水是它的动力"燃料"。由此,一些科学家就开始研究是否变暖的地球会带来更强烈的、更具危害性的热带风暴。科学家们认为,迄今为止,历史上的飓风资料还没能提供证据表明地球变暖和飓风之间有什么联系。美国国家飓风中心的 Edward Rappaport 说,"在1995年前的4到5年的时间里,飓风活动相当活跃。尽管其后的两三年是飓风活动的间歇期,然而现在我们又面临飓风比较活跃的年份。至少从这一点上,就很难说明在全球变暖和飓风之间有关系了。"有一项研究指出,21世纪的飓风将比20世纪的飓风强度强20个百分点。一些研究结果还表明,诸如"拉尼娜"和其他一些大的天气系统给人类所带来的影响将会超过全球变暖带来的任何影响。

图2-12　飓风掠过后的街道

(三)飓风的危害

2005年8月25日,"卡特里娜"飓风在佛罗里达州登陆,8月29日破晓时分,再次以每小时233公里的风速在墨西哥湾沿岸新奥尔良外海岸登陆。登陆超过12小时后,才减弱为强热带风暴。至少有1800人在灾难中死亡,上百万人无家可归。整个受灾范围几乎与英国国土面积相当,被认为是美国历史上造成损失最大的自然灾害之一。

2011年8月25日,飓风"艾琳"在巴哈马附近移动。飓风中心预计在27日接近美国东海岸,贴着海岸线向北移动,并将在28日对东北部的新英格兰与纽约长岛等地造成威胁,如图2-13所示,"艾琳"正逼近美国东海岸。8月23日,在多米尼加共和国北部普拉塔港市郊海滩上,飓风"艾琳"引发巨大海浪。当日,多米尼加遭受飓风"艾琳"和强暴雨袭击,1万多人流离失所,一些建筑物受到不同程度损坏,45个村庄被洪水淹没,数人失踪。8月27日飓风"艾琳"袭击美国,飓风"艾琳"登陆美国本土前夕,北卡罗来纳州海岸风雨交加。由于美国气象部门警告说将于27日袭击东海岸的飓风"艾琳"可能带来严重灾害,如图2-13所示。截至26日美东部沿海已有10个州先后宣布进入紧急状态,并下令将约230万居民进行紧急疏散。这是美国历史上第一次因自然灾害进行如此大规模的疏散行动。

图2-13 飓风"艾琳"逼近美国东海岸卫星照片

2012年10月31日,万圣节即将来临,上帝送上了一份让美洲人消受不起的恐怖大礼,那就是飓风"桑迪"。28日桑迪从加勒比海地区北上,直指美国东海岸。根据美国国家飓风中心当地时间29日晚的最新消息,"桑迪"目前已在美国东海岸新泽西州南部登陆,中心持续风速达每小时129公里。飓风"桑迪"不仅使美国纽约37万居民被迫转移,逼停了纽约、波士顿等地的城市公共交通,也使美国东部地区部分铁路运输停止。飓风"桑迪"带来的强风暴雨也重创了美国航空运输业。西弗吉尼亚等内陆州则引发了大降雪。联邦应急部门官员表示,大约5000万至6000万人可能受"桑迪"影响,经济损失可能超过10亿美元。

二、特大泥石流

(一)泥石流概述

泥石流是山区常见的一种自然灾害现象,是由泥沙、石块等松散固体物质和水混合组成的一种特殊流体。它暴发时,山谷轰鸣,地面震动,浓稠的流体汹涌澎湃,沿着山谷或坡面顺势而下,冲向山外或坡脚,往往在顷刻之间造成人员伤亡和财产损失。

泥石流是介于流水与滑坡之间的一种地质作用。典型的泥石流由悬浮着粗大固体碎屑物并富含粉砂及黏土的粘稠泥浆组成。在适当的地形条件下,大量的水体浸透山坡或沟床中的固体堆积物质,使其稳定性降低,饱含水分的固体堆积物质在自身重力作用下发生运动,就形成了泥石流。泥石流是一种灾害性的地质现象。泥石流经常突然暴发,来势凶猛,可携带巨大的石块,并以高速前进,具有强大的能量,因而破坏性极大。

(二)泥石流成因

泥石流流动的全过程一般只有几个小时,短的只有几分钟。泥石流是一种广泛分布于世界各国一些具有特殊地形、地貌状况地区的自然灾害,是山区沟谷或山地坡面上,由暴雨、冰雪融化等水源激发的、含有大量泥沙石块的介于挟沙水流和滑坡之间的土、水、气混合流。泥石流大多伴随山区洪水而发生,它与一般洪水的区别是洪流中含有足够数量的泥、沙、石等固体碎屑物,其体积含量最少为15%,因此比洪水更具有破坏力。

(三)泥石流危害

泥石流的主要危害是冲毁城镇、企事业单位、工厂、矿山、乡村,造成人畜伤亡,破坏房屋及其他工程设施,破坏农作物、林木及耕地。此外,泥石流有时也会淤塞河道,不但阻断航运,还可能引起水灾。影响泥石流强度的因素较多,如泥石流容量、流速、流量等,其中泥石流流量对泥石流成灾程度的影响最为主要。此外,多种人为活动也在多方面加剧上述因素的作用,促进泥石流的形成。

泥石流活动频繁,来势凶猛,常使人猝不及防。从世界范围来看,泥石流经常发生在峡谷地区、地震与火山多发区。它瞬间暴发,是山区最严重的自然灾害之一。

世界泥石流多发地带为环太平洋褶皱带(山系)、阿尔卑斯、喜马拉雅褶皱带、欧亚大陆内部的一些褶皱山区。据统计,近50多个国家存在泥石流的潜在威胁,其中比较严重的有哥伦比亚、秘鲁、瑞士、中国、日本等。其中日本的泥石流沟有62000条之多,春夏两季经常暴发泥石流。

1970年5月,秘鲁发生7.8级地震,引发瓦斯卡蓝山泥石流,使容加依城全部被毁,近7万人丧生。1985年11月,哥伦比亚鲁伊斯火山爆发,火山喷发物夹带着碎屑、火山泥石流奔腾而下,距火山50公里以外的阿美罗镇瞬间被吞没,造成23万人死亡,13万人无家可归。1998年意大利那不勒斯等地突遭泥石流袭击,造成100多人死亡,2000人无家可归。

进入21世纪,全球泥石流暴发频率急剧增加。仅2011年,就先后在乌干达、秘鲁、加拿大等多个国家发生严重的泥石流灾害。

2010年8月7日夜,中国甘肃甘南藏族自治州舟曲县发生特大泥石流,致使1434人遇难,失踪331人;舟曲5公里长、500米宽区域被夷为平地,泥石流袭击舟曲县城,时隔一周,2010年8月12日,龙门山脉区域沿线连降暴雨,四川都江堰、绵竹等地发生泥石流、滑坡等地质灾害。13日夜间至14日凌晨,汶川县境内又突降暴雨,映秀、漩口等多个乡镇发生泥石流,震中生命线213国道汶川段多处中断。

巴西东南部的里约热内卢州从2011年1月5日开始就遭遇40年不遇的暴雨袭击,该州多个城市共发生200多起泥石流灾害,致使50多座房屋被泥石流吞没,数千人流离失所,另有1万多间房屋成为危房。被泥石流冲毁和淹没的房屋主要位于当地的难民营中,而这些难民营中聚集了里约热内卢州近1/5的人口。灾害造成1350人死亡,这是2011年上半年仅次于东日本地震海啸的第二大自然灾害,被联合国灾害管理机构列为111年以来世界十大泥石流灾害之一。

(四)泥石流预防措施

减轻或避防泥石流的工程措施主要有:跨越工程,是指修建桥梁、涵洞,从泥石流沟的上方跨越通过,让泥石流在其下方排泄,用以避防泥石流。这是中国铁道和公路交通部门为了保障交通安全常用的措施;穿过工程,指修隧道、明硐或渡槽,从泥石流的下方通过,而让泥石流从其上方排泄。这是中国铁路和公路通过泥石流地区的又一主要工程形式;防护工程,指对泥石流地区的桥梁、隧道、路基及泥石流集中的山区变迁型河流的沿河线路或其他主要工程措施,做一定的防护建筑物,用以抵御或消除泥石流对主体建筑物的冲刷、冲击、侧蚀和淤埋等的危害。防护工程主要有:护坡、挡墙、顺坝和丁坝等。排导工程,其作用是改善泥石流流势,增大桥梁等建筑物的排泄能力,使泥石流按设计意图顺利排泄;排导工程,包括导流堤、急流槽、束流堤等;拦挡工程,用以控制泥石流的固体物质和暴雨、洪水径流,削弱泥石流的流量、下泄量和能量,以减少泥石流对下游建筑工程的冲刷、撞击和淤埋等危害的工程措施。拦挡措施有:栏渣坝、储淤场、支挡工程、截洪工程等。

对于防治泥石流,常采用多种措施相结合。泥石流沟口通常是发生灾害的重要地段。在应急调查时,应该加强对沟口的调查。仔细了解沟口堆积区和两侧建筑物的分布位置,特别是新建在沟边的建筑物;调查了解沟上游物源区和行洪区的变化情况。应注意采矿排渣、修路弃土、生活垃圾等的分布,在暴雨期间可能会形成新的泥石流物源;民居建于泥石流沟边,特别是上游滑坡堵沟溃决时,非常危险,地质灾害高发区房屋的调查要按照"以人为本"的原则,针对地质灾害高发区点多面广的难题,集中力量对有灾害隐患的居民点或村庄的房屋和房前屋后开展调查。

三、特大洪涝灾害

(一)洪涝灾害概述

洪涝灾害是指暴雨、急剧融化的冰雪、风暴潮等自然因素引起的江河湖海水量迅速增加或水位迅猛上涨的自然现象。一般包括洪灾和涝渍灾。

洪灾一般是指河流上游的降雨量或降雨强度过大、急骤融冰化雪或水库垮坝等导致的河流突然水位上涨和径流量增大,超过河道正常行水能力,在短时间内排泄不畅,或暴雨引起山洪暴发、河流暴涨漫溢或堤防溃决,形成洪水泛滥造成的灾害。涝渍灾是由于大量降水汇集在低洼处长时间无法排除(涝),或者是地下水位持续过高(渍),使土壤孔隙中的空气含量降低,影响根的呼吸作用,使得作物减产、烂根、甚至死亡。

洪涝灾害四季都可能发生。中国主要发生在长江、黄河、淮河、海河的中下游地区。按时间可分为:春涝:主要发生在华南、长江中下游、沿海地区。夏涝:中国的主要涝害,主要发生在长江流域、东南沿海、黄淮平原。秋涝:多为台风雨造成,主要发生在东南沿海和华南。

(二)洪涝灾害的成因

洪涝灾害具有双重属性,既有自然属性,又有社会经济属性,所以洪涝灾害的发生条件可以分为自然条件和社会经济条件。自然条件主要是气候异常,降水集中、量大。中国降水的年际变化和季节变化大,一般年份雨季集中在七八两个月,中国是世界上多暴雨的国家之一,这是产生洪涝灾害的主要原因。洪水是形成洪水灾害的直接原因。只有当洪水自然变异强度达到一定标准,才可能出现灾害。主要影响因素有地理位置、气候条件和地形地势。社会经济条件是指只有当洪水发生在有人类活动的地方才能成灾。受洪水威胁最大的地区往往是江河中下游地区,而中下游地区水源丰富、土地平坦,又常常是经济发达地区。

从气候因素看,洪涝集中在中低纬度地区,主要是亚热带季风气候区、亚热带湿润气候区、温带海洋性气候区(降水季节变化明显)。从地形因素看,洪涝多发生在江河的两岸,特别是河流的中下游和地势低洼地区。就全球范围来说,洪涝灾害主要发生在多台风暴雨的地区。这些地区主要包括:孟加拉北部及沿海地区;中国东南沿海;日本和东南亚国家;加勒比海地区和美国东部近海岸地区。此外,在一些国家的内陆大江大河流域,也容易出现洪涝灾害。中国主要的雨涝区分布在大兴安岭—太行山—武陵山以东,这个地区又被南岭、大别山—秦岭、阴山分割为4个多发区。

从洪涝灾害的发生机制来看,洪涝具有明显的季节性、区域性和可重复性。如中国长江中下游地区的洪涝几乎全部都发生在夏季,并且成因也基本上相同。同时,洪涝灾害具有很大的破坏性和普遍性。洪涝灾害不仅对社会有害,甚至能够严重危害相邻流域,造成水系变迁。但是,洪涝仍具有可防御性。人类不可能根治洪水灾害,但通过各种努力,可以尽可能地缩小灾害的影响。

(三)洪涝灾害的危害

受气候地理条件和社会经济因素的影响,中国的洪涝灾害具有范围广、发生频繁、突发性强、损失大的特点。据《明史》和《清史稿》资料统计,明清两代(1368-1911年)的543年中,范围涉及数州县到30州县的水灾共有424次,平均每4年发生3次,其中范围超过30州县的共有190年次,平均每3年1次。新中国成立以来,洪涝灾害年年都有发生,只是大小有所不同而已。特别是50年代,10年中就发生大洪水11次。

1991年,中国淮河、太湖、松花江等部分江河发生了较大的洪水,全国洪涝受灾面积达3.68亿亩,直接经济损失高达779亿元。1998年中国的"世纪洪水",在中国大地到处肆虐,29个省受灾,农田受灾面积3.18亿亩,成灾面积1.96亿亩,受灾人口2.23亿人,死亡3000多人,房屋倒塌497万间,经济损失达1666亿元。这次长江流域发生特大洪涝灾害是由于降水量过大造成的,同时也与长江中上游流域的森林砍伐过量,水土流失有关。

2008年6月11至16日,广西宜州市遭遇了70年一遇的洪灾,洪水漫入乡政府,学校被迫停课;道路塌方或被洪水冲毁,通信、交通、电力中断,龙头乡成为"孤岛"。大批房屋被淹,1.5万人和1.6万亩作物受灾,直接经济损失6300多万元,如图2-14所示,洪水淹没了大部分住房。2012年7月30日晚23时至31日6时,中国云南省景谷县境内突降暴雨,引发特大泥石流洪涝灾害,造成3人死亡、11人失踪、重伤3人、轻伤84人,如图2-15所示。

图2-14　广西宜州市洪灾

图2-15　云南景谷发生特大洪涝灾害

四、特大雨雪天气

（一）特大雨雪天气概述

2008年1月中旬至2月上旬在中国南方地区发生的特大雨雪灾害，是1954年以来发生的影响面积最大、受灾人数最多、持续时间最长、经济损失最重的冰雪灾害事件。由于对灾害的估计不足、对冰灾的介入不及时、部门间信息不畅以及紧急应对措施不到位等因素的影响，导致出现较大的社会困难和公共危机。大面积、较长时间的断电断水，铁路、公路和航空运输的严重中断，大量返乡人口的长时间滞留，能源物资的紧缺，物价的上涨等，远较SARS引发的公共危机严重。类似的雨雪灾害近期在全球范围内多有出现，不能忽视偶然现象中的必然因素。

雨雪灾害是一种由极端天气因素影响而导致的自然灾害，是指一定地区长时间受低温天气的影响发生的异常冰霜雨雪及冻雨灾害，并给当地生产、生活带来严重负面影响。

（二）特大雨雪天气成因

据气象学家研究，中国南方冰雪灾害天气的发生具有三个基本条件：一是该地区出现持续低温（0℃以下）异常天气；二是强冷空气遇上强暖湿气流后在一定的地理条件下在该地区上空相持不下;三是导致出现上层暖湿、下层干冷的"逆温"现象,因此,暖湿气流中的水汽在凝结并降落的过程中,穿过0℃以下的冷气流层后,便形成持续的冰雪和冻雨天气,从而引发罕见的冰雪灾害。与北方的冰雪天气相比,所不同的是:北方冰雪天气干冷、水汽少,因此北方冬季积雪、结冰厚度相比之下不易出现异常,也在正常的承受能力范围内;而南方水汽多,一遇持续低温的冰雪天气,很容易造成积雪量、结冰量的猛增,一旦超过正常的承受力,便会导致大型冰雪灾害的发生。

(三)特大雨雪天气危害

这次中国南方地区发生大面积、高强度的冰雪灾害,并不是一个简单的偶然事件,与全球气候变化的结果有关。专家们指出,近年来全球气候普遍变暖,容易引发两种不同后果:一是导致高纬度地区受更暖的暖流的影响而发生温度升高从而引起沿途生物物种的变化;二是导致冬季来自热带海洋的暖湿气流一旦与来自北方的干冷气流相遇,更易产生冰雪,时间一长,便导致冰雪天气的出现,比如:2008年中国南方发生的高强度的雨雪灾害,就是因为来自印度洋的西南暖湿气流气温更高、湿度更大,在与中国南方上空的冬季干冷气流汇合时,出现2008年这样高强度的持续雨雪冻雨天气,从而引发严重的冰雪灾害。这种类似的雨雪灾害天气最近在北半球的其他地方时有发生,如:从2008年2月14日开始,日本受强寒流和低气压的影响,大部分地区受到强风大雪的侵袭,部分地区降雪量超过60毫米,并且持续在一星期左右。又如:从1月30日开始到2月2日,欧洲和北美地区出现普遍的暴雪和冰雪灾害天气。2月9日,玻利维亚出现大雪。2月18日,土耳其暴雪。由此可见,随着全球气候变化的加剧,异常性的冰雪灾害天气不仅在中国出现,而且在全球其他地区同时出现,且频率加强,这不是一个简单的偶然事件,而是预示着更多类似灾害性天气的出现,这不能不引起各国政府和专家们的警觉。

(四)特大雨雪天气预防

长期以来,国际社会一直关注减灾防灾研究。联合国成立了国际减灾署,其中也包括对雨雪灾害的救助和研究,每年举行一次国际减灾研讨会。俄罗斯设立了"俄罗斯联邦民防、紧急情况与消除自然灾害后果部",雨雪灾害的研究主要集中在灾害形成机理和灾害预防方面。新加坡实行的是全民救助减灾机制。英国政府各个部门根据自己的工作职责制定了不同的预警防灾体系。日本成立了专门的"防灾省",中央政府设有防灾担当大臣,建立了从中央到地方的防灾信息系统及应急反应系统,并制定了《防灾基本计划》《地区防灾计划》《灾难对策基本法》等法律,在冰雪灾害预警系统的研究方面走在前列。瑞士建立了从预报到技术装备的冰雪防灾体系,寻求技术帮助减少雪崩、暴风雪等自然灾害可能带来的损失,对公路风吹雪的研究很有特色。美国各地方政府也建立了全套的暴风雪防灾机制。在德国,建立突发灾害联动防范体系,并重视普及、加强公众防灾意识,在中小学开展灾害预防教育,并重视环境管理与生态保护工作。总结国际上冰雪防灾减灾研究的状况,可以概括为三方面特点,如表2-1。

表2-1　国际上冰雪防灾减灾研究的状况

主要特点	代表国家
对冰雪灾害形成机理的研究较为成熟	如德国、美国等国
对冰雪灾害预警系统的研究较为重视,成果显著	如巴西、日本、瑞士等国家
强调冰雪灾害信息协调系统和应急预案的研究	如美国、日本、俄罗斯、英国等国

但是,以往国内外关于雨雪灾害关注的重点主要集中在寒冷和较寒冷地区,在中国主要是集中在秦岭—淮河一线以北的传统北方地区而对南方地区冰雪灾害研究极少关注。而且国家关于突发事件的紧急预案也主要是地震、公共卫生等方面的,针对冰灾尤其是雨灾的紧急预案尚未出台,以致在2008年1月中旬至2月上旬初中国南方地区发生高强度雨雪灾害之时,让中国的政府和专家在第一时间都感到很突然,甚至束手无策。因此,中国有必要在以往研究减灾防灾尤其是北方冰雪减灾防灾工作的基础上,总结这次南方特大冰雪灾害防御中遇到的各种问题,结合南方冰雪灾害防御的具体情况,探索中国南方地区冰雪灾害安全防御体系的建设之路,为南方地区的冰雪防灾减灾提供科学的决策参考。

考虑到灾害应急工作可能涉及的部门和领域,拟构建一个多方协作、反应及时、科学合理的综合安全防灾减灾体系,寻找科学有效的应急预案。为个案研究需要,中国假设以南方某地区为例,分为城市和乡村两个层面,构建某地区灾害应急救灾实施流程。对于其具体的指挥部门,可以从综合防灾减灾决策部门、信息协调部门、信息处理部门3类部门入手,落实气象、电力、交通、城建、农业、交警、商务、卫生、财政、安全、民政、通讯、旅游、保险、督查、宣传、技术以及其他等18个部门的具体职责,构建某地区冰雪灾害应急指挥体系、初步框架。总之,南方冰雪灾害的应急预案除了遵循常规的冰雪灾害应急方案之外,还应该充分考虑南方冰雪灾害的特殊性和复杂性,有针对性地拟定相应的冰雪灾害应急预案,并在应急预案的基础上,出台相应的紧急实施流程和指挥协调框架,以便相关部门明确职责,及早准备,尽可能制定本部门的应急预案,以便在发生类似冰灾事件的时候能及时应对并解决问题,化解矛盾,减少经济损失,保障社会稳定与安全,真正达到减灾防灾的目的。

五、特大冰雹

(一)特大冰雹概述

冰雹,俗称雹子,有的地区叫"冷子",夏季或春夏之交最为常见。它是一些小如绿豆、黄豆,大似栗子或鸡蛋的冰粒,特大的冰雹比柚子还大。冰雹直径一般为5～50毫米,大的有时可达10厘米以上。冰雹常砸坏庄稼,威胁人畜安全,是一种严重的气象灾害。

(二)特大冰雹成因

冰雹的形成需要以下几个条件:一是大气中必须有相当厚的不稳定层存在;二是积雨云必须发展到能使个别大水滴冻结的高度;三是要有强的风切变;四是云的垂直厚度不能小于6～8千米;五是积雨云内含水量丰富;六是云内应有倾斜的、强烈而不均匀的上升气流。雹块越大,破坏力就越大。特别是大冰雹,多是在一支很强的斜升气流、液态水的含量很充沛的雷暴云中产生。每次降雹的范围都很小,一般宽度为几米到几千米,长度为20~30千米,所以民间有"雹打一条线"的说法。

冰雹活动具有三大特性:冰雹的活动是否有规律?回答是肯定的。调查结果和资料统计分析显示,冰雹的活动有明显的地区性、时间性和季节性等特征。

地区性主要表现在:主要发生在中纬度大陆地区,通常北方多于南方,山区多于平原,内陆多于沿海。这种分布特征和大规模冷空气活动及地形有关。中国雹灾严重的区域有甘肃南部、陇东地区、阴山山脉、太行山区和川滇两省的西部地区。

时间性主要表现在:从每天出现的时间看,在下午到傍晚为最多,因为这段时间的对流作用最强。降雹的持续时间都不长,一般仅几分钟,也有持续十几分钟的。

季节性主要表现在:冰雹大多出现在4月~10月。在这段时期暖空气活跃,冷空气活动频繁,冰雹容易产生。一般而言,中国的降雹多发生在春、夏、秋3个季节。

(三)特大冰雹危害

冰雹灾害是由强对流天气系统引起的一种剧烈的气象灾害,常常伴随着强雷电、暴雨和大风,严重危害着人类的生命和财产安全,同时还可能对城市的基础设施造成极大的破坏,导致城市电力的中断。

2012年4月10日晚,贵州台江县遭遇特大冰雹灾害袭击。冰雹最大的有乒乓球大小,直径达35毫米,平均重量18克。降雹时间持续10分钟左右。冰雹灾害造成市政路灯、电信设施及部分房屋受损,电力设施严重损坏,台江县城大范围停电,台拱、台盘、方召等4个乡镇的农作物和林木等受到不同程度损失。

冰雹防治重在预报和干预。中国是冰雹灾害频繁发生的国家,冰雹每年都给农业、建筑、通信、电力、交通以及人民生命财产带来巨大损失。据有关资料统计,中国每年因冰雹造成的经济损失达几亿元甚至几十亿元。20世纪80年代以来,随着天气雷达、卫星云图接收、计算机和通信传输等先进设备以及多种数值预报模式在气象业务中大量使用,大大提高了对冰雹活动的跟踪监测预报能力。

(四)特大冰雹预防

中国是世界上人工防雹较早的国家之一。目前常用的人工防雹方法有:用火箭、高炮或飞机直接把碘化银、碘化铅、干冰等催化剂送到云里去;在地面上把碘化银、碘化铅、干冰等催化剂在积雨云形成以前送到自由大气里,让这些物质在雹云里起雹胚作用,使雹胚增多,冰雹变小;在地面上向雹云放火箭、打高炮,或在飞机上对雹云放火箭、投炸弹,以破坏对雹云的水分输送;用火箭、高炮向暖云部分撒凝结核,使云形成降水,以减少云中的水分;在冷云部分撒冰核,以抑制雹胚增长。

在农业防雹方面常采取的措施有:在多雹地带种植牧草和树木,增加森林面积,改善地貌环境,破坏雹云条件,达到减少雹灾的目的;增种抗雹和恢复能力强的农作物;成熟的作物及时抢收;多雹灾地区降雹季节,农民下地随身携带防雹工具,如竹篮、柳条筐等,以减少人身伤亡。

六、特大干旱

(一)特大干旱概述

干旱从古至今都是人类面临的主要自然灾害。即使在科学技术如此发达的今天，它造成的灾难性后果仍然比比皆是。尤其值得注意的是，随着人类的经济发展和人口膨胀，水资源短缺现象日趋严重，这也直接导致了干旱地区的扩大与干旱化程度的加重，干旱化趋势已成为全球关注的问题。

干旱通常指淡水总量少，不足以满足人的生存和经济发展的气候现象，一般是长期的现象。干旱与人类活动所造成的植物系统分布，温度平衡分布，大气循环状态改变，化学元素分布改变等有直接的关系。

(二)特大干旱成因

1. 人为因素。水利建设缓慢。许多农业水利基础设施维修不够及时，水坝老化程度高，库容量由于淤积在急剧减少，造成了涝时分洪能力不行、旱时储水量不足的现象。

过度抽取地下水。长期透支地下水，导致部分地区出现区域地下水位下降。最终形成区域地下水位的降落漏斗。目前华北平原深层地下水已经形成了跨京、津、冀、鲁的区域地下水降落漏斗。很多地方的地下水位已低于海平面。从而导致了地表植被枯死破坏，导致生态环境退化。

绿色植被减少。由于人类的活动，许多地表森林及植被遭到严重破坏，致使生态环境遭到严重破坏，直接导致水雾蒸发量不足，因而严重影响降水。草原退化严重，土地沙化面积扩大等问题也成了干旱问题的诱发首因。

2. 大气环流异常与"拉尼娜"现象。自2008年11月以来。北方冷空气较强，暖湿气流偏弱，没有输送到长江以北地区，降水明显偏少，因此造成干旱。近期，中东赤道太平洋海温偏低0。5℃以上，并且这种状态维持了3个月。这表明，"拉尼娜"现象正在太平洋附近地区作怪。2008年9月份，中东太平洋海温又有所降低，"拉尼娜"状态继续维持。

"拉尼娜"现象是指赤道太平洋东部和中部海面温度持续异常偏冷的现象(与"厄尔尼诺"现象正好相反)。一般"拉尼娜"现象会随着"厄尔尼诺"现象而来。出现"厄尔尼诺"现象的第二年都会出现"拉尼娜"现象。有时"拉尼娜"现象会持续两三年。同样"拉尼娜"现象发生后也会接着发生"厄尔尼诺"。例如，中国海洋学家认为，中国在1998年遭受的特大洪涝灾害，就是由"厄尔尼诺—拉尼娜现象"和长江流域生态恶化两大成因共同引发的。其被认为是一种厄尔尼诺之后的矫正过度现象。这种水文特征将使太平洋东部水温下降。出现干旱，与此相反的是西部水温上升，降水量比正常年份明显偏多。

法国和美国曾在2007年发表文章声明因全球气候变暖。"厄尔尼诺"现象会在未来占主导因素，而"拉尼娜"现象则会一点点衰退。而从2008年年初我国南方的特大雪灾可以看出，"拉尼娜"仍未消失，并且日益趋于强烈。此理论已经被推翻。通常情况下，"厄尔尼诺"和

"拉尼娜"两种现象会相互各持续一年左右,可是近期"拉尼娜"现象已经出现并将持续延长至两年甚至更久。

2009年初"拉尼娜"现象又开始增强,冬季,西太平洋副热带高压位置偏东、强度偏弱,使得太平洋西侧水汽输送较弱,同时。全球大气环流异常造成青藏高原空气偏暖,南支槽不活跃,造成印度洋水汽输送也很少,东南、西南的两条路线水汽输送都较弱,这也直接导致我国北方的干旱。

(三)特大干旱危害

干旱所造成的危害不仅会导致人体免疫力下降,还是危害农牧业生产的第一灾害,干旱所造成的地表干裂严重影响农业生产。气象条件影响作物的分布、生长发育、产量及品质的形成,而水分条件是决定农业发展类型的主要条件。干旱由于其发生频率高、持续时间长、影响范围广、后延影响大,成为影响中国农业生产最严重的气象灾害;干旱是中国主要畜牧气象灾害,主要表现在影响牧草、畜产品和加剧草场退化和沙漠化。干旱还促使生态环境进一步恶化。气候变暖造成湖泊、河流水位下降,部分干涸和断流,如图2-16所示,水库干涸造成大量鱼类死亡。由于干旱缺水造成地表水源补给不足,只能依靠大量超采地下水来维持居民生活和工农业生产,然而超采地下水又导致了地下水位下降、漏斗区面积扩大、地面沉降、海水入侵等一系列的生态环境问题。

图2-16 水库干涸

干旱导致草场植被退化。中国大部分地区处于干旱半干旱和亚湿润的生态脆弱地带,气候特点为夏季盛行东南季风,雨热同季,降水主要发生在每年的4~9月。北方地区雨季虽然也是每年的4~9月,但存在着很大的空间异质性,有十年九旱的特点。由于气候环境的变迁和不合理的人为干扰活动,导致了植被严重退化,进入21世纪以后,连续几年,干旱有加重的趋势,而且是春夏秋连旱,对脆弱生态系统非常不利。

气候干旱还引发其他自然灾害发生,冬春季的干旱易引发森林火灾和草原火灾。2000年以来,由于全球气温的不断升高,导致北方地区气候偏旱,林地地温偏高,草地枯草期长,森林地下火和草原火灾有增长的趋势。2009年秋季以来一直到2010年初,中国西南地区遭受严重旱情,如图2-17所示。特别是云南发生自有气象记录以来最严重的秋、冬、春连旱,全省综合气象干旱重现期为80年以上一遇;贵州秋冬连旱总体为80年一遇的严重干旱,省中部以西以南地区旱情达百年一遇。损失十分严重。截至3月23日,旱灾致使广西、重庆、四川、贵州、云南5省(区)受灾人口6130.6万人,饮水困难人口1807.1万人,饮水困难大牲畜1172.4万头,农作物受灾面积503.4万公顷,直接经济损失达236.6亿元。

图2-17　2010年中国的西南旱

2010年冬至2011年春,冬麦区发生严重干旱。2月上旬旱情高峰期,河北、山西、江苏、安徽、山东、河南、陕西、甘肃8省有1.12亿亩耕地受旱,有246万人、106万头大牲畜因旱饮水困难。春夏之交,长江中下游湖北、湖南、江西、安徽、江苏5省出现了严重旱情。6月初旱情高峰时5省耕地受旱面积达5695万亩,有383万人因旱饮水困难。受干旱影响,鄱阳湖、洞庭湖5月初的水域面积一度只有301和652平方公里,较多年同期分别偏小85%和24%。

夏秋季节,西南大部降雨持续偏少,江河来水不断减少,水利工程蓄水严重不足,发生了严重的伏秋旱。9月上中旬旱情高峰时,贵州、云南、四川、重庆、广西等西南5省(区、市)耕地受旱面积5118万亩,有1405万人、682万头大牲畜因旱饮水困难。贵州和云南旱情尤为严重,两省耕地受旱面积为3701万亩,因旱饮水困难人口和大牲畜分别达977万和436万。

自然界的干旱是否造成灾害,受多种因素影响,对农业生产的危害程度则取决于人为措施。世界范围各国防止干旱的主要措施有:兴修水利,发展农田灌溉事业;改进耕作制度,改变作物构成,选育耐旱品种,充分利用有限的降雨;植树造林,改善区域气候,减少蒸发,降低干旱风的危害;研究应用现代技术和节水措施,例如人工降雨,喷滴灌、地膜覆盖、保墒以及暂时利用质量较差的水源,包括劣质地下水以至海水等。

第三章　气候变化过程与成因

第一节　地质、历史时期的气候变化

地球形成行星的时间尺度约为50±5亿年。根据地质沉积层的推断,约在20亿年前地球上就有大气圈和水圈。地球上的气候随时间是变化的,具有几十亿年的历史。一般认为地球大气的演化经历了原生大气、次生大气和现代大气三代。在地球诞生的早期,地球表面形成以氢、氦、氖为主要成分的氢气云团,这种没有层次的云团就是早期的原生大气。原生大气寿命很短,在地球形成不久后就消失了,强烈的太阳辐射向外不断散射的粒子流形成的太阳风可以吹散原生大气层。其次,另一个原因是地球刚形成时,质量还不大,引力较小,加上内部放射性物质衰变和物质熔化引起能量转换和增温,使分子运动加剧,氢、氦等低分子质量的气体便逃逸到宇宙空间去了。一般认为早期地球上曾经有一个阶段不存在大气圈。后来由于地球的重力收缩和放射性衰变致热等,才使地球内部温度升高,出现熔融现象,在重力作用下,物质开始分离,地球内部较轻的物质逐渐上升,外部一些较重的物质逐渐下沉,形成一个密度较大的地核。地球温度不断下降并冷凝成固体。这时内部高温促使火山频频爆发,产生出二氧化碳、甲烷、氮气、水汽、硫化氢和氨等具有较大分子质量的气体,在地球引力的作用下逐渐积蓄在地球周围,形成了环绕地球的次生大气。地球的水圈,也正是这个阶段由水汽凝结降落而形成的。大约在地球形成10亿～15亿年后,岩石圈、大气圈和水圈已经演化成型。在地热、太阳能的作用下,简单的无机物和甲烷等合成氨基酸、核苷酸等有机物并逐步演化成蛋白质。大约在35亿年前,海洋中形成了简单的原始生物,属于厌氧型生物,并逐渐演化产生叶绿素,进行光合作用,这就是水体中最早出现的自养生物藻类。随着紫外线的光解和光合反应,大量的氧生成了,使地球上开始了生命活动的历程。由于表层海水强烈吸收致命的短波紫外线辐射,使得原始生命得以在表层以下海洋中繁衍起来。随着高空氧逐渐增多,在光解作用下产生了臭氧层,使得透过大气的紫外线大为减少,短波紫外线被全部吸收,促使植物进入海洋上层,又进一步增加了光合反应,更促进植物生命的发展和水生动物的繁衍。随着这种相互间的协调和增益过程,直到4亿年前,生命终于跨过了漫长的岁月,从海洋登上了陆地。大气也最终演变成今天的样子,一般称为现代大气。[①]

现代大气稳定以后,地球气候的冷、暖、干、湿的变化交替出现,且有不同振幅的波动。

---

①邱金桓,吕达仁,陈洪滨,等. 现代大气物理学研究进展[J]. 大气科学,2003,(4):628-652.

从时间尺度和研究方法来看,地球气候变化史可分为3个时代:地质时代气候变迁、历史时代气候变迁、近代气候(近百年)变迁。地质时期气候变化时间跨度最大,从距今22亿至1万年,其最大特点是冰期与间冰期交替出现。历史时期气候一般指1万年左右以来的气候。近代气候是指最近一、二百年有气象观测记录时期的气候。研究地质时代气候变迁,主要依据地质沉积物,古生物学及同位素地质学的方法;历史时代气候变迁,一般使用物候记录、史书、地方志等历史文献和树木年轮气候学等研究方法;近代气候变迁则主要依据观测记录来研究。

一、地质时期的气候

地球古气候史的时间划分,采用地质年代表示(表3-1)地质时代气候主要是根据地质构造、地质沉积物和古生物进行研究,近年还采用了同位素地质方法研究地质时代气候变迁,其精度虽不能同现代气候相比,但是地质资料能够分辨出变化幅度大、影响到整个地理环境或生态系统改变的气候差别,所以,地质时期的气候,就不仅是一种单纯的大气现象,而是体现了大气圈、水圈、冰冻圈、岩石圈(陆面)、生物圈等所组成的气候系统的总体变化。

目前学术界公认地质时期的气候变迁有三个气候寒冷的大冰期和两个气候温暖的间冰期。三个大冰期分别为:距今6亿年前的震旦纪大冰期、2亿~3亿年前的石炭至二叠纪大冰期和200万年前至今的第四纪大冰期。两大冰期之间是间冰期,间冰期持续时间比大冰期长得多。在大冰期和间冰期内还可划分若干个时间尺度不同的亚冰期和亚间冰期。在第四纪大冰期内,亚冰期气温约比现代低8~12℃,亚间冰期约比现代高8~12℃。据研究,我国第四纪大冰期中约有3~4次亚冰期,并且与欧洲的亚冰期相对应。

表3-1　地球古气候史地质年代表

地质年代				地壳运动与地质状况		气候概况	
代	纪(系)	符号	距 今 (百万年)				
新生代	第四纪	Q	2或3	喜马拉雅运动(新阿尔卑斯运动)	地壳缓慢的升降运动	第四纪大冰期,氧气含量达现代水平,气温开始下降	
	新近纪	R	25		喜马拉雅运动主要时期 煤形成 海侵	大 间 冰 气 候	东亚大陆趋于湿润 全球气候均匀变暖 表现为热带气候
	古近纪	E	65				干燥气候继续发展
中生代	白垩纪	K	136	燕山运动(旧阿尔卑斯运动)	燕山运动主要时期(造山运动强烈)		湿热气候
	侏罗纪	J	192.5		中国、欧洲、北美出现红色、紫色		大气氧虽波动速率增加 气候炎热,氧化作用强烈
	三叠纪	T	225		土层		
古生代	二叠纪	P	280	海西运动	海洋继续增加容积 大火山作用 阳新统合乐平统造山运动 陆相或海相沉积	大 冰 气 期 候	世界性的湿润气候(除欧洲、北美外) 气候干燥 气候温暖无季节
	石炭纪	C	345				
	泥盆纪	D	395		海西运动开始 海相沉积 大规模的造山运动 地层运动平静 海侵海退交替 地层运动平静 多海相沉积	大 间 冰 期 气 候	气候带呈明显的分区 气候更趋暖化
	志留纪	S	435	加里东运动			
	奥陶纪	O	500				气候增暖且干湿气候带分异明显,形成欧亚大陆三个明显的气候带
	寒武纪		570				
元古代	震旦纪	Z			主要岩层为层积岩 上贝克白云地层(加利福尼亚)		大冰期气候 O_2相当于现代大气O_2水平的3%~10%
	主要根据南非古老地层划分的地质年代和地质运动		1000 1200 1500 2000 3000 3300 4500 6000	吕梁运动 五台运动 劳伦运动	燧石藻地层(安大略) 无花果树地层 地壳岩石、海洋形成 地壳分化		O_2相当于现代大气O_2水平的1% 氧化大气的出现 元古代大冰期气候 太古代大冰期气候
太古代							
地球初期发展阶段				地球形成			

　　关于地质时代的气候情况,只能根据间接标志去研究。比如,动物化石、植物化石、无机物化石以及各种遗迹。通过比较现代的植物与动物和各个地质时代的动物化石与植物化石,就可以得到关于各个相应地质时代气候的重要结论。古代土壤形成过程与风化形式的研究,也可以得到很多有用的资料。例如,乔木化石代表夏季月份温度达到10℃以上的气候。如果这些树木缺乏年轮,那么就说明这是热带森林气候。如果这些树木具有年轮,那么这些年轮就可以证明该地是具有季节变化的温带森林气候,由于冬季的低温,树木在冬季生长中断。但是,在热带草原气候中由于冬季的干旱,冬季树木也可以生长中断。此外,石灰

质暗礁化石是说明这个区域在过去具有热带气候,食盐和石膏矿床更能说明为干燥气候,煤炭层可推知为湿润气候。但是,还须注意:没有煤炭、食盐或石膏矿床,并不能说明从前没有对其形成适宜的气候,因为气候仅仅是其形成的因素之一。例如,生成沼泽以及更进一步生成泥炭和煤炭的必需条件,除湿润气候外,必须要有形成湖泊的适当地形。同样,我们知道生物具有或多或少的气候适应能力,因此在特别长的期间内,当气候具有很缓慢的变化时,此点应加以相当考虑。

根据动物化石同样也可以明了当时的气候情况,例如马的化石和走禽的化石说明当时有草原气候,猿的化石说明当时有森林气候。1929年,我国考古学家在北京西南房山周口店曾发现北京猿人,这对于研究中国地质时代气候的变迁提出了珍贵的资料。猿人遗体见于第四纪初三门系的沙砾层中,距今约20万年,由伴随发现的红土与生物化石,足见那时候气候较现在稍微湿润。不过,动物较植物移动性大,完全根据动物化石并不能精确判明当时气候特征。

用显微镜观察存在于堆积物中的植物花粉,再统计分类其种类时,也可以明了过去的气候,这种方法就称之为花粉分析。植物的花粉或孢子具有非常坚固的薄膜,这种膜可在整个的地质时代内保存于各种层理中。由于这些细微的植物残余数量很大,而且由于保存完善,所以我们在适当的分析和用统计方法整理以后,就可能确定在不同地质时代中某一植物的分布区域。这种方法最初应用于北欧及东欧冰期后的堆积物,特别在间冰期的堆积物中获得非常良好的结果。

根据古代人类的遗物以及伴随发现的遗体也可以追溯当时的气候情况。例如,在鄂尔多斯风成黄土层中曾发现旧石器时代(距今约1万余年)人类的遗物,且有犀牛/象/野牛遗骸伴随发现,足见这里当时气候较今日要暖湿。我国在新石器时代(距今3000—8000年前)初期有红陶文化遗址,后期有黑陶文化遗址。红陶文化遗址发现于河南的仰韶村,此外安阳殷墟、辽宁锦西沙锅屯与甘、青二省东部也曾发现。当时人们喜居高地,且遗址附近象、鹿、鱼、鳖遗骸很多,足见当时这些地方低地森林密布,间有沼泽,不宜大量人口居住。

地质时期的气候概况分述如下。

(一)太古代

在这个时代里,在西南非洲、芬兰和加拿大都可以找到冰川作用的痕迹。非洲的冰碛厚度达500m。

(二)元古代

在这个时代里,冰碛层有世界性的分布。在格陵兰、斯匹茨卑尔根、北欧、南部乌拉尔山的西坡、摩尔曼斯克海岸、中国(南达北纬26°)、澳洲、非洲和北美都发现冰川作用的痕迹。这种冰川是重复多次的。在澳洲有两层漂砾层,被2300m厚的沉积层所隔开。在南部乌拉尔发现具有季节层理的缟状泥灰岩,据此便已确定具有30~35年以及5~6年的气候振动。在中国,特别是在长江中下游、湖北南部、湖南西部、安徽南部的休宁地方以及云南东部、贵州中部与东南部,都有冰碛岩的分布。这种冰碛岩一般都是很厚的堆积,包括大小不同的漂石,漂石面上常被磨光且有擦痕。

(三)古生代

在古生代地球上已经清晰地具有气候带,在地球上可以推定具有显著的气候差异。

寒武纪:在现在的中部西伯利亚高原区域,曾沉积有丰富的石膏、硬石膏、钠盐、钙、镁和氧化钾层。因此,那个时代气候是炎热而干旱的。气候带已能初步辨认。

志留纪:在这个时代气候较暖,有丰富的暖海动物。这时候气候带已存在。在北美从密执安到宾夕法尼亚都是沙漠,并且在海里曾沉积巨大的盐与石膏层。

泥盆纪:气候逐渐变得更暖,直至石炭纪变为典型的温暖气候为止。有些科学家认为存在有温度带。在绍林吉亚除季节的层理以外,还发现11年周期的证迹。

石炭纪:在石炭纪一般为温和而湿润的气候,全世界出现有海洋性气候。这时候形成有森林湿原(巨大的木贼与羊齿)的广大湖沼,最后能形成大规模的煤层。石炭纪树木缺少年轮就说明树木终年都能生长,即没有寒冷季节,也没有干旱季节使其生长发生中断。这个时代的气候带很清晰。在这个时代的后期或在石炭二叠纪中,气候就变冷了,曾发生广大的内陆冰,在非洲(从南非到赤道)、澳洲、南美与印度都曾发生其踪迹。但是,北半球不论在旧大陆或在新大陆,这时候却都盛行干燥气候。

二叠纪:在欧洲与北美都具有干旱带的清楚证迹,在二叠纪的末期在亚洲也有此情况。索利卡姆斯克出名的沉积岩就属于这一时代。在这些地方冬季温度高达17～20℃。在其他地方这时的气候是潮湿的,且积存丰富的煤层,不过其煤储量少于石炭纪。我国在二叠纪时一般为湿热气候,如南部的阳新统建造有大量的礁珊瑚就是证明。这时候的纺锤虫大都有丰富的石灰质釉填充也说明气候炎热。到上二叠纪,大羽羊齿植物群南北都很繁茂,表示气候湿热。到上二叠纪的后期,因海水的退出,气候逐渐变干燥。

(四)中生代

中生代整个为温暖时代,尤其是前半时段较现在更为温暖。

三叠纪:在欧洲与北美仍有炎热与干燥的气候,我国也是干热气候。不论欧洲、北美或中国,红色与紫色的建造是很普遍的,这说明当时气候炎热,氧化剧烈。在三叠纪的地层中,常含有石膏与食盐层,这说明当时气候很干燥。

侏罗纪:新西伯利亚岛和约瑟夫群岛以及南极洲的植物化石群都指示出温和或凉爽的气候。在欧洲西部曾找到喜暖植物的遗迹。努梅尔(M·Neumager)认为侏罗纪可分为三个略呈东西走向的气候带。克涅(Kerner)假定现在水陆分布与气温的关系在地质时代也仍旧存在,再根据努梅尔所做的侏罗纪地图,曾计算当时各纬度的气温。根据他的计算结果,在20°N～40°S温度显著高于今日,就是在50°～70°N也大致如此,只是在30°N附近才稍低。此外,南半球较北半球高1.5℃,全球的平均气温较今日约高2℃。但克涅的基本方法就是错误的,他的结果也很有疑问。

白垩纪:在中部亚细亚为沙漠。南半球的温带可以区分清楚。没有冰川的痕迹。上白垩纪与现在气候相当。

(五)新生代

新生代以哺乳动物和被子植物的高度繁盛为特征,由于生物界逐渐呈现了现代的面貌,故名新生代。

第三纪:气候带能很好地区分。在下第三纪气候更均匀温暖。欧洲气候比现在暖得多。在格陵兰发现温带气候树木的遗迹。在伏尔加河流域具有现在日本南部的暖湿气候,生长有棕榈树和常绿青冈。在乌克兰曾生长现在分布在越南和菲律宾群岛的棕榈树。今土耳其范围及附近曾是干燥的。在中国当时的气候比较炎热,所以沉积物大多带有红色。在上第三纪开始变冷,且寒冷气候渐渐由北方向南方波及。

第四纪:这一时期内以广大的冰川为其特点。在这个地质时代里,已基本具备了现代地理条件,因而这一时代的地球气候史的研究占有十分重要的地位。第四纪大冰期在南北半球都是存在的。当冰期最盛时在北半球有三个主要大陆冰川中心,即斯堪的那维亚冰川中心:冰川曾向低纬伸展到51°N左右;北美冰川中心:冰流曾向低纬伸展到38°N左右;西伯利亚冰川中心:冰层分布于北极圈附近60°~70°N之间,有时可能伸展到50°N的贝加尔湖附近。估计当时陆地有24%的面积为冰覆盖,还有20%的面积为多年冻土,这是冰川最盛时的情况。第四纪大冰期中,气候有多次变动,冰川有多次进退。根据对欧洲阿尔卑斯山区第四纪山岳冰川的研究,确定第四纪大冰期中有5个亚冰期。在中国也发现不少第四纪冰川遗迹,定出4次亚冰期,如表3-2所示。在亚冰期内,平均气温约比现代低8~12℃。在两个亚冰期之间的亚间冰期内,气温比现代高。北极约比现代高10℃以上,低纬地区约比现代高5.5℃左右。覆盖在中纬度的冰盖消失,甚至整个极地冰盖消失。在每个亚冰期中,气候也有波动,例如在大理亚冰期中就至少有5次冷期(或称副冰期),而其间为相对温暖时期(或称副间冰期)。每个相对温暖时期一般维持1万年左右。目前正处于一个相对温暖期的后期。据研究,在距今1.8万年前为第四纪冰川最盛时期,一直到1.65万年前,冰川开始融化,大约在1万年前大理亚冰期(相当于欧洲武木亚冰期)消退,北半球各大陆的气候带分布和气候条件基本上形成现代气候的特点。根据上述气候变化的事实和许多其他现象,可以肯定在过去50亿年里地球气候曾经历过极为显著的冷暖变化和干湿变化。有冰川广布时期,也有温暖或炎热时期,这些变动不仅是局部地区的,也是全球性的气候变迁。

表3-2 第四纪冰期中的亚冰期

影响第四纪气温的因素综合曲线		距今年数（千年）	欧洲的亚冰期	中国的亚冰期对比（暂定）
热	冷			
		100	武木亚冰期　武Ⅱ　晚期　武Ⅰ　早期	大理亚冰期
		200	里斯—武木间冰期	
		300	里斯间冰期	庐山亚冰期
		400	民德—里斯间冰期	
		500		
		600		
		700	民德亚冰期	大姑亚冰期
		800	群智—民德间冰期	
		900		
		1 000	群智亚冰期	鄱阳亚冰期
		1 100		
		1 200	多脑—群智间冰期	
		1 300		
		1 400		
		1 500		
		1 600		
		1 700	多脑亚冰期	
		1 800		
		1 900		

　　关于气候变迁的原因,有过很多假说,这些假说大体可分为天文学假说、地学假说与物理学假说。天文学假说是最早考虑的,这种假说认为气候变迁是由于宇宙的原因,也就是由于地球以外的影响。这些宇宙原因可能是地球轨道某种要素的周期变化,如黄道倾斜的周期变化、偏心率的变化与春分点的周期性移动(岁差)。根据地球在宇宙间位置的变化以及地球对于太阳来说所发生的位置变化,说明气候发生变化的论点,当然是有根据的。尤其是地球上太阳辐射量的强度与分布完全和地球对于太阳的位置有关系,所以地球上的气候在长时间内由于天文要素的变化也会发生变化。地学假说主要根据海陆分布变迁的研究和在个别地质时代发生变化的海陆形状,把气候的变迁和地质学与大地构造学的起因联系起来。这个假说是在地球上寻求变化的原因,例如两极位置的移动、纬度的变化、水陆分布的变化、大陆的垂直运动等。物理学假说试用太阳辐射的发射特点和地球对于太阳辐射的吸收性质所发生的长年变化,去说明地球上气候的变迁。例如,太阳活动的消长、大气透射率的大小或大气中杂质的增减、大气构成要素的变化(如二氧化碳的增减)都可以影响气候发生变化。

二、历史时期的气候变化

历史时代的气候,通常是指距今1万年的被称为"冰后期"的气候。这1万年中、后期5000年开始有文字记载,前期的5000年的气候仍需通过地质、古生物等资料去考察。对于历史时代气候变迁问题的讨论最早可以追溯到古希腊和古罗马时期。亚诺芝曼德(Anaxi-mander)认为太阳渐渐消耗地球的水分。亚里士多德(Aristoteles)相信冷而多雨的气候是周期循环的。之后一段时间这些问题好久无人讨论过。在19世纪,这些问题才被重新提起,并且进行了认真的讨论,不过当时学者意见并不一致。有些人认为在历史时代内气候具有相当的变化,即所谓变化说。反之,另一些人却提出不变学说,认为在历史时代内虽非长期存在和今日完全相同的气候,但也并没有显著的气候变化。前者的说法又可分两派,一派主张气候是具有直进变化,就是气候只向某一方向变化,例如由湿润变向干燥,或由寒冷变向温暖。另一派则主张脉动学说,认为气候是轮回的呈波状变化,从湿冷气候变到干暖气候,又从干暖气候变到湿冷气候。不过,脉动变化学说认为气候变化不一定是周期性的(即最大振幅的位相不一定相同)。

雪线的升降与当时气候的冷暖有密切关系。一个时代的气候温暖则雪线上升,时代转寒则雪线下降。挪威冰川学家曾做出冰后期的近万年来挪威的雪线升降图(图3-1)。当然,雪线高低虽与气温有密切关系,但还要看雨量的多少和季节分配,不能用雪线曲线的升降完全来代表气温的暖寒。莱斯托(O·Leistol)曾把冰后期近万年来出现过的四次比较寒冷的气候时期分别都比拟为冰期(Ice age)。第一次寒冷时期:距今约8000~9000年。主要寒期在公元前6300年前后。它是武木亚冰期最近一次副冰期的残余阶段。第二次寒冷时期:公元前5000年到公元前1500年的气候温暖时期中出现的一次气候转寒时期。主要寒期在公元前3400年前后。第三次寒冷时期:公元前1000年到公元100年之间,主要寒期在公元前830年前后。有人称这个寒冷时期为新冰期(Neo-glaciation)。第四次寒冷时期:公元1550年到1900年,主要寒期在公元1725前后。欧洲称这个寒冷时期为现代小冰期(Little ice age)。四次寒冷时期的主要寒期,相距公元2000年的时间分别为:8300年、5400年、2830年和275年,平均相隔的时间为2600年左右,具有一定的周期性。在两次寒冷时期之间为相对温暖的时期。第一次温暖时期的主要暖期发生于距今7000年左右;第二次温暖时期的主要暖期发生于距今4000年左右。由于这两次温暖时期之间的第二次寒冷时期的降温幅度较小,故这两次温暖时期又往往合称为气候"最适"期。第三次温暖时期发生于距今1100—700年,被称为第二次气候最适期。其间仍有一系列较小尺度的冷暖起伏。

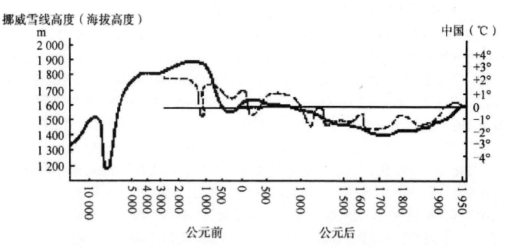

图3-1　万年来挪威血线高度（实线）和近五千年中国气温（虚线）变迁图

竺可桢1973年曾根据中国物候观测、考古研究、文献记载，做出我国近五千年温度变化曲线，其结果与欧洲（挪威）10000年雪线升降曲线总趋势近似。根据图3-1上的温度变化曲线，中国亦有四次温暖时期和四次寒冷时期，时间尺度为102～103年。近五千年气候变迁的特点是温暖时期愈来愈短，温暖程度愈来愈低。这一特点可从考古材料证明。

（一）第一个温暖时期

公元前3000年以前到公元前1000年左右。河南安阳殷墟，作为商代（约公元前1600—前1046年）的故都，在这里发现了丰富的亚化石动物。这里除了如同西安半坡遗址发现多量的水獐和竹鼠外，还有貘、水牛和野猪，而这些动物现在只见于热带和亚热带。另外，在殷墟发现十万多件甲骨。在殷商时期的一个甲骨上刻文说，打猎时获得一象，这表明在殷墟发现的亚化石象必定是土产的。河南省原来称为豫州，"豫"字就是一个人牵了大象的标志，这是有其含义的。公元前3000年以前到公元前1000年这段时期内，气候也不是一直温暖而是有变化的，但以温暖为主。同一时期，欧洲则从公元前5000年以来的气候最暖时期到此时期的初期，温度有下降，到公元前1000年时，温度又回升到另一温暖时期。

（二）第一个寒冷时期

在公元前1000年左右到公元前850年（西周时期）。《竹书纪年》记载周孝王时，长江一个大支流汉水有两次结冰，发生于公元前903年和公元前897年。《竹书纪年》又提到结冰之后紧接着就是大旱。这就表示公元前第10世纪时期的寒冷。

（三）第二个温暖时期

在公元前770年到公元初（东周到西汉时代）。春秋时期（公元前770—前476年），气候又变暖和。《左传》提到，鲁国（今山东）过冬，冰房得不到冰；在公元前698年、公元前590年和公元前545年时尤其如此。此外，像竹子、梅树这样的亚热带植物，在《左传》和《诗经》中，常常提到。秦朝和西汉（公元前221—公元25年）气候继续暖和，当时的物候要比1660年（清初)早三个星期。汉武帝刘彻(公元前140—前87年)时,《史记》记载当时经济作物的地理分布,如橘之在江陵,桑之在齐鲁,竹之在渭川,漆之在陈夏。如与现代比较,便可知当时亚热带植物的北界比现在更推向北方。

(四)第二个寒冷时期

在公元初年到公元600年(东汉、三国到南北朝时期)。三国时代曹操(公元155—220年)在铜雀台(河北临漳)种橘,只开花不结果,气候已比汉武帝时期寒冷。曹丕在公元225年到淮河广陵(今淮阴)视察兵士演习,由于严寒,淮河突然冻结,演习不得不停止,这是目前所知的历史时期第一次有记载的淮河结冰。这种寒冷气候一直持续到公元3世纪后半叶,特别是公元280—289年的十年间达到顶点,当时每年阴历四月霜降,徐中舒曾经指出汉晋气候不同,晋代时,年平均温度大约比现在低1~2℃。《齐民要术》是反映公元6世纪时代的农业百科全书,关于石榴树的栽培,书中记载:"十月中以蒲藁裹而缠之,不裹则冻死也。二月初乃解放。"现在河南或山东,石榴树可在室外生长,冬天无须盖埋,这就表明6世纪上半叶河南、山东一带的气候比现在冷。

(五)第三个温暖时期

在公元600年到1000年(隋唐时代)。我国气候在公元7世纪中期变得暖和,公元650年、669年和678年的冬季,陕西长安无雪无冰。公元8世纪初期梅树生长于长安;9世纪初期,西安南郊的曲江池还种有梅花,同时,柑橘也种植于长安,公元751年秋,长安有几株柑树结实150颗,味道与江南和蜀道的柑橘一样。可见从8世纪初到9世纪中期,长安可种柑橘并能结果实。柑橘只能耐-8℃的最低温度,梅树只能耐-14℃的最低温度。应该注意到,在1931—1950年期间,西安的年绝对最低温度每年都降到-8℃以下,1936年、1947年和1949年的年绝对最低温度都降到-14℃以下。说明隋唐时代气候比现在温暖。唐朝的生长季节也比现在长。《蛮书》(大约写于公元862年)中说:曲靖(北纬24°45′,东经103°50′)以南,滇池以西,一年收获两季作物,9月收稻,4月收小麦或大麦。而现代,根据云南省气象局1966年的资料,当地由于生长季节缩短,不得不种豌豆和胡豆来代替小麦和大麦了。当然,近年当地人们改革耕作方式正在改变这种情况。

(六)第三个寒冷时期

在公元1000年到1200年(宋代)。11世纪初期华北已不知有野生梅树,梅树只能在培养园中生存,曾有"关中幸无梅,赖汝充鼎和"的咏杏花诗句。从这种物候常识,可见唐宋两朝的寒暖不同了。12世纪初期,我国气候加剧转寒。公元1111年第一次记载到江苏、浙江之间拥有2250km²面积的太湖,不但全部结冰,且冰的坚实足可行车。寒冷的天气把太湖洞庭山的柑橘全部冻死。浙江杭州的终雪日期延长到暮春。根据南宋时代的历史记载,从公元1131年到1260年,杭州每十年降雪平均最迟日期是4月9日,比12世纪以前十年最晚春雪的日期,差不多推迟一个月。公元1153—1155年,靠近苏州的运河冬天常常结冰,船夫不得不经常备铁锤破冰开路。12世纪时,寒冷气候也流行于我国华南和西南部。福州是我国东海岸荔枝生长的北限,那里人民至少从唐朝以来就大规模地种植荔枝。一千多年以来,那里的荔枝曾遭到两次全部冻死:一次在公元1110年,另一次在公元1178年,都在12世纪。荔枝在四川种植线的变迁为:唐朝某期间(公元765—约830年)成都有荔枝;北宋时期,荔枝只能生长于眉山(成都以南60km)以南;南宋时期四川眉山已不生荔枝,要到眉山更南60km的乐山及以南的宜宾、泸州才大量种植。目前,眉山还能生长荔枝,说明现在的气候条件更像北宋时代,而比南宋寒冷气候时期温暖。

(七)第四个温暖时期,在公元1200年(南宋时期)到1300年(元代中期)。

从竹的种植分布可以看出:隋唐时期的第三温暖气候时期,河内(今河南省博爱)、西安和凤翔(陕西省)设有管理竹园的特别官府衙门,称为竹监司;到了南宋时代的第三寒冷气候时期,河内和西安的竹监司因无生产而取消了,只有凤翔的竹监司依然保留;到了元朝中期(1268—1292年),西安和河内又重新设立竹监司管理竹子生产,这显然是气候转暖的结果。

(八)第四个寒冷时期,大约从公元1400年至1900年(明朝前期至晚清时期)。

在这约500年期间,太湖、汉水和淮河均结冰四次,洞庭湖也结冰三次,鄱阳湖也曾结了冰。建于唐朝,经营近千年的江西省橘园和柑园,在公元1654年和1676年两次寒冬中完全毁掉了。在这个时期内,我国最寒冷时期是在17世纪,特别以公元1650—1700年为最冷。

综上所述,对中国近五千年来的气候史的初步研究,可以归纳出以下结论:

1.在近五千年中的最初两千年,即从仰韶文化到安阳殷墟的考古发现,大部分时间的年平均温度比现在高出2℃左右。冬季1月份的温度比现在高3~5℃。

2.从公元前1000年的周代初期以后,我国气候有一系列冷暖变动,其最低温度时期分别在公元前1000年左右(周初),公元400年左右(东晋),公元1200年左右(南宋)和公元1700年左右(清)。温度摆动范围为1~2℃。

3.在每一个400~800年的期间内,可以分出50~100年为周期的波动,温度变化范围为0.5~1℃。

4.近五千年气候变迁的特点是:温暖时期越来越短,温暖程度越来越低。从生物分布可以看出这一趋势。例如,在第一个温暖期,我国黄河流域发现有象;在第二个温暖期,象群栖息北限就移到淮河流域及其以南;第三个温暖期就只在长江以南,如信安(浙江衢州)和广东、云南才有象了。而五千年中的四个寒冷时期的趋势,正好与四个温暖时期相反,长度越来越长,程度越来越强。从江河封冻可以看出这一趋势。在第二个寒冷时期还只有淮河封冻的情况(公元225年),第三个寒冷时期出现了太湖封冻的情况(公元1111年),而在第四个寒冷时期的公元1670年,长江几乎封冻了。

我国历史时代的气候波动若与世界其他地区的气候比较,可以明显看出,气候的波动是世界性的,虽然最冷年份和最暖年份可以在不同的年代,但气候的冷暖起伏趋势彼此是先后呼应的。丹麦哥本哈根大学物理研究所丹斯加尔德(W.Dans-gard)在格陵兰岛森特立营(Camp Century)的冰川块中,用放射性同位素O^{18}的方法,得到近千年来格陵兰气温变迁图。

与前述用物候方法测得的我国气温作比较,两者的起伏趋势可以说几乎是平行的。从三国到六朝的第二个寒冷气候时期,清初的第四个寒冷气候时期,与格陵兰的气温变迁都是一致的,只是时间上稍有参差。如我国南宋严寒时期开始时,格陵兰在12世纪初期尚有高温,但相差也不过三、四十年,格陵兰温度就迅速下降到平均温度以下了。若追溯到距今三千年前,格陵兰曾经历一次两三百年的寒冷气候,与我国《竹书纪年》记录到的周代初期的寒冷气候时期恰相呼应;接着,距今2500年到2000年间,格陵兰出现温和气候时期,与我国秦汉时代的第二个温暖气候时期遥相印证。凡此均说明格陵兰古今气候变迁和我国是一致的。再以英国C.P.E.布鲁克斯所制欧洲公元3世纪以来欧洲温度升降图与我国同时期温度变迁对照比较,可以看出两地温度波澜起伏是有联系的。同一温度起伏中,欧洲的波动往往落在我国之后,如12世纪是我国近代历史上最寒冷的一个时期,但是在欧洲12世纪却是一个温暖时期,直到13世纪才寒冷下来。又如17世纪的寒冷气候时期,我国也比欧洲早50年。表现出欧洲和我国的气候是息息相关的。这些地方气候变动如出一辙,足以说明这种变动是全球性的。

历史时期的气候,在干湿上也有变化,不过气候干湿变化的空间尺度和时间尺度都比较小。中国科学院地理所曾根据历史资料,推算出我国东南地区自公元元年至公元1900年的干湿变化。如表3-3所示。其湿润指数I的计算方法为:I=2F/(F+D),式中F为历史上有记载的雨涝频数,D是同期内所记载的干旱频数,I值变化于0~2之间,I=1表示干旱与雨涝频数相等,小于1表示干旱占优势。对中国东南地区而言,求得全区湿润指数平均为1.24,将指数大于1.24定义为湿期,小于1.24定为旱期,在这段历史时期中共分出10个旱期和10个湿期。从表3-3可以看出各干湿期的长度不等,最长的湿期出现在唐代中期到北宋(公元811—1050年),持续240年,接着是最长的旱期,出现在宋代和元代,持续220年(公元1051—1270年)。

表3-3 中国东南地区旱湿期

公元	年数	湿润指数	旱或湿期	公元	年数	湿润指数	旱或湿期
0-100	100	0.66	旱	1051-1270	220	1.08	旱
101-300	200	1.44	湿	1271-1330	60	1.46	湿
301-350	50	0.94	旱	1331-1370	40	1.00	旱
351-520	170	1.48	湿	1371-1430	60	1.50	湿
521-630	110	0.96	旱	1431-1550	120	1.08	旱
631-670	40	1.60	湿	1551-1580	30	1.48	湿
671-710	40	0.98	旱	1581-1720	140	1.02	旱
711-770	60	1.50	湿	1721-1760	40	1.40	湿
771-810	40	0.88	旱	1761-1820	60	1.02	旱
811-1050	240	1.44	湿	1821-1900	80	1.30	湿

第二节 近百年全球和中国的气候变化

近百余年来由于有了大量的气温观测记录,区域的和全球的气温序列不必再用代用资料。由于各个学者所获得的观测资料和处理计算方法不尽相同,所得出的结论也不完全一致。[①]但总的趋势是大同小异的,那就是从19世纪末到20世纪40年代,全球气温曾出现明显的波动上升现象。高山冰川退缩,雪线升高,北半球冻土带北移,这种增暖在北极最突出,极地区域冰层变薄。1919—1928年间的巴伦支海水面温度比1912—1918年时高出8℃。巴伦支海在20世纪30年代出现过许多以前根本没有来过的喜热性鱼类,1938年有一艘破冰船深入新西伯利亚岛海域,直到83°05′N,创造世界上自由航行的最北纪录。这种增暖现象到20世纪40年代达到顶点,此后,全球气候有变冷现象。以北极为中心的60°N以北,气温越来越冷,比常年值低2℃左右,进入20世纪60年代以后高纬地区气候变冷的趋势更加显著。例如,1968年冬,原来隔着大洋的冰岛和格陵兰,竟被冰块连接起来,发生了北极熊从格陵兰踏冰走到冰岛的罕见现象。进入20世纪70年代以后,全球气候又趋变暖,到1980年以后,全球气温增暖的形式更为突出。

威尔森(H.Wilson)和汉森(J.Hansen)等应用全球大量气象站观测资料,将1880—1993年逐年气温对1951—1980年的平均气温求距平值(图3-2)。计算结果为,全球平均气温从1880—1940这60年中增加了0.5℃,1940—1965年降低了0.2℃,然后从1965—1993年又增加了0.5℃。北半球的气温变化与全球形势大致相似,升降幅度略有不同。从1880-1940年平均气温增暖0.7℃,此后30年降温0.2℃,从1970—1993年又增暖0.6℃。南半球年平均气温变化呈波动较小的增长趋势,从1880年到1993年增暖0.5℃,显示出自1980年以来全球年平均气温增暖的速度特别快。1990年为近百余年来气温最高值年(正距平为0.47℃),其余7个特暖年(正距平在0.25~0.41℃)均出现在1980—1993年中。

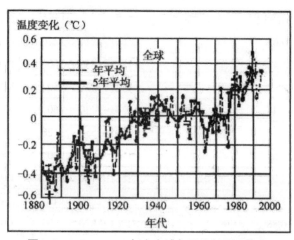

图3-2 1880—1993年来全球年平均气温的变化

①白爱娟,翟盘茂. 中国近百年气候变化的自然原因讨论[J]. 气象科学,2007,27(5):584-590.

琼斯(P.D.Jones)等对1854—1993年全球气温变化做了大量研究工作。他们亦指出从19世纪末至1940年全球气温有明显的增暖,从20世纪40年代至70年代气温呈相对稳定状态,在80年代和90年代早期气温增加非常迅速。自19世纪中期至今,全球年平均气温增暖0.5℃。南半球各季皆有增暖现象,北半球的增暖仅出现在冬、春和秋三季,夏季气温并不比1860—1870年代暖。Briffa曾指出全球各地近百余年来增暖的范围和尺度并不相同,有少数地区自19世纪以来一直在变冷。但就全球平均而言,20世纪的增暖是明显的。他们列出南、北半球和全球各两组的气温变化序列,一组是经过ENSO影响订正后的数值,一组是实测数值,其气温变化曲线起伏与威尔森等所绘制的近百余年的气温距平图大同小异[①]。《IPCC第五次评估报告》对近百年全球温度变化总结如下。过去三个十年的地表已连续偏暖于1850年以来的任何一个十年。全球平均陆地和海洋表面温度的线性趋势计算结果表明,在1880—2012年期间(存在多套独立制作的数据集)温度升高了0.85℃(0.65℃至1.06℃)。基于现有的一个单一最长数据集[②],1850—1900年时期和2003—2012年时期的平均温度之间的总升温幅度为0.78℃(0.72℃至0.85℃)。这一趋势大于第四次评估报告给出的1906—2005年温度线性趋势,为0.74℃(0.56℃至0.92℃)。1956—2005年的线性变暖趋势[每10年0.13℃(0.10℃至0.16℃)]几乎是1906—2005年的两倍。全球温度普遍升高,北半球较高纬度地区温度升幅较大。在北半球,1983—2012年可能是过去1400年中最暖的30年(中等信度)。在过去的100年中,北极温度升高的速率几乎是全球平均速率的两倍。过去这些年以来,格陵兰冰盖和南极冰盖的冰量一直在损失,全球范围内的冰川几乎都在继续退缩,北极海冰和北半球春季积雪范围在继续缩小(高信度[③])。陆地区域的变暖速率比海洋快。自1961年以来的观测表明,全球海洋平均温度升高已延伸到至少3000m的深度,海洋已经并且正在吸收气候系统增加热量的80%以上。对探空和卫星观测资料所做的新的分析表明,对流层中下层温度的升高速率与地表温度记录类似。

图3-3为利用大气、冰冻圈和海洋的三个大尺度指标比较观测到的和模拟的气候变化。三个指标分别为:大陆地表气温变化、北极和南极9月海冰范围以及主要洋盆的海洋上层热含量。同时也给出了全球平均变化。地表温度的距平相对于1880—1919年,海洋热含量的距平相对于1960—1980年,海冰距平相对于1979—1999年。所有时间序列都是在十年的中心处绘制的十年平均值。在气温图中,如果研究区域的空间覆盖率低于50%,则观测值用虚线表示。在海洋热含量和海冰图中,实线是指资料覆盖完整且质量较高的部分,虚线是指仅资料覆盖充分而不确定性较大的部分。模式结果是耦合模式比较计划第五阶段(CMIP5)的多模式集合范围,阴影带表示5%至95%信度区间。从图3-3中可以明显看出全球、陆地、海

----

①他们以1959—1979年30年平均值为基础,然后将1854到1993年气温资料逐年对此平均值求距平值。

②在第四次评估报告中也采用了这一要点中提到的两种方法。第一种方法利用1880—2012年间所有点的最佳拟合线性趋势计算温度差。第二种方法计算1850—1900年和2003—2012年两个时期的平均温度差。因此,这两种方法得出的值及其90%不确定性区间不具有直接的可比性。

③IPCC用于定义不确定性的指导意见中,高信度指大约有八成机会结果正确。

洋及各大洲百年来温度波动上升的事实,并且从模拟结果看出这一段时期内的增温主要是由于人类活动的作用。

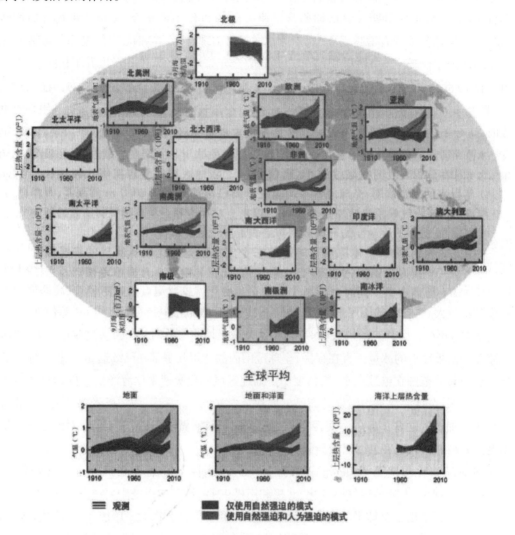

图3-3　全球观测到的和模拟的气候变化(IPCC,2013)

随着气候变暖,出现了一系列相关问题。海平面上升与温度升高的趋势相一致。在1901至2010年期间,全球平均海平面上升了0.19m(0.17m至0.21m)。很可能的是,全球平均海平面上升速率在1901—2010年间的平均值为每年1.7mm(1.5mm至1.9mm),1971—2010年间为每年2.0mm(1.7mm至2.3mm),1993—2010年间为每年3.2mm(2.8mm至3.6mm)。对于后一个时期海平面上升速率较高的问题,验潮仪和卫星高度计的资料是一致的。1920—1950年间可能也出现了类似的高速率。20世纪70年代初以来,观测到的全球平均海平面上升的75%可以由冰川冰量损失和因变暖导致的海洋热膨胀来解释(高信度)。具有高信度的是,1993—2010年间全球平均海平面上升与观测到的海洋热膨胀[每年1.1mm(0.8mm至1.4mm)]、冰川[每年0.76mm(0.39mm至1.13mm)]、格陵兰冰盖[每年0.33mm(0.25mm至

0.41mm)]、南极冰盖[每年0.27mm(0.16mm至0.38mm)]以及陆地水储量变化[每年0.38mm(0.26mm至0.49mm)]的总贡献一致。这一总贡献为每年2.8mm(2.3mm至3.4mm)。人为强迫很可能对1979年以来北极海冰的损耗做出了贡献。

观测到的1970年以来北半球春季积雪减少可能是人为贡献。人类活动很可能对20世纪70年代以来的全球平均海平面上升做出了重要贡献。这是由于人类活动对造成海平面上升的两大因子,即热膨胀和冰川冰量损耗产生影响的这一结论具有高信度。具有高信度的还有,基于对太阳总辐射的直接卫星观测,1986—2008年间,太阳总辐射的变化未对此期间的全球平均地表温度上升做出贡献。具有中等信度①的是,太阳变率的11年周期影响了某些地区的年代际气候波动。宇宙射线和云量的变化之间没有确凿的联系被发现。由于对南极海冰范围变化原因的科学解释不完整且相互矛盾,而且对该地区自然内部变率的估计具有低信度,因此对观测到的南极海冰范围小幅增加的科学认识具有低信度。

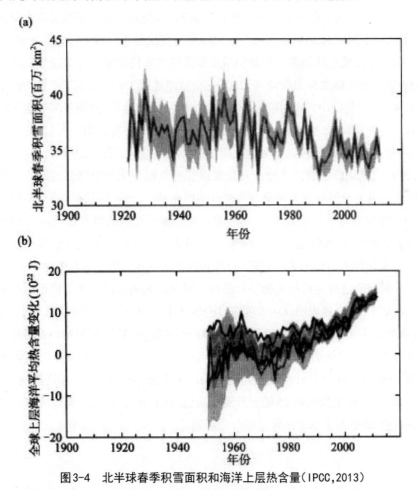

图3-4　北半球春季积雪面积和海洋上层热含量(IPCC,2013)

(a)北半球3~4月份(春季)平均积雪范围;(b)调整到2006—2010年时段相对于1970年

---

①IPCC用于定义不确定性的指导意见中,中等信度指大约有五成机会结果正确;后文的低信度指大约有两成机会结果正确。

所有资料集平均值的全球平均海洋上层(0~700m)热含量变化。

近百年来,降水分布也发生了变化。从1900年至2005年,高纬度地区降水很可能增加,大部分亚热带陆地区域降水可能减少,已观测到的趋势仍在持续。在北美和南美的东部地区、北欧和亚洲北部及中亚地区降水显著增加,但在萨赫勒、地中海、非洲南部地区和南亚部分地区降水减少。就全球而言,自从20世纪70年代以来,受干旱影响的面积可能已经扩大,并且强降水频率增加。在北半球30°~85°N地区降水量的平均增幅达7%~12%,且以秋冬季节最为显著。北美洲大部分地区20世纪降水量增幅为5%~10%;中国西部和长江中下游地区降水量在20世纪后半叶也显著增加,但中国北方地区降水量则有所下降;欧洲北部地区在20世纪后半叶降水量明显增多;1891年以来,俄罗斯东经90°以西降水量增加了5%。而北半球副热带地区的降水量明显减少,特别是在20世纪80—90年代期间。20世纪南半球0°~55°S大陆区域的降水量增加了2%左右。在20世纪下半叶,人为强迫很可能对海平面上升做出了贡献,如北极海冰的融化。有一些证据表明,人类对气候的影响又对水分循环产生了影响,其中包括观测到的20世纪大尺度陆地降水的变化形态。多半可能自20世纪70年代以来人类影响已经促使全球朝着旱灾面积增加和强降水事件频率上升的趋势发展。进入21世纪后,2000年全球年降水量继续增多,2001—2003年连续3年全球年降水量均低于历年平均值。2003年,在北美洲中西部、南美洲东部、欧洲大部、东南亚、澳洲东部等地区均表现为降水量的明显减少;津巴布韦遭遇了近些年少有的干旱。2003年,印度季风区的降水量为常年平均值的2倍,亚洲西部地区近年来的长期干旱状况也得到了暂时的缓解。

另外,近来二氧化碳浓度的飞速上升是在以往的气候变化史中没有过的。大气中直接测量二氧化碳的最长纪录是在美国夏威夷的马纳洛亚站,二氧化碳数据(图3-5)测量是指在干燥空气中的摩尔分数。试验站对二氧化碳浓度的测量是由斯克利普斯海洋研究所的C. David Keeling开创的,这项研究始于1958年3月,是美国国家海洋和大气管理局支持的一项服务。NOAA(美国国家海洋和大气管理局)从1974年5月起开始单独观测此项目,并且与斯克利普斯海洋研究所已经运行的观测平行进行。黑色曲线表示经过季节修正后的数据。由图3-5中所示大气CO_2合量表明,CO_2浓度在过去的几十年中一直处于明显的上升之中,1960年CO_2浓度观测值为316.91ppm;2010年观测值为389.82ppm(数据源于NOAA网站);也就是说在这五十年内上升率达到23%。世界气象组织公布,2014年4月北半球二氧化碳平均浓度首次突破400ppm。这种上升可能与人类活动的关系密不可分,毕竟在这期间,全世界的人口总数从20世纪60年代的约25亿上升到目前已突破70亿,加之人类经济社会的发展对能源消耗的增长,势必对全球碳循环过程产生影响。

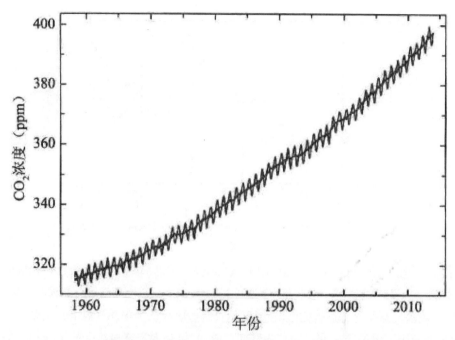

图3-5 美国夏威夷马纳洛亚站1960—2010年实测CO_2浓度(ppm)的逐年变化
（较平滑的曲线为经过季节修正后的数据,较曲折的曲线为实测值）

我国近百年的气候也发生了明显变化。总体来说,这种变化的趋势与全球气候变化的趋势一致。近百年中国的平均气温上升了0.6~0.8℃。我国学者根据我国1910—1984年137个站的气温资料,将每个站逐月的平均气温划分为五个等级,即1级暖、2级偏暖、3级正常、4级偏冷、5级冷,并绘制了全国1910年以来逐月的气温等级分布图。根据图3-6中冷暖区的面积计算出各月气温等级值,把每5年的平均气温等级值与北半球每5年的平均温度变化进行比较。可见20世纪以来我国气温的变化与北半球气温变化趋势基本上是大同小异的,即前期增暖,20世纪40年代中期以后变冷,70年代中期以来又见回升,所不同的只是在增暖过程中,20世纪30年代初曾有短期降温,但很快又继续增温,至40年代初达到峰点。另外,20世纪40年代中期以后的降温则比北半球激烈,至50年代后期达到低点,60年代初曾有短暂回升,但很快又再次下降,而且夏季比冬季明显。我国80年代的增暖远不如其他北半球地区强烈,在80年代南、北半球都是20世纪年平均气温最高的10年,而我国1980—1984年的平均气温尚低于60年代的水平。90年代情况比百年平均气温略微偏高0.37℃。近百年来中国的增温也主要发生在冬季和春季,而夏季却有微弱变凉趋势。另外,1951—2000年中,我国大陆35°N以北地区年平均气温变暖显著于35°N以南,即呈现"北暖南寒"的形式,35°N以北地区冬季的变暖速率显著大于夏季和年平均气温的升温速率。表3-4是不同来源观测的近百年来中国气温的变化。

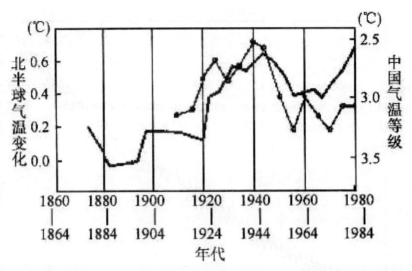

图3-6　中国气温等级的5年平均值(较短线条)和北半球气温5年平均值(较长线条)的变化
(北半球气温变化以1880—1884年为基准)(中国科学技术蓝皮书(第五号)—气候,1990)

另外,我国气温变化有显著的区域特征,尽管有些研究认为中国气温上升主要是长江流域以南地区经历了由偏冷向偏暖的趋势转变造成的,但是大家普遍接受的是,西北、华北和东北地区是明显的上升地区,而其他地区气温没有显著的上升变化趋势。1990年以前的资料分析显示:在中国相当大范围逐渐变暖的同时,四川盆地却存在一个明显的变冷中心。最新资料分析表明:四川盆地在1980s有一段低温期,但是进入1990s气温逐渐回升,从长时间来看,四川盆地的气温仍呈现不显著的上升趋势。另外从全国的平均气温看,在1980s都有一段低温期,因此低温不仅发生在四川盆地,就全国而言,气温的变化仍以上升为主。

表3-4　近百年来中国气温变化

参考文献	近100a情况		近50a情况	
	温度变化/100a	观测时段	温度变化/50a	观测时段
Hulme et al.1994	0.35	1880—1992年	0.3	1951—1999年
Jones et al.个人通信	0.35	1900—1999年	0.73	1950—1999年
王绍武等,1990;1998	0.39	1900—1999年	0.77	1950—1999年
龚道溢,个人通信	0.55	1906—2005年	1.25	1956—2005年
林学椿等,1995	0.19	1900—1999年	0.64	1950—1999年
唐国利等,2005	0.72	1900—1999年	0.92	1950—1999年
	0.79	1905—2001年	1.1	1951—2001年
综合结果	0.19～0.72	1900—1999年	0.64～0.92	1950—1999年
赵宗慈等,2005,模式中加入人类强迫	0.71	1900—1999年	0.9	1950—1999年
Zhou et al.,2005,模式中加入所有强迫	0.70	1900—1999年	0.85	1950—1999年

因此从19世纪末以来,我国气温总的变化趋势是上升的,这在冰川进退、雪线升降中也有所反映。如1910—1960年50年间天山雪线上升了40～50m,天山西部的冰舌末端后退了500～1000m,天山东部的冰舌后退了200～400m,喜马拉雅山脉在我国境内的冰川,近年来也处于退缩阶段。在1986—2006年间,中国已经连续出现了17次全国范围的暖冬。中国近些年气候变暖以北方为主。东北北部、内蒙古及西部盆地达0.8℃/10年以上,这就是说近些年已经上升了4℃以上。

影响我国的降水因素较多,地域差异显著。但20世纪我国降水总体趋势大致从18世纪和19世纪的较为湿润时期转向为较为干燥时期。长江中下游在19世纪末、20世纪30年代和60年代是三个少雨时期,平均周期为35年。华北降水低点比长江中下游地区要晚7～8年。华南地区的降水趋势和中纬度地区不同,周期长度明显缩短,平均约为14～18年。王英等对1951—2002年中国约730个气象台站数据的分析表明:全国平均年降水量从20世纪60年代到90年代呈明显下降趋势,但在90年代后期出现回升,其中夏季和冬季降水量已达到20世纪50年代和60年代的水平。同时,降水量变化呈现显著的区域分异特征:华北、华中、东北南部地区持续下降,长江流域以南地区明显增加,而新疆北部、东北北部和青藏高原西部20世纪60年代到70年代下降,80年代后期有所回升。中国北方有从干旱到湿润转变的迹象,但华北和东北南部地区仍然处于持续的干旱期。中国降水量的总体下降及90年代后期的回升与全球变化趋势基本一致,但区域变化格局与全球中高纬度地区降水增加、热带和亚热带地区减少的特征正好相反。表3-5给出不同地域不同年代的年际变化回归系数可以看出区域间全年降水量年代际变化趋势的不一致。而相对湿度的变化和降水有很多相似之处,降水是相对湿度变化的一个重要影响因子。王遵娅等对1951—2000年气象数据进行研究,结果表明:中国春季和冬季相对湿度减小,而夏、秋季增大,但趋势都不明显。各区域的四季以相对湿度减小为主,北方的减湿比南方显著,东北、华北和西北东部四季都是负趋势,东北的秋、冬季通过了信度检验。西部的增湿比东部明显,青藏高原春、秋、冬3个季节,西北西部夏、秋季的正趋势都通过了信度检验。长江中下游夏季的增湿非常显著,和该地区降水增加是相对应的。表3-6给出不同地区、不同季节的相对湿度距平的线性趋势系数情况。

表3-5 各年代际七个典型区域降水量年际变化趋势(mm/a)

20世纪的年代	东北北部	新疆地区北部	长江以南地区	青藏高原东部	东北地区南部	华北—华中地区	青藏高原西部
50年代	15.39*	12.52*	3.39	12.53*	2.76	2.45	1.82
60年代	-3.21	1.06	3.76	-0.70	-2.22	-1.67	0.76
70年代	3.11	-0.98	-3.98	-1.12	-3.88	-3.24	-3.77
80年代	4.39	2.94	-6.95	1.5	-2.6	-2.97	-3.65
90年代	-1.54	-1.62	8.06*	0.39	3.30	4.34*	6.52*
50年平均	0.58	0.51*	1.14*	0.53*	-0.69*	-0.69*	-0.69*

*号表示通过了0.05的显著性水平检验,正值表示降水增加,负值表示降水减少

表3-6 相对湿度距平的线性趋势系数(单:%/10a)

区域	春	夏	秋	冬	年平均
全国平均	-0.02	0.08	0.04	-0.20	-0.03
东北	-0.50	-0.20	-0.80*	-0.80*	-0.60*
华北	-0.20	-0.20	-0.30	-0.60	-0.30
长江中下游	-0.40	0.40*	0.20	-0.004	0.01
华南	0.07	-0.06	-0.09	0.20	0.01
青藏高原	1.20*	-0.10	0.80*	1.00*	0.70*
西南	0.30	-0.10	-0.10	-0.05	-0.01
西北东部	-0.50	-0.40	-0.20	-0.04	-0.40*
西北西部	0.20	0.70*	0.60*	-0.03	0.30*

*号表示通过了0.05的显著性水平检验

中国的降水量观测资料在1951年以前略多于气温观测。但是最大的问题是分布不均以及记录的中断。所以,许多关于降水量变化的研究只限于1951年之后。比较完整的资料为20世纪50年代恰好是一个多雨时期。因此无论分析近40年,还是近50年,经常会得到降水量下降、气候变干的结论。要检验这个结论是否可靠,第一,要有一个长于50年,最好达到100年以上的序列;第二,这个序列要有一定的均匀性。王绍武等建立1880年以来中国东部35个站的季降水量序列。初步构成了以后各均一的序列。首先为检验每个站对全国平均降水量变化的重要性,利用包括台湾在内的165个站1951—1990年的降水量计算全国总平均降水量,然后计算总平均降水量与每个站的相关系数,绘制出相关分布图。发现105°E以东相关系数均在0.2以上,105°E以西则相关很小或者是负值,这表明中国东部与西部降水量变化的不一致性。而且总体讲西部地区降水量小,对全国总平均降水量贡献不大。同时西部也缺少史料。因此,降水量重建仅限于东部地区,全部35个站与全国总平均降水量的相关系数均在0.2左右,或者更高,大约有三分之一相关系数在0.4以上。这就保证了所建序列对中国地区的代表性。

根据观测资料情况把1880年以来分为3段时期;1880—1899年、1900—1950年及1951年至今。1900—1950年的51年中35个站共缺测553年次,平均缺测15.8年,占51年的31%。缺测还没有达到不能插补的程度,这段时期大多数年份有降水量等级图可供参考,再加上史料,就不难插补了。但1880—1899年期间共缺测542年次,平均缺测15.5年,占20年的77%,表明降水量资料不足四分之一,并且没有降水等级图可供参考。因此,只能依靠史料来插补。好在自20世纪70年代中期在全国范围展开旱涝史研究以来,各省市自治区气象局及有关科研、教学单位整理出版或内部印刷了大量史料汇编。但是,由于史料比较粗略,不可能插补到月的尺度,因此只插补了季降水量,而且是先给出5级降水量的差别,然后再换算成降水量。经过这样插补,得到了如图3-7所示的1880—2000年中国东部四季降水量距平趋势。

从图3-7可以看出四季降水量的变化,有相同之处亦有不同之处。1900年前后及20世纪60年代降水量的减少在四季均有一定反映。但是20世纪20年代的干旱则夏、秋两季最明显。另外,数据研究还表明,20~30年的年代际变率最明显,1950—1990年降水量似乎是减少的,但从60年代中期以后,特别到90年代降水量又有增加的趋势。其实,无论是上升或者下降的趋势均只限于一定时期,从120年整体看并无上升或下降趋势,而是以20~30年的年代际变化为主,这是与气温变化大不相同的。功率谱分析也表明,我国年降水量变化周期主要是3.3年和26.7年,前者可能与ENSO的影响有关,后者则表明我国降水有显著的年代际变化。近几十年来我国降水的低频波动可能主要是年代际变化引起的,而并非全为气候变化趋势。

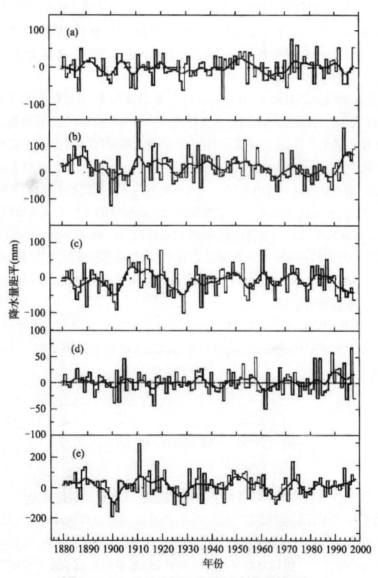

图3-7　1880—2000年四季中国东部降水量距平

((a)春季;(b)夏季;(c)秋季;(d)冬季;(e)年降水量。距平为对1961—1990年平均)

从地域上而言,在过去几十年中,中国降水呈增加趋势的测站与呈下降趋势的测站大致相当。大范围明显的降水增加主要发生在西部地区,其中以西北地区尤为显著。1960—1990年与1970—2000年两个31a整编资料的对比分析也说明,西北地区在气温显著上升的同时,降水也增加,由暖干向暖湿转型,但东部干旱的形势比前期更为显著。中国东部季风区降水变化趋势的区域性差异较大,长江流域降水趋于增多,东北东部、华北地区和四川盆地东部降水趋于减少。在21世纪初的研究也表明,华北、黄河中下游地区自20世纪70年代末以来夏季降水呈现不断减少趋势,而长江中下游到华南地区雨量呈增加趋势,高值中心在长江中游地区。同时得出:20世纪70年代到80年代东部多雨轴线不断南移,逐渐呈现"北旱南涝"的模式,并且90年代以来这种趋势进一步加剧。龚道溢等的研究结果表明,1979年前后,我国东部地区及长江流域的夏季降水量发生了明显的转折,从少雨时段转为多雨时段。以上不同时段资料的分析结果都反映了我国东部地区夏季雨带的南移趋势,有北部降水减少、长江中下游及南部地区增多的倾向。

无论是中国的气温还是降水,在过去近百年来,尤其是在20世纪末都发生了一定的变化。众所周知,引起气候变化的原因可以概括为自然的气候波动(包括外界强迫:大气环流,海表温度,太阳辐射的变化,火山爆发等)和人类活动的影响(人类燃烧矿物燃料以及毁林引起的大气中温室气体浓度的增加,硫化物气溶胶浓度的变化,陆面覆盖和土地利用的变化等)两大类型。前者是气候系统内部以及气候系统与其他外界强迫相互作用的结果,后者是人类活动作用于气候系统的结果。江志红等在对百年尺度的气候变化做诊断分析时,总结出气候变化大致有以下几方面的物理成因:气候系统自身振荡、温室效应、太阳活动、火山爆发等。在气候系统内部各因子相互作用的过程中,最直接的影响是大气与海洋环流的变化或脉动,大气和海洋是造成区域尺度气候要素自然变化的主要原因。中国位于欧亚大陆的中纬度地区,向东面临着海洋,向西又有高大地形青藏高原,因此中国的气候变化主要受大气环流,如:北极涛动(AO)、东亚季风的影响,同时又受海洋(尤其是太平洋和印度洋)环流的自然振荡,如太平洋年代际尺度振荡PDO和自身复杂地形(如青藏高原)与陆面状况(如沙漠区)的影响。

第三节 极端气候的变化

当某地的天气、气候出现不容易发生的异常现象,或者说当某地的天气、气候严重偏离其平均状态时,即意味着发生"极端气候"(Climate extremes),也称极端天气气候。[1]世界气象组织规定,如果某个(些)气候要素的时、日、月、年值达到25年以上一遇,或者与其相应的30年平均值的"差"超过了二倍均方差时,这个(些)气候要素值就属于异常气候值。出现异常

---

①罗亚丽. 极端天气和气候事件的变化[J]. 气候变化研究进展,2012,(2):90-98.

气候值的气候就称为"极端气候"。干旱、洪涝、高温热浪和低温灾害等都可以看成极端气候。需要注意的是,严格来讲极端气候事件与气象灾害是有区别的。一个强热带风暴,如果袭击一个没有人类社会活动的区域就不构成灾害。气象灾害需要更多地从人类经济社会角度、从承灾体的脆弱性方面考虑。但由于目前的人类活动已遍及全球,极端事件又几乎是灾害的代名词,与极端事件相伴的通常是严重的自然灾害。例如,狂风刮倒房屋,暴雨引起的洪涝淹没农田,长期干旱导致庄稼干枯,高温酷热和低温严寒造成疾病增加、死亡率增高。如此种种,不胜枚举。

在最近的几十年,国际上对极端天气气候事件的时间变化特点进行了许多分析研究。《IPCC第四次评估报告》(AR4)对2007年之前的相关研究进行了系统总结。已有的研究包括采用过去几十年气候资料和统计技术对主要极端天气气候事件频率和强度年代变化特点及长期趋势的分析以及采用气候模式模拟技术对未来可能气候极端事件发生频率变化的分析等。2011年11月18日,政府间气候变化专门委员会(IPCC)正式批准了一个新的特别报告,即《管理极端事件和灾害风险,推进气候变化适应》(SREX)。SREX第三章从观测到的变化、变化背后的原因、未来变化的预估及其不确定性等三个方面评估极端天气气候事件,此评估建立在IPCC的AR4基础上,并吸纳了AR4以来(至2011年5月发表)的最新研究成果,更新了AR4关于极端天气和气候事件变化的评估结果。为了有效推动世界各国开展极端天气气候事件变化检测研究,WMO(World Meteorological Organization)气候委员会等组织联合成立了气候变化检测和指标专家组(Expert Team on Climate Change Detection and Indices,ETCCDI),并定义了27个典型的气候指数,其中包括16个气温指数和II个降水指数(表3-7和表3-8)。国内外学者利用这些基本指数对各种极端温度和降水事件进行了探讨。

表3-7 极端气温指数

分类	代码	名称	意义
日最高、最低气温的月极值	TX$_x$	月最高气温极大值	每月中日最高气温的最大值
	TN$_x$	月最低气温极大值	每月中日最低气温的最大值
	TX$_n$	月最高气温极小值	每月中日最高气温的最小值
	TN$_n$	月最低气温极小值	每月中日最低气温的最小值
绝对阈值	FD	霜冻日数	一年中日最低气温小于0℃的天数
	SU	夏季日数	一年中日最高气温大于25℃的天数
	ID	冰封日数	一年中日最高气温小于0℃的天数
	TR	热夜日数	一年中最低气温大于20℃的天数
	GSL	生长期	北半球从1月1日(南半球为7月1日)开始,连续6天日平均气温大于5℃的日期为初日,7月1日
相对阈值	TN10$_p$	冷夜日数	日最低气温小于10%分位值的日数
	TX10$_p$	冷昼日数	日最高气温小于10%分位值的日数
	TN90$_p$	暖夜日数	日最低气温大于90%分位值的日数

	TX90p	暖昼日数	日最高气温大于90%分位值的日数
	WSDI	异常暖昼持续指数	每年至少连续6日最高气温大于90%分位值的日数
	GSDI	异常冷昼持续指数	每年至少连续6日最高气温小于10%分位值的日数
其他	DTR	月平均日较差	日最高气温与日最低气温之差的月平均值

表3-8　极端降水指数

分类	代码	名称	意义
绝对阈值	R10mm	中雨日数	日降水量大于等于10mm的日数
	R20mm	大雨日数	日降水量大于等于20mm的日数
	Rnn mm	日降水大于某一特定强度的降水日数	日降水量大于等于nn mm的日数
相对阈值	R95pTOT	强降水量	日降水量大于95%分位值的年累计降水量
	R99pTOT	特强降水量	日降水量大于99%分位值的年累计降水量
持续干湿期	CDD	持续干期	日降水量小于1mm的最大持续日数
	CWD	持续湿期	日降水量大于1mm的最大持续日数
其他	Rx1day	1日最大降水量	每月最大1日降水量
	Rx5day	5日最大降水量	每月连续5日最大降水量
	SDII	降水强度	年降水总量与湿日日数(日降水量大于等于1.0mm)的比值
	PRCPTOT	年总降水量	日降水量大于1mm的年累计降水量

一、全球范围极端气候变化的事实及变化规律

自1950年以来,综合SREX和现有研究成果把观测到的极端天气气候事件的变化可以总结如下:

1.全球范围内,即对于有足够资料的陆地区域,总体而言,冷昼和冷夜的数量很可能减少了,而暖昼和暖夜的数量很可能增加了。这些变化还可能发生在北美、欧洲和澳大利亚的大陆尺度上。在20世纪60年代以后,全球大部分陆地地区极端冷事件(如低温、寒潮、霜冻、冷夜和冷日等)发生频率逐渐减少,而极端暖事件(如高温、热浪、暖日和暖夜等)发生频率明显增加,其中极端冷事件频率的减少比极端暖事件的增加更为明显。亚洲大部分地区日极端温度的上升趋势具有中等信度。非洲和南美洲的日极端温度的变化趋势一般具有低到中等信度。全球而言,具有中等信度的是,在许多(但不是全部)有足够资料的地区,包括热浪在内的暖事件的持续时间或数量已经增加。

2.全球范围内,有些区域强降水事件的数量发生了显著的变化,其中数量显著增加的区域可能多于显著减少的区域,但在趋势上具有很强的区域和次区域变化;并且,在许多区域强降水事件的变化趋势并不具有统计显著性,一些地区强降水的变化也存在季节差异(如欧洲冬季的趋势比夏季更加一致)。20世纪北半球大陆中高纬度大部分地区降水增加了5%~10%,近几十年暴雨的发生频率增加了2%~4%;低纬度地区和中低纬度地区夏季的极端干旱事件增多。总体而言,强降水事件增加的趋势在北美洲最一致。

3.更多证据表明,全球极端海平面的趋势反映出平均海平面的趋势,因此,与平均海平面上升有关的沿海极端高水位事件可能已经增加,主要是风暴潮,但不包含海啸增多。多年冻土的退化可能加剧了,并可能产生了物理影响。

4.由于以往观测能力的变化,热带气旋活动(强度、发生频率、持续时间)的长期(40年或更长时期)变化具有低信度,但某些地区热带气旋强度显著加强,中纬度风暴路径有向极区移动的趋势。南北半球主要风暴路径可能已经向极地移动,但是,温带气旋强度的变化具有低信度。由于资料不均一和监测系统不足,小尺度现象(如龙卷和冰雹)的变化具有低信度。

5.由于缺乏直接观测资料、某些地理上的趋势不一致性及分析得到的趋势对所选择的指数的依赖性,目前尚无充分证据说明观测到的干旱趋势具有高信度。具有中等信度的是,某些地区特别是欧洲南部和非洲西部经历了更强和时间更长的干旱,但是其他一些地区如北美中部和澳大利亚西北部,干旱已经变得更不频繁、更弱或时间更短。

6.由于台站观测洪水的记录所涵盖的空间范围和时间跨度有限,还由于土地利用和工程的变化造成的干扰影响,仅有有限到中等的证据可用于评估由气候驱动的区域尺度上洪水强度和频率的变化,而且这些证据表现出低一致性,因此,在全球尺度上甚至洪水的变化方向都具有低信度。然而,具有高信度的是,依赖融雪和冰川融水的河流的春季流量高峰有提前出现的趋势。

7.具有中等信度的是,赤道太平洋中部的厄尔尼诺事件更加频繁了,但是,因证据不足,不能给出有关厄尔尼诺—南方涛动(ENSO)更具体的变化。

8.全球尺度上,大型滑坡的变化趋势具有低信度。关于波浪的气候变化趋势,AR4之后的研究数量很少,且覆盖的区域有限,其结果普遍支持了之前的研究,其中大多数研究发现了波浪变化和内部气候变率之间的联系。最近有一些研究针对全球不同地区观测到的风速变化,但是,由于风速仪资料的种种缺点,加上一些地区采用风速仪资料和再分析资料得到的趋势不一致,因此目前极端风的变化具有低信度。

9.模拟研究也发现,在大气中温室气体浓度增加的情况下,与气温和降水相关的极端天气气候事件发生频率及强度也将出现明显变化,一些变化与观测的趋势时空分布相似。气候模拟研究还指出,在未来不同温室气体排放情景下,全球陆地地区高温热浪事件频率增多的可能性极大,而寒冷日数和霜冻日数进一步减少,极端强降水事件频率和降水量在许多地区可能上升,受干旱影响的地区范围可能增加,强台风的数量可能增加(IPCC,2007)。

从上述结论可以看出,观测到的极端天气气候事件变化的信度因地区和极端天气气候事件的不同而异,原因是信度取决于资料的质量、数量及是否有分析这些资料的研究。极端事件很少发生,这意味着可用于评估其发生频率或强度变化的资料稀缺,因而识别其长期变化很困难。而且,资料的不均一性会增加分析结果的不确定性。尽管过去15年在改善资料均一性方面取得了进展,对于许多极端事件,资料仍然较少并存在问题,从而导致确定其变化的能力较低。对在区域或全球尺度上观测到的某一特定极端事件的变化赋予低信度,既不意味着也不排除这种极端事件发生变化的可能性。某一特定极端事件的全球趋势可能比某些区域趋势更可靠(如极端温度)或更不可靠(如干旱),这取决于该极端事件变化趋势的地理一致性。

二、我国极端气候事件的研究

我国学者对极端天气气候事件的研究也已有较长历史,获得了大量成果。在"十一五"期间,科技部的重大科技计划项目对极端气候事件观测和模拟研究又给予明确支持。其中,国家科技支撑项目"我国主要极端天气气候事件及重大气象灾害的监测、检测和预测关键技术研究"和国家重点基础研究发展计划项目"全球变暖背景下东亚能量与水循环变异及对我国极端气候的影响研究"分别设立了有关观测的极端气候变化研究课题。

(一)极端温度变化

国内学者应用各种方法和资料,对中国地面极端气温变化进行了研究。最近的分析结果与早期研究基本一致。在1951—2008年期间,全国年平均最高气温有较明显的增加趋势,增加速率为0.16℃/l0a,且气温升高主要发生在最近的几十余年。平均最高气温北方增加明显,南方大部分台站变化不明显;增加最多的地区包括东北北部、华北北部和西北北部,青藏高原增加也很明显。就季节平均最高气温来看,冬季的增加最为明显,对年平均最高气温的上升贡献最大;夏季平均最高气温增加最弱。比之于最高气温,年平均最低气温在全国范围内表现出更为一致的显著增加趋势。全国年平均最低气温上趋势远较年平均最高气温变化明显,上升速率达到0.29℃/l0a。北方地区上升更显著,且上升速率有随纬度增加趋势。与年平均气温变化趋势相似,年平均最低气温增加最明显的地区是东北、华北、西北北部和青藏高原东北部等地区。各季节平均最低气温均呈增加趋势,冬季增加最明显,对年平均最低气温的上升贡献最大。最高和最低气温的变化在各个区域内部存在差异。西北地区东部夏季平均最高气温有下降趋势,中部除冬季外所有季节平均最高气温都显著下降,北部冬季最高气温上升;季节平均最低气温在西北东部一般上升,但夏季下降。

南方地区的长江中下游夏季平均气温下降明显,主要是由于最高气温明显下降造成的。在我国北方地区,黄河下游区域年、春季和夏季平均最高气温均出现较明显的下降趋势。因此,我国平均最高气温和平均最低气温都是以冬季的增暖最为明显。冬季气温的明显上升,是导致"暖冬"年份增多的主要原因。无论是年还是季节,平均最低气温的增暖幅度均明显大于平均最高气温。在过去的半个多世纪,年平均最低气温开始显著升高的时间明显早于最高气温,后者主要在20世纪80年代中期以后表现出明显的上升趋势。由于平均最低气温增加一般比平均最高气温增加偏早、偏强,我国年平均日较差呈总体下降趋势。下降幅度较大的地区主要在东北、华北东北部、新疆北部和青藏高原。全国各季平均日较差均呈下降趋势,但冬季的下降趋势最为明显。又由于冬季平均最低气温上升比夏季平均最高气温上升快,我国多数地区气温极值的年内变化趋向和缓。

1951年以后全国平均高温日数有弱的减少趋势,但在20世纪90年代中期以后有一定增加。在不同地区,高温日数的变化趋势不同,长江中下游和华南地区有显著的减少趋势,中国西部的部分地区则有增加趋势。最近的分析发现,中国年均极端高温的频数在近几十年中趋于上升,而年均极端低温的频数则有所减少,这与近年多数观测分析结果一致。在空间分布上,除西南地区部分站点外,近几十年中国大部分地区极端低温事件的年均发生频数趋于减少,而极端高温事件发生频率的变化则呈现出东南沿海减少、西北内陆增加的分布特点。Ding et al 的分析表明,中国高温热浪事件频数变化具有较强年代际变动特点,西北地区20世纪90年代后具有突然增长趋势;东部地区20世纪60年代前极热事件偏多,70—80年代偏少,90年代以后呈增多和增强趋势,但长期线性趋势不明显。中国大部分地区寒潮事件频率明显减少、强度减弱。封国林等对中国逐日最高气温资料进行分析发现,中国中部和华北地区极端气温事件序列具有较明显的长程相关性,存在较强的记忆性特征,揭示出极端高温事件在这些地区更易发生;而云贵、内蒙古中部、甘肃和沿海地区长程相关性较弱,区域性差异明显。破纪录事件是极端气候的特殊表现形式。在气候变暖背景下,破纪录高温事件发生频次呈现不断增加的特点。近半个世纪我国破纪录高温事件略有增多,而破纪录低温事件明显减少;在破纪录事件强度上,高温事件强度在高纬度地区略有增强,而低温事件强度在高纬度地区及新疆、青藏高原则有一定趋弱,但在南方大部地区却呈现较明显的增强趋势。万仕全等(2009)利用极值理论(EVT)中的广义帕雷托分布(GPD)研究气候变暖对中国极端暖月事件的潜在影响,发现气候变暖对极端暖月的变率和高分位数有明显影响,响应的空间分布集中在青藏高原中心区域和华北至东北南部的季风分界线附近,而其他地区对气候变暖的响应并不明显。

全国平均暖昼(夜)日数在20世纪80年代中期以后表现出显著的增加趋势。北方大部、西部地区和东南沿海地区暖昼天数有增加趋势,而长江中下游和华南等地则有减少趋势。暖夜日数增加趋势更为明显,增长最显著的地区出现在西南地区。在绝大多数地区,霜冻日数有显著的减少,20世纪90年代的平均年霜冻日数比60年代减少10天左右。与此对应的是,多数地区气候生长期则呈现明显增加趋势。全国平均冷昼日数在近半个世纪有弱的减少趋势,20世纪80年代中期以后减少比较显著。空间分布上,北方地区冷昼日数减少显著,而南方地区则有弱的增加趋势。全国平均冷夜日数有明显减少趋势,特别是20世纪70年代中期以后表现得更为明显。大部分地区的冷夜日数都在显著减少,北方地区的减少趋势要大于南方地区。多数地区平均最低气温的上升幅度明显大于平均最高气温,这导致了平均气温日较差的显著减小。从气温年较差看,我国大多数地区都呈现出显著减少的趋势,北方地区的减少幅度普遍比南方地区大,大致为−0.86 ~ −0.94℃/10a。

因此,在最近的半个世纪左右,我国与高温相关的极端气候事件频率和强度变化一般较弱,20世纪90年代以后有增多增强趋势;与低温有关的极端事件频率和强度则明显减少减弱,但进入21世纪以来偏寒冷事件有所增多和增强。观测到的高、低温事件频率和强度变化与平均最高气温上升不明显、平均最低气温上升趋势显著的特点完全一致。

(二)极端降水变化

对我国降水量极值变化趋势的分析表明,1951—1995年期间全国平均1日和3日最大降水量没有出现明显的变化,华北地区趋于减少,而西北西部地区趋于增加。最近的分析表明了相似的结果,1956—2008年期间全国平均1日最大降水量同样没有明显的趋势变化,但可以发现显著的年代际变化。从20世纪50年代中到70年代后期,最大降水量有减少现象;而从70年代后期到1998年最大降水量有明显上升趋势,此后则重又下降。

不少作者利用各种绝对和相对阈值标准定义极端强降水事件,分析过去50年极端降水事件频率和强度的变化情况。这些分析一般表明,过去半个世纪我国有暴雨出现地区的年平均暴雨日数呈微弱增多趋势,但趋势不显著。从区域上看,华北和东北大部暴雨日数减少,而长江中下游和东南沿海地区一般增多。造成极端偏湿状况的连续降水日数变化与总降水量和极端强降水频率变化具有相似的空间分布特征。根据百分位值定义的强降水频数和降水量与暴雨日数变化趋势相似,但可以发现西部大部分地区强降水频数和降水量有比较明显的增多。我国多数地区秋季极端强降水减少,冬季一般增多,夏季南方和西部增多,而北方减少。Qian et al对降水进行分级后分析发现,我国小雨普遍减少,而暴雨和大暴雨有所增多。极端降水量与降水总量的比值在中国多数地区有所增加,说明降水量可能存在向极端化方向发展的趋势。Zhang et al发现,我国北方地区极端强降水与总降水频数的比值在20世纪70年代末、80年代初发生了比较明显的跃变。许多研究指出,我国多数地区不仅极端强降水量或暴雨降水量在总降水量中的比重有所增加,极端强降水或暴雨级别的降水强度也增强了。这种现象不仅出现在降水量和极端强降水增加的南方和西部,甚至出现在降水量和极端强降水减少的华北和东北。

在全球气候变化背景下,全国和各个区域气象干旱发生的频率、强度和持续时间是否出现了变化,是很值得关注的问题。根据综合气象干旱指数(CI),分析近几十年来中国的气象干旱时空分布特征表明,在近半个多世纪中,我国气象干旱较重的时期主要出现在20世纪60年代、70年代后期至80年代前期、80年代中后期以及90年代后期至21世纪初。就整体而言,全国气象干旱面积在1951—2008年中有比较显著的增加趋势。气象干旱面积增加主要出现在北方地区,其中松花江流域、辽河流域、海河流域增加趋势显著,海河流域干旱化最为突出,南方大多数的江河流域气象干旱面积的变化趋势不明显,只有西南诸河流域有显著的减少趋势。破纪录干旱事件的相关研究也表明,极端干旱强度最大区域分布在我国北方的半干旱地区,中心区域位于华北地区、黄河中下游及淮河流域。侯威等研究了北方地区近531年的极端干旱事件频率变化,并与古里雅冰芯同位素[18]O含量变化进行了对比,发现在同位素[18]O含量较高的时期(偏暖时期)发生极端干旱事件的概率较低,反之亦然。章大全等研究了气温升高和降水减少在极端干旱成因中所占的比重,发现降水减少仍然是中国东部干旱形成的主要因素。相对于南方地区,中国华北、东北及西北东部等地区的干旱化进程对气温比降水变化更为敏感。龚志强等发现,华北和江淮流域在气候较暖的时期可能易发生强度大、范围广的同步干旱事件,并认为近几十年北方地区的干旱化可能是自然气候变率起主导作用下人为气候变化和自然气候变率共同作用的结果。

(三)热带气旋、沙尘暴和雷暴的变化

在1970—2001年32年间,登陆我国的热带气旋频数有一定下降趋势,其中1998年达到了近几十年来的最小值。1950—2008年期间,登陆我国的热带气旋频数同样存在减少趋势,其中20世纪50—60年代登陆热带气旋频数较多,1991—2008年是热带气旋登陆我国的最少时期,但进入21世纪以后有一定上升。经南海和菲律宾海区登陆我国的热带气旋频数下降明显,经东海海区登陆的热带气旋频数也有减少,但趋势不显著。从1951—2004年间登陆强度为强台风和超强台风的热带气旋频数变化看,一般呈显著减少趋势。最大登陆热带气旋强度出现在20世纪50—70年代,但平均登陆热带气旋强度没有明显变化。登陆热带气旋的破坏潜力也存在明显的年代际变化,20世纪50—70年代初明显偏强,以后则偏弱。登陆热带气旋平均强度的减弱和高强度热带气旋频次的减少是引起破坏潜力减弱的主要原因。在1957—2008年期间,热带气旋导致的中国大陆地区降水量总体上表现出下降趋势,东北地区南部这种趋势尤为显著。这和登陆热带气旋数量趋于减少是一致的。

近半个世纪,我国北方沙尘暴发生频率整体呈现减少趋势,但在世纪之交的几年沙尘暴频率和强度有所增加。20世纪70年代以前北方沙尘暴明显偏多,从80年代中期开始显著偏少。总体而言,20世纪60—70年代波动上升,80—90年代波动减少,2000年后又急剧上升,但仍明显低于常年水平。沙尘暴频率下降与北方地区平均风速、大风日数和温带气旋频数减少趋势完全一致。

最近几十年,还有一些对于雷暴等局地强天气现象变化的研究,值得进行回顾和总结。关于雷暴日数变化的研究多集中在东部小区域范围内或大城市附近,而且使用了不同的分析时间段落和方法,但几乎全部台站和区域个例分析结果均表明,雷暴发生频率有比较明显的减少趋势。其中,1961—2002年陕西省关中地区、1961—2001年长江三峡库区及其周边地区、1957—2004年广东省、1959—2000年成都地区、1966—2005年山东省等区域年雷暴发生频率均呈现比较明显的下降。

综合以上研究结果,可以发现我国各主要类型极端气候事件频率和强度变化十分复杂,不同区域不同类型极端气候变化特点表现出明显差异。表3-9总结了过去半个世纪中国主要类型极端气候变化的特点。

表3-9 20世纪50年代以来全国主要类型极端气候变化观测研究结论

极端事件	研究时段	观测的变化趋势	结论可信度
暴雨或极端强降水	1951—2008	全国趋势不显著,但东南和西北增多,华北黑东北减少。暴雨或极端强降水事件强度在多数地区增加。	高
暴雨极值	1951—2008	1日和3日暴雨最大降水量有一定增加,南方增加较明显。	中等
干旱面积、强度	1951—2008	气象干旱指数(CI)和干旱面积比率全国趋于增加,华北、东北南部增加明显,南方和西部减少。	高
寒潮、低温频次	1951—2008	全国大范围地区减少、减弱,北方地区尤为明显,进入21世纪以来有所增多,但长期下降趋势没有改变。	很高
高温事件频次	1951—2008	全国趋势不显著,但华北地区增多,长江中下游地区年代际波动特征较强,90年代后趋多。	中等
热带气旋、台风	1954—2008	登陆我国的台风数量减少,每年台风造成的降水量和影响范围与减少	高
沙尘暴	1954—2008	北方地区发生频率明显减少,1998年以后有微弱增多,但与20世纪80年代以前比较仍显著偏少。	很高
雷暴	1961—2008	东部地区现有研究区域发生频率明显减少。	很高

注:对评估结论可信度的描述采用《IPCC第四次评估报告》的规定。很高:至少有90%概率是正确的;高:约有80%概率是正确的;中等:约有50%概率是正确的;低:约有20%概率是正确的;很低:正确的概率小于10%。

三、极端天气气候事件的影响

极端天气常常造成房屋倒塌、人员伤亡、农作物失收。英国经济学家斯特恩爵士指出:"极端天气的成本达到世界每年GDP的0.5%～1%。如果世界继续变暖,这个数字还会持续上升"。

(一)对自然生态系统的影响。

气温的升高对自然生态系统造成了严重的影响。高原的冰川和积雪融化,北极震荡致冷空气持续南下,厄尔尼诺和拉尼娜现象活跃,春汛提前。2010年的汛情尤其严重。据报道,5月份以来,广西、贵州、四川等十多省市遭受强降雨袭击,2939万人受灾,因灾死亡200人,转移人口171万人。农作物受灾372万hm²,倒塌房屋33.9万间,直接经济损失约665亿元。两极的冰川融化,各种生物的生存状况令人担忧。生物种类的灭绝速度加快。森林面积的减小也影响深远,地质灾害频发。而且由于森林的消失,很多野生动物失去了栖息地,加速了物种的灭绝。在中国几乎已经找不到野生老虎等动物的踪迹。另外,珊瑚礁、红树林、极地和高山生态系统、热带雨林、草原、湿地等自然生态系统受到严重的威胁。

(二)对农业生产的影响。

极端气候事件对中国农业的影响总的来说对粮食生产的影响是负面的,会使农业生产的不稳定性增加。经过对1949—2007年我国农业受灾面积、经济损失、农业粮食损失分析:气象灾害每年造成受灾面积呈波动上升趋势,20世纪50年代平均为2258万 hm²,到90年代为49551.4万 hm²,农业受灾面积不断扩大;气象灾害造成农业经济损失逐年升高,呈现"谷—峰—谷"特征,20世纪90年代,农业经济损失波动幅度大,属于强波动,年平均损失2000亿元以上,2008年损失达到4100亿元;粮食减产数量,从20世纪80年代到21世纪初达到高峰,2000年粮食减产最高值5996万 t。

(三)对人类生活的影响。

人们的衣食住行的模式正在主动或被动地进行着改变,以适应气候的变化。海平面的升高使海岸洪水造成的损失加大。每年我国的南方地区都要经历洪水的"洗礼"。我国沿海地区如上海、北海、广州等地区的人口面临着被淹的风险。海平面上升会加剧洪水、风暴潮、侵蚀以及其他海岸带灾害,进而危及那些支撑小岛屿社区生计的至关重要的基础设施、人居环境。气候的变化加大了台风、暴雨、洪涝灾害、干旱等极端天气的发生概率,增加了预测的难度,给人类的生活秩序和心理带来了极大的冲击和极高的重建、迁徙代价。极端气候还影响了我国的水资源分布。缺水的地区更加缺水,水资源丰富的地区则出现严重的洪涝灾害。华北缺水,人们不得不努力寻找水源,但在华中、华南、华东地区却发生洪涝灾害,形成了一个矛盾的局面。

(四)对人类健康的影响。

极端气候事件影响着人的健康,尤其是对抵抗能力较弱的人群,如小孩、老人。全球变暖使热浪事件发生得更加频繁,在欧洲的希腊、西班牙等影响比较严重的国家,每年都有森林大火,几乎每年都有市民热死。高温状况下,病毒和病菌更加活跃,人体的免疫力下降,导致呼吸系统和心血管疾病的发病率增加。发达城市的热岛效应也不可忽视,高楼大厦林立的地方温度往往比其他地方高。极端天气也为登革热、霍乱等传染病提供了滋生的环境。气候变热,大气中污染物质和导致过敏的物质含量增加,使一些传染性疾病的传播范围扩大,造成恶性循环。由于环境的变化,极端天气事件频发,对人的心理也会产生很大的冲击,容易出现心理问题。

第四节　自然过程与气候

气候的形成和变化受多种因子的影响和制约。图3-8表示各因子之间的主要关系。由图3-8可以看出：太阳辐射和宇宙—地球物理因子都是通过大气和下垫面来影响气候变化的。人类活动既能影响大气和下垫面从而使气候发生变化，又能直接影响气候。在大气和下垫面间，人类活动和大气及下垫面间，又相互影响、相互制约，这样形成重叠的内部和外部的反馈关系，从而使同一来源的太阳辐射影响不断地来回传递、组合分化和发展。在这种长期的影响传递过程中，太阳又出现许多新变动，它们对大气的影响与原有的变动所产生的影响叠加起来，交错结合，以多种形式表现出来，使地球气候的变化非常复杂。

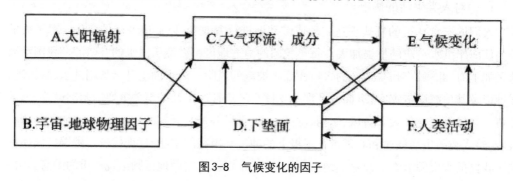

图3-8　气候变化的因子

一、天文因素对气候的影响

（一）地球轨道因素的改变

地球在自己的公转轨道上，接受太阳辐射能。而地球公转轨道的三个因素：偏心率、地轴倾角和岁差（春分点的位置）都以一定的周期变动着，这就导致地球上所受到的天文辐射发生变动，引起气候变化。

1.偏心率。地表接收的太阳辐射量之所以不同是由于地球公转的轨道并不是真正的圆形而是椭圆形。椭圆形是一个有两个焦点的几何图形，并且这两个焦点并不位于椭圆的几何中心。在图3-9中看到的F_1和F_2是物体运动的焦点，而C点事该图形的几何中心。当物体沿椭圆形轨道运行时，其围绕的中心是两个焦点中的一个，结果就形成了物体距几何中心忽远忽近的结果。宇宙间行星运行的轨道虽然会受到其他天体重力的影响而有所改变，但基本上还是可以被计算出来的。米兰科维奇（M M Lanko-vitch）通过复杂的数学演算推演出了几万年间地球偏心率的变化。对于圆来说，不管大小它始终是一个圆，但对于椭圆形而言则不同，它有大小和形状的变化。偏心率就是用来测量椭圆形状的。偏心率越大，椭圆就越扁。主轴是椭圆形中最长的直线。如图3-9所示，当物体围绕F_1运行时，F_1与C之间的距离为线性偏心率，写作le。主轴的长度用希腊字母a表示。偏心率e的定义为e=le/a。从这个定义可以看出偏心率永远都小于1，因为a大于le。如果物体运行的轨道是圆形的话，F_1就位于

C的位置,它的线性偏心率le是O,而偏心率也是O。目前地球轨道的偏心率是0.017,接近于圆形。但偏心率在0~0.06之间变动,周期约为96000年。

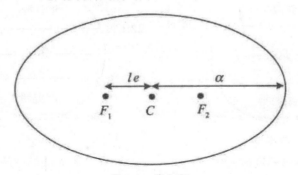

图3-9 偏心率

现在地球到达近日点的时间是在1月而到达远日点的时间是7月。受地球偏心率的影响,地球与太阳之间的距离在远日点时是15396万km,在近日点时是14499.1万km,两者相差3%。这种差异带来的结果是地球在1月份时所接收到太阳辐射比7月份多7%。多出的这7%看起来似乎还不足以对地球气候产生什么重大影响,甚至当地球的公转轨道是圆形而不是椭圆形的时候,这多出的7%也不过就是使北半球的冬天比现在冷一些而南半球的夏天比现在热一些罢了。在过去的10万年里,地球的偏心率曾经发生过几次变化,从0.001变化到0.054之后又变回到现在的0.017。目前北半球冬季位于近日点附近,近日点附近地球的公转速度快,远日点附近地球的公转速度慢,因此北半球冬半年比较短(从秋分至春分,比夏半年短7.5日)。以目前情况而论,地球在近日点时所获得的天文辐射量(不考虑其他条件的影响)较现在远日点的辐射量约大1/15,当偏心率是0.001时,地球一年四季所接收的太阳辐射从整体上看没有什么大的波动变化。但当偏心率达到0.054时,则此差异就成为1/3。这种变化给地球气候带来了严重的影响。如果冬季在远日点,夏季在近日点,则冬长而冷,夏季热而短,使一年之内冷热差异非常大。这种变化情况在南北半球是相反的。

2.地轴倾斜度及地轴摆动。地轴倾斜(即赤道面与黄道面的夹角,又称黄赤交角)是产生四季的原因。由于地球轨道平面在空间有变动,所以地轴对于这个平面的倾斜度(ε)也在变动。现在地轴倾斜度是23.44°,最大时可达24.24°,最小时为22.1°,变动周期约4.2万年。这个变动使得夏季太阳直射达到的极限纬度(北回归线)和冬季极夜达到的极限纬度(北极圈)发生变动(图3-10)。当倾斜度增加时,高纬度地区在夏季所接收的太阳辐射会增加,赤道地区的年辐射量会减少,会导致地球出现酷暑严寒的极端性气候。例如,当地轴倾斜度增大1°时,在极地年辐射量增加4.02%,而在赤道却减少0.35%。可见地轴倾斜度的变化对气候的影响在高纬度比低纬度大得多。此外,倾斜度愈大,地球冬夏接受的太阳辐射量差值就愈大,特别是在高纬度地区必然是冬寒夏热,气温年较差增大;相反,当倾斜度小时,则冬暖夏凉,气温年较差减小。夏凉最有利于冰川的发展。

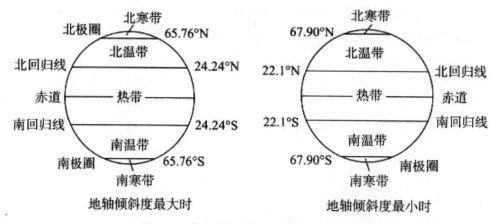

图3-10 黄赤交角变动时回归线和极圈的变动

地球在过去的2.58万年里,地轴摆动也呈现周期性的变化。地球就像是一个高速旋转的陀螺。在不受外力影响的情况下陀螺是直立稳定的,然而当有外力作用时,陀螺并不会翻倒而是发生摆动,转动的角度并不是朝向外力的方向而是与其形成直角。这是什么道理呢?原来,陀螺在旋转的时候,不但围绕本身的轴线转动而且还围绕一个垂直轴做锥形运动。太阳和月亮的引力作用于地球时,除了能带动海水的涨落之外,还会使地球像陀螺一样受其影响产生周期性转动,围绕垂直轴做圆锥运动,这就是地轴的摆动。古希腊天文学家和数学家喜帕恰斯(前190—前120)是最早对地轴摆动进行研究的科学家。地轴摆动的研究进一步引出下一个问题:岁差。

3.岁差。[①]大约公元前130年,喜帕恰斯将其对二分点(春分和秋分点)的测量结果与其他早期科学家的记录进行了对比,发现在169年的时间里太阳在天球上的投影位置移动了2°。他把这称为岁差。地轴摆动对历法有重要影响。在喜帕恰斯生活的年代,春分时太阳位于白羊座,但到了公元初年,太阳的位置移动到了双鱼座。今天太阳则是位于宝瓶座。这证明地球的公转轨道在二分点时不断发生着变化,每年都几乎要向西移动一点儿。这是地轴摆动的结果。喜帕恰斯推算,地轴摆动的速度大概是每年45角秒或46角秒。这一结果几乎是完全正确的,因为今天人们已推算出岁差的实际速度是每年50.26角秒。

普通意义上的一年是指地球两次经过春分点的时间间隔,称为一个回归年,包括365.242个太阳日。地球绕太阳一周实际所需的时间间隔为一个恒星年,一个恒星年为365.256个太阳日,恒星年与回归年的时间差为岁差。岁差对地球气候有重要的影响。目前地球处于近日点的时间是每年的1月;处于远日点的时间是7月。这对地球的温度有调节作用,不会引起在北半球冬天过冷和南半球夏天过热的结果。但由于岁差的原因,春分点沿黄道向西缓慢移动,大约每21000年,春分点绕地球轨道一周。春分点位置变动的结果,引起四季开始时间的移动和近日点与远日点的变化。地球近日点所在季节的变化,每70年推迟1天。大约在1万年前,北半球在冬季是处于远日点的位置(现在是近日点),那时北半球冬季

---

①王绍武.岁差[J].气候变化研究进展,2007,(5):308-309.

比现在要更冷,南半球则相反。

偏心率、地轴倾斜度和岁差是地球的三个周期性变化。就其中任何一个而言,其自身对地球的影响还是非常有限的。但如果三个周期变化同时发生则后果难以想象。比如当岁差使地球在1月时达到远日点并且偏心率达到最大值时,二者相互作用互相补充,其结果是北半球在冬季时气温降到极限。如果此时地轴倾斜度也达到最大值,那么北半球在隆冬时节与太阳的距离要远远超过现在,地球接收的太阳辐射就会变得更少了。由于北半球的陆地面积比南半球多,在北半球上所发生的一切变化都与气候有着千丝万缕的联系。陆地的热容量低于海洋,因而冬季时陆地上热量的散失要比海洋快。如果陆地吸收的太阳辐射还有所减少的话,那么在相同的条件下,冬季结束之前陆地温度就已跌至海洋温度以下。这将改变陆地与海洋之间的热量分配而引起气候的改变。米兰科维奇曾经综合这三个周期性变化进行了计算并推算出他们在几万年里的变化进程。这些结果被称为米兰科维奇循环。他还计算出了三个周期重叠时的大致时间。通过这些研究,米兰科维奇计算了地球接收的太阳辐射量的变化,特别是夏季时北纬5°～75°的太阳辐射量,并将计算结果用图表曲线的形式进行了描述。借助德国矿物学家阿尔布雷克特·彭克(1858—1945)对地球冰期开始时间的计算,他发现地球表面受太阳辐射的面积达到最小值时,正是地球冰期的开始,两者之间有9次的重合期。例如,23万年前在65°N上的太阳辐射量和现在77°N上的一样,而在13万年前又和现在59°N上的一样。他认为当夏季温度降低约4～5℃,冬季反而略有升高的年份,冬天降雪较多,而到夏天雪还未来得及融化时,冬天又接着到来,这样反复进行,就会形成冰期。虽然米兰科维奇借鉴了许多前人的研究成果,他的计算和论断在一定程度上颇有说服力,但在当时却遭到了来自气象学家们的质疑。因为太阳辐射量在地球上的变化幅度非常小,似乎难以对地球气候产生影响,所以一直到1976年以前,他的理论在学术界一直是个有争议的话题。直到1976年,人们通过对软泥中氧同位素的分析,发现气候发生变化的时间与米兰科维奇推算的结果一致。1990年对软泥芯进行的另一项研究也证实,气候变化每隔10万年就循环一次,而每隔41万年则会加剧这种变化。当然米兰科维奇的理论也有值得商榷的地方。根据他的观点,每隔10万年发生一次的气候循环应该仅仅是一种间接地表现,是对岁差所做的微调。尽管科学家们无法解释这种微小的变化是如何引发冰期这样大的气候变化的。周期既然可以改变地球的体积以及生物量,那么它也可以改变大气中二氧化碳的含量,而二氧化碳的改变又可以引发温室效应并反过来加剧天文周期所引发的影响。尽管诸如此类的争论仍在继续,但是许多古气候学家已经开始接受米兰科维奇的观点。他们相信在循环与气候之间确实存在着某种必然的联系。

4.太阳活动的变化。太阳黑子活动具有大约11年的周期。据1978年11月16日到1981年7月13日雨云7号卫星(装有空腔辐射仪)共971天的观测,证明太阳黑子峰值时太阳常数减少。Fonkal et al(1986)的研究指出,太阳黑子使太阳辐射下降只是一个短期行为,但太阳光斑可使太阳辐射增强。太阳活动增强,不仅太阳黑子增加,太阳光斑也增加。光斑增加所造成的太阳辐射增强,抵消掉因黑子增加而造成的削弱还有余。因此,在11年周期太阳活动增强时,太阳辐射也增强,即从长期变化来看太阳辐射与太阳活动为正相关。

据最新研究,太阳常数可能变化在1%~2%。模拟试验证明,太阳常数增加2%,地面气温可能上升3℃,但减少2%,地面气温可能下降4.3℃。我国近几百年来的寒冷时期正好处于太阳活动的低水平阶段,其中三次冷期对应着太阳活动的不活跃期。如第一次冷期(1470—1520年)对应着1460—1550年的斯波勒极小期;第二次冷期(1650—1700年)对应着1645—1715年的蒙德尔极小期;第三次冷期(1840—1890年)较弱,也对应着19世纪后半期的一次较弱的太阳活动期。而在中世纪太阳活动极大期间(1100—1250)正值我国元初的温暖时期,说明我国近千年来的气候变化与太阳活动的长期变化也有一定联系。

5.宇宙—地球物理因子。宇宙因子指的是月球和太阳的引潮力,地球物理因子指的是地球重力空间变化,地球转动瞬时极的运动和地球自转速度的变化等。这些宇宙—地球物理因子的时间或空间变化,引起地球上变形力的产生,从而导致地球上海洋和大气的变形,并进而影响气候发生变化。

月球和太阳对地球都具有一定的引潮力,月球的质量虽比太阳小得多,但因离地球近,它的引潮力等于太阳引潮力的2.17倍。月球引潮力是重力的千分之0.56到千分之1.12,其多年变化在海洋中产生多年月球潮汐大尺度的波动,这种波动在极地最显著,可使海平面高度改变40~50mm,因而使海洋环流系统发生变化,进而影响海—气间的热交换,引起气候变化。地球表面重力的分布是不均匀的。由于重力分布的不均匀引起海平面高度的不均匀,并且使大气发生变形可从图3-11中看出。在40°~70°N地区平均海平面高度距平计算值(△H)与气压平均距平观测值(△P)呈明显的反相关,其相关系数为$\gamma_{P,H}=-0.82\pm0.4$。北半球大气的四大活动中心的产生及其宽度、外形和深度,都带有变形的性质。有人认为海平面变形力距平,可以看作大气等压面变形的指数。

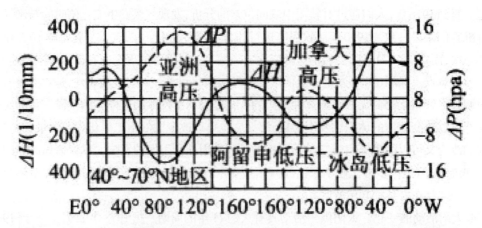

图3-11 40°～70°地区平均海平面高度变形距平计算值(△H)与气压平均距平观测值的比较

二、陆面过程对气候的影响

陆地约占有全球表面30%的面积,它与大气之间的动量、热量和水分的交换,对天气的变化和气候都有显著影响。从水文学、农学、生态学和全球环境变迁等领域的研究工作者的角度来看,陆地是人类生存的场所,陆地水资源、作物产量、植被的演替及其他物理环境等与人类生存活动息息相关的问题,都与陆面上的物理、化学过程有着密切的关系,因此对于陆面过程及其与大气的相互作用的研究还是十分重要的。1984年世界气象组织(WMO)和国际科学理事会(ICSU)公布的世界气候研究计划(WCRP),强调了陆气相互作用及陆面过程研究的重要性。近年来,陆面过程及其与气候的相互作用引起了人类社会的普遍关注,并逐渐成了一个重要的科学研究领域。由于陆面观测资料的缺乏和陆面过程的复杂性,陆面过程的研究一直落后于诸如海气相互作用的研究。虽然在一些方面来说,陆地影响没有海洋显得重要,因为它储存的能量相对比较少,而且陆面介质不存在像海流那样的运动,热量的水平输运基本上可以忽略。20世纪80年代中后期,水文大气试点试验(HAPEX)、全球能量和水循环试验(GEWEX)、国际地圈生物圈研究计划(IGBP)等一系列大型陆面外场观测试验和研究计划的实施,为陆气相互作用的发展提供了条件,使陆气相互作用的研究有了新的突破,人们对陆气相互作用也有了新的认识。

对于很多重要的大气与下垫面相互作用过程,陆地比海洋的可变性更大,而且人类活动与自然的相互作用主要在陆地,人类影响局地气候主要是通过改变陆地状况这一途径去实现的。生物群落、植被群系与陆面上的气候状态有着很好的对应关系,这是因为每一种生物对气温、土壤温度和土壤水分都有一定的适应范围。气候的变化会直接或间接改变它们的分布,但反过来,它们的变化也可能导致气候的变化,即有反馈作用。其实,在不同的地区,不同的植被条件及陆面状态对天气、气候的影响是很不一样的。例如,在地中海地区,具有在干湿状况间保持不稳定平衡的气候,陆面的森林一旦遭到破坏就会很快破坏这种平衡,从而导致破坏性的土壤侵蚀和谷地沉积,森林难以再恢复;在赤道热带湿润地区情况可能就不一样,即使遭到破坏,森林也许很快就可恢复。随着人类改造自然的能力增大,大有进一步将陆地自然生态系统改变成生产粮食的生态系统的趋势。这种改造活动在世界某一地区已获得很大的成功,在另一些地区却是失败的。人们就要问:亚马孙流域的热带雨林是否可以砍掉去种粮食作物?非洲干旱区是否可以大规模的增加放牧的数量?中国西部干旱区是否可大范围的垦荒?为了回答这些问题,就迫切需要科学家们去探索气候与陆地系统的反馈机制以及气候对陆面状况的变化的敏感性程度。

(一)陆面过程研究进展

20世纪80年代以来,陆气相互作用的研究引起了科学界的广泛关注。为了深入认识陆气相互作用,改善对陆面过程的描述及其参数化方案,在WCRP和IGBP的协调和组织下,大型国际研究计划相继开展。这些观测计划很大程度上反映了陆气相互作用研究的发展趋势,表3-10列举了20世纪90年代以来主要的研究计划,以便对陆面观测研究的进展有一个大致的了解。

表3-10　近年来主要的大型国际陆面观测研究试验和计划

陆面观测研究试验或计划			试验地点	主要研究目标
EFEDAECHIVAL（1991—1995年）欧洲沙漠化地区陆面研究计划			西班牙东南部	半干旱区水热交换、生物气象和遥感
ABRACOS 安哥拉—巴西亚马孙气候观测研究计划（1990—1995年）（LBA的预研究试验）			亚马孙河流域	生物、气象、气候影响
TIPEX青藏高原科学实验（1994年第一次；1998年第二次）			中国青藏高原	高原地面能量和水循环、陆气相互作用、边界层、云、辐射
NOPEX北半球气候过程陆面试验（1993—1997年；2000—2002年）			瑞典斯堪的纳维亚半岛	生物气象、非均匀陆面的各种交换过程研究
BOREAS（1993—1996年）加拿大北部生态系统—大气圈研究			加拿大北部	北部森林生态系统—大气相互作用，生物、气象、遥感、气候影响研究
ISLSCP（国际卫星陆面气候计划）	FIFE（1987年、1989年）国际卫星陆面气候计划首次外场试验		美国堪萨斯州中部	水热交换、生物气象及遥感
	HEIFE（1988年，1990—1992年，1994年，1995年）中—日黑河陆气相互作用外场观测试验		中国西北部黑河流域	干旱区水热交换、生物气象、遥感
WCRP	HAPEX 水文大气试点实验	大尺度陆面水循环观测试验 HAPEX-Sahel（1990—1992年）	非洲尼日尔西部的尼亚美	生物气象和遥感
	GEWEX 全球能量和水循环试验	MAGS（1998—1999年；2000—2005年）	加拿大北部	寒带水热循环、大气和水文模式耦合、遥感应用
		GCIP（1995—2000年）全球能量和水循环大陆尺度观测试验	密西西比河流域、美国中部、加拿大南部	水文循环、气象与遥感
		BALTEX（1994—2001年）波罗的海试验	波罗的海盆地	水文、气候、环境
		LBA（1996—2003年）亚马孙河流域大尺度	亚马孙河流域	生物气象和遥感

		GEWEX-GAME-Sibe-ria 亚洲季风实验—西伯利亚实验（1997年）	西伯利亚	水文、气象
IBGABHPC		GEWEX-GAM，E-HU-BEX 亚洲季风实验—淮河实验（1997—2001年）	中国淮河流域	区域水文、气象
		IMGRASS（1997—1998年）内蒙古半干旱草原土壤—植被—大气相互作用研究计划	中国内蒙古草原	半干旱草原下垫面的水热交换及生物过程
LOPEX黄土高原陆面过程试验研究（2009年）			中国黄土高原（甘肃、宁夏、内蒙古、山西）	陆面水分输送规律及生态生理过程的影响；陆面过程对气象和环境灾害影响的关系
中国西部环境和生态科学研究计划（2001—2003年）			西北地区新疆干旱区	区域尺度水分循环与气候变化；植被与水分循环；沙漠节水新技术
中日JICA（2006—2008年）"中日气象灾害合作研究中心"项目			中国西南、青藏地区	东亚陆—气相互作用对东亚极端天气影响研究；青藏高原与南亚季风活动相互作用因素
地表通量参数化与大气边界层过程的基础研究（2003—2006年）			中国华北平原	陆—气相互作用
城市边界层三维结构研究（2004—2007年）			中国长江三角洲城市群地区	城市陆面过程与气候
亚洲季风区海—陆—气相互作用对我国气候变化的影响（2001—2004年）			中国东部沿海及其他相关区域	海—气、陆—气相互作用对气候变化影响
海岸带海—陆—气相互作用科学试验与耦合模式系统研发（2007—2008年）			中国华南及其沿海地区	沿海地区海—陆—气相互作用关系

针对不同的气候区域，以上的陆面观测研究计划分别对陆表水文、能量平衡、地表及土壤水热传输、地气通量交换、生态系统、云和辐射、边界层等项目进行了观测，为陆面模式的发展和陆面过程的参数化方案提供了必要的条件，推动了陆面过程数值模拟研究的发展。另外，从20世纪80年代初至今，陆面观测研究所关注的气候区域发生了明显的变化：早期的观测主要集中于热带地区，目的是为了研究热带雨林所代表的稠密植被下垫面—大气之间

的相互作用;其后,观测的气候区域逐渐扩展到了干旱—半干旱区、中纬度草地、农耕地;而最近的陆面观测则针对不同的气候区域,在全球范围内全面研究与陆面有关的各种过程,季风区以及中高纬寒区的陆—气相互作用、生态系统—气候相互作用的研究占据了重要的位置,而有关干旱—半干旱区、积雪、苔原冻土等特性下垫面的研究也逐渐受到了重视。

近20a来,陆面模式的发展取得了长足的进步。在大量观测研究的基础上,为了合理描述与陆面有关的各种过程,众多的LSM涌现出来。陆面模式由早期的简单"Bucket"模式,逐渐发展到了能够全面描述土壤—植被—大气相互作用的综合模式。Carson et al(1981)曾详细总结了早期GCM中的陆面参数化方案,而20世纪90年代初,国际陆面参数化方案比较计划(PILPS)的实施为更深入认识陆面过程和完善陆面参数化方案做出了重要贡献。起初,Manabe(1969)最早在GFDL GCM中引进了一个简单的陆面参数化方案,即被广泛用于早期GCM中的"Bucket"模式。模式将近地层土壤看作一个大桶,根据地表水平衡简单描述地表(一层土壤)水循环过程,规定全球陆面具有相同的固定场容(Field Capability),即大桶所能容纳的最大水量,而地面蒸发与桶内水量成简单的线性关系,显然这是对陆面水循环过程的极端简化。之后的BATS/Z-SVAT/LMD-ZD BATS和另一种陆面模式SiB是全面描述土壤—植被—大气相互作用的参数化方案。Dickinson等发展了生物圈—大气传输模式(BATS),较细致地考虑了植被在地气相互作用中的重要性,对植被的拦截、气孔阻尼、冠层阻尼和植被对辐射传输等过程进行了全面的参数化处理。该模式为典型的单层大叶模式,采用改进的强迫恢复法计算土壤温度,土壤水的计算则采用了Darcy水流定理,该模式在陆气相互作用中得到了广泛的应用。在国内,赵鸣等(1995)在BATS基础上,通过引进近地层,发展了一个土壤—植被—大气相互作用模式Z-SVAT。张晶等(1998)则在BATS的基础上发展了LPM-ZD陆面过程模式。之后,出现了很多优秀的综合模式模型,比如:Bonan发展的LSM(NCAR CCM3)LSM和Dai发展的IAP94。综合模型加强了陆面模式对生态系统的描述,多被用于气候、生态、水文等相关领域中。由于陆面模式是一个极其活跃的研究领域,还有很多各具特色的陆面模式,这里不再一一介绍。但就陆面模式的研究重点而言,大致可以分成以下3个阶段:

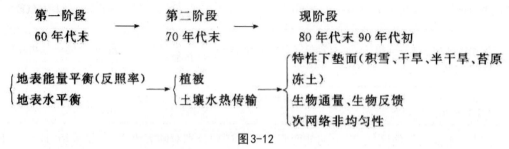

图3-12

(二)陆面特征对气候影响的显著因子

很多学者利用大气环流模式(AGCM)或区域气候模式开展了一系列的敏感性试验,如Charney et al(1977)的气候对表面反照率的敏感性试验,Shukla et al(1982)的气候对土壤水分的敏感性试验,Sud et al(1985)的气候对表面粗糙度的敏感性试验,结果都表明:陆地表面状况对大气环流和大气降水有强烈的影响,图3-13给出了这三个陆面关键参数的大尺度变化可能导致的结果。曾庆存从另一方面研究过生物生产量与环境及气象因子的关系,他通过推理,构造了生物生产量与某几个环境因子(如土壤含水量等)的一个简单非线性方程组,并从理论上求解生产量对环境因子的依赖关系,非常直观地给出了放牧与草原生态间的相互作用关系。这些敏感性试验及生态与环境的相互作用的理想试验都是利用十分简单的陆面过程模式,在十分理想的假定下进行的。为了较为合理有效地研究气候对陆面状况的敏感性及其相互作用机理,必须发展细致复杂的陆面过程模式。

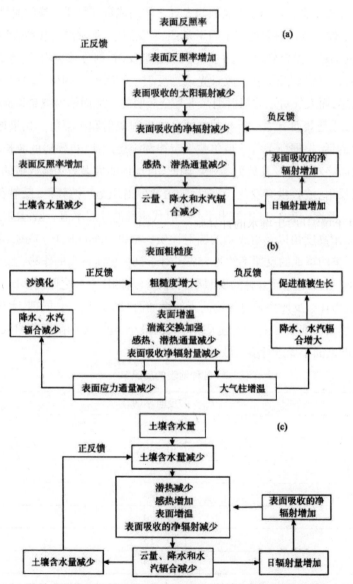

图3-13　陆地表面三个关键参数:表面反照率、粗糙度和土壤含水量的大尺度变化
可能导致的陆—气相互反馈结果

从严格的意义上来讲,陆面过程应包含发生在陆面上所有的物理、化学、生物过程以及这些过程与大气的关系,它的时间尺度可以从微秒(μsec)到万古(aeons),它的空间尺度可以从分子尺度到全球尺度。1974年在斯德哥尔摩召开的国际气候学会议上所定义的气候系统五大成分——大气圈、水圈、岩石圈、生物圈、冰冻圈,陆面过程就涉及三大成分——生物圈、冰冻圈、水圈。它的范围之广、系统之大、相互作用之复杂,显然不可能把所有的内容连接在一起来处理。通常的处理方法是:把它分成许多部分或单元,每个部分或多或少可以作一独立的项目,把外界对它的影响作为输入项(或称外强迫),它对其他部分的作用作为输出项,首先对每一小部分进行单独处理,然后,再来解决它的综合整体行为。从气候研究的角度出发,研究陆面过程的目的是要有效地给出表面与大气之间的能量和物质交换的通量。

陆面特征对气候影响最显著的三个因子是:地表反照率、土壤湿度和地表粗糙度。

1.地表反照率(α)。投射到地面上的辐射,部分被反射、部分被吸收,还有部分透射过地面。自然界大多数固体是非透明的,故日光或被反射或被吸收。相反,水是半透明的,日光可射入海洋的表层,而大气对短波辐射则几乎是全透明的。地面辐射或是地面的反射,或是地面放出的辐射,或是兼而有之。重要的是要分清反射辐射和再辐射。如果地面吸收的辐射随后又再放射的话,根据斯蒂芬—玻尔兹曼定律和维恩定律,再辐射的波长将有所改变,即波长决定于地面绝对温度及其放射本领。因此,自然界的大多数物体放射的是红外辐射。如果辐射被直接反射,波长没有变化,反射后的短波辐射还是短波辐射,反射和入射的短波辐射之比就叫作反照率。表3-11中列出了一些有代表性的反照率值。植冠的反照率决定于它的几何形状、太阳高度角以及组成物的辐射性质。根据 Monteith(1973)的结果,比较光滑的植物表面,如平整的草地的反照率约为25%。对于50~100cm高的作物,当地面覆盖完整时其反照率在18%~25%,然而森林的反照率只有10%。四周茎叶之间的多次反射截留了一部分辐射,这就是为什么反照率随着植物高度的增加而减少的原因。同理,大部分植物的反照率是随太阳高度角而变的。太阳接近天顶时其值最小,随着太阳高度角的减小其值增加,因为这时顶盖茎叶之间很少进行多次散射。

表3-11 各种地表的反照率

地表	反照率(%)
新鲜的干雪	80~95
海冰	30~40X
干燥粗松的沙质土	35~45
牧草地	15~25
干草地	20~30
针叶林	10~15
落叶林	15~20

Charney et al(1975)在研究非洲萨赫勒(Sahel)干旱时发表了著名的干旱形成的动力学机制论文之后,紧接着Charney et al(1977)作了地表反照率α对大气环流影响的研究,他们的

做法是取六个不同α值的试验区分析其对降水的影响,这六个试验区在非洲、亚洲和北美洲各有两个,且每对中包含有一个主要的沙漠区和一个季风区,这二者的交接处是一块半干旱区,地表反照率的改变是通过控制陆面蒸发系数来完成的。试验结果发现高的α值使这里形成热汇和下沉运动,从而导致降水减少,反之,降水则增加,而现实生活中α的变化主要取决于陆面植被的变化。因此他提出生物物理反馈机制可能会引起沙漠边界的变化,这是一种正反馈机制。随后,Chervin(1979)、Sud et al(1982)在研究萨赫勒/撒哈拉(Sahel/Sahara)地区反照率变化中得出了与Charney等相同的结论。Carson et al(1981)作了一些对比试验,他们比较了全球陆面反照率分别取0.1和0.3时的模拟结果,试验表明低反照率对应高降水率。α=0.1时降水量为4.6mm/d,α=0.3时降水量为3.4mm/d。那么,哪些过程与α关系密切呢?第一是大陆雪盖;第二是植被变化。马玉堂等(1982)分析了呼伦贝尔草原开垦地和未开垦地连续两年的野外观测资料,发现垦荒的小气候效应是多方面的,特别是各种热力效应尤为显著。当然,地表反照率的变化在其中起了很大作用。一般来讲,毁林使α上升,造林使α下降,即使在同一地区,不同植被也会对应不同的α。随着季节的变更,植被的α值也会变化。

2.土壤湿度(ω)。土壤湿度是表征陆面水文过程的重要参量,它对局地气候乃至全球气候都有着非常重要的作用。土壤湿度通过改变地表向大气输送的感热、潜热和长波辐射通量而影响气候变化,它的变化同样会影响土壤本身的热力性质和水文过程,使地表的各种参数发生变化,从而进一步影响气候变化,反之,气候变化能引起土壤含水量的变化。为了更清楚地说明土壤湿度对气候变化影响的物理过程,可把土壤湿度与陆面过程及其和气候变化相互联系的物理机制归纳为如图3-14。从图中可以清楚地看出其间相互的关系。土壤湿度对气候的影响表现在它能改变地表的反照率(通过改变土壤的颜色)、土壤的热容量、地表的蒸发和植被的生长状况,以上影响的结果最终导致地表能量、水分的再分配,从而产生对气候的影响。

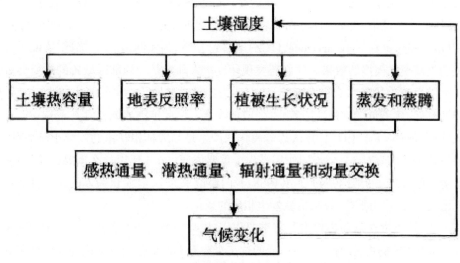

图3-14 土壤湿度影响气候变化的物理机制

Manabe(1975)、Walker et al(1977)先后作了土壤湿度对气候影响的工作,得到了一些有意义的结论。之后,Shukla et al(1982)用大气环流模式证明全球的降水、温度和运动场强烈地依赖于地面蒸发,得到了某些定论。他们的做法是:在作7月份定常气候积分时,分别作了全球土壤为永久性干和永久性湿的两个试验,发现在20°S以北干土壤地面温度要比湿土壤高出15~20℃,当然他们在试验中的假设是理想的,在现实中无法办到,所以这个数据仅有参考意义,但它表明了某种规律。他们的模拟还指出,对降水而言,湿土壤在欧洲和亚洲大部产生的降水与实况无很大差别,而干土壤则不同,它在欧洲和亚洲大部几乎无降水。Mintz(1984)总结了前人所做的全球性和局地性的大气环流对叫 ω 和 α 的一系列敏感性试验,指出所有的试验均表明模式模拟的气候对于能够影响蒸发的陆面边界条件是敏感的。当土壤水分供应或 α 有区域性(或全球性)变化时,降水、温度和运动场的改变则出现在相应的区域(或全球)。除此之外,还有人在理论上探讨了土壤湿度的影响。刘永强等(1992)建立了一套地气耦合模式,他们讨论了土壤湿度的异常对短期气候异常的贡献。结果表明,与土壤热力状况的影响相比,土壤水状况在短期气候变化中起着重要的作用。气候异常的持续性与地、气之间水分及能量交换的能力有关,土壤湿度或植被覆盖度越大,则地、气水分和热量交换的速度越快,从而地一气系统扰动衰减的速度越快。在较干的气候环境中,地、气系统自身调节能力较弱,因而某种状态容易维持,不易受到扰动。土壤湿度除了直接与降水、降雪、蒸发以及径流有关外,还与植被有很密切的关系。季劲钧等(1989)对比了作物地与半荒漠土壤湿度的变化,在相同的初始湿度下积分,植被不同,湿度变化也不一样,半荒漠地因裸露土面蒸发大,上层土壤变干快,作物地因植被冠层蒸腾强,土壤上层蒸发弱,其下层水分因受到植被根系的抽吸而很快变干。

3.地表粗糙度(Z_0)。地表粗糙度是表征陆面特征的又一重要参数,它主要由陆面粗糙程度和植被覆盖高度决定。Sud et al(1985)在这方面作了许多有价值的工作。他们针对沙漠区地表粗糙度变化作了对比试验,第一次取全球陆面的 $Z_0=45cm$,第二次仅取全球沙漠区 $Z_0=0.02cm$,其余陆面还是45cm。计算结果表明当 Z_0 变小时,撒哈拉地区的降水减少,并且热带辐合带(Intertropical convergence zone,ITCZ)南移到14°N,与实测值10°N接近,这说明 Z_0 的精确描述会提高模式模拟的效果。他们还发现印度次大陆中某一局部区域 Z_0 的改变会对整个印度次大陆夏季季风降水有很大影响,他们认为如果过量地毁林将使降水减少,相反,更多地植树造林(隐含着低的 α 和高的 Z_0)将会增加降水。由此推测 Z_0 同样存在着像 α 一样的正反馈效应(Charney et al,1975),并认为沙漠化的产生是与毁林相联系的 Z_0 减小所触发的,其中撒哈拉地区低的 Z_0 对7月环流的作用是一个重要佐证。Z_0 之所以这么重要,是因为它改变了行星边界层(PBL)的结构,Sud et al(1988)专门讨论了这个问题,认为 Z_0 的减小可使PBL中的风速增大,表面应力下降,降水也就发生相应的变化。

综上所述,植被在陆面过程中起着重要作用,它可以改变下垫面的基本特征(如 ω、α 和 Z_0),而且随着季节的更替,伴随植被而变的这三个要素无疑也会相应变化,因此,研究植被的特性就成了了解陆面过程的关键。Rind(1984)在作植被水分循环对气候有何影响的数值积分时指出了植被的重要性。季劲钧等(1989)指出一个地区的大气候背景主要由辐射和降水条件决定,而地表状况,特别是植被起了重要的调节作用,同一种植被在不同的大气条件和土壤湿润程度下,将产生完全不同的水、热平衡关系。Shukal et al(1990)把对植被重要性的认识又提到了一个新的高度。文章指出,以前全球植被的分布传统上被认为是由局地气候因子决定的,特别是降水和辐射这两个因子。而使用复杂的大气数值模式进行模拟试验以后,便改变了这种观点。植被的存在与否可以改变当地气候。也就是说,隐含着这样一种结论,当前气候与植被也许共存于一个动力平衡态中,这种平衡态可以被毁林与造林中任意一个较大的变动而改变。那么,植被为何具有如此重要的特性呢?它除了对周围环境有一种宏观动力作用外,还有一种微观活动(如反射、吸收和发射直接与间接的可见光、近红外线等)、植被的水汽、感热和动量的空气动力传输等。为了更好地了解植被的生物物理特性,我们引入Dickinson(1983)的一段话:"植被温度控制各种生物化学过程的速率,如果温度太低或太高,对作物的生产都不利,蒸腾是作为光合作用的副产品而出现的。当植被打开它们的叶孔获取二氧化碳时,树叶中的水汽以蒸腾形式损失掉,如果根系不能贮存这么多损失掉的水分,则叶孔将关闭到使植被水平衡得以维持的程度,这样将减少对二氧化碳的吸收。因此,植被根系地带水分的提供同样是重要的"。由此可见,在研究局地乃至全球气候时,应充分考虑植被的作用。

三、冰雪覆盖对气候的影响

(一)冰雪覆盖的概况

冰冻圈是气候系统的组成部分之一,包括海冰、大陆冰盖、高山冰川和季节性积雪等,由于它们的辐射性质和其他热力性质与海洋和无冰雪覆盖的陆地迥然不同,形成一种特殊性质的下垫面,它们不仅影响其所在地的气候,而且还能对另一洲、另一半球的大气环流、气温和降水等产生显著的影响。在气候形成中冰雪覆盖是一个不可忽视的因子。

冰雪覆盖既需要冰点以下的低温,还必须有充足的固态降水,以维持雪和冰的供应。图3-15给出全球平均气温、平均降水量和雪线高度随纬度的变化。所谓雪线(Snow line)是指某一高度以上,周围视线以内有一半以上为积雪覆盖且终年不化时的高度。雪线高度主要因纬度而异。全球最大雪线高度并不出现在赤道,而出现在南北半球的热带和副热带,特别是在其干旱气候区。因为这些干旱气候区降水供应少,晴天多,又多下沉气流,积雪比较容易融化,而赤道地区降水量大,云量多,日照百分率不如热带、副热带干旱区大的缘故。随着纬度的继续增高,气温降低,在总降水量中雪量的比例逐渐增大,冬长夏短,雪线逐渐降低。到了高纬度,长冬无夏,地面积雪终年不化,雪线也就降到地平面上。

在同纬度的山地,雪线高度可因种种条件各不相同。例如在冬季,降雪多的地区雪线比较低,在降水集中于夏季的地区,雪线就比较高;向阳坡的积雪比背阴坡易于融化,向风坡的积雪易被吹散,背风坡积雪易于积存;向海洋的湿润坡降雪量大于向内陆的干旱坡;这些都会导致不同坡向雪线高低不同。例如喜马拉雅山南坡雪线高度平均位于3900m,北坡平均位于4200m,个别地区雪线高达6000m。

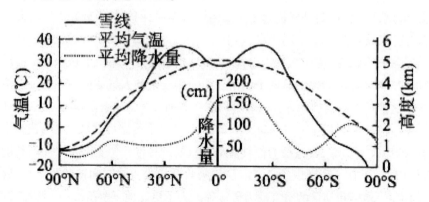

图3-15　气温、降水量和雪线高度随纬度的变化

地球上各种形式的总水量估计为1384×10⁶km³,其中约有2.15%是冻结的。就淡水而言,几乎有80%~85%是以冰和雪的形式存在的。自1966年秋季开始,人造卫星提供了连续的、大范围的冰雪覆盖资料。从平均值看来,全地球约有10%的面积为冰雪所覆盖。现代地球冰冻圈各组成部分所占面积的年平均值如表3-12所示。

表3-12　现代地球冰冻圈

组成	面积 (10⁶km²)	占地球面积的比例(%)			存留时间(年)
		全球	陆地	海洋	
大陆雪盖	23.7	4.7	15.9		$10^{-2} \sim 10$
海冰	24.4	4.8		6.7	$10^{-2} \sim 10$
大陆冰盖	15.4	3.0	10.3		$10^{3} \sim 10^{5}$
山岳冰川	0.5	0.1	0.3		$10 \sim 10^{3}$
多年冻土	32.0	6.2	21.5		$10 \sim 10^{3}$

大陆雪盖以季节性积雪为主,夏季亦有积雪,但面积大为缩小,有时有的地区积雪可维持数年之久,但不稳定。如果积雪长期维持则会转变为大陆冰盖又称大陆冰原。南极冰盖是世界上最大的冰盖,面积达13.6×10⁶km²,格陵兰冰盖面积约为1.8×10⁶km²,山岳冰川的面积合计约为0.5×10⁶km²,三者冰体的体积之比约为90:9:1。多年冻土分布在高纬,欧亚大陆和北美大陆的高纬地区,其最大深度在西伯利亚为1400m,在北美为600m。

海冰主要指在北冰洋及环绕南极大陆的海洋中,漂浮在海上的冰。海冰覆盖在海面并不结成一个整体,而是分裂成块,冰块之间为水体。越接近极区水体越少,越到低纬冰块所占比例越小。根据人造卫星探测资料,全球冰雪覆盖面积有明显的季节变化和年际变化。表3-13列出南北半球及全球海冰和大陆积雪各月平均值。由此表3-13可见,北半球海冰和雪盖面积均以2月为最大,8月为最小。2月海冰面积相当于8月的2倍强,雪盖面积更相当于8月的10倍有余。南半球海冰面积以9月为最大,2月最小,其9月海冰面积约相当于2月的4倍多。可见南半球海冰面积的季节变化比北半球更大。

表3-13 南北半球及全球海冰与大陆积雪覆盖面积(10⁶km²)

月份		1	2	3	4	5	6	7	8	9	10	11	12	年
北半球	海冰	14.3	14.7	14.7	13.8	12.5	10.9	8.8	7.2	7.3	9.8	11.7	13.4	11.6
	雪盖	46.2	46.7	39.6	30.9	21.0	10.5	5.4	4.3	5.5	19.8	32.0	41.5	25.3
	冰雪	60.5	61.4	54.3	44.7	33.5	21.4	14.2	11.5	12.8	29.6	43.7	54.9	36.9
	冰雪*	58.5	60.1	53.7	41.5	32.0	21.5	14.3	11.0	12.4	23.8	39.6	53.5	35.2
南半球	海冰	6.6	4.5	5.3	8.4	11.5	14.5	17.2	19.0	19.6	19.4	16.2	10.8	12.8
	冰雪*	19.6	17.3	18.6	21.6	24.6	27.6	29.6	31.3	33.1	34.0	31.9	25.6	26.3
全球	海冰	20.9	19.2	20.0	22.2	24.0	20.4	26.0	26.2	26.9	29.2	27.9	24.2	24.4
	冰雪*	78.1	77.4	72.3	63.4	56.6	49.1	44.0	42.3	46.4	57.8	71.5	79.1	61.5

*为Kukal(1978)资料,其余为Robock(1980)资料。冰雪指海冰与雪盖面积总和。

海冰还有明显的年际变化。从20世纪70年代初到80年代初,南半球海冰面积平均减少了2.4×10⁶km²,即大约减少了20%,变化相当激烈。但80年代初又有所回升,此后一直到90年代初,比较平稳,年际变化不明显。从近几十年的资料看来,南半球海冰面积的变化远大于北半球。20年中北半球变化的幅度(经过平滑处理)只有0.4×10⁶—0.5×10⁶km²,而南半球则达到2.2×10⁶km²以上,约为北半球的4~5倍。

大陆雪盖的年变化亦很显著。以欧亚大陆积雪面积为例,卢楚翰等(2014)根据美国国家海洋大气局的冰雪数据中心(NSIDC)的北半球逐月雪盖资料和逐月欧亚积雪面积指数得出春季(4月、5月份平均)欧亚大陆雪盖面积在1967—1981年期间平均值(1.46×10⁷km²)明显高于1982—2010年(1.3×10⁷km²),尤其是1979—1981年面积明显增大后骤降(图3-16)。冰雪的另一种特征是新陈代谢率,亦即固态降水在冰体上的停留时间。大陆冰盖存留的时间最长(10³~10⁵年),山岳冰川和永冻土其次(10¹~10³年),以大陆雪盖和海冰存留时间较短(10⁻²~10¹年)。后两者对气候的异常影响特别显著。

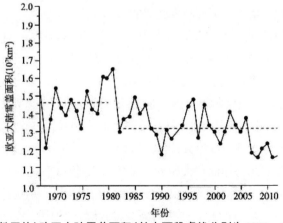

图3-16 春季(4、5月份平均)欧亚大陆雪盖面积(其中两段虚线分别为1976—1981年平均值和1982—2010年平均值)

(二)冰雪覆盖对气温的影响

冰雪覆盖是大气的冷源,它不仅使冰雪覆盖地区的气温降低,而且通过大气环流的作用,可使远方的气温下降。冰雪覆盖面积的季节变化,使全球的平均气温亦发生相应的季变。图3-17为1月、4月、7月、10月全球及两个半球平均气温。如果不考虑一年中日地距离的变化,作为全球平均,一年四季接收到的太阳辐射应该是一个常数,全球平均气温也应该接近为一个常数,而没有显著的季节变化。但事实却不然。在图3-17中,全球平均的1月气温远低于7月。根据近些年日地距离的情况看来,1月接近近日点,1月的天文辐射量比7月约高7%。全球平均气温出现上述情况,显然与冰雪覆盖面积有关。在图3-17中还可见到北半球和南半球各自的月平均气温均与冰雪覆盖面积呈反相关关系,冰雪面积大,平均气温低。再从图3-16可见,北半球大陆雪盖面积的年际变化与大陆平均气温的对应关系亦很明显。出现雪盖面积正距平的年份,大陆气温即为负距平。而雪盖面积为负距平时,大陆气温即呈现出正距平。

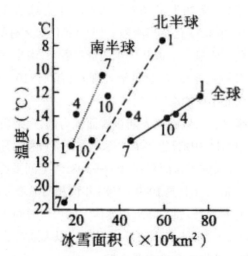

图3-17 北半球、南半球和全球月平均气温与冰雪覆盖面积对应值分布

冰雪表面的致冷效应是由于下列因素造成的:

1.冰雪表面的辐射性质。冰雪表面对太阳辐射的反射率甚大,一般新雪或紧密而干洁的雪面反射率可达86%~95%;而有孔隙、带灰色的湿雪反射率可降至45%左右。大陆冰盖的反射率与雪面相类似。海冰表面反射率约在40%~65%左右。由于地面有大范围的冰雪覆盖,导致地球上损失大量的太阳辐射能。这是冰雪致冷的一个重要因素。地面对长波辐射多为灰体,而雪盖则几乎与黑体相似,其长波辐射能力很强,这就使得雪盖表面由于反射率加大而产生的净辐射亏损进一步加大,增强反射率造成的正反馈效应,使雪面更加变冷。

如果冬季被海冰覆盖的海洋面积大幅度减少的话,尽管海平面不会因此而有所改变(因为冰是海水的而一部分),但它会降低海面的反照率,从而使海水吸收大量的热量,海洋上方的空气温度将因此上升。温度的升高使降雪减少,海冰融化加快,海面反照率进一步下降。所以正反馈是一把双刃剑,它既可以引发突发冰期也可以使冰期突然结束。近些年来,由于气候变暖,四处扩张的冰盖正全面后退,这种变化的原因是冰面反照率的正反馈。

2.冰雪一大气间的能量交换和水分交换特性。冰雪表面与大气间的能量交换能力很微弱。冰雪对太阳辐射的透射率和导热率都很小。当冰雪厚度达到50cm时,地表与大气之间的热量交换基本上被切断。在北极,海冰的厚度平均为3m。在南极,海冰的厚度为1m,大陆冰盖的厚度更大。因此大气就得不到地表的热量输送。特别是海冰的隔离效应,有效地削弱海洋向大气的显热和潜热输送,这又是一个致冷因素。冰雪表面的饱和水汽压比同温度的水面低,冰雪供给空气的水分甚少。相反地,冰雪表面常出现逆温现象,水汽压的铅直梯度亦往往是冰雪表面比低空空气层还低。于是空气反而要向冰雪表面输送热量和水分(水汽在冰雪表面凝华)。所以冰雪覆盖不仅有使空气致冷的作用,还有致干的作用。冰雪表面上形成的气团冷而干,其长波辐射能因空气中缺乏水汽而大量逸散至宇宙空间,大气逆辐射微弱,冰雪表面上辐射失热更难以得到补偿。此外,当太阳高度角增大,太阳辐射增强时,融冰化雪还需消耗大量热能。在春季无风的天气下,融雪地区的气温往往比附近无积雪覆盖区的气温低数十摄氏度。

综合上述诸因素的作用,冰雪表面使气温降低的效应是十分显著的。而气温降低又有利于冰面积的扩大和持久。冰雪和气温之间有明显的正反馈关系。

(三)冰雪覆盖对大气环流和降水的影响

冰雪覆盖使气温降低,在冰雪未全部融化之前,附近下垫面和气温都不可能显著高于冰点温度。因此冰雪又在一定程度上起了使寒冷气候在春夏继续维持稳定的作用。它往往成为冷源影响大气环流和降水。现举例说明如下:

亚洲东海岸外的鄂霍茨克海在初夏期间是同纬度地带中最寒冷的地区,比亚洲内地寒极附近的雅库次克还要寒冷(见表3-14),其差值在6、7两月最显著,而这两月正是我国长江流域的梅雨期。梅雨实质上是从南方来的暖湿空气同北方来的寒冷空气在长江流域一带持续冲突影响的结果。鄂霍茨克海表面的寒冷使得该海区成为向南移动的主要冷空气源地之一,在梅雨的形成中起了主要的作用。鄂霍茨克海冰的形成与西伯利亚内陆冬季寒冷的气候有关,整个冬半年寒冷的空气顺着西风气流到达鄂霍茨克海区,使这里温度降低,并逐渐冰冻。这一寒冷效应一直贮存到初夏,发挥它的冷源作用。在对梅雨的长期预报时,必须考虑鄂霍茨克海年初的冰雪覆盖面积。又例如青藏高原冬春的积雪对我国的降水有一定影响。统计资料表明:青藏高原冬春积雪和长江流域夏季降水呈显著正相关,而与华南和华北呈反相关。另外春季积雪比冬季积雪对夏季降水的影响更大。

表3-14 鄂霍茨克海东南角表层水温与雅库次克气温(℃)

月份	1	2	3	4	5	6	7	8	9	10	11	12
鄂霍茨克海东南角表层水温	1.42	0.16	-0.09	1.03	3.33	8.31	12.9	16.7	15.6	11.6	10.1	8.6

雅库次克气温	-43.5	-35.3	-22.2	-7.9	5.6	15.5	19.0	14.5	6.0	-8.0	-28.0	-40.0
差值	44.9	35.5	22.1	8.9	-2.3	-7.2	-6.1	2.2	9.6	19.6	38.1	48.6

冰雪覆盖面积对降水的影响还可涉及遥远的地区。据研究,南极冰雪状况与我国梅雨亦有密切关系。从大气环流形势来看,当南极海冰面积扩展的年份,其后期南极大陆极地反气旋加强,绕极低压带向低纬扩展,整个行星风带向北推进,从而使赤道辐合带北移,并导致北半球的副热带高压亦相应地北移。又由于南极冰况分布有明显的偏心现象,最冷中心偏在东半球(70°～90°E),由此向北呈螺旋状扩展至澳大利亚,由澳大利亚向北推进的冷空气势力更强,因此对北太平洋西部环流的影响更大。以1972年为例,这一年南极冰雪量正距平值甚大,自南半球跨越赤道而来的西南气流势力甚强。西太平洋赤道辐合带位置偏东、偏北,副热带高压弱而偏东,东亚沿岸西风槽很不明显,而在80°E附近却有低槽发展,这种形势不利于冷暖空气在江淮流域交绥,因此是年梅雨季短、量少,为枯梅年。相反,在1969年南极冰雪量少,行星风带位置偏南,北半球西太平洋赤道辐合带位置比1972年偏南约15个纬距(在160°E以西),副热带高压西伸,且偏南,我国大陆东部有明显的西风槽,有利于锋区在此滞留,是年梅雨期长,梅雨量高达2800mm,约相当于1972年的三倍。

此外,冰雪覆盖面积和厚度的变化还影响海水水平面的高低。在寒冷时期,降雪多而融化少,这样大陆就把水分以冰雪形式留在大陆上,不能通过河川径流等水分外循环形式如数(海洋表面蒸发数量)还给海洋,导致海洋支出的水分多,收入的水分少,海水就会变少,海平面就会下降。相反,在温暖时期,大陆上的积雪就会融化,这时海洋收入的水分又会多于支出的水分,引起海水增多和海平面上升。据估算如果目前南极大陆冰盖全部融化,则全球海洋的海平面要抬升70～80m。

第五节　人类活动与气候

一、人类活动对气候变化的影响

人类活动对气候的影响有两种:一种是无意识的影响,即在人类活动中对气候产生的副作用;一种是为了某种目的,采取一定的措施,有意识地改变气候条件。[①]在现阶段,以第一种影响占绝对优势,而这种影响在以下三方面表现得最为显著:①在工农业生产中排放至大气中的温室气体和各种污染物质,改变大气的化学组成。人类从地壳中提取元素,通过不同途径,又把这些元素撒向地表。人类每年向大气排放的铅、汞、砷、镉等超过自然背景值20倍到300倍。二氧化硫的大量排放使酸雨泛滥。大气中的氟氯烃、四氯化碳和二氯乙烷等气体增加后,使臭氧层变薄;②在农牧业发展和其他活动中改变下垫面的性质,如破坏森林和草

①丁一汇. 人类活动与全球气候变化及其对水资源的影响[J]. 中国水利,2008,(2):20-27.

原植被,海洋石油污染等。近三百多年来,人类已砍掉占陆地面积1/5的森林,每年向海洋倾倒的船舶废物640万t,石油200万t,废塑料15万t。海上油膜杀死大批浮游生物和海鸟,还会产生海洋沙漠化效应。自然土地被征用成为农业用地,人类利用机械动力和炸药,把大量土壤、覆盖物等从一个地方搬运到另一个地方。其消极后果是毁灭植物,引起水土流失等灾害。这种负面例子屡见不鲜,自1954年起,苏联在哈萨克、西伯利亚、乌拉尔、伏尔加河沿岸和北高加索的部分地区大量开垦荒地,到1963年为止,十年垦荒达6000万 hm^2。由于耕作制度混乱,缺乏防护林带,加之气候干旱,造成新垦荒地风蚀严重。每年春季,开垦地上的疏松表土经常被大风刮起,形成所谓"黑风暴"。1960年3月和4月刮起的两次严重的"黑风暴",席卷了俄罗斯大平原南部的广大地区,使垦荒地区春季作物受灾面积达400万 hm^2 以上。1963年刮起的"黑风暴"比1960年影响的范围更广,在哈萨克被开垦的土地上,受灾面积达2000万 hm^2。在俄罗斯和乌克兰的一些地区,由于对森林的极度砍伐,更加重了"黑风暴"的发生;③在城市中的城市气候效应。随着工业化、城市发展和大规模开发自然的进行,人类活动对气候的影响也日益广泛和深化。据统计,在20世纪初,全世界人口在一百万以上的大城市还只是屈指可数的几个。但到1951年,就达到了66个。到1960年,更增加到133个。进入21世纪后,人口超过千万的超级大都市已经达到25个之多(英国《每日电讯报》2011年1月25日消息)。在城市,由于建筑物的兴建和道路的铺设,大面积地表成为不透水的下垫面,其粗糙度、反射率、辐射性能和水热收支状况同自然状态有很大不同。同时,由于城市的工业、交通运输工具和家庭炉灶使用各种能源,排放出大量的废气和余热,也大大地改变城市的热状况。因而,在城市地区形成了独特的城市气候。并且,城市作为大气污染和热污染的源地,正在影响全球的气候。

随着环境问题日益突出,人类活动对气候变迁的影响逐渐引起各方面的重视。首先是一些国家的气象学家相继开展这方面的研究工作,曾多次召开国际性的科学讨论会,如1970年在美国举行的,讨论人类活动无意识的造成气候变化等环境问题的SCEP(Study of critical envlronmental problems)会议和1971年6月、7月间在瑞典斯德哥尔摩举行的,专门讨论人类对气候的影响的SMIC(Study of man´s impacton climate)会议等。"世界气候大会—气候与人类"专家会议于1979年2月12～23日在瑞士日内瓦举行。来自50多个国家的约400人参加了该会议。中国气象学会副理事长谢义炳率4人代表团出席了会议,其他三人是中央气象局气象科学研究院张家诚、北京大学王绍武、中国科学院地理研究所郑斯中。大会通过了世界气候大会宣言。宣言指出,粮食、水源、能源、住房和健康等各方面均与气候有密切关系。人类必须了解气候,才能更好地利用气候资源和避免不利的影响。宣言要求各国有力支持"世界气候计划"的实施。这个计划强调要研究自然因子和人类活动因子对气候的影响和气候预测问题。因此指出必须加强气候资料工作。同时特别指出,气候、水文、海洋、地球物理因子资料的重要性。计划强调要研究气候变化对人类活动的影响,并着重指出在经济发展计划中要充分利用现有的气候和气候变化知识的迫切性。第一次世界气候大会最终推动建立了政府间气候变化专门委员会(Intergovernmental panel on climate change,IPCC)。IPCC自

1990年至2014年共发布了五次评估报告,评估报告提供有关气候变化、其成因、可能产生的影响及有关对策的全面的科学、技术和社会经济信息;还有描述制定国家温室气体清单的方法与做法等科学专题及技术报告。2007年IPCC与美国前副总统戈尔分享了当年的诺贝尔和平奖。可以说,进入21世纪以后,对于气候变化绝不仅仅是科学家和科研工作者所考虑的问题了,已成为社会各界共同关注的话题。当然也从另一方面说明人类活动对气候变化的影响日益显著。

在地球从形成到现在漫长的岁月中,地球环境在各种自然力的作用下,沧海桑田,变化万千,但这些变化相对比较缓慢。然而,进入工业化社会后,人为因素和自然因素的交互影响和叠加作用已使得地球环境发生了并还在发生着巨大的变化,其速度和规模都是前所未有的。在这种背景下,英国地球物理学家詹姆斯·洛夫洛克(James E Lovelock)提出了全新的地球观。1972年,英国地球物理学家洛夫洛克和美国生物学家马古利斯(Lynn Margulis)提出了"盖亚假说(Gaia hypothesis)"。洛夫洛克认为地球上的生物不仅生成了大气,而且还调节着大气,使其保持一种稳定的气体构成,从而有利于生命的存在。地球上的生命及其物质环境,包括大气、海洋和地表岩石是紧密联系在一起的系统进化。生命首次出现的地球完全不同于今天的地球,那时地球大气充满了CO_2,根本就没有O_2。根据恒星演化理论,那时的太阳温度要比现在低25%~30%,早期的温室效应使地球保持温暖的状态。随着太阳温度的升高,海水变热,蒸发强烈,再加上若干亿吨蕴藏在碳酸盐岩石中的CO_2释放出来,长此以往温室效应必将失控。幸运的是,大约在20亿年前海洋中开始出现蓝藻,它们通过光合作用使大气中的CO_2转化为有机化合物,释放出O_2,拯救了整个生命世界。地球从诞生之日起就从来没有平静过,除了各种旱涝、飓风、海啸、地震以及火山爆发之外,它还不断地被来自宇宙空间的岩石碎块所轰击。平均大约一亿年就有一颗巨大的陨星撞击地球,往地球大气中注入大量尘埃和气体,遮蔽住阳光,使地球遭受极大的灾难,大量物种灭绝,例如恐龙的灭绝就是一个典型的例子。但6500万年前恐龙灭绝之后经过漫长的年代,地球上又出现了新物种,这表明地球上生物和环境结合起来的系统是强健的并能很快修复自己的创伤。虽然灾难发生时生命对全球环境的控制会暂时中断,但在事后生命会迅速恢复控制并重新启动调节功能。这并不意味着地球没有变化,因为物种更新了,环境也有所改变。总之,盖亚假说认为地球上的生物与环境结合起来的大系统一般来说是稳定的,但当其处于超越自身调节能力的非常状态时,也会发生突变。盖亚假说的核心思想是认为地球是一个生命有机体,洛夫洛克说地球是活着的,其本身就是一个巨大的生命有机体,具有自我调节能力。为了这个有机体的健康,假如她的内在出现了一些对她有害的因素,环境系统本身具有一种反馈调节机能,能够将那些有害因素去除掉。生物演化与环境变化是耦合的过程,自然选择的生物进化是行星自我调节的一个重要部分,生物通过反馈对气候和环境进行调控,造就适合自身生存的环境。

自地球形成以来的46亿年中,太阳辐射强度增加了25%~30%。从理论上讲,太阳辐射强度增减10%就足以引起全球海洋蒸发干涸或全部冻结成冰,但地质历史记录却证明,地球上尽管发生过三次大冰期和大冰期内的暖热期交替变化,地表的平均温度变化仅在10℃上下,说明地球存在某种内部的自我调节机制。当前大气中温室气体的浓度越来越高,全球变暖越来越明显,理论上将导致陆地植被向两极扩展,面积不断增大,对CO_2等温室气体的吸收能力也越来越强,这又反过来降低了大气中温室气体的浓度,即地球上存在着负反馈调节机制。

根据盖亚假说,地球上的各种生物能有效调节大气的温度和化学构成,影响生物环境,而环境又反过来影响达尔文的生物进化过程,两者共同进化。各种生物与自然界之间主要由负反馈环连接,从而保持地球生态的稳定状态。各种生物调节其物质环境,以便创造各类生物优化的生存条件。盖亚假说认为,地球表面的温度和化学组成是受生物圈主动调节的。地球大气的成分、温度和氧化还原状态等受天文、生物或其他干扰而发生变化并产生偏离。生物通过改变其生长代谢对偏离做出反应,以缓和地球表面的变化。全球变暖导致海平面上升,威胁万物生存,从盖亚假说的角度来看,地球不会变得如此不适合万物生存,总会有一些制衡作用应运而生,而所有作用加起来就是一个恒定的地球。把地球看成一个最大的生物,一些看似不平衡的现象就可以用个体生物上的观念来理解。我们发现气温上升、盐度增加等现象会导致藻类增加二甲基硫的排放量,而二甲基硫的增加会使得大气的反射率增加,进而降低地表温度。

虽然根据盖亚假说,地球母亲这个巨大的生命有机体能有效抵制外来变化以保持自身的稳定,适应万物生存,但是这并不代表人类所做的一切都有一个凡事包容的妈妈在为他们处理善后。盖亚假说本身并不是判断人们的行为正确与否的最终道德标准,从哲学的角度来看,物极必反,事物性质的稳定需要一个"度",一旦超过了这个"度",事物必然会发生质变。

二、大气成分改变对气候的影响

工农业生产排人大量废气、微尘等污染物质进入大气,主要有二氧化碳(CO_2)、甲烷(CH_4)、一氧化二氮(N_2O)和氟氯烃化合物(CFCs)等。大气中温室气体和气溶胶含量的变化会改变气候系统的能量平衡。温室气体有效地吸收地球表面、大气自身和云散射的热红外辐射。这就形成了一种辐射强迫,因而导致温室气体效应增强,即所谓的"增强的温室效应"。所谓辐射强迫是对某个因子改变地球一大气系统射入和逸出能量平衡影响程度的一种度量,它同时是一种指数,反映了该因子在潜在气候变化机制中的重要性。正强迫使地球表面变暖,负强迫则使其变冷。如:二氧化碳浓度或太阳辐射量的变化等造成对流层顶净辐照度(向上辐射与向下辐射的差)发生变化。研究辐射强迫的意义在于:比起气候变化本身来,可以用高得多的精度来确定它,从而比较它们对气候影响的相对重要性。根据《IPCC第四次评估报告》,工业化时代的辐射强迫增长率很可能在过去一万多年里是空前的。二氧化碳、甲烷和氧化亚氮增加所产生的辐射强迫总和为$2.30W/m^2$($2.07 \sim 2.53W/m^2$)。二氧化碳的辐射强迫在1995—2005年间增长了20%,至少在近几百年中,它是其间任何一个十年的最大变化。据确凿的观测事实证明,近数十年来大气中这些气体的含量都在急剧增加,而平流层的臭氧(O_3)总量则明显下降。这些气体都具有明显的温室效应,如图3-18所示。在波长9500nm及12500~17000nm有两个强的吸收带,这就是O_3及CO_2的吸收带。特别是CO_2的吸收带,吸收了大约70%~90%的红外长波辐射。地气系统向外长波辐射主要集中在8000~13000nm波长范围内,这个波段被称为大气窗。上述CH_4、N_2O、CFCs等气体在此大气窗内均各有其吸收带,这些温室气体在大气中浓度的增加必然对气候变化起着重要作用。

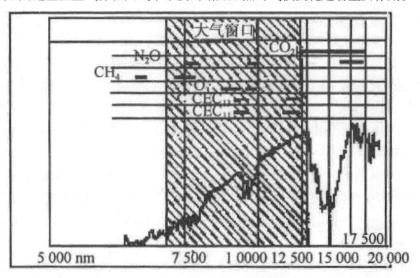

图3-18　地球气候系统的长波辐射及温室气体的吸收带阴影部分为大气窗口

表3-15　大气中主要温室气体

温室气体	CO_2	CH_4	N_2O	CFCs
工业化前1750—1800年浓度（ppm）	280	0.715	0.270	0
20世纪90年代浓度（ppm）	353	1.732	0.309	0.0002~0.0003
2005年浓度（ppm）	379	1.774	0.319	0.0004~0.0005
2010你说呢浓度（ppm）	391	1.803	0.324	—
每年平均增长速率（%）	0.5	0.9	0.25	4
在大气中的寿命期（年）	100	10	150	65~130
加热率比值R（相对于CO_2）	1	21	206	>10000
增温效应（%）	50	15	6	20

大气中CO_2浓度在工业化之前很长一段时间里大致稳定在约280±I0ppm,但在近几十年来增长速度甚快,至2005年和2010年已分别增至379ppm和391ppm（见表3-15）,并且现在仍在持续增长,2012年5月16日,日本气象厅公布的数据显示,在岩手县大船渡市大气环境观测所测得的3、4月大气中温室气体二氧化碳的平均浓度自1987年观测开始以来首次超过400ppm。图3-5给出美国夏威夷马纳洛亚站（Mauna Loa）1960—2010年实测值的逐年变化。图3-19所示为2010—2014在马纳洛亚站观测到的CO_2月平均浓度值。图中所示较曲折的线是每月浓度的平均值,较平滑的线是按照季节循环校正后的均值。马纳洛亚站最新数据显

示 2013 年全年 CO_2 平均值已经达到 396.48ppm。近些年来,每年平均增加 2.3ppm。总体来看,二氧化碳浓度自工业革命以来一直处于增长的趋势,并且 2014 年数据还显示增长的幅度也在逐年增加。大气中 CO_2 浓度急剧增加的原因,主要是由于大量燃烧化石燃料、大量砍伐森林和地表水域面积缩减造成的。人类活动一方面增加了大量二氧化碳的排放,另一方面减少了二氧化碳的汇。据研究排放入大气中的 CO_2 有一部分(约有 50% 上下)为海洋所吸收,另有一部分被森林吸收变成固态生物体,贮存于自然界,但由于目前森林大量被毁,致使森林不但减少了对大气中 CO_2 的吸收,而且由于被毁森林的燃烧和腐烂,更增加大量的 CO_2 排放至大气中。目前,对未来 CO_2 的增加有多种不同的估计,如按现在 CO_2 的排放水平计算,在 2025 年大气中 CO_2 浓度可能为 425ppm,是工业化前的 1.55 倍。

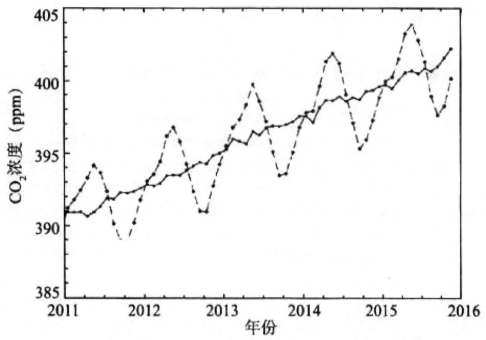

图 3-19   美国夏威夷马纳洛亚站(Mauna Loa)2011—2015 年实测 CO_2 浓度变化

(图中较曲折线为 CO^2 每月浓度平均值,较平滑线为按季节循环矫正后的均值)

甲烷(CH_4)俗称沼气,是另一种重要的温室气体。它主要由水稻田、反刍动物、沼泽地和生物物质缺氧加热或燃烧而排放入大气。在距今 200 年以前直到 11 万年前,CH_4 含量均稳定于 0.75～0.80ppm,但近些年来增长很快。1950 年 CH_4 含量已增加到 1.25ppm,2005 年为 1.774ppm。根据美国国家海洋和大气管理局(NOAA)的数据(图 3-20),2007 年后大气中甲烷的含量增加更加迅速。在 2009 年,甲烷浓度首次突破了 1.8ppm。根据目前增长率外延,2030 年和 2050 年分别达 2.34 至 2.50ppm。根据研究,北半球大气中 CH_4 的平均浓度明显比南半球高,可能是因为北半球受人类活动影响比较大,估计人为源占 60%,主要是水田耕作、畜牧业发展、生物质燃烧以及固体废弃物填埋。另外自然湿地由于其良好的厌氧发酵条件而向大气释放大量 CH_4,约占 25%。大气中的 CH_4 可与羟基自由基发生氧化还原反应而去除,少量会向平流层输送,也有部分被土壤吸收。

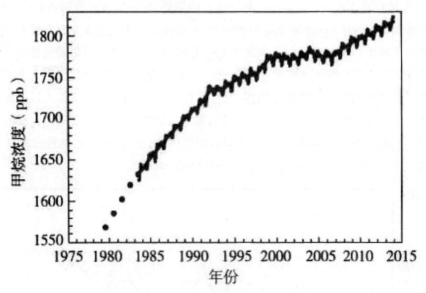

图3-20　1979—2014年全球甲烷平均浓度

（红线表示滑动平均值,蓝点为实测数据值,蓝线为蓝点数据值连线）

一氧化二氮(N_2O)向大气排放量与农田面积增加和施氮肥有关。平流层超音速飞行也可产生 N_2O。在工业化前大气中 N_2O 含量约为 0.285ppm。1985 年和 2005 年分别增加到 0.305ppm 和 0.319ppm。考虑今后继续排放,预计到 2030 年大气中 N_2O 含量可能增加到 0.35～0.45ppm 之间。一氧化二氮在大气中有长达 150 年的寿命,其除了引起全球增暖外,还可通过光化学作用在平流层引起臭氧 O_3 离解,破坏臭氧层。世界各地的观测资料几乎没有显示出南北半球大气中 N_2O 的浓度差,可能是因为它本身浓度很低,人为排放量小,也可能与 N_2O 在大气中的寿命较长有关。不过像燃烧化石燃料、施用化学肥料以及生物质燃烧等人类活动无疑会向大气排放 N_2O,其中人为源有 60%～70% 来自耕作土壤,另外一些工业生产过程如硝酸、尼龙、合成氨和尿素等也会向大气释放 N_2O。大气中 N_2O 的自然源则主要包括森林、草地和海洋等自然系统,约占总排放量的 60%。N_2O 在大气中非常稳定,主要通过光化学反应除去,另外土壤也能吸收少量 N_2O。

氟氯烃化合物(CFCs)是制冷工业(如冰箱)、喷雾剂和发泡剂中的主要原料。此族的某些化合物如氟利昂 11(CCl_3F,$CFCl_1$)和氟利昂 12(CCl_2F_2,CFC_{12})是具有强烈增温效应的温室气体。近些年来还认为它是破坏平流层臭氧的主要因子,因而限制 CFC_{11} 和 CFC_{12} 生产已成为国际上突出的问题。在制冷工业发展前,大气中本没有这种气体成分。CFC_{11} 在 1945 年、CFC_{12} 在 1935 年开始有工业排放。到 1980 年,对流层低层 CFC_{11} 含量约为 0.000168ppm 而 CFC_{12} 为 0.000285ppm,到 1990 年和 2005 年则分别增至 0.00028ppm 和 0.000484ppm,其增长是十分迅速的。近几十年来,大气中的 CFC_{11} 和 CFC_{12} 始终以 4% 左右的年增长率迅速增加。CFCs 在对流层会与羟基自由基反应,在平流层中发生光化学分解而去除。其未来含量的变化取决于今后的限制情况。

根据专门的观测和计算大气中主要温室气体的浓度年增量和在大气中衰变的时间如表 3-15 所示。可见除 CO_2 外，其他温室气体在大气中的含量皆极微，所以称为微量气体。但它们的增温效应极强（从温室效应来看一个 CH_4 分子的作用为一个 CO_2 分子的 21 倍，N_2O 为 CO_2 的 206 倍，而 CFCs 一般相当于一个 CO_2 分子的一万倍以上），而且年增量大，在大气中衰变时间长，其影响甚巨。

臭氧（O_3）也是一种温室气体，它受自然因子（太阳辐射中紫外辐射对高层大气氧分子进行光化学作用而生成）影响而产生，但受人类活动排放的气体破坏，如氟氯烃化合物、卤代烷化合物、N_2O 和 CH_4、CO 均可破坏臭氧。其中以 CFC_{11}、CFC_{12} 起主要作用，其次是 N_2O。自 20世纪 70 年代末以来，全球 60°S～60°N 各纬带上的臭氧总量都呈下降趋势，而且 12°S～12°N 以外地区的臭氧下降趋势在统计上是显著的；下降趋势随纬度升高而加剧，在相同纬带上，臭氧的下降趋势北半球均较南半球明显。20 世纪 90 年代初是全球各纬带臭氧下降最剧烈的时期。臭氧变化在南北半球也表现出不对称性。臭氧总量下降趋势表现出的同纬度上北半球均大于南半球的事实可能主要由两半球人类活动的差异引起。图 3-21 是各气候带纬向平均臭氧总量距平值的年际变化（1965—1985 年），由图 3-21 可见，自 20 世纪 80 年代初期以后，臭氧量急剧减少，以南极为例，最低值达 -15%，北极为 -5% 以上，从全球而言，正常情况下振荡应在 ±2% 之间，据 1987 年实测，这一年达 -4% 以上。从 60°N～60°S 间臭氧总量自 1978 年以来已由平均为 300 多普生单位（国际上习惯将臭氧总量表示为相当于在标准气压和温度下，单位底面积上的厚度，通常用多普生单位（DU）作为单位。IDU 定义为标准大气压下 0.01mm 的厚度）。减少到 1987 年 290 单位以下，亦即减少了 3%～4%。从垂直变化而言，以 15～20km 高空减少最多，对流层低层略有增加。南极臭氧减少最为突出，在南极中心附近形成一个极小区，称为“南极臭氧洞”。自 1979 年到 1987 年，臭氧极小中心最低值由 270DU 降到 150DU，小于 240DU 的面积在不断扩大，表明南极臭氧洞在不断加强和扩大。1984 年，英国科学家首次发现南极上空出现臭氧洞。在 1988 年其 O_3 总量虽曾有所回升，但到 1989 年南极臭氧洞又有所扩大。1994 年 10 月 4 日世界气象组织发表的研究报告表明，南极洲 3/4 的陆地和附近海面上空的臭氧已比十年前减少了 65% 还要多一些。美国科学家称：北极 30 个臭氧监测站获得的初始数据显示，2011 年冬季臭氧浓度下降的情况比以往更严重。可能北极第一个臭氧空洞已经形成。但有资料表明对流层的臭氧却稍有增加。

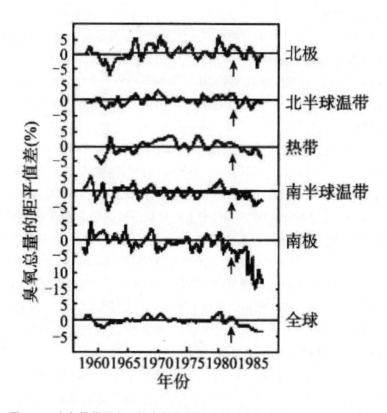

图3-21　各气候带纬向平均臭氧总量据平值的年际变化(1965—1985年)

大气中温室气体的增加会造成气候变暖和海平面抬高。根据《IPCC第四次评估报告》，1906—2005年全球平均气温上升了0.74℃，最近几十年升温约为每10年升高0.13℃，是过去100年升温的2倍。对于全球气温的增加，多数学者认为是温室气体排放所造成的。表3-15中列出四种温室气体的排放所产生的增温效应，从气候模式计算结果还表明此种增暖是极地大于赤道，冬季大于夏季。全球气温升高的同时，海水温度也随之增加，这将使海水膨胀，导致海平面升高。再加上由于极地增暖剧烈，当大气中CO_2浓度加倍后会造成极冰融化而冰界向极地萎缩，融化的水量会造成海平面抬升。实际观测资料证明，自从1900年以来，全球海平面已升高了20.32cm，现在海平面正以大约每年0.32cm的速度升高，这个速度还在不断提高。据计算，在温室气体排放量控制在1985年排放标准情况下，全球海平面将以5.5cm/10a速度而抬高，到2030年海平面会比1985年增加20cm，2050年增加34cm；若排放不加控制，到2030年，海平面就会比1985年抬升60cm，2050年抬升150cm。温室气体增加对降水和全球生态系统都有一定影响。据气候模式计算，当大气中CO_2含量加倍后，就全球讲，降水量年总量将增加7%～11%，但各纬度变化不一。从总的看来，高纬度因变暖而降水增加，中纬度则因变暖后副热带干旱带北移而变干旱，副热带地区降水有所增加，低纬度因变暖而对流加强，因此降水增加。就全球生态系统而言，因人类活动引起的增暖会导致在高纬度冰冻的苔原部分解冻，森林北界会更向极地方向发展。在中纬度将会变干，某些喜湿润温暖的森林和生物群落将逐渐被目前在副热带所见的生物群落所替代。根据预测，CO_2加倍后，全球沙漠将扩大3%，林区减少11%，草地扩大11%，这是中纬度的陆地趋于干旱造成的。温室气体对臭氧层的破坏对生态和人体健康影响甚大。臭氧减少，使到达地面的太阳辐射中的紫外辐射增加。大气中臭氧总量若减少1%，到达地面的紫外辐射会增加2%，此种紫外辐射会破坏核糖核酸（DNA）以改变遗传信息及破坏蛋白质，能杀死10m水深内的单细胞海洋浮游生物，减低鱼产以及破坏森林，减低农作物产量和质量，削弱人体免疫力、损害眼睛、增加皮肤癌等疾病。此外，由于人类活动排放出来的气体中还有大量硫化物、氮化物和人为尘埃，它们能造成大气污染，在一定条件下会形成"酸雨"，能使森林、鱼类、农作物及建筑物蒙受严重损失。大气中微尘的迅速增加会减弱日射，影响气温、云量（微尘中有吸湿性核）和降水。

人类活动除了对大气中气体成分的种类和比例产生影响之外，也会改变大气中气溶胶粒子的多寡。大气中气溶胶粒子可以按照来源分为人工源和自然源两大类，此处主要讨论人工源气溶胶粒子的变化及影响。人造气溶胶粒子主要来源于两个方面：工厂、交通运输工具、家庭炉灶以及焚烧垃圾等排放出来的烟尘和废气。这完全是人为原因。由于自然植被被人类破坏后，大风刮起尘土形成的沙尘暴、霾或者由于植物焚烧产生的烟霾，这种属于人类活动的间接影响。大气中的含尘量变化比温室气体浓度更难确定，但是粗略估计，自工业革命以来，随着工业、交通运输业的发展，地球大气中悬浮颗粒总量已增加了50%。Flohn（1970）对大气中气溶胶粒子产量的估算，在1968年到1970年间，全球人为粒子的产量平均每年为5.3亿t，约占全球大气中气溶胶粒子总产量的三分之一。在人为粒子中，90%以上是在人口稠密、工业发达的北半球产生的。1973年以来，在这个星球的表面，能见度在下降，气溶胶浓度在上升。能见度的变化可以有效衡量气溶胶浓度的变化。大气尘埃的气候效应比较复杂，但一般人为，悬浮在大气中的气溶胶粒子犹如地球的遮阳伞，它能反射和吸收太阳辐射，特别是能减少紫外光的透过，使到达地面的太阳辐射减少，从而引起地面气温降低，故称为"阳伞效应"（Umbrella effect）。气溶胶粒子还会导致全球"变暗"（Global dimming）（Stanhill，2001），在过去30年的对太阳入射辐射（包括直接辐射和散射辐射）的观测和模拟研究中表明，在10年以上时间尺度上，太阳入射辐射不是一个常量，尤其在20世纪90年代前后呈现了两种截然不同的变化趋势，90年代前期持续下降，后期则开始上升。"变暗"就是指下降时期。另外，大气污染微粒提供了丰富的凝结核，能使云量、降水量和雾的频率增加，这对地表也是起冷却作用。但是空气中所含的水蒸气数量是一定的，如果气溶胶粒子多了，就相当于凝结核多了，形成的小水滴数量就会变多，每一个小水滴的体积相应就会变小。而降雨的产生是由于空气中的小水滴相互碰撞长大，水滴自身的重力大于空气浮力，水滴在地球重力作用下就会降落到地面。凝结核多了，小水滴小了，碰撞形成大水滴的难度就会增加，这样就会导致地面降雨的减少。一般认为，雾霾这种污染天气对农业生产是不利的。由于空气中颗粒物质增加，能见度降低，使光照减少，影响植物光合作用，植物生长速度减缓，从而影响作物产量。但这项研究仍在继续，如何把雾霾影响和其他因素分开，比如降水和病虫害等，是研究的难题。

由于人类活动所导致的大气棕色云效应,从新德里到北京抵达地面的阳光不断减少,城市正变得越来越暗,喜马拉雅山脉上大范围的冰川正在以更快速度融化,天气状况越来越极端。2008年11月13日,联合国环境署在北京发布了大气棕色云报告。该报告称,棕色云的成因是燃烧化石燃料和传统生物燃料,就某些情况和某些地区而言,将加重由温室气体引发的气候变化效应。这是由于大气棕色云中炭黑和烟尘颗粒会吸收阳光,加热空气。棕色云层同时将对空气质量和亚洲农业产生影响,增加亚洲地区30亿人口的健康和食物供应的风险。该报告显示,已经观测到兴都库什—喜马拉雅—西藏地区冰川覆盖的减少,而这个区域正是亚洲大多数河流的源头,因此将对亚洲的水资源和粮食安全产生影响。然而这份报告也称,从全球范围来讲,棕色云有可能"遮蔽"气候变暖现象或对其有反作用,减少程度从20%~80%不等。这是因为棕色云中所含物质如酸性因子和一些有机物可以反射太阳光,从而降低地球表层温度。

另外,20世纪80年代争论较为激烈的焦点之一是核战争对气候冲击的假说。大气中的一次核爆炸可能影响到离地面30~45km高的大气环流。估计每100万t的核物质制造3000t氧化氮,他们在参与化学反应而消失之前,可在平流层中滞留4年多,吸收短波辐射,破坏臭氧并使地面降温。20世纪60年代的核导弹实验使对流层中氧化氮增加了9.8亿t,这会使到达地面的太阳短波辐射减少2.5%,后来利用气球探测证实了这个数值。在1963年禁止核试验条约公布之前,1962—1966年冬季气温是20世纪最冷的冬季。与此同时,对流层上层的温度升高了6℃。但并非所有这些变化都是核试验造成的,比如,1963年印度尼西亚巴厘岛发生的阿贡火山喷发也会造成地表的冷却。1982年,发现核爆炸也会向空气中排放大量尘埃。有1t的核爆炸物就有2000t的尘埃被排放到上层大气。此外,在一次核战争中,来自燃烧的森林和城市的烟雾会被对流抬升到上层大气中,理论上认为这会使地表大幅度降温。后来研究证明,即使在短暂的核战争中,烟雾和煤灰的影响也是具有灾难性的。火暴(Fire storm)能在森林中持续一周并烧毁城市,向平流层注入烟雾和煤灰,在平流层则不会轻易被雨水冲走。烟雾和煤灰比火山灰小得多,在大气中停留的时间也更长。一次放出5000t爆炸物的短期核战争,释放出的碳大部分将在几天后进入大气上层,总量可达2.25亿t,相当于人类活动一年排放的烟灰量。这些烟雾会阻挡入射的短波辐射,放走出射的长波辐射,这种作用比火山灰大得多。煤灰也吸收太阳辐射并加热对流层,其净效应是在对流层中产生逆温,逆温会阻碍大气混合、凝结及煤烟的消散,使到达地面的太阳辐射减少。综合作用会使大陆上空降温30℃。计算机模拟结果表明,北美和亚洲部分地区上空夏季气温将会在2天内降到0℃以下,10天后大部分内陆地区的温度降到0℃以下,并会持续6个月或更长。即使南半球受原子弹攻击目标较少,也避免不了这个影响。计算机模拟表明,主要攻击目标所在的北半球中纬度上空暖空气会流到南半球,在纬度为15°S~30°S处下沉到地球表面。正常的大气环流,包括赤道附近两个哈德莱环流带,在北半球被一个对流单体所代替,并跨过两个半球。这个环流可使煤灰和烟雾形成的云向全球扩展。在大陆腹地和沿海地区,平均温度本应下降10~20℃,但由于海洋加热效应一般只会下降5~10℃。内陆地区大气稳定并出现旱情,而沿海地区相对较暖的海水会引起强大的沿海暴风雨,此现象与现状东海岸低压形成相似。沿海地区的降水将增加,通过雨水放射活动将在这里增强,大气中停留的放射性粒子由此降落到地表。前面所讨论主要依赖于计算机模拟,但毕竟模拟模式仍存在缺陷。后来进一步研究表明,核战争可能使夏季和冬季温度分别降低5℃和25℃,因此温度的模拟结果与季节还密切相关。随着模型逐步改善,温度效应似乎不再那么显著,于是便用"核秋天"来代替"核冬天"描述核战争可能对气候产生的影响。

类似的气候灾害已经在地球上出现过,但假定的气候结果并未出现。第一次严重的"核冬天"发生在1915年7~8月,西伯利亚地区的森林大火,火势凶猛,释放出的烟雾达0.2亿~1.8亿t,与理论计算的一次大型核战争所排放的量相当。大火烧毁了与德国西部面积相等的一块区域,大火持续了51天,但烟雾没有弥漫到亚洲大陆以外的地方。由于烟雾削弱了太阳辐射,致使邻近地区降温10℃左右并持续了一个月,收获期延迟了10~15天。烟雾和降温作用使大气看上去非常稳定,导致邻近地区的烟雾无法扩散。即使考虑该地区森林火灾造成的烟雾以及温度降温的记录,烟雾造成的冷却对农业的影响仍然很小。另外一次"核冬天"发生在1991年2月海湾战争结束的时候,其原因是伊拉克军队蓄意点燃了科威特油田。仅在两天的时间内就有约600口油井被点燃,直至6月初才扑灭了100口,烟云覆盖下的某些地区的气温比正常温度低了11℃。沾满了黑烟的雪覆盖了西藏和法国阿尔卑斯山脉,烟雾扩散到了日本上空7000m高的大气中,但烟雾对海湾以外地区影响很小。直到3月底,在下风向的夏威夷冒纳罗亚火山及美国怀俄明州上空对流层中都出现了浓厚的烟雾,但烟雾上升的高度没有超过7000m。当时海湾地区的二氧化硫和臭氧含量比在烟雾弥漫下的落基山脉测得的小。由于地表降温使局部大气稳定,烟雾不能进入平流层,另外,烟雾具有吸湿性,因而很容易在大气中被清洗掉。这两个事件说明,充满烟雾的核战争可能不会导致理论上的"核冬天",在对全球气候的影响中可能没有理论上那么严重。

三、下垫面性质改变与局地气候的形成

人类活动改变下垫面的自然性质是多方面的,目前最突出的是破坏森林、湿地、干旱地的植被及造成海洋石油污染等。

(一)森林与气候

森林是一种特殊的下垫面,它除了影响大气中CO_2的含量以外,还能形成独具特色的森林气候,而且能够影响附近相当大范围地区的气候条件。森林林冠能大量吸收太阳入射辐射,用以促进光合作用和蒸腾作用,使其本身气温增高不多,林下地表在白天因林冠的阻挡,透入太阳辐射不多,气温不会急剧升高,夜晚因有林冠的保护,有效辐射不强,所以气温不易降低。因此林内气温日(年)较差比林外裸露地区小,气温的大陆度明显减弱。森林树冠可以截留降水,林下的疏松腐殖质层及枯枝落叶层可以蓄水,减少降雨后的地表径流量,因此森林可称为"绿色蓄水库"。雨水缓缓渗透入土壤中使土壤湿度增大,可供蒸发的水分增多,再加上森林的蒸腾作用,导致森林中的绝对湿度和相对湿度都比林外裸地为大。森林可以

增加降水量,当气流流经林冠时,因受到森林的阻碍和摩擦,有强迫气流的上升作用,并导致湍流加强,加上林区空气湿度大,凝结高度低,因此森林地区降水机会比空旷地多,雨量亦较大。据实测资料,森林区空气湿度可比无林区高15%～25%,年降水量可增加6%～10%。森林有减低风速的作用,当风吹向森林时,在森林的迎风面,距森林100m左右的地方,风速就发生变化。在穿入森林内,风速很快降低,如果风中挟带泥沙的话,会使流沙下沉并逐渐固定。穿过森林后在森林的背风面在一定距离内风速仍有减小的效应。在干旱地区森林可以减小干旱风的袭击,防风固沙。在沿海大风地区森林可以防御海风的侵袭,保护农田。森林根系的分泌物能促使微生物生长,可以改善土壤结构。森林覆盖区气候湿润,水土保持良好,生态平衡有良性循环,可称为"绿色海洋"。

根据考证,历史上世界森林面积曾占地球陆地面积的2/3,但随着人口增加,农、牧和工业的发展,城市和道路的兴建,再加上战争的破坏,森林面积逐渐减少,到19世纪全球森林面积下降到陆地面积的46%,20世纪初下降到37%,目前全世界森林总面积约为30多亿hm²,占全球陆地面积的27%。我国上古时代也有浓密的森林覆盖,其后由于人口繁衍,农田扩展和明清两代战祸频繁,到1949年全国森林覆盖率已下降到8.6%。经过60多年的大规模植树造林和对天然林的保护,到2013年,第八次全国森林资源清查的结果显示,森林覆盖率已提高到21.63%。但由于底子薄,仍明显低于世界平均覆盖率,排名世界第115位,人均森林覆盖面积仅为世界的1/4。一些边远地区和贫困山区仍然存在毁林开荒行为。由于新造幼林的生物量远低于成熟林,根据"全球森林监察"(Global forest watch,GFW)数据,综合世界资源研究所、马里兰大学、联合国环境署等数十个机构的信息,并借助NASA支持的卫星技术实时监控的卫星资料,中国仍属世界主要森林损耗国家之一。由于大面积森林遭到破坏,使气候变旱,沙尘暴加剧,水土流失,气候恶化。相反,新中国成立后我国营造了各类防护林,如东北西部防护林、豫东防护林、西北防沙林、冀西防护林、山东沿海防护林等,在改造自然、改造气候条件上已起到显著作用。在干旱、半干旱地区,原来生长着具有很强耐旱能力的草类和灌木,它们能在干旱地区生存,并保护那里的土壤。但是,由于人口增多,在干旱、半干旱地区的移民增加,他们在那里扩大农牧业,挖掘和采集旱生植物作燃料(特别是坡地上的植物),使当地草原和灌木等自然植被受到很大破坏。坡地上的雨水汇流迅速,流速快,对泥土的冲刷力强,在失去自然植被的保护和阻挡后,就造成严重的水土流失。在平地上一旦干旱时期到来,农田庄稼不能生长,而开垦后疏松了的土地又没有植被保护,很容易受到风蚀,结果表层肥沃土壤被吹走,而沙粒存留下来,产生沙漠化现象。畜牧业也有类似情况,牧业超过草场的负荷能力,在干旱年份牧草稀疏、土地表层被牲畜践踏破坏,也同样发生严重风蚀,引起沙漠化现象的发生。在沙漠化的土地上,气候更加恶化,具体表现为:雨后径流加大,土壤冲刷加剧,水分减少,使当地土壤和大气变干,地表反射率加大,破坏原有的热量平衡,降水量减少,气候的大陆度加强,地表肥力下降,风沙灾害大量增加,气候更加干旱,反过来更不利于植物的生长。据联合国环境规划署估计,当前每年世界因沙漠化而丧失的土地达6万km²,另外还有21万km²的土地地力衰退,在农牧业上已无经济价值可言。沙漠化问题也同样威胁我国,近几十年来沙漠化面积逐年递增,因此必须有意识地采取积极措施保护当地自然植被,进行大规模的灌溉,进行人工造林,因地制宜种植防沙固土的耐旱植被等来改善气候条件,防止气候继续恶化。

(二)海洋荒漠化、酸化与气候

海洋荒漠化是当今人类活动改变下垫面性质的另一个重要方面。占地球面积70%以上的海洋是人类和一切生命的摇篮,海洋是气候系统的重要组成部分,是气候的形成和变化的基本要素之一,海洋对陆地的气温和降水格局起着调节作用。近些年来由于人口不断增加,人类活动范围不断扩大,海洋的生态环境遭到日益严重破坏和污染,反过来又威胁着人类自身的生产发展。人们用海洋荒漠化来描述海洋破坏和污染的严重性。常说的海洋荒漠化有广义和狭义两种,广义的海洋荒漠化是指由于海洋开发无度、管理无序、酷渔滥捕和海洋污染范围扩大,使渔业资源减少,赤潮等危害不断,海洋出现了类似于荒漠的现象。狭义的海洋荒漠化指由于海洋石油污染形成的油膜抑制海水的蒸发,使海上空气变得干燥,使海洋失去调节气温的作用,产生"海洋沙漠化效应"。据统计,全世界每年向海洋倾倒各种废弃物多达200亿t,污染程度日趋严重,尤以石油污染最甚。据估计,每年通过各种渠道泄入海洋的石油和石油产品,约占全世界石油总产量的0.5%,即有1500万t以上。其中以油轮遇难和战争造成的损失最为严重。

目前,世界上60%的石油是经海上运输的。为了增加运量,降低成本,油轮越造越大,一旦发生事故,后果极其严重。自从1967年"托雷峡谷1号"油轮在英国东南的锡利群岛触礁而泄露大量原油以来,世界上已经发生了15起重大泄油事故,造成大片海域污染。1989年3月24日,美国埃克森公司"瓦尔德斯"号油轮在阿拉斯加州威廉王子湾搁浅,并向附近海域泄漏了近3.7万t原油。这起美国历史上最严重的海洋污染事件使阿拉斯加州沿岸几百公里长的海岸线遭到严重污染,并导致当地的鲑鱼和鲱鱼资源近于灭绝,几十家企业破产或濒于倒闭。1992年12月3日,载有约8万t原油的希腊"爱琴海"号油轮在西班牙西北部加利西亚沿岸触礁搁浅,后在狂风巨浪的冲击下断为两截,至少6万t原油泄入海中并引起大火。1993年1月5日,利比亚油轮"布雷尔"号在苏格兰设得兰群岛南端的加斯韦克湾触礁。油轮所载8.45万t原油全部泄入事发海域,严重破坏了海域的生态环境,并给当地的渔业造成不可估量的损失。1996年2月15日,悬挂利比里亚国旗的"海上女王"号油轮在英国西部威尔士圣安角附近海域触礁,导致船上13万t原油中的半数泄漏海中,对周围环境造成严重危害。2001年3月29日,在马绍尔群岛注册的"波罗的海"号油轮在丹麦东南部海域与一艘货轮相撞,泄漏原油约2700t。因事故发生海域是丹麦的一个海鸟自然保护区,导致大量海鸟死亡。2002年11月19日,悬挂巴哈马国旗的"威望"号油轮在西班牙西北部海域断裂并沉入海底。船上装有7.7万t燃料油,其中6.3万多t燃料油最终泄漏到海中。这一事故使西班牙北部500km海岸上的数百个海滩遭到重度污染,数万只海鸟死亡。

战争造成的石油污染也是触目惊心的。在两次世界大战中,曾有数百艘油轮沉没,估计损失石油1000万t,至今任由石油从海底沉船的腐烂油箱中渗漏出来。在长达8年的两伊战争中,几乎每天都有油轮遭到袭击,大量石油污染海湾。1983年2月,伊拉克飞机轰炸了伊朗的诺鲁兹油田,每天溢出石油两三千桶。而1991年初海湾战争期间泄漏入海洋的石油量更高达81万t。

海洋石油污染并不局限于漏油的油船。大约46%的海水石油污染起源于汽车、工厂和其他陆地污染源。扩展在海面上的石油阻断了海水和空气的氧交换,使海水缺氧,水生生物会因缺氧窒息、中毒等而死亡,海鸟首当其冲。石油会渗入或粘住海鸟的羽毛,使它们游不动也飞不了。浮游生物和藻类可直接从海水中吸收溶解的石油烃类,而海洋动物则通过吞食、呼吸、饮水等途径将石油颗粒带入体内或被直接吸附于动物体表。生物在吸收后,可能导致生物的畸形或者死亡。据研究,当海水中含油浓度为0.01mm/L,孵出的鱼畸形率为25%～40%。如果海域被严重污染,生物要经过5～7年才能重新繁殖,其后果将持续几十年之久。

海洋石油污染是当今人类活动改变下垫面性质的一个重要方面。由于各种原因倾泻到海洋的废油,有一部分形成油膜浮在海面,抑制海水的蒸发,使海上的空气变得干燥。同时又减少了海面潜热的转移,导致海水温度的日变化、年变化加大,使海洋失去调节气温的作用,油膜效应的产生,使海洋失去调节作用,导致污染区及周围地区降水减少,天气异常,产生"海洋沙漠化效应"。特别是在比较闭塞的海面,如地中海、波罗的海和日本海等海面的废油膜影响比广阔的太平洋和大西洋更为显著。

此外,人类为了生产和交通的需要,填湖造陆,开凿运河以及建造大型水库等,改变下垫面性质,对气候亦产生显著影响。建造大型水库后,对气候产生的影响如同天然湖泊对气候的影响一样,故称之为"湖泊效应"。水库建成以后,由于水库水体巨大热容量所起的对热量的调节作用,使得水库附近的气温日较差和年较差均变小,而平均气温则比建库前升高。据研究,一个32km²水面的水库,库区平均气温可上升0.7℃。水库对于风速的影响,在建成水库以后,由于下垫面从粗糙的陆地变为光滑的水面,摩擦力显著减小,因而库区风速比建库前增大。此外,由于库区水—陆面之间的热力差异,使得库区沿岸形成一种昼夜交替、风向相反的地方性风,即所谓"湖陆风"。白天,风从水面吹向岸上;夜间,风从岸上吹向水面。水库对降水和云量也有影响,一般认为,在水库上空由于空气稳定,年降水量和云量均减少,而在大型水库的下风方,因从水面输来湿润空气,降水和云量则可能增加。以我国新安江水电厂在1973年对新安江水库气候的研究为例,位于新安江水库附近的淳安县,在水库建成(1960年)后,夏天不像过去那么热,冬季不像过去那么冷,初霜推迟,终霜提前,无霜期平均延长了20天。新安江水库对降水的影响主要是使夏季和年降水量减少,而冬季降水量略有增加。在库区附近,年降水量大约减少了100mm;在水库中心,年降水量可能减少150mm。水库影响年降水量减少的区域,主要在水库附近的十几千米范围内,而离水库稍远的地势较高的地方,水库建成后降水反而增加,个别地方的年降水量可能增加100mm,甚至在200mm以上。因此,对于整个水库流域来说,建库前后的平均年降水量变化并不大。此外,新安江水库建成后,水库附近的雾日比以前增多;雷雨的频率却减少,而且雷雨是沿着水库的边缘移动,一般不易越过水库。

随着各国水利的兴修,水库不断增加。据统计,全世界的水库有效容积在1960年前后为2050km³,到1970年已增至2500～3000km³。根据当前的估计,全球有50000座以上的大型水坝(高度在15m以上,或者蓄水能力在300万m³以上),10万座以上的中型水坝(蓄水能力在10万m³以上)和超过100万座的小型水坝(蓄水能力低于10万m³)。所有水坝的蓄水能力总和估计在7000km³左右,所有水库的水体总表面积约为50万km²。因此,会引起许多水库附近地区的局地气候变化,而且由于水库水面的扩增,使得蒸发的水量也相应增加,因此必将起到影响全球气候变化的效应。

在二氧化碳浓度增加的背景下,海洋酸化明显。海洋对调节大气中二氧化碳浓,度起到了非常重要的作用,如果没有海洋对二氧化碳的吸收,现在大气中二氧化碳浓度大约要高于450ppm。但是,海洋对大气二氧化碳浓度的调节并不是一件完全没有危害的事情,会导致海洋pH值下降、破坏海洋基本化学物质的平衡、影响海洋生物环境等问题。最近的研究还发现海洋酸化很可能会加剧全球变暖(Katharina et al,2013)。当海水酸度增加的时候,生物硫化合物二甲基硫醚(DMS)的浓度会下降。海洋生物释放的DMS是大气硫化物的主要自然来源。硫化物或者二氧化硫不是温室气体,但大气中高浓度的硫化物可以减少到达地球表面的辐射,具有一定的冷却效应。那么,海洋酸化后减少了大气硫化物的生物来源,更多的太阳辐射可能到达地球表面,从而加速全球变暖。

(三)湿地与气候

湿地是开放水体与陆地之间过渡的生态系统,具有特殊的生态结构和功能。按照“国际重要湿地特别是水禽栖息地公约”的定义,湿地是指不论其为天然或人工、长久或暂时的沼泽地、泥炭地或水域地带,带有静止或流动的淡水、半咸水或咸水水体,包括低潮时水深不能过6m的水域。

湿地的功能是多方面的,它可作为直接利用的水源或补充地下水,又能有效控制洪水和防止土壤沙化,还能滞留沉积物、有毒物、营养物质,从而改善环境污染。此外,它还能以有机质的形式储存碳元素,减少温室效应,保护海岸不受风浪侵蚀,提供清洁方便的运输方式等。它因有如此众多有益的功能而被人们称为“地球之肾”。湿地还是众多植物、动物特别是水禽生长的乐园,同时又向人类提供食物(水产品、禽畜产品、谷物)、能源(水能、泥炭、薪柴)、原材料(芦苇、木材、药用植物)和旅游场所,是人类赖以生存和持续发展的重要基础。

湿地在气候系统中也起到很多不可替代的作用。首先,湿地可以改变大气气体成分。湿地在全球碳循环过程中有极其重要的意义。湿地内丰富的植物群落,能够吸收大量的二氧化碳气体,并放出氧气。但湿地既是二氧化碳的“汇”也可以是二氧化碳的“源”。湿地中植物残体分解缓慢,形成有机物质的不断积累,因此湿地是二氧化碳的“汇”。湿地经过排水后,改变了土壤的物理性状,地温升高,通气性改善,植物残体分解速率加快,而分解过程中产生大量二氧化碳气体,成为二氧化碳的“源”。湿地中的一些植物还具有吸收空气中有害气体的功能,能有效调节大气组分。但同时也必须注意到,湿地生境也会排放出甲烷等温室气体。沼泽有很大的生物生产效能,植物在有机质形成过程中,不断吸收二氧化碳和其他气体,特别是一些有害的气体。沼泽地上的氧气则很少消耗于死亡植物残体的分解。沼泽还能吸收空气中粉尘及携带的各种菌,从而起到净化空气的作用。沼泽堆积物具有很大的吸附能力,污水或含重金属的工业废水,通过沼泽能吸附金属离子和有害成分。湿地可以输送大量水汽。就算潜育沼泽一般也有几十厘米的草根层。草根层疏松多孔,具有很强的持水能力,它能保持大于本身绝对干重3～15倍的水量。不仅能储蓄大量水分,还能通过植物蒸腾和水分蒸发,把水分源源不断地送回大气中,从而增加了空气湿度,调节降水,在水的自然循环中起着良好的作用。据实验研究,1hm² 的沼泽在生长季节可蒸发掉7415t水分。其次,湿地可以调蓄洪水,防止或减轻气候灾害。湿地在蓄水、调节河川径流、补给地下水和维持区域水分平衡中发挥着重要作用。我国降水的季节变化和年际变化大,通过湿地的调节,储存来自降水、河流过多的水量,从而避免发生洪水灾害。长江中下游的洞庭湖、鄱阳湖、太湖等许多湖泊曾经发挥了巨大的储水功能,防止了无数次洪涝灾害,如鄱阳湖湿地一般可削弱洪峰流量15%～30%,从而大大减轻对长江的威胁。再如,三江平原沼泽湿地蓄水达38.4亿m³,由于挠力河上游大面积河漫滩湿地的调节作用,能将下游的洪峰值消减50%。湿地植物的根系及堆积的植物体对地基有稳固作用,沿海许多湿地可抵御波浪和海潮的冲击,可防止或减轻对海岸线、河口湾和江河岸的侵蚀,特别是红树林湿地。沿海淡水湿地对防止海咸水入侵具有重要意义。另外,湿地具有调节局地小气候的作用,湿地储存水量大,沼泽地最大持水量可达200%～400%,有的甚至高达800%,其蒸散量一般大于水面蒸发量。这种高含水、强蒸发的特性,使湿地周围地区的湿度增大,气温的日变化和年变化减少,使区域气候条件比较稳定。湿地蒸发量的大小,往往还可以影响区域降水状况。湿地生产的晨雾还可以减少周围土壤水分的丧失。如果湿地被破坏,当地的降水量很可能会减少。如博斯腾湖及周围湿地通过水平方向的热量和水分交换,使其周围的气候比其他地区略温和湿润。由于湿地的存在使临近博斯腾湖的焉耆与和硕比距湿地较远的库山气温低1.3～4.3℃,相对湿度增加5%～25%,沙暴日数减少25%。

人类影响气候变化从而影响湿地变化,并且这些影响绝大部分都是负面的。河流和湖泊湿地因温度、降雨量和蒸发量变化将受到影响,流量和水位的变化,对内陆湿地有着严重的影响。干旱和半干旱地区对降水变化尤其敏感,因为降水减少可以大大改变湿地面积。海岸湿地将易受到海平面上升、海洋表面温度升高和更加频繁和强烈的风暴活动的影响。与湿地相关的农业生产也会受到气候变化的影响。到目前为止,水稻是人类的主要食物之一,尤其是亚洲最重要的农作物。在亚洲的热带地区,微小的升温就会对水稻产生不利的影响,例如在印度由于气候变化引起降水变化,其水稻产量受到了影响。在2000年,日本的南部,由于连续的降水,使其水稻产量下降。同时水稻面积的变化将相应地改变CH_4的释放,这对水稻的生长具有重要影响。

(四)城市气候

在城市,空气的污染、人为热的释放和下垫面性质的改变是人类引起城市地区气候变化的三大原因。城市气候是指在区域气候背景上,经过城市化后,在人类活动影响下而形成的一种特殊局地气候。城市气候特征与郊外自然状态下的气候特征有显著的差异,1970年Landsberg(1981)把这些差异归纳成一个简明表格(表3-16)。

表3-16　城市气候特征与郊外气候特征的比较(Landsberg,1981)

要素	城市与郊外对比
太阳污染物质	凝结核比郊区多10倍,微粒多10倍,气体混合物多2～25倍
辐射、日照	太阳总辐射少0～20%;紫外线辐射:冬季少30%,夏季少5%;日照时数少5%～15%
云、雾	总云量多5%～10%;雾:冬季多1倍,夏季多30%
相对湿度	年平均低6%,冬季低2%,夏季低8%
气温	年平均高0.5～3.0℃,冬季平均最低气温高1～2℃,夏季平均最高气温高1～3℃
风速	年平均小20%～30%,瞬时最大风速小10%～20%,静风日数少5%～20%
降水	降水总量多5%～15%,<5mm雨日数多10%,降雪少5%,雷暴多10%～15%

从大量观测事实看来,城市气候的特征可归纳为城市"五岛"效应(混浊岛、热岛、干岛、湿岛、雨岛)和风速减小、多变。下面分别按照这几个方面进一步说明城市对气候的影响。

1.城市混浊岛效应。城市混浊岛效应主要有四个方面的表现。首先城市大气中的污染物质比郊区多,仅就凝结核一项而论,在海洋上大气平均凝结核含量为940粒/cm³,绝对最大值39800粒/cm³;而在大城市的空气中平均为147000粒/cm³,为海洋上的156倍,绝对最大值竟达4000000粒/cm³,也超出海洋上绝对最大值100倍以上。以上海为例,1986—1990年监测结果,大气中SO_2和NO_x两种气体污染物城区平均浓度分别比郊县高8.7倍和2.4倍。其次,城市大气中因凝结核多,低空的热力湍流和机械湍流又比较强,因此其低云量和以低云量为标准的阴天日数(低云量≥8的日数)远比郊区多。据上海1980—1989年统计,城区平均低云量为4.0,郊区为2.9。城区一年中阴天(低云量≥8)日数为60天而郊区平均只有31天,晴天(低云量≤2)则相反,城区为132天而郊区平均却有178天。欧美大城市如慕尼黑、布达佩斯和纽约等亦观测到类似的现象。第三,城市大气中因污染物和低云量多,使日照时数减少,太阳直接辐射(S)大大削弱,而因散射粒子多,其太阳散射辐射(D)却比干洁空气中为强。在以D/S表示的大气混浊度(Turbidity factor,又称混浊度因子)的地区分布上,城区明显大于郊区。根据上海1959—1985年观测资料统计计算,上海城区混浊度因子比同时期郊区平均高15.8%。在上海混浊度因子分布图上,城区呈现出一个明显的混浊岛。在国外许多城市亦有类似现象。第四,城市混浊岛效应还表现在城区的能见度小于郊区。这是因为城市大气中颗粒状污染物多,它们对光线有散射和吸收作用,有减小能见度的效应。当城区空气中NO_2浓度极大时,会使天空呈棕褐色,在这样的天色背景下,使分辨目标物的距离发生困难,造成视程障碍。此外城市中由于汽车排出废气中的一次污染物—氮氧化合物和碳氢化物,在强烈阳光照射下,经光化学反应,会形成一种浅蓝色烟雾,称为光化学烟雾,能导致城市能见度恶化。美国洛杉矶、日本东京和我国部分城市均有此现象。

2.城市热岛效应。在近地面温度图上,郊区气温变化很小,而城区则是一个高温区,就像突出海面的岛屿,由于这种岛屿代表高温的城市区域,19世纪初,英国气候学家赖克·霍德华在《伦敦的气候》一书中把这种气候特征称为"热岛效应"。

城市热岛效应形成的原因主要是:①城市内大量的人为热。城市内有大量锅炉、加热器等耗能装置以及各种机动车辆、工厂生产以及居民生活都需要燃烧各种燃料,每天都在向外排放大量的热量。此外,城市中绿地、林木和水体的减少也是一个主要原因。随着城市化的发展,城市人口的增加,城市中的建筑、广场和道路等大量增加,绿地、水体等却相应减少,缓解热岛效应的能力同时被削弱。在中高纬度城市特别是在冬季,城市中排放的大量人为热是热岛形成的一个重要因素。许多城市冬季热岛强度大于暖季,周一至周五热岛强度大于周末,即受此影响;②城市内下垫面性质的改变。城区大量的建筑物和道路构成以砖石、水泥和沥青等材料为主的下垫层。这些材料热容量、导热率比郊区自然界的下垫面层要大得多,而对太阳光的反射率低、吸收率大;因此在白天,城市下垫面层表面温度远远高于气温,其中沥青路面和屋顶温度可高出气温8~17℃,此时下垫面层的热量主要以湍流形式传导,推动周围大气上升流动,形成"涌泉风",并使城区气温升高;在夜间城市下垫面层主要通过长波辐射,使近地面大气层温度上升;③城市中建筑物参差错落,形成许多高宽比不同的城市街谷。在白天太阳照射下,由于街谷中墙壁与墙壁间,墙壁与地面之间,多次的反射和吸收,在其他条件相同的情况下,能够比郊区获得较多的太阳辐射能,如果墙壁和屋顶涂刷较深的颜色,则其反射率会更小,吸收的太阳能将更多,并因为墙壁、屋顶和地面的建筑材料又具有较大的导热率和热容量,城市街谷于日间吸收和储存的热能远比郊区为多。另外,由于城区下垫面层保水性差,水分蒸发散耗的热量少(地面每蒸发lg水,下垫面层失去2.5kJ的潜热),所以城区潜热小,温度也高。城区密集的建筑群、纵横的道路桥梁,构成较为粗糙的城市下垫面层、因而对风的阻力增大,风速减低,热量不易散失;④城市内大气污染产生的温室效应。城市中的机动车、工业生产以及居民生活,产生了大量的氮氧化物、二氧化碳和粉尘等排放物。这些物质会吸收下垫面热辐射,同时其中很多气体还是红外辐射的良好吸收者,产生温室效应,从而引起大气进一步升温。但大气污染在城市热岛效应中起的作用其实是相当复杂的。大气污染物在城区浓度特别大时,会像一张厚厚的毯子覆盖在城市上方,白天它大大地削弱了太阳直接辐射,城区升温减缓,有时可在城市产生"冷岛"效应。夜间它将大大减少城区地表有效长波辐射所造产生的热量损耗,起到保温作用,使城市比郊区"冷却"得慢,形成夜间热岛现象。

世界上大大小小的城市,无论其纬度位置、海陆位置、地形起伏有何不同,都能观测到热岛效应。而其热岛强度又与城市规模、人口密度、能源消耗量和建筑物密度等密切相关。从天气形势上分析,在稳定的气压梯度小的天气形势下,才有利于城市热岛的形成。在强冷锋过境时,即无热岛现象。在风速大时,空气层结不稳定时,城郊之间空气的水平和垂直方向的混合作用强,城区与郊区间的温差不明显。一般情况是夜晚风速小,空气稳定度增大,热岛效应增强。在风速小于6m/s时,可能产生明显的热岛效应,风速大于11m/s时,下垫面层阻力不起什么作用,此时热岛效应不太明显。在晴天无云时,城郊之间的反射率差异和长波辐射差异明显,有利于热岛的形成。

3. 城市干岛和湿岛效应。城市相对湿度比郊区小,有明显的干岛效应,这是城市气候中普遍的特征。城市干岛效应与热岛效应通常是相伴存在的。由于城市的主体为连片的钢筋水泥筑就的不透水下垫面,因此,降落地面的水分大部分都经人工铺设的管道排到他处,形成径流迅速,缺乏天然地面所具有的土壤和植被的吸收和保蓄能力。据估计,当城市的地表有50%为不透水物覆盖时,城市排出的水量将为田园状态的2倍,在流量顶峰时可达3倍。因而平时城市近地面的空气就难以像其他自然区域一样,从土壤和植被的蒸发中获得持续的水分补给。这样,城市空气中的水分偏少,湿度较低,再加上热岛效应,易形成孤立于周围地区的"干岛"。

城市内雾的出现频率却比郊区多,因为城市内每天有大量的烟尘、废气排入空中,这些污染颗粒有的能作为凝结核,吸附空气中的水分,形成小水滴浮游在空中,其浓度达到一定程度便形成了雾,是湿岛效应的一种表现。在有雾时,雾滴与周围空气间进行水分交换,市区较暖,饱和水汽压较高,能容纳的水汽量较郊区为多,形成所谓的"雾天湿岛"。随着城市的发展,城市空气中的污染微粒增加,城市雾的发生也逐渐频繁。例如曾经以"雾都"闻名于世的伦敦,在政府颁布洁净空气法后,禁止在伦敦市内燃煤等一些防治空气污染的措施,伦敦市的污染情况逐步得到改善后,相应雾的日数也有所减少了。

城市内干岛和湿岛的变化,既与下垫面因素又与天气条件密切相关。特别在盛夏季节,郊区农作物生长茂密,城郊之间自然蒸散量的差值更大。城区由于下垫面粗糙度大(建筑群密集、高低不齐),又有热岛效应,其机械湍流和热力湍流都比郊区强,通过湍流的垂直交换,城区低层水汽向上层空气的输送量又比郊区多,这两者都导致城区近地面的水汽压小于郊区,形成"城市干岛"。到了夜晚,风速减小,空气居结稳定,郊区气温下降快,饱和水汽压减低,有大量水汽在地表凝结成露水,存留于低层空气中的水汽量少,水汽压迅速降低。城区因有热岛效应,其凝露量远比郊区少,夜晚湍流弱,与上层空气间的水汽交换量小,城区近地面的水汽压高于郊区,出现"城市湿岛"。这种由于城郊凝露量不同而形成的城市湿岛,称为"凝露湿岛",且大都在日落后若干小时内形成,在夜间维持。

在国外,城市干岛与湿岛的研究以英国的莱斯特、加拿大的埃德蒙顿、美国的芝加哥和圣路易斯等城市为著称。其关于城市湿岛的形成多数归因于城郊凝露量的差异,少数论及因城区融雪比郊区快,在郊区尚有积雪时,城区因雪水融化蒸发,空气中水汽压增高,因而形成城市湿岛。根据周淑贞等对上海1984年全年逐日逐个观测时刻大气中水汽压的城郊对比分析,还发现上海城市湿岛的形成,除上述雾天湿岛和凝露湿岛外,还有结霜湿岛、雨天湿岛和雪天湿岛等,它们都必须在风小而伴有城市热岛时,才能出现。

由于污染源增多和湿岛效应,使得城市雾霾天气明显多于郊外。加上城市的风速减弱不利于大气污染物的扩散稀释,近年来我国各地城市的大气污染日益严重,尤其是北方的冬季,燃煤供暖释放出大量污染物,又经常出现不利于污染物扩散的逆温天气,大气污染特别严重。

4.城市雨岛效应。城市对降水影响问题,国际上存在着不少争论。1971—1975年美国曾在其中部平原密苏里州的圣路易斯城及其附近郊区设置了稠密的雨量观测网,运用先进技术进行持续5年的大城市气象观测实验(Metromex),证实了城市及其下风方向确有促使降水增多的"雨岛"效应。这方面的观测研究资料甚多,以上海为例,根据本地区170多个雨量观测站点的资料,结合天气形势,进行众多个例分析和分类统计,发现上海城市对降水的影响以汛期(5~9月)暴雨比较明显。在上海1960—1989年汛期降水分布图上(图3-22),城区的降水量明显高于郊区,呈现出清晰的城市雨岛。在非汛期(10月至次年4月)及年平均降水量分布图(图略)上则无此现象。

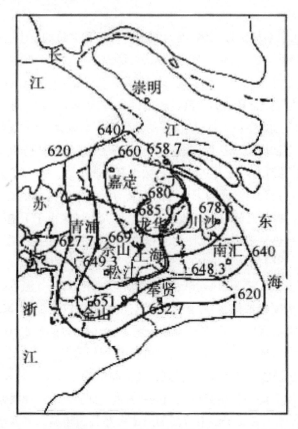

图3-22　上海汛期(5~9月)降水分布图(1960—1989年平均值)

城市雨岛形成的条件是:①在大气环流较弱,有利于在城区产生降水的大尺度天气形势下,由于城市热岛环流所产生的局地气流的辐合上升,有利于对流雨的发展;②城市下垫面粗糙度大,对移动滞缓的降雨系统有阻障效应,使其移速更为缓慢,延长城区降雨时间;③城区空气中凝结核多,其化学组分不同,粒径大小不一,当有较多大核(如硝酸盐类)存在时,有促进暖云降水作用。上述种种因素的影响,会"诱导"暴雨最大强度的落点位于市区及其下风方向形成雨岛。城市不仅影响降水量的分布,并且因为大气中的SO_2和NO_2甚多,在一系列复杂的化学反应之下,形成硫酸和硝酸,通过成雨过程(Rain out)和冲刷过程(Wash out)成为"酸雨"降落,危害甚大。

由于城市雨岛效应及下垫面性质改变导致的径流系数数倍增大,近些年来我国大城市的暴雨内涝灾害日益频繁和严重,经常发生交通瘫痪和局地淹没,经济损失惨重。

城市对降雪的影响有两种不同的情况,因为降雪还决定于气温的高低。在气温很低的地方,降水多以雪的形式,城市促进降水也就是促进了降雪,这种情况城市的降雪量和降雪日数都比郊外多;但在气温不太低的地方,由于城市的温暖,并足以使降雪在城市上空就融化,到达地面的是雨,这种情况城市的降雪量、降雪日数和积雪都会比郊外少。

5.城市的风和云量。城市对风的影响表现在两个方面:第一,城市的热岛效应造成市区与郊区之间的温度差,这温度差产生城市的局地环流,特别是当大范围水平气流微弱时,城市上空有强烈的上升气流,周围地面的空气向市区补偿,地面盛行风向朝向城市中心。由热岛中心上升的空气在一定高度上又流向郊区,在郊区下沉,形成一个缓慢的热岛环流,又称城市风系(图3-23),这种风系有利于污染物在城区集聚形成尘盖,有利于城区低云和局部对流雨的形成。我国上海、北京等城市都曾观测到此类城市热岛环流的存在。第二,城市内鳞次栉比的建筑群是气流的障碍物,使得地面风速大为减弱,市区的平均风速一般比郊外空旷地区低20%~30%;瞬时最大风速则低10%~20%。

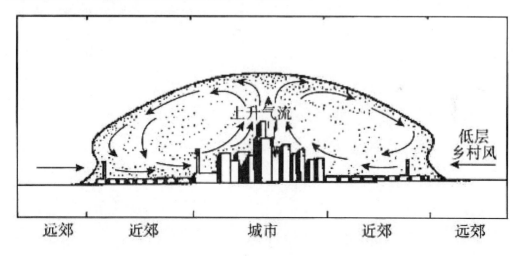

图3-23 城市热岛环流模式和尘盖

此外,城市内部因街道走向、宽度、两侧建筑物的高度、形式和朝向不同,各地所获得的太阳辐射能就有明显的差异,在盛行风微弱时或无风时会产生局地热力环流。又当盛行风吹过鳞次栉比、参差不齐的建筑物时,因阻障效应产生不同的升降气流、涡动和绕流等,使风的局地变化更为复杂。

城市对云量的影响方面,一般认为,由于城市上空凝结核丰富和有上升气流,云量将有所增加。如东京,1929—1938年其间与1886—1895年期间相比较,年平均云量增加了0.6;阴天日数增加了37.5天。但是也有相反的例子,有些城市观测的云量减少。对于这种情况,有人用城市湿度下降的原因来解释。赵娜等(2012)对北京1961—2008年的气候观测资料进行统计,这48年来北京城区和郊区低云量均呈增加的趋势,郊区的增幅明显大于城区。城郊低云量的年变化趋势与气温的变化一致,与降水量的变化相反。城区夏、秋季低云量增加最明显,春季次之,冬季下降;郊区的低云量夏季增加最明显,春季和秋季次之,冬季基本不变。通过对比城区郊区总云量和低云量的变化我们发现,二者并没有明显的相关性。目前得到的云量观测资料,无论是云量增加还是减少,其变化量均未超过观测的误差范围。因此,城市对云量的影响情况还有待进一步的研究。

第四章　气候变化对水资源影响研究进展

气候、气候变化对水资源的影响很早就受到国内外气候和水文学界的关注。进入新世纪以来，国际社会对气候与水的关注越来越明显地超越了科学层面。

2003年在日本东京举行了第三届世界水论坛。这是一次规模巨大的国际水问题会议，会议主要议题有16个，每个议题涉及各个不同的行业，其中第一个议题就是水与气候，其他议题还包括供水、卫生与水污染，水与文化多样性，水与能源，水、粮食与环境，水与和平，水、自然与环境，水与城市，水与信息，地下水，防洪，水与行政管理，水与贫困，水资源综合管理与流域管理，水、教育与机构能力建设，大坝与可持续发展等。水与气候议题讨论的内容主要包括气候变化对水的影响、水文监测预报、风险评估及防灾、蓄水的重要性及公众参与等，充分反映了气候、气候变化对水资源管理的重要性。第四届世界水论坛于2006年3月在墨西哥城召开，会议再次强调了进一步减少与天气、气候相关的自然灾害危害的重要性，特别是在亚洲和太平洋地区，每年的干旱、洪水和其他自然灾害夺走了数以万计人的生命，造成严重的经济损失，更应该加强防灾减灾和灾害风险管理工作。

2005年世界气象日的主题是：天气、气候、水与可持续发展。这个主题表达了气候在陆地水资源形成、演化过程中的关键作用，反映了气候和气候变化通过水资源对社会经济与可持续发展的影响。2006年世界气象日的主题是：预防和减轻自然灾害。选择这一主题是因为，所有自然灾害中有90%都与天气、气候和水有关，特别是世界各地频繁发生的干旱和暴雨、洪水以及其他与水有关的极端天气气候事件，给人类和社会造成了重大灾难；同时，最近的研究似乎表明，在全球气候变化的背景下，世界上一些地区这类极端天气气候事件频率有增多的趋势，可能给脆弱的社会和生态系统造成更大影响。联合国开发署2006年的人类发展报告也强调了气候变化对包括中国在内的广大发展中国家水资源可持续利用的影响，并特别关注到中国华北地区的气候变化和水资源严重短缺问题（UNDP，2006）。

本章在简要评价中国气候、气候变化及其对大气水资源影响的基础上，重点回顾国内外气候变化对水资源影响研究的现状和进展情况。近几十年来，气候变化对水资源影响的研究进展比较快，本章主要评述与气候变化的观测事实分析、未来气候趋势和水文情势预估等有关的研究和评估结果。

第一节 气候、气候变化与水资源

一、大气水与水循环

陆地淡水资源由大气水、地表水和地下水三个部分组成。大气水包含大气中的水汽及其派生的液态水和固态水的总和。常见的天气、气候现象如云、雾、雨、雪、霜等是大气水的存在形式。降雨和降雪合称大气降水，是大气中的水汽向地表输送的主要方式和途径，也是陆地水资源最活跃、最易变的环节。大气降水是地表水和地下水的最终补给来源。海洋和陆地的蒸发是水循环中的关键环节，是大气水资源的基本来源。陆地上的大气降水和蒸发存在着明显的空间和时间变化规律。这种时空变化规律对于一个地区水的可获得潜力以及地表和地下水资源的分布和演化起着关键作用，也是一个地区气候条件形成的基本组成要素。

水循环要素的均值、波动、峰、谷极值等皆可反映在长序列的水文气象观测资料中。在地球气候系统内部及外部物理因子的共同作用下，洪水干旱发生的频次与强度、丰水枯水更替周期及其强度、水资源再生量不断变化。19世纪俄国气候学家曾提出"河流是气候的产物"这样一个经典论点。水资源是气候系统五大圈层长期相互作用的结果，水循环和水资源在年到世纪这样时间尺度上的演化则主要取决于气候的变化及其大气水资源的改变。大气水资源是陆地水循环和水资源演化中的关键环节。

二、中国大气水资源的特点

中国大气水资源的空间分布极不均衡。据估计，中国大陆上空多年平均水汽输入总量约为18.2万亿m^3，输出总量约为15.8万亿m^3，每年净输入量约为2.4万亿m^3。但中国大气中水汽含量的空间分布也十分不均匀。从平均情况看，中国大气中水汽含量随着纬度的增加而减少，随着地形的增高而减少，并且有明显的季节性变化。东南部地区水汽含量比西北部地区大。由于高原及其以南的山脉的阻挡，使得西北地区西部受夏季风影响很弱，大气中水汽含量最少。

中国的总云量总体上南方多于北方，东部地区多于西部地区。长江以南地区的年平均总云量都在60%以上，西南地区云量更多。中国川黔和藏南—江两河地区（雅鲁藏布江、年楚河、拉萨河）的多云中心常年存在，其中川黔地区为全国云量最多中心，年平均云量在8成以上，藏南—江两河地区的年平均云量在7成以上。天山山脉以北的北疆地区总云量也较多，年平均云量大约在6成左右。中国东北平原、西北、华北平原北部、内蒙古以及青藏高原西部和北部年平均总云量较少，都在6成以下，其中，青藏高原西部、南疆的塔里木盆地和内蒙古西部的阿拉善高原常年少云，年平均总云量都在50%以下，是全国云量最少的地区。

中国的大气降水量多年平均值与全球平均大体接近，但空间分布非常不均匀。其大气降水量总的分布趋势是由东南沿海向西北内陆逐渐减少,等雨量线大致呈东北—西南走向,东南沿海年降水量可达2000mm以上,而到西北内陆的塔里木盆地则不足50mm,相差十分悬殊。中国400mm年降水量等值线大体沿大兴安岭西麓南下,经通辽、张家口、大同、兰州、玉树至拉萨附近,将中国分成东西两大部分。此线以北和以西地区,年降水量一般比较匮乏,地带性植被为草原和荒漠。中国长江以北地区面积广大,占国土面积60%以上,而年平均降水量一般不到长江以南的一半;西北地区面积约占国土面积的35%,年平均降水量更不及长江以南地区的五分之一。从各个大流域来看,珠江流域、东南诸河流域和长江流域平均年降水量在1000mm以上,其中珠江流域最大,流域平均年降水量达到1500mm以上;其余流域平均年降水量均在1000mm以下,其中西北诸河流域最少,仅150mm左右。

中国年平均潜在蒸发量的空间分布特点与降水量大体相反,呈东南少、西北多的态势。在东北、华北和西北、青藏高原大部以及云南和两广等地区,年水面蒸发量(潜在蒸发量的一种表征方式)都在1500mm以上,西北内陆干旱地区可达2000mm以上,内蒙古西部的阿拉善地区更高达2800mm以上。在相对湿润的东南部地区,年水面蒸发量比较少,一般在1500mm以下,长江中游地区的四川东南部、鄂南和黔北地区以及东北北部和长白山部分地区的年水面蒸发量则低于1200mm。

降水量和潜在蒸发量分布的上述规律决定了中国自然条件和社会经济条件的地带性特点,是国家从宏观层次上建设生态区域、保护环境和发展经济的重要自然法则。中国北方尤其是西北地区水资源极度匮乏,成为阻碍当地社会经济可持续发展的一大瓶颈,是任何区域发展规划中不得不考虑的关键因子。北方干燥缺水,而南方湿润丰水,也是国家实行南水北调工程的基本依据。

三、中国大气水资源的变化

中国大气水资源存在显著的时间变化。全国大气降水量的季节分配很不均匀,不同地区雨季差异明显。中国江南地区多春雨,每年3、4月份开始,江南两湖地区降水量明显增多,4月下旬开始,华南沿海春雨盛行,5~6月,雨区遍及江南各地;长江中、下游地区一般在6月中、下旬至7月上、中旬进入梅雨季节;北方的雨季一般出现在夏季7~8月,其中华北地区雨季降水量约占全年的70%;青藏高原的雨季是6~9月,雨季降水量约占全年的95%。中国大部分地区冬季降水量很少,其中东北、华北、黄土高原、青藏高原等地区的冬季降水量不足全年的5%。北方只有新疆阿尔泰山区和天山西段冬雪较多,降水量约占全年的20%左右。

中国的暴雨天气也具有明显的季节性,主要出现在夏季;暴雨的发生还存在着明显的季节集中期,而且集中期随地区而异,每年4月华南进入前汛期暴雨,6月中旬到7月上旬是长江中下游梅雨期暴雨,华北暴雨主要集中在7、8月份,8~10月间海南岛则会发生秋季暴雨。

由于北方地区降水多集中在生长季节里,降水集中程度远比世界同纬度地区高,形成明显的雨热同季现象,使全年有限的降水发挥了更大的生态作用,有利于植物和作物的生长发育,对于生态建设和农业生产具有重要实际意义。降水量以及暴雨季节分配的地区差异对于中国其他经济活动和洪涝灾害防御工作也有重要影响。每年的5~9月是中国各大江河最容易发生洪水的时期,对防洪减灾工作带来很大压力。

中国东部地区大气降水的年际和年代际变率比较大,特别是华北地区和黄河中下游流域,年降水变率很大,降水稳定性差。西北的盆地和荒漠地区年降水变率更大,但西北内陆山区的降水变率一般小于同纬度的东部地区,降水反而较为稳定。大气降水的变率大降水量季节分配不均,容易引起东部地区频繁的旱涝灾害,这与东亚特殊的地理位置和独特的季风气候具有密切联系。

中国大气降水的多年代和长期趋势变化也十分明显。在过去的50年里,包括黄河流域和海、滦河流域在内的华北和东北南部地区年降水量呈现明显减少趋势,减少最明显的地区是山东半岛和辽东半岛等环渤海地区。华北地区的强降水日数也趋于减少,最长持续无降水日数则趋于增长。由于这种趋势变化,中国北方广大地区面临着严重干旱和缺水的威胁。另一方面,1950年以来长江中下游地区和东南沿海地区降水量则呈上升趋势,极端强降水日数趋于增多,洪水发生频率不断增加。自20世纪90年代初以来,中国北旱南涝的局面尤其明显,防洪形势日趋严重。中国的西部,包括青藏高原和新疆大部分地区,近几十年来降水量呈现明显增多趋势。西部大部分地区降水增多,特别是山区的降水趋于增多。

在1980—2000年期间,中国各个主要流域区的平均年降水量与前24年比较发生了明显的变化。其中,辽河、海河、黄河、淮河及西南诸河流域年降水量减少比较明显,海河流域减少了61mm,淮河流域减少56mm。从线性趋势看,北京市1956年以来年降水量减少了200mm以上,变化非常显著;西南诸河流域减幅也较大,1980—2000年平均比前24年下降48mm。中国其余各流域近几十年比过去降水量呈增加趋势,其中东南诸河流域平均增加了67mm,珠江流域增加34mm,长江流域平均增加31mm,松花江和西北诸河流域也有增加。与此同时,中国各个主要流域降水年际变率也出现一定程度的变化,1980—2000年与前24年比较,长江流域中下游、东南诸河流域、珠江流域东部、海河流域、黄河流域、松花江东部以及西北东部内陆河流域降水变率有所减小,其中黄河上游下段至中游上段、青海内陆河地区减少比较明显;松花江流域东部、辽河流域、淮河流域、西南诸河流域、珠江流域中部、乌江、汉水流域及西北诸河流域西部降水变率有所增加。

中国一些地区近百年期间甚至更长历史时期内降水量也经历了显著变化。近百年来中国东部地区年降水量略有减少,其中华北北部、东北地区和关中地区减少趋势比较明显,而华北南部和华南地区呈增加趋势。中国西北近百年来的降水也呈现增加趋势。

此外,近几十年中国大部分地区的水面蒸发量也经历了显著的下降过程,这种下降主要发生在20世纪70年代中期以后。除东北地区北部和西部、甘肃南部以及四川云南西藏交界地区水面蒸发有一定增加外,全国大部分地区均呈减少趋势。水面蒸发量下降最明显的地区在华北、华东和西北地区。黄淮、江淮以及广西东部、广东西部水面蒸发量变化速率达到-40mm/(10a),新疆、青藏高原以及甘肃北部减少也非常明显。

由于年际和年代际气候异常,中国干旱、洪涝等极端水文事件频繁发生。近几十年来,中国北旱南涝的局面日益加剧。20世纪80年代,华北地区持续偏旱,京津地区、海滦河流域、山东半岛10年平均降水量偏少10%~15%。1980—1989年海滦河流域地表平均径流量仅155亿m³,比1956—1979年的288亿m³减少了46.2%。进入90年代,干旱区继续向西南方向扩展,黄河中上游地区(陕甘宁)、汉江流域、淮河上游、四川盆地1990-1998年的年降水量偏少约5%~10%;黄河利津以上同期平均来水量约211亿m³,偏少32%。北方缺水地区持续枯水期的出现以及黄河、淮河、海河和汉江同时遭遇枯水期等不利因素的影响,加剧了北方水资源供需失衡的矛盾。据估计,黄淮海流域目前(2002年)的水短缺量达到140亿~210亿m³,北京和天津等特大城市缺水形势十分严重。辽河流域和辽东半岛等相对湿润地区也出现比较严重的水资源短缺现象,辽宁省的31个城市中有一多半缺水,大连市缺水形势尤其突出。

与此同时,中国南方,尤其是长江流域,洪涝灾害频繁发生。特别是进入20世纪90年代以来,多次发生流域性或区域性大洪水。1991年淮河和太湖流域大水,1994年、1996年洞庭湖水系大水,1995年鄱阳湖水系大水,1998年长江发生仅次于1954年的全流域性大洪水,珠江、松花江也发生超过历史记录的大洪水,1999年太湖流域发生超过历史记录的大洪水,2003年淮河发生仅次于1954年的流域性大洪水,汉江和渭河也发生严重秋汛,2005年西江发生超过200年一遇的大洪水。随着国民经济社会的快速发展,每年因洪水灾害造成的直接经济损失也大幅度增加,19世纪90年代年平均洪灾直接经济损失为1258亿元,而1998年大水的直接经济损失就高达2550亿元(水利部水利信息中心,2001)。

四、大气水资源变化的原因

造成中国大气水资源时间演化的原因错综复杂。目前,对于近几十年来中国大气降水和水面蒸发变化的原因还没有认识清楚,需要深入研究。在中国东部地区,影响降水年代以上尺度变化的因子包括自然因子和人为因子及其相互作用。例如,中国华北地区近几十年的长期少雨干旱与长江中下游的多雨洪涝相伴出现,可能代表了中国东部气候对太平洋和印度洋海面温度年代以上尺度变化的一种响应,也可能是受到青藏高原和欧亚大陆高纬度地区冬春季积雪变化影响的结果,还可能与太阳活动的长周期变化有关。北大西洋与北极地区海气系统涛动对中国大气降水的影响也不能排除。此外,近些年来科学家对人类活动的可能影响问题非常关注。仍以华北地区为例,人们怀疑可能有三种人类活动已经对区域性大气降水变化产生了影响,它们分别是:人为引起的全球性大气温室气体浓度增加及其全球气候变暖,土地利用和土地覆盖变化及其由此引起的下垫面特性的改变,人为排放的硫酸盐和黑碳等气溶胶含量的增多。目前,人们对于上述影响因子及其相对作用的认识还处于不断深化过程中。

对于水面蒸发量变化[①]的原因,现在也没有完全认识清楚。但是,在华北地区,观测到的水面蒸发量下降可能主要是日照和太阳辐射减少以及风速减弱造成的,而日照和太阳辐射减少又可能和人为引起的气溶胶含量增加有关。中国长江中下游及西北地区水面蒸发量下

---

①任国玉,郭军.中国水面蒸发量的变化[J].自然资源学报,2006,21(1):31-44.

降可能还和云量与降水增多有关。近几十年来中国大部分地区的地表气温趋于变暖,但中国的水面蒸发量并没有像预计的那样随气温上升而增加,说明气温对水面蒸发变化的影响可能比较小。

尽管大气水资源演化的原因仍有待进一步研究,但其对中国地表水资源和其他环境和生态方面的影响却是清晰可见的。近几十年来,中国华北地区、东北南部降水量的减少造成地表水资源严重紧缺,对社会经济发展和生态建设产生重大负面影响。举世瞩目的南水北调工程就是在这一气候变化背景下上马的。另一方面,中国长江中下游地区由于年和夏季降水量长期趋于增多,20世纪90年代初以来面临着不断增长的洪水威胁,1998年的长江特大洪水就是在这一背景下发生的。

如果在时间变化上水面蒸发可以代表实际蒸发,那么观测到的大范围水面蒸发减少无疑对中国地表和地下水资源演化具有重要影响。这方面的研究还很少,但华北地区蒸发量的减少可能已经在很大程度上缓解了由于降水量下降产生的干旱,西北干燥地区蒸发量减少与降水量增多结合作用已使水资源条件得到改善,而长江中下游地区的蒸发量减少则可能已经增大由于降水量增加产生的洪涝灾害风险。当然,在半干旱和半湿润的华北地区,土壤湿度一般比较低,供水条件不很充足,水面蒸发与实际蒸发可能存在差别,还需要更多的研究。

总之,大气水资源是决定地表和地下水资源数量与质量的主要控制因子。中国大气水资源既存在明显的空间分布差异,也遵循着各种时间尺度的时间变化规律。大气水资源的时间演化可能同人类活动引起的气候变化有关,也可能是区域气候系统自然振荡或外部自然强迫因子影响的结果。中国未来的气候仍将发生变化,大气水资源特别是大气降水的变化不可避免。气候变化将直接关系到中国21世纪水资源的开发、利用和管理,关系到国家可持续发展。中国大气水资源突出的时空异质性特征,特别是不同时间尺度的可变性,对水资源规划和管理提出了挑战。

第二节 国外研究、评估的主要发现

国际上就气候变化及其对水资源的影响开展了大量研究。近几十年来,在野外观测、并行的研究计划以及水文模式研究方面均取得了相当大的进展。很多研究涉及气候变率、气候变化对水文系统的影响,并获得了很多成果。这些研究成果集中体现在IPCC评估报告中,因此下面简要介绍IPCC第三次评估报告(TAR)(2001)有关气候变化和水的主要发现,适当介绍TAR以后的重要进展情况。这些发现大部分反映在TAR第二工作组报告的第四章《水文和水资源》中,第一工作组报告也有相应介绍。

一、观测事实与气候预估

IPCC第三次评估报告(TAR)尽管对过去观测的变化进行了综述和评价,但总体上看有关这方面的工作还较少。TAR强调指出,过去几十年的气候变化是明显的,并已经对陆地水资源造成重要影响。观测到的气候和水文变化表明,水文基线是不断变化的,不能假定为常数。对变化中的气候条件,要设法适应。这种适应要基于风险最小化和减少水资源系统脆弱性的原则。

气候情景:关于未来气候和水资源的可能变化,TAR用了大量篇幅进行评估。首先,为了预估未来可能由于人类活动引起的气候变化,IPCC设计了40个温室气体排放情景。这些情景的依据是人口、经济和技术的发展等排放驱动因素,这些因素能促进温室气体和硫化物的排放。根据这些排放情景,利用气候模式模拟了未来气温、降水和海平面可能出现的变化。在以上排放情景中没有任何情景曾明确假设履行联合国气候变化框架公约(UNFCCC)或京都议定书排放目标的情形。

例如,情节A1假定未来世界经济快速增长,全球人口快速增长并在21世纪中期达到峰值后下降,同时新的更有效的技术快速出现。这些情景的基本点是地区间的趋同,能力建设以及增加的文化和社会间相互联系,以致地区间人均收入上的差距大大减小。A1情景系列根据其技术重点又划分成若干类别;A2情景假设了一个非均质的世界,其基本点在于自行发展和区域特点的保存。各地区间人口出生率的趋同过程非常缓慢,致使人口持续增长。经济发展主要是内向型的。同其它情景系列比较起来,人均经济增长和技术变化更加脆弱,与其它情景比也更为缓慢;B1情景假设了一个趋同的世界,即全球人口与A1情景相同(在21世纪中达高峰后下降),但其经济结构快速转向服务业和信息产业,材料消耗强度减少,清洁高效资源技术得到利用。该情景系列强调了从全球角度解决经济、社会和环境的持续性,包括改进公平,但并未另外采取气候政策;B2情景假设了这样的未来世界,即其基本点在于经济、社会和环境可持续发展在区域尺度上得到体现。在这样的世界中,全球人口不断增长,但增长率低于A2情景,经济发展速度中等,技术变化没有B1和A1情景快,但比之更为多样。尽管这个情景也强调环境保护和社会公平,但主要着眼于局地和区域层次上。

根据以上情景计算CO_2和SO_2的排放量,并进一步利用气候模式模拟未来的大气中温室气体浓度和气候变化趋势。采用的气候模式包括简单的气候模式和复杂的全球海气耦合模式(AOGCMs)。由于计算资源的限制,运行AOGCMs模式时仅采用了A2和B2情景。简单模式对所有排放情景(这些情景被认为是最具说明性的)下的可能变化趋势都进行了模拟。根据这些模拟,预计全球平均表面温度从1990至2100年将升高1.4~5.8℃。根据假定的排放情景,1990年至2100年全球平均海平面将上升0.09~0.88m(IPCC,2001)。此外,AOGCMs按A2和B2情景模拟了区域降水分布。不同的模式模拟结果表明,一些地区的降水出现了一致的变化趋势,但其他地区的降水变化趋势各不相同。一般认为,当多数模式模拟结果均表明一个地区未来降水将增多或减少时,就可以认为模拟的降水变化趋势是可以相信的。否则其模拟结果的可信性是比较低的。

二、水文模型模拟与预估

(一)水文模型

在气候趋势预估的基础上,可以进一步采用水文模式模拟气候变化对水循环与水资源的可能影响。气候变化对水文影响的评估,通常是通过定义情景,以改变向水文模式中的气候输入因子来实现的。这些情景取自于大气环流模式(GCMs)的输出结果。但当把GCMs结果通过降尺度输入到区域尺度水文模式中时可能会带来一些问题。因此,采用依据气候变化情景的水文模式计算径流的最大不确定性,是由GCMs格点较粗以及由此引起的降水类型的不确定性造成的。

(二)水文要素变化

TAR总结了未来的可能降水趋势,即总体上北半球年平均降水增加(秋季和冬季),其中欧亚大陆和北美大陆的中高纬度地区增加明显,两半球的热带和副热带降水一般减少。尽管全球模式的空间分辨率很粗,不能够描述详细的变化情况,但随着全球的变暖,极端降水事件发生的频率似乎也在增大。气温的增加意味着降雪形式的降水可能会减少(IPCC,2001)。

TAR对蒸发问题进行了评价,认为气温的增加通常会导致潜在蒸散的增加。在干旱地区,潜在蒸散是由能量驱动的,而空气水汽含量的限制不是主要因子。但在潮湿地区,空气水汽含量则是影响蒸散的主要因子,随着温度升高蒸散量加大。然而,用没有全面考虑气象控制因子的模式可能会给出不正确的结果。植被一方面通过截取降水、另一方面通过决定蒸腾率而对蒸发起着重要作用。高浓度的CO_2可能导致植物对水的利用效率增加,这意味着蒸腾作用将降低。然而,高浓度的CO_2也可能与植物的高生长率有关,这可能在一定程度上补偿由于水的利用率增加导致的蒸腾减弱效应。实际的蒸发率还受供水量的控制(IPCC,2001)。

HadCM2气候模式计算结果显示,在北半球夏季温室气体增加将导致土壤湿度降低。这是冬春季节高蒸发的结果,与气温上升、雪盖和夏季降水减少有关。土壤持水量越低对气候变化就越敏感(IPCC,2001)。

北半球冬季降水量的增加会增加地下水的补给。但是,气温的增加有可能使蒸发量增加,这将延长土壤缺水时间。干旱和半干旱地区的浅蓄水层以及漫滩靠季节性的径流补给,也可以直接通过蒸发而缺水。这些径流维持时间的变化有可能减少地下水的补给。海平面上升会使海水浸入沿海的蓄水层,尤其是浅的蓄水层地区。另一方面,如表层是非渗透性的,则蓄水层被隔离,局地的降水也不会影响蓄水层(IPCC,2001)。

大部分有关气候变化效应的水文研究主要集中于径流和流量方面。流量指河道内的水量,而径流在这儿定义为降水量中未蒸发的那部分。一般而言,径流的变化类型和降水的变化特征一致。然而,在欧洲东部和西北部的广大地区,加拿大和美国的加利福尼亚,从春季到冬季径流的变化不仅与降水有关,也与气温的升高有关。气温升高将导致冬季降水更多以雨的形式降落,而不是以雪的形式降下。在寒冷地区,尚未观测到显著的变化(IPCC, 2001)。

水文序列的变化趋势是较难确定的。因为一般观测的记录较短,而且许多国家的监测站也陆续停止了观测。尽管如此,尚有许多可以模拟河流径流的水文模型,其中采用了GC-Ms中的气候变化情景,相对而言,对非洲、拉丁美洲和东南亚地区的研究较少。不同水文气候区域的响应可能存在较大差异。例如,在寒冷气候区域,径流主要依赖于春季融雪,气候变化最重要的效应是改变流量年内变程特征,冬季径流会因固体降水量的相对减少而增大;在温带气候区域,流量的大小主要取决于降水量的变化,夏季径流减小而冬季增大;在干燥和半干燥地区,降水量变化较小,地面气温上升较多,因而可能导致明显的径流减少;热带地区径流的响应主要决定于降水,降水强度的增加有可能导致极端洪涝事件的发生。

此外,气候变化的其它水文效应还包括(IPCC,2001):

1. 洪涝频率。气候变化对洪涝发生频率影响的研究相对较少。原因在于GCMs只能给出概略的情景,如月平均的情况,这样的空间和时间分辨率难以代表短时降水。Mirza(1997)研究了南亚地区的洪水发生频率,根据四个GCM的情景,雅鲁藏布江流域的洪峰流量估计可增加6%~19%。

2. 干旱频率。干旱既可以指更少的降水,又可以指较低的土壤湿度,或较小的河流流量,所以从不同的角度会有不同的干旱定义。不仅气候和水文的因素,而且水资源管理和社会管理(如节水水平)等因素都会影响干旱灾害的发生和程度。

3. 水质。农业活动可能会因气候变化而改变;因此地面和地下水中农业化学品的含量可能也会相应地变化。降水量的变化会影响径流量的多少,进而影响到水体的质量。此外,气温的升高可使水中氧气浓度降低,从而增加富营养化的可能性。

4. 冰川和冰盖:就全球范围来说,山谷中的小冰川将会因气温的升高而减少。另外,一些模拟结果显示,冬季积雪的增加将会促进山地冰川的积累和消融。气温的细微变化会使低纬地区的冰川受到很大影响。

三、气候变化与水资源供需

(一)水资源供需变化

气候变化不仅对水循环要素产生直接影响,而且对水量需求也会产生影响。水需求量包括人类和环境对水的需求量。有的需求不一定意味着提取,比如水能发电;但多数需求则意味着提取水量,这类需求可能是消耗性(如灌溉)的,也可能是非消耗性(水又流回河流)的。农业用水是世界上最大的淡水需求,占全部水量提取的67%和全部水消耗的79%。城市或生活用水占全部水需求的9%。全球水需求估计到2025年时将在1995年的基础上增加23%~49%。预计增幅最大的是发展中国家,比如非洲和中东,即使不考虑气候变化的因素。发达国家的需水量(用水量)有望减少,这可能和水价上升有关。工业用水占全部水需求量的20%。即使不考虑气候变化的影响,亚洲和拉丁美洲地区的需水量(用水量)也将大幅度增加(IPCC,2001)。

农业用水量在很大程度上取决于灌溉。影响灌溉用水的因素包括灌溉土地面积的增加以及水价和人口的增长。相对生活和工业用水来说,农业用水量对气候变化更为敏感。气候变化对农业用水有双重影响:一方面,耕作水平上的变化可能改变灌溉的需求和灌溉时间。干旱的加剧有可能增加灌溉的需求,但如果在耕作时间内土壤湿度增加,则有可能会降低这种需求;另一方面,CO_2浓度的升高有可能降低作物气孔的传导率,从而增加作物用水效率。然而,这在一定程度上可能被加速的作物生长所抵消(IPCC,2001)。

因此,气候变化对水资源的影响将是明显的。水资源胁迫指标包括人均可用水量及用水量和可用水量之比。预测结果表明,到2020年气候变化将导致5亿人面临水资源胁迫问题。个例分析显示,到2050年多元化需求和操作中假设的影响将大于或等同于气候变化的潜在影响。对气候变化代价的估计必须考虑适应这种变化所采用的措施,而且气候变化的经济成本将依赖于所采用的适应策略(IPCC,2001)。

目前很难定量地估计出气候变化对水资源系统的影响。但一些公认的可能影响是:在有大型水库的系统中,资源量的变化可能比河流的要小;气候变化的潜在影响必须考虑到水资源管理的作用。在一定的时期内,比如20年,相对于水资源管理,气候变化对水资源的影响可以说是微乎其微的。在没有人类适应的情况下,气候变化效应可能是非常明显的;但如果考虑了人类适应或管理的作用,气候变化对水资源的影响一般就不明显了(IPCC,2001)。IPCC报告强调在考虑水资源管理系统的前提下估计气候变化影响的重要性,但真正做到这一点目前还有很多困难。

(二)适应对策与管理

关于适应选择与管理启示问题,IPCC报告指出,目前大多数对全球变暖影响的研究都没有考虑计划的适应性问题。气候变化仅是水资源管理者面对的压力之一。其它压力来自于对危险的防范,水管理目标的改变和技术的改变。适应的最佳水平是,要使用于适应和处理其负效应的总成本降至最低,并优先实施成本—效益最高的适应措施。影响适应能力本身的因素包括制度设置、经济水平、规划及其实施程度(IPCC,2001)。

水管理包括巧妙地结合对供求方的处理方式和策略。在这方面,可选择的评价技术包括情景分析和风险分析。情景分析包括情景模拟,比如气候变化趋势。非线性的影响和气候变化的不确定性增加了人们评价大量情景的必要性;风险分析包括评价可能出现的某一风险未来发生的临界值。这通常包括对水文资料的随机模拟。重要的是在这些选择中不确定性的作用和基于这些评价做出的决策。综合水资源管理(IWRM)被看作是管理水资源的最有效方法。它包括三个组成部分,考虑所有供应方和需求方的活动,对所有投资和收益的连续监测以及对水资源状况的监测评价(IPCC,2001)。

自从IPCC第三次评估报告(TAR)发表以来,又有大量研究成果发表,这些成果和发现将在第四次评估报告中进行总结。一些研究指出,积雪与冰川融化(北极海冰消失及南极和格陵兰冰盖的后退,小冰盖的崩塌,全球范围冰川后退及永久冻土层的消融)正在变得明显,其后果将是进一步减少陆地冰面积和体积,导致全球海平面上升;冰川积雪融化引起的洪水增加,山地冰川与岩石的崩塌,冰川积雪融化导致的径流增加等,也正引起更多的关注(Coudrain et a1.,2005;Hock et a1.,2005;Kaab,2005)。

有证据表明,在一些地区,水文条件正在变得更加极端。流入北冰洋的径流呈增加趋势,这可能是由于降水量增加、冰冻圈融化及植被对CO2高浓度的响应共同作用的结果。一些研究指出,在较干燥的地区,干旱频率可能增加并产生不利的影响。未来降水变异的增加可能使洪水和干旱风险加大(Huntington,2006;Peterson et a1.,2002;Dai 2004;Gedney, et al.,2006)。

气候变化对淡水资源及其管理的影响主要是由气温升高和海平面上升引起。世界上1/6以上的人口生活在融雪径流为主的流域,这些流域将受到由于雪水储量减少和径流季节性变动的影响。海平面上升将使地下水咸化的面积扩大(Arnell 2004)。目前全球海平面上升速率大约为1.7mm/a。海平面上升加速了海岸带的侵蚀,增加洪水风险,减少了湿地和红树林面积。当然,人类活动对海岸带的直接影响要远远大于海平面上升的影响(Church et al.,2004;Church,White 2006)。

最近的研究还指出,由于CO_2升高对植被产生的生理影响,未来植被的蒸腾作用将减弱。与仅由气候变化预测的径流比较,植被蒸腾减少的效应将使径流量有较大的增加或较小的减少(Gedney et a1.,2006)。对于干燥地区,在降水量不变的情况下,这应该是一个好消息;但它也可能增加湿润地区洪水的风险。

流域尺度的流量和水位的定量预测,特别对2020年以后,仍然有较大的不确定性。这主要是由于降水预测的不确定性产生的。在这种情况下,需要发展一种针对未来河川径流及地下水变化具有不确定性预测的适应性管理方法。在进一步变暖的情况下,很多地区的含水层,将来春季补给可能往前退至冬季,而夏季的补给可能有所减少。

在IPCC常规评估报告以外,还提出开展气候变化和水资源特别技术报告的计划。IPCC曾在几次会议中强调了将与水有关的专题更多的纳入到IPCC工作中的重要性。许多专家也指出:气候变化将使水及水的可用性和水质成为人类社会和环境面临的最大压力和主要问题。2002年4月,世界气候计划执行秘书呼吁IPCC筹备一个关于水和气候的特别报告,气候变化与水咨询会议(2002年11月11~12日,日内瓦)召集有关的国际组织和主要专家以探讨IPCC解决水问题的最佳途径,会议认为,气候变化与水的技术报告应基于IPCC第四次评估报告,这意味着将在2007年以后开展这项工作。技术报告力求让我们更深刻的理解自然的和人类活动导致的气候变化与水的关系,它的影响以及对此我们应采取的适应和减缓措施。更重要的是,报告可以让那些决策者和投资者明白气候变化的含义和水资源领域应对气候变化的策略以及水资源对气候变化的含义和气候变化的应对策略,包括相互协作和权衡。

气候变化与水的技术报告将评价气候变率和气候变化对水文过程和结构以及对水资源的影响,包括水的使用,水质和水管理。除了强调一些重要的最新科学成果,对水文学方面的影响涉及较少。技术报告将重点阐述采取和不采取适应对策下水资源的含义。水与气候变化的技术报告旨在为从事有关水资源管理、气候变化、战略决策和社会经济发展行业的政策决策者提供指导,也将为从事水和气候变化研究的科学群体提供参考。因此,IPCC第四次评估报告及其气候变化与水技术报告将提供更新的相关研究结果和发现,进一步增进我们对气候、气候变化和水资源问题的理解。

第三节　国内研究、评估的主要发现

一、背景情况

中国的气候变化研究起步较早。在20世纪80年代中期,中国科学家就参与了国际气候变化和全球变化研究计划的讨论和制定。中国政府和相关基金组织对气候变化及其影响与对策的研究一直比较重视。从"七五"计划开始,国家连续资助了一系列与气候变化有关的重大科技项目。例如,"八五"以来涉及全球气候变化及其影响问题研究的国家科技项目包括:国家科技攻关项目"全球气候变化预测、影响和对策研究"、"全球气候变化与环境政策研究"、"我国短期气候预测系统研究"和"全球环境变化对策与支撑技术研究";攀登计划和973项目"中国未来20~50年生存环境变化趋势的预测研究"、"中国未来生存环境变化趋势的预测研究"、"中国生存环境演变和北方干旱化趋势的预测研究"等;国家基金委重大项目"中国气候与海平面变化及其趋势和影响的研究"、"中国陆地生态系统对全球变化反应模式研究"和"中国农业生态系统与全球变化相互作用的机理研究"等。通过这些项目的实施,中国的气候变化科学研究取得了可喜的进步,为国家制定有关响应全球气候变化的决策提供了很有价值的科学依据,也在若干方面获得了具有一定影响的成果。

最近完成的"十五"科技攻关课题研究,对中国过去不同时间尺度的气候变化规律进行了系统分析,并采用全球和区域气候模式对未来人类影响情况的气候变化趋势进行了初步预估。在对过去观测事实的研究方面,进一步认清了中国近50~100年和近1000年关键气候要素变化的基本规律,取得了若干新的发现和进展,建立和完善了不同时间长度的全国和区域平均地面和高空气候要素时间序列,为深入了解中国和全球气候变化的机理和原因提供了基础材料,为气候趋势预估和区域变化影响评价奠定了基础;在未来气候变化预估方面,利用国外著名气候模式和中国自己的全球和区域气候模式,对全球、东亚和中国地区气候变化趋势进行了多个排放情景下的模拟预估,为气候变化影响评估研究和有关决策制订提供了直接的科学信息。

二、气候变化的事实

在过去的100年内,中国大陆地区的平均温度已经明显升高,年平均气温增加约0.6~

0.8℃,比全球或北半球的变暖趋势略高,其中冬季增暖最明显,夏季变化较小。但中国近百年的气候变暖与全球或北半球平均比较也存在明显的差别,主要表现在20世纪30—40年代的变暖更为突出,50—60年代的相对冷期也比较明显。近百年来全国平均降水量变化趋势不明显。

中国1951—2001年期间年平均地表气温变暖幅度约为1.1℃,增温速率约为0.22℃/(10a),比全球或半球同期平均增温速率高1倍左右;中国气候生长期也已明显增长,在1961—2000年的40年内,全国平均增长了6.5天,青藏高原增长更为明显;降水量变化趋势对所分析的时间段和区域范围非常敏感,1951年以来全国平均趋势不明显,但1956年以来有一定增加趋势;近几十年来全国平均或大部分地区的日照时间、平均风速、蒸发量和总云量等气候要素均呈显著下降趋势。

在中国青藏高原北部,近百年的增暖可能是过去1000年里前所未有的;近百年特别是近几十年的降水可能也是过去10个世纪里最多的,干旱强度和频率可能是最低的。中国东部近千年的历史上出现过多次比近现代持续时间更长、强度更大的干旱和洪涝事件,华北地区近几十年的干旱从历史上来看也不是最严重的。

自然因子可以引起明显的年代尺度以上的气候变化,这在古气候代用资料序列分析中尤其常见。20世纪中国地区的增温不排除主要起因于自然因素影响的可能性。特别是在20世纪前50年,中国的气温变化与太阳活动和火山活动影响可能有较为明显的联系。近几十年中国的南涝北旱降水分布型式也可能与大洋海表温度、青藏高原积雪等气候系统内部的振动有密切联系。此外,土地利用变化和人类排放的气溶胶影响也可以引起区域性气候变化。

但是,气候模式模拟结果与观测资料的对比分析表明,中国观测到的20世纪温度和降水变化的空间分布型式,在一定程度上和模式模拟的区域气候变化的空间特点一致,说明过去100~50年的气候变化可能受到了增强的温室效应的影响,即中国现代的气候变化可能在一定程度上是对全球气候变化的响应。当然,国内这方面的研究刚刚起步,目前还无法评价近百年或近几十的中国气候变化是否主要起因于增强的温室效应影响。

三、未来气候可能趋势

根据温室气体和气溶胶的未来排放情景,利用全球和区域气候模式,并参考其他国家的模式预估结果,获得了全国及各大区、主要大河流域未来100年气候趋势。预计在温室气体浓度增加的情景下,21世纪中国的地表气温将继续升高,冬半年和北方地区变暖可能更为明显。到21世纪末全国平均温度可能升高2~3℃左右,这意味着未来百年的增暖将可能超过近千年内任何时期,并可能达到甚至超过近万年时期(全新世)任何阶段的温暖程度。模式预估还表明,21世纪中国年降水量将可能明显增加,增加幅度可能达到11%~17%。但不同地区降水量变化的差异可能较大,其中西北、东北和华南可能增加更多,而环渤海沿岸和长江口地区可能会变干。当然,对未来降水变化趋势的预估还存在很大的不确定性,未来自然因素引起的降水变化可能更重要。包括对自然气候变化趋势的预估结果表明,未来20年中国夏季降水存在着由南涝北旱型向南旱北涝型转变的可能性。这一转变如果发生,将对中国的国民经济建设和社会发展带来重大影响。

预计,中国极端气候事件的发生频率仍将有所变化。在全球变暖背景下,21世纪中国冬季的寒潮将可能继续减少,而部分地区夏季炎热日数将可能增多,暖冬与暖夏的次数可能增多;中国东南及西南地区强降水日数可能增加;北方地区沙尘暴发生频次可能会保持在较低水平上,甚至进一步减少。

由于当前科学水平的限制,无论是过去气候变化的检测,还是对未来气候变化的预估,都存在着相当大的不确定性。在气候变化检测和预估中存在的不确定性主要包括:古气候代用资料分析及其问题;器测时期观测资料及其问题;对气候系统过程与反馈的认识及其问题;未来温室气体和气溶胶排放情景的不确定性;气候模式的代表性和可靠性等。这些不确定性不仅限制了对过去气候变化原因的认识,而且也降低了人们对未来气候变化趋势预估的信赖程度,需要在将来的研究中不断减少。

四、观测的水文、水资源变化

气候变化在过去几十年中已经引起了中国水文循环的变化。对中国六大江河主要控制站的实测地表径流量系列的变化趋势及显著性检验分析结果表明,近几十年来径流量都呈下降趋势。下降幅度最大的是海河流域的黄壁庄,递减率达36.64%/(10a),其次为淮河的三河闸,为26.95%/(10a),再次为淮河的蚌埠和黄河的花园口,分别为6.73%/(10a)及5.70%/(10a),下降幅度最小的是珠江0.96%/(10a)。根据实测径流量与还原后天然径流量变化趋势分析发现,变化差值最大的也是海河,黄壁庄的变化趋势相差13.6%/(10a),其次为淮河,蚌埠为7.81%/(10a),再次为黄河,花园口为5.39%/(10a),这说明人口增长及社会经济发展引起的用水量的增加使得江河的径流量在不断减少。气候与人类活动共同影响最大的是海河,其次为淮河,再次为黄河、松花江,影响最小的是长江和珠江。

黄河源区1980年代以来径流减少主要是由于气候变化特别是夏季降水量减少造成的。地面气温的上升可能也增强了蒸发能力,致使黄河上游干流径流进一步减少。另一方面,中国南方1990年代以来降水量的增加也是导致长江中下游等河流径流增多的主要原因。其中,长江下游1950年代以来流量波动与整个流域平均降水量之间具有非常好的对应关系,说明气候变化和气候变率对长江干流径流的影响十分明显。

由于气候变化检测方面存在的不确定性,即使目前可以把主要江河径流的变化归结为气候变化和气候变率,但仍无法认清过去径流变化是否是对全球变暖或全球气候变化的响应。在这种情况下,目前认为1990年代以来长江流域多洪水以及华北地区持续干旱与全球气候变化有联系还为时过早。

五、水资源对气候情景的响应

国内关于大气温室气体浓度增加产生的气候变化对月、季、年水循环影响的研究,也是以气候模式输出的产品为依据,用它们来驱动流域或地区的水文模式,从而得到水文要素不同时空尺度的变化。这种研究基本上没有考虑人类活动直接作用于下垫面所引起的水循环变化。在水文—气候模式连接的方法中所用的水文模式，正从集总式的概念性模式向分布式水文模式发展。如水利部水利信息中心在国家"八五"重点项目期间使用的是集总式新安江模型和水量平衡模型，"九五"项目期间使用的是建立在网格上的分布式概念性模型，"十五"项目期间使用的是变化的入渗能力模型（VIC）。王守荣（2002）利用分布式水文—土壤—植被模式（DHSVM），研究了气候变化对桑干河、滦河径流的可能影响。

在用水文模型模拟气候变化对水循环的影响时，有以下三个方面的不确定性。首先，水文模型中很多重要的参数仍是根据历史资料确定的，且参数之间的相关互补性及对未来气候条件的不适应性都将影响模拟结果。其次，蒸发的估算对水量平衡的影响很大。陆面蒸发主要受气候因子控制，且与植被和土壤性质有关，并受土壤可供水量的制约，这些因素都受气候变化的影响。但气候变化对于一个流域中敞露的水面、裸土及植被的蒸发及蒸散发的影响是不同的。目前还没有很好的解决气候变化对流域总蒸发影响估算的方法。在水文模型中，一般用 $K_c \cdot E_p$ 代表流域的面蒸发，其中的K值由历史资料确定，而蒸发能力或由蒸发皿资料与气温资料建立统计关系求出，或由彭曼等经验公式计算。这些计算方法由于尚不能充分地显示控制蒸发能力的气象因子，在一定程度上很可能夸大或缩小了气候变化对蒸发能力的影响。最后，由于全球气候模式（GCM）在其网格点尺度（100km×100km 或 60km×60km）上输出的产品，对于模拟水文过程太粗，因此在输入水文模型之前，还要有一个递降尺度模型，将气候模式输出的平均降水量及其它气候产品通过内插或随机模型解集到适合描写水文过程的次网格上，在此过程中，可能带来不可避免的误差。

应该承认，以上三方面的不确定性虽然会在一定程度上影响水文的模拟结果，但总的气候变化影响的轮廓和面貌仍可保留下来。对比水文模型中的不确定性，GCM模型的不确定性要更大。它们一方面来自对未来社会经济情景预测的不确定性，一方面来自气候系统中很多尚未能认识及充分考虑的反馈过程。目前GCM的输出产品尚不能视为预测结果，而仅仅为一种气候情景。水文要素对于不同气候情景的响应往往是不同的。因此，确切地说，目前径流对GCM输出产品的响应尚处于敏感性试验阶段，即给出水量平衡要素对各种气候情景（既可以是假定的，也可以是GCM的输出产品）的响应程度。

对相同的气候变化，水文响应的程度越大，则越敏感，反之亦然。敏感性研究可提供气候变化影响的重要信息，对于揭示不同流域水文要素响应气候变化的机理和差异有一定的作用。由于不同的GCM给出不同的气候情景，因此，只研究水循环对某一个GCM输出产品的响应是不合适的。如果用若干个GCM给出的某一地区未来可能发生的气候变化范围，则对此气候变化的响应也可视为未来径流变化范围的预测。因此，当前的气候变化及其对水循环影响研究尚处于探索阶段。

目前的研究大多是GCM模式与水文模型单向连接，这种方式的弊病是，它们独立地运行，GCM与水文模型各自对水量平衡及热量平衡进行计算。由于两者对陆面参数的处理和取值不同，它们对水量平衡及热量平衡描写的不一致。另外，因为不能共享对边界层物理过程模拟的结果,水文模型既不能实时地利用大气强迫改进土壤水和蒸发的计算以提高其模拟精度,GCM模式也不能借鉴水文模拟的结果并用实测径流资料实时地验证其对陆面过程的模拟精度,从而影响对GCM模式的进一步改进。

以下仅给出中国主要江河及地区由温室气体增加导致的气候变化对年径流可能影响的研究成果。

(一)西北干旱及半干旱地区。

该地区多为内陆河,其径流产生于山区。消失于山前平原、盆地和沙漠。水文气候情势导致水循环对气候变化十分敏感在平原和盆地,气温升高使蒸发量增加的幅度远大于山区。对于以降水为主要补给源的山区,径流变化主要取决于降水的变化,气温升高的影响次之。但对于以冰川积雪融水为径流主要补给源的山区,气温升高将使山区冰川积雪消融,固体形态降水减少,短期内这可使山区径流量增加,但是随着冰川变薄后退及小冰川的消失,冰川对年径流的调节作用将减弱。另外,冰川积雪消融,将使春季洪峰提前出现,冰川洪水与泥石流发生的频次增加。乌鲁木齐河的冰雪融水径流及河川径流结果表明,当气温升高4.9℃,即使降水不变,乌鲁木齐河源的冰川将消失,而径流将减少约16%。只有未来降水增加的幅度大于气温升高引起蒸发增加的幅度,西北干旱及半干旱地区的径流量才能有所增加。基于高寒山区径流对气候变化的敏感性研究显示,从2010年到2050年,当未来气温升幅由+0.1℃升至+2.19℃,降水由5%～16%增至14%～27%时,西北地区的径流将增加百分之几至十几。如果未来气温升高2℃,而降水只增加几个百分点,径流将趋于减少。

(二)华北地区。

华北地区由于气候条件和产流机制的不同,山区径流对气候变化的敏感性小于平原。温度升高1℃,滦河流域年径流减少8%,而潮白河减少12%。张世法等(1996)用新安江模型计算了山区径流对4个平衡的GCM情景的响应。除了UKMOH给出的情景外,其它3个GCM(GTSS,LLNL,GFDL)模拟结果都对应径流的减少,减少幅度从-7.2%到-26%。王守荣(2002)用DHSVM和NCAR/RegCM2嵌套模拟了大气CO_2加倍后桑干河及滦河的年径流变化,其结果为:当温度皆升高2.8℃,降水分别增加46mm和减少6mm时,其径流量将分别增加26mm(60%)和减少27mm(25%)。

(三)东北地区。

由于径流的地区差异十分大,不同的代表性流域对相同的气候情景的响应是完全不同的。为了得到气候变化对东北地区径流的影响,顾颖(1996)在松辽流域(77.64万km^2,占东北地区面积的62.4%)选取了21个具有降水、气温和蒸发长系列资料的观测站,用水量平衡方法计算了各站点年径流对4个GCM输出的气候情景的响应,并绘制了径流变化等值线;通过面积加权法,估算了松花江流域及辽河流域径流深及蒸发的变化。结果表明,3个GCM给出松花江径流增加,其最大增幅为12.1%;辽河的最大增幅为16.7%,最大减幅为-3%。

（四）西南地区。

近几十年来,西南地区气候和全国其它地区相反,出现了气温下降、降水减少的冷干趋势。年径流的长期变化趋势也显示了20世纪50年代及其以前的多水期和20世纪60年代后的少水期。在湿润半湿润气候区,由于降水量充沛、空气湿度大、蒸发能力较小,径流对气温变化不敏感。气温增加2～4℃,径流仅减少5%～10%;而降水增减20%,径流相应增减35%～40%。如果未来西南地区气温升幅由2010年的0.2℃增至2050年的1.8℃,降水增幅由2010年的-6%～7%增至2050年的4%～20%,则2010年径流量变化幅度大致为-8%～5%。

（五）黄河流域。

王国庆等(1994)将黄河上中游划分为4个子流域,利用半干旱地区水量平衡模型及7个平衡的GCM气候情景分别计算了它们对气候变化的响应。假定未来重现当前降水倍比放缩后的序列,在气温同样增加AT的基础上进行模拟,最后加权平均得到CO_2加倍对上中游径流量的影响。依赖不同的气候情景,径流量的变化有增有减。在7个GCM中,3个为正,4个为负;变幅由+8.6%(MPI)到-6.5%(LLNL)。河口—龙门镇区间为黄河主要的产沙区。该区集水面积11.2万km^2,占黄河流域总面积的15%。王国庆等(2002)后来的敏感性分析表明,径流对降水变化的响应敏感,对气温变化的响应相对较弱,如气温不变,降水增加10%时,径流量约增加17%,如降水不变,气温升高1℃,则径流减少5%左右;在区域上分布,中游较上游对气候变化更为敏感。

包为民(1996)利用水沙耦合模型计算了CO^2加倍对河口—龙门镇区间水沙量的影响。结果表明,在上述7个模型中,有3个模型(GFDL,GISS,LLN L)的结果为夏季降雨减少导致水量减少和沙量减少;2个模型(MPI,OSU)为夏季降雨增加导致水量增加和沙量增加;还有2个模型(UKMOL,UKMOH)为夏季降水增加导致水量减少,沙量却增加。这可能因为,虽然降水有所增加,但它对径流的影响尚不能超过气温升高、蒸发加大等导致径流减少的影响。因此,径流减少,而沙量却增加。

（六）淮河流域。

气候年际变化大。径流的年际变化要比降水的年际变化剧烈。最大与最小年径流的比值为5～30,年径流变差系数为0.4～1.0,洪涝与干旱共存。气温升高1.9℃,蒸发能力增加5%径流减少8%。刘新仁(1999)曾用新安江模型模拟了蚌埠以上年径流对不同GCM气候情景的响应。在7个GCM中,只有MPI及OSU对应径流增加,其它皆为径流减少,最大减幅达15%(LLNL)。

因此,已有研究对未来可能由人类活动引起的气候变化及其对中国水资源的影响进行了初步探讨,这为深入开展工作奠定了基础。根据中国区域气候模式模拟在CO_2加倍条件下的气候情景,并参照以上各流域与地区的研究成果,可大致定性地给出中国主要地区与流域年径流的变化图像:西北地区径流量将呈增加趋势;华北地区呈减少趋势;松花江流域呈增加趋势;辽河流域介于华北地区与松花江流域之间,有两种可能,既可增加也可减少;黄河上中游地区变化不显著;汉江流域略有减少;淮河流域径流减少的可能性较大;西南及华南地区径流将呈增加趋势。

目前气候变化影响研究多限于大气 CO_2 浓度加倍引起气候均值变化对年径流的影响,尚未涉及气候变异导致水文极端事件的变化。一般认为,气候变暖将引起某些极端气候事件频率和强度的增加。如果考虑到人类直接作用于下垫面的活动导致北方河道断流、地下水位下降及生态环境的恶化,则气候变化对这些地区径流的不利影响将可能进一步被放大。

现有陆地水循环研究中的不确定性,很多是由于缺乏大气水与土壤水热的观测引起的。随着卫星遥感技术对大气水汽探测的应用,常规雨量观测网、雷达探测及卫星对降雨的共同监测,土壤水、热通量观测的增加以及中国气候系统观测网的建立,将为水循环研究提供更多的观测数据来改进陆面参数。在陆面与大气相互反馈的耦合模式研究中,应用加密的降水和径流观测资料检验和改进模拟结果,必将解决现有的水文—气候模型单向连接方法中存在的很多不确定性问题,并最终提高洪水、干旱、水资源长期预测的精度。

总之,气候变化及其对水资源的影响研究,特别是未来气候趋势及其对径流的影响研究还存在着很大不确定性。科学研究是目前和今后相当长一段时间内解决这些不确定性,的关键。为此,需要进一步认识全球气候系统中各圈层的相互作用和反馈过程,了解微量气体和气溶胶等的循环过程及其机理,掌握气候变化及其影响检测和预估的方法。同时,也要进一步加强水—陆—气耦合模型、水文循环和区域水资源对气候变化的响应、气候变异对干旱和洪涝等水文极端事件的影响以及气候变化的适应性对策等方面的研究。

第五章 国内外水资源的普遍危机与警示

本章重点介绍尼罗河、科罗拉多河、阿姆河、恒河、墨累河等国外著名河流以及海河、辽河、塔里木河、黑河、石羊河等我国北方主要河流的水危机情况。这些河流的水危机成因及后果对黄河具有重要的警示意义。

第一节 国外河流普遍面临水危机

根据21世纪世界水问题委员会发表的一份调查报告,在世界500多条主要河流之中,只有南美洲的亚马孙河和非洲的刚果河因受人类影响较小可称做健康河流,其他河流都因为过度开发而面临不同程度的水危机。世界上著名的大河,如非洲的尼罗河、北美的科罗拉多河、中亚的阿姆河和锡尔河、澳大利亚的墨累河、南亚的恒河等都曾先后出现过断流或濒于断流,带来了严重的生态环境问题,甚至危及到人类社会的生存与发展。

一、尼罗河

尼罗河(Nile River)位于非洲东北部,流经肯尼亚、埃塞俄比亚、刚果(金)、布隆迪、卢旺达、坦桑尼亚、乌干达、苏丹和埃及等国家(见图5-1),最后注入地中海,全长6695km,是世界上最长的两条河流之一,流域面积约340万km²(占非洲大陆面积的1/9以上),多年平均入海水量810亿m³。尼罗河主要由白尼罗河和青尼罗河汇聚而成。青尼罗河水量较大,是尼罗河干流水量的主要来源。尼罗河河川径流年际变化大,1978年最多达1510亿m³,而1913年最小仅420亿m³,相差近4倍。流量变幅也相当大,1978年9月最大洪峰流量为13500m³/s,1922年5月最小枯水流量仅275m³/s。

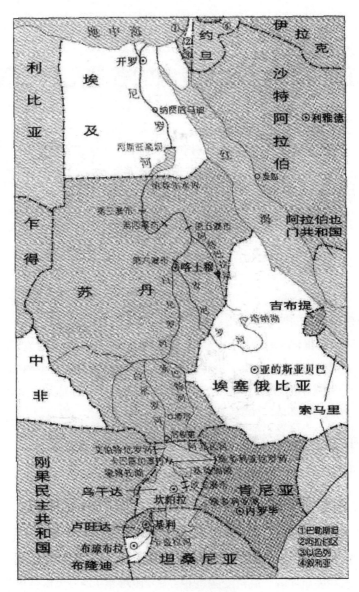

图5-1 尼罗河流域图

1970年建成的阿斯旺高坝促进了埃及电力发展和工业化,在一定阶段也促进了埃及灌溉农业的长足发展。阿斯旺高坝的修建,在防洪、灌溉、发电、航运和养殖等方面产生了巨大效益,但同时也造成了很多负面影响。一是给农业长远发展带来许多不利影响。大坝周边耕地盐碱化日益严重;由于尼罗河水每年泛滥挟带的肥沃泥沙被淤积在库内,不能再为沿岸土地提供丰富的天然肥料,造成土地肥质降低。二是使地中海海水溯源冲刷加剧,拉希德和杜姆亚特两河的河口每年分别被海水冲刷掉29m和31m,海岸线不断缩进。三是水资源渗漏和蒸发量大。据统计,阿斯旺水库每年渗漏、蒸发损失水量占总库容的10%以上。

在埃及,随着人口和经济的增长,水资源供需矛盾日益尖锐。就尼罗河水资源利用问题,埃及与苏丹曾达成协议,埃及从尼罗河塞尔湖引水550m³。据估算,埃及目前用水量约为617亿m³,远超协议规定的引水量。尼罗河水资源日益短缺,枯水年份部分沙漠河段和河口三角洲经常干涸断流。

尼罗河是流经国家最多的国际性河流之一,而埃及是尼罗河流域经济最发达、实力最强大的国家,也是引用尼罗河水最多的国家。随着人口增长和经济发展,尼罗河上游国家尤其是苏丹、埃塞俄比亚对尼罗河水资源的需求也在不断增长,国际社会要求埃及减少用水量的呼声越来越高。在埃及水资源日益紧缺的情况下,尼罗河有限的水资源如何分配,有关国家至今尚未达成一致意见,如何保证尼罗河的生态环境流量,防止尼罗河断流,前景堪忧。

二、科罗拉多河

科罗拉多河(Colorado River)被称做美国西南部的生命线,为美国干旱地区的最大河流,干流流经科罗拉多、犹他、亚利桑那、内华达和加利福尼亚等5个州和墨西哥西北端,最后注入加利福尼亚湾,干流长2320km(下游145km,在墨西哥境内),流域面积63.7万km²(见图5-2)。科罗拉多河流量变幅大,最大洪峰流量8500m³/S,最小枯水流量仅20m³/S,相差400多倍。上游利斯费里站实测多年平均径流量186亿m³,最大年径流量296亿m³,最小69亿m³;中下游属于干旱和半干旱地区,经过沿程引水和蒸发渗漏,河口多年平均径流量仅49亿m³。

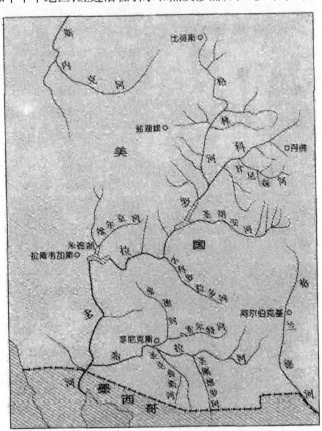

图5-2　科罗拉多河简图

科罗拉多河上建有大小水库100余座,总库容872亿m³,相当于多年平均径流量的4.7倍。在1935年胡佛大坝修建前,河水常年流入加利福尼亚湾。1935—1941年,胡佛大坝截流米德湖蓄水期间,美国与墨西哥交界的亚利桑纳州尤马(Yuma)断面流量为0,其下游墨西哥境内145km河道干涸。1963—1980年格兰峡坝截流蓄水,期间下泄流量较小,仅有很小流量进入墨西哥境内,河口长时间干涸。1972—1973年有关部门第一次对加利福尼亚湾上游河道进行专门调查,入海流量为0,海水倒灌。1991—1999年,枯水年尤马断面常年断流或濒于断流,即使在汛期(7~8月)也经常断流或濒于断流,1996年几乎全年断流。

尽管美国与墨西哥边界处日均流量经常较小或断流,但美国基本上按协议完成了每年交水18.5亿m³的任务,所交水量中绝大部分被墨西哥用于农业灌溉,只有极少量灌区退水流入加利福尼亚海湾,致使河口地区生态环境进一步恶化,下游湿地面积大幅度减少,野生生物及少数民族失去生存条件,不少生物濒临灭绝。

目前,科罗拉多河断流问题已为全世界所瞩目,墨西哥与美国两国及世界上不少环境机构和组织为此进行了不懈努力。为保护科罗拉多河下游生物物种,美国制订了《科罗拉多河下游多物种保护计划》,但其中未涉及要保证科罗拉多河流量连续或增加入海水量,2000年环保组织向美国联邦法院上诉,要求把河口地区列入《科罗拉多河下游多物种保护计划》,但被驳回。也就是说,只要进入墨西哥的水量和水质能达到两国间协议的最低要求,从法律上讲,任何组织和个人对科罗拉多河断流都不负责任,河口生态环境用水权得不到法律承认与保护。在水资源日益紧缺的形势下,科罗拉多河断流问题将继续存在。

三、阿姆河、锡尔河和咸海

阿姆河(Amu Dayra),发源于阿富汗与克什米尔地区交界维略夫斯基冰川,源头叫瓦赫基尔河,与帕米尔河汇合后叫喷赤河,在塔吉克斯坦境内与瓦赫什河汇合后向西北流,进入土库曼斯坦后始称阿姆河。干流流经阿富汗、土库曼斯坦、乌兹别克斯坦等国,最后汇入咸海。"阿姆河"意即"疯狂的河流",自古多洪水灾害,河道游荡多变,见图5-3。

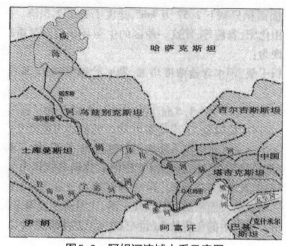

图5-3　阿姆河流域水系示意图

阿姆河为中亚最大河流,干流长2540km,流域面积46.5万km²,多年平均水资源量679亿m³。据1887—1975年水文实测资料,1969年的年径流量最大,达987.2亿m³,最大流量9180m³/s,1974年水量最小,为428.4亿m³,1930年实测最小流量为465m³/s。

阿姆河流域属于干旱荒漠地带,没有水就没有农业。从阿姆河引水灌溉自古有之,以前受技术及财力的限制,规模较小。20世纪50年代后,随着技术和财力条件的改善,1954年、1963年和1964年分别修筑了卡拉库姆灌渠、阿姆—布哈拉渠和卡尔申灌渠,渠首引水流量分别达到560m³/s、350m³/s和240m³/s,现土库曼斯坦和乌兹别克斯坦的农业完全依靠阿姆河灌溉。正常情况下,每年全流域灌溉引水量达460亿～480亿m³,其中引阿姆河水390亿～400亿m³。

由于阿姆河中、下游灌溉引水量逐年增加,1990年和2000年阿姆河流域灌溉面积分别为4660万亩[①]和6540万亩。当阿姆河流域灌溉面积达到4800万亩时,其引水量为511亿m³,灌溉面积达到6450万亩时,其引水量增加到620亿m³,而通过克尔基站的径流量通常为640亿m³,这时,流入咸海的水量除去蒸发,所剩无几,甚至发生断流。

与阿姆河遭受同样命运的还有锡尔河。锡尔河发源于天山山脉,同样流入咸海。锡尔河上修建了很多水库,河水被拦蓄用于农田灌溉,超过80%的河水被两岸的新耕地"吃干榨尽"。

阿姆河、锡尔河流入咸海的水量因灌溉引水量剧增而大减。1911—1960年,入咸海水量平均每年560亿m³,而1971—1975年,锡尔河、阿姆河年均入咸海水量分别为53亿m³、212亿m³,而1976—1980年,下降为10亿m³、110亿m³。1981—1990年,锡尔河、阿姆河的年均入咸海总水量仅为70亿m³。1987年灌溉面积发展到10950万亩时,阿姆河和锡尔河已基本无水流入咸海,咸海水面下降15m,水域面积从6.6万km²缩小到3.7万km²,岸线后退150km。由于断流,从1987年开始,咸海被分隔成"大咸海"和"小咸海"。现在,咸海水面面积只剩下2.52万km²,盐度上升了2.5倍。由于引水过多、不适当灌溉以及过度使用化肥、农药等,使这一地区的生态环境遭到严重破坏,带来了巨大的生态灾难。主要表现为:

一是咸海大面积干涸,湖水含盐浓度增加,湖底盐碱裸露,土地沙漠化,"白风暴"和盐沙暴频繁发生。

二是咸海地区每年有0.4亿～1.5亿t的咸沙有毒混合物从盐床(湖底、河滩)上刮起,加剧了中亚地区农田的盐碱化,土库曼斯坦80%的耕地出现高度盐碱化。

三是由于灌溉和生活废水重新流入阿姆河和锡尔河,河流、地下水受到盐碱和农药的双重污染,威胁着当地居民的健康。锡尔河下游的克孜勒奥尔达市(哈萨克斯坦境内),儿童患病率1990年每千人为1485人次,到1994年增加到每千人3134人次。

四是位于河流三角洲内大面积的森林沼泽干涸,大量树木及灌木被破坏,当地出没的数百种动物消失贻尽。咸海中的鱼类从20世纪60年代的600多种,减少到1991年的70多种,到2001年更是所剩无几;在锡尔河三角洲的鸟类曾有173种,现已减少到38种。

---

①1亩=1/15hm²。

对于咸海流域的生态灾难,联合国环境规划署(UNEP)曾这样评价:"除了切尔诺贝利核电站灾难外,地球上恐怕再也找不出像咸海周边地区这样生态灾害覆盖面如此之广、涉及的人数如此之多的地区。"专家们不止一次地开会研究拯救咸海,甚至有关国家最高领导人也曾聚首商讨相关方案。专家们认为,各国应根据国际惯例、通过专家委员会制定出阿姆河和锡尔河的用水限额,但目前尚未就此达成一致。

咸海生态危机的根本解决办法是增加流入咸海的径流量,每年需350亿 m³。为此,有关方面曾设想利用水库调节径流及跨流域引水等方案,均存在诸多困难。咸海生态环境危机的解决尚需时日。

四、恒河

恒河(Ganges River),发源于喜马拉雅山,入恒河平原,流经印度、尼泊尔和孟加拉国,注入孟加拉湾,见图5-4。恒河干流全长 2527km,流域面积 105 万 km²,干流年均水量 3710 亿 m³,河口年均水量 5500 亿 m³,居世界第 10 位,年均沙量 14.51 亿 t,为世界第 2 位。恒河流域气候分为雨季(6~10月)、冬季(11月—次年2月)和旱季(3~5月),旱季高温、干旱、少雨,灌溉对农业生产起决定性作用。恒河年内水量分配不均,汛期占86%,枯季水量偏少、流量偏小,印度与孟加拉国交界的如法拉卡闸(Farakka Barrage)下游枯季平均流量 1550~1700m³/s,哈丁桥站(Hardinge Bridge)枯水平均流量仅 990~1130m³/s。

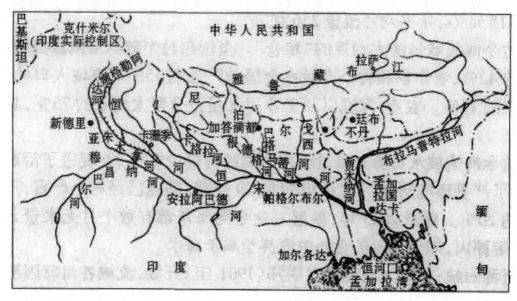

图5-4 恒河示意图

恒河流域人口已超过5亿,由于人口和灌溉面积增加,灌溉用水日益扩大,恒河下游呈现流量减小的趋势。尤其是1974年印度在印度和孟加拉国边境以上17km处修建了法拉卡闸(Farakka Barrage)后,法拉卡闸在干旱季节平均下泄流量较以前减少1/2以上,最小下泄流量减少了2/3以上,加上孟加拉国农业灌溉用水,恒河枯水期进入下游河道和孟加拉湾的水量大幅度减少。同时,径流年内分配也发生了很大变化,致使发生河道淤积萎缩、盐水入侵、生态环境恶化等问题,位于孟加拉湾的世界上最独特的生态系统珊德班德湿地已严重受损。恒河已被列为世界上6条健康严重受损的大河之一,若不采取有效措施,将会发生下游河道断流。从1960年开始,印度和孟加拉国(1971年前属巴基斯坦)两国曾经过多次谈判,分别于1977年、1982年、1985年和1996年签署过临时性分水协议,但始终未能达成永久协议。加强流域一体化管理,协调上、下游用水,防止恒河断流任重道远。

五、墨累河

墨累河是澳大利亚最长和流域面积最大的河流,由数十条支流组成,达令河是其中最大的支流,因此通常也称为墨累—达令河。墨累河发源于湿润多雨的东部山地,流经澳洲大陆东南部中央低洼地区,经半干旱的内陆平原南部注入印度洋。流域面积105.7km²,约为大洋洲陆地面积的14%,水系流经昆士兰州、新南威尔士州、维多利亚州、南澳大利亚州以及首都直辖区,见图5-5。

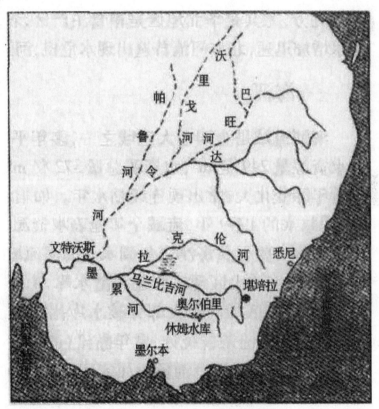

图5-5 墨累河流域水系示意图

墨累河干流总长2600km,达令河长约2700km,在长距离的缓慢流程中,蒸发量逐步增加,河流水量不大,部分河道甚至已趋干涸。特别是达令河,虽然控制着墨累—达令河流域的北半部,但是所流经的地区是降水稀少却蒸发量大的平原,加上河流坡降十分平缓,加速了蒸发和泥沙的沉积。入海口年平均流量715m³/s,年平均径流量236亿m³。

墨累—达令河流域是澳大利亚的"粮仓"。全国超过半数的果园都集中在这里,农场面积占全国的42%,农作物和牧草产量占全国总产量的75%。流域人口约100万,大约为全澳大利亚的12%。农业、家庭以及工业用水量占全澳大利亚的75%,其中大部分为灌溉用水。

墨累一达令河流域水资源开发量已占年均径流量的57%,在促进了沿岸农业发展的同时,也产生了严重环境问题。到了20世纪90年代,问题已经相当严重,入海水量仅为全年径流量的20%。截至2005年,墨累一达令河每年都有数个月无水量入海。由于灌溉排水、蒸发等原因,部分河段的含盐浓度甚至高于海水。

由于水资源短缺,从澳大利亚建立联邦(1901年)开始,流域各州就因墨累河的利用问题发生过激烈的争议,各州都希望取得更多的水资源,而且随着时间的推移,水质也成为争议的内容。

澳大利亚实行的是联邦制,州际河流的环境保护及资源开发问题的解决需要各州以及联邦政府协调一致和共同努力。1994年以来,澳大利亚进行了一系列水政策方面的改革,包括给环境生态分配水量、促进水权交易等措施,但时至今日,维持墨累一达令河流健康的工作仍在努力实行中。

第二节　我国北方河流普遍的水危机

我国北方河流主要流经干旱、半干旱地区,普遍水资源短缺,且时空分布不均。由于我国北方,尤其是华北地区是粮食主产区,农业灌溉用水较多,20世纪80年代以来,灌溉用水增加迅速,北方河流普遍出现水危机,河道断流、地下水位下降、湿地萎缩等问题突出。

一、海河

海河流域是全国七大流域之一,多年平均降水量539mm,地表径流量220亿 m³,地下水资源量249亿 m³,水资源总量372亿 m³,人均305m³。流域降水时空分布不均,水资源量年际变化大,常出现连续枯水年。如丰水的1963年,海河南系30天洪量超过300亿 m³,而枯水的1999年,流域全年地表水资源总量只有92亿 m³,尚不能满足生活用水,之后已多次实施引黄济津应急调水。海河流域图见图5-6。

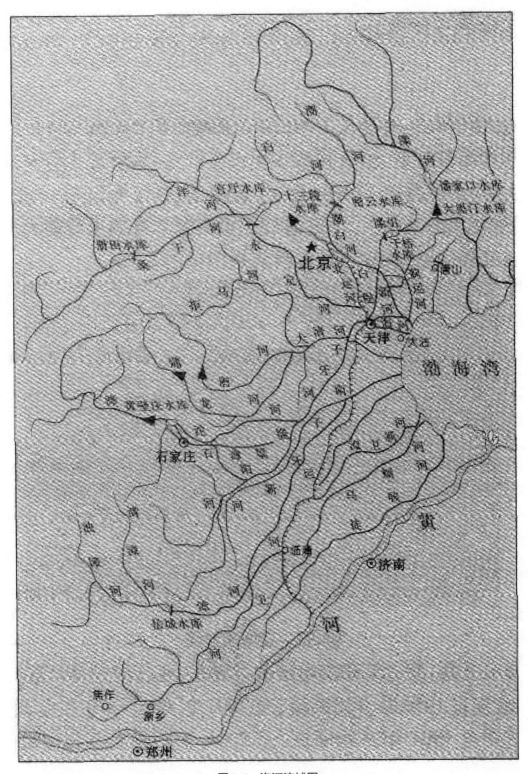

图5-6　海河流域图

海河流域山区现已修建大型水库31座,总库容249亿m³,占山区面积的85%。遇干旱年份,山区径流绝大部分被水库拦蓄,水库下游几乎全年无水。根据对流域中下游5787km河道的调查统计,常年断流(断流时间超过300天)河段占45%,全年有水河段仅占16%。永定河卢沟桥一屈家店河段,1980年以来,只有3年汛期有少量径流,过流时间不足半月。大清河、子牙河近几十年来年年断流,多年平均河道干涸300天以上。漳卫南运河系,除卫河尚有少量基流外,漳河、漳卫新河年断流280天以上。闻名于世的京杭大运河(南运河段)基本常年干涸,只有引黄时才见有水。

海河流域平原各河,除人工控制的供水渠道和污水排放沟道外,几乎全部成为季节性河流。在流域一、二、三级河流近1万km的河段中,已有40%河道长年干涸。下游河道全年过水时间已由274天减少到24天,其中17条主要河道年均断流达335天,14条河道基本常年干涸,海河干流也变成平原蓄水河道。

由于河道常年断流,致使大面积河床荒芜、沙化。永定河、漳河、滹沱河、磁河、沙河等多沙河道已成为风沙源头。由于入海水量减少,改变了水沙平衡关系,造成河道及河口淤积,河道泄洪能力急剧减小。如永定新河的泄洪能力由当年设计的1400m³/s降至260m³/s,下降了80%以上。

同时,为避免海水上溯,各河口相继建闸拒咸蓄淡,鱼类洄游线路被切断,渤海湾的大黄鱼等优良鱼种的已基本消失,依存于河口并在咸淡水混合区产卵的蟹类生物已经绝迹,河口区生态环境遭到根本性破坏。入海水量的减少,使流域生态系统由开放式逐渐向封闭式和内陆式方向转化,河流生物物种转向低级化。

河道断流使下游地区的水资源十分紧缺,不得不大规模开采地下水,导致地下水处于严重超采状态,大面积地下水位下降,继而造成大面积地面沉降、部分基础设施受损、建筑物沉陷裂缝和海水入侵等。此外,河道径流量的日益减少,造成污径比急剧上升,处于下游地区的河北省一些地区群众因饮用污水,肝病、痢疾和癌症等发病率明显上升,家畜、家禽饮用污水后死亡现象时有发生。

二、辽河

辽河是我国七大江河之一,全长1345km,流域面积21.96万km²。辽河流域是我国重要的工业基地和商品粮基地,也是我国水旱灾害严重、水资源十分贫乏地区。辽河流域水资源较少,年均河川径流量仅134.4亿m³,其中东、西辽河仅31.9亿m³。随着经济社会的不断发展,需水要求越来越大,且已超过了水资源本身的承载能力,河道断流、地下水超采、土地沙化、污染等问题日益严重,辽河流域图见图5-7。

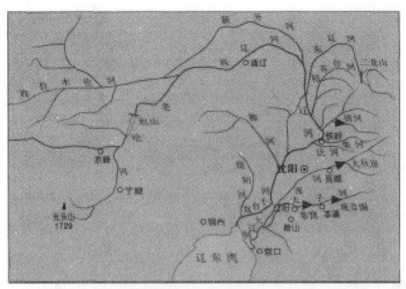

图5-7 辽河流域图

据东辽河王奔水文站、西辽河郑家屯水文站和东、西辽河汇合口辽河干流福德店水文站统计,东辽河畅流期自1959年开始断流,至2001年共有14年发生断流,累计断流469天。辽河干流畅流期自1994年开始断流,至2001年共有5年发生断流,累计断流181天。以前尚未出现过断流的西辽河,2000、2001年连续发生断流,分别断流31天和27天。从断流时间来看,2000年和2001年辽河干流断流时间明显加长,辽河水资源问题越来越突出。

造成辽河断流的原因是多方面的,既有自然条件的限制,也有人为因素的影响。初步认为,在降水减少、径流偏枯的自然背景下,经济社会用水量的急剧增加是造成断流的决定性因素。流域水资源缺乏有效的统一调度管理,过度无序取用水则是缺水演变为断流的重要原因。东、西辽河的大量水利工程节节拦蓄,超出水资源承载能力的大量取水,大规模发展高定额的农田灌溉,也是导致辽河断流出现的主要原因。

三、塔里木河

塔里木河是中国最大的内陆河,位于中国新疆维吾尔自治区,是环塔里木盆地九大水系144条河流的总称,流域面积102万 km²(国内流域面积99.6万 km²),全长2437km(见图5-8)。目前,九大水系中,仅有和田河、叶尔羌河和阿克苏河3条源流及孔雀河通过抽水与塔里木河有着地表水联系,简称四源一干,总面积24.10万 km²(含境外流域面积2.24万 km²)。

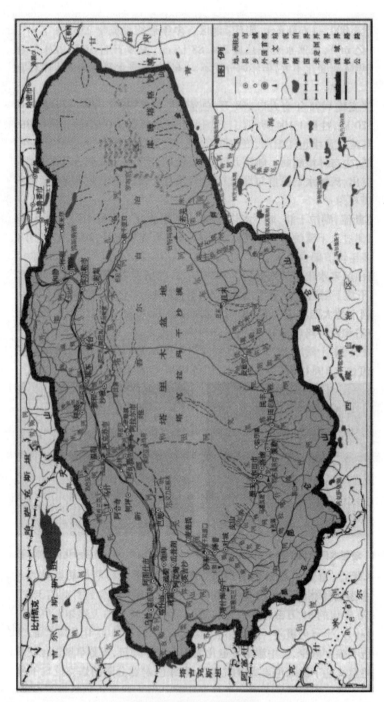

图5-8 塔里木河流域图

四源流多年平均降水量252.4mm,主要集中在山区,平原区年降水量只有40～70mm,年蒸发量1000～1600mm,属干旱地区。多年平均径流量256.73亿m³(含国外入境水量57.3亿m³),天然水资源总量274.88亿m³,基本产自山区,以冰川融雪补给为主,河川径流年际间变化不大,但年内分配不均,6～9月来水量占到全年径流量的70%～80%。

塔里木河流域1998年有人口468万,总灌溉面积1330.2万亩,粮食总产量243.3万t,人均粮食520kg,牲畜1104万头(只),国民生产总值212.0亿元,人均4530元。

塔里木河流域荒漠包围绿洲,植被种群数量少,覆盖度低,土地易遭沙化和盐碱化,水体自净能力低,生态环境脆弱。随着人口增长、流域开发加之气候变化的影响,流域水环境问题日益突出,流域水资源量与当地人口、经济社会发展和生态环境需要极不相称。这些问题主要表现为:

(一)河道断流,湖泊干涸,地下水位下降,水环境恶化

塔里木河三源流阿克苏河、叶尔羌河、和田河进入干流的水量不断减少。根据实测资料统计,20世纪60年代,三源流山区来水比多年均值偏少2.4亿m³,干流阿拉尔站年径流量为51.8亿m³;20世纪90年代,在三源流山区来水比多年均值偏多10.8亿m³的情况下,阿拉尔站年均径流量却减少到42亿m³;干流下游恰拉站下泄水量从60年代的12.4亿m³减少到90年代的2.7亿m³。塔里木河下游大西海子以下320km的河道自20世纪70年代以来长期处于断流状态,尾闾罗布泊和台特玛湖于1972年和1974年先后干涸(见图5-9、图5-10)。下游地区地下水位下降,阿尔干附近1973年潜水埋深为7.0m,1997年降到12.65m,下降了5.65m,井水矿化度也从1984年的1.3g/L上升到1998年的4.5g/L。

图5-9　塔里木河干流下游干涸的河道

图5-10　已经沙化的台特玛湖

(二)林木死亡,自然生态系统受到严重破坏

塔里木河两岸胡杨林大片死亡(见图5-11),上中游胡杨林面积由20世纪50年代的600万亩减少到目前的360万亩,下游其面积则由50年代的81万亩减少到现在的11万亩。现存的天然林木中,成、幼林比例失调,病腐残林多,生存力极差。同时,荒漠化草场、草甸草场、盐化草甸草场、沼泽化草场等各类草地也大幅度减少,上中游草场退化面积为957万亩,下游草场退化面积达321万亩。具有战略意义的下游绿色走廊濒临消亡,靠绿色走廊分隔的塔克拉玛干沙漠和库鲁克沙漠呈合拢之势。东面的库鲁克沙漠在几年间已经向绿色走廊推进了60km,并仍在以每年3~4km的速度向西和西南方向推进,塔克拉玛干沙漠也以每年5~10km的速度向绿色走廊推进,两大沙漠在局部地段已经合拢。照此发展下去,整个南疆地区生态环境将发生巨大变化,危及区域可持续发展。

图5-11 塔里木河下游枯死的胡杨林

2000年4月—2002年11月,利用开都河来水偏丰、博斯腾湖持续高水位的有利时机,共组织4次向塔里木河下游生态应急输水,从博斯腾湖共调出水量17.92亿 m³,自大西海子水库泄洪闸向塔里木河下游输水10.35亿 m³,两次将水输到台特玛湖,形成了近28.74km²的湖面,结束了塔里木河下游河道断流近几十年的历史,见图5-12。

图5-12 台特玛湖

四、黑河（东部子水系）

黑河（东部子水系亦即干流水系，下同）发源于祁连山北麓，干流全长821km，流域面积11.6万km²（见图5-13）。出山口莺落峡以上为上游，河道长303km，面积1.0万km²，两岸山高谷深，河床陡峻，气候阴湿寒冷，植被较好，年降水量350mm，是黑河流域的产流区。莺落峡至正义峡为中游，河道长185km，面积2.56万km²，两岸地势平坦，光热资源充足，但干旱严重，年降水量仅有140mm，蒸发能力达1410mm，人工绿洲面积较大，部分地区土地盐碱化严重。正义峡以下为下游，河道长333km，面积8.04万m²，除河流沿岸和居延三角洲外，大部为沙漠戈壁，年降水量只有47mm，蒸发能力高达2250mm，气候非常干燥，干旱指数达47.5，属极端干旱区，风沙危害十分严重。

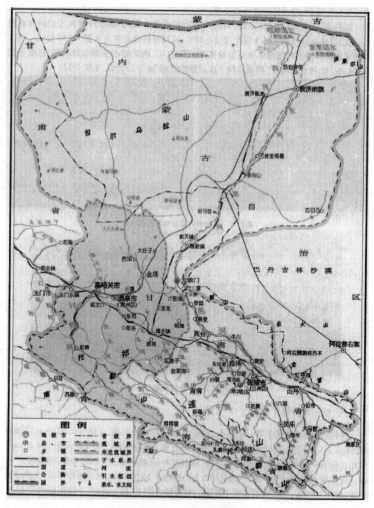

图5-13　黑河流域图

流域内1999年人口133.8万，其中农业人口110.8万；耕地412.9万亩，农田灌溉面积306.5万亩，林草灌溉面积85.6万亩；牲畜254万头（只），粮食总产量103.9万t，人均粮食777kg，国内生产总值63.1亿元，人均4709元。

黑河出山口多年平均天然径流量24.75亿m³,其中黑河干流莺落峡站15.80亿m³,梨园河梨园堡站2.37亿m³,其他沿山支流6.58亿m³。黑河流域地下水资源主要由河川径流补给,地下水资源与河川径流不重复量约为3.33亿m³。天然水资源总量为28.08亿m³,祁连山出山口以上径流量占全河天然水量的88%,是河川径流的主要来源区。

黑河为一典型的内陆河,河川径流可明显地划分为径流形成区、利用区和消失区。

黑河流域开发历史悠久,自汉代即进入了农业开发和农牧交错发展时期,新中国成立以来,尤其是20世纪60年代中期以来,黑河中游地区进行了较大规模的水利工程建设,水资源开发利用步伐加快。目前,全流域有水库58座,总库容2.55亿m³;引水工程66处,引水能力268m³/s;配套机井3770眼,年提水量3.02亿m³;农田灌溉面积306.5万亩,其中万亩以上灌区24处,灌溉面积301.1万亩。城乡生活及国民经济总用水量达26.2亿m³(耗水量14.6亿m³),其中农业用水量占94%。上、中、下游现状用水分别为0.31亿m³、24.45亿m³、1.44亿m³。

随着人口的增加、经济的发展和进入下游水量的逐年减少,黑河流域水资源短缺的问题越来越严重,突出表现为流域生态环境恶化、水事矛盾尖锐。

上游主要表现为森林带下限退缩和天然水源涵养林草退化,生物多样性减少等。流域祁连山地森林区,20世纪90年代初森林保存面积仅100余万亩,与50年代初期相比,森林面积减少约16.5%,森林带下限高程由1900m退缩至2300m。在甘肃的山丹县境内,森林带下限平均后移约2.9km。

中游地区人工林网有较大发展,在局部地带有效阻止了沙漠入侵并使部分沙化土地转为人工绿洲,但该地区的土地沙化总体上仍呈发展趋势,沙化速度大于治理速度。同时,由于不合理的灌排方式,部分地区土地盐碱化严重,局部河段水质污染加重。

下游地区的生态环境问题最为突出,主要问题是:

(一)河道断流加剧,湖泊干涸,地下水位下降

黑河下游狼心山断面断流时间愈来愈长,根据内蒙古自治区反映,黑河下游断流时间由20世纪50年代的约100天延长至20世纪末的近200天,而且河道尾闾干涸长度也呈逐年增加之势。西居延海、东居延海水面面积50年代分别为267km²和35km²,已先后于1961年和1992年干涸。60年代以来,有多处泉眼和沼泽地先后消失,下游三角洲下段的地下水位下降,水质矿化度明显提高。

(二)森林生态系统遭到破坏

1958—1980年,下游三角洲地区的胡杨、沙枣和怪柳等面积减少了86万亩,年均减少约3.9万亩。另外,根据航片和TM影像资料判读,20世纪80年代至1994年,植被覆盖度大于70%的林地面积减少了288万亩,年均减少约21万亩。胡杨林面积由50年代的75万亩减少到90年代末的34万亩。现存的天然乔木林以疏林和散生木为主,林木中成、幼林比例失调,病腐残林多,生存力极差。湖盆区的梭梭林也呈现出残株斑点状的沙漠化现象。

(三)草地生态系统退化

自20世纪80年代以来,黑河下游三角洲地区植被覆盖度大于70%的林灌草甸草地减少了约78%,覆盖度介于30%～70%的湖盆、低地、沼泽草甸草地以及产量较高的4、5级草地减少了约40%;覆盖度小于30%的荒漠草地和戈壁、沙漠面积却增加了68%。草本植物种类大幅度减少,草地植物群落也由原来的湿生、中生草甸草地群落向荒漠草地群落演替。

(四)土地沙漠化和沙尘暴危害加剧

根据20世纪60年代初的航片和80年代的TM影像资料判读,下游额济纳旗植被覆盖率小于10%的戈壁、沙漠面积增加了约462km²,平均每年增加23.1km²。随着土地沙漠化面积增加,沙尘暴危害加剧,成为我国北方地区沙尘暴的重要沙源地之一。

黑河水资源供需严重失衡、生态系统严重恶化的问题引起了党中央和国务院的高度重视。自1999年以来,针对我国第二大内陆河—黑河流域生态系统严重恶化、水事矛盾突出的问题,国家决策实施了黑河水量统一调度,安排进行了较大规模的流域近期治理。通过近几十年的实践,取得了明显的生态效益、社会效益和经济效益。

一是初步建立和完善水资源统一管理和生态建设与环境保护体系,在优先满足流域生活用水的同时,合理安排中下游地区的生产和生态用水,基本实现了2001—2003年近期治理目标。

二是有效增加输往黑河下游的水量,河道断流天数逐年减少。据统计,黑河下游额济纳绿洲狼心山断面断流天数,1995—1999年为230～250天,实施统一调度后,断流天数分别减少40天、70天和90天左右。

三是初步遏制了黑河下游地区生态环境日益恶化的趋势,局部地区生态环境得到改善。黑河下游东、西河及各条汊河两岸沿线、东居延海湖滨地区地下水位升幅明显。下游绿洲草场退化趋势得到有效遏制,林草植被和野生动物种类增多,覆盖度明显提高,生物多样性增加,沙尘暴发生次数明显减少。胡杨林面积由调水前的366km²,增加到调水后的375km²。胡杨树胸径生长量,调水前5年年均为2.24mm,调水后5年年均为2.66mm,增长明显。2004年与1998年相比,东居延海地区草地面积增加了15.6km²,灌木林面积增加了14.5km²,戈壁、沙地面积分别减少了9.99km²、12.92km²。

四是通过流域综合治理和水量统一调度,配合"总量控制、定额管理、以水定地、配水到户、公众参与、水票运转、城乡一体"的一整套运行机制和体制的建立,促进了节水型社会的建设和流域经济社会发展,水资源利用效率和效益得到提高,实现了下游生态恢复与中游地区经济社会发展的双赢。

五、石羊河

石羊河是甘肃省三大内陆河之一,自东向西由大靖河、古浪河、黄羊河、杂木河、金塔河、西营河、东大河、西大河等8条支流及多条小河、小沟汇集而成,河流长约300km,流域总面积4.16万km²,多年平均年径流量15.6亿m³。

　　石羊河流域(见图5-14)地势南高北低,由西南向东北倾斜,分为南部祁连山区、中部走廊平原区、北部低山丘陵区及荒漠区四大地貌单元。流域属大陆性温带干旱气候,太阳辐射强、日照充足,夏季短而炎热,冬季长而寒冷,温差大、降水少、蒸发强烈、空气干燥,大致划分为南部祁连山高寒半干旱半湿润区、中部走廊平原温凉干旱区、北部温暖干旱区三个气候区。

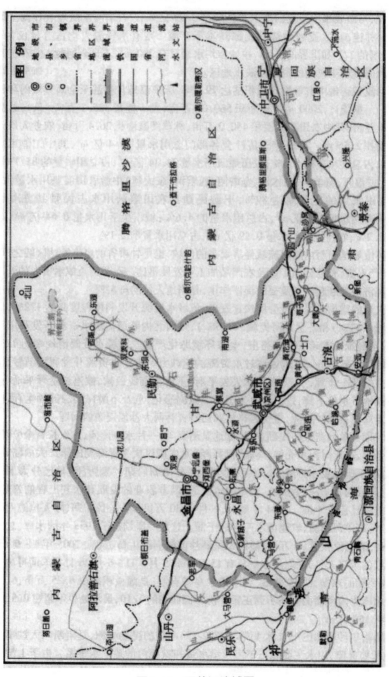

图5-14　石羊河流域图

流域多年平均降水量222mm，流域水资源总量16.61亿m³，其中地表水资源量15.62亿m³，与地表水不重复的地下水资源量0.99亿m³。石羊河流域地表径流全部产自流域南部祁连山区，流域中部及北部基本不产流。现有水资源人均占有量仅为744m³，不到全国的1/3和世界的1/14，耕地亩均水量只有300m³，不足全国的1/6和世界的1/8，石羊河流域属于典型的资源型缺水地区。

石羊河流域耕地中有效灌溉面积高达79.3%，历来都是甘肃甚至全国重要的种植农业基地之一。据统计，2000年耕地面积560.05万亩，大小牲畜325.3万头（只），总灌溉面积476.4万亩，其中农田灌溉面积450.0万亩，林草灌溉面积26.4万亩，农业人口人均农田灌溉面积2.55亩。2000年经济社会各部门总用水量28.4亿m³，其中工业用水量1.53亿m³，占总用水量的5.4%；农田灌溉用水量24.34亿m³，占总用水量的85.7%（其中"六河"（古浪河、黄羊河、杂木河、金塔河、西营河、东大河）中游农田灌溉用水量占"六河"中游总用水量的比例高达89%，下游民勤县农田灌溉用水占民勤县总用水的87.8%）；林草用水量1.3亿m³，占总用水量的4.60%；城市生活用水量0.64亿m³，占总用水量的2.2%；农村生活用水量0.59亿m³，占总用水量的2.1%。

石羊河流域是河西内陆河流域经济繁荣的区域，也是甘肃省的经济发达区域之一，交通便利，物产丰富，有色金属工业及农产品加工业发展迅速。石羊河流域水资源的开发利用对国民经济的发展起到了重要的保证作用，是当地人民的母亲河。

随着人口的增加和经济社会的快速发展，流域水资源开发利用程度高达172%，远高于黑河流域（112%）和塔里木河流域（74.5%），是西北内陆河流域水资源开发利用率最高的地区，水资源供需矛盾十分突出，生态环境恶化严重。流域水资源消耗率达125%，地下水年超采5.6亿m³，已远远超过水资源的承载力。由于水资源开发利用不尽合理，缺乏强有力的统一管理，上、下游用水失去平衡，下游水资源锐减，被迫过量开采地下水，引起区域性地下水位下降，进而导致生态环境急剧恶化，危及下游民勤绿洲的生存，也关系到河西走廊失去保护屏障，遭受腾格里和巴丹吉林两大沙漠侵袭的问题。

史前时期石羊河流域的民勤、昌宁盆地是潴野泽，一片水乡泽园，东西长百余公里，南北宽数十公里，汉代时河水充沛，终端"潴野泽"是中国仅次于青海湖的第二大内陆湖泊。至魏晋时期，下游民勤水势减弱，而后每况愈下，到清朝后期，"潴野泽"早已分为上百个湖泊，青土湖成为石羊河的终端。新中国成立后，随着农业的发展和水利工程的修建，尾闾湖泊青土湖已完全干涸。2004年夏天，一件让30万民勤人心惊胆寒、呼天抢地的事情终于发生了：石羊河断流，红崖山水库彻底干涸。这是一座始建于1958年的水库，总库容9800万m³，灌溉面积近90万亩，被视为民勤沙漠绿洲的生命工程。2005年1~6月，民勤出现连续的干旱天气，平均降水量只有15.9mm，5月5日~6月26日石羊河再次出现断流，造成民勤的东湖、西渠、收成、红水梁4乡镇春灌、夏灌面积减少6.25万亩，6月27日红崖山水库库内水面面积还不到正常年份库面面积的1/10，最深处也不超过0.5m，库存水量只有150万m³。

位于腾格里沙漠和巴丹吉林沙漠（见图5-15）之间的民勤绿洲，是阻断两大沙漠汇合"握手"的重要屏障,用水主要靠石羊河入境水量和盆地内的地下水维系。由于上游祁连山区植被破坏严重,水源涵养能力大幅降低,中游用水急剧增加,致使进入民勤的地表水量已由20世纪50年代的5.9亿m³减少到21世纪初期的1.0亿m³。由于自身需水规模的扩大,地下水开采量大幅增加,目前民勤盆地地下水开采已达6.04亿m³,超采近4.1亿m³,地下水位持续下降,矿化度持续上升,水质恶化严重。在民勤北部及绿洲与荒漠过渡地带,随着植被覆盖度的降低,地表失去了保护层,使这一区域成为沙尘暴发生的源区,沙化面积增加,风沙危害骤增。同时,诱发区域气温的变化,干旱、大风、沙尘暴、低温霜冻、毁灭性病虫害、暴雨等不确定的灾害频发。全流域目前土地沙化面积已达2.22万km²,已占流域总面积的53.3%,平均每年沙化面积达22.5万多亩,流沙压埋农田48万亩。由于沙化面积和荒漠草原枯死面积的逐年扩大,沙漠每年以3~4m的速度向绿洲推进,"沙进人退"和"生态难民"现象已经出现,民勤已成为我国四大沙尘暴发源地之一。若不采取有效措施加以治理,民勤将有可能成为第二个"罗布泊"。如果民勤不保,两大沙漠合拢,将严重威胁石羊河流域生态安全,导致整个石羊河流域生态系统崩溃,不仅影响当地人民的生存和发展,而且对河西走廊乃至我国北方部分地区生态环境都将造成重大影响,有效遏制石羊河流域生态环境恶化趋势,尽早对石羊河流域实施重点治理已刻不容缓。

图5-15 巴丹吉林沙漠风光

第六章 黄河水资源危机与对策

黄河水资源贫乏,供水区国民经济用水量急剧增加且用水效率较低,面临断流趋势加重、供需矛盾尖锐、水污染加剧、地下水超采等危机,制约流域及相关地区经济社会可持续发展,河流自身健康也受到威胁。本章主要介绍黄河水资源开发利用、水资源危机突出表现、水资源危机成因及解决对策等。

第一节 黄河水资源开发利用[①]

一、经济社会情况

据统计,2000年黄河流域总人口1.0971亿,耕地面积24361.54万亩,人均GDP5984元,农田有效灌溉面积7562.80万亩,粮食产量3530.87万t,大小牲畜8877.77万头。表6-1给出了黄河流域2000年主要经济社会指标统计结果。

表6-1 黄河流域2000年主要经济社区指标统计结果

区域	人口(万人)	耕地面积(万亩)	国内生产总值(亿元)	火核电装机容量(万KW)	农田有效灌溉面积(万亩)	粮食产量(万t)	牲畜(万头)
龙羊峡以上	58	113.56	23.8	0	23.94	2.97	776.01
龙羊峡至兰州	890	1744.36	418.1	132	471.56	156.61	1110.82
兰州至河口镇	1529	5097.81	1148.9	630	2200.77	609.13	1792.23
河口镇至龙门	834	3468.74	284.9	124	295.47	191.75	947.74
龙门至三门峡	4940	10089.76	2717.7	1142	2852.14	1394.59	2240.06
三门峡至花园口	1322	1678.25	956.8	343	539.85	476.29	700.64
花园口以下	1344	1703.64	971.7	255	1093.51	678.86	1093.99
内流区	54	465.42	43.3	0	85.56	20.67	216.28
青海	438	836.69	193.0	61	263.50	69.82	1223.78
四川	9	9.28	3.6	0	0.41	0.57	112.71
甘肃	1788	5222.18	732.2	298	690.67	389.87	1365.35

①刘安国,毕栋,张冬.山东黄河水资源开发利用问题与对策[J].科技资讯,2017,(23):102-103.

宁夏	549	1939.70	294.9	185	600.78	252.74	619.26
内蒙古	845	3266.60	740.3	307	1553.46	348.04	1321.62
陕西	2730	5840.88	1576.5	515	1641.64	860.33	1375.94
山西	2150	4269.79	1176.4	611	1228.72	543.57	1182.13
河南	1689	2140.12	1053.4	397	1084.03	745.90	1035.67
山东	773	836.30	794.9	252	499.59	320.03	641.31
黄河流域	10971	24361.54	6565.2	2626	7562.80	3530.87	8877.77

二、供水设施和供水能力

据统计,截至2000年,黄河流域共建成蓄水工程19025座,设计供水能力55.79亿m³,现状供水能力41.23亿m³;其中大型水库23座,总库容740.5亿m³。引水工程12852处,设计供水能力283.51亿m³,现状供水能力223.7亿m3;提水工程22338处,设计供水能力68.99亿m³,现状供水能力62.95亿m³;建成机电井工程60.32万眼,现状供水能力148.23亿m³。此外,还建成了少量污水回用工程和雨水利用工程。各类工程的地区分布大致为:大型水库主要分布在上、中游地区,其中中小型水库、塘堰坝、提水和机电井工程主要分布在中游地区,而引水工程多位于黄河上游和下游地区。

此外,在黄河下游,还兴建了向两岸海河、淮河平原地区供水的引黄涵闸90座,提水站31座,为开发利用黄河水资源提供了重要的基础设施。黄河下游的海河、淮河平原地区引黄灌溉面积目前已经达到了0.37亿亩。

三、2000年用水情况

2000年黄河流域平均降水量382mm,较多年平均447mm偏少14.5%,河川天然径流量354亿m³,较多年平均534.8亿m³偏少33.80%。

2000年统计各类工程总供水量506.77亿m³,其中地表水供水量360.23亿m³,地下水供水量145.47亿m³,其他水源供水1.07亿m³。总供水量中,流域内供水418.77亿m³,流域外引黄取水88亿m³。在向流域内供水中,地表水272.23亿m³,占流域内总供水量的65%,地下水145.47亿m³,占流域内总供水量的34.74%,其他供水量1.07亿m³,占0.260%(见表6-2)。

表6-2 2000年流域各水源供水量调查统计

(单位:亿m³)										
区域	地表水源供水量				地下水源供水量				其他水源供水量	总供水量
	蓄水	引水	提水	小计	浅层淡水	深层承压水	微咸水	小计		
青海	2.26	10.10	2.27	14.63	3.23	0.04		3.27	0.03	17.93
四川		0.11		0.11	0.02			0.02	0.01	0.14
甘肃	1.34	18.36	17.06	36.76	6.20			6.20	0.36	43.32

宁夏	0.58	72.02	7.97	80.57	3.96	1.58	0.56	6.10	0.08	86.75
内蒙古	2.20	56.43	11.98	70.61	13.13	8.96	0	22.09	0.03	92.73
陕西	8.13	14.15	6.21	28.49	24.39	7.77	0.37	32.53	0.33	61.35
山西	4.08	6.37	5.44	15.89	26.79		0	26.79		42.68
河南	20.6	15.68	2.21	19.95	28.16	4.25	0	32.41	0.05	52.41
山东	3.44	0.70	1.08	5.22	15.72		0.34	16.06	0.18	21.46
总计	24.09	193.92	54.22	272.23	121.60	22.60	1.27	145.47	1.07	418.77

在流域内用水量中,农田灌溉用水296.50亿 m^3 ,占流域内总用水量的70.80%;工业用水(包括建筑业和第三产业用水)64.46亿 m^3 ,占流域内总用水量的15.39%;林牧渔用水27.71亿 m^3 ,占流域内总用水量的6.62%;城镇生活用水11.46亿 m^3 ,占流域内总用水量的2.74%;农村生活用水(农村生活用水中包括牲畜用水)17.00亿 m^3 ,占总用水量的4.06%;生态用水1.64亿 m^3 ,占总用水量的0.39%(见表6-3)。

表6-3 2000年流域内分行业用水量统计

(单位:亿 m^3)									
二级区省(区)	城镇生活	农村生活	工业	建筑业、第三产业	农田灌溉	林牧业	牲畜	城镇生态	总用水
龙羊峡以上	0.04	0.08	0.04	0.01	1.09	0.77	0.59	0.01	2.63
龙羊峡至兰州	1.08	0.29	9.90	0.32	19.01	2.03	0.56	0.18	34.00
兰州至河口镇	2.60	1.17	12.35	1.03	149.44	17.37	1.00	0.39	185.35
河口镇至龙门	0.36	0.75	1.75	0.10	8.03	0.82	0.52	0.05	12.38
龙门至三门峡	4.84	4.70	20.95	2.37	66.68	4.07	1.58	0.92	106.11
三门峡至花园口	1.41	1.67	8.27	0.61	15.38	0.48	0.65	0.05	28.52
花园口以下	1.08	1.86	6.07	0.52	34.54	1.30	0.78	0.03	46.18
内流区	0.05	0.05	0.16	0.01	2.33	0.87	0.12	0.01	3.60
青海	0.53	0.47	2.82	0.09	11.33	1.79	0.76	0.14	17.93
四川	0	0.01	0.01	0	0	0	0.12	0	0.14
甘肃	1.70	1.88	12.14	0.71	24.29	1.80	0.67	0.13	43.32
宁夏	0.79	0.41	4.59	0.38	71.30	8.90	0.27	0.11	86.75
内蒙古	1.30	0.61	5.36	0.43	74.51	9.37	0.88	0.27	92.73
陕西	2.97	2.68	12.89	1.12	36.96	3.27	0.84	0.62	61.35

山西	1.69	1.83	7.30	1.14	28.69	0.77	0.92	0.34	42.68
河南	1.53	2.44	9.36	0.60	36.64	0.88	0.96	0	52.41
山东	0.95	0.87	5.02	0.50	12.78	0.93	0.38	0.03	21.46
黄河流域	11.46	11.20	59.49	4.97	296.50	27.71	5.80	1.64	418.77

根据分析,2000年黄河流域耗水(相对于黄河水系的无回归水量,下同)总量为397.55亿 m³,其中地表水296.3亿m³(含流域外引黄88亿m³),地下水101.25亿m³。

四、引黄用水长系列变化情况

1950年流域总用水量较少,1950年后用水(含向流域外供水)增长很快。2000年与1950年相比,总用水量增长了3.1倍,其中地表水增长了2.8倍,地下水增长了3.9倍。图6-1给出了1950年、1980年、2000年、2006年引黄用水对比情况。

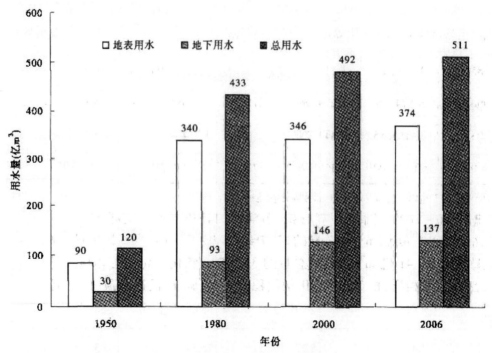

图6-1 黄河流域不同年份用水量对比

黄河水量统一调度以来,2006年黄河流域用水和耗水量最大,分别为510.8亿m³和405.0亿m³。表6-4给出了1998—2006年黄河流域水资源开发利用情况。

表6-4 黄河流域水资源开发利用情况

年份	1998	1999	2000	2001	2002	2003	2004	2005	2006
地表用水	370.0	384.0	346.1	336.8	336.8	296.0	311.8	332.0	373.6
地表耗水	296.1	297.8	279.2	265.7	286.0	243.3	246.6	267.9	308.0
地下用水	127.1	132.9	145.5	137.8	135.4	133.1	132.7	133.0	137.2

地下耗水	87.7	94.0	103.6	96.6	96.2	92.3	92.2	93.9	97.0
总用水	497.1	516.9	491.6	474.6	472.2	492.1	444.5	465.0	510.8
总耗水	383.8	391.8	382.8	362.3	382.2	335.6	338.8	361.8	405.0

近几十年中,由于节水力度加大、用水结构调整、水资源管理加强等因素,单方水产生的国内生产总值(GDP)大幅度增加,而人均用水量自1985年以后基本稳定在395m³左右。这样的发展趋势与全国情况基本一致。表6-5是黄河流域1980—2000年用水量及其用水效益变化。

表6-5　黄河流域1980—2000年用水量及其用水效益变化

水平年	人口(万人)	GDP(亿元)	地表用水(亿m³)	总 用 水 量 (亿m³)	人均用水量 (m³)	单方水创造的GDP(元/m³)
1980	8176.98	916.39	249.16	342.94	419	2.67
1985	8771.44	1515.75	245.19	333.06	380	4.55
1990	9574.36	2279.96	271.75	381.12	398	5.98
1995	10185.55	3842.75	266.22	404.61	397	9.50
2000	10971.00	6565.10	272.23	418.77	382	15.68

根据1956—2000年系列资料分析,黄河河川径流多年平均耗水量249.01亿m³,其中流域外调水68.90亿m³,占总量的27.7%;1980—2000年平均耗水量296.61亿m³,其中流域外调水93.41亿m³,占流域总量的31.5%。年代变化的总体情况是:20世纪50、60年代用水水平相当,相对较低,70年代稳步上升,80年代达到顶峰,之后90年代趋于稳定。

从不同年代黄河流域和各省(区)耗水量变化来看,基本上都呈稳步上升趋势。例如,兰州—河口镇区间,20世纪50、60年代引黄水量大致在80亿m³,90年代上升到了106亿m³,增长了近32.50%。山东省50、60年代引黄水量大致在25亿m³,90年代上升到了88亿m³,上升了近2.5倍。表6-6给出了黄河流域地表水耗水量不同年代对比情况。表6-7给出了黄河流域地表水耗水量各省(区)不同时段对比情况。

表6-6　黄河流域地表水耗水量不同年代对比情况

时段	龙羊峡以上河段	龙羊峡—兰州河段	兰州—河口镇河段	河口镇—龙门河段	龙门—三门峡河段	三门峡—花园口河段	花园口以下河段	黄河流域	其中流域外调水
1956—1959	1.22	8.98	75.96	1.13	16.27	38.80	38.13	180.49	32.71
1960—1969	1.23	8.15	86.28	1.49	20.29	25.11	33.77	179.32	26.11
1970—1979	1.24	14.48	87.47	2.57	33.85	25.18	84.45	249.24	74.70

1980—1989	1.23	17.47	101.53	3.24	32.92	25.92	116.93	299.24	103.80
1990—2000	1.32	20.57	105.64	3.87	35.41	24.05	103.34	294.20	83.94
1956—2000	1.25	14.47	93.75	2.67	29.45	26.26	80.90	249.20	83.94
1956—1979	1.23	10.93	85.06	1.88	25.27	27.42	55.61	207.40	47.46
1980—2000	1.28	19.09	103.69	3.57	34.22	24.94	109.82	296.61	93.41

表6-7　黄河流域地表水耗水量各省(区)不同时段对比情况

（单位：亿 m³）										
时段	青海	四川	甘肃	宁夏	内蒙古	山西	陕西	河南	山东	河北天津	黄河流域
1956—1959	5.59	0.15	7.89	24.21	50.16	8.42	6.54	51.89	25.64	0	180.49
1960—1969	5.97	0.15	8.25	29.42	54.22	10.86	8.48	32.40	26.57	0	176.32
1970—1979	7.30	0.15	16.33	29.63	53.97	14.75	19.15	38.45	69.51	0	249.24
1980—1989	8.81	0.15	20.26	30.91	64.73	14.83	18.80	40.58	100.17	0	199.24
1990—2000	10.34	0.15	21.70	34.63	65.43	12.68	23.29	36.3	88.24	1.44	294.20
1956—2000	7.93	0.15	15.97	30.61	58.88	12.83	16.59	38.25	67.46	0.35	249.02
1956—1979	6.46	0.15	11.57	28.64	53.44	12.07	12.60	38.16	44.31	0	207.40
1980—2000	9.61	0.15	21.01	32.87	65.09	13.71	21.15	38.34	93.92	0.76	296.61

图6-2给出了历年黄河流域上中下游地表水耗水量结果的对比,可以看出,上游用水还原量稳步上升,中下游年际间呈现突变现象(主要是河南和山东,1959年和1960年),不过总的趋势仍呈稳步上升趋势。

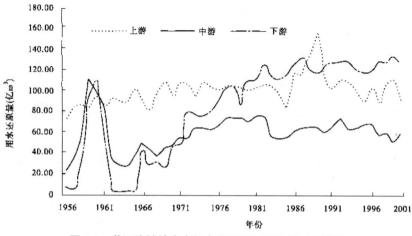

图6-2　黄河流域地表水耗水量不同河段逐年对比情况

五、引黄省(区、市)黄河河川径流分水指标使用情况

上面利用《黄河流域水资源综合规划》第一阶段水资源调查评价成果,对2000年统计流域引黄用水和长系列径流耗用情况进行了分析。鉴于水资源综合规划对地表径流耗水还原仅做到2000年,下面将主要利用《黄河用水公报》、《黄河水资源公报》成果,分析引黄各省(区、市)分水指标使用情况。

1987年国务院批准了黄河可供水量分配方案,明确了正常来水年份分配各引黄省(区、市)最大可以耗用的黄河河川径流指标。1999年根据国务院授权,对黄河河川径流实施年度水量统一分配和干流水量统一调度,其基本分水原则是按照当年来水情况,实行总量控制、同比例丰增枯减。

为及时、准确反映各省(区、市)引黄分水指标使用情况,从1988年,黄委开始正式发布年度《黄河用水公报》,后改为《黄河水资源公报》。鉴于《黄河水资源公报》正式成果没有将干、支流用水数据分开统计,本次结合黄河水资源综合规划、取水许可用水统计及《黄河水资源公报》,分别估算了1998年以后各省(区、市)干流、支流引黄耗水量。

表6-8给出了统计分析的各省(区、市)1988—2004年实际引黄耗水量与国务院批准的正常来水条件下《黄河可供水量分配方案》及其细化方案,分配各省(区、市)的引黄耗水指标。由表6-7和表6-8可以看出,年均引黄耗水总量超分水指标的有内蒙古、山东两省(区),青海、宁夏则接近分水指标;干流年均引黄耗水超分水指标的有内蒙古、山东两省(区),干流耗水接近分水指标的有甘肃、宁夏两省(区);支流耗水超分水指标的有青海省,接近分水指标的有山东、甘肃、宁夏、内蒙古4省(区)。

表6-8　1988—2004年引黄各省(区、市)年均引黄耗水量与正常来水年份分配水量指标的对比

(单位:亿 m³)

项目		青海	四川	甘肃	宁夏	内蒙古	陕西	山西	河南	山东	河北天津	全河
全河	87分水指标	14.10	0.40	30.40	40.00	58.60	38.00	43.10	55.40	70.00	20.00	370.0
	实际耗水	11.84	0.10	24.42	35.76	62.37	20.52	10.90	33.70	79.34	2.99	281.94
支流	支流配水	6.61	0.40	14.56	1.55	3.02	27.54	15.07	19.73	4.97	0	93.45
	实际耗水	9.30	0.10	11.91	1.20	2.13	19.19	9.57	9.36	4.76	0	67.52
干流	干流配水	7.49	0	15.84	38.45	55.58	10.46	28.03	35.67	65.03	20.00	276.55
	实际耗水	2.54	0	12.51	34.56	60.24	1.33	1.33	24.34	74.58	2.99	214.41

注:"87分水"是指1987年国务院分水方案

按照总量控制、同比例丰增枯减的年度分水原则,表6-9给出了实施年度分水以来1999—2004年引黄各省(区、市)年均引黄耗水量与年度平均分水指标,其中将年度分水方案(水文年)换算成日历年,干流、支流分水指标按当年总量指标折减系数核算。

表6-9　1999—2004年引黄各省(区、市)年均引黄耗水量与年度平均分水指标的对比

(单位:亿m³)

统计项目		青海	四川	甘肃	宁夏	内蒙古	陕西	山西	河南	山东	河北天津	全河
总引黄耗水量	实际耗水	11.628	0.247	27.453	37.543	58.833	20.860	10.015	30.965	65.375	6.213	269.132
	分配水量	10.995	0.312	23.237	30.478	44.887	29.094	32.910	42.246	53.394	15.322	282.875
	超用水量	0.633	−0.065	4.216	7.065	13.946	−8.234	−22.895	−11.281	11.981	−9.109	−13.743
支流耗水量	实际耗水	8.726	0.247	12.65	1.116	1.481	19.857	8.657	8.192	4.6	0	65.526
	分配水量	5.155	0.312	11.129	1.181	2.313	21.085	11.507	15.045	3.791	0	71.518
	超用水量	3.571	−0.065	1.521	−0.065	−0.832	−1.228	−2.85	−6.853	0.809	0	−5.992
干流耗水量	实际耗水	2.902	0	14.803	36.427	57.352	1.003	1.358	22.773	60.775	6.213	203.606
	分配水量	5.84	0	12.108	29.297	42.574	8.009	21.403	27.201	49.603	15.322	211.357
	超用水量	−2.938	0	0.695	7.13	14.778	−7.006	−20.045	−4.428	11.172	−9.109	−7.751

1999—2004年黄河花园口站年均天然径流量为403.8亿m³,年均分配黄河可供水量282.875亿m³,统计实际耗水269.132亿m³。按照年度分水情况,总量超分水指标的省(区)增加到5个,分别为青海、甘肃、宁夏、内蒙古和山东;支流超分水指标的省(区)增加到3个,分别是青海、甘肃和山东;干流超分水指标的省(区)增加到4个,即甘肃、宁夏、内蒙古和山东。通过上述对引黄各省(区、市)近些年引黄用水情况分析,枯水年份黄河分水形势是十分严峻的。

表6-10给出了历年各省(区、市)引黄耗水总量与年度分水指标。可以看出,一些省(区)引黄耗水总量年年超分水指标,如甘肃、宁夏、内蒙古,山东省(区)除一年未超用水指标,其他年份均超过年度分水指标,青海、河南省则出现部分年份超分水指标的情况。由此可见,控制省(区、市)引黄用水总量的任务十分艰巨。

表6-10　历年各省(区、市)引黄耗水总量与年度分水指标对比统计

(单位:亿m³)

年份	项目	青海	四川	甘肃	宁夏	内蒙古	陕西	山西	河南	山东	河北天津	全河
1999	实际耗水	12.070	0.250	25.810	41.500	66.480	20.850	9.590	34.570	84.460	3.160	298.740
	分配水量	12.774	0.366	25.458	33.479	49.068	31.787	36.059	46.354	59.354	16.730	311.659
	超用水量	−0.704	−0.116	0.352	8.021	17.412	−10.937	−26.469	−11.784	24.876	−13.570	−12.919
2000	实际耗水	13.240	0.230	27.370	37.760	59.460	21.780	9.940	31.470	63.920	7.150	272.320
	分配水量	10.971	0.313	23.875	31.805	45.845	29.845	34.082	43.957	55.957	16.582	293.207
	超用水量	2.269	−0.083	3.495	5.955	13.615	−8.065	−24.142	−12.487	7.988	−9.462	−20.887
2001	实际耗水	11.260	0.240	26.920	37.000	61.030	21.780	10.460	29.420	63.410	3.630	265.150
	分配水量	9.712	0.277	21.120	28.111	40.569	26.404	30.133	38.855	49.412	12.981	257.574
	超用水量	1.548	−0.037	5.800	8.889	20.461	−4.624	−19.673	−9.435	13.998	−9.351	7.576

2002	实际耗水	11.690	0.250	26.120	35.740	59.180	21.110	10.430	36.010	80.320	5.200	286.050
	分配水量	8.960	0.256	19.393	25.643	37.323	24.242	27.571	35.487	44.964	12.751	236.590
	超用水量	2.730	−0.006	6.727	10.097	21.857	−3.132	−17.141	0.523	35.356	−7.551	49.460
2003	实际耗水	10.890	0.250	29.170	35.590	50.460	18.730	9.600	28.250	50.570	10.060	243.570
	分配水量	10.721	0.298	22.312	28.758	43.957	28.215	31.443	40.058	49.661	14.905	270.328
	超用水量	0.169	−0.048	6.858	6.832	6.503	−9.485	−21.843	−11.808	0.909	−4.845	−26.758
2004	实际耗水	10.620	0.260	29.330	37.670	56.390	20.910	10.070	26.070	49.570	8.080	248.970
	分配水量	12.830	0.359	27.266	35.072	52.562	34.072	38.174	48.767	60.813	17.981	327.896
	超用水量	−2.210	−0.099	2.064	2.598	3.828	−13.162	−28.104	−22.697	−11.243	−9.901	−78.926
平均	实际耗水	11.628	0.247	27.453	37.543	58.833	20.860	10.015	30.965	65.375	6.213	269.132
	分配水量	10.995	0.312	23.237	30.478	44.887	29.094	32.910	42.246	53.394	15.322	282.875
	超用水量	0.634	−0.065	4.216	7.065	13.946	−8.234	−22.895	−11.281	11.981	−9.109	−13.742

第二节 黄河水资源危机的突出表现

图6-3给出了不同时段,黄河花园口站天然径流量、引黄耗水量和入海水量(利津站)示意图。由图可以看出,黄河河川径流的利用程度提高很快,入海水量衰减非常严重。全河引黄耗水量占花园口站天然径流量的比例由20世纪80年代的49%提高到1999—2004年的67%。入海水量占花园口站天然径流量的比例由20世纪80年代的47%减少到1999—2004年的25%。反映出黄河水资源危机已非常严重,河川径流的利用程度远远超过了国际公认的40%的警戒线。

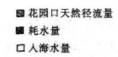

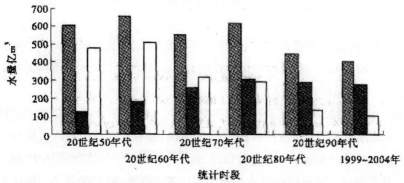

图6-3 不同时段黄河花园口站天然径流量、引黄耗水量和入海水量示意图

一、河道断流

(一)黄河下游断流情况

黄河流域资源性缺水严重,随着经济社会的迅速发展,国民经济各部门的用水量超过黄河水资源承载能力,使黄河的基本生命流量难以保证,导致下游河段频繁断流。黄河下游经常性断流始于1972年,1972—1999年的27年中,黄河下游利津站有21年发生断流,累计断流88次、1050天,断流年份年均断流50天,断流延伸到河南境内的有5年。尤其进入20世纪90年代,年年出现断流,1997年断流最为严重,利津站断流226天,断流河段延伸至开封柳园口附近。

黄河干流断流有如下特点:

一是断流时间延长。利津站20世纪70、80年代断流年份平均断流分别为14天、15天,90年代特别严重,达107天。

二是年内首次断流时间提前。20世纪70、80年代首次断流一般出现在4月份,90年代提前到2月份,1998年首次出现跨年度断流。

三是断流长度增加。从20世纪70年代平均断流长度242km到80年代达256km,增加到90年代为438km。

四是断流月份增加。20世纪70、80年代断流主要集中在5月、6月,90年代扩展到3~7月和10月。

五是主汛期断流时间延长。20世纪70、80年代主汛期利津站平均断流3.3天和2.3天,90年代延长到20.3天。

六是黄河中游也面临断流的危险。1997年6月28日黄河干流头道拐站出现了有记载以来的最小流量(6.9m³/s),2001年7月黄河干流吴堡站、龙门站和潼关站也出现了历史上最小流量,分别为25m3/s、31m³/s和0.95m³/s,黄河上中游河段也面临着断流的危险。

(二)主要支流断流情况

严重缺水形势导致黄河大部分一级支流也出现了严重的断流现象,如汾河、渭河、伊洛河、沁河、大汶河、金堤河、文岩渠、大黑河、大夏河、清水河等。沁河的武陟站、伊河的龙门站、汾河的河津站、延河的甘谷驿站等都多次出现断流。1997年渭河的华县站发生了有观测资料以来的首次断流。

汾河从1980年到2000年的21年中,河津站年年发生断流,累计断流55次,累计断流902天,断流年份年均断流43天,断流河段最大长度120km,从汾河口延伸到柴庄站附近。1995年断流最为严重,河津站断流102天。

渭河陇西—武山河段从1982年开始发生断流,到2000年累计断流44次,累计断流754天,断流年份年均断流84天,断流河段最大长度29km;甘谷—葫芦河口河段从1982年开始发生断流,到2000年累计断流43次,累计断流205天,断流年份年均断流16天,断流河段最大长度46km;葫芦河口—藉河口河段从1995年开始发生断流,到2000年累计断流8次,累计断流100天,断流年份年均断流17天,断流河段最大长度20km。

伊河从1993年开始发生断流,到2000年累计断流16次,累计断流89天,断流年份年均断流18天,断流河段最大长度40km,从伊洛河交汇处延伸到龙门镇站附近。1997年断流最为严重,龙门镇站断流40天。

沁河从1980年到2000年的21年中,年年发生断流,累计断流49次,累计断流2867天,断流年份年均断流137天,断流河段最大长度12.3km,从沁河口延伸到武陟站附近。1997年断流最为严重,武陟站断流272天。

另外,黄河的其他支流,如大夏河、清水河、大黑河、金堤河、文岩渠、大汶河等也相继出现了断流情况。主要支流径流量大幅度减少和断流,进一步加剧了黄河干流用水的紧张形势。

二、地下水超采

(一)地下水可开采量

地下水可开采量是指在可预见的时期内,通过经济合理、技术可行的措施,在不引起生态环境恶化的条件下允许从含水层中获取的最大水量。

黄河流域多年平均浅层地下水(矿化度 < 2g/L)可开采量为137.51亿 m^3,其中平原区为119.39亿 m^3。

(二)地下水超采状况及其分布

黄河流域地下水利用量1980年为93.3亿 m^3,2000年为145.5亿 m^3,增加52.2亿 m3,增加了56.0%。地下水的大量开采,造成部分地区地下水位持续下降,形成大范围地下水降落漏斗,产生一系列地质环境灾害。

根据初步统计,现状黄河流域存在主要地下水漏斗区65处,甘肃、宁夏、内蒙古、陕西、山西、河南、山东等省(区)均有分布,其中陕西、山西两省超采最为严重,分别存在漏斗区34处和18处。黄河流域2000年地下水超采约11.2亿 m^3,其中陕西、山西两省超采量分别约为2.1亿 m^3和5.4亿 m^3;漏斗区面积达到5923.9km²,其中陕西、山西两省范围分别达到975.3km²和2728.0km²,范围最大的漏斗区为涑水河盆地,漏斗区面积达到912km²。陕西省渭南市金城区岩溶水降落漏斗中心地下水埋深达362m。从流域的漏斗性质看,既有浅层地下水漏斗,也有深层地下水漏斗,并存在浅层深层均超采的复合型漏斗。

从各省(区)看,甘肃省有平凉的城川漏斗区、庆阳的董志肖金漏斗区和定西的西寨漏斗区等,其中庆阳西峰市的董志肖金漏斗区范围最大。陕西省的宝鸡、咸阳、西安、渭南等地均存在较多的地下水漏斗,部分漏斗在20世纪80年代初已经形成,漏斗性质有浅层、深层、混合型;咸阳等部分城区出现复合型漏斗,恢复较为困难,已经造成不可估量的损失和影响。其中,西安市城区漏斗和北郊漏斗,漏斗区面积分别达到159.5km²和278.5km²。山西省的太原、晋中、吕梁、临汾等地市较大的地下水漏斗有近20个,漏斗范围普遍较大,如临汾市涑水河盆地和运城河谷地带的地下水漏斗区面积分别达912km²和655km²。山西省的地下水漏斗的另一特点是形成年代较早,大部分漏斗在20世纪80年代初已经存在,个别漏斗如太原市的西张地下水漏斗和晋中市的介休地下水漏斗1965年就已形成。另外,宁夏银川市,内蒙古的呼和浩特市,河南省的武陟、温县、孟县,山东省的莱芜等地也存在不同程度的地下水漏斗。

(三)地下水开发利用产生的环境地质问题

地下水的过度开发利用,形成大面积地下水降落漏斗,造成地面沉陷,影响地面建筑物。部分超采区由于地下水位下降,地表废污水下渗进而污染地下水,由于地下水补给和排泄都相当困难,一旦造成污染,就很难恢复,使地下水资源丧失利用功能,给缺水地区造成更大的水源危机。

浅层地下水的补给和排泄条件一般比深层承压水好,所以浅层地下水的恢复可通过限制地下水开采,通过降水入渗自然补给;也可采取人工回灌措施,直接利用地表水补充地下水。但对深层承压水而言,采取自然补给和人工回补措施都非常困难,大部分地下水超采区基本无法恢复以前的状态。因此,应严格限制超采深层地下水,防止深层地下水漏斗的形成。

三、水质恶化

(一)水质现状

黄河流域地处我国中部干旱、半干旱、半湿润地区,水资源贫乏。20世纪90年代以来,随着流域经济社会的快速发展,生产和生活用水量急剧增加,由于利用效率低,每年废污水排放量不断增多。加之农田灌溉排水等面源污染,造成黄河水质日趋恶化。

根据2000年黄河流域河流水质现状评价结果,评价河长29649.9km中水质达到和优于地面水环境质量Ⅲ类标准的河长15855.7km,占评价河长的53.5%;水质劣于地表水Ⅲ类标准的河长13794.2km,占评价河长的46.5%,其中22.9%的河长水质为劣Ⅴ类。黄河干流污染主要集中在上游的宁蒙河段及中下游,支流主要是渭河、汾河、洛河、沁河等水资源开发利用相对集中的区域,尤其城市河段和工业较发达区域的局部地区污染严重。黄河流域水质最好的是龙羊峡以上区间,评价河长5029.4km中水质全部达到和优于地面水环境质量Ⅲ类标准;其次是龙羊峡一兰州区间,水质达到和优于地面水环境质量Ⅲ类标准的河长为86.8%。水质最差的是花园口以下区间,91.2%的河长水质未达到Ⅲ类,其中41.0%的河长水质劣于Ⅴ类;其次是兰州一河口镇区间以及龙门—三门峡区间,劣于Ⅲ类水质河长比例为63.1%、63.3%,其中40.8%、34.8%的评价河长水质劣于Ⅴ类。黄河流域9个省(区)中,青海省河流水质较好,评价河长中94.2%水质达到和优于地面水Ⅲ类标准;水污染最严重的是山东省,水质劣于Ⅲ类标准的河长占评价河长的比例为86.4%,其余省(区)劣于Ⅲ类标准的河长的比例依次为山西(67.6%)、内蒙古(65.1%)、河南(63.7%)、陕西(60.5%)、宁夏(55.0%)、甘肃(44.0%)。局部地区污染严重的省(区)分别是宁夏、河南、山西、山东等省(区),评价河长中劣于Ⅴ类水质的河长比例分别为41.3%、39.5%、36.9%、33.0%。由于河流水质污染,湖泊水库水质和营养状态也不容乐观。评价的3个湖泊水质均已受到污染,其中2个污染严重,已丧失水域功能。评价的33个水库中1/3的水库水质都劣于Ⅲ类,进行营养状态评价的10个水库中有6个为富营养。2000年是新中国成立以来黄河第二个严重枯水年份,花园口站汛期最大流量仅为773m³/s,为历年同期最小,由于黄河干流水量调度的实施,2000年黄河没有出现断流,但水污染形势严峻。

黄河流域水功能区达标比例较低。2000年,评价589个水功能区,达标率仅为47.7%,水质现状与目标要求存在较大差距。各类水功能区中保护区全年期达标率较高,为73.8%,其余依次是农业用水区(51.6%)、保留区(51.1%)、饮用水源(48.1%)、工业用水区(42.1%)、渔业用水区(37.5%)、缓冲区(32.0%)、过渡区(28.3%)、景观娱乐用水区(26.7%)。花园口以下区间水功能区达标情况最差,达标率为26.1%。流域各省(区)达标比例依次为青海(76.3%)、甘肃(53.8%)、四川(50.0%)、河南(48.2%)、陕西(47.1%)、内蒙古(43.8%)、宁夏(37.0%)、山西(34.0%)、山东(27.6%)。在评价的29个集中饮用水水源地中,合格水源地15个,合格供水量占52.4%,供水合格率较低,个别水源地污染严重,水源地供水水质不合格多是由于工业、生活等人为污染造成。

据2004年《中国环境统计年报》,黄河流域废水排放量达39.5亿t,比2000年增加了13.8亿t,主要污染物COD年排放量已占到全国排放总量的13.3%。

(二)水污染形势

近几十年来,黄河流域水污染呈不断加剧的趋势。"八五"期间每年排入黄河的废污水量不超过38亿t;进入"九五"以来,每年排入黄河的废污水量都在41亿t以上。1990—2000年的10年中,流域内废污水量从32.6亿t增至42.2亿t,大约增长了29.4%。根据96个重点水质测站长期监测资料分析,目前黄河流域主要污染项目浓度上升趋势明显。其中总磷、氯化物、总硬度、高锰酸盐指数、氨氮等项目呈上升趋势的测站占测站总数的40%以上,总磷、氯化物测站数甚至高达60%以上。兰州至河口镇区间、龙门至三门峡区间以及花园口以下区间水质污染趋势最为严重,其影响水质类别的主要污染项目如氨氮、化学需氧量(COD)等,上升趋势特别明显,呈上升趋势的测站占测站总数的40%以上,部分区间高达70%~75%。从各省(区)来看,内蒙古、陕西、山东等省(区)水质污染趋势较强,重点污染项目氨氮、高锰酸盐指数等呈上升趋势的站所占比例一般都在40%以上,有些项目甚至高达75%以上。值得注意的是,水库污染趋势比河流更为严重,主要污染项目总硬度、高锰酸盐指数、生化需氧量、氨氮等上升趋势均大于河流站,3/4的测站总磷浓度呈上升趋势。

四、供水危机

(一)供水危机及突出表现

1.水资源供需矛盾加剧。由于河道外生产生活用水的大幅度增加,使本就呈现资源性缺水的黄河难以承载各部门的用水需求,河道内生态环境用水难以保证。黄河下游利津站1980—1989年平均实测径流量为285.8亿 m³,1990—2000年为132.4亿 m³,其中2000年为

48.6亿m³，而1997年仅为18.6亿m³，下游河道出现了严重的断流危机。

黄河断流使下游及河口地区工农业生产和居民生活用水出现困难。如1997年黄河下游发生罕见的断流现象，利津站有11个月发生了13次断流，累计断流达226天，断流河段长达704km。长时间断流造成豫、鲁、冀3省部分城市生活和工业用水多次发生危机，下游以黄河为主要水源的东营、滨州、德州、青岛、沧州等地人民生活用水频频告急，各地虽然采取了抽取死库容及开采含氟量大大超标的地下水予以补充，但仍不能满足供水需要，被迫采取限水措施，定时定量供应，给人民群众的生活造成了较大的影响。由于缺水，河南省濮阳市中原化肥厂一度停产，胜利油田200口油井被迫关闭，沿黄两岸引黄灌区农作物受旱面积达2000万亩。其中，山东省200万亩农田作物绝产，粮食减产27.5亿kg，棉花减产5000万kg。据不完全统计，仅山东省直接损失的工农业产值就达135亿元。为减轻断流危害，自20世纪70年代以来，黄河河口地区陆续修建了一批平原水库，提高了抗御断流影响的能力。断流时间较短时，对河口地区的用水影响较小；当断流时间较长并超出平原水库调蓄能力时（如1992年、1995年和1997年），对泺口以下河段特别是河口地区的工农业生产和居民生活用水都会产生不良影响。

由于统一调度和小浪底水库的调节作用，确保了黄河不断流，但黄河流域水资源供需矛盾依然突出。

2.对河道生态系统造成较大的危害。黄河下游的频繁断流和入海水量的减少造成下游引水困难，供需矛盾加剧，水质污染加重，对下游湿地和生物多样性的维持构成威胁。黄河一旦断流，还会破坏沿黄的生态环境，不利于生物多样性和湿地的保护。同时，河道内水量的减少使黄河纳污能力下降，进一步加剧水质恶化，造成黄河的缺水性质更加复杂，除资源性缺水和工程性缺水外，更呈现出水质性缺水。另外，长期的河道断流，将使河流功能下降，河流生命难以维系。

破坏了生态平衡，恶化了水环境。河口地区长期处于断流或小流量状态，河道萎缩，地下水得不到充足的淡水补给，加重了河口地区的海水入侵，使盐碱化面积增大。断流也使黄河三角洲湿地水环境条件失衡，严重威胁到湿地保护区的水生生物、野生植物和鸟类的生存，同时使渤海10余种洄游鱼类不能正常繁衍生息，导致河口湿地生态环境系统的退化和生物多样性的减少。同时，在河道内流量减小的情况下，水体自净能力降低，而在河道断流时，废污水仍源源不断地排入黄河，污染物在河道内大量积存，造成复流时水质严重恶化。

3.河道淤积加重，加大了防洪难度和洪水威胁。进入20世纪90年代，尽管黄河来沙量减少，但由于进入下游的水量大幅度衰减和径流过程变化，致使输沙用水得不到保证，水沙关系不协调的现象更加严重，造成下游河道泥沙淤积加重。加之长时间发生断流，且主汛期断流时间延长，使泥沙大部分淤积在主槽，造成主河槽萎缩，平滩过流能力减小，河道排洪能力下降。80年代，下游漫滩流量还有6000m³/s左右，到21世纪初，局部河段减少到不足1800m³/s。由于主河槽淤积加重，形成了"小洪水、高水位、大漫滩"的不利局面，增加了防洪的难度和洪水威胁。而且由于输沙水量被挤占，黄河悬河形势已蔓延至上中游河段。2002

年以来,虽经多次调水调沙冲刷主槽,下游河槽最小过洪能力仍仅有3700m³/s,难以满足泄放中常洪水的需要。

(二)供水安全形势越来越严峻

黄河是我国西北、华北地区的重要水源。黄河流域水资源短缺问题突出,水量的短缺也决定了流域大部分河流水环境低承载力的基本特性,使有限的、宝贵的水资源更易受到污染的威胁。黄河以占全国2%的水资源量承载了全国近10%的污染物量,致使多年来黄河水质状况急剧恶化,水污染问题日益突出,对黄河供水安全已构成严重威胁。黄河水污染趋势发展迅速。据统计,1980年黄河流域城镇工业和生活废污水排放量21.7亿m³,流域主要河流总体水质状况良好,干流水质均可满足地表水环境质量Ⅲ类标准的要求,河流污径比小于5%,河流水资源和水环境的再生净化能力可得到基本维持。进入20世纪90年代以后,在流域经济快速发展的同时,造成了日趋严重的水污染问题,饮用水水源地功能难以得到保证。受河流上游污染影响,目前黄河干流石嘴山至河口镇河段、潼关至三门峡河段和花园口以下河段,几乎所有城市集中式饮用水水源地水质都不合格。

根据2000年对黄河流域的取水口供水水质状况调查评价,按照《地表水环境质量标准》(GB3838—2002),符合或优于Ⅲ类水质的供水量占24%,超过Ⅲ类水质的供水量占76%。2000年黄河流域总供水272.22亿m³,不合格率为42.6%。其中,生活供水、工业供水、农业供水不合格率分别为35.5%、33.8%和43.7%,这说明黄河流域地表水供水水质与供水安全的要求存在一定差距,水污染突发事件时有发生,供水安全形势不容乐观。

1999年3月开始实施黄河干流水量统一调度和管理以来:使自20世纪70年代以来连续20多年频繁断流的黄河实现了连续枯水年份不断流,有效协调和保证了下游黄河两岸的生活、生产用水,使黄河下游地区生态环境得以明显改善。但由于黄河水资源总量匮乏,供需矛盾突出问题长期存在,加上防止河道断流的机制和手段非常脆弱,河道断流的潜在威胁依然存在。

第三节 黄河水资源危机的基本原因

黄河水资源危机形成的原因是多方面的,既有水资源贫乏致使流域资源性缺水的根本原因,又有经济社会用水增长过快、水资源统一管理相对滞后的重要社会原因。

一、黄河水资源贫乏

黄河流域面积占国土面积的8.3%,人口占全国的8.7%,耕地面积占全国的13.3%,但黄河多年平均天然径流仅占全国的2.2%,流域内人均、亩均河川径流量分别为487m3和220m3,仅占全国人均、亩均的23%和15%。若再考虑向流域外供水任务,则人均、亩均水量更少。

1990—2002年黄河进入长达13年的连续枯水段,平均天然径流量仅为多年均值的74%,无疑加剧了黄河水资源危机形势。

二、引黄用水量增加过快

随着沿黄地区工农业生产的不断发展,引黄耗水量迅速增加。20世纪50年代年均耗水量为120亿㎥,到了90年代,仅统计的年均耗水量已增加到300亿㎥左右,加上其他未控人类活动因素的影响,实际耗水量更大,部分省(区)引黄耗水量超过了分配耗水指标。黄河河川径流的开发利用程度已超越其承载能力。

三、流域水资源管理手段薄弱

黄河水资源贫乏,引黄用水需求增加迅速,上中下游各地区、各部门用水矛盾十分突出。在授权流域管理机构实施黄河水量统一调度之前,流域管理机构对黄河干流已建的大型水库及主要引水工程缺乏系统有效且可操作的实时调度和监督管理权,在全河用水高峰期(又恰至黄河处于年内枯水期),灌溉、供水、发电和防凌之间的矛盾十分突出。1994年取水许可管理制度在全流域普遍开展,但由于制度不健全,特别是没有建立取水许可总量控制管理制度,加之在取水许可管理中对于违规取水行为管理手段的缺位,难以充分起到对全河用水规模进行有效控制的作用。1999年启动了全河水量统一调度,但对于像黄河这样大的河流进行统一调度,国内外没有先例,调度管理机制和制度只能在探索中逐步完善。在其初期,主要依靠的是行政和工程手段,且行政手段不健全,缺乏有效的法律手段,技术手段落后,尽管统一调度在一定程度上遏制了省(区)超计划用水的势头,地区间、部门间用水矛盾有所缓解,避免了黄河干流断流的再次发生,但断流危机依然存在,部分省(区)超计划用水的现象仍难以避免,地区间、部门间用水矛盾在一定条件下还可能激化。2006年,国务院先后出台了《取水许可和水资源费征收管理条例》《黄河水量调度条例》,将从制度层面加强了流域水资源统一管理手段,但条例的落实到位尚需一定的时间。

四、用水效率不高

农业灌溉是引黄用水大户,占全河引黄用水的80%以上。由于大部分灌区为老灌区,资金投入不足,灌区工程不配套,管理粗放,用水浪费,效益不高。据统计,现状引黄灌区中,达到节水标准的灌溉面积仅占总灌溉面积的20%,灌溉水利用系数只有0.4左右。单方水粮食产量0.71kg,用水效率低下,农业产量不高。我国当前粮食作物的单方水产量约为1.1kg。山东桓台县1997—1998年实施综合节水措施后,利用率已提高到2.02kg/m³。而以色列通过节约用水和高效用水,1998年利用效率为2.6kg/m³。与这些先进地区和全国的平均水平相比,黄河流域用水效率存在较大差距。

2000年,黄河流域万元GDP用水量为674m³,不仅低于全国平均水平的615m³,更远低于国际先进水平。黄河流域万元GDP用水量约为日本的29.3倍,韩国的8.5倍,差距较大。

五、来水年内分配不均而黄河中下游水库调节能力不足

黄河来水年内分配不均,干流水库调节作用是保证黄河不断流的关键措施。目前,黄河干流调蓄能力较强的大型水库有龙羊峡、刘家峡、万家寨、三门峡、小浪底等5座,总库容536亿m^3,调节库容约300亿m^3。但是,已建的三门峡水库由于受库区淤积和潼关高程的限制,只能进行有限的调节,一般年份在2~3月结合防凌最大蓄水量仅14亿m^3,远不能满足下游引黄灌溉用水要求。小浪底水库长期有效库容51亿m^3,可起到一定程度的调节作用。但仅靠三门峡和小浪底水库,中游干流河段的水库调节能力仍显不足,尤其是河口镇至龙门区间的晋陕峡谷缺乏可调节径流的控制性水利枢纽工程。

第四节　解决黄河水资源危机的对策

随着黄河流域经济的发展和人口的增长,水资源供需矛盾将会越来越突出。从长远来看,黄河流域自身水资源难以完全满足黄河流域及相关地区持续增长的用水需求,需要实施"南水北调"西线跨流域调水加以解决。从近期来看,则要依靠大力开展节约用水、强化水资源统一管理等综合措施加以解决。

一、建设水权秩序

针对目前黄河流域分水过于宏观,难以满足流域水资源管理的需要,需不断完善流域分水方案,推进省(区)内部水量分配工作,完善取用水权分配与管理工作制度,逐步建立完善的黄河水权分配和管理体系。

(一)完善流域水量分配

通过编制《黄河流域水资源综合规划》,研究黄河水与外调水、地表水与地下水、黄河干流与支流的水资源配置方案。在此基础上,进一步完善流域水量分配方案。

1.细化1987年国务院批准的黄河可供水量分配方案。明确干、支流分水指标,研究编制枯水年份分水方案;研究制定黄河地表水与地下水统一分配方案。

2.制定南水北调生效后的黄河水与外调水统一分配方案。

(二)推动省(区)内部水量分配工作

目前,在引黄各省(区)中,只有宁、蒙两自治区结合水权转换工作的开展,由自治区政府颁布了自治区内部水量分配方案。根据黄河水资源供需形势发展、管理的需要以及水权制度建立的要求,需尽快推动其他省(区)根据各自获得的黄河水量指标,制定并由省级人民政府颁布实施本省(区)水量分配方案。

(三)研究建立黄河水权分配和管理制度

在流域水量分配、省(区)内部水量分配以及现有取水许可制度的基础上,研究并建立黄

河水权分配和管理制度,建立流域水量分配和调整机制,明确分水的原则,界定水权的类型、用水优先顺序及期限,建立水权登记与审批制度、有偿使用制度、水权转让制度等,明确水权所有者的权利和义务等。

二、加强黄河水资源的统一管理与调度

(一)加强以总量控制为核心的流域取水许可管理

总量控制是黄河水资源管理的重要内容,也是取水许可管理的一项重要管理制度。黄委开展取水许可总量控制管理起步较早,要在总结以往工作经验的基础上,按照《取水许可和水资源费征收管理条例》的要求,逐步完善总量控制管理的各项具体制度,建立流域与区域相衔接的取水总量控制管理机制。

一是确立如下原则:在无余留水量指标的省(区),原则上不再审批新增用水指标项目,确需新上用水项目的,必须经水权转换获得取水指标。

二是建立黄河取水许可总量控制指标体系。由流域管理机构负责及时汇总流域许可水量情况,发布流域各省(区)取水许可总量控制指标使用和余留水量指标信息。

三是建立流域与省(区)取水许可审批与发证信息统计渠道和发布平台,实现流域与区域取水许可管理信息的互通共享。

四是明确流域管理机构和地方各级水行政主管部门在取水许可总量控制管理中的职责和权限,有效协调流域与区域在取水许可总量控制管理中的关系。

为此,需要落实、完善和建立如下管理制度:取水许可审批、发证统计和公告制度,实现取水许可审批发证资料的共享,为实施流域和省(区)总量控制提供全面准确的信息;建立取水许可审批、发证监督检查和处罚制度,防止瞒报、不报取水许可审批发证情况、越权审批等现象的发生;流域至各级行政区域总量控制与定额管理制度,防止取水失控和促进节约用水。

(二)强化黄河水量统一管理与调度,确保黄河不断流

1.实现黄河干流与重要支流水量的统一调度。在加强黄河干流水量统一调度的同时,依据《黄河水量调度条例》,逐步实施跨省(区)支流及黄河重要一级支流的水量调度工作。按照总量控制原则,由黄委协商有关省(区)省级水行政主管部门,确定支流省际断面及入黄控制断面的流量控制指标,全面实现黄河水量的统一调度。

2.进一步完善黄河水量调度协调机制。将目前已形成的以水量调度协调会议为主要形式的水量调度协调机制制度化和规范化,明确水量调度协调会议的组织方式、参加单位、职责和权限,最终形成协调有序的黄河水量调度协调机制。协商解决水库群蓄水及联合调度、水调与电调的关系处理、省(区)间及部门间的用水矛盾、年度水量分配及调度方案的编制等重大问题。

3.落实水调责任。逐步健全水量调度行政首长负责制度。落实省(区)行政首长关于省际断面下泄流量和水质目标要求的责任,确保省际断面下泄流量和出境水质。为此,需要建

立水量调度责任追究制度。对违反水量调度指令的各级行政首长和相关管理人员进行必要的行政和经济处罚,加强水量调度指令执行力度。

研究建立违反水量调度指令的各项处罚和补偿制度。通过对违反水量调度指令的省(区)和单位进行处罚(包括经济处罚),用以保护和弥补其他省(区)和单位以及河流生态用水权益和所受损失。

健全黄河水量调度突发事件应急反应机制。修订完善《黄河水量调度突发事件应急处置规定》,并制定配套管理办法,规范突发事件的处置。

4.加强控制性骨干水库、取退水口和外来水源的调度管理。按照电调服从水调的原则,将干支流已建、在建和规划新建的控制性骨干水库纳入黄河水量统一调度,形成黄河水量调度的工程调节体系。

在黄河下游引黄涵闸远程监控系统建设的基础上,加快上中游引黄工程远程监控系统建设,利用此系统,对干流主要取水口实施远程监视、监测或监控。

(三)实行多种水源的联合配置与调度

按照地表水和地下水联合运用、统一配置的原则,流域管理机构在进行黄河地表水年度水量分配和调度时,要充分考虑地下水的利用。各省(区)在用水、配水过程中,根据年度分配的地表水量指标以及地下水监测情况,联合配置和使用黄河地表水和地下水。

加强地下水开发利用的管理。在地下水开发利用程度高的地区,如汾渭盆地,要控制地下水的开采规模,划定地下水的禁采区和限采区;在地下水较为丰富的宁蒙灌区和下游引黄灌区,要鼓励合理开发利用地下水,实行地表水和地下水的联合运用和配置。

统筹考虑黄河水量和外调水的配置,实行外来水和黄河水的统一分配和调度。

三、建设节水型社会

积极开展节水型社会建设,提高黄河水资源的利用效率和效益,是缓解黄河水资源供需矛盾、实现经济社会及生态环境可持续发展的有效途径。开展节水型社会建设必须树立科学发展观,以水权、水市场理论为指导,以提高水资源利用效率和效益为核心,以体制、机制和制度建设为主要内容,以节水型灌区建设为重点,以科学技术为支撑,在重视工程节水的同时,突出经济手段的运用,切实转变用水方式和观念。

(一)体制完善和制度建设

1.在加强流域水资源统一管理的同时,推进行政区域水资源管理体制改革。进一步加强流域水资源统一管理,强化行政区域水资源的管理和监督,实行各种水源来水的联合调度、水量水质的统一管理,统筹涉水事务,推行水务一体化管理体制改革。

2.实行用水总量控制与定额管理相结合的制度。

(1)在明晰水权的基础上,结合年度来水情况,加强流域和行政区域年度水量分配和调度管理,逐级明确省(区)、市(县)直到各用水户的用水指标,建立用水总量控制指标体系,实行用水总量控制。

（2）积极推动省（区）开展行业用水定额的编制,结合国家行业用水标准,建立流域水资源定额管理指标体系。

行水资源规划、建设项目水资源论证、取水许可、水量调度、计划用水制度,保证总量控制和定额管理的实现。

3.鼓励公众参与,促进节水社会化。通过各种形式,让公众了解政策的制定和实施情况,民主参与决策。积极培育和发展用水者组织,参与水权、水量分配和水价制定。用水者组织实行民主决策、民主管理、民主监督。

（二）加强以灌区为主的节水改造,提高水资源利用效率

农业是引黄用水大户,当前农业用水效率较低,灌溉水利用系数只有0.4左右,用水效益不高。由于农业占用了大量宝贵的黄河水资源,阻碍了经济结构和用水结构的优化。因此,无论从经济社会的可持续发展,还是从加强水资源管理、促进节约用水的角度,大力开展引黄灌区的节水改造是黄河流域节水型社会建设的重点。

引黄灌区节水改造采取工程措施与非工程措施相结合,节水改造的重点区域是宁蒙灌区、汾渭盆地和下游豫鲁平原,节水改造的重点灌区是30万亩以上的大型引黄灌区。

在进行灌区节水改造的同时,加强工业和城市生活节水工作。要求新建工业项目采用先进适用的节水治污技术,力争实现零排放,逐步淘汰耗水大、技术落后的工艺和设备。加快城市供水管网建设,积极推广节水型器具。促进废污水的处理回用,提高城市污水利用率。

近期重点是落实《黄河近期重点治理开发规划》所确定的节水目标,使节水灌区占引黄灌区总面积的比例由2000年的20%提高到2010年的64.3%,灌溉水利用系数由0.4左右提高到0.5以上;大中城市工业用水的重复利用率由40%~60%逐步提高到75%。

（三）合理调整经济结构,大力发展循环经济

沿黄省（区）国民经济和社会发展要充分考虑黄河水资源的承载能力,进行科学的水资源论证,合理确定本地区经济布局和发展模式;在缺水地区,限制高耗水、重污染产业,大力发展循环经济。

农业发展要结合黄河水资源供需形势,大力开展种植结构的调整,限制水稻等高耗水作物,发展用水少、效益高的经济作物,做到种植结构的调整有利于农民增收和节约用水。

根据《宁夏回族自治区黄河水权转换总体规划》,在保持灌区面积不变、灌水定额不变的情况下,通过调整种植结构,规划将水稻种植面积由2002年的134万亩调整至100万亩,粮食作物、经济作物、林草种植面积的比例由74:16:10调整到70:17:13,可节水4.32亿m³。根据《内蒙古自治区黄河水权转换总体规划》,2000年粮食作物与经济作物种植比例为7:3,农田、草地、林地面积比例为8.3:0.7:1,如将粮食作物与经济作物种植比例调整为6:4,农田、草地、林地面积比例调整为6:2:2。经测算,可节水2.41亿m³。由此可见,种植结构调整可产生明显的节水效果。

(四)完善政策法规,形成长效节水机制

1.通过水权流转和水市场建设,促进节水型社会建设。在宁蒙水权转换试点的基础上,继续加强和完善水权转换制度建设,扩大水权转换实施范围。在条件成熟的地区,开展水市场试点建设,研究建立水市场的运行机制和市场规则,实现水权转换的市场化运作。通过市场手段,促进长效节水激励机制的形成,引导水资源向节约高效领域配置。

2.制定强制节水措施和优惠节水政策。通过法规和制度建设,强制执行行业用水定额,推广节水器具,强制部分行业采用回用水,鼓励使用非常规水源。

各级政府可制定优惠的投融资和税收政策,鼓励开展节水工程建设和节水技术的推广。

鉴于黄河流域大部分处于我国中西部地区,经济发展水平低,灌区节水改造任务繁重,中央和各级地方政府应继续加大对引黄灌区的节水投资力度,积极拓宽融资渠道。

四、建设南水北调西线工程

黄河流域水资源总量不足,难以满足流域及相关地区经济社会可持续发展和维持黄河健康生命的需要。根据《黄河的重大问题及其对策》的研究成果,在进一步强化水资源管理、高效节约用水的前提下,正常来水年份,2010年、2030年和2050年黄河流域分别缺水40亿 m^3 、110亿 m^3 和160亿 m^3 ,枯水年份,缺水更严重。因此,为解决黄河缺水问题,维持黄河健康生命,尽快实施外流域调水势在必行。

目前比较明确的跨流域调水入黄方案,一是利用南水北调西线工程增加黄河水量;二是利用已经开工的南水北调东线和中线工程相机向黄河补水;三是正在进行研究论证的调水方案,如引江济渭入黄等。相比较而言,从根本上缓解了黄河水资源供需矛盾,协调了黄河水沙关系,西线调水工程具有不可替代的作用。

根据2002年国务院批复的《南水北调工程总体规划》和西线项目建议书编制阶段开展的研究成果,西线调水工程规划从大渡河、雅砻江、通天河向黄河调水,调水规模为170亿 m^3 。其主要供水对象可分为两大部分:一部分为河道内用水,用于补充黄河干流河道内生态环境水量,包括生态基流和河道输沙用水;另一部分向河道外供水,包括重点城市和能源重化工基地的生活、生产用水,并为重点生态建设区供水。

考虑西线调水工程建设难度和维持黄河健康生命阶段目标,可本着"由小到大,由近及远,由易到难"的思路,分期实施。如西线调水工程能够实施,实施成功后将实现阶段通水目标,向黄河调水80亿~90亿m3,将极大地缓解黄河水资源的供需矛盾,黄河水沙不协调的矛盾将得到有效改善。

五、全方位、强有力的保障措施

(一)经济保障措施

1.征收水资源费,建立水资源有偿使用制度。按照《取水许可和水资源费征收管理条例》的要求,在流域内全面实行水资源有偿使用制度,进一步完善水资源费征收管理制度。

2.提高引黄水价,促进节水用水。根据目前引黄灌区水价普遍偏低,起不到促进节约用水的作用,要进一步提高引黄水价。尽快将农业引黄水价达到供水成本,工业和生活用水价格按照满足建设及运行成本(包括水资源费),获得合理利润的原则核定。

逐步推行基本水价和计量水价相结合的两部制水价,实行阶梯式水价,对超计划和超定额用水实行加价的累进计价制度。

改革渠系末端水价征收,杜绝乱收费和搭车收费现象,减轻农民负担。

(二)加强基础设施建设和科技手段的应用,提高黄河水资源统一管理与调度的科技水平

1.完善的流域水资源监测网络。对干支流重要河段控制断面水文测站设备进行更新改造,提高其在小流量、低水位情况下的测验精度,使之适应黄河水量调度的需要;建设数字化水文站,实现水情信息的快速测报。完善流域水量和水质(含地下水)监测体系,建立沿黄灌区及滩区引、退水监测网。

2.在"数字水调"一期工程的基础上,开展后续"数字水调"工程建设,建成黄河水情、旱情、墒情和引退水信息的自动监测系统,引黄涵闸的远程控制系统,径流预报模型系统、水量调度方案编制和水量调度评估业务处理系统、水量调度会商系统等,最终实现黄河水量调度的现代化和信息化。

3.建设黄河水资源管理的业务处理平台,实现在线进行取水许可、水权转换的申请与审批,水资源管理、水量调度和水质信息发布。

(三)完善和加强法律手段,保障黄河水资源统一管理的顺利实施

依据《黄河水量调度条例》和《取水许可和水资源费征收管理条例》,尽快制定流域配套管理办法,抓紧开展《黄河法》的立法工作,最终形成以《黄河法》、《黄河水量调度条例》、《取水许可和水资源费征收管理条例》为核心的,完善且涵盖黄河水权管理、水量调度、水资源保护在内的流域水资源管理法规体系。

第七章　黄河流域概况

黄河流域是中华民族的发祥地,经济开发历史悠久,文化繁衍源远流长,曾经长期是我国政治、经济、文化的中心地区。黄河流域可持续发展事关该区域社会、经济、环境生态和人民生活,并对全国的可持续发展具有深远的影响。

第一节　位置与范围

黄河自西向东,流经青海、四川、甘肃、宁夏、内蒙古、山西、陕西、河南、山东等九省区,在山东省垦利县注入渤海。全流域约位于96°E～119°E,32°N～42°N之间,东西长约1900km,南北宽约1100km。黄河的河长和流域面积,因泥沙淤积、河口延伸而处于不断变化之中。据1973年量算,黄河河长5464km,流域面积752443km²,包括鄂尔多斯高原区面积则为794712km²。

黄河河源至托克托(河口镇)河段称为上游,托克托至桃花峪河段称为中游,桃花峪以下河段称为下游。表7-1给出了黄河流域基本特征数据。

表7-1　黄河流域特征数据

河段	流域面积 ($\times 10^4$km²)	河长(km)	天然径流 ($\times 10^8$km²)	输沙量 ($\times 10^8$t)	年降水量 (mm)	年平均气温 ( )
上游	38.6	3471.6	312.6	1.42	401.6	3.22
中游	34.4	1206.4	246.6	14.9	546.4	9.22
下游	2.2	785.6	21.0		675.9	14.46
全河	75.2	5463.6	580.2	16.0	475.9	9.22

第二节　地势与地形

黄河流域西部高,东部低,地势由西向东逐级下降,可分为三个巨大的地形阶梯。

最高一级是青海高原,海拔在4000m以上,南部的巴颜喀拉山脉构成与长江的分水岭。祁连山横亘北缘,形成青海高原与内蒙古高原的分界。阶梯的东部边缘北起祁连山东端,向南经临夏、临潭沿洮河,经岷县直达岷山。主峰高达6282m的阿尼玛卿山,耸立中部,是黄河流域最高点。山顶终年积雪。呈西北一东南方向分布的积石山与岷山相抵,使黄河绕流而行,形成S形大弯道,是九曲黄河的第一曲。

黄河流域的第二大阶梯,大致以太行山为东界,地面平均海拔一般1000~2000m,包含河套平原、鄂尔多斯高原、黄土高原和渭汾盆地等较大的地貌单元。这一带历来是我国各民族繁衍生息所在,许多复杂的气象、水文、泥沙现象多出现在这一地带,也是黄河流域水旱灾害的主要发生地。

宁、陕、蒙交界处的白于山以北,是内蒙古高原,包括河套平原和鄂尔多斯高原。河套平原西起宁夏中卫、中宁,东至内蒙古托克托,长750km,宽50km。西部的贺兰山、狼山和北部的阴山,是黄河流域和西北内陆河的分界,对腾格里沙漠、乌兰布和沙漠与巴丹吉林沙漠向黄河腹地入侵,起到一定的阻止作用。鄂尔多斯高原,是一个近似方形台状的干燥剥蚀高原,地理学界又称为"鄂尔多斯地台",风沙地貌发育活跃。北部的库布齐沙漠,西部的卓资山,东部及南部的长城,把高原中心围成一块凹地,降雨径流大都汇入盐湖,形成黄河流域界内面积4.23万km²的内流区。

黄土高原北起长城,南界秦岭,西抵青海高原,东至太行山脉,海拔1000~2000m,深厚的黄土,疏松的土质,裸露的地表,强烈的侵蚀,形成了千沟万壑、支离破碎的地形地貌,是黄河流域泥沙的主要来源地。著名的渭汾盆地,包括陕西关中盆地、山西太原盆地和晋南盆地,海拔500~1000m,素以膏壤沃野、农产丰饶著称。东部的太行山,是黄河与海河的分水岭。横亘南部的秦岭及其向东延伸的伏牛山、嵩山,是我国亚热带与暖温带、干旱区与湿润区的南北分界,也是黄河与长江、淮河的分界。

黄河流域的第三大阶梯,从太行山、邙山的东麓直达海滨,构成黄河冲积大平原,包括豫、鲁、冀、皖、苏五省的部分地区面积约25万km²的范围。地面高程一般在100m以下,并微微向海洋倾斜。平原的地势,大体以黄河大堤为不稳定的分水岭,南北分别为黄淮和黄海大平原。

黄河流域自西向东由高降低的三大地形阶梯,对形成本流域的气候、自然景观以及河流顺势东下的总形势,有决定性的作用。据地质学家研究,青藏高原系因地球自转离心力的作用,使欧亚板块总体南移,印度板块向北和向北东方向移动,太平洋板块向西北和向西移动。三大板块相互挤压在我国西部发生右旋扭曲,到上新世末,印度板块急剧向北俯冲,同时欧亚板块也向南加剧移动,在这种巨大的南北挤压应力下,发生强烈的新构造运动,使我国西部地区迅速隆起,形成了有世界屋脊之称的青藏高原和黄河流域的一、二级阶梯,使溯源侵蚀更加活跃。强大的西风环流,年复一年地挟带着印度洋上空的暖湿气流,爬越青藏高原,顺势东下,逐步下沉、增温,云团蒸发,造成黄河上、中游大部分地区干旱、半干旱的水分条件,古代许多巨大的内陆湖泊,随之萎缩干涸,演化为沙漠。这个过程,至今仍在继续之中。

第三节　土壤与植被

一、土壤

黄河流域由东南向西北依次分布有棕壤土、褐色土、灰褐土、栗钙土、灰钙土、漠钙土等。

棕壤土分布在泰山、秦岭、六盘山、吕梁山等山地,属温带森林条件下发育的山地棕壤土和山地褐土,一般土层较薄,常成粗骨土,土层呈中性或微酸性反应。

褐色土分布在东南部的森林草原地带,包括陕西中部、甘肃南部和山西的大部分。土壤剖面上部呈褐色,腐殖质含量较高,呈中性至微碱性反应,中部和下部粘化现象显著。

灰褐土分布于陕西北部和甘肃中部的草原地带,土壤剖面具有较厚的腐殖质层,浅褐色,碳酸盐含量高,为碱性。表层为细粒状结构,中下部呈核状至团块状结构,剖面中部有明显的粘化现象。

灰钙土分布于固原、兰州的干草原地带,质地较粗,腐殖质含量低,呈碱性反应。

栗钙土和棕钙土分布于鄂尔多斯高原边缘的干草原地区,腐殖质含量低,土层较薄且多沙。

漠钙土分布于鄂尔多斯高原中部,属荒漠草原地带,有机质多分解为矿物质,含盐量大。

黄河上游青海高原上有明显的山地垂直谱。黄河源及积石山一带为地表状似毛毡的高山草毡土;较湿润处有机质分解略为充分,为高山黑毡土;黄河沿以南草原上为高山莎嘎土;高山雪线以下有高山寒漠土。

黄河流域土壤除上述地带性分布规律外,还有由各种原因造成的多种隐域性土壤分布。

二、植被

自然植被的地区分布受海洋季风影响,自东南向西北顺序出现了森林草原、干草原和荒漠草原三种植被类型地带。

(一)森林草原地带。

大致包括青海高原地区以及凉城、兴县、离石、延长、志丹、庆阳、平凉、通渭一线以南和以东地区。青海高原除湟水各地分布有温带草原外,绝大部分为高寒草甸丛和高寒草原。黄土高原原始植被已破坏殆尽。梁峁谷坡皆为次生的白羊草、茭蒿、长芒草草原和铁秆蒿等组成的杂类草草原。黄土高原的石质山地(海拔2500m以上)如六盘山、吕梁山、西秦岭等高山之上,森林较茂密,主要为落叶、阔叶及少量针叶混交林。山顶一般为针叶林。黄土高原中的低山(相对高差约200～400m),如黄龙山、崂山、子午岭等保存着一些次生的落叶阔叶林及少量针叶混交林。

（二）干草原地带。

包括阴山山脉河曲、靖边、同心、景泰一线以南,森林草原地带以北。除大青山植被略好,分布有长芒草、冷蒿草原外,其余多为抗旱耐寒和生殖力强的草木,散布于沟壑两侧和荒芜崖坡间。

（三）荒漠草原地带。

位于干草原地带西北,即鄂尔多斯高原及河套地区。由于风沙影响,气候干燥,植被稀少,只有少数耐寒、抗旱、耐盐碱的植物。

第四节　气候

黄河流域幅员辽阔,山脉众多,地势高差悬殊,地貌条件差异也较大,因而各地所形成的气候有很大差异。

一、气候带

根据中央气象局中国气候区划分方法,黄河流域主要位于三大气候带,即104°E以西为高原气候区;104°E以东,大致以临洮、定西、固原、环县、靖边、佳县至汾河河源一线为界,该线西北部为中温带,该线东南部为南温带。表7-2给出了划分气候带的几个指标,包括大于10℃温度累计值、最冷月平均气温、年极端最低气温及年干燥度等。根据表7-2中给出的指标,这里将黄河流域的三大气候带划分为8个气候区,详见表7-3。

表7-2　气候带温度指标及气候干燥度指数

气候带	>10 积温（ ）	最冷月平均气温（ ）	年极端最低气温（ ）	年干燥度
中温带	1600～1700 至 3100～3400	−30～−10	−48～−30	湿润<1.0 半湿润1.0～1.49 半干旱1.5～3.49 干旱≥3.50
南温带	3100～3400 至 4250～4500	−10～10	−30～−20	
高原区	<2000			

表7-3　黄河流域各气候区范围

气候带	气候区	范围
中温带	蒙东半干旱区	靖边、东胜、呼和浩特一线东南,靖边、佳县至汾河河源一线西北
	蒙中半干旱区	蒙甘干旱区东南,临洮、定西、环县、固原、靖边、东胜、呼和浩特一线西北,西与高原区祁连、青海湖半干旱区衔接
	蒙甘半干旱区	景泰、白银、中宁、鄂托克旗、杭锦旗、五原至白云矿区一线西北部

南温带	渭河、大汶河半湿润区	北至临洮、定西、固原、宜川、潼关、三门峡、洛阳至焦作一线(含黄河下游),西与青、甘、川湿润区衔接
	晋、陕、甘半干旱区	固原、环县、靖边至汾河源头一线东南,固原、宜川、潼关、三门峡、洛阳至焦作一线西北
高原区	青、甘、川湿润区	久治、河南、同德、临夏、临洮、岷县一线东南部
	青南半湿润区	兴海、同德、河南、久治一线西南部
	祁连、青海湖半干旱区	兴海、同德、同仁、临夏、永靖、天祝一线西北部

二、水汽来源及输送

黄河流域盛夏暴雨期间的水汽来源地主要有三个:

(一)印度洋、孟加拉湾。

当印缅低压强盛,南支槽加深,尤其青藏高原的热低压强烈发展时,则以高原为尺度的低空急流将印度洋、孟加拉湾的水汽输送至黄河流域。

(二)南海。

当西太平洋副热带高压势力加强,尤其中心稳定在我国华中、华南一带,且脊线呈南北走向,或配合有台风自南海北上时,则低空南风急流将南海北部湾海域的水汽向北输送到黄河流域。实际上,该海域水汽中的相当一部分来自南半球的东南气流,它是随季风气流越过赤道进入南海海域转变为偏南气流的。

(三)东海。

当西太平洋副热带高压势力加强,5880gpm线伸向我国大陆,且脊线稳定活动在30°E附近,特别有台风在我国东南沿海登陆,黄河中下游处于其影响范围内时,则在西太平洋副高的南侧或西南侧,与深入内陆的台风低压的东北部之间形成强东南气流,水汽从北太平洋西部、东海海域经华北上空输送到黄河流域。

黄河流域的水汽路径,主要有以下三条输送带:

1.由四川盆地经嘉陵江河谷北上进入黄河中下游,它汇集了上述前两个源地的水汽,不仅厚度大,而且影响范围广,是黄河流域盛夏暴雨水汽最主要的一条输送带。

2.由青藏高原中部拉萨一带呈东北向北上,与高原上空热低压前部的西南风最大风速轴对应的一条水汽输送带。它把高原上空的暖湿空气输送到黄河上游。这条输送带由于地势的原因,其厚度较薄,主要是高层水汽的输送。

3.受偏东气流的影响,沿武汉至西安方向有一条自东南向西北的输送带,把华中、华北一带低层的水汽输送到黄河流域,其输入厚度随环流形势变化较大。经该输送带输送的水汽主要影响黄河中下游,往往是造成下游特大暴雨的重要原因。

三、气候特征

由于后面将讨论黄河流域降水和蒸发变化特征,这里主要说明黄河流域的日照、气温、风和干旱特征。

(一)日照特征

黄河流域是我国日照时间长、平均日照率高、太阳总辐射量多、光资源丰富的地区,这为农作物的生长发育和广泛利用太阳能提供了良好的条件。

黄河流域年日照时数1900~3400h,平均日照率50%~75%,太阳年总辐射量460~669kJ/cm²。

(二)气温特征

黄河流域地处中纬度地带,因此较我国高纬度的东北和西部高原地区温暖。不过,由于流域内地形复杂,上游海拔高差悬殊,气温变化的幅度较大。例如,中游洛阳站最高气温曾达到44.2℃(1966年6月20日),而上游黄河沿有过-53.0℃(1978年1月2日)的低温。

表7-4给出了黄河流域部分站1951—1990年平均气温统计情况。由表7-4可知,黄河上游兰州以上河段,虽区域内地面高程相差悬殊,致使区域内平均气温变化复杂,在-4.0(玛多)~9.3℃(兰州)之间,但其平均海拔高程远高于其他地区,故该区域年平均气温是流域内低值区。以往有研究成果表明,35°N剖面附近流域内不同海拔高程和年平均气温的关系是:海拔高程上升100m,年平均气温下降0.47℃。兰州以下至入海口,除局部受高山及沙漠影响外,气温的变化主要受纬度的影响,呈南高北低,受经度的影响,呈东高西低的特征。

表7-4 黄河流域部分站多年平均气温统计

(单位:)							
河段	站名	东经	北纬	年平均	夏季	冬季	年较差
上游	玛多	98°08′	34°59′	-4.0	6.5	-15.5	24.3
	玛曲	102°05′	34°00′	1.2	9.9	8.2	20.2
	兰州	103°53′	36°03′	9.3	21.2	-4.5	28.7
	呼和浩特	111°41′	40°49′	6.2	21.2	-10.6	34.7
中游	延安	109°30′	36°36′	9.4	21.7	-4.4	29.0
	西安	108°56′	34°18′	13.4	26.0	0.8	27.2
	太原	112°33′	37°47′	9.5	22.3	-4.6	29.7
	洛阳	112°25′	34°40′	14.6	26.7	1.8	27.1
下游	郑州	113°39′	34°43′	14.2	26.3	1.2	27.3
	济南	116°59′	36°41′	14.2	26.6	0.3	28.8

气温的年内变化,呈现出最低在1月,最高大多在7月的特征。气温年较差等值线分布的总趋势是南小北大,西小东大,而且其值随海拔高程增高而减小,随纬度增高而变大。具体是:37°N以北地区偏大,大多为30~35℃,37°N以南地区相对偏小,一般为25~29℃。特别是上游高原地区仅20~25℃,是我国北方同纬度气温年较差最小的区域。

气候变暖是当前全球变化中最鲜明并起主导作用的因素。表7-5给出了近百年地面平均气温的趋势变化值。显然可见,无论80年代对上世纪末的差,还是近百年气温变化的直线趋势,均表明全球平均地面气温上升了0.5℃。

表7-5 近百年气候变暖趋势

时间	全球	北半球	南半球
(1981~1990年)~(1891~1990年)	0.47℃	0.47℃	0.48℃
1891~1990年直线趋势	0.50℃/100年	0.50℃/100年	0.50℃/100年

表7-6列出了黄河流域分区各年代的平均气温。不难看出,近几十年黄河流域年平均气温变化的总趋势是,前期(20年代到40年代)偏高,中期(50年代和60年代)略低,近期(70年代和80年代)回升。而且,冬季与夏季的差异甚大,即夏季平均气温呈下降趋势,而冬季平均气温呈上升趋势。这种趋势以近几十年最为显著。尤其需要指出的是,70年代和80年代的冬季增暖现象更为突出,以致黄河冬季凌情大为减轻,如50年代以来,黄河下游封冻上溯至兰考的年数从平均每年代的7年减少至1年。

表7-6

地区	时间	1920~1929年	1930~1939年	1940~1949年	1950~1959年	1960~1969年	1970~1979年	1980~1988年	1920~1988年
兰州以上	夏季	14.0	13.9	13.9	13.7	13.4	13.4	13.5	13.7
	冬季	8.6	−8.4	−8.4	−8.8	9.0	−8.8	−8.1	−8.6
	全年	3.4	3.3	3.4	3.2	2.9	3.0	3.3	3.2
兰州至花园口	夏季	23.1	22.6	22.6	22.0	22.0	22.0	21.8	22.3
	冬季	−4.6	5.6	4.8	−5.6	−5.8	−5.3	4.9	5.2
	全年	9.7	9.3	9.7	8.8	8.9	9.0	9.1	9.2
花园口以下	夏季	27.0	27.1	27.5	26.4	27.0	26.2	26.3	26.8
	冬季	0.9	0.7	1.2	0.4	0.7	1.0	1.0	0.8
	全年	14.6	14.4	15.0	14.1	14.3	14.2	14.3	14.4

(三)风

由大风造成的风沙和沙暴给黄河流域造成了一定的灾害。例如,1993年金昌市出现的沙暴曾造成人员伤亡。风沙可导致土地和荒漠的沙化,草原退化,使自然生态平衡失调,加剧农牧业干旱灾害。此外,还增加了粗泥沙的来源。

黄河流域平均风速2~3m/s,最大风速可达25~30m/s,年平均大风日数20~90天。

(四)干旱特征

众所周知,反映气候干湿程度的指标一般采用年水面蒸发能力与年降水量之比(r),即干旱指数。若r>1.0,说明该地区偏于干旱,r值越大,说明干旱程度越严重;反之,若r<1.0;说明该地区偏于湿润,r值越小,说明湿润程度越强烈。

黄河流域干旱指数的地区分布为:秦岭及其以南地区,r≤1.0,属于湿润带;r等于3.0的等

— 205 —

值线自河口镇经榆林、靖边、环县、海原、会宁、兰州、民和、永登出黄河流域进入甘肃省内陆河区。此线东南即r在1.0～3.0之间属于半湿润带;此线西北,即r在3.0～7.0之间属于半干旱带;r＞7.0属干旱带;内蒙古乌海市及甘肃省景泰县与西北内陆河区交界处,r值高达10.0以上。

黄河流域内干旱指数为1.0的分布带,大体对应于多年平均年降水量800mm的等值线位置,是我国南北气候分带的界线,该线以南年径流深在300mm以上,属多水带。干旱指数3.0的分布带,大致对应于年降水量400mm等值线位置,是我国也是黄河流域东西气候变化的分界线,该线以东气候比较温和、湿润,年径流深为50～300mm,属于过渡带,是主要农作物区;该线以西,气候干燥少雨,年径流深为10～50mm,属于少水带,是半农半牧区及牧区。干旱指数大于7.0以上,大致对应于年降水量小于200mm的地区,年径流深小于10mm,属于干枯带,呈现荒漠、半荒漠景观,以牧业为主,农业主要依靠灌溉,是无灌溉即无农业区。流域内的青海高原,大部分地区属于高寒带,多年平均年气温小于4℃,年水面蒸发量小于900mm,与流域其他地区相比,降水量虽相当,干旱指数小,一般在3.0以下,年径流深50～300mm,大部分地区为100～300mm,黄河流域年径流量有一半以上来自青海高原。

黄河流域季节干旱发生的地区分布极不均匀。例如,流域内以春旱为主的地区大致分布在吴堡至龙门区间、汾河中上游、沁河上游及大汶河区;以夏旱为主的地区大致分布在渭河宝鸡以下,泾河、北洛河及汾河下游以及龙门至花园口区间(不含沁河)。流域内其他地区春、夏旱出现的频率基本相同,表现为以春旱为主的春夏旱型与以夏旱为主的春夏旱型,前者主要分布在青海高原、泾河甘肃省境内、北洛河上中游、河口镇至龙门区间的河曲至清涧河入黄口河段及沁河中下游;后者主要分布在兰州至河口镇区间、渭河宝鸡峡以上、金堤河区及内流区。

第五节　水系

一、黄河属太平洋水系。

在晚更新世以前,黄河流域内曾经散布着许多自成独立水系的内陆湖泊,相互之间并不贯通。由于强烈的喜马拉雅造山运动,使西部隆起,东部下沉,湖泊之间的支流加速了溯源侵蚀,终于在全新世初期,形成了现代全线贯通、汇流入海的黄河水系。

黄河的河源,位于巴颜喀拉山北麓约古宗列盆地西南隅的玛曲曲果,东经95°59′24″,北纬35°01′13″。

二、自黄河源头至内蒙古托克托县河口镇为上游。

河段长3472km、落差3846m、集水面积38.6万km²,分别占全流域河长、落差、集水面积的

63.5%、79.6%、51.3%。区间入黄支流(指集水面积大于1000km²,下同)共43条,左右两侧支流(包括集水面积小于1000km²,下同)的集水面积,除玛曲至兰州基本对称外,其他河段呈不对称分布,右侧大于左侧。其主要特点是:

(一)巨型弯道多。

九曲黄河六大弯道,上游居其四。它们是唐克湾、唐乃亥湾、兰州湾和河套湾。

(二)峡谷多。

从河源区的多石峡至宁夏的青铜峡,一束一放,总计27处峡谷。峡谷总长度862km,总落差1651m,最长的拉加峡216km,落差588m,最短的牛鼻子峡和盐锅峡,仅3.3~3.4km。其中龙羊峡至下河沿,河谷川峡相间,水量丰沛,落差集中,是黄河水能资源开发的重点地段。

(三)集水宽度小。

黄河上游平均集水宽度111km,小于黄河河口以上全流域的平均宽度。这是黄河上游干流洪水涨落较中游平缓的重要原因之一。

三、自河口镇至郑州的桃花峪(以花园口站为界,下同)为黄河中游。

河段长1224km、落差895m、区间面积34.4万km²,分别占全流域的22.4%、18.5%、45.7%。入黄支流30条,左右两侧集水面积除三门峡至花园口河段基本对称外,其他河段呈不对称分布。黄河流过河口镇以后,东受吕梁山阻挡,折流南下,直抵龙门,形成深峻的晋陕峡谷。在725km的束狭河段上,落差607m,汇集了黄河56%的泥沙和13.1%的径流。河段中除河曲、保德、府谷、蔚汾河口及吴堡县城河势稍为开阔,余皆岸壁峭立,坡陡流急,为输送区间11.2万km²面积上的流失物质,塑造了畅顺的通道。

四、自桃花峪(花园口站)至河口为黄河下游。

河段长768km、落差89m、集水面积2.24万km²,分别占全流域的14.1%、1.9%、3.0%。入黄支流只有3条。两条总长l400余公里的临黄大堤,约束着举世闻名的地上悬河,护卫着豫、鲁、冀、皖、苏5省12万km2范围内7000万人口、7000余万hm²耕地,5个50万以上人口的城市以及中原、胜利油田和重要铁路干线的防汛安全,并为这一地区提供了赖以发展的水资源。

黄河支流众多,大于或等于某级面积(F)的河流总条数(n)见表7-7。

表7-7 黄河支流流域面积大于或等于某级面积的条数

F(km²)	1000	2000	3000	5000	10000	20000	30000	130000
n(条)	152	87	64	36	19	10	7	2

黄河流域水系的平原形态有以下类型:①树枝状,遍布于上中游地区;②羽毛状,湟水及洛河干支流为典型代表;③散射状,多为流路短的时令河,分布于皋兰至靖远一带与鄂尔多斯沙漠区,有的汇集于海淖、有的消失于沙漠;④扇状,以泾河、大汶河为典型代表;⑤辐射状,如黄南的夏德日山、定西的华家岭、宁夏的六盘山、陕北的白于山以及内蒙古的鄂尔多斯

高原周围的支流;⑥湖串,主要分布在河源区;⑦网状,分布在盆地与平原等河网交织的地区。

黄河流域的河网密度(以每平方公里的河网长度计),在不同地区有较大差异。按大于500m的天然河道网进行统计,陕北米脂泉家沟和山西离石王家沟,河网密度为全流域之冠,分别达3.8lkm和3.89km;黄土高塬沟壑区长武县的王家沟、淳化的尼河沟分别达2.76km和2.13km;黄土台塬区的乾县枣子沟1.89km。从兰州到托克托之间,河网密度最小,其中沙漠区不及0.lkm。石质山地的河网密度则居于极大和极小值之间,其中秦岭北坡1.7~1.9km;六盘山区较小,为0.55~0.9km。

过大的河网密度,不仅为宣泄地面径流和土壤流失物质提供畅顺的通道,而且增加地表面暴露面积,加大陆地蒸发。例如河网密度3km/km²,地平线以下平均割切深度为200m,与气候条件相同的平地相比,前者陆地蒸发能力为后者的22倍。因此,过高的河网密度,是黄土丘陵区多旱多灾的原因之一。

第六节　土地资源

水资源是重要的自然资源。维持人类生存所需的一切食物、工业原料、能源等都直接、间接地来源于水土资源。只要科学合理地利用水土资源,便可保持其再生和恢复的能力,从而给人类社会持续不断地提供各种生产、生活能力。它是国家发展和建设不可缺少的自然资源。

黄河流域(含内流区,下同)土地资源分布情况见表7-8。可以看出,黄河流域土地面积7947.1万hm²,其中山丘区面积占全流域面积76.4%,平原占17.0%,水域占6.60%。全流域共有耕地面积1207.8万hm²(1990年资料,下同),其中有效灌溉面积438.2万hm²,年实灌面积350.1万hm²,耕垦率15.2%;林地面积1058.1万hm²,森林覆盖率13.3%;牧草地3024.6万hm²,占全流域土地面积的38.1%,其中灌溉草场5.66万hm²。

表7-8　黄河流域及内流区土地资源分布

（单位：10⁴hm²）						
区间		上游	中游	下游	黄河流域	内流河
土地总面积		3859.7	3440.6	224.1	7524.4	422.7
农地	耕地面积	317.3	775.2	101.8	1194.3	13.5
	占总面积（%）	8.2	22.5	45.4	15.9	3.2
	灌溉面积	137.9	231.4	68.5	437.8	0.4
	占耕地面积（%）	43.5	29.9	67.3	36.7	3.0
	雨养农业面积	179.4	543.8	33.3	756.5	13.1

	占耕地面积(%)	56.5	70.1	32.7	63.3	97.0
牧草地	草场面积	2158.7	634.6	1.0	2794.3	230.3
	占总面积(%)	55.9	18.5	0.4	37.1	54.5
林地	面积	244.3	757.6	18.3	1020.2	37.9
	占总面积(%)	6.4	22.0	8.2	13.6	9.0
其他	面积	1139.4	1273.2	103.0	2515.6	141.0
	占总面积(%)	29.5	37.0	46.0	33.4	33.3

一、黄河上游地区

河源至龙羊峡属高寒地区,分布着大面积高寒草原、高寒草甸草原及沼泽类草原。牧草地占土地面积的80.9%;只占土地面积0.5%的耕地面积中有效灌溉面积及雨养农业面积分别占耕地面积的41.8%、58.2%,耕地主要分布在河谷川地及沟谷坡地;占5.0%的林地面积,零星分布在各支流左右侧。

龙羊峡至兰州,位于青海高原与黄土高原结合部位。牧草地占土地面积的56.7%,草原类型以高寒草甸和草甸草原为主。只占9.5%的耕地中有效灌溉面积及雨养农业面积分别占耕地面积的26.9%、73.1%,耕地主要分布在河谷川地、阶地、主沟谷坡地。区内中型灌区(0.67万~2.0万 hm²)只有庄浪河东干渠及洮河洮惠渠灌区。占14.8%的林地面积,主要分布在隆务河、大夏河、洮河中上游和乌鞘岭。

兰州至河口镇区间,属于黄土高原和内蒙古高原。牧草地占土地总面积35.4%,草原类型以干草和荒漠类草原为主。占13.6%的耕地中有效灌溉面积及雨养农业面积分别占耕地面积的49.9%、50.1%,耕地主要分布在河谷川地、阶地、塬面、沟谷坡地及宁夏平原和内蒙古河套平原。区内中型灌区15处,大型灌区(2万 hm²以上)10处,即景泰川、卫宁、靖会、固海扬水、青铜峡、河套、伊盟、磴口、团结和托县灌区,为黄河流域农业生产基地之一。只占2.7%的林地,主要分布在贺兰山及大青山。

黄河上游达日至兰州区间是上游洪水来源区,其特点是降雨历时长、面积大、强度小,加之森林、草地和沼泽的调蓄作用以及平均集水宽度105km远小于黄河河口以上全流域的集水宽度等原因形成的洪水,涨落平缓,呈矮胖型。兰州至河口镇,因降水少、蒸发大,加上区间灌溉引水和河道槽蓄(宁蒙平原河道宽浅,比降平缓)影响,洪峰流量及径流量沿程减少。黄河上游洪灾主要发生在甘、宁、蒙段,凌灾主要发生在宁、蒙河套河段,凌汛期受冰塞冰坝壅水,往往造成堤防决溢,危害甚大。

黄河上游龙羊峡以上属高寒地区,除兴海至龙羊峡黄河干流两侧雨量少,时有旱灾发生外,雪灾(又名白灾)和雹灾为本区段主要自然灾害。大部分地区位于半干旱、干旱带的兰州至河口镇区间,旱情严重,其中尤以干旱带(大致位于景泰、靖远一线至内蒙古河套灌区黄河干流两侧)旱情最为严重,是"无灌溉即无农业"的地区。

总的来说,黄河上游地区,土地面积为3859.7万 hm²。其中,耕地面积、草场面积、林地面积分别占8.2%、55.9%、6.4%,其余的29.5%为荒山、荒漠及城镇、村落、道路等面积。

二、黄河中游地区

河口镇至龙门区间,属黄土丘陵沟壑区。占土地面积12.3%的耕地中有效灌溉面积及雨养农业面积分别占耕地面积的7.7%、92.3%,耕地分布在河谷川地、塬面、梁峁坡及部分沟谷坡地。占19.3%的林地,主要分布在黄龙山及吕梁山。牧草地占21.0%,草原类型以干草原、荒漠草原及荒草坡类为主。荒草坡类草原分布在沟谷坡地,干草原及荒漠类草原分布在高平原。

龙门至三门峡区间,除汾渭盆地外,属于黄土塬及黄土丘陵沟壑区。占土地面积28.5%的耕地中有效灌溉面积及雨养农业面积分别占耕地的34.0%、66.0%。耕地主要分布在河谷川地、塬面、汾渭盆地和梁峁坡地。汾渭盆地是黄河流域农业生产基地之一。关中平原667hm²(万亩)以上的灌区112处,其中型灌区9处、大型灌区8处(宝鸡峡、交口、泾惠渠、洛惠渠、石堡川、东雷、羊毛湾和冯家山灌区)。汾河灌区万亩以上机电灌溉站27处,大中型灌区60多处,其中大型灌区4处(汾河、文峪河、潇河和汾西灌区);山西运城盆地有大中型灌区4处,其中大型灌区2处(夹马口、尊村)。占21.6%的林地,分布在秦岭北坡、六盘山、陇山、子午岭、黄龙山、崂山、吕梁山、火焰山和太岳山等山区。占18.7%的牧草地,其类型有草甸草原、干草原(分布在渭河和泾河、北洛河上游)及荒草坡类草原(分布在沟谷坡地)。

三门峡至花园口区间,属于黄土丘陵和冲积平原。占土地面积22.5%的耕地中有效灌溉面积及雨养农业面积分别占耕地面积的38.2%、61.8%,耕地分布在河谷川地、盆地、塬面及冲积平原,区域内667hm²(万亩)以上灌区约63处,其中大中型灌区各2处,大型灌区为引沁灌区及陆浑灌区。占31.4%的林地面积,分布在太行山西坡、王屋山、嵩山、伏牛山及中条山。

黄河中游位于湿润、半湿润、半干旱带,由于降水年内、年际分配不匀,常发生春夏旱及"卡脖子"旱,是流域内旱灾损失最严重的地区,素有"十年九旱"之称。对黄土丘陵沟壑区的雨养农业区影响更大:一是大量水土流失,耕地肥力减低;二是植被差,水分流失严重;三是广种薄收,加速水土流失,地形变得更加支离破碎,农业产量低而不稳。遇到干旱,农业更是大幅度减产,群众生活贫苦,至今仍是流域内低产落后的地区。

总的来说,黄河中游地区,土地面积为3440.6万hm²。其中,耕地面积、草场面积、林地面积分别占土地面积的22.5%、18.5%、22.0%,其余的37.0%为荒山、荒漠及城镇、村落、道路等面积。

三、黄河下游地区

花园口至河口区间,属于黄河冲积平原、鲁中丘陵和河口三角洲。占土地面积45.4%的耕地面积中有效灌溉面积及雨养农业面积分别占耕地面积的67.3%、32.7%,耕地分布在鲁中丘陵及黄河两岸堤内,区内667hm²(万亩)以上灌区85处,其中大型灌区6处(河南大宫、韩董庄、祥符朱、渠村、南小堤,山东田山等均属引黄灌区),中小型灌区大部分分布在山东境内。

占8.2%的林地面积,主要分布在泰山一带,其他均为"四旁"植树。

"地上悬河"位于本河段,洪水严重威胁着大堤的安全,防汛任务很重。

总的来说,黄河下游地区,土地面积为224.1万 hm²。其中,耕地面积、草场面积、林地面积分别占45.4%、0.4%、8.2%,其余的46.0%为荒山、荒漠及城镇、村落、道路等面积。

综上所述,黄河流域耕地面积主要集中在兰州至河口镇、龙门至三门峡区间,分别占流域耕地总面积的18.7%、45.6%。兰州至河口镇区间雨养农业区粮食产量1296kg/hm²,远低于灌区产量4110kg/hm²(1990年水平)。位于海原、同心、灵武一带的银南黄土台塬面积107.7万 hm²中,除有少量农业耕地外,均属荒漠类草场。该地区光热资源充足,有水即可发展农牧业,促进草场生态系统向良性循环转化。龙门至三门峡区间工农业较发达,突出的问题是水资源缺乏,影响该地区工农业的发展,如渭河上游定西及天水地区共有耕地73.9万 hm²,其中有效灌溉面积只有6.1万 hm²,占耕地面积的8.3%,粮食单产达4256kg/hm²;占91.7%的雨养农业区,粮食单产只有1384kg/hm²。上述二例说明缺水已成为改变这些地区面貌的主要矛盾。

第七节　水文地质特征

水文地质条件即地下水的补给、径流、排泄条件,水文地质条件决定地下水的形成、赋存、运动方式和地区分布规律。黄河流域水文地质条件主要受地质构造、包气带及含水层岩性、水文气象、地形地貌及古地理环境等因素的控制和影响,人类活动在一定程度上也改变水文地质条件。[①]由于黄河流域面积广大,东西横跨20多个经度,影响水文地质条件的各个因素在地区上有很大差异,形成了多种多样的水文地质单元。根据地下水的形成条件、赋存特点和分布规律,黄河流域大致可分为如下几种类型。

一、多年冻结层水

主要分布在黄河上游青海高原的达日、玛沁、兴海一线以西的黄河河源地区和巴颜喀拉山、积石山及祁连山的部分地区,大体上为多年平均气温0~2℃等值线地区。呈岛状或片状分布的多年冻土区,埋藏在砂砾石、基岩强风化带的碎屑岩类冻土层中,地下水的补给、径流、排泄条件受多年冻土层的制约,水质良好,均为矿化度小于2g/L的淡水。按埋藏的部位,可分为冻结层上水、冻结层间水、冻结层下水和融区水。

二、基岩孔隙裂隙水

主要由大气降水补给,大部分以地下径流的形式排入河道,为河川径流的组成部分,少部分消耗于蒸发,或流入山前平原,富水程度不等,水质一般良好。

①郜银梁. 黄河中下游平原水文地质条件对沿黄城市水资源开发利用的影响[J]. 中国水运(下半月),2017,(2):137-138.

基岩孔隙裂隙水主要由碎屑岩类孔隙裂隙水、碳酸盐类裂隙岩溶水、岩浆岩类裂隙水和变质岩类裂隙水等组成。其中,碎屑岩类孔隙裂隙水主要分布在黄河流域上、中游地区广泛出露的二叠系、三叠系等砂岩中,含水层较厚且较完整,富水程度由微弱到中等,矿化度一般小于2g/L,水化学类型以重碳酸型水为主。碳酸盐类裂隙岩溶水主要分布在黄河流域山西境内的奥陶系石灰岩中。岩浆岩类裂隙水主要分布在秦岭北坡、吕梁山、大青山等地,富水程度一般为微弱到中等,水质较好,矿化度小于2g/L,水化学类型属重碳酸盐类。变质岩类裂隙水主要分布在秦岭、吕梁山、大青山等地的变质岩中,裂隙不很发育,水量不大,富水程度微弱,水质良好,矿化度一般小于2g/L。

三、黄土孔隙裂隙水

黄土孔隙裂隙水主要靠大气降水补给。富水程度一般为微弱到弱富水。大部分地区水质较好,矿化度小于2g/L,水化学类型属重碳酸盐类。部分地区水质较差,属矿化度为2~5g/L的咸水,水化学类型属重碳酸盐类和硫酸类、氯化物类。主要分布在黄土高原。

四、松散岩类孔隙水

松散岩类孔隙水主要分布在黄河河套平原(包括银川平原和内蒙古河套平原)、汾河盆地、关中平原、太行山山前冲积平原、黄淮海平原以及干支流河谷平原、山间盆地平原和一些沙漠地带,这些地区一般为断陷或拗陷的构造盆地。

地下水主要由大气降水和地表水体补给,以孔隙潜水形式存在,局部地区有弱承压水。富水程度和水质条件各地不尽相同。在黄河河套平原、关中平原、太行山山前冲积平原、黄淮海平原等地区,从山前到腹部,包气带和含水层岩性、厚度有明显的变化,造成了水文地质条件的差异。

沙漠水主要分布于黄河流域及内流区的毛乌素沙漠、库布齐沙漠、腾格里沙漠等地区。主要由大气降水补给,以潜水蒸发排泄为主。地下水埋藏浅,富水程度弱到中等,水质好,矿化度多小于2g/L,属于重碳酸盐型水,可利用程度高。

第八章 黄河水资源

新中国成立以来,对黄河水资源进行系统调查评价已开展过多次,其中影响较大的调查评价成果有以下几个方面。

一、《黄河天然年径流》

为黄河治理开发和小浪底水利枢纽工程建设需要,20世纪70—80年代,由水利部黄河水利委员会(以下简称黄委)黄河勘测规划设计有限公司(原黄委勘测规划设计研究院)调查完成了《黄河天然年径流》计算成果。该成果调查还原了1919年7月-1975年6月56年系列花园口以上黄河干支流主要断面年、月天然径流量。但是,该成果未对黄河花园口以下河川径流进行还原,也未对黄河流域地下水资源安排深入调查。自20世纪80年代以来,该成果广泛应用于黄河流域国土资源规划、骨干水利工程建设、黄河水资源分配与管理工作中,发挥了巨大作用,影响深远。

二、《黄河流域片水资源评价》

按照全国第一次水资源调查评价工作的统一部署,黄委水文局于1985年7月和9月分别完成了《黄河流域片地表水资源评价>(1956—1979年24年系列)和《黄河流域片地下水资源评价》,后根据这两个报告编写了《黄河流域片水资源评价》,并于1986年6月刊印出版。

三、《黄河流域水资源综合规划》

2002年以来,按照全国水资源综合规划工作的统一部署,目前正在开展的"黄河流域水资源综合规划"工作,在其调查评价阶段提出了黄河流域水资源调查评价研究成果。该成果采用最新的45年水文气象资料系列,对全流域降水、河川径流、地下水、总水资源量、水质及水资源情势等变化特点进行了深入、细致的分析,已经黄委审查同意并纳入全国汇总。

第一节 黄河水资源概况

一、水资源量

(一)河川径流

1.《黄河天然年径流》成果。该成果采用"断面还原法"计算黄河天然径流量,即以某水文断面实测径流量加上同一时期该断面以上还原水量作为该水文断面天然径流量。

根据1919年7月—1975年6月56年系列资料统计,黄河花园口站多年平均实测年径流量470亿m³。考虑人类活动影响,将历史上逐年的灌溉耗水量及大型水库调蓄量还原后,花园口站56年平均天然年径流量为559亿m³,花园口以下支流金堤河、天然文岩渠、大汶河多年平均天然径流量按21亿m³计,黄河流域多年平均天然年径流总量为580亿m³。56年系列成果见表8-1和表8-2。

表8-1 黄河干流及主要支流控制站天然径流成果

（单位：亿m³）						
河名	站名	实测径流	灌溉耗水量	水库调蓄	天然年径流		
					全年	汛期	非汛期
黄河	兰州	315.33	7.23	0.02	322.58	191.14	131.44
黄河	河口镇	247.36	65.22	0.02	312.60	190.60	122.00
黄河	龙口	319.06	66.04	0.02	358.12	229.40	155.72
黄河	三门峡	418.50	79.33	0.57	498.40	294.17	204.23
黄河	花园口	469.81	88.81	0.57	559.19	331.71	227.48
汾河	河津	15.63	4.56	−0.07	20.12	11.53	8.59
北洛河	状头	7.00	0.55		7.55	4.22	3.33
泾河	张家山	15.06	1.80		16.86	11.20	5.66

注：①不包括黄河内流区；②汛期为7～10月,非汛期为11月～次年6月。

表8-2 黄河流域天然年径流地区分布

站名或区间名	控制面积				年径流深（mm）
	km²	占全河（%）	亿m³	占全河（%）	
兰州	222551	29.6	322.6	55.6	145.0
兰州至河口镇区间	163415	21.7	−10.0	−1.7	
河口镇至龙门区间	111585	14.8	72.5	12.5	65.0
龙门至三门峡区间	190869	25.4	113.3	19.5	59.4
三门峡至花园口区间	41616	5.5	60.8	10.5	146.1
花园口	730036	97.0	599.2	96.4	76.6
下游支流	22407	3.0	21.0	3.6	93.7
花园口+下游支流	752443	100.0	580.2	100.0	77.1

注：不包括黄河内流区。

从计算成果看,黄河天然河川径流具有时空分布不均的特点。干流主要测站汛期天然径流量占全年的60%左右,支流汛期天然径流量占全年的比例更高。黄河天然径流主要来自兰州以上和中游河口镇至三门峡区间,其中兰州以上控制流域面积仅占全河的29.6%,但天然河川径流量却占全河的55.6%,且主要为清水,泥沙含量较少;兰州至河口镇,支流汇入很少,沿途受蒸发渗漏影响,天然河川径流量不仅没有增加,反而有所减少;河口镇至三门峡区间,控制流域面积占全河的40.2%,天然径流量占全河的32%,但泥沙含量较大,本区间入黄沙量占全河的90%以上。

2.《黄河流域水资源综合规划》提出的黄河流域水资源调查评价成果。该成果采用1956—2000年45年系列,在按照"断面还原法[①]"计算黄河天然径流量的基础上,还给出了按照"还现"一致性处理计算的结果。

"断面还原法"计算黄河天然径流采用公式如下:

$$W_{天然} = W_{实测} + W_{农灌} + W_{工业} + W_{城镇生活} \pm W_{引水} \pm W_{分洪} \pm W_{库蓄}$$

式中:$W_{天然}$为还原后的天然径流量;$W_{实测}$为水文站实测径流量;$W_{农灌}$为农业灌溉用水耗水量;$W_{工业}$为工业用水耗水量;$W_{城镇生活}$为城镇生活用水耗水量;$W_{饮水}$为跨流域(或跨区间)引水量,引出为正,引入为负;$W_{分洪}$为河道分洪决口水量,分出为正,分入为负;$W_{库蓄}$为大中型水库蓄水变量。

依据上述方法计算,黄河多年平均天然径流量(利津水文站,下同)为568.6亿m³,其中花园口水文站多年平均河川天然径流量563.9亿m³。经不同系列均值、方差、滑动平均、丰平枯频次统计等方面论证,1956—2000年系列具有一定的代表性。

考虑到人类活动改变了流域下垫面条件,导致入渗、径流、蒸发等水平衡要素发生一定的变化,从而造成径流的减少(或增加)。为反映下垫面变化对黄河河川径流的影响,在"断面还原法"计算的基础上,进行了"还现"一致性处理,以保证系列成果的一致性。"还现"法采用降水径流关系方法,并考虑黄河流域水土保持建设、地下水开采对地表水影响、水利工程建设引起的水面蒸发损失等因素,采用成因分析方法,综合分析计算。针对黄河实际情况,水土保持影响量主要修正1956—1969年,地下水开采影响量修正1956—1989年,水利工程影响量修正水利工程投入运用以后时段。

在进行"还现"一致性处理后,近期或现状下垫面条件下,黄河天然径流量为534.8亿m³,其中花园口水文站多年平均天然径流量532.8亿m³,分别较还原计算成果修正减少了33.8亿m³和31.1亿m³。从河段来看,唐乃亥—兰州区间修正3.16亿m³,兰州—河口镇区间修正0.80亿m³,河口镇—龙门区间修正6.17亿m³,龙门—三门峡区间修正10.99亿m³,三门峡—花园口区间修正9.23亿m³,花园口以下修正2.61亿m³。另考虑了集雨工程用水1.0亿m³。涉及的支流有河口镇—龙门区间(以下简称河龙区间)各入黄支流、渭河、汾河、伊洛河、沁河、大汶河等。

(二)黄河流域地下水资源

不同部门进行过多次黄河流域地下水资源评价工作,主要成果有:

1.《黄河流域地下水资源合理开发利用》成果,由地质矿产部水文地质工程地质研究所

①沈宏. 天然径流还原计算方法初步探讨[J]. 水利规划与设计,2003,(3):15-18,47.

1994年完成,是国家"八五"科技攻关成果。

2.《黄河流域片水资源评价》成果,由黄委水文局1986年完成。

3.《黄河流域地下水资源分布与开发利用》成果,由陕西省地质矿产勘查开发局第一地质队1990年完成。

4.《黄河流域水资源综合规划》调查评价成果,由黄委水文局2004年完成。这些成果各有特色、各有侧重,反映了不同时期的认识水平。

首先,该成果已被《黄河流域水资源综合规划》所采用。其二,该成果反映了近期黄河流域下垫面条件,能更好地反映黄河流域地下水现状。其三,该成果进行地表水与地下水不重复量计算时,考虑了与地表水同步的系列一致性处理。

成果给出了1980—2000年年均浅层地下水资源量及可开采量(重点是矿化度≤2g/L的浅层地下水),同时基于评价水资源总量系列成果的需要,还提出了1956—2000年地下水与地表水不重复量系列成果。

地下水资源量计算,平原区采用水均衡法,既计算各项补给量,又计算各项排泄量和地下水蓄变量。其中,补给量包括降水入渗补给量、山前侧向补给量、地表水体入渗补给量(由河道渗漏补给量、库湖塘坝渗漏补给量、渠系渗漏补给量和渠灌田间入渗补给量组成)、井灌回归补给量等;排泄量包括潜水蒸发量、河道排泄量、侧向流出量、地下水实际开采量等。山丘区只计算各项排泄量,以总排泄量作为地下水资源量(亦即降水入渗补给量),排泄量包括河川基流量、山前泉水溢出量、山前侧向流出量、地下水实际开采净消耗量、潜水蒸发量。

黄河流域多年平均浅层地下水资源量为377.6亿m³(含内流区),其中,山丘区265.0亿m³,平原区154.6亿m³,山丘区与平原区重复计算量42.0亿m³。从省级行政区来看,多年平均浅层地下水资源量(矿化度≤2g/L)主要分布于青海省(24.5%)、陕西省(18.0%)、山西省(12.9%)、内蒙古自治区(11.8%)和甘肃省(11.6%);从水资源二级区来看,多年平均浅层地下水资源量(矿化度≤2g/L)主要分布于龙门—三门峡区间(24.1%)、龙羊峡以上(21.9%)、龙羊峡—兰州区间(14.6%)、兰州—河口镇区间(12.2%)。

(三)水资源总量

水资源总量为断面天然径流量加上断面以上地表水与地下水之间不重复计算量,采用如下公式计算:

$$W = R + P_r - R_g$$

式中:W为水资源总量;R为河川天然径流量;Pr为降水入渗补给量(山丘区用地下水总排泄量代替);Rg为河川基流量(平原区为降水入渗补给量形成的河道排泄量)。

按照上述公式计算,《黄河流域水资源综合规划》提出了现状下垫面条件下黄河水资源总量(利津断面,不包括内流区,下同)638.34亿m³,其中天然径流量534.8亿m³("还现"处理后,下同),地表水与地下水不重复计算量103.5亿m³;花园口断面水资源总量620.53亿m³,其中天然径流量532.8亿m³,地表水与地下水不重复计算量88.0亿m³。

二、天然水质状况

根据《黄河流域水资源综合规划》,黄河流域地表水天然水质状况总体较好,其水化学特征如下:

受自然条件制约,黄河流域地表水矿化度在地区分布上差异很大,变幅在159~39900mg/L,矿化度为100~300mg/L的低矿化度水面积占流域面积10.4%,300~500mg/L的中矿化度水面积占流域面积41.9%,500~1000mg/L的较高矿化度水面积占流域面积27.4%,1000mg/L以上的高矿化度水面积占流域面积20.3%。中等以下矿化度水面积占到流域面积的52.3%。

河水总硬度随矿化度的增加而增加,总硬度小于150mg/L的软水面积占6.3%,150~300mg/L的适度硬水面积占流域面积62.9%,300~450mg/L的硬水面积占流域面积14.9%,450mg/L以上的极硬水面积占流域面积15.9%。硬度合适的水面积占到流域面积的69.2%。

根据阿列金分类法,黄河流域水化学类型大多数为重碳酸盐类,其面积占流域总面积的70.4%。部分地区,如甘肃省东北部,宁夏回族自治区、内蒙古自治区中南部和陕西省、山西省北部地区的水化学类型多为硫酸盐类或氯化物类,水质较差。其他地区主要为 C_{II}^{C}、C_{II}^{N}、C_{III}^{C} 型。黄河流域 II 型水较多,其特点是硬度大于碱度,从成因上讲,与各种沉积岩有关,大多属低矿化度和中矿化度的河水。

第二节 黄河河川径流变化趋势

一、黄河河川径流变化趋势及原因

(一)黄河实测径流变化

随着经济社会的发展,工农业生产和城乡生活用水逐步增加,河道内水量明显减少,越来越不能反映黄河的天然状态,甚至黄河下游利津断面出现了1997年226天的断流现象。同时,大型水利工程的修建和投入使用,改变了河道水量的年内分配,显著减少了中常洪水发生几率及其洪峰、洪量。

1.1986年以后实际来水锐减。图8-1和图8-2分别给出了黄河干流唐乃亥、兰州、头道拐和龙门、花园口、利津水文站1950年以来5年滑动实测年径流量逐年变化过程,基本呈逐渐减少趋势,尤其1986年以来衰减十分明显。随着宁蒙河段、黄河下游用水量的不断增多,兰州与头道拐、花园口与利津断面水量差距越来越大,而且头道拐和利津两站实测径流从20世纪80年代末开始减少幅度越来越大。

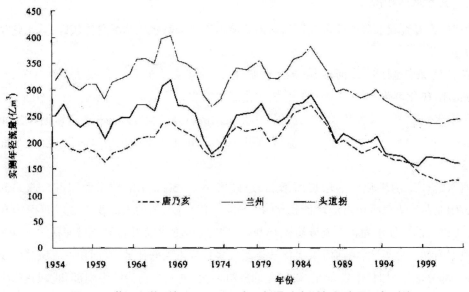

图8-1 黄河上游3站1950—2003年5年滑动实测年径流量逐年对比

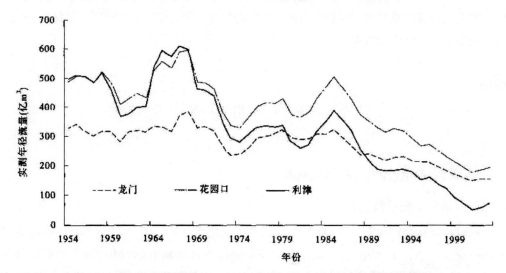

图8-2 黄河中下游3站1950—2003年5年滑动实测年径流量逐年对比

表8-3给出了黄河干支流主要水文断面实际来水年代间变化情况。可以看出,20世纪90年代以来实际来水普遍锐减,近些年来情况更加严重。

表8-3 黄河干支流主要水文断面实际来水年代间比较

（单位:亿m³）						
水文断面	1920— 1955	1956— 1969	1970— 1979	1980— 1989	1990— 1999	2000— 2004	1956— 2000
唐乃亥	118.8	200.8	203.9	241.1	176.0	144.2	203.9
兰州	314.1	336.9	318.0	333.5	295.7	237.8	313.1

头道拐	255.7	254.4	233.1	239.0	156.4	123.8	221.9
龙门	330.1	323.6	284.5	276.2	197.1	154.8	272.6
三门峡	428.8	444.9	358.2	370.9	240.5	171.2	357.5
花园口	484.4	493.7	381.6	411.7	257.8	207.9	390.8
利津	508.9	483.0	311.0	285.8	140.8	105.7	315.3
华县	79.0	93.9	59.4	79.1	43.7	43.7	70.5
河津	15.3	18.4	10.4	6.6	5.1	3.2	10.7
黑石关	34.2	38.4	20.5	30.2	14.6	18.6	26.7
武陟	14.0	15.1	6.1	5.5	3.7	6.8	8.2

黄河河源是黄河水资源的主要来源区,其集水面积虽仅占黄河流域面积的15%,但其来水量占黄河总量的38%,为黄河主要产水区,被形象地称为"黄河的水塔"。1990年以来实际来水锐减严重,近些年平均来水只有144.2亿m³,较1956—1969年平均情况减少了近30%。

以利津断面实际来水量作为黄河入海水量,1956—1969年平均来水483亿m³,20世纪90年代平均只有140.8亿m³,近些年只有105.7亿m³。

近些年的支流来水,较1956—1969年普遍减少了50%以上,汾河甚至超过了80%。

2.大中型水利工程建设改变了年内分配。刘家峡、龙羊峡、小浪底等大型水库先后投入运用后,由于其调蓄作用和沿黄地区引用黄河水,黄河干流河道内实际来水年内分配发生了很大的变化,表现为汛期比例下降,非汛期比例上升。

表8-4给出了黄河干流大型水库运用前后主要水文站实测径流量年内分配不同时段对比情况。可以看出,花园口水文站以上,1986年以前,汛期水量一般可占年径流量的60%左右,1986年以来普遍降到了47.5%以下。

表8-4　黄河干流大型水利运行前后主要水文站实测径流量年内分配对比

站名	时段	年内分配(%)												
		1月	2月	3月	4月	5月	6月	7月	8月	9月	10月	11月	12月	汛期
兰州	1920—1960	2.7	2.4	3.2	4.2	7.2	9.9	15.8	16.0	15.5	12.8	6.6	3.7	60.1
	1961—1968	2.7	2.2	2.9	4.3	8.2	8.7	16.5	14.4	17.3	13.3	6.1	3.4	61.5
	1969—1986	4.5	3.8	4.2	5.7	8.6	9.5	13.8	13.1	13.4	11.9	6.7	4.7	52.3

	1987 — 2004	5.5	4.6	4.9	7.3	11.4	10.1	11.0	11.4	9.8	9.6	8.2	6.2	41.8
龙门	1920 — 1960	2.9	3.5	5.8	5.9	5.1	5.5	13.2	17.9	15.5	13.0	7.9	3.7	59.7
	1961 — 1968	3.1	3.1	5.7	5.3	5.7	4.8	12.4	17.2	17.1	14.7	7.5	3.4	61.4
	1969 — 1986	5.0	5.5	8.1	7.6	4.6	4.0	11.1	15.3	14.0	13.0	6.9	4.9	53.4
	1987 — 2004	6.0	7.5	12.4	9.7	4.0	5.0	8.5	14.2	12.2	6.7	6.6	7.2	41.6
三门峡	1920 — 1960	3.0	3.5	5.3	5.9	5.4	5.8	13.4	19.0	15.4	12.0	7.6	3.6	60.0
	1961 — 1968	2.5	2.3	6.7	6.0	7.0	5.5	11.2	14.2	16.0	15.3	8.4	4.8	56.8
	1969 — 1986	3.8	3.5	7.3	6.8	6.4	5.2	11.0	14.7	15.7	14.1	7.0	4.4	55.6
	1987 — 2004	4.6	5.9	9.3	9.0	6.7	6.6	9.4	15.1	12.9	8.1	5.9	6.5	45.5
花园口	1920 — 1960	3.0	3.1	4.8	5.5	5.0	5.4	14.2	20.5	14.9	12.0	7.8	3.8	61.6
	1961 — 1968	2.7	2.1	6.0	5.8	7.1	5.2	11.3	14.1	16.0	15.9	8.8	5.0	57.4
	1969 — 1986	3.8	3.1	6.6	6.3	6.1	4.7	11.0	15.4	16.3	14.8	7.4	4.5	57.6
	1987 — 2004	4.7	5.4	9.1	9.0	6.9	7.1	10.2	15.0	12.4	7.8	6.3	6.1	45.4

例如,随着1968年刘家峡水库的投入运用,兰州水文站汛期实际来水比例由以前的61%下降到了52%,1986年龙羊峡水库的投入使用,更使汛期来水比例下降到了42%。

花园口断面1960年以前实际来水量,汛期一般占61.6%;由于上中游水库的调蓄影响,1986年以后平均降到了45.4%以下;1999年小浪底水库的投入使用,使花园口断面汛期来水比例下降到了40.5%(未计入小浪底非汛期末的调水调沙水量)。图8-3给出了花园口水文站年内分配变化情况。

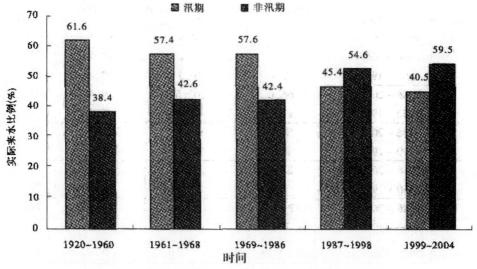

图8-3 花园口水文站实际来水年内分配不同时段变化特点

3.近几十年来洪水特性表现在峰、量、次数明显减少。黄河的洪水主要由暴雨形成。由于西太平洋副热带高压脊线往往于7月中旬进入中游地区,8月下旬以后南撤,黄河的大洪水容易出现在7月下半月和8月上半月。于是有了"黄河洪水,七下八上"之说。特别是1950年以来,洪峰流量超过15000m³/s的大洪峰,全都发生在"七下八上"期间。据1950—2003年54年实测资料统计,7月下半月到8月上半月,共发生16次洪峰流量级在8000m³/s以上的大洪水,平均发生概率为32%。因此,确切地说,每年7月下半月到8月上半月的一段时间,是黄河下游大洪水的多发期。

黄河下游近几十年来的洪水,无论洪水的峰和量,还是洪水出现的频次,与20世纪50~60年代相比均明显减小。据花园口实测洪水资料统计,洪峰流量大于4000m³/s的洪水,在1950—1985年,平均每年出现3.7次,而在1986—2002年,平均每年只出现0.9次;洪峰流量大于8000m³/s的洪水,在1950—1985年,平均每年出现1次,而1986年以来一次都没有出现。与此相反,枯水流量历时明显增长,1986—2002年平均,汛期花园口站日均流量大于3000m³/s的历时仅5.5天,流量小于3000m³/s的天数长达117.5天,占汛期总天数的96%,其中小于1000m³/s的历时就有71.1天,占汛期总天数的58%。

表8-5给出了1950年以来花园口水文站发生的介于4000~8000m³/s、8001~10000m³/s、10001~15000m³/s及15000m³/s以上洪峰流量次数统计结果。从表中可以看出,从1950—2003年的54年间,花园口站在伏秋大汛期间共发生181次洪峰流量超过4000m³/s的洪水,年均3.6次,其中50年代、60年代、70年代、80年代和90年代各发生63次、38次、35次、36次和9

次,表明各年代4000m3/S以上洪峰流量的发生概率有逐步下降的趋势,说明洪水次数逐渐减少,并且洪峰流量变小。还可以看出,54年间洪峰流量≥15000m³/s的3次大洪水都是"下大型洪水"。

表8-5 花园口站1950—2003年发生4000m³/s以上洪水次数统计

洪水量级(m³/s)		4000～8000	8001～10000	10001～15000	15000 以上	4000以上
出现时间	7月15日前	16	1	0	0	17
	7月16日至8月15日	65	10	3	3	81
	8月16日后	72	9	2	0	83
	合计	153	20	5	3	181
洪水类型	上大型洪水	96	8	3	0	107
	下大型洪水	4	1	1	3	9
	上下同事大型	53	11	1	0	65
	合计	153	20	5	3	181
出现年代	1950—1959	46	11	4	2	63
	1960—1969	35	3	0	0	38
	1970—1979	31	3	1	0	35
	1980—1989	32	3	0	1	36
	1990—2003	9	2	0	0	9
	合计	153	20	5	3	181

按照20世纪70年代和80年代水利部审定批准的黄河中下游设计洪水计算成果,花园口洪峰流量大于等于15000m³/s的重现期为7～10年,实测资料分析看,50年代花园口大于等于15000m³/s的洪水发生2次,平均5年一遇;从60年代开始到90年代近40年间,该流量级的洪水只发生过1次,不但重现期远远大于7～10年,而且都是"下大型洪水"。有关资料表明,花园口站自从三门峡水库兴建以后,没有发生过洪峰流量大于15000m³/s的"上大型洪水",加上小浪底水库的投入运用,受最大泄流能力的限制,基本上可以排除洪峰流量大于15000m³/s的"上大型洪水"对下游的威胁。同时,1990年以来,黄河下游洪水具有洪水次数减少、发生时间更加集中、洪水来源区发生变化、同流量水位表现偏高等特性。

黄河最大的支流渭河,1990年以来也呈现出高流量级洪水次数减少、低流量级洪水次数增多的现象。

4.实际来水减少的原因。黄河1986年以来实测径流量显著偏小,既与降水减少引起的河川天然径流量减少的自然因素有关,也与流域用水增加有关。其中,部分学者认为黄河中游水土保持生态环境实际耗用水量大于当前的估算数量;还有部分学者认为流域下垫面变化引起的降水—产流关系的变化以及区域地下水超采对地表径流的影响,也是黄河近期径流变化的重要原因之一。

《渭河流域综合治理规划》定量地分析了各种因素对径流的影响。渭河华县、状头两站1991—2000年实测径流量较1956—1990年减少40.8亿m³,其中降雨量减小引起的径流减小比例为49%,国民经济耗水量增加引起的径流减少占33%,水土保持措施减水占4%,降水径流关系变化、气温升高导致蒸发增加及集雨工程蓄水等其他因素占14%。

经过进一步利用黄河干流控制水文站实测资料、逐河段用水情况以及水土流失治理[①]等方面信息,《黄河流域水资源综合规划》重点分析了20世纪后半叶主要干流测站年来水量的变化,并研究了影响其变化的各主要因素,探讨了变化的原因,得出比较初步的看法是:黄河上游实际来水量不断减少,主要是气候变化的影响,其比重约占75%,人类活动影响仅占25%。在人类活动影响中,国民经济耗水量的影响不断增加,其比重约占16%,其他如水利工程建设,包括水库拦蓄以及其他小型和微型水利工程等因素的影响,其比重约占9%(包括统计计算的误差在内)。

至于黄河中游过去50年来的实际来水量不断减少,气候因素影响约占来水量减少的43%;人类活动影响约占来水量减少的57%,与黄河上游的情况相反,人类活动的影响明显加大,已大于气候因素的影响,但粗略地说,气候变化的影响仍可占50%。在人类活动影响中,国民经济耗水量不断增加的影响约占18%,生态环境建设导致下垫面条件发生变化的影响约占24%,水利工程建设与其他水保工程等因素的影响约占15%。

随着人类活动的不断加强,人类活动对实测径流的影响所占的比例将继续增大,黄河主要水文站特别是中下游水文站实测径流将继续减少。

(二)黄河天然径流变化趋势

定性上讲,黄河流域水资源有减少趋势,主要表现在三个方面:由于气候变化如气温升高导致蒸发能力加大而引起水资源减少;水土保持工程的开展引起的用水量增加;水利工程建设引起的水面蒸发附加损失量增加。

20世纪80年代以来,黄河流域内下垫面发生了较大的变化,加上受水资源开发利用的影响,同样降水条件下产生的地表径流量也发生了较大变化。《黄河流域水资源综合规划》采用现状下垫面条件下的年降水径流关系初步预测2001—2050年天然径流量,如表8-6所示。由计算结果来看,流域降水量变化不大,但天然径流量减少显著。

表8-6 黄河年降水量和天然径流量预测结果

(单位:降水量,mm;天然径流量,亿m³)										
时段	兰州		河口镇		龙门		三门峡		花园口	
	降水量	天然径流量	降水量	天然径流量	降水量	天然径流量	降水量	天然径流量	降水量	天然径流量

[①] 杜丹,余闪闪. 黄河水土流失及治理浅析[J]. 科技创新与应用,2013,(29):144-144.

195 6— 200 0 （还 现）	483	333	389	336	399	389	438	504	451	564
200 1— 203 0	491	331	394	291	397	335	452	448	446	471
203 1— 205 0	486	324	392	290	393	331	439	433	445	470
200 1— 205 0	189	328	393	291	395	333	447	442	446	470

不过,黄河未来来水量变化受多种因素的综合影响:一是受水文要素的周期性和随机性的影响;二是受流域用水增加的影响;三是可能受环境和下垫面变化而导致的降水—径流关系变化的影响;四是可能受气候的趋势性变化而导致的降水和天然径流的趋势性变化的影响。其中对流域降水及降水—径流关系是否会出现趋势性变化尚有不同认识,而目前考虑水文要素周期性和随机性因素而进行的长期预报则受技术水平的限制,精度和可信度有限,对于流域用水增长的幅度预估也存在一定的差别。

二、新的计算方法与成果

受人类开发利用水资源的影响,实测径流已不能反映黄河河川径流的天然状态,将统计的生产、生活引黄耗水量、水库调蓄量作为还原量,加到各断面实测径流量上以近似地反映黄河天然径流量是必要的和合理的。以56年系列黄河天然径流系列为例,花园口断面天然径流量559.2亿 m^3 中,为实测径流量469.8亿 m^3 与还原水量(灌溉耗水量和水库调蓄量)89.4亿 m^3 之和。随着河川径流开发利用程度的不断提高,还原水量所占的比例越来越大,更需要将实测径流加以还原以近似反映天然河川径流量。但对于开发利用程度高的河流,利用此法计算的天然径流量的精度将取决于统计、调查计算的还原水量的精度。在56年系列中,由于黄河河川径流的开发利用程度较低,还原水量仅占天然径流量的16%,而精度较高的实测径流所占比重较大,所以56年系列计算的黄河天然年径流量成果基本合理,能够比较客观地反映相应时段黄河河川径流量。故56年系列黄河天然径流量成果已被广泛地应用于黄河流域规划、工程设计、水资源分配及管理调度等工作中,也在黄河治理、开发与工程建设中发挥了积极的作用,特别是1987年国务院批准的南水北调生效前的《黄河可供水量分配方案》,即是基于这一成果。

随着环境的变化,特别是人类活动对下垫面的改变,已经影响到了降水—径流关系,即在同样降水条件下,由于下垫面的不同,产生的地表径流也不一样。故在运用长系列资料计算天然河川径流时,需要考虑下垫面变化这一因素,特别是对于下垫面变化较为显著的地区,需要将径流系列资料放在同一下垫面条件下进行一致性处理。黄河流域在20世纪后半叶,流域内开展了大规模的水土保持工程建设,兴建了大量的水利工程,地下水由于开采量增加迅速而出现水位下降的情况。上述情况已显著改变了流域产水条件,如若采用将当年用水"还原"后的天然径流作为指导21世纪黄河水资源配置的依据,将偏离新时期黄河流域下垫面情况及产汇流条件。鉴于此,天然河川径流的计算方法也应与时俱进,逐步调整,以尽可能反映客观实际,故而有了从"还原"法到"还现"法的变化。"还现"法即是将径流系列统一到现状下垫面条件下,以反映现状和近期天然河川径流量。运用"还现"法提出了45年系列(1956—2000年)最新的黄河天然径流成果。从计算结果来看,"还现"处理后,黄河天然径流量比"还现"前减少了33.8亿m³,由此可以看出下垫面的变化对黄河天然径流的影响,推出"还现"成果无疑是需要的。与56年系列成果相比,黄河天然径流量减少了约45亿m³,这一新的变化将对黄河水资源配置产生一定的影响。

由于原56年系列成果已经在黄河水资源的规划、配置、管理和工程建设方面得到广泛应用,最新的黄河天然径流成果的推广应用尚需有个过程,其计算方法也需逐步完善。这里仍采用黄河水资源历史还原水量成果,全河天然河川径流量为580亿m³。

第九章　黄河水资源管理的基本内容

第一节　黄河流域水资源情况

一、降水情况

根据1950—1997年的系列资料,黄河流域花园口以上多年平均(1950年7月—1997年6月)降水量为452.0mm。其中,7～10月份为290.5mm,占年降水量的64%。

1986—1997年黄河流域花园口以上降水量与多年均值相比,偏少6.8%,其中7～10月偏少11.0%。年降水量减少最显著的是龙门至三门峡区间,偏少10.3%,其中7～10月偏少近14.20%。

(一)降水量地区分布

黄河流域降水量的地区分布很不均匀,主要表现为:东南多,西北少,山区降水多于平原,总体趋势是自东南向西北递减。

从同德至同仁、兰州、会宁、靖边、榆林、府谷一线以南和湟水上中游及大通河一带年降水量在400～800mm之间;此线以北与景泰、中宁、临河一带和玛多以西地区,年降水量在400～200mm;其余部分降水量在200mm以下。

黄河流域多年平均降水量的分布,受大尺度地形条件的制约。在黄河流域第一大地形阶梯青海高原的东部边缘和第二大地形阶梯的南部与东部边缘,都分布着年降水量多于600mm的闭合等值线的中心。在诸条年降水量等值线中,500mm等值线东起山西五寨,向西南经离石、志丹、固原、临洮、合作,直抵巴颜喀拉山脉,是从东到西贯通黄河上中游的重要等值线;400mm等值线是黄河流域第二大阶梯上湿润区与干旱区的交界线;从包头、乌审旗、海源、靖边经湟水河口向北转折的300mm等值线,是北部风沙区与强侵蚀区的分界。降水量大于600mm的地区,几乎都是轻度侵蚀地带。

(二)降水量年内、年际变化

黄河流域属季风气候,降水年际、年内分配很不均匀。

夏季降水量偏多,最大月降水量出现在7、8月份;冬季降水量偏少,最小月降水量出现在12月份。年降水量60%～80%集中在6～9月,多年连续最大4个月降水量占年降水量的70%。由于降水集中,流域内常出现暴雨洪水和春旱。

降水量的年际变化较大,表9-1给出了黄河流域5个区段4个不同时段降水量变化情况。

黄河花园口以上多年平均降水量452.0mm,最多年降水量为1958年7月—1959年6月的574.6mm,最少年降水量为1991年7月—1992年6月的324.2mm,最多年降水量与最小年降水量比值为1.77。从4个时段(1950年7月—1960年6月、1960年7月—1968年6月、1968年7月—1986年6月、1986年7月—1997年6月)看,平均降水量距平分别为1.7%、6.0%、0.5%和-6.8%。

表9-1 黄河流域各区间不同时段降水量统计

(单位:mm)					
区间	1950.7—1960.6	1960.7—1968.6	1968.7—1986.6	1986.7—1997.6	1950.7—1997.6
兰州以上	427.9	444.8	433.9	403.3	427.3
兰州—头道拐	259.8	309.2	294.7	280.8	286.5
头道拐—龙门	466.1	461.6	435.0	412.5	440.9
龙门—三门峡	593.3	609.3	564.6	506.5	564.7
三门峡—花园口	643.9	716.9	675.6	648.6	669.6
花园口以上	459.7	479.3	454.4	421.5	452.0

总体来讲,黄河流域1950—1997年间各时段降水量的变化,均属于正常性随机波动。绝大部分地区,波动幅度在10%以内。近几十年与多年平均情况相比,各区段降水量都有不同程度的减少,其中兰州至头道拐区间减少幅度最小,为3.6%,龙门至三门峡区间减少幅度最大,为10.3%。

二、黄河实测径流量

黄河实测径流量受天然来水和河川径流开发利用的双重影响,随着人类对黄河河川径流开发利用程度的不断提高,对实测径流量的影响越来越大。

从表9-2可以看出,各站实测年径流量自1960年以后,各时段均有减少,1986年7月—1997年6月这一时段减少的更多,而且该时段各站平均年径流量与其多年均值比较,兰州站减少了3.2%,头道拐站减少了28.5%,三门峡站减少了30.7%,花园口站减少了33.5%,即越往下游减少的比例越大。

表9-2 黄河流域主要水文站不同时段年均实测径流量

(单位:亿m³)					
站名	1919.7—1960.6	1960.7—1968.6	1968.7—1986.6	1986.7—1997.6	1919.7—1997.6
兰州	310.4	380.0	330.8	275.3	317.3
头道拐	250.7	290.9	244.2	173.5	242.5
三门峡	427.0	480.5	379.1	277.3	400.3
花园口	480.0	538.0	414.5	295.9	444.6

从实测径流的年内分配看,兰州、三门峡和花园口站多年平均汛期实测径流量占年总量

的比例基本相同,平均为57.8%。1960年以前,汛期比例可占60.4%~61.6%,最大月径流量比例为16.1%~18.8%,发生在7、8月份,最小月径流量比例为2.8%~2.9%,发生在1月份;1986年以后由于人类活动加剧,汛期比例下降至43.2%~48.6%,最大月径流量比例为12.4%~17.4%,发生在8月份,最小月径流量比例为4.6%~4.7%,发生在1、2月份。这说明由于人类活动的作用,改变了实测径流量的年内分配情况,汛期比例下降,非汛期比例上升,年内径流量月分配趋均匀,最大月径流量与最小月径流量比值进一步缩小。

三、黄河天然径流量

受人类活动的影响,实测径流量已不能反映黄河天然径流情况,因此,必须将实测径流量还原成天然径流量,即将实测径流量加上还原水量—生产、生活耗水量和水库调蓄水量。从20世纪60年代开始,黄河水利委员会即会同有关单位,开展了黄河天然年径流量的分析研究。在编制黄河治理开发规划和生产实践中普遍采用了黄委设计院的还原成果。该成果采用1919年7月—1975年6月的56年系列。花园口站天然年径流量为559亿m³,加上花园口以下天然年径流量21亿m³,全河天然年径流量为580亿m³。

1919—1975年56年系列包括了丰、平、枯水年,包容了黄河河川径流一个大的循环变化周期,在水量还原计算方法上,花园口以上采用断面法,由于还原水量仅占天然径流量的16%,而精度较高的实测径流所占比重较大,所以花园口站天然年径流量559亿m³的计算成果基本合理,能够比较客观地反映黄河河川径流量。将系列延长后,系列均值变化不大。

水资源评价成果是水资源开发、利用和管理的基础,目前56年系列成果已被广泛地应用于黄河流域规划、工程设计、水资源分配及管理调度等工作中,在今后的工作中尚可继续应用。

四、流域地下水资源量

地下水资源是指可以循环再生的潜水和浅层地下水。根据黄河流域地下水最新研究成果—"八五"国家重点攻关项目"黄河治理与水资源开发利用",黄河流域地下水天然资源量(矿化度<1g/L淡水总量)约403.4亿m³,其中黄河流域平原区为154.2亿m³,山丘区237.4亿m³,合计391.6亿m³;内流区11.8亿m³。

五、黄河流域水资源可利用总量

黄河水资源可利用总量为黄河天然河川径流量和地下水与地表水不重复部分的可开采量之和。

考虑到黄河流域地下水成果受到基础资料及工作深度的限制以及内流区零星分布的地下水难以开采等因素,目前阶段对于黄河流域地下水与地表水不重复部分的可开采量,采用110亿m³比较适宜。

因此,黄河流域水资源可利用总量为690亿m³,其中河川径流量可利用量为580亿m³,地下水与地表水不重复部分可开采量为110亿m³。

六、黄河水资源特点

黄河水资源具有年际变化大、年内分配集中、空间分布不均等我国北方河流的共性,同时还具有水少沙多、水沙异源等特殊性。

(一)水少沙多

黄河虽为我国的第二条大河,但河川径流量仅为全国河川径流量的2%,居我国七大江河的第四位(小于长江、珠江、松花江)。1997年流域耕地亩均占有多年平均河川径流量307m³,仅占全国亩均河川径流量的16%;流域人均占有河川径流量543m³,为全国人均河川径流量的25%。若扣除调往外流域的100多亿m³水量,流域内人均和耕地亩均水量则更少。

黄河多沙,举世闻名。多年平均沙量为16亿t,河川径流含沙量平均达35kg/m³,在国内外大江大河中居首位。沙多是黄河复杂难治的症结所在。为减缓下游河道淤积,又必须留有一定的输沙入海水量,使黄河水少的矛盾更加突出。

(二)年际变化大、年内分配集中、连续枯水段长

黄河是降水补给型河流,黄河流域又属典型的季风气候区,降水的年际、年内变化决定了河川径流量时间分配不均。黄河干流各站年最大径流量一般为年最小径流量的3.1~3.5倍,支流一般达5~12倍;径流年内分配集中,干流及主要支流汛期7~10月径流量占全年的60%以上,且汛期径流量主要以洪水形式出现。中下游汛期径流含沙量较大,利用困难,非汛期径流含沙量小,主要由地下水补给,大部分可以利用。黄河自有实测资料以来,出现了三个连续枯水段,其中1922—1932年、1990—1997年为长达11年和8年的枯水段。

黄河河川径流年际变化大、年内分配集中、连续枯水段长,开发利用黄河河川径流必须加以充分调节

(三)水沙异源、水土资源分布不一致

黄河河川径流地区分布极不均匀。全河径流的一半以上来自兰州以上,宁夏、内蒙古河段产流很少,河道蒸发渗漏强烈,下游为地上悬河,支流汇入较少。上、中、下游径流量分别占全河的54%、43%和3%。黄河沙量的90%以上来自中游,其中河口镇至龙门区间输沙量高达9亿t左右,占全河输沙量的55%。兰州以上来沙量仅占全河的8.7%,是黄河清水的主要来源区。

黄河流域及下游引黄灌区具有丰富的土地资源,但水土资源分布很不协调。大部分耕地集中在干旱少雨的宁蒙沿黄地区,中游汾河、渭河河谷盆地以及当地河川径流较少的下游平原引黄灌区。

水沙异源、水土资源分布不一致的状况,要求黄河水资源的开发利用必须统筹兼顾除害兴利以及上中下游、各部门的关系,统一调度全河水量,上游水库调蓄和工农业用水必须兼顾下游工农业用水和输送中游泥沙用水。

七、黄河水质情况

黄河水质受人类活动影响很大,随着沿黄地区人口和工矿企业的增加,工业废水和城市污水排放量逐年增加。20世纪80年代初,黄河流域废污水年入河排放量为21.7亿t,到90年代初达到42亿t,与80年代相比,增加了一倍。

1997年国家环境保护局发布的《中国环境状况公报》表明,黄河污染(Ⅳ类及劣于Ⅳ类水质)河长所占评价河长的比例已居全国七大江河的第二位(次于辽河)

另据1999年监测结果,在黄河十二支流选取69个河段进行评价,其中黄河干流评价河段26个,支流评价河段43个。评价总河长7247km,干流评价河长3613km,占评价总河长的49.9%,支流评价河长3634km,占评价总河长的50.1%。评价结果如下:

干流评价的河段中优于Ⅲ类水质的河长1975km,占评价河长的54.7%,劣于Ⅲ类水质河长1638km,占评价河长的45.3%,主要污染物为氨氮、总铅、总汞等。支流评价河段中优于Ⅲ类水质的河长为889km,占评价河长的24.5%;劣于Ⅲ类水质的河长为2745km,占评价河长的75.5%。汾河、清水河、渭河、蟒河、沁河、大汶河等河流参评河段的水质全年几乎都为超Ⅴ类,超标项目主要为氨氮、挥发酚、高锰酸盐指数、生化需氧量、溶解氧、亚硝酸盐氮等。

第二节　黄河水资源开发利用现状

一、水利工程现状

目前,流域内已建大、中、小型水库3100余座,总库容574亿 m³;修建引水工程4600余处,提水工程2.9万处;在黄河下游干流河段,还兴建了向黄淮海平原地区供水的引黄涵闸、虹吸等取水工程245处。

现状引黄灌溉面积1.13亿亩,其中流域内0.76亿亩(纯井灌0.18亿亩),流域外0.37亿亩。全河30万亩以上的大型灌区有70处,有效灌溉面积6677.9万亩,占总有效灌溉面积的59.30%;1万~30万亩的中型灌区670处,有效灌溉面积1754.5万亩,仅占总有效灌溉面积的15.6%;万亩以下的小型灌区(包括纯井灌区)有效灌溉面积2834.1万亩,占总有效灌溉面积的25.1%。

二、用水现状

根据《1999年黄河水资源公报》,1999年黄河总取水量为516.82亿 m³(含跨流域调出的地表水量),其中地表水取水量为383.97亿 m³,占总取水量的74.3%;地下水为132.85亿 m³,占总取水量的25.7%。黄河总耗水量为392.74亿 m³,其中地表水耗水量为298.74亿 m³,占总耗水量的76.1%;地下水耗水量为94.00亿 m³,占总耗水量的23.9%。

在各省(区)总耗水量中,山东、内蒙古、河南排在前三位,耗用黄河水资源量分别为

93.47亿m³、84.14亿m³和52.74亿m³;其中耗用黄河地表水最多的三个省(区)为山东、内蒙古和宁夏,分别耗用地表水为84.46亿m³、66.48亿m³和41.50亿m³,均超过了1987年国务院批准的正常年份黄河可供水量分水方案规定给各省(区)的分水指标(指耗水量);耗用黄河流域地下水最多的三个省(区)是陕西、山西和河南,分别耗用地下水22.47亿m³、18.64亿m³和18.17亿m³。山西、陕西两省地下水耗水量占总耗用黄河水量的比例均超过了50%,分别达到66.0%和51.9%。

在各部门耗水中,农业耗水338亿m³,占总耗水量的86%,是第一用水大户,并以耗用地表水为主,占农业耗水总量的81%;工业耗水为29.88亿m³,占总耗水量的8%,工业用水中,耗用地表水比地下水稍多,约占工业耗水量的54%;城市生活耗水9.63亿m³,占总耗水量的2%,在城市生活耗水量中,地表水占55%;农村人畜耗水量为15.23亿m³,占总耗水量的4%,以耗用地下水为主,地下水耗水量占农村人畜耗水量的73%。

三、黄河水资源开发利用中存在的问题

(一)水资源供需矛盾日趋尖锐

不断扩大的供水范围和持续增长的供水要求,使水少沙多的黄河实难承受,承担的供水任务超过了其承载能力。黄河河川径流仅占全国河川径流的2%,但其供水范围已从新中国成立初期主要集中在宁夏、内蒙古河套灌区、陕西关中地区、山西汾河流域,扩大到目前的沿黄九省区和河北省、天津市,承担着本流域和下游引黄灌区占全国15%的耕地面积、12%的人口及50多座大中城市的供水任务,引黄灌溉面积由1950年的1200万亩,发展到目前的1.13亿亩。造成黄河水资源供需矛盾尖锐、生态环境受到破坏。主要表现在:黄河干流下游和部分支流经常发生断流(表9-3为黄河干流利津站逐年断流情况统计);上中下游之间、地区之间供水矛盾加剧;工农业用水与河道内输沙、防凌、环境、发电、渔业、航运用水之间矛盾日趋突出;上游发电与中下游输沙也存在用水矛盾;部分地区地下水的超采引起严重的环境地质危害。

表9-3 黄河干流利津站逐年断流情况统计

年份	断流最早日期(月、日)	7~9月断流天数	断流次数	全年段流天数(天)			段流长度(km)
				全日	间歇性	总计	
1972	4.23	0	3	15	4	19	310
1974	5.14	11	2	18	2	20	316
1975	5.31	0	2	11	2	13	278
1976	5.18	0	1	6	2	8	166
1978	6.3	0	4	5		5	104
1979	5.27	9	5	19	2	21	278
1980	5.14	1	3	4	4	8	104
1981	5.17	0	5	26	10	36	662

1982	6.8	0	1	8	2	10	278
1983	6.26	0	1	3	2	5	104
1987	10.1	0	2	14	3	17	216
1988	6.27	1	2	3	2	5	150
1989	4.4	14	3	19	5	24	277
1991	5.15	0	2	13	3	16	131
1992	3.16	27	5	73	10	83	303
1993	2.13	0	5	49	11	60	270
1994	4.3	1	4	66	8	74	380
1995	3.4	23	3	117	5	122	683
1996	2.14	15	6	122	14	136	579
1997	2.7	76	13	202	24	226	704
1998	1.1	19	16	114	28	142	449
1999	2.6	1	4	36	6	42	178

(二)部分地区浪费水现象严重

首先黄河现有灌区大多是1949年以前、50年代末到60年代初和70年代这三个时期建成的,因受当时客观条件的制约,投资普遍不足,建设标准偏低,灌区配套建设又一直没有跟上,至今仍有相当一部分灌区不能很好发挥效益。其次,灌区经过几十年的运行,工程老化、失修相当严重,不少工程超期服役,带病运行,灌溉能力和经济效益大大降低。其三,全河灌区中达到节水灌区标准的面积仅占全河灌区面积的19%,使得灌区水利用效率很低,仅有35%~5%,用水浪费现象严重。

工业用水也存在浪费现象,大中城市的工业用水定额比发达国家高出3~4倍,重复利用率只有40%~60%,与国内外先进城市相比差距较大。

水资源无偿使用和水价严重背离成本也是造成浪费水现象的重要原因。目前,国家尚未在黄河流域征收水资源费,流域内大部分自流灌区水价不足成本的40%,工业引水水价更低。由于水资源的无偿使用和水价严重偏低,丧失了节约用水的内在经济动力,造成了对水资源无节制地滥用,阻碍了节水工程的建设和节水技术的推广使用。

(三)水污染严重

黄河水资源危机不仅表现为量的匮缺,而且还表现为因严重的水污染而造成的水质恶化、水体功能降低和丧失。近十多年来,黄河流域水污染明显在加重,水质呈恶化趋势。水质严重污染已从支流发展到干流,干流水污染也从原来的上游兰州段、包头段蔓延到中下游。国家环保局1997年发布的《中国环境状况公报》表明,黄河污染河长占评价河长的比例已居七大江河的第二位。1999年年初,黄河潼关至小浪底河段遭受历史上从未发生过的严重污染,并一直影响到下游河段,至山东的泺口断面仍为超V类水。

(四)中游干流河段水库调节能力不足

按照规划,三门峡、小浪底、碛口、古贤等四座水利枢纽为黄河中游控制洪水和泥沙的骨干工程。已建的三门峡水库只能进行有限的调节,受库区淤积和潼关高程的限制,一般年份在 2～3 月结合防凌最大蓄水量仅 14 亿 m³,远不能满足下游引黄灌溉用水要求。小浪底水库长期有效库容 51 亿 m³,可起到一定程度的调节作用。但仅靠三门峡和小浪底水库,中游干流河段的水库调节能力仍显不足,尤其是河口镇至龙门区间的晋陕峡谷,缺乏可调节径流的控制性水利枢纽工程。

第三节 黄河水资源管理的历史与现状

新中国成立以来,黄河流域进行了大规模的水利建设,水资源开发利用取得了巨大的成绩,但也出现了不少问题,如何加强流域水资源的统一管理,促进黄河水资源的有序开发、合理利用,成为流域管理的一项重要内容。

在流域水资源管理方面,初期主要侧重于水资源规划、水文监测、水文资料整编等基础工作。自 20 世纪 70 年代,我国北方地区发生了严重的水危机,黄河下游干流河段从 1972 年也频繁出现断流,用水矛盾日益突出,这就提出了黄河水资源的统一管理、合理分配问题,80年代初,黄委组织有关部门和地区,开展了黄河流域水资源评价、黄河水资源开发利用预测、分水方案的编制等工作,为实施流域水资源管理打下了良好的基础。1988 年《中华人民共和国水法》颁布执行,1993 年国务院出台了《水法》的配套法规《取水许可制度实施办法》,为贯彻落实《水法》和实施取水许可制度,加强流域水资源的统一管理,黄委于 1990 年成立了统管全河水政水资源管理工作的机构——水政水资源局,并以实施取水许可制度为契机,加强了流域水资源统一管理工作;90 年代黄河断流日益加剧,严重影响了国民经济发展和人民生活用水,并对黄河下游防洪产生不利影响,从而引起国家领导同志的重视和社会各界的广泛关注。为合理配置黄河水资源,缓解断流和水资源供需矛盾,根据水利部的指示,自 1999 年 3月国家开始对黄河干流实施水量统一调度,黄委内部则成立了负责全河水量调度的机构——水量调度管理局(筹),黄河水资源统一管理工作进一步得到加强。

一、黄河水资源开发利用规划开展情况

水资源开发利用规划是流域治理开发规划的重要内容,在历次黄河规划的编制和修订中均将水资源开发利用作为规划的重要内容。其中重要的规划成果有 1954 年黄河规划编制的水资源利用、1984 年完成的《黄河水资源开发利用预测》、1989 年水资源开发利用规划,另外 1999 年《黄河重大问题及其对策》中有关水资源开发利用预测等成果。

(一)1954 年规划成果

1954 年黄河规划水资源利用部分,采用的黄河天然径流量为 545 亿 m³,拟定流域可灌土

地面积1.78亿亩,黄河河川径流可供农业灌溉水量470亿m³,采用亩均年用水量400m³,只能灌溉1.18亿亩,尚有0.6亿亩需挖掘利用地下水。规划分一期计划(到1967年)和远期计划两部分。一期规划灌溉面积发展到4672万亩,其中三门峡以上2447万亩,年引径流量210亿m³,占天然径流量的38.5%。远期发展灌溉面积达到116399万亩,其中三门峡以上4022万亩,年引径流量470亿m³,占天然径流量的86.2%。一期和远期工业及城市生活用水量均采用12.6亿m³,实际耗水量8.5亿m³。相应一期入海水量为326.5亿m³,远期考虑规划建设的46座梯级水库蒸发损失水量30亿m³,入海水量仅为36.5亿m³。这一规划成果充分体现了当时"蓄水拦沙"的治河方针,即节节蓄水,分段拦泥,尽一切可能把河水用在工业、农业和运输业上,把黄土和雨水留在农田上。因此,远期规划成果将大部分水量分给了农业灌溉,预留的入海水量很少。

(二)1984年《黄河水资源开发利用预测》成果

20世纪80年代初,为满足黄河小浪底水库规划设计的需要,根据原水利电力部的指示,黄委会设计院开展了黄河水资源利用研究,分别提出了《黄河流域二〇〇〇年水平河川水资源量的预测》和《一九九〇年黄河水资源开发利用预测》和《黄河流域水资源开发利用预测补充说明"各省(区)分配意见"》,在此基础上,于1984年编制了《黄河水资源开发利用预测》。后经国务院原则批准,作为黄河治理开发规划及工程设计的依据。

1984年预测成果,黄河天然径流采用设计院1975年还原成果,径流系列为1919年7月—1975年6月的56年系列,花园口还原后的天然年径流量为560亿m³,扣除下游排沙入海最少需水量200亿m³,最多可供利用的河川径流量只有360亿m³,再加上花园口以下天然径流20多亿m³,远不能满足各省区1983年提出的利用黄河水资源的规划意见。根据汇总整理,各省区提出1990水平年工、农业需用黄河河川径流量为466亿m³,2000水平年为696亿m³(加上河北省、北京市为747亿m³)。为使用水预测更加符合黄河实际,黄委对各省(区)规划意见进行了认真研究,分析了有关省区的灌溉发展规模、工业和城市用水增长以及大中型水利枢纽兴建的可能性等条件,分河段进行了不同水平年用水预测,结果见表9-4。

表9-4 黄河流域不同水平年工农业需耗水量

水平年	断面	农业		城市生活与工业需耗水量(亿m³)	合计需耗水量(亿m³)	备注
		有效灌溉面积(亿m³)	需耗水量(亿m³)			
1990	兰州以上	339	18.5	4.1	22.6	供水保证率:农业75%,工业、城市生活用水95%
	河口镇以上	1661	110.9	6.0	116.9	
	三门峡以上	3215	178.7	10.5	189.2	
	花园口以上	3539	191.9	13.1	205.0	
	利津以上	4639	268.2	31.0	299.2	
2000	兰州以上	454	22.9	5.8	28.7	
	河口镇以上	1951	118.8	8.3	127.1	

	三门峡以上	3523	189.5	32.9	222.4	
	花园口以上	4051	210.7	37.9	248.6	
	利津以上	5551	291.7	78.4	370.1	

经平衡计算,黄河干流沿岸工农业需水均得到满足,大部分支流的需水可以满足。供水不足的地区主要有汾河流域、渭河下游及洛河下游的小型灌区。预测利津入海水量,1990年275亿m³,2000年为210亿m³,基本可满足下游河道输沙需要。

(三)1989年水资源开发利用规划

水资源开发利用规划是1985年修订黄河治理开发规划中的专项规划之一,其成果吸收在1989年提出的《黄河治理开发规划报告》中。本次规划仍采用56年系列,花园口天然径流量为559.2亿m³,加上花园口以下各支流的天然径流量,全河多年平均天然径流量为580亿m³。据计算,为保证下游河道年均淤积量不大于4亿t,年均输沙水量200亿~240亿m³,可利用水量为340亿~380亿m³。各地对1983年提出的需用黄河水量压缩后,提出的需水量为589亿m³,仍超过黄河可供水量,供需矛盾十分突出。各省(区)分配水量仍采用国务院批准的《黄河可供水量分配方案》。

在综合研究各省区的灌溉发展规划和不同部门的用水后,考虑工程建设的可能性,编制了不同河段和省区的水资源利用规划方案,见表9-5、表9-6。

表9-5 2000年黄河水资源利用(各河段)规划方案

河段	工农业及城乡生活耗用河川径流量(亿m³)				地下水灌溉面积(万亩)
	工业及城乡生活耗水	农业耗水		合计	
		灌溉面积(万亩)	耗水		
兰州以上	5.8	525.9	22.9	28.7	13.5
兰州—河口镇	2.5	1851.4	95.9	98.4	244.6
河口镇以上	8.3	2377.3	118.8	127.1	258.1
河口镇—花园口	29.6	2670.7	91.9	121.5	1136.9
花园口以上	37.9	5048.0	210.7	248.6	1395.0
花园口—利津	40.5	2289.5	80.9	121.4	957.5
利津以上	78.4	7337.5	291.6	370	2352.5
占黄河年径流	14%		50%	64%	

表9-6 2000年黄河水资源利用(各省区)规划方案

(单位:亿m³)			
省(区、市)	工农业需耗河川径流量	其中	
		农业	工业及城乡生活
青海	14.1	12.1	2.0

四川	0.4	/	0.4
甘肃	30.4	25.8	4.6
宁夏	40.0	38.9	1.1
内蒙古	58.6	52.3	6.3
陕西	38.0	33.6	4.4
山西	43.1	28.5	14.6
河南	55.4	46.9	8.5
山东	70.0	53.5	16.5
河北、天津	20.0	/	20.0
合计	370.0	291.6	78.4

经长系列水量平衡分析,规划工农业用水基本可以得到满足,只有汾河、渭河中下游和洛河下游地区,枯水年份用水不能全部满足。多年平均入海水量210亿m³,基本满足冲沙入海水量要求。本次规划成果与1984年《黄河水资源开发利用预测》成果相差不大,但研究工作做的更细,定量分析了不同部门的用水量,将国务院批准的各省(区)水量指标进一步分配到了不同部门。

本次规划还粗估了远期(2030年)黄河水资源供需平衡,经预估远期工农业及城乡生活需水600亿m³,地下水可利用量约100亿m³,要求黄河供水500亿m³以上。届时,黄河缺水达140亿~200亿m³。

(四)《黄河的重大问题及其对策》研究成果

1999年黄委在水利部的领导下开展了《黄河的重大问题及其对策》研究,其中附件2为《黄河水资源供需分析及对策》。《黄河的重大问题及其对策》历经两年多的时间,在广泛征求国内有关专家、有关省区和国务院有关部委意见的基础上,形成了上报国务院的报批稿。在上报国务院的报批稿中采用了附件2的研究成果。附件2在分析现状沿黄地区国民经济发展水平和引用黄河水的基础上,对21世纪初期黄河水资源的供需形势进行了分析。本次研究首次采用总供给与总需求进行水量平衡,将生态用水作为一个重要的用水部门,对不同类型的生态用水进行了初步分析,并结合社会经济发展预测,对2010年、2030年、2050年三个水平年进行了供需平衡计算。

在水资源总供给研究方面,对1919年7月—1975年6月56年系列黄河天然径流量还原方法的合理性和系列的代表性进行了分析,并将系列延长至1997年,对不同系列成果进行了对比研究,认为黄河天然径流量采用580亿m³是合理的。受基础资料和工作深度的限制,报告认为现阶段黄河流域地下水与地表水不重复部分的可开采量采用110亿m³较为适宜。相应总供水量为690亿m³。

在用水需求方面,考虑了生态低限需水和国民经济需水。

生态需水包括汛期输沙需水、非汛期生态基流、水土保持用水和下游河道蒸发渗漏水量四方面。汛期输沙需水,考虑水土保持减沙和中游骨干工程的调节作用,拟定2010年、2030年、2050年分别为130亿m³、120亿m³、110亿m³。非汛期河道基流,综合考虑河道内用水、生物多样性、湿地保护等用水要求,总需水量50亿m³。维持水体自然净化能力需水,根据黄河水资源短缺的实际情况,难以再额外增加水量,汛期以输沙水量、非汛期以生态基流作为其需水(要通过控制入河排污量,保证相应水质要求)。水土保持用水量,水土保持一方面可拦截入河泥沙,减少输沙水量,另一方面,水土保持措施除利用降雨入渗土壤中的一部分无效蒸发外,也利用了形成河川径流的一部分水量。经分析,现状水保措施利用河川径流为10亿m³,预计2010年、2030年、2050年分别为20亿m³、30亿m³、40亿m³。下游河道损失水量,经估算约10亿m³(黄河天然径流580亿m³是将花园口断面天然径流量加上花园口以下的支流天然径流所得,其中花园口以上河道损失水量已扣除,但未扣除下游河道损失水量,因此,在计算生态需水时应考虑这部分水量)。综合考虑上述生态需水,生态低限需水量总计为210亿m³。

国民经济需水分流域内和流域外两部分。

流域内国民经济需水是在充分考虑了经济社会发展规模的基础上进行预测的。根据黄河流域在我国经济发展战略布局中的重要地位,考虑国家现代化建设三步发展战略目标和人口控制目标,结合黄河流域的实际和国家实施西部大开发的宏观背景,预测了三个水平年黄河流域经济社会发展目标(见表9-7)。在节水的前提下,合理确定了不同水平年的工业和城乡居民生活用水定额。据此预测了不同水平年流域内国民经济需水量(见表9-8)。

表9-7　黄河流域社会经济发展情况预测

项目	单位	1997年	2010年	2030年	2050年
总人口	万人	10695.43	12054.79	13332.54	13601.78
其中:农村人口	万人	8189.13	8064.39	7620.62	6781.15
城镇人口	万人	2506.30	3990.40	5711.92	6820.63
牲畜	万头	8174.43	10729	13360	16296
工业总产值	亿元	6015.00	19435	68313	128748
有效灌溉面积	万亩	7192	8218	9000	9300
流域内人均灌溉面积	亩	0.67	0.68	0.68	0.68
流域内人均粮食	kg/人	352	380	400	400

注:有效灌溉面积为农田灌溉面积(包括城市菜田),不包括草场和林果灌溉面积。

表9-8　不同水平年黄河流域国民经济需水量预测

(单位:亿m³)				
项目	1997年	2010年	2030年	2050年
生活需水	31.64	48.25	74.96	93.38
其中:农村人口生活需水	12.81	14.62	17.74	17.32
城镇生活需水	13.72	26.21	47.95	64.73

牲畜需水	5.11	7.42	9.27	11.33
工业需水	59.08	109.81	170.00	190.00
农业需水	351.53	352.32	329.59	326.28
林牧业需水	12.10	21.06	26.21	28.73
合计	454.35	531.45	600.76	638.39
人均需水量(m³/人)	425	441	451	469

流域外需水按照以供定需的原则确定,不进行预测。目前流域外用水主要有河南、山东工农业用水和向河北、天津补水。2010年以后,计划向流域外供水的地区为甘肃的引大济西、山西的引黄入晋以及引黄入河北、天津、河南、山东等。黄河向流域外供水的原则,花园口以下的河南、山东按国务院分水指标扣除流域内用水,甘肃、山西、河北、天津按有关批准文件考虑,并计入各省(区、市)黄河可供水量分配指标中。按此原则,拟定的不同水平年流域外需水见表9-9;不同水平年流域内外需水量和需耗水量预测见表9-10;不同水平年黄河水资源供需平衡预测见表9-11。

表9-9　流域外国民经济需水预测

（单位：亿m³）				
项目	1997年	2010年	2030年	2050年
黄河上中游		6.52	8.1	8.1
黄河下游	97.2	97.2	97.2	97.2
合计	97.2	103.72	105.3	105.3

表9-10　不同水平年流域内外国民经济需水量和需耗水量预测

项目	1997年	2010年	2030年	2050年
总需水量	551.55	635.17	706.06	743.69
总需耗水量	459.61	520.37	589.85	640.14

表9-11　不同水平年黄河水资源供需平衡

（单位：亿m³）										
水平年	总供水量			总需耗水量						缺水量
	地表水	地下水	总计	生态需水					流域内外国民经济需耗水量	总计
				汛期输沙	非汛期基流	水土保持	河道渗漏	合计		
2010	580	110	690	130	50	20	10	210	520.37	730.37	40.37
2030	580	110	690	120	50	30	10	210	589.85	799.85	109.85
2050	580	110	690	110	50	40	10	210	640.14	850.14	160.14

综合流域内外国民经济需水量,2010年、2030年和2050年国民经济总需水量分别为635.17亿 m³、706.06亿 m³ 和743.69亿 m³,考虑到有一部分退水回到河道后可以重复利用,2010年、2030年和2050年总需耗水量分别为520.37亿 m³、589.85亿 m³ 和640.14亿 m³。加上生态低限需水量,2010年、2030年、2050年总需耗水量分别为730.37亿 m³、799.85亿 m³ 和850.14亿 m³。

黄河流域地表水与地下水总供水量为690亿 m³,相应2010年、2030年和2050年缺水量分别为40亿 m³、110亿 m³ 和160亿 m³。通过总供给与总需求之间的平衡计算,可以看出未来黄河缺水属资源性缺水,解决资源性缺水的矛盾只有依靠调水。

需要说明的是,在进行需水预测时已充分考虑了节水,如规划对现有灌区进行以渠道衬砌和田间节水为主要手段的节水措施,使节水灌溉面积占现有灌区面积的比例由现状的19%提高到2010年的64%、2030年全部实现节水灌溉。新建灌区按节水型灌区考虑,则灌溉定额由现状的489m³/亩下降到2050年的351m³/亩,相应农业需水量在考虑适当增加灌溉面积的情况下仍保持稳中下降的趋势,人均综合需水量稍微有所增加,这与黄河流域现状工业与城市化水平较低、需要进一步发展有关。计算的缺水量指黄河流域,流域外供水按国务院1987年批准的分水方案控制,但随着国民经济的发展,流域外缺水还将增加,只有在挖潜的基础上,依靠外调水源[①]解决。生态用水考虑的是低限需求,按稀释目前的入河排污量,所提出的生态用水就远远不能满足,何况面污染源很难控制,点污染源的控制还有一个过程。

综合上述分析,黄河流域的缺水形势是相当严峻的,需要加快南水北调西线的步伐和加强黄河水资源的管理与保护。

二、水量分配

黄河流经我国干旱与半干旱的西北、华北地区,是这里主要的供水水源,对沿黄地区国民经济的可持续发展具有极其重要的支撑作用。特别是新中国成立后,沿黄地区国民经济得到快速发展,对黄河水资源的需求不断增加,水资源分配问题日益重要。

1954年在编制黄河流域规划时,首次对全河水资源进行了分配。根据当时的规划成果,预测远期年灌溉需引黄河径流量470亿 m³,并将这部分灌溉用水量分配到各省区。具体的分配情况是:青海4.0亿 m³,甘肃45.0亿 m³,内蒙古57.3亿 m³,陕西47.0亿 m³,山西26.0亿 m³,河南112.0亿 m³,山东101.0亿 m³,河北77.4亿 m³。

1984年编制的《黄河水资源开发利用预测》中,在对干支流和不同河段进行需水预测的基础上,提出了各省(区)水量分配方案。1984年8月,在全国计划会议上,国家计划委员会同与黄河水量分配关系密切的省(区、市)计划委员会和部门,就水利电力部根据上述研究成果报送的《黄河河川径流量的预测和分配的初步意见》进行了座谈讨论。1987年国务院原则同意并以国办发[1987]61号文转发了国家计委、水利部《关于黄河可供水量分配方案的报告》(方案见表9-12),提出:要解决好黄河流域用水问题,必须做到统筹兼顾、合理安排,实行计

---

①李成振,孙万光,陈晓霞,等. 有外调水源的库群联合供水调度方法的改进[J]. 水利学报,2015,(11):1272-1279.

划用水、节约用水。希望各有关省、自治区、直辖市从全局出发,大力推行节水措施,以黄河可供水量分配方案为依据,制定各自的用水规划,并把规划与各地的国民经济发展计划紧密联系起来,以取得更好的综合效益。

表9-12　1987年黄河流域各省区水量分配

省（区）	青海	四川	甘肃	宁夏	内蒙古	陕西	山西	河南	山东	河北	天津	合计
年耗水量（亿m³）	14.1	0.4	30.4	40.0	58.6	38.0	43.1	55.4	70.0	20.0		370.0

在用水比较集中的上游河段和下游河段,为协调省际用水矛盾,有关省区通过协商,也曾制定了引水分配比例。如下游河段在1959年—1961年间,河南、山东、河北三省达成协议,枯水季节三省引水比例以秦厂(相当于现在的花园口)流量由河南、山东、河北三省按2:2:1引用。1962年下游暂停引黄,复灌后未再分水。上游段宁夏、内蒙古两自治区引水比例自1961年以来一直沿用4:6,这一分水原则维持到20世纪90年代末黄委对全河水量实施统一调度为止。

黄河可供水量分配方案的颁布执行和有关省区通过协商达成的分水比例,在控制用水规模、促进计划用水和节约用水、协调省际用水矛盾方面起到了一定的积极作用。

三、取水许可制度的实施

1988年《中华人民共和国水法》颁布执行。《水法》第三条第一款规定"水资源属于国家所有,即全民所有",第三款规定"国家保护依法开发利用水资源的单位和个人的合法权益",同时在第三十二条规定"国家对直接从地下或者江河、湖泊取水的,实行取水许可制度"。这是我国依法实施水资源权属管理的开始。

水资源作为一种不可替代的自然资源和环境资源,以其稀缺性、流动性和共享性,被世界大多数国家法定为公共所有。一般来说,水资源所有权[①]包括占有、使用、收益和处分的权利。按照我国《水法》的规定,国家是水资源所有权的主体,相应具有对水资源进行处分的权利,即进行统一分配和管理的权利。《水法》第三条第三款的规定明确了在我国实行水资源所有权和使用权相分离。第三十二条取水许可制度的规定实际上明确了用水户获得水资源使用权的途径。对于跨省区的黄河而言,河川径流使用权的分配分两个层次,首先将可供水量分配到有关省(区),即国务院已经批准的《黄河可供水量分配方案》;其次是将水量指标分配到具体用水户,即目前实施的取水许可制度。黄河取水许可的审批要遵守《黄河可供水量分配方案》,审批各省(区)取水许可总水量扣除回归黄河干支流河道水量后不得超过《黄河可供水量分配方案》规定的分配指标。

作为《水法》的配套法规,1993年国务院颁布了《取水许可制度实施办法》,1994年水利部颁布了《取水许可申请审批程序规定》,1996年水利部又颁布了《取水许可监督管理办法》,有关取水许可制度的规定日趋完善。

---

①蒲志仲.水资源所有权问题研究[J].长江流域资源与环境,2008,(4):561-565.

黄委开展取水许可工作比较早,为取得取水许可管理的经验,早在《取水许可制度实施办法》颁布前的1992年,黄委与内蒙古自治区和包头市水利部门共同组织了包头市黄河取水许可试点工作,向24个取水户颁发了黄河取水许可证。1994年5月,水利部发出《关于授予黄河水利委员会取水许可管理权限的通知》(水利部水政资[1994]197号),其授权如下:

(一)根据国务院1994年1月批准的水利部"三定"方案,黄河水利委员会是我部的派出机构,国家授权其在黄河流域内行使水行政主管部门职责,在我部授权范围内,负责黄河流域取水许可制度的组织实施和监督管理。

(二)黄河水利委员会对黄河干流及其重要跨省(区)支流的取水许可实行全额管理或限额管理,并按照国务院批准的黄河可供水量分配方案对沿黄各省区的黄河取水实行总量控制。

(三)在下列范围内的取水,由黄河水利委员会实行全额管理,受理、审核取水许可预申请,受理、审批取水许可申请,发放取水许可证:①黄河干流托克托(头道拐水文站基本断面)以下到入海口(含河口区)、洛河故县水库库区、沁河紫柏滩以下干流、东平湖滞洪区(含大清河),以上均包括在河道管理范围内取地下水;②金堤河干流北耿庄以下至张庄闸(包括在河道管理范围内取地下水);③黄河流域内跨省、自治区行政区域的取水;④黄河流域内由国务院批准的大型建设项目的取水(含地下水)。

(四)在下列范围内限额以上的取水,由黄河水利委员会审核取水许可预申请、审批取水许可申请、发放取水许可证:①黄河干流托克托(头道拐水文站基本断面)以上至河源河道管理范围内(含水库、湖泊):地表取水口设计流量$15m^3/s$以上的农业取水口或日取水量8万m^3以上的工业与城镇生活取水;地下水取水口(含群井)日取水量2万m^3以上的取水;②渭河干流河道管理范围内:地表取水口设计流量$10m^3/s$以上的农业取水口或日取水量8万m^3以上的工业与城镇生活取水;地下水取水口(含群井)日取水量2万m^3以上的取水;③大通河、泾河和沁河紫柏滩以上干流河道管理范围内:地表取水口设计流量$10m^3/s$以上的农业取水口或日取水量5万m^3以上的工业与城镇生活取水;地下水取水口(含群井)日取水量2万m^3以上的取水;

(五)在《取水许可制度实施办法》发布前,凡已在我部授权黄河水利委员会实施取水许可管理范围、已经取水的单位和个人,应当依照我部《取水许可申请审批程序规定》,在1994年12月1日前到黄河水利委员会进行取水登记,领取取水许可证,其中已由当地水行政主管部门登记过的,应到黄河水利委员会换领取水许可证。

(六)黄河水利委员会可根据国务院《取水许可制度实施办法》和部《取水许可申请审批程序规定》的规定,划分内部分级管理权限,制定黄河取水许可实施细则。

黄委根据水利部的授权,在水利部的领导下,制定了《黄河取水许可实施细则》,全面开展了黄河取水许可管理工作,对已有用水户进行了取水登记,这项工作于1996年上半年基本完成。其后,黄河取水许可工作的重点逐渐转向取水许可的监督管理,特别是近几年来,为加强黄河取水许可管理工作,严把取水许可审批关,黄委实施了取水许可总量控制,即黄委和省(区)审批的取水许可水量之和扣除各省区回归水量后的耗水量,不得超过国家分配各省区的耗水量指标。对已无新增取水指标的省(区),暂停审批其新、改、扩建取水工程的取水许可(预)申请。取水许可制度实施以来,在控制用水规模、促进计划用水和节约用水方面起到了积极的作用,同时有关取水许可的申请、审批以及用水统计、年终审验等工作逐步规范化。截至1999年底,黄委共发放地表取水许可证323套,审批许可水量303亿 m³。按照《黄河可供水量分配方案》核算,宁夏、内蒙古、山东3省(区)已无新增取水指标。

沿黄各省区在《取水许可制度实施办法》颁布后,均开展了此项工作,其中实施取水许可制度较早的是严重缺水的山西省。早在《水法》颁布前的1982年,经山西省人大常务会批准,山西省政府发布了《山西省水资源管理条例》,在该条例中规定凡开发利用水资源的单位,需报告当地水资源主管部门批准,领取开发和使用许可证。

四、水量调度

黄河流经地区大部分为干旱、半干旱地区,黄河是其主要的供水水源。沿黄地区国民经济的发展,生产和生活引用黄河水量成倍增加,同时,不同部门对水的需求在数量和时程分配上的差异较大,使得用水矛盾加剧。黄河上游宁蒙河段和下游豫鲁河段从低纬度流向高纬度,造成冬季封河由下向上发展,春季开河由上向下发展,极易形成凌汛灾害,为此,必须对封河和开河期间河道流量进行调控。因上述原因,客观上需要对黄河水量进行调度,在时间和空间上重新配置黄河水资源,以适应不同地区和部门对黄河水资源的需求。

调蓄工程是进行水量调度的工程基础,依托大型水利枢纽,黄河干流开始了比较系统的水量调度工作,并随着用水矛盾的加剧,黄河水量调度范围在时间上和空间上不断扩展。根据水量调蓄工程运用和管理体制的演变情况,黄河水量调度的发展大体上可分为以下几个阶段:

第一阶段:从三门峡水库建成运行到1986年龙羊峡水库投入运用。本阶段上游和下游形成了两个相对独立的水量调度管理体系。在上游,刘家峡水库于1968年建成,是一座具有多目标的不完全年调节水库,其调节能力较大,不仅直接关系到西北地区的水力发电和甘肃、宁夏、内蒙古三省(区)的工农业生产,而且与盐锅峡、青铜峡两水库的水量调度和黄河全河段的防汛、防凌密切相关。为此,经国务院批准,成立了由宁夏、内蒙古、甘肃3省区和黄委、西北电业管理局组成的黄河上中游水量调度委员会,办公室设在甘肃省电力局。委员会的主要任务是:研究、协商、安排刘家峡、盐锅峡、青铜峡3水库非汛期的水量分配方案;分配有关地区的工农业用水量;协调发电用水和农业灌溉用水之间的关系;向中央及黄河防汛部门提出刘家峡、盐锅峡、青铜峡三水库伏汛和凌汛期联合运用计划等。办公室是具体的执行机构,直接负责刘家峡、盐锅峡水库的水量调度,青铜峡水库由宁夏电力局水库调度组负责。八盘峡水库1974年建成后也归黄河上中游水调委员会统一调度。在下游,三门峡水库于1961年建成,为季调节水库,由黄委直接调度,黄河下游的用水主要依靠三门峡水库调节。

第二阶段:自1986年龙羊峡水库下闸蓄水到1999年3月黄委对黄河干流水量实施统一调度。本阶段的主要特点是:对黄河上中游水调委员会进行了调整,黄委担任了主任委员;

实现了凌汛期(11月~次年3月)黄河干流水量统一调度。龙羊峡水库是黄河干流建设的第一座多年调节水库,库容巨大,1986年下闸蓄水后,形成了黄河上中游梯级水库联合运用的格局,水调与电调、不同省(区)之间的协调任务更加繁重。为了全河统筹,协调省际间关系,国务院决定调整和充实黄河上中游水量调度委员会,委员会由青海省、甘肃省、宁夏回族自治区、内蒙古自治区人民政府和黄河水利委员会、西北电业管理局派代表共同组成,其中黄委和西北电业管理局分别担任主任委员和副主任委员。办公室设在西北电业管理局。调整后的委员会主要任务不变,并规定每年召开1~2次委员会会议。1987年8月明确委员会办公室直接对龙羊峡、刘家峡水库进行调度,并通过甘肃、宁夏两省(区)二级水调机构对盐锅峡、八盘峡、青铜峡水库进行调度。1989年1月,国家防汛总指挥部明确黄河凌汛期的全河水量调度统一由黄河防汛总指挥部调度。至此,黄河水量调度开始步入了全河统一调度的新阶段。

第三阶段:从1999年3月黄委正式对黄河干流水量实施统一调度至今。进入20世纪90年代,黄河下游断流日趋严重,长时间的断流,加重了黄河下游河道泥沙淤积,增加了防洪的难度和洪水威胁,破坏了河口地区的生态平衡,恶化了下游河道水环境,并使河口地区工农业生产和居民生活用水出现困难。黄河下游连年断流,引起党和国家及社会各界的广泛关注。1997年国务院及国家计委、国家科委、水利部分别召开了"黄河断流及其对策专家研讨会",对黄河断流的原因、影响和对策进行研讨。1998年1月,中科院和工程院163位院士联名呼吁全社会"行动起来,拯救黄河",同年7月,中国科学院、工程院院士和专家考察黄河,向国务院提出了《关于缓解黄河断流的对策与建议》咨询报告,建议"依法实施统一管理和调度"。黄委对黄河断流问题十分重视,开展了黄河下游断流原因及对策研究、水资源优化配置和调度及水文中长期预报技术等课题的联合攻关,为实施全河水量调度奠定了基础。1998年,遵照水利部的安排,根据1987年国务院批准的《黄河可供水量分配方案》,黄委组织对枯水年份水量分配方案的研究,提出了《黄河可供水量年度分配及干流水量调度方案》和《黄河水量调度管理办法》,1998年年底经国务院批准并由国家计委和水利部颁布实施。《黄河水量调度管理办法》授权黄委负责黄河水量统一调度管理工作,并对调度的原则、权限、用水申报、用水审批、特殊情况下的水量调度、用水监督等内容进行了规定。上述两个法规文件的颁布,标志着黄河水量调度正式走向全河水量统一调度。

考虑到黄河用水主要集中在宁蒙和豫鲁两干流河段,耗水量占全河引黄耗水量的2/3,用水矛盾和断流主要出现在非汛期的11月至次年6月,加之目前黄河水文预报的水平,现阶段黄委主要对非汛期宁蒙和豫鲁两干流河段进行调度。按控制断面水量和河道耗水量两项指标控制用水。上游调度河段从刘家峡水库出库到头道拐,主要控制断面有刘家峡、下河沿、石嘴山、头道拐,分别作为刘家峡水库出库、进入宁夏、内蒙古和中游的控制断面;下游调度河段从三门峡水库出库到利津,主要控制断面包括三门峡、高村、利津,分别作为三门峡水库、进入山东和河口地区的控制断面。在做调度方案时,上游头道拐断面下泄水量要充分考虑黄河中下游地区的用水要求。

黄河自实施水量统一调度以来,取得了显著效益。一是保证了城乡生活用水,二是合理安排了农业用水,三是兼顾了工业用水,四是按计划分配了生态用水。1999年3月1日自黄河水量统一调度工作开始,3月11日利津水文站按计划恢复过流,至12月31日,利津断面仅断流8天(含4天间歇性断流),比近几年同期平均断流时间减少118天。2000年,黄河花园口站实测径流量只有196亿m³,是新中国成立以来第二个枯水年,虽然全流域都发生了严重旱情,但由于实施了水量统一调度和加强了用水的监督管理,黄河下游没有发生一天断流,期间,入海口的利津水文站平均流量约156m³/s。初步扭转了黄河下游持续断流的局面,绝迹近几十年之久的回游刀鱼在河口地区重新出现。

随着干流万家寨、小浪底水库的投入运行,一方面增加了干流水量调度的工程手段,另一方面实施水量调度的难度加大、影响因素增加。目前中游头道拐至三门峡入库河段尚未纳入干流统一调度,中游万家寨水库投入运行后,对下游河段水量调度影响很大,且中游用水随着国民经济的发展也会有较大的发展,将本河段纳入全河水量调度是下一步工作的重点。

五、水资源保护

随着流域经济社会的迅速发展,黄河水资源的开发利用量不断增大,废污水排放量也与日俱增,使原本有限的黄河水资源受到严重污染,水质不断恶化,水生态环境遭受破坏,已成为黄河的重大问题之一。搞好黄河水资源保护工作,改善和提高黄河水环境质量,已是治黄工作面临的重大课题和紧迫任务。

1975年根据国务院环境保护领导小组、水利电力部的要求,黄委会正式成立"黄河水源保护办公室"(1992年更改为水利部、国家环保局黄河流域水资源保护局),1978年水利电力部又批准建立"黄河水源保护科学研究所和监测中心站"。至此,黄委会在水资源保护监督管理、水质监测和科学研究等工作上已形成较为完整的体系,并相继开展工作。

黄河水源保护办公室成立伊始,首先会同沿黄省(区)有关部门对流域内大中型厂矿企业的污染情况进行了调查,建立了污染源档案,编制了《黄河污染治理长远规划》,此后又根据国家计委下达的《修订黄河治理开发规划任务书》的要求,编制完成了《黄河水资源保护规划》,并于1989年通过水利部和国家环保局组织的技术审查。另外,还会同流域省(区)水利、环保部门分别编制了湟水、渭河、汾河、伊洛河、沁河、大汶河等主要支流的水资源保护规划和河南省沿黄城市群水源地保护规划以及乌鲁木齐、西安、太原三个城市的水资源保护规划。在水质监测方面,组织流域省(区)水利、环保部门编制了《黄河水系水质监测站网及监测工作规划》,并于1978年正式开展黄河干流及主要支流入黄口的水质监测工作。目前全流域水利系统已建水质监测站点340余处,监测水质项目达40余项,形成了较为完整的水环境监测网络。通过20年来的水质监测,基本上掌握了黄河的水质状况,积累了大量的水质监测资料,为流域水资源保护管理和水污染防治提供了科学依据。在科研方面,围绕黄河水资源保护领域中亟待解决的科学技术问题进行了大量的研究,取得多项具有较高技术水平和学术价值的科研成果。

六、流域水资源管理的法制体系和执法体系建设

(一)法规体系建设

《中华人民共和国水法》颁布实施后,全国人大常委会于1996年通过了《中华人民共和国水污染防治法》修正案。1985年国务院颁布了《水利工程水费核订、计收和管理办法》,1987年国务院通过了《关于黄河可供水量分配方案的报告》,1993年国务院颁布了《取水许可制度实施办法》,1994年水利部制定了《取水许可申请审批程序规定》和《黄河下游引黄灌溉管理规定》,1996年水利部又发布了《取水许可监督管理办法》,1998年国务院批准了《黄河可供水量年度分配及干流水量调度方案》和《黄河水量调度管理办法》。

黄委在贯彻实施上述法律、法规和规章的同时,有计划、有步骤地制定并出台了一系列规范性的管理文件,如1991年制定的《黄河用水统计暂行规定》、1993年制定的《黄河流域河道管理范围内建设项目管理实施办法》、1994年制定的《黄河取水许可实施细则》、1998年制定的《黄河取水许可水质管理规定》、1998制定的《黄河流域省际边界水事协调工作规约》、1998年发布的《关于加强黄河取水许可监督管理工作的通知》等。为进一步加强流域立法工作,黄委制定了《黄河水法规体系建设"十五"立法计划》,列入"十五"立法计划的有《黄河法》法律一部,《黄河水资源管理与保护条例》等行政法规两部,《黄河水规划管理办法》、《黄河供水水源地保护办法》、《黄河水资源费征收管理办法》、《黄河流域省界水体水质管理办法》等行政规章11部,《山东省黄河水资源管理条例》、《河南省黄河水资源管理条例》等,通过地方政府或人大制定地方法规规章4部,流域机构水管理规范性文件32部。

黄委所属各级河务部门也通过地方政府或人大积极制定了各种地方性法规和规范性管理文件,初步形成了以《水法》为中心,行政法规与部、委规章和地方性法规相配套的黄河水资源管理法规体系,为有效开展黄河水资源管理工作提供了法律依据。

(二)执法体系建设

在执法体系建设方面,黄委自1989年开始先后在县级以上黄河水管理单位建立了水政水资源机构。1999年,按照水利部《关于流域机构开展水政监察规范化建设的通知》要求,黄委及时制订了《黄委系统水政监察规范化建设实施方案》,报水利部批准后在全河组织实施。按照《黄委系统水政监察规范化建设实施方案》确定的水政队伍建设框架和组建模式,黄委水政监察队伍均在水政水资源机构的基础上进行组建,实行"两块牌子,一套人马"的运作模式。黄委系统共设立水政监察队伍94支,其中设立委水政监察总队1支,直属水政监察总队4支,水政监察支队22支,水政监察大队67支,初步形成了上下关系协调、运行有力的黄河水利执法体系,为贯彻执行各项水利法律法规、维护黄河水事秩序、顺利实施取水许可制度和实现黄河水量的统一调度,提供了有力的组织保障。

七、机构建设

(一)流域水资源管理部门建设

为加强黄河水资源的管理、统筹全河水量调度和行使流域机构的水行政管理职能,在黄委机关内部,1987年成立了水量调度筹备组(隶属办公室),主要负责黄河上中游水量调度的有关事宜,并进行全河水量调度的研究工作;1988年成立水政处,负责水行政执法、水事纠纷的协调等;1989年成立水政水资源处,由原水政处和水量调度筹备组合并而成;1990年水政水资源处升格为水政水资源局,下设水资源处。

1999年,为适应全河水量调度的需要,成立了水量调度管理局(筹),由委河务局农水处与从委水政水资源局水资源处抽调的人员合并组成。

另外黄委所属的山东黄河河务局、河南黄河河务局、黄河上中游管理局、金堤河管理局、三门峡水利枢纽管理局、黄河小北干流山西河务局、黄河小北干流陕西河务局的局机关及其下属单位均设有水政水资源处(科)或专职水资源管理人员,负责所辖范围内水资源监督管理工作。从而在流域机构内部形成了比较完整的水资源监督管理体系。

沿黄各省区水利厅、局也都设有水资源管理部门,形成了省、市、县三级水资源管理机构。

(二)流域水文水资源监测部门建设

黄委下设有水文局,其前身是国民政府黄河水利工程总局水文总站,1949年由西安军事管制委员会接收并于当年移交黄河水利委员会。目前,黄委水文局下属机构有上游水文水资源局(局机关在兰州市)、中游水文水资源局(局机关在榆次市)、三门峡库区水文水资源局(局机关在三门峡市)、河南水文水资源局(局机关在郑州市)、山东水文水资源局(局机关在济南市)。共管辖水文测站133处(含17处渠道站),其中干流站33处,支流站83处,控制流域面积30.3万 km^2,占黄河流域总面积的40.3%。黄委水文系统已收集了长系列的水文资料,为黄河防汛、规划治理和流域内国民经济建设发挥了重要作用。另外,地方也设置了不少水文观测站点。

(三)流域水资源保护部门建设

黄河流域水资源保护局是水利部、国家环保局双重领导的负责黄河流域水资源保护的机构,也是黄委的下属单位,由1975年原水利电力部、国务院环境保护领导小组批准建立的黄河水资源保护办公室演变而来。其主要职能是:牵头组织水系干流的水环境保护规划和年度计划,协助环境保护主管部门审批沿水系干流兴建的建设项目水环境影响评价报告,对黄河干流的水环境进行监测,协助取水许可审批发证机关和监督管理机关进行有关水质方面的审查和监督管理工作。局机关内部设监督管理处,下属单位包括:黄河流域水环境监测中心(驻郑州市)、黄河水资源保护研究所(驻郑州市)、黄河上游水资源保护局(驻兰州市)、黄河中游水资源保护局(驻榆次市)、黄河三门峡库区水资源保护局(驻三门峡市)、黄河山东水资源保护局(驻济南市)。

黄河流域水环境监测工作始于1972年,是七大流域机构当中起步较早的,在黄河流域水资源保护局的领导下,组建了流域水质监测技术队伍及实验室,1978年建立了黄河流域水质监测网络。目前,已建成常规监测站网和省界监测站网两大网络系统。全流域开展水质监测的断面已达340个左右,由黄河流域水资源保护局规划常规监测的站点(主要设在黄河干流和主要支流入黄口)67个。列为水利部重点监测断面的13个,小浪底站网站点13个,目前实施站点50个;省界水体水环境监测站网规划站点55个,计划分二期进行,即2000年为第一期,已实施站点30个;第二期实施时间计划在2001年至2002年时间段内,根据站网建设情况,逐步实施另25个站点,计划在2002年内全面实施。

第四节　黄河水资源管理体制

黄河水资源管理的体制是随着我国政治、经济体制的改革和水资源管理的需要不断变化并逐渐完善的。新中国成立后,在计划经济的背景下,我国建立的是水资源高度集中管理与分级分部门管理的体制,其特点主要是:按行政区域在各级政府建立水利部门,以行政力量解决水利建设和水资源管理中所面临的问题,按水利建设及管理职能分工,分级分部门对水资源进行开发利用和管理。

黄河水资源管理体制也是在国家政治经济体制和水资源管理政策的大环境下建立的。目前涉及黄河水资源管理的机构有国务院有关部、委、局,流域内各省(区)水利厅及有关厅局及黄河流域管理机构——黄河水利委员会。各有关部门、省(区)及流域机构按照各自分工及授权职责承担黄河水资源管理工作。

中央一级涉及黄河水资源管理的部门有国家计委、国家经贸委、水利部、国家环保总局、建设部、国土资源部等。此外,农业部、科学技术部等也与黄河水资源管理有关系。

流域各省(区)在黄河水资源管理方面的工作,主要由作为省(区)水行政主管部门的各省(区)水利厅及各地(市)、各县(市)水行政主管部门负责在其行政区域范围内的水资源管理工作。

黄河水利委员会,按照1994年水利部批准的"三定"方案,作为水利部在黄河流域的派出机构,授权在流域内行使水行政管理职能。按照统一管理和分级管理的原则,统一管理本流域水资源和河道。负责流域的综合治理,开发管理具有控制性的、重要的水工程,搞好规划、管理、协调、监督、服务,促进江河治理和水资源综合开发、利用和保护。其主要职责是:

(一)负责《水法》、《水土保持法》等法律、法规的组织实施和监督检查,制定流域性的政策和法规。

(二)制定黄河流域水利发展战略规划和中长期计划。

会同有关部门和有关省、自治区人民政府编制流域综合规划和有关的专业规划,规划批准后负责监督实施。

（三）统一管理流域水资源，负责组织流域水资源的监测和调查评价。

制定流域内跨省、自治区水长期供求计划和水量分配方案，并负责监督管理，依照有关规定管理取水许可，对流域水资源保护实施监督管理。

（四）统一管理本流域河流、湖泊、河口、滩涂，根据国家授权，负责管理重要河段的河道。

（五）制定本流域防御洪水方案，负责审查跨省、自治区河流的防御洪水方案，协调本流域防汛抗旱日常工作，指导流域内蓄滞洪区的安全和建设。

（六）协调处理部门间和省、自治区间的水事纠纷。

（七）组织本流域水土流失重点治理区的预防、监督和综合治理，指导地方水土保持工作。

（八）审查流域内中央直属直供工程及与地方合资建设工程的项目建议书、可行性报告和初步设计。编制流域内中央水利投资的年度建设计划，批准后负责组织实施。

（九）负责流域综合治理和开发，组织建设并负责管理具有控制性的或跨省、自治区重要水工程。

（十）指导流域内地方农村水利、城市水利，水利工程管理、水电及农村电气化工作。

（十一）承担部授权与交办的其他事宜。

现行的黄河流域水资源管理体制框架见图9-1。

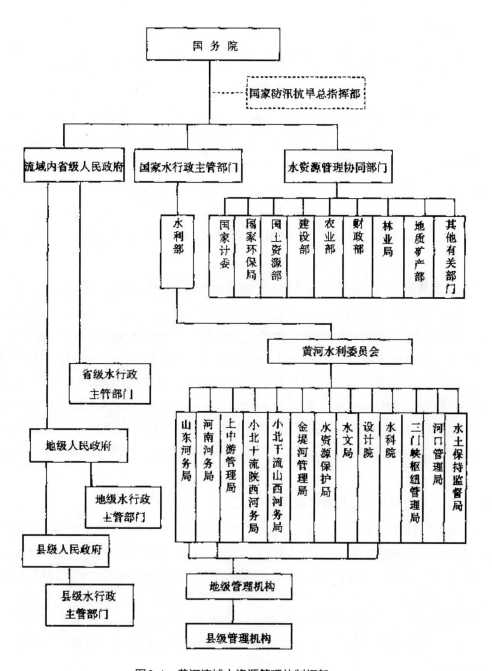

图9-1　黄河流域水资源管理体制框架

第五节 黄河水资源管理的基本经验

一、建立以流域为单元的黄河水资源统一管理体制是黄河水资源管理的必然选择

黄河水资源供需矛盾突出,各部门、各行业、各省区对水资源的需求不一,如果不建立以流域为单元的水资源管理体制进行统一管理和调度,必然使国家失去对流域水资源的控制,或控制能力不足,造成过度使用水资源和水资源的无序竞争利用,断流频繁,水环境容量降低或破坏。只有加强流域水资源的统一管理和调度,才能更好地协调各部门、各行业、各省区的用水,统筹考虑,合理开发,高效利用水资源。近两年的水量统一调度已充分证明了这一点。

二、流域机构必须在重要河段和对控制性的枢纽实行直接管理或调度

黄河下游河道以及刘家峡、三门峡、小浪底等控制性枢纽,对全流域的治理和管理具有举足轻重的地位,如果由其所在的行政区域或部门(行业)根据本地区、本部门的利益去开发或管理,会对全流域的治理和管理造成不利影响,并可能成为地区间水事纠纷或矛盾的根源。这些控制性的枢纽和重要河段、重要水工程由流域机构实行直接管理或调度,是任何行政区域管理或部门管理所难以取代的。虽然目前黄委尚未对全河所有的控制性的枢纽和重要河段实行直接管理,但就目前对三门峡枢纽和下游河段实行的直接管理以及对上游刘家峡水库进行的非汛期水量调度看,其对防洪、水资源调配、用水控制等方面的作用已在一定程度上得以体现。

三、流域管理必须与行政区域管理相结合

黄河流域地跨九省区,众多的行政区域,流域机构不可能垄断管理流域内所有的水事活动,也没有那么多的人、财、物去投入到每个行政区域的水事事务中,而应将流域管理与区域管理有机结合起来。如在黄河干流水量调度中,黄委负责省际分水和协调,编制干流水量调度方案,对省(区)用水进行总量控制,并通过控制断面,监督省(区)用水情况和执行调度方案的情况;省(区)负责具体的用水、配水,至于各取水口取水的监督管理,由各级取水许可监督管理单位按照管理权限实施。由于流域管理与区域管理的结合,对缓解下游断流起到了重要的作用。

四、黄河水资源管理必须运用行政、法律、经济、科技等综合手段

水资源系统是一个由多层次的自然系统和人文系统相结合的产物,水资源管理必然涉及多方面的关系,涉及到社会、经济、政治及文化各个方面,涉及到每一个人,是一个极其复杂的多层次管理,要建立合理的"人与自然"之间的平衡,建立公正的"人与水"、"人与人"之间的和谐,使水资源得以合理开发、优化配置、高效利用、有效保护,仅靠单一的管理手段是

难以管理复杂的水资源系统的,必须采取行政、法律、经济、科技等综合手段,加强黄河流域水资源的统一管理。

第六节　黄河水资源管理存在的主要问题及原因

一、黄河水资源管理存在的主要问题

黄河流域水资源的突出特点及尖锐的供需矛盾,要求对黄河水资源的管理必须实行强有力的流域统一管理。[①]从发展的趋势看,流域水资源的统一管理正在逐步扩大和加强,但是,从管理的实际进程和效果看,还远远落后于流域经济和社会可持续发展的客观需要,致使黄河流域水资源管理还有一些问题亟待解决,而其根本原因就在于未能解决由于体制问题而带来的一些问题。

(一)对全河水资源难以实施有效的监督管理

竞相开发、分散管理、软弱调控是目前黄河水资源开发利用与管理存在的主要问题。由于地区和部门分割管理依然存在,流域机构缺乏强有力的约束机制和管理手段,对各省(区)用水难以控制和实施有效的监督管理。目前沿黄各地所建的各类引黄工程的设计引水能力已远远超过黄河可供水能力,遇到黄河枯水年或用水高峰季节,往往从各自的利益出发争水抢水,加剧了黄河水资源的供需矛盾。虽然1987年国务院批准了多年平均来水情况下黄河可供水量分配方案,但由于种种原因,对分水方案的实际落实等还难以控制或限制,取水许可制度在黄河流域实施后的有效监督管理尚不到位。

(二)黄河水资源管理手段单一

由于黄河水资源管理涉及到方方面面的关系,系统复杂,因而需要采取行政、法律、经济、科技等多种手段综合管理水资源。但目前在黄河水资源的管理中手段单一,主要是依靠行政手段来协调和处理在水资源管理中出现的问题。如近年来成就显著的水量调度工作,主要依靠行政手段协调流域各省区和部门之间的关系,而法律手段、经济手段及科技手段等采用不够或不能发挥重要的作用,没有建立合理的水价形成机制,缺乏经济杠杆的有效调节,技术手段落后,主要依靠经验和人工的手段进行管理。

(三)流域综合规划实施中监督力度不够

《水法》虽然规定了"开发利用水资源和防治水害,应当按流域或者区域进行统一规划","经批准的规划是开发利用水资源和防治水害的基本依据",但水法并未就如何对规划的实施进行监督作出明确的规定,对违反规划的情况也没有明确由谁来进行处罚。表现在一些

---

①祝远雷,高志轩,曹大成. 浅谈菏泽黄河水资源管理与调度现状及存在的主要问题[J]. 科技视界,2015,(35):352-352.

地区为片面强调上工程,盲目上马高耗水工程,不考虑资源条件扩大供水范围等,使流域规划的贯彻实施难以保障。

二、主要原因

(一)流域机构的法律地位不明确

目前,流域机构行政和执法主要依据于水利部的"三定"方案及有关文件。《水法》作为水管理的基本法,对于流域机构的法律地位未作明确规定,虽在后来颁发的《河道管理条例》、《取水许可制度实施办法》和《防洪法》对流域机构的部分职责和权限作出了规定,但仅是单项授权。终因《水法》未对流域机构的法律地位作出明确规定,制约了流域机构行使水行政管理职责。

(二)流域立法滞后

我国的立法是按照国家权力机关、国家行政机关分级实施的。流域机构是国家行政机关的派出机构,是一个具有行政职能的事业单位,不在我国的立法序列之内。以流域机构的名义发布的管理办法,严格地说不具有法律效力。按照我国的立法制度,制定流域管理方面的法律、法规或规章,要相应报请全国人大、国务院和水利部批准通过,立法程序复杂,出台缓慢。而地方性水行政法规可以通过地方立法机关和政府颁布实施,程序简单,出台较快。另外,与流域管理有关的地方性法规在制订时,有的根本不征求流域机构的意见,结果造成与流域管理相矛盾,地方性法规一旦公布又很难纠正。从而使流域机构在依法管理的过程中处于十分被动的局面。

(三)管理体制不顺,事权划分不明确

《水法》规定:我国水资源管理实行统一管理与分级分部门管理相结合的制度。在《水法》实施过程中,这一规定逐渐暴露出了水资源管理上的诸多问题。在管理体制上,形成了多头管理,在管理权限上,职能划分不明,责权关系不清,不可避免地带来了为本地区或本部门利益而忽视或排斥水资源的流域性和共享性,从而使水资源在整体配置上失去科学性和合理性,并容易引起地区间、部门间的纠纷。

流域水行政管理涉及到水利部和中央各部委,涉及到流域内各省(区)。而在流域机构与中央各部委和地方水行政主管部门的相互关系中,流域机构的水行政管理地位和职责不够明确。首先,流域机构是没有委员的委员会;流域机构只是水利部的派出机构。由于缺乏有关部门和地方的共同参与,就大大消弱了它的议事、协调和仲裁能力。其次,流域机构只是事业单位,不属于政府系列,在水行政管理事务中名不正、言不顺。其三,水利部的宏观管理职能尚未转变到位,有关微观管理的职权过于集中,特别是有关部门在实际工作中仅仅把流域机构作为水利部附属的专门提供技术服务的事业单位,在很大程度上消弱了流域机构的管理权威。且流域水资源管理是一种综合管理,涉及到水利、环保、电力、地矿、城建、农业等多个行业和部门,流域机构仅仅作为水利部的派出机构,受到水利部行业职能范围的约束。

在这种格局之下,流域机构一方面受自身法律地位的限制,一方面受各省(区)及部门间行政分权管理的影响,要实现水资源的统一管理更是困难重重。

(四)流域机构自身运行机制不够有力

我国现有的流域机构包括黄河水利委员会,主要是国家为对大江大河实施大规模治理而设置的,带有浓厚的搞基本建设色彩,形成了一支集工程规划、勘测、设计、施工及工程管理为一体的庞大技术队伍。经费靠拨款,生存靠计划,客观上形成了重视技术管理和工程管理,忽视水域、水资源和水行政管理,难以适应市场经济环境承担起流域水行政管理的职责,而流域机构内部的政、事、企三位一体,机构臃肿,体制不顺,直接影响到流域管理的成效和其建立良好的运行机制。

(五)流域管理中缺乏有效的监督管理手段和机制

在流域管理中,流域机构缺乏必要的行政和法律的监督管理手段,无权纠正地方水资源管理中的越权和相互矛盾错误。对于违法水事行为很难进行处罚和纠正,使流域管理实际上统一不起来。流域机构对流域内的控制性工程,大都没有直接管理权和调度权。因而无法对流域内的水资源进行有效调控,流域管理很难具体落实。如黄委对目前黄河已建成的控制性骨干水利枢纽,除三门峡直接管理外,其余均由有关省(区)、部门管理,在调度工作中协调难度大等。

第十章 黄河水资源统一管理

黄河水资源管理是一个复杂的管理系统,由于黄河水资源以流域为单元进行补给循环的自然属性,丰枯变化大的河川径流特性以及黄河水资源供需矛盾突出、地区间和部门间用水矛盾尖锐,决定了必须对黄河水资源实行以流域为单元的统一管理。本章主要介绍水资源监测调查、规划管理、供水管理、初始水权建设、水权转换管理以及水量调度等水资源统一管理内容。

第一节 水资源监测与调查

一、监测机构

黄委下属单位黄委水文局,是黄河流域水文行业的主管部门,其前身是国民政府黄河水利工程总局水文总站,1949年由西安军事管制委员会接收并于当年移交黄委。目前,黄河水文系统的机构运行实行水文局、基层水文水资源局、水文水资源勘测局(水文站)三级管理模式。初步形成了站网布局合理、测报设施精良、基础工作扎实、技术水平先进、队伍素质优良的健康发展格局。

黄委水文局下属有6个基层水文水资源局,分别是上游水文水资源局、宁蒙水文水资源局、中游水文水资源局、三门峡水文水资源局、河南水文水资源局、山东水文水资源局。基层水文水资源局下属设有水文测站。

二、主要职责

黄河水文担负着黄河流域水文站网规划、水文气象情报预报、干支流河道与水库及滨海区水文测验、水质监测、水资源调查评价以及水文基本规律研究等工作,在黄河治理与开发、防汛与抗旱、水资源管理与保护及生态环境建设中发挥着重要的基础作用。[①]其主要职责是:

1.按《中华人民共和国水法》(以下简称《水法》)等有关法律法规赋予流域机构的职责,组织制定流域性的水文站网规划。

2.负责部属水文站网的建设与管理,流域内水文站网的调整与审批,协助水利部水文局

---

①谢晨,李睿,杨文博. 黄河水环境监测工作探索与实践[J]. 水资源开发与管理,2015,(3):18-21.

负责流域内水文行业管理。

3.组织拟定全流域水文管理的政策、法规和水文发展规划及有关水文业务技术规范标准制定。

4.负责黄河水文水资源调查评价及水资源、泥沙公报编制发布。

5.向流域内政府和国家防总提供防灾减灾决策的有关水文方面的技术支持,组织指导流域水文测验、情报和预报工作。

6.负责流域水文测验、资料整编、水文气象情报预报和水文信息发布,全面收集流域水文水资源基本数据,负责流域水文资料审定。

7.研究黄河水沙变化规律,为黄河治理、开发、防汛抗旱、水资源调度管理等提供水文资料数据和分析成果。

三、水资源监测站网体系与测验方式

(一)站网体系

水文站网是在一定地区,按一定原则,由适当数量的各类水文测站构成的水文资料收集系统。

黄河流域水文测站共分为4类,即基本站、实验站、辅助站和专用站。由基本站组成的基本水文站网,按观测项目可划分为流量站网、水位站网、泥沙站网、雨量站网、水面蒸发站网、水质站网和地下水观测井网。黄河流域基本水文站网的任务是按照国家颁发的水文测验规程,在统一规划的地点,系统地收集和积累水文资料。

黄河上第一个水文站设立于1915年,大规模的水文站网建设开始于中华人民共和国成立以后。1956年全流域第一次统一进行水文站网规划,1961年、1963—1965年、1977—1979年、1983年又进行了4次较大规模的调整和补充,已形成了比较完整的水文站网体系。

目前,黄河流域共布设基本水文站451处、水位站62处、雨量站2357处、蒸发站169处,水库河道滨海区设立淤积测验断面700余处。流域水文站网密度为2330km²/站,其中河源区最稀,为9727km²/站;三门峡至花园口区间最密,为1326km²/站。雨量站站网密度为326km²/站,河源区最稀,为8231km²/站;三门峡至花园口区间最密,为140km²/站。

黄河流域的水文站网由流域机构与省(区)分别管理。截至2006年底,黄委直管水文站135处,其中基本水文站116个,渠道站17个,专用站2个;委属水位站50个,其中基本站38个,专用站12个;委属雨量站763处,其中委托雨量站644个;委属蒸发实验站37处。

(二)测验方式

目前,流量测验方式主要有4种:自动化或半自动化重铅鱼测流缆道、半自动化吊箱测验缆道、机动或非机动测船、电波流速仪或浮标法。此外,条件较好的个别重要站使用ADCP开展流量测验。水位观测基本采用由黄委水文局自行研制的HW-1000系列非接触式超声波水位计,并配合基本水尺观测。雨量监测基本采用自记或固态存储方式。

(三)存在的主要问题

黄河流域水文站网发展至今已有90多年,站网建设基本走上了按一定的规划原则、全面而有计划的发展道路。随着黄河流域经济社会的发展,人类活动必然影响着水文情势的变化。因此,黄河防洪、水资源管理与调度等方面对水文资料的需求也发生了变化,新的形势对水文站网提出了"高层次、高质量服务"的新要求。随着形势的发展,新的问题也将不断出现,主要有以下几个方面:

1.站网结构亟待优化。由于目前的站网密度偏稀且分布不合理,代表性差,特别是水资源监测站网不完善、管理体制不统一,难以适应新的治黄形势。

2.受水利工程影响的测站水沙还原分析误差大。为了控制洪水造成的灾害,同时提高水资源的利用率,在流域内修建了大量的坝库工程,拦蓄了洪水泥沙,使坝库下游水文站实测的水沙过程在数量和时程分配上发生了很大的改变。目前,水文站观测资料只能反映来水来沙的实况,难以准确定量分析人类活动的影响程度,也难达到还原计算的目的。

3.测验手段落后。目前,黄河水文在测报技术、手段、方法等方面科技含量较低,信息化程度不高,尤其在黄委对水资源实行统一管理以来,低水测验设施、水资源测报技术手段等与水资源统一管理的要求不相适应。

四、水资源调查评价

水资源调查评价是水资源开发利用、管理和保护的基础,在联合国召开的世界水会议中指出:"没有可利用的水资源数量和质量的评价,就不可能对水资源进行合理的开发和管理。"我国《水法》中也规定了开发利用水资源必须进行综合科学考察和调查评价的内容。还规定"全国水资源的综合科学考察和调查评价,由国务院水行政主管部门会同有关部门统一进行",在法律上保证了水资源调查评价的组织实施。水资源调查评价的主要目的是摸清水资源的现状和人类活动影响下的发展变化情况及趋势预估,为合理开发利用和管理、保护水资源提供科学的决策依据。黄河流域水资源调查评价是流域水资源综合规划的基础和依据之一,是水资源综合规划的重要组成部分。

水资源调查评价主要是针对水量、水质进行评价。水资源量评价包括水汽输送、降水、蒸发、地表水资源、地下水资源、总水资源评价。水资源质量评价包括河流泥沙、天然水化学特征、水污染状况的评价。目前,我国已进行了两次全国水资源调查评价。

第一次全国水资源调查评价于1986年完成,将全国划分为10个一级区,在一级区的基础上,又划分了77个二级区,有的流域和省(区)进一步细分到三级区和四级区。黄河流域在第一次全国水资源评价中被列为第Ⅳ个一级区,内部又划分了7个二级区,分别为:兰州以上干流区、兰州—河口镇区间、河口镇—龙门区间、龙门—三门峡干流区间、三门峡—花园口干流区间、黄河下游和黄河内流区,采用资料为1956—1979年系列。

第二次全国水资源评价于2004年完成,黄河流域采用资料为1956—2000年系列,根据黄河流域水资源统一规划要求,将黄河流域划分为8个二级区、29个三级区、44个四级区,共

182个计算单元。8个二级区分别为:龙羊峡以上地区、龙羊峡—兰州区间、兰州—河口镇区间、河口镇—龙门区间、龙门—三门峡区间、三门峡—花园口区间、花园口以下地区及黄河内流区。第二次黄河流域水资源调查评价工作过程中,分析应用了1204个雨量站、377个蒸发站、266个水文站,共近20万站的年资料和大量地下水动态观测资料,调查收集了大量工农业生产和生活用水、水文地质、均衡试验、排灌试验、地表水和地下水污染调查等大量基础资料。

第二次黄河流域水资源调查评价主要成果如下:

1. 黄河流域1956—2000年多年平均降水量447.1mm,其中6～9月占61%～76%。主要分布在黄河中游的三门峡—花园口区间、龙门—三门峡区间以及黄河下游地区,黄河上游兰州—河口镇区间降水最少。

2. 黄河流域1980—2000年平均水面蒸发量随地形、地理位置等变化较大。兰州以上地区、兰州—河口镇区间、河口镇—龙门区间、龙门—三门峡区间、三门峡—花园口区间、花园口以下黄河冲积平原平均水面蒸发量分别为790mm、1360mm、1090mm、1000mm、1060mm、990mm。

黄河流域水面蒸发量的年内分配随各月气温、湿度、风速变化而变化。全年最小月蒸发量一般出现在1月或12月,最大月蒸发量出现在5～7月。

3. 黄河流域1956—2000年多年平均地表水用水还原水量249亿m³,多年平均河川天然径流量568.6亿m³(实测加还原计算结果);多年平均地表水资源量594.4亿m³,主要分布在黄河上游的龙羊峡以上地区和中游的龙门—三门峡区间,黄河内流区地表水资源量最少。

4. 黄河流域1980—2000年地下水资源量(矿化度＜2g/L)多年平均为377.6亿m³,其中山丘区265.0亿m³,平原区154.6亿m³,山丘区与平原区重复计算量42亿m³;黄河流域多年平均地下水可开采量137.2亿m³。

5. 黄河流域1956—2000年多年平均分区水资源总量706.6亿m³,其中地表水资源量594.4亿m³,降水入渗净补给量112.2亿m³;多年平均水资源总量637.3亿m³,其中河川天然径流量534.8亿m³,降水入渗净补给量102.5亿m³。

6. 黄河流域多年平均水资源可利用量406.3亿m³,其中地表水可利用量324.8亿m³,水资源可开发利用率57%。

7. 黄河流域地表水矿化度介于256～810mg/L之间,总硬度介于162～325mg/L之间。

2000年黄河水质现状评价结果,水质达到优于Ⅲ类标准的河长占总评价河长的53%,水质劣于Ⅲ类标准的河长占评价河长的47%。黄河流域水质优于Ⅳ类标准的水库库容约占总评价库容的72%,劣于Ⅳ类标准的水库库容约占总评价库容的28%。黄河流域基本没有优于Ⅳ类水的湖泊,劣于Ⅳ类水的湖泊面积约占湖泊总评价面积的75%,流域内湖泊均处于富营养水平。

8. 黄河流域浅层地下水水质评价面积19.62万km²(占黄河流域总面积的25%,占地下水评价面积的25%),浅层地下水水质评价面积中的地下水资源量173.68亿m³。其中,Ⅱ、Ⅲ、

Ⅳ、Ⅴ类水质区面积分别为0.66万km²、9.51万km²、3.23万km²、6.22万km²，Ⅱ、Ⅲ、Ⅳ、Ⅴ类水质水资源量分别为14.30亿m³、72.43亿m³、39.09亿m³、47.86亿m³。

第二节　规划管理

规划管理分规划的组织编制、规划的审批、规划实施的监督管理三个环节。黄委作为流域管理机构，在规划中的主要职责是负责流域水资源综合规划、重要跨省(区)支流规划和专业规划的组织编制、技术协调、规划的报批、规划实施的监督管理和规划的修订。

一、以往规划管理中存在的主要问题

由于黄河的特殊性及其在国民经济发展中的重要地位，国家历来重视黄河治理开发规划的编制工作。但在规划管理中也存在着一些问题，主要是：

(一)重规划编制，轻监督管理。

监督管理的薄弱和缺位，造成规划与具体实施的脱节，规划的实际效果受到削弱，违反规划的现象时有发生，严重干扰了流域水资源开发利用和管理保护的秩序，如一些地方和部门违反规划兴建水电站、灌区和供水工程。

(二)规划的指导思想和内容不能适应水资源开发利用形势变化，规划的指导作用受到影响。

"重开发、轻管护"是以往规划中普遍存在的问题，规划建设的不少水源工程和新的灌区，缺少水资源管理与保护的内容，造成水资源开发利用过度，不少供水工程和灌区设计规模偏大，水源难以保证，上下游及不同部门间争水现象严重。

(三)没有形成完整的规划体系，一些专业规划和支流规划缺位。

如渭河作为黄河最大的一级支流，至今还没有正式批复的水资源综合规划，渭河也成为水问题最为突出的一条支流。

(四)流域规划与区域规划、部门规划间的关系没有完全理顺，在一些地方和部门将区域规划、部门规划凌驾于流域规划之上，造成规划实施的混乱。

二、转变规划编制的指导思想，加强规划对水资源开发利用和管护的指导作用

规划的过程就是水资源管理的决策过程，规划的成果是水资源管理决策的结果。不同阶段的规划成果反映了不同阶段黄河水资源开发利用面临的任务、人们对黄河水资源的认识水平以及解决这些问题的指导思想。从1955年国家批准第一个《黄河综合利用规划》到20世纪70年代，规划的主要指导思想是为满足国民经济发展对黄河水资源的需求，寻求解决供水水源的途径，规划了大量的水资源开发利用工程；80年代黄河水资源供需矛盾日渐凸现，规划中开始注意控制黄河水资源开发利用的规模，在对黄河可供水量研究的基础上，按

照以供定需的原则,合理安排工程规模,《黄河治理开发规划》的修订与《黄河水中长期供求计划》的编制就是这一指导思想下的产物;1999年开展的黄河重大问题研究和《黄河近期重点治理开发规划》的编制,规划的重点从水资源的开发利用转向水资源的合理配置、高效利用和有效管理与保护方面,提出了"开源节流保护并举,节流为主,保护为本,强化管理"的黄河水资源开发利用与管理保护的基本思路,既为今后黄河水资源管理和保护工作指明方向,也明确了今后规划编制的指导思想和原则。

三、强化规划编制工作,初步建立了较为完整的规划体系

自20世纪90年代以来,针对黄河水资源开发利用面临的新问题和新形势,黄委加强了流域水资源规划编制工作,特别是开展了一些对黄河水资源配置、节约和保护产生重大影响的一些规划编制工作,初步形成了较为完整的黄河水资源规划体系。

在综合规划方面,完成了《黄河治理开发规划》的修订、《黄河近期重点治理开发规划》的编制等。目前正在编制的《黄河流域水资源综合规划》,是近期开展的重要专业规划之一,规划将在对黄河流域水资源及其开发利用、水质状况进行调查评价的基础上,对2030年前的黄河水资源开发利用、节约、配置和保护做出总体安排。

在专业规划编制方面,完成了《黄河流域水中长期供求计划》、《黄河流域缺水城市供水水源规划》、《南水北调西线工程规划》、《黄河流域水资源保护规划》、《黄河流域及西北内陆河水功能区划》等。目前正在开展《南水北调西线一期工程受水区规划》的编制。南水北调西线工程相关规划编制的开展,将对工程的尽快上马、从根本上缓解黄河水资源供需矛盾、协调黄河水沙关系起到重要的作用。

在支流规划编制方面也取得了显著成绩,已完成了《大通河水资源利用规划报告》、《沁河流域水资源利用规划报告》、《渭河流域综合治理规划》等的编制工作。目前正在开展《沁河流域水资源利用规划》的修订及《湟水流域水资源规划》的编制等。

四、规范规划的编制,加强规划实施的管理

1988年,新中国第一部《水法》颁布,首次确立了水资源规划的法律地位。2002年修订后的新《水法》,规划的法律地位又进一步得到加强,并细化了不同规划的编制和审批程序及权限,流域规划管理得到加强,规划的实施也明显好转。一是严格了规划的编制、审批和修订程序,保证了规划编制的有序进行;二是加强了规划之间的协调,减少了规划之间的矛盾;三是加强了规划编制工作,陆续开展了一系列具有重大影响的规划编制;四是加强了规划实施的监督管理,建立了较为完善的项目审批制度,确保了新建项目的规划依据,树立了规划的权威。

第三节　黄河初始水权建设

水权管理的前提和基础是明晰初始水权,初始水权明晰的基础是开展流域和行政区域水量分配工作。初始水权的建设包括三个方面的工作:一是流域水量分配;二是依据流域水量分配方案,开展省(区)内部水量分配工作;三是依据水量分配方案,在总量控制的前提下,明确取用水户的初始水权。目前,黄河流域在这三个方面的工作均取得显著进展,初步形成了流域水权分配和管理体系框架,对全国水权体系的建设具有一定的借鉴意义。

流域水量分配方面,1987年国务院批准了南水北调工程生效前正常年份黄河可供水量分配方案,将370亿 m³ 的黄河可供水量分配到引黄各省(区、市)。1998年,经国务院批准,原国家计委和水利部颁布实施了《黄河可供水量年度分配及干流水量调度方案》,对黄河可供水量分配方案进行了细化。这是流域水权管理的基础。

省(区)内部水量分配方面,根据1987年国务院批准的黄河可供水量分配方案,宁夏回族自治区、内蒙古自治区结合目前正在进行的黄河水权转换试点工作,开展了自治区内部黄河水量分配,在征求黄委意见后,已由自治区政府颁布实施。

取水户初始水权登记和审批方面,根据《水法》和水利部的授权,黄委和引黄省(区)各级水行政主管部门按照管理权限对辖区内直接从黄河干支流或地下水取水的,实行取水许可制度。用水户通过向黄委或地方水行政主管部门提出申请,并缴纳水资源费后,取得取水权。并由黄委按照国务院批准的黄河可供水量分配方案,对引黄各省(区)的黄河取水实行总量控制。

黄委在建立和完善流域水权分配和管理体系的过程中,起到了组织推动和监督的作用。

一、流域水量分配和管理

(一)黄河可供水量分配方案的编制和批复

20世纪80年代初,黄河流域水资源供需矛盾凸现,省际间、部门间用水矛盾突出,黄河下游断流日趋频繁。在此背景下,开展流域初始水权分配提到了议事日程。为此,黄委开展了《黄河水资源开发利用预测》研究。研究以1980年为基础,采用了1919年7月—1975年6月56年系列《黄河天然年径流》成果,对1990年和2000年两个规划水平年进行了供需预测和水量平衡分析,提出了南水北调生效前黄河可供水量配置方案。该方案将370亿 m³ 的黄河可供水量分配给流域内9省(区)及相邻的河北省、天津市,并分配给河道内输沙等生态用水210亿 m³。1987年该方案得到国务院批准,使黄河成为我国大江大河首个进行全河水量分配的河流。

黄河可供水量分配方案具有以下特点:

第一,该方案考虑了黄河最大可能的供水能力,但仍难以满足各省(区)的用水需求。方案编制过程中已考虑了大中型水利枢纽兴建的可能性及其调节作用,分河段进行了水量平衡,提出的370亿m³的可供水量,达到了正常来水年份黄河最大可能的供水能力。其间黄河流域及相邻省(区)预测提出1990年的工农业需用黄河河川径流量为466亿m³,2000年为747亿m³,已超过黄河自身的河川径流总量,使水资源有限的黄河难以承受。

第二,该分水方案预留了210亿m³的河道输沙等生态环境水量。这对于减缓下游河道淤积、保持河道正常的排洪输沙能力以及维持河道良性的水生态和水环境具有重要作用。

第三,该分水方案分配各省(区)的水量指标,是指正常来水年份各省(区)可以获得的最大引黄耗水指标,该指标包含了干、支流在内的总的引黄耗水量。方案所称耗水量是指引黄取水量扣除回归黄河干、支流河道水量后剩余的那部分水量,即相对黄河而言实际损失而无法回归河流的水量。

第四,尽管国务院批准的分水方案,形式上非常简单,但在方案编制的过程中,进行了大量细致的分河段水量平衡演算,协调了干、支流用水和不同部门的用水需求,给出了干、支流和不同部门的配水指标,见表10-1和表10-2。这一细化的配水方案至今在黄河水资源管理中仍具有一定的指导意义。

表10-1 引黄各省(区、市)干支流配水指标

(单位:亿m³)										
省(区、市)	青海	四川	甘肃	宁夏	内蒙古	陕西	山西	河南	山东	河北+天津	合计
干流	7.49	0	15.84	38.45	55.58	10.46	28.03	35.67	65.03	20.0	276.55
支流	6.61	0.40	14.56	1.55	3.02	27.54	15.07	19.73	4.97	0	93.45
合计	14.1	0.4	30.4	40.0	58.6	38.0	43.1	55.4	70.0	20.0	370.0

表10-2 黄河流域不同水平年工农业需耗水量

断面	农业		城市生活、工业需耗水量(亿m³)	总需耗水量(亿m³)
	有效灌溉面积(万亩)	需耗水量(亿m³)		
兰州以上	454	22.9	5.8	28.7
河口镇以上	1951	118.8	8.3	127.1
三门峡以上	3523	189.5	32.9	222.4
花园口以上	4051	210.7	37.9	248.6
利津以上	5551	291.6	78.4	370.0

注:供水保证率为农业75%,工业、城市生活用水95%。

(二)流域水量分配的意义和作用

一是为流域水权分配体系的建立奠定了基础,同时也为协调省(区)用水矛盾和对全河用水实施总量控制提供了依据。

二是推动并为后期实施的流域水资源统一管理创造了有利条件,对于合理布局水源工程,促进各省(区)计划用水和节约用水起到了重要作用。

三是黄河水量分配的组织、协调和审批模式,为其他跨省(区)河流进行水量分配提供了可以借鉴的经验。黄河水量分配方案由流域管理机构承担方案的编制准备工作,省(区)政府及其有关部门参加,国务院有关业务部门负责征求相关方面意见并组织协调,最终由国务院批准,既体现了我国水资源国家所有这一基本原则,同时又兼顾了省(区)利益,发挥了流域管理机构的组织协调作用。黄河水量分配的组织、协调和审批模式与2002年新修订的《水法》是一致的。

四是首次使引黄各省(区)明确了自己引黄用水的权益,成为各省(区)制订国民经济发展计划的基本依据。

(三)黄河可供水量分配方案的局限性及其完善

尽管1987年国务院批准的黄河可供水量分配方案,首次明确了引黄各省(区)的分水指标,但也存在如下的局限性,影响了分配方案的可操作性:

1.方案仅列出了正常来水年份各省(区)年分水额度,没有给出不同来水年份各省(区)分配的水量指标。

2.方案只有年分水总量指标,没有给出年内分配过程。

3.黄河可供水量分配方案仅对黄河河川径流进行了水量分配,对地下水没有进行分配,不利于地下水开发利用的管理和控制。

黄河可供水量分配方案的上述局限性加上没有配套的监督管理办法,使1987年批准的黄河可供水量分配方案长期难以落实,部分省(区)超指标用水现象严重,黄河河道内输沙等生态环境用水受到挤占,下游断流现象不但没有得到遏制,反而愈演愈烈。针对上述问题,自1997年开始,黄委开展了枯水年份黄河可供水量分配方案的编制,提出了"丰增枯减"的年度分水原则和年度分水方案的编制办法,并通过对不同年代各省(区)年内实际引黄过程的变化分析及其与设计引黄过程的对比研究,编制了正常来水年份黄河可供水量年内分配方案,并经国务院同意,由原国家计委、水利部于1998年以计地区[1998]2520号"国家计委、水利部关于颁布实施《黄河可供水量年度分配及干流水量调度方案》和《黄河水量调度管理办法》的通知"颁布实施。通过上述研究,解决了枯水年份及年内各月分水面临的问题,成为编制年度分水方案和干流水量调度预案的基本依据。但对于干、支流分水和地表水与地下水联合分配的问题仍有待研究。

正常年份年内分水方案反映了近期引黄用水需求的变化,非汛期11月至次年6月引黄用水需求量较大,成为年内水量配置和用水控制的关键时段。

(四)黄河可供水量分配方案的实施

黄河可供水量分配方案只是从宏观上明确了各省(区)可以使用的最大引黄耗水指标,由于引黄用水需求很大,如何将其加以落实则是流域水资源权属管理的关键。

落实黄河可供水量分配方案涉及三个方面的问题：

一是将分配省(区)的引黄耗水指标分配到省(区)内不同的行政区域，目前流域内内蒙古、宁夏两自治区开展了此项工作。

二是将分配各省(区)的引黄耗水指标进一步分配到各具体用水户，取水许可制度的实施已经实现了这一任务，并通过加强取水许可总量控制和监督管理，保护其他用水户的合法权益不受损害。

三是协调年度和年内不同时段河道内生态用水及不同省(区)、部门用水的权力，实现这一任务的主要措施是实施黄河年度水量分配和干流水量调度。黄委在1997年进行枯水年份水量分配研究过程中，就同步开展了《黄河水量调度管理办法》的制定，明确了水量调度的范围、任务、目标、调度权限等。实践证明，在自1999年开始实施黄河年度水量分配和干流水量调度以后，超计划用水和河道内生态用水被挤占的现象有了很大的改观，流域分水的落实有了保障。

二、省(区)内部水量分配

省(区)内部水量分配是黄河水权体系中的一个重要环节，与流域水量分配一样，在省(区)内部同样需要明确不同行政区域引黄用水的权利和义务。结合正在开展的黄河取水权转换试点工作，流域内内蒙古、宁夏两自治区自2004年开始分别开展了自治区内部水量分配工作。

(一)开展省(区)初始水权分配的必要性

内蒙古、宁夏两自治区位于黄河上游，引黄用水需求较大，引黄用水已经超过分水指标。为此，经黄委同意，2003年首先在内蒙古、宁夏两自治区开展了水权转换试点工作。在两自治区实施水权转换，首先遇到的一个问题是各行政区域有多少引黄用水指标，其中又有多少指标可以进行转换。

黄委在推动水权转换的试点工作中，已经预见到解决这一问题的重要性，故在制定《黄河水权转换管理实施办法(试行)》中，明确提出了水权明晰的原则，并规定开展水权转换的省(区)要制订初始水权分配方案。两自治区在具体组织开展水权转换试点时，也认识到开展此项工作的重要性。需要说明的是，依据当时对于水量分配的认识水平，将流域分水和省(区)内部水量分配称之为初始水权分配。现在看来，目前国内对水量分配是否可称为初始水权分配仍在讨论中而尚无定论，本书仍依当时试点工作之称谓，曰初始水权分配。

鉴于部分省(区)引黄耗水量已经超过了分配指标，同时考虑到随着沿黄省(区)经济社会的发展，引黄用水需求会进一步提高，将会有更多的省(区)面临引黄水量指标紧缺的局面。在此情况下，若黄河水资源总量不增加，实施水权转换则是解决新增用水需求的有效途径。同时，随着各省(区)剩余水量指标的减少，省(区)内部不同行政区域间、部门间争水矛盾也将更加突出。因此，进行省(区)内部不同行政区域之间的初始水权分配是十分迫切和必要的。

(二)省(区)内部水量分配工作的推动和分水方案的颁布实施

鉴于水量分配在水权转换中的重要性,在水权转换试点初期,黄委多次向宁夏、内蒙古两自治区人民政府和水利厅提出开展此项工作的要求。为确保分配结果符合黄河可供水量分配方案和水资源开发利用与管理的总体要求,黄委在制定的《黄河水权转换管理实施办法(试行)》中规定,省级人民政府水行政主管部门应会同同级发展计划主管部门,根据黄河可供水量分配方案和已审批的取水许可情况,结合本省(区、市)国民经济与社会发展规划,将耗水指标分配到各市(地、盟)或以下行政区域,在征求黄委意见后,由省级人民政府批准。

两自治区人民政府按照《黄河水权转换管理实施办法(试行)》的规定,安排自治区水利厅及发展和改革委员会组织方案编制,编制过程中协调了相关市(地、盟)人民政府的意见,并按规定征求了黄委的意见,最终自治区政府以黄河初始水权分配的名义发文颁布实施。

在推动宁夏、内蒙古两自治区开展省(区)内部水量分配的同时,鉴于越来越多的省(区)面临引黄水量指标紧缺的形势,目前黄委正在推动其他引黄省(区)开展此项工作。

(三)分配原则及分配方案

进行水量分配,关键是确定好分配原则。对此,水利部有关部门、黄委和两自治区水利厅进行了大量研究工作,基本取得共识,两自治区在分配时基本遵循了以下共同原则。

1.生活用水需求优先的原则。以人为本,优先满足人类生活的基本用水需求。

2.需求优先的原则。保障水资源可持续利用和生态环境良性维持,维系生态环境需水优先;尊重历史和客观现实,现状生产用水需求优先;遵循自然资源形成规律,相同产业布局与发展,水资源生成地需求优先;尊重价值规律,在同一行政区域内先进生产力发展的用水需求优先、高效益产业需水优先;维护粮食安全,农业基本灌溉需水优先。

3.依法逐级确定原则。根据水资源国家所有的规定,按照统一分配与分级管理相结合,兼顾不同地区的各自特点和需求,由各级政府依法逐级确定。

4.宏观指标与微观指标相结合原则。根据国务院分水指标,逐级进行分配,建立水资源宏观控制指标;根据自治区用水现状和经济社会发展水平,制定各行业和产品用水定额,促进节约用水,提高用水效率,并为合理制订分配方案提供依据。

同时宁夏根据自身排水多的特点提出了"实行引水量、耗水量、排水量三控制原则"。

上述分配原则,可以为其他省(区)进行水量分配提供借鉴。

根据上述原则,两自治区将国务院分水指标分配到了市(地、盟)一级(见表10-3和表10-4),其中宁夏将各市干、支流水量指标分开进行了明确规定,内蒙古则将干、支流水量指标合并分配到各市(地、盟)。宁夏在将水量指标明晰到各市的同时,还明确规定了各市干、支流"三生"(生活、生产和生态)的分水额度;另外,对于引扬黄灌区不同来水情况下的取水和耗水指标也进行了明确规定。总体来看,宁夏的分配方案比较详细,可操作性也更强。

表10-3　内蒙古自治区初始水权分配

（单位：亿 m³）

阿拉善盟	乌海市	巴彦淖尔市	鄂尔多斯市	包头市	呼和浩特市	合计
0.5	0.5	40.0	7.0	5.5	5.1	58.6

注：各市（地、盟）包括当地支流水。

表10-4　宁夏回族自治区各市黄河初始水权分配

（单位：亿 m³）

地市	干流						支流				总计			
	生活	工业	农业+生态			小计	生活	工业	农业+生态	小计	生活	工业	农业+生态	小计
			引黄水量	扬黄水量	小计									
银川市	0.2		9.5	0.155	9.655	9.855					0.2		9.655	9.855
石嘴山市	0.15	0.35	3.79	0.315	4.105	4.605					0.15	0.35	4.105	4.605
吴忠市		0.362	5.6	3.034	8.634	8.996	0.075	0.06	0.35	0.485	0.075	0.422	8.984	9.481
中卫市			4.14	1.247	5.387	5.387	0.045	0.06	0.15	0.225	0.045	0.03	5.537	5.612
固原市				0.789	0.789	0.789	0.18	0.21	1.9	2.29	0.18	0.21	2.689	3.079
农垦系统			3.00	0.30	3.30	3.30							3.30	3.30
其他			0.73		0.73	0.73							0.73	0.73
全区合计	0.35	0.712	26.76	5.84	32.6	33.662	0.3	0.3	2.4	3	0.65	1.012	35	36.662

注：①表内分配耗水量为多年平均值；②该表不包括引水口至田间的输水损失量3.338亿 m³，该部分水量计入各级渠道。

三、引黄取用水权的分配和管理

在我国，完善的水权管理制度正在构建中。1993年开始实行的取水许可制度是目前我国对水资源使用权实施管理的一项基本制度，在此基础上不断进行完善，将形成具有中国特色的水权管理制度。1988年出台的新中国第一部《水法》，首次明确规定了取水许可制度，1993年国务院颁布了《取水许可制度实施办法》，规范了取水许可制度的实施，2002年新修订的《水法》进一步提升了取水许可制度的法律地位，将其作为水资源管理的基本法律制度。在总结取水许可制度实施经验的基础上，2006年国务院颁布了《取水许可和水资源费征收管理条例》，取代了原《取水许可制度实施办法》，取水许可制度进一步完善。

依据《水法》和《取水许可和水资源费征收管理条例》的规定，取水人获得取水权必须具备两个条件：一是向具有管辖权的流域管理机构或地方水行政主管部门提出申请，经审查符合有关规定要求；二是缴纳水资源费。符合上述两个条件的，由取水许可发证机关颁发取水许可证,获得取水权,并接受发证机关或其委托机构的监督管理。

(一)黄河取水许可管理权限

按照流域统一管理与行政区域管理相结合的原则,根据水利部授权(见表10-5),黄委对黄河头道拐以下干流取水(含在河道管理范围内取地下水)实施全额管理;对头道拐以上干流河段及重要跨省(区)支流的取水实行限额管理,管理限额为干流农业取水在15m³/s以上,工业与城镇生活日取水8万m³以上,跨省(区)支流农业取水在10m³/s以上,工业及城镇生活日取水在5万m³以上(渭河日取水在8万m³以上)。并按照国务院批准的《黄河可供水量分配方案》,对沿黄各省(区)的黄河取水实行总量控制。

见表10-5 黄委实施取水许可管理的河段及限额

项目	水系	河流	指定河段	取水限额		审批发放取水许可证部门	备注
				工业与城镇生活(万m³/日)	农业(m³/s)		
大江大河	黄河	黄河	干流河源至托克托(头道拐水文站基本断面)	8.0以上(地下水2.0以上)	15.0以上	黄委	包括在河道管理范围内取地下水
	黄河	黄河	干流托克托(头道拐水文站基本断面)至入海口	全额	全额	黄委	包括在东平湖(含大清河)取水和在河道管理范围内取地下水
跨省、自治区河流	黄河	大通河	干流	5.0以上(地下水2.0以上)	10.0以上	黄委	
	黄河	渭河	干流	8.0以上(地下水2.0以上)	10.0以上	黄委	
	黄河	泾河	干流	5.0以上(地下水2.0以上)	10.0以上	黄委	
	黄河	沁河	干流紫柏滩以上	5.0以上(地下水2.0以上)	10.0以上	黄委	
			干流紫柏滩以下	全额	全额	黄委	
省际边界河流	黄河	金堤河	干流北耿庄至张庄闸	全额	全额	黄委	

跨省、自治区行政区域的取水	黄河	干支流	全流域	全额	全额	黄委	
由国务院批准的大型建设项目的取水	黄河	干支流	全流域	全额	全额	黄委	包括地下水
其他直接管理河段	黄河	洛河	故县水库	全额	全额	黄委	

在上述范围之外的取水由地方水行政主管部门按照省（区）内部的管理授权，实行省、市、县三级管理，上级水行政主管部门负责对下级水行政主管部门实施取水许可管理情况进行监督管理。

(二)黄河取水许可制度实施情况

黄委开展取水许可工作比较早，为取得取水许可管理的经验，早在《取水许可制度实施办法》颁布前的1992年，黄委即与内蒙古自治区和包头市水利部门共同组织了包头市黄河取水许可试点工作，向24个取水户颁发了黄河取水许可证。国务院《取水许可制度实施办法》出台后，为配合水利部制定对流域管理机构取水许可管理授权文件，黄委开展了大规模的引黄取水工程调研工作。1994年5月，水利部发布"关于授予黄河水利委员会取水许可管理权限的通知"（水利部水政资[1994]197号）后，黄委全面启动取水许可制度。

1994年，黄委制定了《黄河取水许可实施细则》，规范了黄河取水许可的申请、审批程序，明确了监督管理的主要内容，为取水许可的正式实施奠定了基础。随后对管理权限范围内的已建取水工程进行了登记和发证，这项工作于1996年上半年基本完成。至此，在黄河流域正式确立了取水权分配和管理制度，结束了引黄用水无序的局面。此后，黄河取水许可工作的重点逐渐转向取水许可的监督管理和总量控制方面。按照总量控制的原则，黄委先后于2000年和2005年集中进行了二次换发证工作。

根据第二次换证情况，黄委共发放取水许可证371份，许可年取水总量267.7024亿m³（不含非消耗性发电过机水）。其中，地表水334份，许可年取水量267.0073亿m³（黄河干流306份，许可年取水量258.4673亿m³，黄河支流28份，许可年取水量8.54亿m³）；地下水37份，许可年取水量0.6951亿m³（黄河干流27份，许可年取水量0.5735亿m³，黄河支流10份，许可年取水量0.1216亿m³）。

由于原《取水许可制度实施办法》对于水电站是否需要发放取水许可证缺乏明确规定，导致水电站是否需要纳入取水许可管理存在歧义。2006年《取水许可和水资源费征收管理条例》出台后，黄委明确水力发电等河道内非消耗用水作为取水许可管理的重点。目前，已对龙羊峡、李家峡、公伯峡、尼那、苏只、刘家峡、盐锅峡、八盘峡、大峡、小峡、青铜峡、沙坡头、万家寨、天桥、三门峡、故县等16座水电站发放了取水许可证。

沿黄各省(区)在《取水许可制度实施办法》颁布后,均实施了取水许可制度,制定了相应的管理办法。实施取水许可制度最早的是省内缺水严重的山西省,早在《水法》颁布前的1982年,经省人大常务会批准,省政府发布了《山西省水资源管理条例》,在该条例中规定凡开发利用水资源的单位,需报告当地水资源主管部门批准,领取开发和使用许可证。

(三)总量控制管理

取水许可实行总量控制与定额管理相结合的制度。因黄河水资源贫乏,流域及相关地区引黄用水需求大,水资源供需矛盾十分突出,故在黄河流域实施取水许可总量控制管理起步较早。2000年,黄委即按照总量控制管理的要求,对管理权限内的取水许可证进行了全面换发。2002年,黄委制定出台了《黄河取水许可总量控制管理办法》,这是我国首个规范取水许可总量控制管理的流域性文件,2005年首次按照该办法的要求,黄委进行了第二轮换证工作。

1.黄河取水许可总量控制指标体系的构成。总量控制管理的目的是确保审批某一流域或行政区域内的总水量额度(指消耗性用水)不得超过该流域或行政区域可利用的水资源量。因此,实施总量控制首先需要明确总量控制的指标。

由于总量控制分为流域总量控制(以省级行政单元进行控制)、省(区)内部总量控制和各用水户的总量控制。故黄河取水许可总量控制指标是由流域总量控制指标、省(区)总量控制指标以及各取用水户总量控制指标构成的指标体系。

流域总量控制指标、省(区)总量控制指标和各用水户总量控制指标之间的关系是:流域总量控制指标明确了流域各省(区)用水额度总量,是制定省(区)总量控制指标的基础,省(区)内部不同行政区域总量控制指标的总和不得超过流域总量控制指标所分配的该省(区)用水额度;省(区)总量控制指标又是明确用水户总量指标的基础,在同一行政区域内各用水户总量控制指标之和不得超过省(区)总量控制指标所规定的该行政区域总量控制指标。

2.黄河取水许可总量控制指标体系建设现状。流域或行政区域总量控制指标通过流域或行政区域分水加以明确,而取用水户总量控制指标通过技术论证和取水许可审批加以明确。

早在1987年黄河就已经有了国务院批准的分水方案,即南水北调生效前正常来水年份《黄河可供水量分配方案》,明确了各引黄省(区、市)在正常来水年份可以分配的最大耗水指标。因此,在流域层面已经有了总量控制指标,但由于该方案不够细化,需要进一步明确各省(区)黄河干流、支流总量控制指标及重要支流的总量控制指标,目前黄委正在着手开展此项工作。

需要说明的是,在黄河取水许可审批中,除批准取水量外,还明确了相当于回归水量的退水量和退水水质要求,即同时批准了取用水户的耗水量。故分配各省(区)的耗水指标可直接用于黄河取水许可总量控制管理中,控制批准某省(区)取水的总耗水量。也可将其换算成取水量,间接用于取水许可总量控制管理,即某省(区)取水总量控制指标=分配各省

(区)的耗水指标十核算的该省(区)这些年年均退水总量。由于取、耗水关系随着用水结构的调整和节水措施的运用,处于不断变化中,需要定期核算取水总量指标,最好是用这些年或上一个有效期内的平均退水数据。故在黄河取水许可总量控制管理中,既可按耗水总量进行控制,也可按取水总量进行控制,但两者需要很好地协调和衔接。省(区)总量控制指标体系建设较为滞后,目前除宁夏、内蒙古两自治区已经由自治区政府批准的自治区内部黄河水量分配方案外,其他省(区)仍在进行技术方案的编制。

取水许可制度已实施了十多年,目前几乎所有的引黄取用水户都已领取了取水许可证,明确了水权指标。因此,在黄河取水许可总量控制指标体系建设方面,流域层面和取用水户层面已经有了相对完善的总量控制指标,但在行政区域层面还比较薄弱,在一定程度上影响了总量控制的深入实施。

3.黄河取水许可总量控制管理的工作流程。在黄河取水许可总量控制管理中,取水许可总量控制指标和余留水量指标的核算是关键,核定指标的前提是准确掌握和分析相关用水信息和许可审批信息。其中,引黄取、退水信息主要用来分析计算各省(区)黄河取水总量控制指标,取水许可审批水量信息主要用于核算各省(区)余留水量指标。其工作流程如图10-1所示。

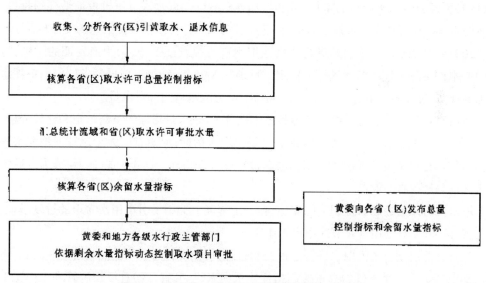

图10-1 黄河取水许可总量控制管理的工作流程

在一个有效期内,取水许可总量控制指标应是固定的,但由于取水项目的审批是动态的,即余留水量指标是随着项目审批和许可水量指标的变更、许可证的吊销而不断变化。因此,取水许可总量控制是一个动态的管理过程,需要及时汇总和掌握最新的取水许可审批情况。按照水利部的授权,黄河取水许可审批实行分级审批,因此,在总量控制管理中,取水许可审批水量信息的互通和共享是十分重要的。

黄河取水许可总量控制管理的责任主要在作为流域管理机构的黄委和省级水行政主管部门。其中,黄委主要负责核定和发布流域各省(区)取水许可总量控制指标和余留水量指标,并负责控制管理权限范围内引黄取水项目的审批。省级水行政主管部门按照黄委发布的总量控制指标和余留水量指标,在及时汇总掌握本省(区)已审批水量情况的基础上,控制本省(区)管理权限范围内取水项目的审批总量。

4.黄河取水许可总量控制管理实施情况。黄河水资源供需矛盾日益突出,用水竞争加剧,为防止黄河取水许可审批的失控,黄委自2000年以来,将总量控制作为取水许可管理的重点,结合年度水量分配和调度,着手研究黄河取水许可总量控制问题。

一是加强了历史用水资料的统计、汇总和分析工作。1988年,黄委正式编制《黄河用水公报》,1997年改为《黄河水资源公报》,并建立了引黄用水资料的统计渠道,结合黄河分水特点制定公报、编制技术大纲。

二是制定了《黄河取水许可总量控制管理办法》,提出了总量控制的原则和方法,规定了取水许可审批发证的统计制度,并严格了取水许可审批,规定:①无余留取水许可指标;②连续两年实际耗水超过年度分水指标;③超指标审批或越权审批、发证并不及时纠正;④省(区)未按规定报送黄河取水许可审批发证资料等4种情况下,暂停受理、审批该省(区)新增取水申请。

按照总量控制管理办法的规定,黄委严格实施取水许可审批工作,凡无余留水量指标的省(区),暂停新增取水项目的审批。同时,加强对省(区)取水许可审批发证情况的收集,并及时向省(区)通报黄委审批发证情况,以建立黄河取水许可审批发证信息的交流机制。

2000年和2005年,黄委共进行了两次取水许可换发证工作,利用换发证的时机,对省(区)取水许可总量控制指标进行了核定。特别是2005年换发证,根据各省(区)引黄耗水率增加的现实,黄委核减了总的许可水量,调整了部分取水口的许可水量。

通过对省(区)取水总量控制指标和已审批、许可总水量指标的重新核定和比较分析,宁夏、内蒙古、山东三省(区)已无黄河地表水剩余取水指标,河南省已无干流黄河地表水剩余指标,青海、甘肃两省实际引黄耗水已经超过年度分水指标。这6个省(区)将成为今后黄河取水许可总量控制的重点。

取水许可总量控制管理制度的实施,在一定程度上抑制了引黄用水需求的过度增长,促进了省(区)开展计划用水和节约用水工作。

尽管已经启动了黄河取水许可总量控制管理,但在实施过程中也面临着一些问题,需要尽快加以解决。一是省(区)总量控制指标体系尚未建立,省(区)总量控制管理工作还十分薄弱;二是取水许可审批发证统计上报制度尚未建立,目前流域机构对省(区)审批发证情况不完全掌握。这些问题严重影响了黄河取水许可总量控制管理的实施。

5.开展建设项目水资源论证审查工作,提高取水权分配的科学性。根据2002年原国家计委和水利部联合颁布实施的《建设项目水资源论证管理办法》的规定,黄委实施了建设项目水资源论证制度。根据本办法的授权,黄委负责水利部授权其审批取水许可(预)申请的建设项目及日取水量5万t以上大型地下水集中供水水源地的建设项目水资源论证审查工作,

为使该项制度发挥应有的作用,黄委开展了如下三方面工作:

(1)制定《黄河流域建设项目水资源论证管理办法》,规范建设项目水资源论证工作。

(2)组建黄委水资源论证专家队伍:目前,黄委已有31位专家列入水利部水资源论证评审专家库中,他们在黄委组织进行的建设项目水资源论证报告书审查中发挥了重要作用。

(3)建立黄委系统内部的水资源论证队伍:黄委系统内部设有不少的科研和规划设计单位,拥有大量的科技人员,长期从事黄河研究和规划设计工作,对黄河水资源开发利用情况十分熟悉,积累有大量的第一手资料,从事黄河流域建设项目水资源论证工作具有先天的优势。为发挥这些单位在水资源论证工作中的作用,黄委积极组织有实力的单位申报水资源论证资质,进行技术人员培训。目前,已有4家单位取得水资源论证甲级资质,8家单位取得乙级资质。

目前,黄委已对38个建设项目水资源论证报告书进行了审查,其中不少建设项目通过水资源论证报告书的审查,项目取用水更加合理,节水减污措施更加到位。水资源论证工作已经成为取水许可审批不可缺少的一个环节,为取水许可审批提供了坚实的技术支撑。

第四节　水权转换管理

水权转换属于特定条件下水权的二次分配,目前我国尚没有完善的法律制度规定。为积极探索经济手段在黄河水资源管理中的作用,支持地方经济社会的可持续发展,黄委自2003年积极开展了水权转换试点工作,积累了一定的管理经验,制定并出台了全国首个水权转换管理办法,为国家水权转换制度的建立和在全国的开展提供了有益经验。

一、开展黄河水权转换的必要性

(一)引黄用水需求的迅速增加,致使部分省(区)新增引黄建设项目面临无用水指标的局面

根据黄河取水许可审批情况和这些年实际引黄耗水量统计资料,部分省(区)如宁夏、内蒙古、山东已无地表水余留水量指标,河南省已无干流地表水余留水量指标。从这些年实际引黄耗水量看,青海、甘肃、宁夏、内蒙古、山东已经超过年度分水指标。在南水北调工程生效前,黄河水资源总量不会增加,这些省(区)新增引黄建设项目面临着无水量指标的局面,项目难以立项。水资源短缺已经成为引黄地区经济社会发展的主要制约因素。如何解决无余留水量指标省(区)新增引黄建设项目的用水需求,成为黄河水资源宏观配置管理中需要研究解决的问题。

(二)用水结构不合理

由于历史的原因,农业仍为引黄用水大户,现状农业用水约占全部引黄用水的80%。宁

夏、内蒙古两自治区更高,达97%左右。据调查,现状引黄灌区灌溉水利用系数只有0.3~0.4,节水灌区仅占引黄灌区的20%,造成农业用水效率低下。农业用水占用大量宝贵的黄河水资源,与沿黄地区工业化和城市化进程的发展极不协调,不从根本上优化和引导引黄用水结构的调整,引黄地区经济社会的持续高速发展将受到严重制约。

(三)经济社会发展宏观布局的调整需要进行水权的再分配

随着国家西部大开发战略、西电东送战略的实施以及各省(区)根据各自发展条件所进行的经济社会发展宏观布局的调整,客观上要求在总量控制的前提下,省(区)内部水权在地区配置上需要进行适当的调整,以满足经济社会发展的需要。如宁夏、内蒙古两自治区为充分发挥本地区的资源优势,规划了自治区能源基地的建设。宁夏沿黄地区规划建设工业项目集中在宁东能源重化工基地。到2020年,宁东煤田将形成年产7460万t原煤的大型矿区,建成总装机容量1500万kW的大型坑口火电厂和生产690万t煤炭间接液化煤基二甲醚、甲醇等化工产品的能源重化工基地,总需水量4.208亿m³,近期需水约1.8亿m³。内蒙古规划的能源项目大多集中在鄂尔多斯市,根据内蒙古报送的《鄂尔多斯市南岸灌区水权转让可行性研究报告》,该市将兴建16家大型工业项目,拟用水量2.22亿m³。在水资源宏观配置格局已经基本形成的情况下,要适应经济社会发展整体布局的调整,水权的再分配问题也必将提上议事日程。

(四)在现有水权制度框架体系下,难以很好地解决水权再分配所面临的问题

在现有的水权制度框架下,解决水权的二次分配问题只有采取如下两种方式:

一是通过行政方式,核减或调整现有用水户的分配水权,以满足新增用水户的需求。采用这一方式的弊端在于无法保证现有用水户的合法权益,不能激励用水户采取节约用水的措施,在具体实施中也将遇到很大的阻力。

二是突破已有的分水指标,即在各省(区)分配的黄河可供水量指标外,再额外增加新的水量指标,其后果必然是挤占黄河河道内生态环境用水,严重危及黄河健康生命,不符合国家对水资源管理的目标。

二、创新与变革——黄河水权转换制度的建立

水权转换的基本思路是:在不增加用水的前提下,通过水权的合理转移,提高水资源的利用效率和效益,实现水资源可持续利用与经济社会可持续发展的双赢。既然在现有的水权制度下不能解决水权的二次分配问题,而又有客观需要,根据水利部治水新思路,黄委自2002年以来开始了水权转换制度的研究工作,制定了《黄河水权转换管理实施办法(试行)》和《黄河水权转换节水工程核验办法(试行)》。制度建设的内容包括:

(一)明确水权转换的范围。

鉴于黄河水权转换仍处于起步阶段,相应的监管措施还需要完善,明确黄河取水权转换暂限定在同一省(区)内部。

(二)规定水权转换的前提条件。

开展水权转换的省(区)应制订初始水权分配方案和水权转换总体规划,确保水权明晰和转换工作有序的开展。

(三)确立水权转换的原则。

包括总量控制、水权明晰、统一调度、可持续利用、政府监管和市场调节相结合。

(四)界定出让主体及可转换的水量。

明确水权转换出让方必须是依法获得黄河取水权并在一定期限内拥有节余水量或者通过工程节水措施拥有节余水量的取水人。这一措施确保了水权转换的合法性及可转换水量的长期稳定性。

(五)规定水权转换的期限与费用。

兼顾到水权转换双方的利益和黄河水资源供求形势的变化,明确水权转换期限不超过25年。水权转换总费用包括水权转换成本和合理受益,具体分为节水工程建设费用、节水工程和量水设施的运行维护费用、更新改造费用及对水权出让方必要的补偿等。

(六)建立水权转换的技术评估制度。

要求进行水权转换必须进行可行性研究,编制水权转换可研报告和建设项目水资源论证报告书,并通过严格的技术审查,从技术上保证水权转换的可行性。

(七)明确水权转换的组织实施和监督管理职责。

水权转让涉及政府、企业、农民用水户、水管单位等多个主体,影响面广,必须加强政府在水权转让工作中的宏观调控作用。明确流域管理机构、省(区)人民政府、水行政主管部门、水权转换双方在水权转换实施过程中的职责。

(八)规定暂停省(区)水权转换项目审批的限制条件。

如省(区、市)实际引黄耗水量连续两年超过年度分水指标或未达到同期规划节水目标的、不严格执行黄河水量调度指令的、越权审批或未经批准擅自进行黄河水权转换的等。

(九)规定节水效果的后评估制度。

要求水权转换节水项目从可研、初设阶段就必须提出方案,在设计施工过程中要重视监测系统的建设,从水权的分级计量、地下水变化、节水效果和生态环境等方面进行系统全面监测,长期跟踪出让方水量的变化情况,为后评估提供可靠的基础数据。

通过上述制度建设和制定相应的管理办法,确保了黄河水权转换在起步阶段就步入规范化管理,黄河水权转换的核心制度已初步形成。

三、黄河水权转换试点工作进展情况

黄委首批正式批复了宁夏、内蒙古两自治区水权转换试点项目共有5个,其中内蒙古2个,分别为内蒙古达拉特发电厂四期扩建工程、鄂尔多斯电力冶金有限公司电厂一期工程;

宁夏3个,分别为宁夏大坝电厂三期扩建工程、宁东马莲台电厂工程、宁夏灵武电厂一期工程。5个试点项目共新增黄河取水量8383万 m³,对应出让水权的灌区涉及内蒙古黄河南岸灌区、宁夏青铜峡河东灌区和河西灌区,3个灌区共需年节水量9833万 m³。

在黄委指导下,两自治区开展了节水工程建设工作,并成立了水权转换领导和协调机构,制定了水权转换实施办法及水权转换资金使用管理办法。领导和协调组织的成立及相关管理办法的制定,确保了两自治区水权转换工作的顺利进展。

截至2006年底,5个试点项目对应的灌区节水改造工程累计到位资金2.324亿元,其中宁夏3个试点项目到位资金0.724亿元,内蒙古2个试点项目到位资金1.6亿元。内蒙古鄂尔多斯电力冶金有限公司电厂一期工程已完成灌区节水工程建设并通过黄委核验,达拉特发电厂四期扩建工程和宁夏灵武电厂一期工程基本完成了灌区节水工程建设,其中宁夏灵武电厂一期工程灌区节水工程已经自治区水利厅的验收,但尚未经黄委核验,宁夏大坝电厂三期扩建工程、宁东马莲台电厂工程灌区节水工程建设仍在进行中。

目前,黄委和宁夏、内蒙古两自治区水利厅正在对水权转换实施情况进行总结和后评估。

四、开展黄河水权转换工作的意义

(一)探索出了一条干旱缺水地区解决经济发展用水的新途径。

水资源短缺是这些地区经济社会发展的主要制约因素,但由于行业用水的不均衡性,工业和城市发展新增用水需求有可能通过水权有偿转换的方式获得,从而解决了制约经济社会快速发展的瓶颈。

(二)找到一条实现黄河水资源可持续利用与促进地方经济社会可持续发展双赢的道路。

黄河水权转换是在不增加用水的情况下,满足新建项目的用水需求,既可实现黄河水资源管理目标,又促进了地方经济社会的发展。

(三)大规模、跨行业的水权转让,提高了水资源的利用效率和效益,优化了用水结构,实现了区域水资源的优化配置,并为推动区域水市场的形成创造了条件。

黄河水权转换一方面通过对农业灌溉工程进行节水改造,节约农业用水;另一方面在项目审查时要求新建工业项目采用零排放的新技术,以提高工业用水效率,同时采取农业有偿出让水权,达到了促进节约用水的目的。在强化节水的同时,运用市场规则,通过水权交易,大规模、跨行业调整引黄用水结构,引导黄河水资源有序的由水资源利用效率与效益较低的农业用水向水资源利用效率与效益较高的工业用水转移,实现了同一区域内不同行业之间水资源的优化配置,并为将来建立正式的水市场创造了条件。

(四)建立了符合市场规律的节水激励机制。

通过将节余水权的有偿转让,促进了农业节水工作的开展,拓宽了农业节水资金新渠道,改变了过去主要依靠国家投入和农民投劳的农业节水投入模式。

(五)为国家水权转换制度的建立和具体实施提供了一定的可供借鉴的实践经验。

这些经验包括:初始水权的明晰及省(区)初始水权分配方案的形式;所建立的水权转换制度及水权转换行为的规范方式,包括水权转换的范围、出让方主体及可转换水量的界定、水权转换期限及费用、水权转换的程序、水权转换的限制条件、水权转换的技术评估等;提供了水权转换实施的组织经验,包括发挥政府在水资源优化配置中宏观调控作用,水权转换的监督管理,节水工程建设及水权转换资金的管理等。

第五节　供水管理与水量调度

一、供水管理

黄河供水管理包括广义和狭义两个层面。广义层面,黄河流域水资源的管理与调度均属黄河供水管理的范畴。本节所述,乃狭义的黄河供水管理,主要包括供水工程管理、供水计划管理、水费征收等内容。目前,由于受地域和传统管理体制的限制,黄委供水管理的重点仅在黄河下游河段。

(一)供水管理的组织结构及职责

根据国务院《水利工程管理体制改革实施意见》,黄委供水体制改革已于2006年6月底全部完成。目前,黄委黄河下游引黄供水管理体系由黄委供水局、山东供水局、河南供水局以及山东、河南下设的供水分局、引黄水闸管理所三级组织机构构成。黄委供水局担负着引黄供水生产、成本费用核算和供水工程的统一管理等工作。

河南、山东两省的供水分局是河南、山东黄河河务局供水局的分支机构,隶属于所在市黄河河务局管理,为准公益性事业单位。主要职责包括:负责辖区内引黄供水的生产和管理;执行水行政主管部门的水量调度指令;根据省局供水局授权,与用户签订引黄供水协议书,及时完成辖区内引黄供水订单的汇总上报,负责辖区内引黄供水计量、水费计收;负责辖区内引黄供水工程管理、供水工程日常维修养护计划与更新改造计划的编报和实施;负责本分局及所属闸管所人员管理;负责本分局成本核算、预算的编报和实施;按照防汛责任制要求,做好辖区内引黄供水工程范围内的防汛工作等。

闸管所直接对相应供水分局负责,并接受供水分局的领导和管理。

(二)供水工程管理

黄河下游供水涉及河南、山东、河北及天津,干流共有地表水取水口92个。取水口许可取水量97.59亿 m³,设计取水流量3611m³/s。其中,河南段有地表水取水口31个,设计取水流量1461m³/s;山东河段有地表水取水口61个,设计取水流量2150m³/s。

黄河下游引黄涵闸均为1974年以后竣工,最多有16孔,最少为1孔,绝大多数为涵洞式涵闸,启闭机有螺杆式、卷扬机和移动式3种。长期以来,黄河下游引黄涵闸一直沿用传统的管理和监测方法,每天测报一次,测验精度差,管理难度大。2002年以来,黄河下游开展了大规模的引黄涵闸远程监控系统建设。该系统的建设利用了现代化的传感器技术、电子技术、计算机网络技术,大大提高了引黄涵闸管理的自动化水平,供水工程也实现了从传统管理向现代化管理的转变。

目前,黄河下游的所有取水口均归黄委供水部门直接管理。闸管所直接对相应供水分局负责,并接受供水分局的领导和管理。闸管所是黄河下游引黄取水口的基层管理单位,负责辖区内引黄供水的生产和管理,执行水行政主管部门的水量调度指令,负责辖区内引黄供水工程的运行观测、维修养护等日常管理工作。

(三)水费征收管理

水费的征收管理是黄河供水管理的重要内容。目前,黄河的水价制定和征收工作主要按照2003年7月国家发展和改革委员会、水利部联合印发的《水利工程供水价格管理办法》执行。

目前,水费的征收管理在组织上一般分三层:水行政主管部门、水管单位、乡村组织。水费的收取方式有直接收取和间接收取两种:直接收取水费比较简单,就是由供水经营者直接对用户收取水费;间接收取水费是供水经营者委托第三方向用水户收取水费。为保证供水的公平,供水经营者与用水户要按照国家有关法律、法规和水价政策签订供用水合同,甲、乙双方承担相应的法律责任。

水费的使用和支出。水管单位从事开展供水生产经营过程中实际消耗的人员工资、原材料及其他直接支出和费用,直接计入供水生产成本;供水生产经营过程中发生的费用,包括销售费用、管理费用、财务费用计入当期损益;水费支出还包括职工福利费支出、应缴纳的税金支出、水资源费支出、净利润的再分配支出等。

二、水量调度

1998年12月原国家计委、水利部联合颁布实施了《黄河可供水量年度分配及干流水量调度方案》和《黄河水量调度管理办法》,授权黄委统一管理和调度黄河水量。经过数年的调度与实践,目前黄河水量调度工作已经建立起较为完善的水量调度管理运行机制,合理运用技术、经济、工程、行政、法律等手段,使黄河水资源管理和调度的水平得到较大提高,特别是近年来水量调度信息化的建设更是进一步提升了黄河水量调度工作的科技含量,取得了显著效果并受到社会各界的广泛关注。总体来说,目前的黄河水量调度实施全流域水量统一调度、必要时实施局部河段水量调度和应急水量调度等。

(一)全流域水量统一调度

按照1998年原国家计委、水利部联合颁布的《黄河水量调度管理办法》和中华人民共和国第472号国务院令《黄河水量调度条例》规定,国家对黄河水量实行统一调度,黄委负责黄河水量调度的组织实施和监督检查工作。黄河水量调度从地域的角度包括流域内的青海、四川、甘肃、宁夏、内蒙古、山西、陕西、河南、山东9省(区)以及国务院批准的流域外引用黄河水量的天津、河北两省(市)。从资源的角度包括黄河干支流河道水量及水库蓄水,并考虑地下水资源利用。

全流域水量统一调度的工作内容主要包括:调度年份黄河水量的分配,月、旬水量调度方案的制订,实时水量调度及监督管理等工作。

(二)局部河段水量调度

由于黄河供水区域较大,各河段用水需求和水文特性各不相同,因此在遵循全流域水量统一调度原则的基础上,在特定时间需要进行局部河段的水量调度。局部河段的水量调度主要是针对该河段的用水特点或特殊的水情状况,根据实际需要对黄河干流的局部河段或支流实施相对独立的水量调度。如在有引黄济津或引黄济青等任务时,为保证渠首的引水条件,可以对相关河段上游实施局部的水量调度,以保证引水。在宁蒙灌区或黄河下游灌区的用水高峰期,当用水矛盾突出时,也可以实施局部河段的水量调度。

局部河段的水量调度工作主要包括:水量调度方案编制、实时水量调度及协调、监督检查等。

(三)应急水量调度

应急水量调度是指在黄河流域,或某河段,或黄河供水范围内的某区域出现严重旱情,城镇及农村生活和重要工矿企业用水出现极度紧张的缺水状况,或出现水库运行故障、重大水污染事故等情况可能造成供水危机、黄河断流时,黄委根据需要进行的水量应急调度。

按照规定,在实施应急水量调度前,黄委应当商11省(区、市)人民政府以及水库主管部门或者单位,制订紧急情况下的水量调度预案,并经国务院水行政主管部门审查,报国务院或者国务院授权的部门批准。在获得授权后,黄委可组织实施紧急情况下的水量调度预案,并及时调整取水及水库出口流量控制指标,必要时,可以对黄河流域有关省、自治区主要取水口实施直接调度。

应急水量调度还包含为满足生态环境需要进行的短期水量调度工作。

第十一章　黄河水环境的保护

水环境保护是水资源管理的重要内容。本章回顾了黄河水环境保护机构沿革及主要职责，重点介绍了黄河水环境监测和水功能区划工作，并对黄河水环境保护、监管及水量水质统一管理予以了阐述。

第一节　黄河水环境保护机构

黄河流域水资源保护局是负责黄河流域水资源保护的机构，由1975年国务院环境保护领导小组和原水利电力部批准建立的黄河水源办公室演变而来，是黄委的单列机构，受水利部、国家环境保护总局双重领导。

一、机构沿革

1975年3月24日《国务院环境保护领导小组、水利电力部关于迅速成立黄河水源保护管理机构的意见》([75]水电环字第3号)，要求迅速成立黄河水源保护管理机构，着手调查研究黄河水污染情况，起草有关污染防治意见。同时要求，组织有关水文站，有重点、有步骤地开展水质监测工作，会同有关地区和部门逐步建立和健全黄河水系水质监测网。1975年6月20日黄委正式成立黄河水源保护办公室。1978年5月27日，经原水利电力部批准，建立了黄河水源保护科学研究所和黄河水质监测中心站。1980—1995年黄河水源保护办公室与黄委水文局合署办公，实行一套工作班子、两块牌子。1984年黄河水源保护办公室更名为水利电力部、城乡建设环境保护部黄河水资源保护办公室，1990年更名为黄河水资源保护局；1992年更名为水利部、国家环保局黄河流域水资源保护局，1994年水利部要求分别设立黄委水文局和黄河流域水资源保护局。2002年，流域机构改革，明确黄河流域水资源保护局为黄委单列机构，将黄河流域水环境监测中心更名为黄河流域水环境监测管理中心。

黄河流域水资源保护局局机关内部设有监督管理处，下属单位有黄河水资源保护科学研究所、黄河流域水环境监测管理中心、黄河上游水资源保护局、黄河宁蒙水资源保护局、黄河中游水资源保护局、黄河三门峡库区水资源保护局、黄河山东水资源保护局。

二、主要职责

自黄河流域水资源保护机构成立以来，根据各时期水资源的实际工作需要，职责也相应进行过多次调整。2002年，黄委根据流域机构改革的要求，明确黄河流域水资源保护局的主要职责为：

1.负责《中华人民共和国水法》、《中华人民共和国水污染防治法》等法律、法规的贯彻实施；拟订黄河流域水资源保护、水污染防治等政策和规章制度并组织实施；指导流域内水资源保护工作。

2.组织黄河流域水功能区的划分。按照有关规定，对流域水功能区实施监督管理。

3.组织编制流域水资源保护规划并监督实施；指导和协调流域各省（区）水资源保护规划的编制。负责编制流域内水资源保护中央投资计划并监督实施。

4.根据授权，审查水域纳污能力，提出限排污总量意见并监督实施。负责发布黄河流域水资源质量状况公报。

5.负责流域内重大建设项目的水资源保护论证的审查。负责取水许可的水质管理工作。

6.根据流域水资源保护和水功能区统一管理要求，指导、协调流域内的水质监测工作；负责拟订流域水环境监测规范、规程、技术方法和省界水体水环境质量标准。

7.开展流域水污染联防；协调流域内省际水污染纠纷，调查重大水污染事件，并提出处理意见。

8.负责黄河水资源保护管理的现代化建设，组织开展水资源保护科研成果的应用和国际交流与合作。

9.按照规定或授权，负责管理范围内水资源保护国有资产监管和运营；负责黄河水资源保护资金的使用、检查和监督。

10.完成上级交办的其他工作。

多年来，黄河流域水资源保护局紧紧围绕各项职能的实施，加强发展与建设，其规划、管理、监测、科研等能力迅速提高，综合实力显著增强，并利用自身优势，积极为社会提供服务，收到了良好的社会效益、经济效益和环境效益。

第二节　黄河水环境监测

水质监测是水资源保护最重要的基础工作和技术支撑。黄河流域水质监测工作的发展过程，代表了我国流域机构水质监测的发展历程。黄河流域水质监测，通过编制流域重点省（区）界河段和重点水功能区监测站网规划，加强水质监测和信息管理能力建设，重点加强省（区）界河段和水功能区监测、评价工作，提高了突发性水污染事件应急处理能力，逐步形成了"常规监测与自动监测相结合、定点监测与机动巡测相结合、定时监测与实时监测相结合，加强并完善监督性监测"的水质监测新思路和新模式。

一、监测目标

水质监测为水资源保护监督管理提供全方位的技术服务,是新形势下对水质监测提出的更高要求。围绕职能转变,黄河流域水资源保护部门对水质监测提出了"从单一的、具体的水质监测中解脱出来,以服务于水功能区管理、入河污染物总量控制、取水许可及省(区)界水质监督需要为宗旨,发挥流域监测中心的组织、协调、规划、指导作用,健全黄河水质监测管理体制,建立黄河水质监测技术体系,进一步提升监测能力,探索和完善水质监测新模式"的工作目标。近年来,以服务管理为宗旨,以提高监测质量为核心,高质量完成各类监测任务,满足了多层次管理需要;以自动站建设和实验室自动化改造为契机,提升黄河水质监测的科技含量;以前期技术研究成果、技术法规为基础,进一步统一黄河监测技术标准;以"三条黄河"建设为动力,加速水质监测现代化和信息化进程;以健全流域监测管理制度,实行以监测程序规范化管理为手段建设现代化的黄河水质监测新体系,为黄河水资源保护监督管理提供强有力的技术支持。

二、监测新模式

2002年,黄河水质监测工作紧随黄河水资源保护职能转变和工作重心的调整,及时调整了工作思路。按照确保质量、力求创新、全面提高、巩固发展的总体要求,提出建立"常规监测与自动监测相结合、定点监测与机动巡测相结合、定时监测与实时监测相结合,加强和完善监督性监测"的水质监测新模式。旨在通过建立水质水量统一监测的水质监测体系,实现对水资源质量的全面监测,做到对水污染抓得住、测得准、报得快。

三、水质监测体系

黄河流域水环境监测工作在我国七大流域机构中起步较早,早在20世纪50年代,黄河系统就开展了水化学方面的水质分析工作。1977年开始,黄河水源保护办公室接替流域各省(区)卫生部门在黄河进行的水污染监测工作,1978年建立了黄河流域水质监测网络,水质监测工作随之在黄河干流及主要支流入黄口全面展开。

黄河流域水利部门水质监测站网经过4次大的规划和优化调整。目前,黄河流域已建成了较为完整的多功能水质监测网络体系。黄委和沿黄各省(区)水利部门已实施监测的断面257个,其中流域机构负责省界、黄河干流、重要支流入黄口监测,其他由各省(区)水利部门负责。黄委直管的监测断面(一些断面为多功能断面)68个,按其功能分类:省界水体水质监测断面30个,供水水源地监测断面13个,常规监测断面58个。水功能区水质监测断面67个,用于水量调度监测断面(一些断面为多功能断面)12个。同时,还在河源地区设立了背景断面,在黄河国家重要控制断面花园口和潼关建设了两座自动监测站。通过固定断面监测、流动巡测和自动监测,基本掌握了黄河水系的水质状况。除上述监测断面外,黄委还根据需要设置了一批专用监测断面,实行不定期监测。这些专用监测断面包括:针对取水许可布设的水质监测断面,针对陆域污染源入河影响和控制布设的入河排污口监测断面,针对水资源调查评价要求布设的监测断面,针对黄土高原流失区布设的面源污染监控断面,针对宁蒙灌区农业排退水布设的面源污染监控断面,针对引黄济津布设的专用监测断面等,形成了重点突出、功能齐全、管理规范的黄河水利系统水质监测体系。

根据黄河干流水量统一调度的需要,在黄河干流水量调度河段上开展了水质旬测和水质预估工作;配合流域外调水任务,于2000年开始引黄济津水量调度水质旬测工作。每年对黄河干支流水资源质量进行评价,并向上级主管部门、流域各省(区)水行政主管部门及环保部门提供黄河流域重点河段、省界河段、重要供水水源地、水量调度河段等水质信息,定期(年、月、旬)或不定期地发布水质公报、通报、简报等。这些工作都为水资源保护管理和水污染防治工作提供了大量的水质信息和决策依据。

四、水质监测能力

目前,黄河系统水质监测实验室经过新建或扩建,基本满足监测工作的需要。2002年、2003年,以流域水环境监测中心建设为重点,引进了水质自动监测站、移动实验室和一批大型先进分析仪器,建成了适应多沙河流的黄河花园口、潼关自动监测站。

流域水环境监测中心和基层水环境监测中心装备了进口气相色谱—质谱仪、气相色谱仪、原子吸收分光光度计、全自动流动分析仪、原子荧光光度仪、现场测试仪、微波消解仪等先进的分析仪器设备。2004年,流域水环境监测中心引进和再开发了国外先进的实验室信息管理系统(LIMS),基本实现了实验室信息采集与处理的自动化。

经过30多年的建设,黄河水质监测基本上具备了现代化的分析测试手段,已从初始单一的水化学分析,扩展到地表水、地下水、污水、大气、噪声、土壤、农作物、食品等8大类样品的监测分析工作。

五、水质监测规划

为加强水资源的统一管理,根据水利部要求,黄委于1997年开始开展了黄河流域水环境监测站网规划编制工作,2000年完成了《黄河流域(片)水质监测规划报告》。该规划充分考虑了与水资源保护规划、水文发展规划以及其他相关规划的协调性。

(一)省界水体水质监测站网规划

根据1997年《黄河流域省界水体水质监测站网规划》,共规划省界监测断面55个,在2002年编制的《黄河流域(片)水质监测规划》中又补充22个,两次共规划省界监测断面77个,其中黄河干流14个,支流58个,还有5个规划布设在影响省界水质的排污口上。

省界水体水质监测从1998年5月开始实施,根据当时省界河段水污染的实际情况确定了21个水质断面实施监测,至2002年增至30个水质断面,其中黄河干流14个水质断面,支流16个水质断面。这些断面分别为:玛曲、大河家、下河沿、乌达桥、乌苏图、喇嘛湾、吴堡、龙门、潼关、三门峡、小浪底坝下、花园口、高村、利津、民和、享堂、后大成、辛店、延川、呼家川、河津、蒲州、吊桥、双桥、坡头、解村、上亳城、五龙口、电厂桥、台前桥。监测频次为每月1次,特殊情况时适当增加测次。

监测项目为:水位、流量、气温、水温、pH值、悬浮物、溶解氧、高锰酸盐指数、化学需氧量、五日生化需氧量、亚硝酸盐氮、硝酸盐氮、氨氮、总氰化物、砷化物、挥发酚、六价铬、氟化物、汞、镉、铅、铜、锌、总磷等24项。

(二)黄河流域水质站网规划

《黄河流域(片)水质站网规划》(2002年编制)中的黄河流域水质站网规划,包括青海、甘肃、宁夏、内蒙古、山西、陕西、河南、山东等省(区),涉及黄河干流、一级支流及污染严重的二、三级支流和湖库。规划监测断面969个(不包括国家重点考核的入河排污口168个断面和自动监测站29个)。目前,黄河流域现有水质监测断面314个,规划新增水质断面655个,水质自动监测站29个,另外,挑选了168个重要入河排污口为国家重点考核的入河排污口。

按分级管理的原则将监测断面分为国家级和省(区)级两类(不含自动监测站),其中黄河流域规划国家级监测断面430个,规划省(区)级监测断面539个。

按水体功能类型分为地表水、地下水、大气降水3种类型。黄河流域规划的地表水监测断面682个,地下水223个,大气降水64个。

本次水质站网规划,计划分三个阶段实施:2005年黄河流域实施监测断面达到702个,新增加388个;2010年实施监测断面达到917个,新增加215个;2020年实施监测断面达到969个,新增加52个。黄河流域各类水质监测站规划情况见表11-1。

表11-1 黄河流域各类水质监测站网规划统计

水体类型	水质断面(点)分类	站网分级	规划断面(点)数	现有断面(点)数	新增断面(点)数	阶段实施断面(点)数 2005年	2010年	2020年
地表水	水质	国家级	289	176	113	72	34	7
		省(区)级	393	64	329	185	116	28
		小计	682	240	442	257	150	35
	入河排污口	流域区级重点	168		168	168		
	自动监测	国家级	11		11	11		
		省(区)级	18		18	7	6	5
		小计	29		29	18	6	5
地下水	水质	国家级	104	36	68	44	15	9
		省(区)级	119	37	82	47	27	8
		小计	223	73	150	91	42	17
大气降水	水质	国家级	37		37	37		
		省(区)级	27	1	26	3	23	
		小计	64	1	63	40	23	

本次规划能够较好地与水功能区和水文站结合,基本可满足黄河流域水资源开发、利用与保护管理的需要。

黄河流域水质站网由黄河流域水资源保护局和青海、甘肃、宁夏、内蒙古、山西、陕西、河南、山东8省(区)分别实施。黄河流域水资源保护局负责黄河干流和主要支流把口断面的地表水水质监测以及管辖范围的地下水、大气降水的监测;各省(区)负责其他河流、湖泊、水库的地表水监测和管辖区域的地下水、大气降水的水质监测。

第三节　黄河水功能区别

水功能区划是指为满足水资源合理开发和有效保护的需求,根据水资源的自然条件、功能要求和开发利用现状,按照流域综合规划、水资源保护规划和经济社会发展的要求,在相应水域按其主导功能划定并执行相应质量标准的特定区域。"水功能区"的概念于20世纪末正式界定,并于2000年在全国范围内开展区划工作。水功能区划不仅是现阶段水资源保护规划的基础,而且也是今后水资源保护监督管理的出发点和落脚点,是实现水资源合理开发利用、有效保护、综合治理和科学管理的极其重要的基础性工作,对国家实施经济社会可持续发展具有重大意义。

一、区划工作情况

水功能区划是《水法》赋予水利部门的一项重要职责。2000年2月,水利部印发"关于在全国开展水资源综合规划编制工作的通知"(水资源[2000]158号),要求针对全国所有水域划分水功能区,作为规划的基础和今后水资源保护管理的重要依据。

2000年3月21日,黄河流域(片)水资源保护规划工作会议在郑州召开,会议讨论通过了《黄河流域水资源保护规划工作大纲》和《黄河流域水功能区划技术细则》,统一了技术要求,明确了任务分工和工作进度。水功能区划方案初步形成后,流域机构与各省(区)对区划方案反复讨论,形成区划成果,经多次修改、完善,于2002年1月通过了水利部组织的审查。

在此基础上,水利部根据国家和流域水资源的管理重点,选择主要和重要的水域形成《中国水功能区划(试行)》,于2002年4月要求各流域机构和各省、自治区、直辖市水利(水务)厅(局)认真组织实施。经过一年多的试行,在征求全国各省、自治区、直辖市人民政府及各部、委意见的基础上,水利部于2003年8月、2004年10月和2005年8月对《中国水功能区划》及重要江河水功能区划进行三次校核修订,正待上报国务院。

截至2005年初,黄河流域青海、四川、宁夏、内蒙古、陕西、河南6省(区)政府已正式批复本省(区)的水功能区划,其他省(区)正在申报或审批过程中。

二、区划目的与意义

黄河流域地处干旱、半干旱地区,水资源贫乏,水资源人均占有量低于全国平均水平。随着经济社会的快速发展和人民生活水平的不断提高,对水资源量和质的需求也在提高,供需矛盾日益突出。与此同时,废污水大量排放,使水体受到不同程度的污染,水生态环境恶化。因此,维护水资源的可持续利用,保障流域经济社会可持续发展已成为迫切任务。

在水功能区划的基础上,通过水功能区管理,可逐步实现水资源优化配置、合理开发、高效利用、有效保护的目的,促进经济社会的可持续发展。

三、指导思想

以水资源与水环境承载能力为基础,以合理开发和有效保护水资源为核心,以遏制水污染和水生态恶化、改善水资源质量为目标,结合区域水资源开发利用规划及经济社会发展规划,从流域(片)水资源开发利用现状和未来发展需要出发,根据水资源的可再生能力和自然环境的可承载能力,科学合理地划定水功能区,促进经济社会和生态环境的协调发展,以水资源的可持续利用保障经济社会的可持续发展。

四、区划原则

(一)尊重水域自然属性原则。

(二)统筹兼顾、突出重点的原则。

(三)现实性和前瞻性相结合的原则。

(四)便于管理、实用可行的原则。

(五)水质水量并重、水资源保护与生态环境保护相结合的原则。

(六)不低于现状功能的原则。

五、区划范围

黄河流域水功能区划范围包括黄河干流水系及支流洮河水系、湟水水系、窟野河水系、无定河水系、汾河水系、渭河水系、泾河水系、北洛河水系、洛河水系、沁河水系和大汶河水系中流域面积大于$100km^2$的河流,开发利用程度较高、污染较重的河流以及向城镇供水的河流、水库。

黄河流域湖泊包括宁夏回族自治区的沙湖、内蒙古自治区的乌梁素海、山东省的东平湖。

六、区划体系

水功能区划分采用两级体系即一级区划和二级区划。一级区划是从宏观上解决水资源开发利用与保护的问题,主要协调地区间用水关系,长远考虑可持续发展的需求;二级区划主要协调用水部门之间的关系。

水功能区划分级分类系统见图11-1。

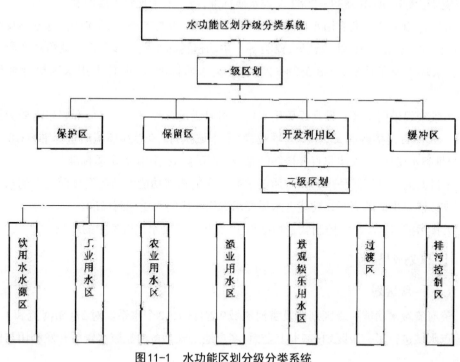

图11-1　水功能区划分级分类系统

（一）一级区划

一级区划分为保护区、保留区、缓冲区、开发利用区。

1.保护区。保护区指对水资源保护、自然生态及珍稀濒危物种的保护有重要意义的水域。保护区分为源头水保护区、自然保护区、生态用水保护区和调水水源保护区4类。

2.保留区。保留区是指目前开发利用程度不高，为今后开发利用和保护水资源而预留的水域。

3.缓冲区。缓冲区是指为协调省（区）际间用水关系，或在开发利用区与保护区相衔接时，为满足保护区水质要求而划定的水域。缓冲区分为边界缓冲区和功能缓冲区。

4.开发利用区。开发利用区主要指具有满足城镇生活、工农业生产、渔业或游乐等需水要求的水域。

（二）二级区划

二级区划是对一级区的开发利用区进一步划分，分为饮用水水源区、工业用水区、农业用水区、渔业用水区、景观娱乐用水区、过渡区、排污控制区。

1.饮用水水源区。饮用水水源区是指满足城镇生活饮用水需要的水域。水质标准根据水质状况和需要分别执行《地表水环境质量标准》（CB 3838—2002）Ⅱ、Ⅲ类水质标准。

2.工业用水区。工业用水区是指满足城镇工业用水需要的水域。水质标准执行《地表水环境质量标准》（GB 3838—2002）Ⅳ类水质标准，或不低于现状水质类别。

3.农业用水区。农业用水区是指满足农业灌溉用水需要的水域。水质标准执行《地表水环境质量标准》(GB 3838—2002)V类水质标准,或不低于现状水质类别。

4.渔业用水区。渔业用水区是指具有鱼、虾、蟹、贝类产卵场、索饵场、越冬场及洄游通道功能的水域,养殖鱼、虾、蟹、贝、藻类等水生动植物的水域。珍贵鱼类及鱼虾产卵场执行《地表水环境质量标准》(GB 3838—2002)Ⅱ类水质标准,一般鱼类用水区执行Ⅲ类水质标准。

5.景观娱乐用水区。景观娱乐用水区是指以满足景观、疗养、度假和娱乐需要为目的的水域。人体直接接触的天然浴场、景观、娱乐水域执行《地表水环境质量标准》(GB 3838—2002)Ⅲ类水质标准,人体非直接接触的景观、娱乐水域执行Ⅳ类水质标准。

6.过渡区。过渡区是指为使水质要求有差异的相邻功能区顺利衔接而划定的水域。水质标准以满足出流断面所邻功能区水质要求选用相应的水质控制标准。

7.排污控制区。排污控制区是指接纳生活、生产污废水比较集中的水域。

七、区划成果

(一)一级区划

黄河流域水功能一级区划涉及黄河流域9省(区),12个水系。对271条河流和3个湖泊的重点水域进行了一级区划,基本上全面、客观地反映了黄河流域水资源开发利用与保护的现状。

黄河流域共划分了488个一级水功能区,区划总河长354318km。其中黄河干流5463.6km,占区划总河长的15.4%;支流共270条,合计长29968.2km,占区划总河长的84.6%;区划湖泊3个,总面积456.2km²。

黄河流域一级区划湖泊、河流分布情况详见表11-2、表11-3。

表11-2　黄河流域湖泊水功能区一级区划成果统计

水系	湖泊个数	湖泊名称	湖泊面积(km²)	行政区域
黄河干流水系	2	沙湖	8.2	宁夏回族自治区
		乌梁素海	293	内蒙古自治区
大汶河水系	1	东平湖	155	山东省
合计	3		456.2	

表11-3　黄河流域河流水功能一级区划统计

水系	河流		一级功能区		河长	
	个数	所占比例(%)	个数	所占比例(%)	km	所占比例(%)
黄河干流水系	130	18.0	215	44.3	18674.6	52.7
洮河水系	10	3.7	13	2.7	1348.6	3.8
湟水水系	14	5.2	24	4.9	1644.7	4.6
窟野河水系	5	1.8	12	2.5	442.2	1.2

无定河水系	7	2.6	18	3.7	1270.5	3.6
汾河水系	11	4.1	23	4.7	1566.4	4.4
渭河水系	42	15.5	81	16.7	4107.3	11.6
泾河水系	12	4.4	32	6.6	2046.6	5.8
北洛河水系	7	2.6	14	2.9	1352.5	3.8
洛河水系	20	7.4	24	5.0	1490.6	4.3
沁河水系	6	2.2	15	3.1	918.7	2.6
大汶河水系	7	2.6	14	2.9	569.1	1.6
合计	271	100	485	100	35431.8	100

黄河流域河流共划分一级区485个,其中保护区146个,占一级功能区总数的30.1%,河长8919.7km,占区划河流总长的25.2%;保留区82个,占一级功能区总数的16.9%,河长7040.4km,占区划河流总长的19.9%;开发利用区196个,占一级功能区总数的40.4%,河长17563.8km,占区划河流总长的49.6%;缓冲区61个,占一级功能区总数的12.6%,河长1907.9km,占区划河流总长的5.3%。详见图11-2、表11-4。

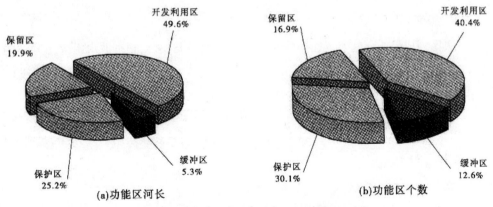

图11-2 黄河流域河流各类一级功能区统计图

表11-4 黄河流域河流一级功能区数量统计

水系		保护区		保留区		开发利用区		缓冲区		合计	
		个数	河长(km)	个数	河长(km)	个数	河长(km)	个数	河长(km)	个数	河长(km)
黄河干流水系	干流	2	343	2	1458.2	10	3398.3	4	264.1	18	5463.6
	支流	54	4529.7	31	2284.2	81	5696.3	31	700.8	197	13211
洮河水系		8	604.7	2	436.1	3	307.8			13	1348.6
湟水水系		6	465.8	5	253.1	10	793.5	3	132.3	24	1644.7

窟野河水系	3	110.5	1	41.9	5	243.5	3	46.3	12	442.2
无定河水系	4	230.2	4	423.6	6	427.3	4	189.4	18	1270.5
汾河水系	11	486.3	2	84.1	9	957.7	1	38.3	23	1566.4
渭河水系	26	826.3	15	698.4	35	2375	5	207.6	81	4107.3
泾河水系	7	312	8	646.2	11	895	6	193.4	32	2046.6
北洛河水系	5	350.2	3	348.7	6	653.6			14	1352.5
洛河水系	10	315.2	5	248.1	8	860.3	1	67	24	1490.6
沁河水系	5	230	1	83.7	7	550.3	2	54.7	15	918.7
大汶河水系	5	115.8	3	34.1	5	405.2	1	14	14	569.1
合计	146	8919.7	82	7040.4	196	17563.8	61	1907.9	485	35431.8

黄河流域湖泊共划分一级区3个,其中保护区2个,面积448km²;开发利用区1个,面积8.2km²。

(二)二级区划

在一级区划成果的基础上,黄河流域各省(区)结合各自实际,根据取水用途、工业布局、排污状况、风景名胜及主要城市河段等情况,对196个开发利用区进行了二级区划,共划分了465个二级功能区。

在区划的465个二级功能区中,按二级区第一主导功能分类,共划分饮用水水源区68个,工业用水区40个,农业用水区183个,渔业用水区8个,景观娱乐用水区18个,过渡区64个,排污控制区84个。

(三)黄河干流水功能区划

根据黄河干流水资源开发利用实际和功能需求,按照水资源保护要求,将黄河干流5464km的河长,划分为18个一级区。其中,2个保护区,分别是玛多源头水保护区、万家寨调水水源保护区;4个缓冲区,分别是青甘缓冲区、甘宁缓冲区、宁蒙缓冲区及托克托缓冲区;2个保留区,分别是青甘川保留区和黄河河口保留区;10个开发利用区,分别是青海开发利用区、甘肃开发利用区等。

针对黄河干流10个开发利用区,按照各河段实际情况和需求,共划分50个二级区,其中饮用水水源区14个,工业用水区3个,农业用水区12个,渔业用水区6个,景观用水区1个,排污控制区7个,过渡区7个。

(四)中国水功能区划中黄河流域部分

黄河流域纳入中国水功能区划的河流45条,湖泊(水库)2个,区划总河长14074.2km,区划湖库面积448km²。

1.一级区划。黄河流域纳入全国区划的水功能一级区有118个,区划总河长14074.2km。其中,保护区河长2043.8km,占总河长的14.5%;缓冲区1616.0km,占总河长的11.5%;开发利用区7964.7km,占总河长的56.6%;保留区2449.7km,占总河长的17.4%。区划湖库面积448km²,全部为保护区。

2.二级区划。黄河流域划分二级区181个,区划总河长7964.7km。

第四节　黄河水环境保护、监管与水量水质统一管理

黄河水资源管理面临着两大水问题:一是水资源贫乏,二是水质污染严重。而跨境水污染又成为引发省际水事矛盾的另一诱因,两方面因素综合的结果,进一步加剧了黄河用水矛盾。

针对这一情况,黄委加强了水量、水质的一体化管理,在取水许可和水量调度过程中,均将水质作为其中一项重要因素加以考虑,同时加强了水资源保护与监督管理工作。

一、加强水质监测和水质信息发布工作

加强水质监测站网布设,目前已建成了较为完整的多功能水质监测网络体系。黄委和沿黄8省(区)水利部门已实施监测断面257个,黄委直管的省界站68个,已在黄河重要控制断面建设了花园口和潼关两个水质自动监测站,形成了固定断面监测、流动巡测和自动监测相结合的监测模式。

加强黄河省界及黄河饮用水源地等重要水功能区水质监测,加密水质监测频次,开展水质预估,不断提高监测和预估能力,加大监督管理力度,加强协商沟通,及时通报,发挥舆论监督作用。定期(年、月、旬)或不定期地发布水质公报、通报、简报等,并在黄河网上发布每日水质自动监测站水质监测数据。这些都为水资源保护管理和水污染防治提供了重要水质信息和决策依据,同时为社会公众提供了了解黄河水质信息的渠道。

二、强化监督管理

(一)加强入河污染物总量限排

针对2002年入冬后黄河龙门以下河段水质恶化形势,为遏制水质恶化趋势,保证沿黄人民群众饮用水安全,在审定纳污能力的基础上,依法向山西、陕西、河南和山东4省提出了2003年旱情紧急情况下入黄污染物限制排放意见。通过限排实施,重点入黄排污口超排现象有所控制,重要支流入黄污染物总量显著下降,干流水质明显好转。为加强入河污染物总量限排,根据《水法》规定,黄委2004年组织编制完成了《黄河纳污能力及限制排污总量意见》,已经水利部审查,并函送国家环保总局。该意见的提出,为黄河水污染防治工作提供了重要依据,是维持黄河健康生命的一项重要举措。

(二)建立重大水污染事件快速反应机制

2002年黄河干流来水偏枯,水污染形势十分严峻,为此,黄委紧急制定出台了《黄河重大水污染事件报告办法(试行)》。2003年4月,黄河干流兰州河段发生严重油污染事件,引发了快速反应的思考,紧急制定了《黄河重大水污染事件应急调查处理规定》,与《黄河重大水污染事件报告办法(试行)》一起,初步形成了黄河重大水污染事件快速反应机制。随后,黄委水资源保护局、水文局相继制订了应急预案和岗位责任制,进一步完善了水污染事件快速反应机制。黄委借助水污染事件快速反应机制,及时处理了兰州河段水污染事件、潼关河段水质异常事件、小浪底水库首次富营养化问题、内蒙古河段"6·26"水污染事件等多起黄河重大水污染事件,有效保护了黄河水资源,最大限度地减少了水污染事件带来的损失。黄河重大水污染事件快速反应机制的建立,增强了有关单位、部门的责任感和紧迫感,提高了应对水污染事件的快速反应能力。

(三)探索建立黄河流域联合治污机制

黄河水资源保护与水污染防治是一项复杂的系统工程,仅靠水利部门难以解决,必须走"协调配合、联合治污"的道路。2003年6月,温家宝总理针对黄河流域的水污染状况做出重要批示:"水利、环保部门要建立联合治污的机制,制定统一规划和部署,确保黄河不断流、水质不恶化。"黄委与流域内各省(区)积极探索建立黄河流域联合治污机制,提出了关于建立黄河流域水利、环保联合治污机制的意见,经水利部、国家环保总局协商完善后,基本形成了以信息通报制度、重大问题会商制度、保护与防治统一规划、统一环境监测网络等为核心的黄河联合治污机制框架。第八次引黄济津调水期间,为保证供水安全,在水利部、国家环保总局的领导下,黄委会同晋、陕、豫3省水利、环保部门,制定了《2003—2004年引黄济津期黄河水污染控制预案》,并经水利部和国家环保总局联合发文实施,取得了明显效果。

(四)开展入河排污口监督管理

依据《水法》赋予流域机构入河排污口监督管理的职责,制定了《黄河入河排污口管理办法(试行)》,在黄河干流及直管支流河段积极开展入河排污口登记、设置审批及监督检查工作,对严重违法向黄河超标排污的企业进行曝光,并报告有关地方政府,向环保部门进行通报。

三、加强水量、水质的一体化管理

在黄河取水许可管理中,专门制定了《黄河取水许可水质管理办法》,水质管理已经渗透到黄河取水许可管理的各个环节,从建设项目水资源论证、取水许可审批以及监督管理,水质都是其中一项重要的审查和管理内容。

在水量调度工作中,调度方案的制订和执行,均考虑了供水水质的要求。为确保黄河供水安全,黄委开展了水质预估工作,建立了水质预测模型,在旬测的基础上对次旬水质进行预测,并与旬水量调度方案一并发布。

第十二章　黄河水资源初级调度的决策与组织

　　黄河流经9省(区),供水区则涉及11省(区、市)。这些地区对黄河水资源的需求巨大,加上灌溉、供水、发电、生态等不同用水部门以及防洪、防凌对黄河水资源量与过程的要求各不相同,造成了黄河水资源的供需失衡,省际间、部门间用水矛盾加剧,并最终自20世纪70年代开始,流域缺水逐渐演变成愈来愈严重的河道断流。黄河干支流严重的断流现象,是黄河水资源短缺和缺乏有效的流域水资源统一管理与调度的集中体现。

　　依托大型水利工程,进行科学的水量调度是缓解黄河水资源供需矛盾、协调省际间、部门间用水纠纷的重要举措。黄河干流从20世纪60年代开始水量调度工作,最初的水量调度仅局限在水库调度本身及局部河段,并没有形成全河水量统一调度的格局。尽管局部河段的调度在一定程度上缓解了调度河段的用水矛盾,但由于缺少全河统筹,对有效协调全河用水矛盾作用十分有限,甚至加剧了调度河段下游的用水危机。随着黄河缺水断流形势的加剧,水量调度范围在时间和空间上不断扩展。1998年12月14日,原国家计委、水利部联合颁布实施了《黄河水量调度管理办法》,标志着黄河水量调度开始步入全河统一调度的新阶段。

第一节　历史上的黄河水量调度

一、黄河上中游水量调度

　　黄河中游三门峡水库,是黄河上兴建的第一座大型水利枢纽,为季调节水库,自1960年建成以来,一直由黄委负责调度。为加强三门峡水利枢纽运行管理,黄委成立了三门峡水利枢纽管理局。三门峡水库的调度运用对黄河下游防洪、防凌、减淤、灌溉、供水、发电等都发挥了显著的综合效益。

　　黄河上游刘家峡水库于1968年建成,是一座具有多目标的不完全年调节水库,其调节能力较大,不仅直接关系到西北地区的水力发电和甘肃、宁夏、内蒙古3省(区)的工农业生产,而且与盐锅峡、青铜峡一起对全河的防汛、防凌有重要影响。为此,经国务院批准,1969年成立了由宁夏、内蒙古、甘肃3省(区)和黄委、西北电业管理局组成的黄河上中游水量调度委员会,办公室设在甘肃省电力工业局。委员会的主要任务是研究、协商、安排刘家峡、盐锅峡、青铜峡3座水库非汛期的水量分配方案;分配有关地区的工农业用水量;协调发电用水和农业灌溉用水之间的关系;向中央及黄河防汛部门提出刘家峡、盐锅峡、青铜峡3座水库伏汛和凌汛期联合运用计划等。办公室是具体的执行机构,直接负责刘家峡、盐锅峡水库的水量调度,青铜峡水库由宁夏电力工业局水库调度组负责。八盘峡水库于1974年建成后也归黄河上中游水量调度委员会统一调度。

龙羊峡水库是黄河干流上建设的第一座多年调节水库,1986年下闸蓄水后,形成了黄河上中游梯级水库联合运用的格局,水调与电调、各省(区)之间的协调任务更加繁重。为统筹协调省际间及部门间关系,1987年3月,经国务院同意,原国家计委、经委和水利电力部决定充实和调整原有的黄河上中游水量调度委员会,成员单位增加了青海省,主任委员和副主任委员分别由黄委和西北电业管理局担任,办公室设在西北电业管理局。调整后的委员会主要任务不变,并规定每年召开1~2次委员会会议。1987年8月明确委员会办公室直接对龙羊峡、刘家峡水库进行调度,并通过甘肃、宁夏两省(区)二级水调机构对盐锅峡、八盘峡、青铜峡水库进行调度。1989年1月,国家防汛总指挥部明确黄河凌汛期的全河水量调度统一由黄河防汛总指挥部调度。至此,纯粹为了防凌安全的需求在凌汛期将黄河上游河段和下游三门峡水库的调度统一起来,此时,调度的重点侧重于控制上游龙羊峡水库、刘家峡水库和三门峡水库的出流。

二、流域外应急调水

黄河不仅以其有限的水资源支撑着流域及下游两岸相关地区生活、生产的用水需求,而且还多次实施跨流域应急调水,有效缓解了天津、河北、青岛等地的供水紧张局面,保障了这些地区经济社会的可持续发展。

20世纪70年代初期,华北地区连年干旱少雨,位于海河流域的天津市发生了严重的供水危机。天津作为当时中国的3个直辖市之一,确保其供水安全具有重大的经济和政治意义。因此,党中央、国务院对天津的缺水问题极为关心和重视,决定从黄河引水济津。

1972年12月25日—1973年2月16日是历史上第一次引黄济津,引黄水量1.03亿m³。自1972年至黄河水量统一调度的1999年期间先后5次实施引黄济津,其中70年代实施了3次,共引黄河水5.14亿m³,输水线路是人民胜利渠入卫河接南运河,全长860km;80年代进行了2次,共引黄河水15.11亿m³,第4次引黄济津输水线路是人民胜利渠入卫河接南运河、位临(位山至临清,下同)接南运河、潘牛(潘庄至牛角峪,下同)接南运河3条路线,第5次输水线路是位临接南运河和潘牛接南运河两条路线。

20世纪80年代后,随着经济社会的发展,水资源短缺问题更为突出。为解决青岛市、河北地区的严重缺水状况,相继建设了引黄济青工程(见图12-1)和引黄入卫工程,并多次实施应急调水,初步扭转了相关地区严重缺水的不利局面。

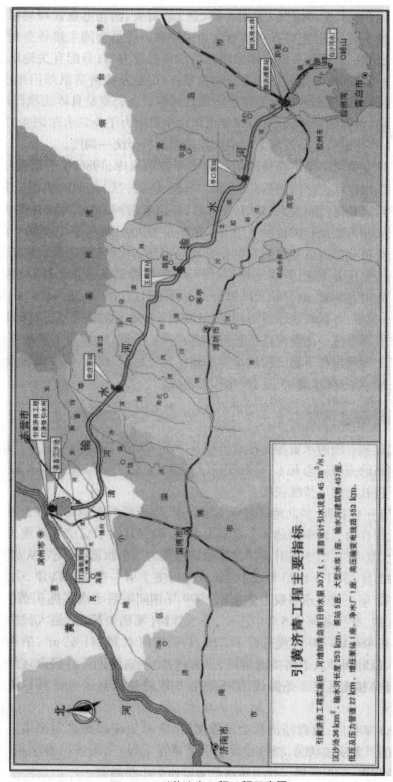

图12-1　引黄济青工程工程示意图

第二节　实施统一调度决策背景

一、实施统一调度的必要性

(一)缓解水资源供需矛盾的需要

黄河水资源相当贫乏,还具有水少沙多、水沙异源、时空分布不均及连续枯水时间长等突出特点,加之干流水库特别是中下游水库调节能力不足,增加了利用黄河水资源的难度。另一方面,随着工农业生产的发展和城乡人民生活水平的提高,耗水量急剧增加。1949年,全河工农业耗用河川径流量仅74.2亿m³,1980年达到271亿m³,80年代末至90年代初年平均耗水量达到300多亿m³,40多年来用水量翻了两倍多,使黄河水资源的供需矛盾日趋突出。尤其是自20世纪70年代开始,流域及相关地区对黄河水资源的需求量急剧增加,加之超量无序用水,致使黄河下游时常发生断流且断流趋势愈演愈烈,进入90年代几乎年年断流。断流不仅造成河口地区城市供水、人畜饮水和生产供水危机,而且影响社会安定,破坏生态平衡,并带来巨大经济损失。由于水资源贫乏、用水量急剧增加,只有实行黄河水资源的统一管理,有效限制超计划用水,遏制不合理用水需求的过快增长,促进水资源的有效利用,才能缓解黄河水资源供需矛盾。

黄河流经青藏高原、黄土高原、华北平原等多种地貌单元,横跨干旱、半干旱、半湿润等多个气候带,供水范围涉及沿黄及邻近地区11个省(区、市)的广大地域,供水对象涉及经济社会与生态环境诸多领域,矛盾错综复杂,关系国计民生。只有通过流域水资源统一调度,才能建立起健康有序的供水用水秩序,这是落实黄河水资源统一管理、合理配置黄河水资源的有效途径和重要措施之一。

(二)除害与兴利的需要

黄河的除害与兴利包括防治黄河水害和利用黄河水利两个方面,是一项十分宏大而又极其复杂的系统工程,涉及国民经济的诸多部门,必须统筹考虑经济、社会、资源、环境等各个方面。黄河的治理与开发具有很强的整体性,除害与兴利紧密相连、不可分割。黄河上游是黄河清水主要来源区,水电资源十分丰富,宁蒙两区1400多万亩耕地要依靠黄河水灌溉,同时上游清水还承担着输送中游泥沙、减轻下游河道淤积的重要任务;黄河中游的黄土高原是黄河泥沙的主要来源区,中游水土保持工作对改善当地人民生活和生态环境、促进能源基地的建设开发和减少入黄泥沙都是密切相关的;黄河下游是举世闻名的"地上悬河",防洪防凌任务异常艰巨,两岸4700多万亩耕地、沿黄城市和中原、胜利两大油田对黄河水资源有极强的依赖性,下游河道同时又是排沙的通道。由此可见,虽然黄河上、中、下游各有其特点,治理的重点不一样,水资源开发利用要求也不尽相同,但黄河是一个有机的整体,局部河段的水资源调节利用对黄河全局的除害与兴利有很大的影响,牵一发而动全身,只有统一管理和调度,才能统筹全河的除害与兴利,也才能确保黄河的防洪、防凌安全,同时使黄河有限的水资源在上、中、下游都获得最大的利用效率和效益。

(三)协调用水矛盾的需要

农业灌溉是黄河第一用水大户,农业灌溉用水主要集中在农作物生长期的几个关键时段,如不能满足就会减产;工业和城市生活用水虽然数量不大,但其保证率要求高,用水必须保证;上游河段已经建成的梯级水电站的装机容量占目前西北电网总装机容量的30%以上,这些电站的发电要根据电网需要进行调度;为了减轻河道的淤积,必须有足够的水量和洪峰来排沙;为了保证防凌安全,冬季河道的封、开河流量既不能太大,也不能太小,即水库下泄流量不能超过河道的安全泄量;为了维持生态平衡和防止水污染,一些污染严重的河段和河口地区必须保持一定的流量。由于黄河流域地区与地区之间、上下游、左右岸、人类用水与生态用水、发电与供水之间的用水需求不一,水资源供需矛盾日益尖锐,地区之间、不同利益群体之间因竞相争水、抢水引起的纷争接连不断。只有加强水资源的统一管理与调度才能统筹兼顾,协调解决这些矛盾。

(四)贯彻《水法》的需要

1988年颁布实施的《水法》第九条规定:"国家对水资源实行统一管理与分级、分部门管理相结合的制度。国务院水行政主管部门负责全国水资源的统一管理工作。国务院其他有关部门按照国务院规定的职责分工,协同国务院水行政主管部门,负责有关的水资源管理工作。"世界上许多国家都强调以流域为单元对水资源实行统一管理,如英国把全国划分为十大流域,按流域对水资源实行统一管理,其他国家如澳大利亚、美国、法国等也非常重视流域管理。鉴于黄河流域的实际情况,实行黄河水资源的统一调度管理不仅是流域经济社会发展的需要,也是建立现代水资源管理体制的需要,是《水法》的要求。

二、统一调度的筹备与决策

黄河下游日益严峻的断流问题,引起党中央、国务院的高度重视和社会各界的广泛关注。1997年,国务院及有关部委分别召开了黄河断流原因及其缓解对策专家研讨会,寻求解决黄河断流问题的良策;1998年元月,中国科学院、中国工程院163名院士联名呼吁:行动起来,拯救黄河;1998年7月,两院院士、专家对黄河流域的山东、河南、陕西、宁夏4省(区)20多个市(地、县)进行了实地考察,向国务院提出了《关于缓解黄河断流的对策与建议》的报告,建议"依法实施统一管理和调度";中央电视台和经济日报社也于同年的4月15日~7月1日,联合组织了"黄河断流万里探源"大型采访活动,以增强全社会水忧患意识,呼吁解决黄河断流、缺水问题;黄委对黄河断流问题十分重视,开展了黄河下游断流原因及其缓解对策研究、水资源优化配置和调度及中长期径流预报等课题的联合攻关工作,为实施全河水量统一调度奠定了基础。

为缓解黄河流域水资源供需矛盾和黄河下游频繁断流的严峻形势,经国务院批准,1998年12月原国家计委、水利部联合颁布了《黄河可供水量年度分配及干流水量调度方案》和《黄河水量调度管理办法》，授权黄委统一调度黄河水量。《黄河水量调度管理办法》的颁布实施，标志着黄河水量调度正式走向全河水量统一调度。

第三节　统一调度的策划与组织

一、体制与机制

《黄河水量调度管理办法》确定了黄委为统一管理与调度黄河水资源的执法主体，明确规定了黄河水量的调度原则、调度权限、用水申报、用水审批、用水监督以及特殊情况下的水量调度等内容，使黄河水量统一调度工作有章可循。

黄河水量调度工作涉及省（区）、部门多，利益关系复杂，需从水量调度的要求出发，将其纳入黄河水量统一调度的体系中。经过多年的水量调度实践，已经建立起一套较为完整的覆盖流域各省（区）、骨干水利枢纽管理单位的组织管理体系。

（一）水利部

水利部负责组织、协调、监督、指导黄河水量调度工作，负责黄河水量分配方案和水量调度计划的审批，归口管理部门为水利部水资源管理司；旱情紧急情况下水量调度预案、向流域外应急调水等工作归国家防办审批。

（二）黄委有关单位和部门

1.水调局。根据形势需要，黄委于1999年2月筹建黄河水量调度管理局，负责全河水量调度的日常工作。2002年机构改革时，正式成立了黄河水资源管理与调度局（简称水调局），全面负责黄河水资源的统一管理和水量的统一调度。具体职责包括：组织拟订流域内省（区）际水量分配方案和年度调度计划，制订水量实时调度方案并组织实施和监督；组织实施取水许可制度、水资源费征收制度；编制、发布黄河水资源公报；组织开展水权、水市场研究工作；指导、协调、监督流域内抗旱和节约用水工作；开展全河水量调度系统的现代化建设。

2.水文局。水文局作为水量调度的"耳目"，负责在每年10月下旬提出黄河花园口站当年7月至次年6月水文年度的天然径流总量和黄河主要来水区当年11月至次年6月的径流预报。实时调度期间，负责提出月、旬主要来水区径流预报，同时承担水文测验和督查工作。

3.水资源保护局。水资源保护局负责黄河小川、新城桥、下河沿、石嘴山、头道拐、潼关、三门峡、小浪底坝下、花园口、高村、泺口、利津等12个重要断面的水质月、旬监测和预报（估）。

4.三门峡水利枢纽管理局。根据水利部批准的黄河可供水量年度分配和非汛期干流水量调度预案及黄委下达的干流水量月、旬调度方案，制定枢纽的调度计划，做好水库下泄流量控制。

5.河南、山东黄河河务局。为适应黄河水量统一调度工作的需要,黄委的河南、山东黄河河务局也成立了相应的水调管理机构,负责编制本省干流河段的年度用水计划(其中,河南省水利厅、山东省水利厅负责编制本省支流的年度用水计划),根据水利部批准的黄河可供水量年度分配和非汛期干流水量调度预案及黄委下达的干流水量月、旬调度方案,安排本省的年、月、旬配水,负责本省引水订单的上报工作,并做好本省内的黄河水量调度监督管理工作,保证高村断面和利津断面的下泄流量。两局所属市、县河务局也明确了专职部门负责黄河水量调度管理工作,形成了省、市、县三级水资源管理体系。

6.黄河上中游管理局和黄河小北干流山西、陕西河务局。负责所辖河段水量调度的监督检查,按照取水许可管理权限监督各取用水户的实际引水用水情况。

(三)上中游电力及水利枢纽管理单位

1.黄河上中游水调办公室。黄河上中游水调办公室负责编制黄河上游龙羊峡水库、刘家峡水库非汛期运用建议计划;根据水利部批准的黄河可供水量年度分配和非汛期干流水量调度预案及黄委下达的干流水量月、旬调度方案和调度指令,组织刘家峡水库的调度,按要求保证水库下泄流量。

2.西北电网有限公司。根据水利部批准的黄河可供水量年度分配和非汛期干流水量调度预案及黄委下达的干流水量月、旬调度方案,制订黄河龙羊峡、刘家峡等上游梯级水库联合调度及供水计划,严格执行黄委下达的枢纽调度指令。

3.中游枢纽管理单位。除黄委直接管理的三门峡水利枢纽外,中游枢纽管理单位还包括万家寨、小浪底等水利枢纽管理单位,根据水利部批准的黄河可供水量年度分配和非汛期干流水量调度预案及黄委下达的干流水量月、旬调度方案,制订枢纽的调度计划,严格执行黄委下达的枢纽调度指令。

(四)各省(区)水利厅(局)

编制本省(区)干、支流的年度用水计划,根据水利部批准的黄河可供水量年度分配和非汛期干流水量调度预案及黄委下达的干流水量月、旬调度方案,合理安排本省(区)配水,并做好辖区内的水量调度监督管理工作,按要求保证省界断面的下泄流量。

二、调度阶段及目标

(一)启动及初级阶段

1.启动阶段(1998—1999年10月)。20世纪80年代初,黄河水资源供需矛盾逐渐突出,真正意义上的流域分水工作提上议事日程,并开展了相关基础工作。1997—1998年,黄委在前期工作的基础上又开展了年内水量分配和枯水年分水方案研究,通过分析灌区设计合理用水和各地历史引黄耗水过程,依照1987年国务院分水方案,制订出正常来水年份可供水量各省(区)年内各月分配水量,作为黄河水量年度分配的控制指标。1998年12月14日经国务院批准,原国家计委、水利部颁布了《黄河可供水量年度分配及干流水量调度方案》,正式授权黄委统一调度黄河水量。

为了黄河水量调度工作需要,经报水利部批准,黄委筹建了专职机构——黄河水量调度管理局(筹),首批人员于1999年2月8日到位到岗,并提出了"平稳启动、低调运行"的初期工作思路。1999年3月1日发出了第一份调度指令,正式启动了黄河水量统一调度工作。调度的河段是刘家峡水库至头道拐、三门峡水库至利津干流河段,调度时段为11月~次年6月,调度的主要目标是缓解黄河下游断流形势和黄河水资源供需矛盾。

黄河水量统一调度是大江大河的首例,缺乏经验,加之水资源供需矛盾突出,水量调度涉及沿黄诸多省(区)及部门利益,关系复杂,工作难度大。为此,黄委采取多沟通、多协商的办法,广泛征求有关单位意见,多次召开协调会议,研究协商水量调度相关事宜,仅1999年3~6月就召开协商会议达7次之多。通过本阶段调度工作,初步建立了月旬水量调度方案制度,尝试了实时调度管理,初步启动了水量调度监督检查,基本保证了沿黄城乡生活和工农业生产特别是农业灌溉关键期用水,结束了利津河段自1999年2月6日以来已持续34天的断流局面;自3月11日恢复过流后至1999年底,利津仅断流8天,最后一次断流是1999年8月11日。第一年调度就大幅度减少了利津断流天数。同时,通过调度工作,初步形成了比较完整的水资源管理体系。与省(区)和枢纽管理单位初步建立起了一种团结协商的工作关系,使水量调度工作逐渐向团结、健康的方向发展。

2.初期阶段(1999年11月—2002年6月)。本阶段,黄河流域降水偏少,来水持续偏枯,沿黄地区干旱严重,水资源供需矛盾十分突出,防断流形势异常严峻。这一阶段的主要目标是初步实现黄河不断流,使有限的黄河水资源更好地为沿黄地区国民经济和社会发展服务。2000年,黄委在提出"精心预测,精心调度,精心监督,精心协调"的水调指导方针的基础上,又提出了"以提高水资源利用率为核心,以经济和技术手段为突破口,开创黄河水量调度工作新局面"的工作思路,成立了水资源配置研究小组和黄河水量调度系统建设领导小组,研究黄河水资源优化配置和水量调度系统建设工作。调度工作中,黄委按时制订发布年、月、旬水量调度方案,制订桃汛蓄水方案,并通过及时滚动分析各地水情、雨情、墒情变化,不断优化、细化调度方案,强化实时调度,提高调度指令时效性和可操作性,形成了年预案控制,月、旬方案调整和实时调度指令相结合的调度方式,首次在旬方案中发布旬水质信息,将调度河段从刘家峡至头道拐河段、三门峡至利津河段,延伸到刘家峡以下全部河段。加强了与各省(区)、各部门的协商沟通,建立了联系人制度,加强了行业用水管理,在水量调度工作实践的基础上,强化用水管理和监督,完善保障措施,建立水调会商制度,制定并颁布实施《黄河下游订单供水调度管理办法》和《黄河下游水量调度工作责任制》等办法,建章立制,规范调度管理工作。

在沿黄有关单位的密切配合下,实现了2000年黄河首次全年不断流,中央领导同志给予了很高的评价。时任国务院总理的朱镕基批示"一曲绿色的颂歌,值得大书而特书"。时任国务院副总理的温家宝批示"黑河分水成功,黄河在大旱之年实现全年不断流,博斯腾湖两次向塔里木河输水,这些都为河流水量的统一调度和科学管理提供了宝贵的经验"。

本阶段,在黄河来水严重偏枯的情况下,通过采取一系列强有力的措施,除基本保证流域内有关省(区)的用水外,还成功地实施了第6次引黄济津,实现了从2000年开始连续3年黄河全年不断流,初步扭转了20世纪90年代以来黄河下游年年断流的不利局面,并由此产生了良好的社会影响。

(二)创新发展阶段(2002年6月至今)

这是一个十分重要的发展时期,是黄河水量调度工作迈向现代化的时期,也是实现高级调度的过渡时期。这个时期从2002年6月开始至今,并还将持续一段时间。这个阶段的目标是:确保黄河不断流,缓解黄河流域水资源供需矛盾,落实1987年国务院分水方案,促进各地区各部门公平用水,协调生态环境用水、工农业生产生活用水和发电用水之间的矛盾,不断提高黄河水量调度管理水平,实现水资源优化配置,维持黄河健康生命,以水资源可持续利用支撑流域经济社会的可持续发展。

在这个阶段的水量调度中,进一步建章立制,实施了旱情紧急情况下水量调度,实行了行政首长负责制,建立水量调度快速反应机制,建成了黄河水量调度管理系统(一期),采取了一系列创新发展举措,有效提高了水资源管理与调度能力,提升了流域水资源管理的现代化水平,实现了黄河水量调度新突破,体现出科学调度、依法调度、全面调度的特点,将黄河水量调度推向新的更高起点。

1.科学调度。黄河水量统一调度点多线长,存在管理信息不全、实时性、可靠性差,信息传输及管理技术手段落后等问题,仅靠传统的调度手段远不能满足水量调度时效性和现代化的要求。为改善调度手段,提高调度管理水平,使水量调度向高科技、信息化、现代化迈进,从2002年起,在"数字黄河"工程总体框架下,按"先进、实用、可靠、高效"的原则,充分利用先进和成熟的信息技术,强力推进黄河水量调度管理系统建设。黄河水量调度管理系统的建成与使用,标志着黄河水量统一调度开始了科学调度与精细调度的历程。黄河水量调度管理系统利用遥测、遥感、分布式模型等先进技术,在线获取水情、雨情、墒情、引(退)水、水库蓄水信息,借助模拟优化、仿真分析等决策支持手段科学制订实时调度方案,实现科学调度。

目前,一期工程已经完成并投入使用,建成了集信息采集自动化系统、计算机网络系统、决策支持系统及下游涵闸远程监控系统等于一体的黄河水量调度管理系统和一座功能齐全、科技含量高的现代化水量总调度中心,能够在线监视全河水雨旱情和重要河段引退水信息,快捷编制各类水量调度方案,逐日滚动预报上、下游河道主要断面流量,远程监视、监测、监控下游77座引黄涵闸。通过对水文低水测验设施改造和补充预报接收系统,提高水文测报水平,增强了水量调度的精度和科学性,提高了水资源配置监管力度和化解断流风险的控制能力。2002年,黄河下游沿黄地区遭遇百年不遇的大旱,水资源供需矛盾异常突出,通过运用黄河下游枯水调度模型,实时调整小浪底水库下泄,仅冬季就节约水量14亿m³。统一调度以来,年度径流总量预报精度都在规定范围之内,2003年旱情紧急调度期的4月~7月10日,黄河流域主要来水区径流总量预报误差仅1%。为保证供水水质安全,水资源保护部门增加了实验设备,购置了移动实验室,在重要河段建成了两处水质自动监测站,提高应对水污染事故的信息采集和样品处理能力。

2.依法调度。黄河极其特殊的流域特性和历史地位,决定必须建立一套符合黄河自身特点的管理制度和法律法规保障体系。20世纪末,黄委即着手开展《黄河法》的立法前期工作,但由于立法程序复杂,推进颁布需要一个较长的过程。根据时任国务院副总理温家宝同志的指示,黄委于2003年开始,组织起草《黄河水量调度条例》,经过广泛征求意见和反复修改完善,2006年7月5日,国务院第142次常务会议审议通过了《黄河水量调度条例》,7月24日,国务院令第472号颁布了《黄河水量调度条例》,并于2006年8月1日起正式施行。该条例结合黄河实际情况,将统一调度以来工作中行之有效的制度和经验法制化、规范化,对黄河水量调度的基本原则、组织保障体系、水量分配制度、应急调度实施以及各责任主体违规处罚措施等做出了明确规定,是新中国成立以来在国家层面上第一次为黄河专门制定的行政法规,也是国家关于大江大河流域水量调度管理的第一部行政法规。它的颁布实施,为黄河水量调度提供了法律保障,标志着黄河水量调度步入了依法调度的新阶段,在黄河治理开发与管理的历史上具有里程碑的意义。

3.全面调度。随着黄河水量调度工作的不断深入发展,特别是《黄河水量调度条例》颁布后,水量调度的范围、时段、内容都在不断扩展,正在向全面调度迈进。在调度河段上,目前已从刘家峡以下干流河段扩展到龙羊峡水库以下全部干流河段,实现了由黄河干流调度扩展到重要支流的调度;在调度时段上,从以往非汛期扩展到包括汛期在内的整个年度;随着调度工作的推进,今后还将从河川径流的调度扩展到地下水参与调度;并将从微观层面着手,考虑降水、水情、墒情、作物生长态势等信息,实现包括生态需水在内的生态用水调度。

(三)稳定成熟阶段

这将是调度工作基本实现现代化后的稳定成熟时期。其标志是全面做好依法调度、科学调度以及干支流统一调度、地表水与地下水联合调度、墒情与水量调度耦合、多水库联合调度、水量与水质一体化调度、仿真调度、智能调度等在内的高级目标,真正实现黄河功能性不断流,保证生活、生产、生态用水相协调,维持黄河健康生命,实现人水和谐,以水资源的可持续利用支撑经济社会与生态环境的全面良性发展。

第十三章　黄河水资源初级调度的成功实施

初级调度阶段黄河水量调度面临来水偏枯、用水居高不下、用水户自律意识薄弱、技术手段缺乏等困难,通过采取综合措施,实现了自1999年以来年年不断流,省(区)超计划用水势头有所遏制,积累了宝贵的水量调度经验。本章主要介绍初级调度阶段来水、用水、采取的综合措施及效果等。

第一节　来水情况

一、年度来水情况

根据1998年7月—2003年6月5年资料分析,黄河上游河口镇站、中游花园口站的年均天然径流量分别为251.4亿 m³ 和371.0亿 m³,与1919年7月—1997年6月78年系列年均值相比,分别偏少22.36%和33.57%。以花园口站的年径流频率分析,1998年7月—2003年6月各年来水频率依次为77.3%、82.9%、93.1%、94.4%、99.1%,均属于中等偏枯水年或特枯水年。

从5年平均情况分析,黄河兰州断面以上来水占71.1%,中游头道拐至花园口区间来水占32.2%。黄河各主要来水区来水量见表13-1。

表13-1　黄河各主要来水区来水量

（单位：亿 m³）						
来水区间	1998—1999	1999—2000	2000—2001	2001—2002	2002—2003	平均
兰州以上	291.7	345.6	238.8	254.3	188.2	263.7
兰州—头道拐	9.2	−12.4	−12.3	−8.9	−37.1	−12.3
头道拐—龙门	48.3	−1.9	39.4	37.4	42.4	33.1
龙门—三门峡	60.9	49.5	37.7	41.4	25.3	43.0
三门峡—花园口	49.7	47.5	59.1	29.4	31.8	43.5
花园口以上	459.8	428.3	362.7	353.6	250.6	371.0

二、非汛期来水情况

5年平均花园口站非汛期天然径流为167.2亿 m³,占年来水量的45.1%。各区间分布情况,兰州以上121.6亿 m³,占花园口以上的72.7%;头道拐—龙门区间18.3亿 m³,占花园口以上的10.9%；龙门—三门峡区间18.4亿m³，占花园口以上的11.0%；三门峡—花园口区间18.0亿m³，占花园口以上的10.8%。花园口站调度期来水70%以上来自兰州以上区间，大约30%来自头道拐—花园口区间。黄河干流初级调度阶段非汛期主要来水区来水量见表13-2。

表13-2　黄河干流初级调度阶段非汛期主要来水区来水量

（单位：亿m³）						
来水区间	1998—1999	1999—2000	2000—2001	2001—2002	2002—2003	平均
兰州以上	136.0	134.1	115.5	127.7	94.9	121.6
兰州—头道拐	-6.8	-11.4	-9.3	1.6	-19.3	-9.1
头道拐—龙门	31.1	0	14.5	20.7	25.0	18.3
龙门—三门峡	23.9	19.2	13.5	22.2	13.0	18.4
三门峡—花园口	12.7	17.7	24.1	16.8	18.8	18.0
花园口以上	196.9	159.6	158.3	189.0	132.4	167.2

花园口站非汛期平均来水的保证率为90.7%，兰州站为59.3%。可见，虽然兰州以上的来水在平均水平左右，且有3年来水保证率在94%以上，但花园口站的来水却达到特枯水平。初级调度阶段各年调度期来水量保证率见表13-3。

表13-3　初级调度阶段各年调度期来水量保证率

时段	花园口		兰州	
	来水量（亿m³）	保证率（%）	来水量（亿m³）	保证率（%）
1998—1999	196.9	70.3	136.0	45.7
1999—2000	159.6	94.2	134.1	46.4
2000—2001	158.3	94.4	115.5	69.5
2001—2002	189.0	74.0	127.7	54.1
2002—2003	132.4	97.3	94.9	89.7
平均	167.2	90.7	121.6	59.3

来水量与多年平均值比较，各区间来水均偏少，其中，花园口站平均来水与多年均值相比，偏少27.8%；兰州以上为7.9%，偏少最少；龙门—三门峡区间为63.4%，偏少最多；头道拐—龙门区间偏少39.5%；三门峡—花园口区间偏少23.8%。各年非汛期主要来水区来水量与多年均值对比情况见表13-4。

表13-4　各年非汛期主要来水区来水量与多年均值对比

来水区间	项目	各年来水情况					
		1998—1999	1999—2000	2000—2001	2001—2002	2002—2003	平均
兰州以上	来水（亿m³）	136.0	134.1	115.5	127.7	94.9	121.6

	距平（%）	3.0	1.6	−12.5	−3.3	−28.1	−7.9
兰州—头道拐	来水（亿m³）	−6.8	−11.4	−9.3	1.6	−19.3	−9.1
	距平（%）						
头道拐—龙门	来水（亿m³）	31.1	0	14.5	20.7	25.0	18.3
	距平（%）	3.1	−100	−52.1	−31.5	−17.1	−39.5
龙门—三门峡	来水（亿m³）	23.9	19.2	13.5	22.2	13.0	18.4
	距平（%）	−52.4	−61.7	−73.2	−55.9	−74.1	−63.4
三门峡—花园口	来水（亿m³）	12.7	17.7	24.1	16.8	18.8	18.1
	距平（%）	−46.3	25.2	2.0	−29.0	−20.4	−23.8
花园口以上	来水（亿m³）	196.9	159.6	158.2	189.0	132.4	167.2
	距平（%）	−15.0	−31.1	−31.7	−18.5	−42.8	−27.8

第二节　采取措施

黄河水量统一调度涉及到社会、经济、环境、政治及文化各个方面，具有多元素、多层次、多目标的特点，必须采取行政、工程、经济、法律、科技等综合措施，才能确保黄河不断流，促进水资源合理开发、优化配置和高效利用。

一、行政措施

（一）健全组织管理体系

黄河水量调度管理工作是一项复杂的系统工程，为确保其有效实施，需要健全的管理组织作为保障。原有的组织架构包括流域管理机构、地方水行政主管部门、水利枢纽管理单位等，按照各自的目标任务，各自单独履行其职能，不能满足黄河水量统一调度管理的要求，需要进行机构设置和职能的整合与调整，使其在黄河水量调度管理工作中成为一个有机联系的整体，在服从和服务于黄河水量调度管理的前提下，各自有序地运转。健全组织管理体系：一是设置并健全机构，专门负责黄河水量调度管理工作；二是职责明晰，明确其在整个黄河水量调度管理中的作用、权限和责任。

(二)建立行政首长负责制

结合我国行政管理体制,行政首长负责制是落实黄河水量调度的一项重要行政管理措施。为确保黄河水量调度管理目标的实现,提出黄河水量调度管理实行用水总量和重要控制断面下泄流量双指标控制,黄河重要控制断面包括省际控制断面和水利枢纽下泄流量控制断面,其中省际控制断面起到控制省(区)用水的目的,水利枢纽下泄流量控制断面则起到监督水利枢纽实施水量调度情况的作用。此阶段在黄河干流设置了下河沿、石嘴山、头道拐、潼关、花园口、高村、利津水文断面作为省际控制断面,分别控制甘肃、宁夏、内蒙古、陕西、山西、河南、山东用水;设置小川、万家寨、三门峡、小浪底水文断面分别作为龙羊峡与刘家峡、万家寨、三门峡、小浪底水库的出库流量控制断面,上述断面下泄流量的责任明确到有关省(区)人民政府及水利枢纽管理单位,做到责任落实,对确保黄河水量调度目标的实现起着非常重要的作用。

(三)严格调度指令

考虑来水的不确定性和中长期径流预报的精度还难以达到实时调度要求,通过滚动修正径流预报结果,实时调整调度方案,以提高调度方案的精度和可操作性。为此,在黄河水量调度中实行年度调度预案、月旬调度方案和调度指令相结合的调度方式。由此可以看出,最终的调度效果将直接体现在调度指令的执行情况。故在黄河水量调度中,确定了调度指令的地位,建立了黄河水量调度的责任制,对违反调度指令的单位进行通报批评,对有关责任人进行行政处分。

(四)建立协调协商机制

黄河水量统一调度战线长,涉及沿黄城乡居民生活、工农业生产、河道生态环境和水利枢纽发电等众多部门的利益,问题复杂,工作难度大,若处置不当将会带来负面影响。为此,在水量调度工作中,为最大可能兼顾各方利益,真正体现"公开、公平、公正"原则,切实加强与有关单位、部门之间的协商、沟通,建立有效的协调和协商机制是十分必要的。通过该平台,沟通信息,协调解决黄河水量调度出现的问题,特别是在调度关键期或遇到较大分歧时,对处理纠纷、化解矛盾具有积极作用。在黄河水量调度中,采取召开年度、月水量调度会议的形式,沟通情况,协调问题,商定调度预案和方案。根据需求,在关键调度期还采取分河段召开协调会议或临时协商会,协商处理不同河段的用水矛盾或突发紧急事件。实践证明,这种协商、协调方式是必要和有效的,常常能够起到化解矛盾、理顺各方关系的作用。

供水水质安全是黄河水量调度中的一项重要内容,通过多方协调,已初步建立起水利与环保、黄委与地方的联合治污、防污机制。

(五)加强监督检查

监督检查是黄河水量统一调度中的一个重要环节。黄河水量调度河段长达数千公里,沿途分布着众多的取水口和水利枢纽,水量调度监督检查任务重,时效性强,涉及省(区)和部门多。因此,在黄河水量调度中,采取了适合黄河特点的水量调度监督检查的有效形式和方式,充分发挥地方水行政主管部门的作用,探索出了普遍督查、巡回督查、驻守督查、联合检查、突击检查等多种方式和手段,逐渐形成日常督查、全面督查和强化督查三个梯次,实行现场签发"黄河水调督查通知单"制度。

二、工程措施

(一)发挥控制性水库的调节作用

利用骨干水库调节水量是黄河水量统一调度的关键措施。

龙羊峡水库作为黄河干流唯一的多年调节水库,控制了兰州以上的主要产流区,为实施全河水量调度提供了有利条件。龙羊峡水库和刘家峡水库联合调度在协调上游防洪、防凌、灌溉、供水方面已经起到了巨大作用。在小浪底水库建成后,大大缓解了三门峡水库的调度压力,为确保黄河下游不断流提供了有效的工程调节手段,并形成了干流以龙羊峡水库、刘家峡水库、万家寨水库、三门峡水库、小浪底水库,支流以陆浑水库、故县水库、东平湖水库为骨干的径流调节工程布局,对黄河流域水资源的治理开发具有举足轻重的作用。通过这些水利工程的联合调度,合理安排水库蓄泄,可以最大限度地兼顾各种用水需求和确保黄河不断流。2000年6月下旬,下游沿黄地区旱情发展迅速,通过挖掘小浪底水库最低发电水位以下库容,保证了下游用水安全。2001年7月潼关站发生0.95m³/s的小流量,通过采取加大万家寨水库下泄等措施,确保了黄河中游不断流。2002年9月和10月,为完成黄河下游及引黄济津应急供水,实施了从上中游到下游的全河大跨度接力式调水,既满足了山东的秋种用水,又保证了引黄济津应急供水的要求。同时,在情况紧急时,调度水库工程、关闭引水口门对化解断流危机也起到至关重要的作用。

(二)发挥引(提)水口门的控制功能

黄河干流取水口众多,设计引水能力达8000多m³/s,有效监督控制这些取水口的引水,对确保水量调度目标的实现关系重大。特别是在全河用水出现紧急情况,直接调控引水能力大的取水口及处于省际断面附近的取水口,对确保黄河不断流起着至关重要的作用。

三、技术措施

水量统一调度涉及众多复杂的技术问题,仅靠传统的调度手段远不能满足水量调度时效性和现代化的要求,必须利用先进的科学技术对水资源的优化配置和科学调度进行研究,提高水调信息采集、传输、处理能力,实现自动优化配置水量分配方案,促进水量调度向科学化、信息化和现代化发展。为此,黄委积极开展了黄河水量调度管理系统建设。目前,已建成了集信息采集自动化系统、计算机网络系统、决策支持系统及下游涵闸远程自动化控制等于一体的黄河水量调度管理系统一期工程和一座综合功能齐全、科技含量高的现代化水量调度中心。能够在线监视全河水雨旱情和引水信息,快捷编制各类水量调度方案,为上、下游河道流量演进提供预警预报,可以对黄河下游77座涵闸进行监控、监测和监视,提高了信息采集的时效性和化解断流风险的控制能力,提升了黄河水量调度的科技含量和决策能力,为正确决策提供了有力支持和可靠依据。

四、经济措施

经济措施也是实现黄河水量调度管理目标的重要手段,经济手段在黄河水量调度管理中的作用主要是通过经济杠杆作用,调节供需关系,促进用水户自觉采取节水措施。

(一)建立合理的水价体系

通过建立合理的水资源价格体系,运用经济杠杆来促进合理开发利用、保护和节约水资源。目前,引黄水价严重不合理:一是表现在水价的形成机制尚未建立,如黄河下游引黄渠首水价多年一成不变,严重脱离了黄河水资源供求关系的变化;二是水价构成不合理,引黄水价远没有达到供水成本,虽然地方已陆续开始征收资源水价(即水资源费)和污水处理费,但核算方法不规范,而黄河下游渠首水价仍未包括这两部分水价。

黄河下游引黄涵闸为国家直管水利工程,其供水水价由国家确定。2000年以前下游引黄渠首水价执行的标准是1989年确定的,10多年来一直没变,这一水价标准严重偏离供水成本。据测算,1998年下游水价标准为0.46分/m³,仅为供水成本的20%,根本起不到促进节约用水的作用。2000年后,国家两次调整了下游引黄渠首水价。2000年12月1日—2005年6月30日执行的水价是:农业用水价格4～6月为1.2分/m³,其他月份为1分/m³;工业及城市生活用水价格4～6月为4.6分/m³,其他月份为3.9分/m³。这一标准也仅相当于农业供水成本的25.42%,工业及城镇供水成本的82.23%。2005年国家发展改革委员会再次调整了黄河下游引黄渠首水价,规定2005年7月1日—2006年6月30日,4～6月6.9分/m³,其他月为6.2分/m³;2006年7月1日以后,每年4～6月为9.2分/m³,其他月为8.5分/m³;农业供水价格暂不作调整。尽管现行的水价标准仍偏低,特别是农业水价标准偏低,但经过两次调整,对提高人们的节水意识有明显的作用。

2000年4月,宁夏回族自治区出台了新水价政策。按斗口计量水费,自流灌区由0.6分/m³提高到1.2分/m³,固海扬水灌区由5分/m³提高到8分/m³,盐环定扬水灌区由5分/m³提高到1角/m³。内蒙古河套灌区改革了水价政策,实行分段定价,超用水加价,夏灌3.8分/m³,超出计划4.7分/m³;秋浇4.7分/m³,超出计划7分/m³。尽管这些年引黄水价的陆续调整,虽然还未达到供水成本,但也起到了积极的作用。所以说,建立合理的水价体系是黄河水量调度管理中需要采取的一项重要经济手段。

(二)经济处罚

遏制超计划用水是黄河水资源管理与调度工作中的一项重要任务,行政处罚和经济处罚相结合将可起到有效作用。在启动黄河水量调度管理时,没有制订经济处罚措施,需要在黄河水资源调度管理中研究实施经济处罚的具体措施。

五、法律措施

(一)健全法律法规

法律手段是黄河水资源调度管理最基本、最有效的手段,是依法管理黄河水资源的需要。行政手段、经济手段也需要法律手段作为支撑，其中经过实践证明是有效的部分行政和经济管理措施，也需要上升为法律制度。实施黄河水量调度的主要依据是《黄河水量调度管理办法》，该办法的出台在启动黄河水量统一调度工作中起到了巨大作用，但也存在法律效率低，相关制度规定不完善等方面的不足，特别是在经过黄河水量调度的具体实施后，必将积累一定的管理经验，需要上升为法律制度。因此，制定和出台专门规范黄河水量调度具体行为的法律法规非常必要，需要尽快加以立项和研究。

为加强黄河水量的统一调度，实现黄河水资源的可持续利用，促进黄河流域及相关地区经济社会发展，依法调度黄河水资源，根据《水法》，黄委开展了《黄河水量调度条例》的立法申报工作。

(二)建章立制

除制定专门的法律法规外，根据黄河水量调度工作的需要，还应制定规范黄河水资源管理与调度各个环节工作的具体规章制度。主要包括：《黄河下游河段水量调度责任制》、《黄河取水许可总量控制管理办法》、《黄河下游订单调水管理办法》、《黄河水量调度突发事件应急处置规定》和《黄河重大水污染事件应急调查处理规定》等。

第三节　工农业耗用水变化趋势

一、年用水情况

根据《黄河水资源公报》，黄河流域1988—2003年平均年耗用地表水量为286.9亿㎥，其中农业灌溉占90.7%，工业占5.8%，城镇生活占1.9%，农村人畜占1.6%。各省(区)各部门平均耗用水情况见表13-5。表中各省(区)平均耗用水占流域总耗用水量的比例为0.03%～28.38%，上游主要用水省(区)为宁夏和内蒙古，分别占12.38%和21.7%。下游为河南和山东，分别占12.09%和28.38%。

表13-5　1988—2003年黄河流域年均耗用地表水情况

(单位:亿㎥)		青海	四川	甘肃	宁夏	内蒙古	陕西	山西	河南	山东	河北+天津	合计
各省												
1988—2003年平均	合计	11.88	0.10	24.28	35.52	62.27	19.30	12.65	34.69	81.43	4.78	286.90
	各省比例(%)	4.14	0.03	8.46	12.39	21.70	6.73	4.41	12.09	28.38	1.67	100.0

	农业	10.58	0.06	17.78	34.91	60.52	16.73	10.63	30.24	75.85	3.05	260.35
	工业	0.59	0.01	4.26	0.57	1.33	1.37	1.21	3.08	3.16	0.95	16.53
	城镇生活	0.11	0.01	0.77	0.02	0.24	0.74	0.27	1.18	1.33	0.78	5.45
	农村人畜	0.60	0.02	1.47	0.02	0.18	0.46	0.54	0.19	1.09	0	4.57
1988—2003年平均（调度前）	合计	11.90	0.02	22.92	34.95	63.88	18.61	13.90	35.83	87.61	3.79	293.41
	各省比例（%）	4.06	0.01	7.81	11.91	21.77	6.34	4.74	12.21	29.86	1.29	100.0
	农业	10.74	0.02	17.33	34.44	62.03	16.61	11.69	31.83	81.61	3.79	270.09
	工业	0.52	0	3.57	0.48	1.43	1.14	1.31	2.92	3.29	0	14.66
	城镇生活	0.05	0	0.54	0.05	0.18	0.49	0.32	1.02	1.16	0	3.78
	农村人畜	0.59	0	1.48	0.01	0.24	0.37	0.58	0.06	1.55	0	4.88
1988—2003年平均（调度后）	合计	11.85	0.25	27.27	36.78	58.74	20.81	9.91	32.20	67.87	6.95	272.63
	各省比例（%）	4.35	0.10	10.0	13.49	21.55	7.63	3.63	11.81	24.89	2.55	100.0
	农业	10.22	0.14	18.87	35.95	57.19	16.99	8.29	26.74	63.20	1.41	238.91
	工业	0.76	0.02	5.76	0.75	1.11	1.85	0.99	3.43	2.89	3.04	20.60
	城镇生活	0.25	0.02	1.28	0.03	0.37	1.31	0.18	1.54	1.72	2.50	9.20
	农村人畜	0.62	0.07	1.45	0.05	0.07	0.66	0.45	0.49	0.06	0	3.92

　　从逐年变化过程分析，1988年以来黄河流域总耗水变化呈递减趋势（见图13-1）。1988—2003年流域年耗用水量平均递减2%，其中农业耗用水量呈下降趋势，工业、城镇生活、农村人畜耗用水量呈增加趋势。

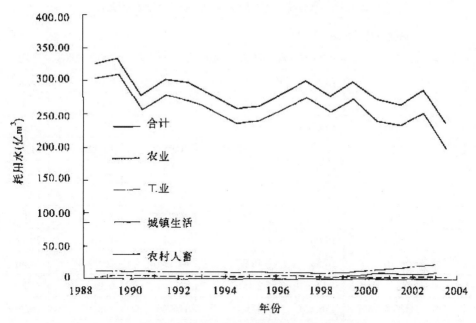

图13-1 1988年以来黄河流域总耗水变化趋势

水量统一调度前的1988—1998年平均年耗用地表水为293.41亿 m³,其中农业灌溉占92.0%,工业占5.0%,城镇生活占1.3%,农村人畜占1.7%。上游用水大户宁夏回族自治区和内蒙古自治区分别占黄河耗水总量的11.9%和21.8%,下游河南和山东分别占12.2%和29.9%。1988—1998年流域耗用水平均递减率为1.4%。

初级调度阶段1999—2003年5年平均年耗用地表水为272.63亿 m³,其中农业灌溉占87.6%,工业占7.6%,城镇生活占3.4%,农村人畜占1.4%。上游用水大户宁夏回族自治区和内蒙古自治区分别占黄河耗水总量的13.5%和21.5%,下游河南和山东分别占11.8%和24.9%。1998—2003年流域耗用水仍为递减趋势,年均递减率为2.1%。

水量调度后与水量调度前相比,水量调度后年平均耗用水总量减少7.1%,各部门用水比例和各省(区)用水比例有所变化。各部门用水比例变化为,农业灌溉耗用水减少11.5%,工业和城镇生活耗用水分别增加40.5%和143.4%,农村人畜耗用水减少19.9%。主要用水省(区)耗用水比例变化为用水大户上游的内蒙古自治区和中下游的河南、山东耗用水量比例有所下降,分别为1.77%和1.25%、6.8%,宁夏增加0.65%;其他省(区)耗用水量均略有增加。但从水量上分析,调度后各年耗用水总量仍为递减趋势,递减速度比调度前增加。

二、调度期用水情况及特点

水量统一调度以来,调度期耗用水量最大的年份是1998—1999年,天然来水保证率为70.3%,耗用水量为183.44亿 m³;耗用水量最小的年份为2002—2003年,天然来水保证率为97.3%,耗用水量为135.44亿 m³。水量统一调度后逐年调度期耗用地表水情况见表13-6。

表13-6 水量统一调度后逐年调度期耗用地表水情况

省区	调度期耗用水量(亿m³)					
	1998—1999	1999—2000	2000—2001	2001—2002	2002—2003	平均
青海	7.06	7.63	7.28	6.91	6.29	7.03
四川	0.03	0.14	0.16	0.15	0.15	0.13
甘肃	16.35	15.86	17.65	15.54	17.73	16.63
宁夏	21.94	21.57	23.72	20.95	17.99	21.33
内蒙古	28.69	33.96	39.19	34.68	26.88	34.68
陕西	16.04	12.51	14.15	12.48	10.71	13.18
山西	6.54	5.73	6.78	6.17	5.28	6.10
河南	25.09	18.06	19.15	21.27	17.02	20.12
山东	51.70	36.53	40.92	47.17	26.99	40.66
河北+天津	0	4.13	2.45	3.14	6.39	3.22
合计	183.44	156.12	171.45	168.46	135.46	162.98

调度期平均耗用水量为162.98亿m³,其中农业灌溉占87.25%,工业占7.85%,城镇生活占3.33%,农村人畜占1.57%。上游用水大户宁夏回族自治区和内蒙古自治区分别占黄河耗水总量的13.03%和21.28%,下游河南省和山东省分别占12.34%和24.95%。

第四节 初级阶段调度成效

一、水资源配置效果的分析方法

与水量调度前相比,水量调度后逐步优化了水资源配置,各干流控制水库的调节、各断面的来水及各省(区)的耗水均发生了变化。为了分析这些变化,本次采用调度后各年与调度前类似典型年对比的方法进行。

水量统一调度前代表年选取原则如下:

(一)与水量统一调度代表年相比,经济社会发展及用水水平的差距不宜过大,应基本相当。

(二)来水特枯,水库蓄水严重偏少,黄河出现了严重断流现象。

(三)调度期水库的补水量相当。

(四)调度期来水量相当。来水量以天然量为准,上游来水以兰州站的天然径流量为准,中下游来水以花园口站的天然径流量为准,各月的来水过程基本一致。

来水相似的判别方法是:首先,要求调度期花园口站的天然径流量与龙羊峡、刘家峡的补水量之和相似;其次,要求调度期兰州站的天然径流量与龙羊峡、刘家峡的补水量之和相似;最后,要求兰州、三门峡、花园口三个代表站调度期的天然流量过程基本相似。根据以上原则和方法,选择的水量统一调度前后来水相近年份如表13-7所示。

表13-7　类似统一调度年份的典型年选取

（单位：亿 m³）										
调度年	花园口天然	兰州天然	龙刘补水量	花园口+龙刘	兰州+龙刘	典型年	花园口天然	兰州天然	龙刘补水量	花园口+龙刘	兰州+龙刘
1998—1999	196.9	136.0	37.5	234.4	173.5	1995—1996	197.2	127.2	35.6	232.8	162.7
1999—2000	159.6	134.1	48.1	207.7	182.3	1997—1998	178.8	110.1	28.2	207.0	138.3
2000—2001	158.2	115.5	47.5	205.7	163.0	1997—1998	178.8	110.1	28.2	207.0	138.3
2001—2002	188.9	127.7	35.0	223.9	162.7	1991—1992	184.6	116.6	47.1	231.7	163.7
2002—2003	132.5	94.9	44.7	177.1	139.6	1997—1998	178.8	110.1	28.2	207.0	138.3
平均	167.2	121.6	42.6	209.7	164.2	平均	183.6	114.8	33.5	217.1	148.3

注:龙刘是指龙羊峡、刘家峡。

二、水资源调度的来水效果

实行水量统一调度后,干流主要水库的运用情况发生了变化,主要断面调度期的实测来水量及其分配过程也发生了变化,并且最后导致了入海水量的变化。下面将通过调度前后类比的方法,分析上述几个方面的变化情况。

(一)干流主要水库运用情况

根据《黄河水量调度管理办法》第十三条的规定,干流刘家峡、万家寨、三门峡、小浪底等水库,支流故县、陆浑、东平湖等水库由黄委负责组织调度,下达月、旬水量调度计划及特殊情况下的水量调度。干流(龙羊峡、刘家峡、万家寨、三门峡、小浪底)5大水库自1999年以来认真执行全河水量统一调度计划,发挥了巨大的作用。

黄河水量统一调度以来,干流龙羊峡、刘家峡、万家寨、三门峡、小浪底5大水库对河道的平均补水量为40.9亿 m³,最大为70.5亿 m³,最小为24.5亿 m³。其中龙羊峡水库的补水量为

39.2亿m³,占总补水量的95.8%。水量统一调度以前,万家寨、小浪底水库还未建成生效,龙羊峡、刘家峡、三门峡3水库在相似来水情况下的平均补水量为33.9亿m³。水量统一调度以来龙羊峡、刘家峡、三门峡3水库的平均补水量为41.9亿m³,比调度前增加8.0亿m³。万家寨、小浪底水库投入运用后,干流水库的调节库容增大,调节能力增加,补水的规模扩大。例如2000—2001年调度期,小浪底水库向下游的补水量达到26.2亿m³。黄河干流5大水库逐年补水情况见表13-8。

表13-8　黄河干流5大水库逐年补水情况

（单位:亿m³）

调度年	调度期补水量						典型年	调度期补水量					
	龙羊峡	刘家峡	万家寨	三门峡	小浪底	合计		龙羊峡	刘家峡	万家寨	三门峡	小浪底	合计
1998—1999	28.9	8.6	−3.3	0.6		34.8	1995—1996	18.2	17.4	—	0.9	—	36.5
1999—2000	44.0	4.1	0.6	2.6	−5.1	46.2	1997—1998	24.4	3.8	—	0.3	—	28.5
2000—2001	44.0	3.4	−2.6	−0.5	26.2	70.5	1997—1998	24.4	3.8	—	0.3	—	28.5
2001—2002	36.9	−1.9	0.5	−2.9	−8.1	24.5	1991—1992	35.3	11.8	—	0.3	—	47.4
2002—2003	42.2	2.5	−2.7	−3.0	−10.7	28.3	1997—1998	24.4	3.8	—	0.3	—	28.5
平均	39.2	3.3	−1.5	−0.6	0.5	40.9	平均	25.4	8.1	—	0.4	—	33.9

注:"—"表示水库蓄水。

(二)主要断面来水效果

1.主要断面调度期实测来水情况。水量统一调度以来,刘家峡、兰州、下河沿、石嘴山、头道拐、潼关、小浪底、花园口、高村、利津等主要断面调度期的实测来水量见表13-9。表中,刘家峡、兰州、下河沿、石嘴山断面的天然来水明显小于实测来水,调节期来水占年来水的比例,除利津外,其他站均为天然来水比例小,实测来水比例大,水库调节作用明显。

表13-9 黄河干流主要断面调度期的实测来水量分析

（单位：亿m³）												
项目		1998—199		1999—2000		2000—2001		2001—2002		2002—2003		平均	
		天然	实测	天然	实测	天然	实测	天然	实测	天然	实测	天然	实测
刘家峡	11月～次年6月水量	125.5	141.2	102.0	145.2	95.1	128.5	94.9	124.0	—	89.2	104.4	125.6
	占年水量的比例（%）	49.8	71.4	38.8	60.2	47.1	62.7	49.7	64.8	—	54.6	46.4	62.7
兰州	11月～次年6月水量	136.0	149.6	134.1	166.0	115.5	142.6	127.7	145.9	94.9	107.3	121.6	142.3
	占年水量的比例（%）	46.6	64.3	38.8	57.4	48.4	59.0	50.2	61.3	50.4	53.1	46.1	59.0
下河沿	11月～次年6月水量	134.1	150.5	122.9	147.3	106.9	128.3	121.0	134.3	93.6	99.2	115.7	131.9
	占年水量的比例（%）	44.5	64.0	37.1	55.4	47.9	59.1	49.7	60.9	51.7	53.3	45.2	58.5
石嘴山	11月～次年6月水量	134.3	122.1	121.0	127.6	111.9	106.2	128.4	116.3	80.2	77.1	115.2	109.9
	占年水量的比例（%）	45.3	62.6	36.5	54.7	47.7	56.6	51.6	60.8	49.8	52.1	45.2	57.4

头道拐	11月～次年6月水量	129.1	94.6	122.7	92.3	106.2	76.1	129.3	92.3	75.6	58.7	112.6	82.8
	占年水量的比例（%）	42.9	76.1	36.8	60.0	46.9	63.4	52.7	71.7	50.0	64.2	44.8	67.1
龙门	11月～次年6月水量	160.3	105.1	122.7	105.5	120.6	85.9	149.9	107.9	100.7	79.8	130.8	96.8
	占年水量的比例（%）	45.9	65.3	37.0	57.6	45.4	59.8	53.0	69.0	52.0	60.8	46.0	62.5
三门峡	11月～次年6月水量	184.2	108.0	141.9	100.2	134.1	83.3	172.1	111.5	113.7	72.8	149.2	95.2
	占年水量的比例（%）	44.9	57.0	37.3	52.9	44.2	55.3	53.1	66.8	51.9	58.3	45.6	58.1
花园口	11月～次年6月水量	196.9	119.5	159.6	100.0	158.2	134.9	188.9	108.1	132.5	76.4	167.2	107.8
	占年水量的比例（%）	42.8	52.2	37.3	51.1	43.6	73.3	53.4	70.7	52.8	45.6	45.1	58.6
高村	11月～次年6月水量	188.2	92.1	152.1	74.9	155.6	109.0	177.0	84.7	128.5	59.7	160.3	84.1
	占年水量的比例（%）	42.0	49.1	36.9	47.4	46.2	69.8	52.5	71.3	53.3	44.0	45.2	56.3

- 314 -

利津	11月～次年6月水量	186.4	24.2	151.9	20.8	129.5	46.5	153.7	15.1	117.0	8.5	147.7	23.0
	占年水量的比例（%）	40.1	22.5	36.0	31.7	38.1	73.0	48.7	53.6	54.3	22.4	42.0	40.6

与调度前类似典型年调节期来水相比（见表13-10），除龙门和三门峡站外，其他站均比调度前类似典型年的实测水量大，而且，实测径流占天然径流的比例也有所增加。以花园口站为例，调度后的实测水量为107.8亿m³，调度前为105.38亿m³，增加了2.42亿m³；调度后实测径流占天然径流的比例为64%，而调度前为57%，增加了7%。

表13-10 黄河干流主要断面调度期来水的变化

（单位：亿m³）						
断面	天然径流量		实测径流量		天然径流量/实测径流量	
	调度后	调度前（典型年）	调度后	调度前（典型年）	调度后	调度前（典型年）
刘家峡	104.40	94.34	125.60	119.98	1.20	1.27
兰州	121.60	114.82	142.30	132.06	1.17	1.15
下河沿	115.70	115.72	131.90	125.70	1.14	1.09
石嘴山	115.20	116.94	109.90	108.30	0.95	0.93
头道拐	112.60	113.48	82.80	78.62	0.74	0.69
龙门	130.80	140.10	96.80	102.62	0.74	0.73
三门峡	149.20	170.78	95.20	107.64	0.64	0.63
花园口	167.20	183.64	107.80	105.38	0.64	0.57
高村	160.30	173.82	84.10	82.20	0.52	0.47
利津	147.90	182.60	23.00	17.48	0.16	0.10

2.调度期实测来水月流量及其分配过程的变化。水量统一调度后，除利津站1999年开始调度后曾出现短时间断流外，头道拐站最小日均流量为31m³/s，花园口站最小日均流量为94m³/s，黄河干流主要断面基本保证一定的基流，对维持黄河健康生命发挥了重要作用。

与调度前类似典型年对比，调度期各断面的实测来水分配过程主要发生了三方面变化（见表13-11）。

表13-11　调度期各断面的实测来水分配过程的变化

断面	项目	11月	12月	1月	2月	3月	4月	5月	6月	3~6~	最大/最小
兰州	调度前	14.1	11.0	10.0	8.5	8.4	12.6	19.3	16.1	56.4	2.30
	调度后	14.7	10.7	9.4	7.4	8.6	13.7	18.5	17.0	57.8	2.50
头道拐	调度前	13.0	12.5	9.7	12.0	24.8	17.7	4.9	5.5	52.9	5.06
	调度后	10.9	11.7	9.6	13.7	26.4	15.7	6.1	5.8	54.0	4.55
花园口	调度前	13.4	16.5	8.8	10.9	17.8	17.7	9.3	5.6	50.4	3.18
	调度后	8.5	9.9	8.2	8.3	20.5	18.3	13.4	12.9	65.1	2.50

一是调度期内最大月流量与最小月流量的比值变小,径流过程更加趋于均匀。以花园口站为例,调度前最大与最小月径流的比值为3.18,而调度后减小为2.50,减小了0.68;头道拐站从5.06减小到4.55,减小了0.51,而兰州站略有增加。总体趋势是,从上游到下游,调度期内最大月径流与最小月径流的比值减小的幅度逐渐增加。

二是春灌用水高峰期3~6月的实测水量增加,更好地保证了农作物关键期的灌溉用水。花园口站3~6月水量占调度期水量的比例从调度前的50.4%提高到65.1%,提高了14.7%;头道拐站从52.9%提高到54.0%,提高了1.1%;兰州站从56.4%提高到57.8%,提高了1.4%。可见,中上游提高幅度较小,但下游提高幅度较大,几乎达到15%。

三是下游调度期内月最小径流从用水高峰期转移到用水较少的凌汛期。

(三)入海水量分析

通过初级阶段的水量调度,遏制了黄河断流形势加剧的不利局面,取得了自1999年以来的年年不断流。以利津站水量作为黄河入海水量进行统计分析。

1.水量统一调度前入海水量的变化特征。根据1950—1994年利津站45年实测径流资料统计,对各年代径流量的变化过程进行了分析比较,从中可以看出入海水量变化具有以下三个变化特征:一是入海水量呈稳定减少趋势;二是水量递减的速率越来越大,20世纪70年代利津站平均径流量较多年平均值减少16.2%,80年代减少23.0%,进入90年代,减少量已达50.7%;三是径流量减少速率最大的时段为春季(3~6月)农灌用水期,随着上游大中型水库的调蓄运用,汛期(7~10月)来水量相对减少的速率也在加快。

黄河入海水量锐减的原因主要来自三个方面:一是河道外耗水的快速增长,这是入海水量锐减的最大、最直接的原因;二是近几十年来天然径流量偏枯;三是上游干流大型水库蓄水曾对局部时段和河段水量产生明显影响。

2.水量统一调度后入海水量的变化特征。黄河实行水量统一调度后,贯彻人与河流和谐相处的治水思路,从流域防洪、兴利等综合治理和维持黄河健康生命,促进水利和经济社会可持续发展等方面综合考虑,提高河道输沙用水和生态环境用水的供水优先次序,遏制了工农业用水对河道输沙用水和生态环境用水的不合理侵占,从而提高了河道输沙用水和生态环境用水的保证程度,增加入海水量,有效遏制了黄河入海水量的减少趋势。调度后利津站调度期的平均实测水量为23.0亿 m³,调度前类似来水情况下为17.5亿 m³,增加了5.5亿 m³。利津站调度期的实测水量占花园口站天然径流量的比例,由调度前的9.5%提高到13.8%,提高了4.3%。水量统一调度前后入海水量的变化情况见表13-12。

表13-12　水量统一调度前后入海水量的变化分析

（单位:亿 m³）										
调度后11月～次年6月径流量				调度前11月～次年6月径流量				调度后—调度前		
调度年	花园口	利津实测	入海水量占天然比例(%)	典型年	花园口	利津实测	入海水量占天然比例(%)	花园口	利津实测	入海水量占天然比例(%)
1998—1999	196.9	24.2	12.3	1995—1996	197.2	22.4	11.4	−0.3	1.8	0.9
1999—2000	159.6	20.8	13.0	1997—1998	178.8	16.6	9.3	−19.2	4.2	3.7
2000—2001	158.2	46.5	29.4	1997—1998	178.8	16.6	9.3	−19.2	4.2	3.7
2001—2002	188.9	15.1	8.0	1991—1992	184.6	15.2	8.2	4.3	−0.1	−0.2
2002—2003	132.5	8.5	6.4	1997—1998	178.8	16.6	9.3	−19.2	4.2	3.7
5年平均	167.2	23.0	13.8	5年平均	183.6	17.5	9.5	−16.4	5.5	4.3

第十四章 黄河水资源统一管理与调度的社会效果

本章主要介绍黄河实施水量统一调度产生的社会效益,包括初步遏制黄河下游断流恶化趋势、兼顾各地区各部门用水、促进用水均匀性、促进节水型社会建设、改善部分地区人畜引水条件、促进调水调沙实施等情况。

第一节 初步遏制了黄河下游断流的恶化趋势

自20世纪70年代开始,黄河下游频繁断流,进入90年代,几乎年年断流,且呈愈演愈烈之势,1997年下游断流长达226天。实施黄河水量统一调度,结束了20世纪90年代黄河频繁断流的局面,实现了1999年8月11日以来黄河在来水持续偏枯的情况下连续8年不断流,还维持了一定河道基流。

黄河水量统一调度后,黄河下游的断流情况变化,拟通过与调度前水情类似的典型年对比分析予以说明。选取与1998—2003年黄河来水相近的典型年份为1991—1992年、1995—1996年及1997—1998年,对比情况见表14-1。

表14-1 水量统一调度前后水情相近年份及断流情况对比

调度年	利津实测最小流量（m³/s）	断流天数	调度前来水相近年份	利津实测最小流量（m³/s）	断流天数	断流长度（km）
1998—1999	0	80	1995—1996	0	118	579
1999—2000	3.11	0	1997—1998	0	129	704
2000—2001	8.55	0	1997—1998	0	129	704
2001—2002	6.92	0	1991—1992	0	56	303
2002—2003	25.5	0	1997—1998	0	129	704
2003—2004	51.2	0	暂缺			
多年平均	15.88					

根据实测资料统计,1991—1992年、1995—1996年及1997—1998年,黄河调度期(11月~次年6月)利津站断流时间分别为56天、118天和129天。断流时间最长的月份为6月,1991—1992年、1995—1996年全月断流。1997年11月,虽然实施了从上游到下游的应急调水工作,但利津、泺口、艾山站仍分别断流4天、14天和8天。统一调度前各典型年利津站、泺

口站、艾山站非汛期各月断流情况见表14-2。

表14-2　统一调度前各典型年利津站、泺口站、艾山站非汛期断流情况

水文站	典型年	11月	12月	1月	2月	3月	4月	5月	6月	11月～次年6月
利津站	1991—1992	0	0	0	0	2	6	18	30	56
	1995—1996	0	0	0	16	30	20	22	30	118
	1997—1998	4	0	0	6	0	0	0	0	10
泺口站	1991—1992	0	0	0	0	0	0	26	26
	1995—1996	0	0	0	12	10	5	15	29	71
	1997—1998	14	0	0	11	2	4	8	3	42
艾山站	1991—1992									
	1995—1996	0	0	0	0	0	0	9	16	25
	1997—1998	8	0	0	9	0	0	0	0	17

统一调度后的第一年,花园口站实测来水量比调度前相似典型年偏小,但通过水量统一管理与调度,结束了利津自1999年2月6日~3月11日已持续34天的断流局面,黄河下游自3月11日恢复过流后利津断面仅断流8天,最后一次断流时间是1999年8月11日。随后,黄河下游再未发生过断流,初步遏制了黄河下游断流的恶化趋势。

通过统一调度,不仅确保了黄河不断流,还保证了一定的河道基流。调度期利津站最小流量为3.11m³/s,且有逐年增大的趋势。

第二节　兼顾了各地区、各部门用水

通过黄河水量统一调度兼顾了各省(区)、各河段、上下游、左右岸用水,各地区的供水保证程度趋于平衡,遏制了省(区)不断上升的用水趋势,协调了各地用水矛盾,减少了用水纠纷,在一定程度上促进了社会安定和民族团结。

一、遏制了超计划用水

与来水相似年份相比,统一调度后,调度期内内蒙古自治区的平均耗用水量相当于1987年国务院分水方案分配水量的120.8%,比调度前的127.9%减少了7.1%,与流域平均耗水比例相比,缩小了4.6%;下游山东的平均用水量相当于1987年国务院分水方案分配水量的77.9%,比调度前的86.4%减少了8.5%,与流域平均耗水比例相比,缩小了5.6%。可见,统一调度后,内蒙古和山东的耗用水量仍然大于1987年国务院分水方案的分配水量,但超出的比例减少了,与流域平均比例的差距缩小了。

以上分析表明,统一调度控制用水大省(区)的耗用水量,遏制了省(区)不断上升的用水趋势,兼顾了各省(区)、各河段、上下游、左右岸的地区供水,各地区的供水保证程度趋于平衡。

二、兼顾了各部门用水

统一调度强化了水资源管理,优化了水资源配置,在满足城镇生活用水和农村人畜用水的前提下,合理安排了农业、工业、生态环境用水。农业用水量由调度前的153.85亿 m³ 减少到142.21亿 m³,减少了11.64亿 m³,比例由调度前的90.57%下降到87.25%,下降了3.32%。工业用水量由调度前的10.27亿 m³ 增加到12.79亿 m³,增加了2.52亿 m³,比例由调度前的6.04%上升到7.85%,上升了1.81%。城镇生活用水量由调度前的2.83亿 m³ 增加到5.43亿 m³,增加了2.6亿 m³,所占比例由调度前的1.67%上升到3.33%,上升了1.66%。统一调度前后各部门调度期耗水量变化情况见表14-3。

表14-3　统一调度前后各部门调度期耗水量变化情况

时段	典型年	项目	合计	农业	工业	城镇生活	农村人畜
调度后	1998—1999	耗水量(亿 m³)	183.45	166.71	10.75	3.36	2.63
		比例(%)	100.00	90.88	5.86	1.83	1.43
	1999—2000	耗水量(亿 m³)	156.11	136.60	12.20	4.86	2.45
		比例(%)	100.00	87.50	7.82	3.11	1.57
	2000—2001	耗水量(亿 m³)	171.45	149.66	12.83	6.31	2.66
		比例(%)	100.00	87.29	7.48	3.68	1.55
	2001—2002	耗水量(亿 m³)	168.47	146.67	13.81	5.40	2.59
		比例(%)	100.00	87.06	8.20	3.20	1.54
	2002—2003	耗水量(亿 m³)	135.45	111.41	14.34	7.25	2.45
		比例(%)	100.00	82.25	7.85	3.33	1.57
	平均	耗水量(亿 m³)	162.99	142.21	12.79	5.43	2.56
		比例(%)	100.00	87.25	7.85	3.33	1.57
调度前	1995—1996	耗水量(亿 m³)	185.42	169.00	10.18	2.70	3.54
		比例(%)	100.00	91.14	5.49	1.46	1.91
	1997—1998	耗水量(亿 m³)	168.37	152.97	10.32	2.61	2.47
		比例(%)	100.00	90.85	6.13	1.55	1.47
	1997—1998	耗水量(亿 m³)	166.86	151.46	10.32	2.61	2.47
		比例(%)	100.00	90.77	6.19	1.56	1.48
	1991—1992	耗水量(亿 m³)	184.99	167.52	10.24	3.60	3.63
		比例(%)	100.00	90.56	5.53	1.95	1.96
	1997—1998	耗水量(亿 m³)	143.69	128.29	10.32	2.61	2.47

	比例(%)	100.00	89.28	7.18	1.82	1.72
平均	耗水量(亿m³)	169.87	153.85	10.27	2.83	2.92
	比例(%)	100.00	90.57	6.04	1.67	1.72

生态用水也有所增加,基本上保证了下游河道生态环境用水的需求。据统计,"十五"期间,利津平均入海水量137亿m³,占黄河平均天然径流量的比例由"九五"期间的18%提高到30%;头道拐5、6月平均实测径流量比"九五"期间增加2.8亿m³。

第三节　促进了节水型社会的发展

随着国民经济的发展,黄河流域需水量逐渐增加,但黄河来水持续偏枯,使黄河流域水资源供需矛盾进一步加剧。统一调度不仅科学地明确了黄河供水省(区)和部门的水权以及地表水可供水量,而且依法使水资源的利用从以往的无序状态变为有序状态,更限制了过去用水多、浪费多的地区用水,促使部分省(区)在节水措施和产业结构调整上下工夫,提高用水效率,推进流域的节水型社会建设。

一、促进农业节水

农业用水是黄河流域用水大户。根据1988—1999年《黄河水资源公报》资料分析,全流域农业年均耗用地表水量占全河总耗用地表水量的92%,其中耗用水量比较大的山东、内蒙古和宁夏3省(区)农业年均地表耗水量分别占本省(区)地表总耗水量的93.2%、97.1%和98.6%。

农业用水不仅量大,而且用水管理粗放。例如,地处黄河中上游的宁夏引黄灌区,其为我国最古老的灌区之一。千百年来自流排灌,取水便利,加上为洗盐压碱,农民养成了大引大排、大田漫灌的习惯,种植一季庄稼,要浇灌五六次甚至更多,灌水定额大、水资源利用效率很低。灌溉渠道绝大多数为明渠且衬砌比例较小,暗管输水很少见,水资源的渗漏和蒸发浪费现象严重,渠系水利用系数仅为0.41～0.45,除宁夏回族自治区外,其他省(区)用水也存在不同程度的浪费现象。由此可见,农业节水潜力很大。黄河水量统一调度对黄河水资源进行需求管理,促使省(区)调整农业种植结构,促进了灌区节水技术应用和节水改造措施的实施。

(一)宁夏面对黄河限量供水,加大节水型社会建设力度

面对黄河限量供水的严峻形势,宁夏回族自治区采取打井补灌和人工增雨、压减农业灌溉配水定额、超定额水价翻番、减种高耗水农作物、加大节水技术推广力度等多项开源节流措施,积极应对近些年来宁夏引黄灌区因流域统一计划供水出现的"水荒"。

1.农业种植结构的调整。根据区域水资源条件进行农作物布局和种植结构调整,压低并控制高耗水、低效益作物种植面积,扩大抗旱节水高效益作物种植面积。

宁夏在政府部门的引导下,坚持"量水而种"的原则,大面积压缩高耗水的农作物,在农业种植结构调整中"找水"。例如宁夏盐池县西滩、红寺堡扶贫开发区,近些年部分农民在政府的引导下,调整种植业结构引种耐旱饲草苜蓿,每年只需淌两到三次水便可获得丰收,节水效果相当明显。据测算,土地种植苜蓿每亩至少能比种高耗水的粮食作物少灌水300m³。"中国枸杞之乡"中宁县的农民,纷纷压缩粮食种植面积,扩大高效节水经济作物枸杞的种植面积,经营一亩地的枸杞,每年不仅比种粮少灌好几次水,还能获得种粮5倍以上的经济收入。

为适应黄河水资源统一调度对水资源的需求调控管理,《宁夏建设节水型社会规划纲要》规划,宁夏农业种植结构做出了较大的调整,粮食:经济作物:林草的种植面积比例将从2000—2002年的77:14:9调整到2010年水平的72:6:12。

2.促进了灌区节水技术应用。面对黄河限量供水,宁夏回族自治区加大了农业节水技术推广力度。1999年以来,在全灌区强力推行小畦灌溉和水稻控制灌溉高产技术,部分经济作物实施喷灌、管灌、滴灌等节灌措施,对旱作物引进喷施"旱地龙"保水剂,千方百计节约用水。其中,水稻控制灌溉高产技术效果最为明显。1998年,宁夏引进水稻节水控制灌溉技术,截至2002年,该项技术在宁夏平均技术覆盖率达到72%,主要推广市(县)已达到80%以上,其中青铜峡、灵武、利通区3市(县)已超过水稻种植面积的90%。5年来,累计增产节支总效益高达9800余万元,亩均效益70元;总增产粮食近5000万kg,平均增产幅度为6.4%,节约灌溉水量近6亿m³,节水幅度达43.5%,如考虑渠系损失在内,少引黄河水9.7亿m³,此外还减少了灌溉清淤用工及农药支出,节约农业成本。

3.推进农业节水工程建设。建设不同的节水灌溉工程,实施大中型灌区节水改造和渠系配套工程、节水灌溉示范工程、农业综合开发节水灌溉工程等,提高渠系、田间水资源利用系数,降低农业用水量。如宁夏青铜峡灌区,根据"续建配套与节水改造规划",通过渠道砌护、支斗渠系优化等措施,规划将使渠道水利用系数由2000—2002年的0.44提高到0.5,田间水利用率由2000—2002年的0.8提高到2010年的0.85以上,减少渗漏损失2.27亿m³。

4.实行农业灌溉管理体制创新和水价改革。宁夏回族自治区水利厅、财政厅每年拨出300万元专项资金,灌区市(县)也想方设法安排配套资金,用于扶持农业节水。一些市县实行支渠承包经营,灵武、石嘴山等水稻种植区还成立了农民用水协会,自主管水,345个用水协会通过群众自筹的资金超过600万元,群众用这些钱完成了支斗渠承包2313条,覆盖灌区面积174万亩,水稻控灌面积超过65万亩。1999年至2002年7月,灌区累计少引黄河水18.4亿m³,用水量比1999年减少20.8%,减少水费2200万元。自治区涉农部门从政策、协调配水计划、开关支渠口等方面对节水区给予大力支持。2000年4月,宁夏回族自治区政府大幅度调整引黄灌区农业灌溉用水价格,北部自流灌区干渠直开口每立方米黄河水的供水价格,由0.6分提高到1.2分,加上征工折价款,每立方米水的综合价格实际达到1.5分;固海、盐环定两大扬水灌区由5分调至8分和10分,加上征工折价款每立方米水的综合价格分别为9.2分和 11.25 分。通过经济杠杆有效调动了群众的节水积极性,也保障了一部分农田的适时灌溉。

(二)内蒙古河套灌区创新管理体制

内蒙古河套灌区是黄河灌溉的主要用水户之一,黄河水资源统一调度实行计划供水,改变了以往水从门前过,想用多少就用多少的情况。面对限量供水的形势,巴盟河套灌区深化水利改革,组建农民用水者协会,农民用水农民自己管,基本形成了灌溉管理、工程养护、水费征收一体化的群管体系,提高了用水效率,节约了农业用水。1999—2000 年巴盟河套灌区组建农民用水者协会 357 个,共辖灌溉面积 422.29 万亩,占全灌区灌溉总面积的 48.82%。

河套灌区农民用水者协会,是一个具有严密章程和制度的民主管水组织。农民直接参与管理,在水利工程维护、投入等方面变被动为主动,形成了国家、集体、个人一齐上的社会办水利格局。乌拉特前旗新安镇新安村农民用水者协会成立以来,针对渠道输水状况差的实际,共同集资 7000 多元兴建节制闸 2 座,并对渠道阻水地段进行了清淤,大大改善了渠道输水条件,2000 年前三轮水就节水 10.9 万 m^3,节约水费 4300 元。

农民用水者协会与水管部门积极配合,规范了用水程序。过去,乡水管站向管理所(段)报用水计划出入很大,给管理部门工作带来了许多困难。现在由协会直接向管理所(段)上报用水计划,水管单位统一调度安排水量,真正做到了计划用水、节约用水。义长灌区的蔡家渠协会,涉及 2 个旗县、3 个乡、6 个村、17 个社。1999 年秋浇,他们按土地等级以户落实浇地,节水效果非常明显。当时包干水量为 807.84 万 m^3,实际用水 773.26 万 m^3,比计划用水还少 34.58 万 m^3,发挥了明显节水作用。在用水收费方面,协会与水管部门共监互测,实行了以浇灌亩次计费的办法,每轮浇水结束后,协会组织专人将每户的实际用水面积查清后,张榜公布总用水量,做到了水价、水量、水费、面积四公开。乌拉特灌域的北场渠实行承包以后,改革亩次计费做法,将用水量不同的土地区别对待,使分摊水费趋于合理。由于协会负责工程维护、用水和收费,使水管部门得以集中精力搞好国有渠道的管理工作,地方政府也从繁杂的水事务中解脱出来,促进了当地经济建设。

(三)山东省东营市建成农业节水技术体系

山东省东营市地处黄河入海口的黄河三角洲腹地,是胜利油田主产区。黄河水量统一调度以来,以省(区)为单元实行计划限量供水,对地处黄河河口、以黄河为主要淡水资源的东营市供水影响较大。近些年来,东营市紧紧围绕淡水资源紧缺这一影响和制约黄河三角洲工农业快速发展的主要矛盾,认真贯彻新时期治水思路,解放思想,因地制宜,大力发展节水灌溉,优化水资源配置,改善农业生产条件,农业节水工作取得长足发展。

一是实施水利三百利民工程灌区节水改造和续建配套。灌区续建配套和节水改造项目累计投资 18598 万元。渠道衬砌采用全断面铺塑、混凝土板护坡的结构型式,有效地减少了渗漏损失。

二是加强措施管理,完善制度,多渠道筹集资金,初步建立起科学的引黄调水管理体系,确保了灌区用水的科学调度、节约使用,为实现农业用水零增长甚至负增长打下了坚实的工程基础。

三是搞好高标准节水灌溉示范项目。先后实施了节水增产重点县、高标准国家级和省级节水增效示范项目以及重点抓了高标准节水灌溉技术推广应用。截至2004年底,全市已兴建各类节水灌溉工程50余处,发展节水灌溉面积433.24万亩。通过实施节水灌溉,全市每年可节水4.2亿m³。

四是重视节水工程项目完建后管理。以实现工程良性运行为目的,对项目示范区的井、机、房、泵和输水管道通过拍卖、承包等形式,责任到人、利益到人,将责、权、利有机地融为一体,保证节水灌溉工程良性运行。

五是在注重工程措施节水的同时,加大节水技术的应用与推广。该市大力采取耕作保墒、秸秆覆盖、地膜覆盖、喷洒旱地龙、增种抗旱品种、畦田标准化、土壤墒情监测与灌溉预报技术和射频卡技术等非工程节水措施,加大了对节水新技术、新工艺、新材料、新设备的推广应用,初步建立了从工程措施到管理措施的全方位农业节水技术体系。

二、促进城市节水

根据水资源和城市承载能力,调整和优化产业结构,在节水的同时,努力挖掘污水、雨洪水资源化的潜力,提高水资源利用效率;确定合理水价,建立市场机制,充分发挥经济杠杆作用。

如宁夏回族自治区规划调整产业结构,加快高耗水行业(火电、石油化工、造纸、冶金、纺织、建材、食品)的节水改造,形成以农业为基础,化工、冶金、机电、轻纺、建材等为主导,旅游、信息服务为支撑的经济发展格局,三产业结构比例由2000—2002年的14.4:49.8:35.8调整到2010年的10:40:50。同时,建设非传统水源开发工程,建立污水收集、处理和回用管网系统,实现水资源在一定范围内的重复利用,建设城市防洪及水资源中和利用工程,地表水综合利用与地下水有效补偿相结合,实现洪水、沟水、湿地资源化。通过非传统水资源的开发利用,宁夏回族自治区的城市生活污水处理率由33%提高到50%,水重复利用率由44%提高到60%,中水回用率由20%提高到50%。按照补偿成本、合理收益、优质优价、公平负担的原则,制定城市用水价格,合理调整水价,实行用水定额管理、超定额累进加价制度。宁夏回族自治区自2004年起,推行了水价形成机制改革。

又如天津市,落实各项节水措施,狠抓节约用水,建立激励节约用水又科学完善的水价形成机制;加大水资源保护工作力度,治理水污染;建设再生水利用工程,合理利用再生水资源;加快城市供水管网改造,降低管网供水的损失率;实施水资源规划,优化水资源配置。

三、培育水权转换和水市场

黄河水量实行统一调度、用水总量控制、分级管理、分级负责的原则。随着各省(区)剩余水量指标的减少或无地表水余留水量指标,在黄河水资源总量不变的情况下,解决工业和城市发展用水问题,只能从实际出发,改变现有水资源利用格局,调整用水结构,从宏观上提高水资源的配置效率,从微观上提高水资源的利用效率,确保流域经济社会发展的用水需求。

为促进宁、蒙两自治区经济社会的发展,黄委、内蒙古自治区和宁夏回族自治区水行政主管部门于2003年开展了水权转换试点工作。水权转换试点的实施在统筹地方经济发展的基础上,调整工业用水和农业用水的水权,将农业节余水量有偿转让给工业项目,工业再投资农业,促进农业节水改造工程的建设。目前,黄河水利委员会已正式批复了宁夏、内蒙古两自治区水权转换试点项目5个,其中宁夏3个,内蒙古2个。截至2006年底,5个试点项目对应的灌区节水改造工程累计到位资金2.324亿元。

第四节　改善了部分供水区的人畜饮水水质条件

水量统一调度提高了黄河供水安全保障程度,在来水偏枯的情况下,通过强化调度管理,不仅改善了黄河流域内部分地区人畜饮水条件,而且改善了流域外相关地区人畜饮水条件。统一调度前,下游断流严重,城乡居民饮水发生困难,部分缺水地区不得不饮用当地高氟水或苦咸水。统一调度后,解决了黄河流域人畜饮水问题,还多次向流域外应急调水。其中,引黄济津输水线路采用位山—临清路线全长580km,近4次引黄济津共引黄河水23.94亿m³,天津市九宣闸收水12.61亿m³,不仅有效缓解了河北、天津的工农业生产和城市生活用水的紧张局面,而且改善了河北省沧州、衡水地区农村缺水地区的人畜饮水水质和水源条件,供水保证程度和供水水质状况比原来明显提高。引黄济青工程自1989年至2004年共引黄河水23.57亿m³,累计向青岛市区供水9.24亿m³,为青岛市和沿线补充地下水近5亿m³,同时解决了输水沿线(滨州、东营、潍坊、青岛等市)的高氟区、缺水区的城镇及农村生活供水问题。

第五节　保证了中下游水库调水调沙用水

黄河治理的终极目标是维持黄河健康生命。由于近几十年黄河下游河道萎缩严重,主槽过洪能力日渐衰减,遇到自然洪水,要么流量过小,水沙不协调持续淤积主槽;要么流量过大,大面积漫滩造成灾情,要么清水运行空载入海,造成水流的能量与资源浪费,长此以往,黄河下游河道的健康生命形态不可能得以塑造和维持,而通过调水调沙塑造"和谐"的流量、含沙量和泥沙颗粒级配的水沙过程,则可以遏制黄河下游河道形态持续恶化的趋势,进而逐渐使其恢复健康生命形态,并最终得以良性维持。

通过黄河水量统一调度,优化了水资源配置,保证生活和生产用水,合理安排了农业用水,同时通过干流水库联合调度,使小浪底、三门峡、万家寨等水库在汛前具有一定超出汛限水位的蓄水量,为黄河调水调沙大型水利科学试验创造了条件,增加了下游河道的输沙用水。2002年首次调水调沙试验,取得了净冲刷黄河下游河道泥沙0.362亿t,共入海泥沙计0.664亿t的效果。2004年汛末,小浪底、三门峡、万家寨3座水库汛限水位以上有38.59亿m³的水量,调水调沙试验使利津以上各河段均发生冲刷,小浪底至利津河段共冲刷泥沙0.6422亿t,有效地提高了黄河下游河道的输沙输水能力。

第十五章　黄河水资源统一管理与
调度的生态环境效果

黄河断流不仅仅造成城镇生活和工业、农业生产用水困难,直接限制经济社会发展,同时还使下游河流生态环境系统受到不同程度的破坏,如河道萎缩、水质污染、生物多样性衰减、黄河口淡水湿地濒临消亡等,直接危及黄河健康生命的维持及流域经济社会的可持续发展。黄河水量统一调度的实施,扭转了下游频繁断流的局面,较好地协调了生活、生产和生态用水关系,维持了黄河的基本功能,对黄河下游及其周边地区的生态环境产生了较大的影响,取得了明显的生态环境效益。本章从对水环境质量、河道及河口湿地生态系统、地下水位及地下水环境、近海水域生态环境等方面的影响,介绍水量调度产生的生态环境效果。

第一节　改善了水环境质量

一、对河流水质的影响

河流水质与入河污染物量的多少、水量大小及河流的自净能力等因素有关。黄河水量统一调度改变了黄河干流水量的时空分布,使有限的水资源得到更加合理的配置,也使部分河段的水环境质量有所改善,河段水体功能得到提高。

在黄河干流刘家峡至河口河段范围内,选取小川、兰州、下河沿、石嘴山、头道拐、龙门、潼关、花园口、高村、艾山、泺口、利津12个重点监测断面,以当年11月~次年6月为一个调度时段,统一调度前选取1993年11月—1998年6月5个调度时段,共40个月,统一调度后选取1999年11月—2004年6月,共40个月。按照国家《地表水环境质量标准》(GB 3838—2002),选取水温、pH值、高锰酸盐指数、氨氮等主要水质参数作为评价因子,对调度河段主要断面水调前后40个月各月的水质状况进行评价。重点监测断面调度前后11月~次年6月水质评价结果见表15-1。

表15-1　重点监测断面调度前后11月~次年6月水质评价结果统计

断面名称	统计时段	≤Ⅲ类水月数	满足各类水质的月数(个)			断流月数(个)	Ⅲ类水比例(%)
			Ⅳ类水月数	Ⅴ类水月数	劣Ⅴ类水月数		
小川	水调前	39	1	0	0	0	97.5

	水调后	40	0	0	0	0	100
兰州	水调前	30	6	2	2	0	75
	水调后	37	3	0	0	0	92.5
下河沿	水调前	31	7	2	0	0	77.5
	水调后	39	1	0	0	0	97.5
石嘴山	水调前	22	7	9	2	0	55
	水调后	7	10	9	14	0	17.5
头道拐	水调前	22	14	4	3	0	55
	水调后	11	8	5	16	0	27.5
龙门	水调前	28	7	3	2	0	70
	水调后	27	5	2	6	0	67.5
潼关	水调前	2	8	7	23	0	5
	水调后	1	5	5	29	0	2.5
花园口	水调前	15	12	6	7	0	37.5
	水调后	12	16	7	5	0	30
高村	水调前	26	4	6	4	0	65
	水调后	21	13	3	3	0	52.5
艾山	水调前	30	3	2	3	2	75
	水调后	23	13	1	3	0	57.5
泺口	水调前	25	4	2	3	6	62.5
	水调后	30	5	3	2	0	75
利津	水调前	22	2	2	1	13	55
	水调后	29	5	4	2	0	72.5

经综合评价,情况如下。

(一)刘家峡至下河沿河段

该河段水质良好,基本为Ⅱ类、Ⅲ类水质。水量统一调度后,该河段满足Ⅲ类水质标准的月份所占比例均有所提高,整体水质明显优于统一调度前。其中,小川断面由水调前97.5%提高到100%,兰州断面由水调前的75%提高到92.5%,下河沿断面由水调前的77.5%提高到97.5%。该河段的水体功能目标基本得以实现。

(二)下河沿至潼关河段

该河段为黄河干流污染比较严重的河段,各断面满足Ⅲ类水质标准的月份所占比例均低于统一调度前,其中石嘴山、头道拐断面,水质有所下降,龙门、潼关断面水质基本维持原有水平。

上述现象的出现主要是由于该河段宁夏、内蒙古两自治区部分大中城市、重要工业区污水排入以及较多污染严重的支流汇入造成。宁夏回族自治区小造纸厂较多,污水排入黄河造成严重污染,加之吴忠市、石嘴山市、包头市较多的工业废水和生活污水的加入,导致石嘴山、头道拐断面水质长期不达标。汾河、渭河、涑水河等污染严重的支流汇入黄河,导致龙门至潼关河段水质超过水功能区水质要求。所以,水量统一调度后该河段的水质没有明显改观,统一调度对该河段的水质影响不明显。

(三)小浪底以下河段

由于小浪底至花园口区间有新蟒河、老蟒河、沁河、伊洛河等污染严重的支流汇入,导致花园口至利津河段水质较差。总体来看,满足Ⅳ类水质标准的月份所占比例均高于水调前,由水调前的71%提高到84%,增加了13%,见图15-1。

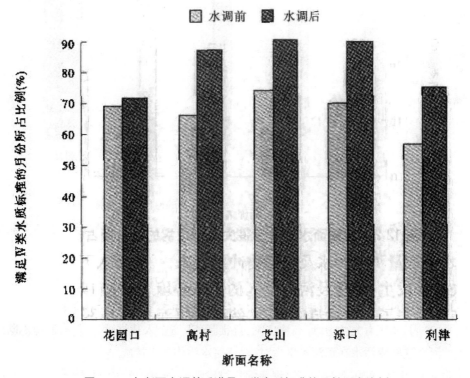

图15-1　各断面水调前后满足Ⅳ类水质标准的月份所占比例

Ⅳ类水质可满足工农业用水及一般景区用水要求,经澄清去除泥沙后可基本满足生活饮用水源水质标准。从水体功能需求角度来说,劣Ⅴ类水质的水体没有使用功能;当河流出现小流量(小于50m³/s)时,则河流不能满足河道内基本生态环境需水量,也难以实现水体功能;断流更使水体功能完全丧失。可以认为,当出现以上三种情况时,河段水体功能可视为丧失。统一调度后,花园口、高村、艾山、泺口、利津各断面劣Ⅴ类水质、流量小于50m³/s和断流的月份所占比例均低于统一调度前,水体丧失功能的比例由水调前的19%下降为7.5%,降低了11.5%。其中,泺口、利津断面情况有了较大的好转:泺口断面完全丧失水体功能的月数所占比例由水调前的28%降至水调后的5%,下降了23个百分点;利津断面完全丧失水体功能的月数所占比例由42.5%降至25%,下降17.5%,见图15-2。

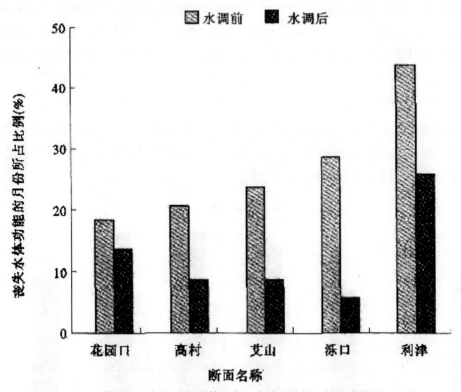

图15-2　各断面水调前后丧失水体功能的月份所占比例

上述情况表明,通过水量统一调度,下游各断面水质状况整体有所好转,水体功能得到一定满足,水环境质量得到一定提高。

二、对下游水污染事件的影响

黄河花园口以下河段,虽然两岸大堤挡住了沿岸城市的直接排污,但位于泰山北坡的长(长清)平(平阴)滩区有龙桥造纸厂、翟庄闸、鲁雅制药厂3个入黄排污口,仍有源源不断的污水排入黄河。这些废污水在黄河水量少时,对黄河水质构成直接威胁。

20世纪90年代,黄河下游多次出现连续长时段断流,长清、平阴两县所排污水积存于河道及两岸滩地内,形成一定范围的重污染水体,造成河道底质和滩区土壤污染。黄河复流后,上游来水将大量积存污水及污染物冲刷起来,一起带入下游,使水质急剧恶化,造成死鱼等水污染事件发生,并危及河口地区的生态环境。譬如1995年6月下旬,断流40多天的黄河济南段盼来了一次过流的机会,然而缓缓而来的并不是人们盼望已久的甘甜黄河水,而是一股黑糊糊的污水,黄河变成了黑河,污染河道长达25km,河面上漂浮着大面积的白沫和被毒死的各种鱼类,散发着一股刺鼻的臭气。这次水污染事件就是由于断流期间位于其上游的长清平阴滩区的废污水积存造成的。

统一调度使黄河不断流,杜绝了由于断流后复流将大量积存污水及污染物冲刷到下游造成严重水污染事件的再度发生,避免了水污染事件给河口地区的生产造成损失及河口生态环境的破坏。

第二节　保证了下游河流生态系统功能的正常发挥

河流是流域范围中其他各种斑块栖息地的连接通道,起着提供原始物质的"源"和通道的作用。黄河作为一个典型的生态系统,是联系黄河流域陆地生态系统与海洋的纽带,是黄河水生生物的通道、源和栖息地。河流纵向和横向的连通性对于许多河流物种种群的生命是非常重要的,纵向和横向连通性的丧失会导致种群的隔离以及鱼类和其他生物的局部灭绝。黄河断流将使河流面积萎缩,连通性破坏,生物多样性衰减,河流生态系统的稳定性及正常发育难以维持。水量统一调度使黄河下游保持一定的基流,在一定程度上保证了下游河流生态系统功能的发挥,使黄河真正起到了连通流域内各种生态系统斑块及海洋的"廊道"作用。

一、对黄河河道湿地的修复作用

黄河河道湿地是黄河河流生态系统的重要组成之一,它是指常年浸水湿润的滩地、洪泛区等所形成的湿地,其主要湿地分布情况见图15-3。黄河自孟津进入平原,河宽流缓,泥沙淤积,由于主河道的游荡滚动及汛期漫滩,造成黄河滩涂此起彼伏,水流分支在河床中留下许多夹河滩,一些低洼地常年积水,形成特殊的黄河河道湿地。黄河下游河道湿地是我国湿地的重要组成部分,其中三门峡库区湿地及洛阳孟津、吉利湿地是国家级自然保护区的核心区,也是我国生物多样性分布的关键地带,是候鸟基本的迁徙路线、基本的繁殖地和基本的觅食地区。

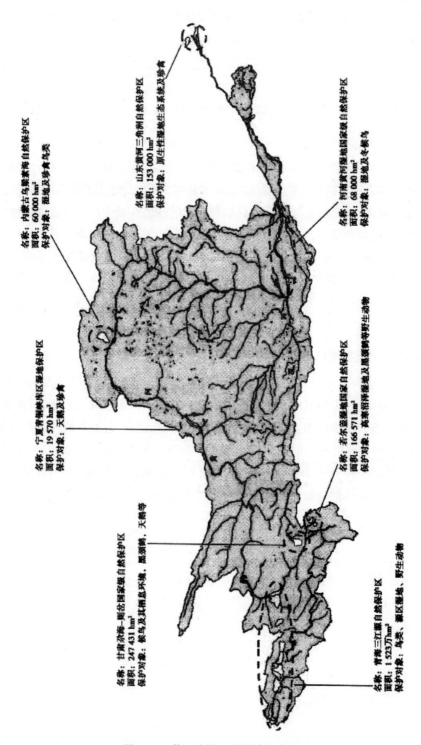

图15-3 黄河流域主要湿地分布图

据初步框算,若黄河不断流,黄河下游天然河道湿地总面积约为800km²。但是,20世纪90年代黄河断流严重,泺口、利津断面1992—1998年连年断流,阻止了河道湿地生态系统的正常发育,系统的稳定性难以维持,河道湿地受到很大破坏。初步估算下游河道湿地受断流的影响而无法发挥其正常功能的面积约有200多km²,占下游河道湿地总面积的1/4多。黄河水量统一调度后,由于黄河下游具备基本正常的水流条件,受黄河断流破坏的200多km²的河道湿地得到修复,加上沿黄各地对河道湿地保护的加强,黄河下游河道湿地能够稳定发育。

二、对黄河水生生物多样性的影响

黄河水生生物贫乏,鱼类是黄河水生物保护的主体。20世纪70、80年代,黄河断流主要集中在5、6月,进入90年代后,断流时段迅速向冬春季节和夏秋季节延伸,甚至汛期也经常发生断流。黄河季节性的断流和水量的减少,使黄河水质不断恶化,破坏了鱼类产卵场、栖息地,严重影响下游河道鱼类的生存和产卵繁殖,使黄河下游的鱼类资源濒临绝迹。

水量统一调度的实施,在一定程度上保证了黄河下游生态环境用水,尤其是保证了鱼类产卵育幼期的生态环境用水,黄河水生态环境得到改善,水生生物的多样性正得到恢复。20世纪80年代消失的黄河铜鱼又重新在中下游成群出现,多年未见的黄河刀鱼也重现在下游河段。

第三节 促进了黄河三角洲湿地良性发展

一、黄河三角洲湿地概况

黄河三角洲湿地是因黄河口不断向海域推进和尾闾在三角洲内频繁摆动改道,由新淤陆地的低洼地、河道及浅海滩涂上演变形成。黄河水资源是维持黄河口湿地生态系统发展和稳定的最基本条件。受天然水量减少和流域用水量增加影响,自20世纪90年代起,黄河最下游的利津断面及三角洲来水量锐减,90年代黄河下游河道年来水量比50、60年代平均减少40%以上,其中1999—2001年利津断面的实测来水量仅是1976—1998年同期均值的23%。连续出现的小流量过程和长时段断流,造成湿地的干旱及盐碱化,直接影响到湿地植被的正常生长,使大片的芦苇地退化、消失,土壤的次生盐渍化加剧,同时,黄河的断流也使原来生长于河口的浮游生物、底栖生物等大量减少和死亡。随着黄河排入渤海的水沙量日趋减少以及黄河口河道渠化和区域城市化进程的加快,黄河口淡水湿地出现快速萎缩局面。至黄河水量统一调度前,河口陆域湿地的萎缩面积已在原有规模基础上削减了70%左右,且湿地生态系统斑块的廊道连通性和生态完整性受到破坏,珍稀鸟类生长和生存所赖以维持的黄河口湿地生境面临消亡,黄河三角洲的生态稳定性受到严重威胁。

二、对三角洲湿地面积的影响

影响黄河三角洲湿地面积变化的因素很多,其中黄河的水沙资源、自然环境变化及人类活动是最主要的因素。研究表明,造陆面积与年输沙量有较好的正相关关系,且当年来沙量为2.45亿t时,三角洲整体趋于动态冲淤平衡状态。由于人类活动的影响,黄河排入渤海的水沙量与20世纪70年代相比大大减少,黄河三角洲整体处于净蚀退状态。

根据现有的遥感影像数据解译分类成果,选取了6年枯水期的Landsat以及中巴影像,并在天然湿地和人工湿地中挑选芦苇、灌丛、水库3种具有典型代表意义且解译误差较小的类别进行对比分析,同时比较三角洲地区这些年的降雨量。三角洲湿地总面积及3种类型湿地面积变化见表15-2。

表15-2 水调前后黄河三角洲湿地总面积及3种类型湿地面积变化

项目	1996年	1997年	1998年	2000年	2001年	2004年
湿地总面积(km²)	43.91	42.84	40.32	41.68	42.45	40.65
其中:芦苇(km²)	4.82	5.33	4.33	4.45	4.67	4.41
灌丛(km²)	0.26	0.36	0.19	0.52	0.36	1.31
水库(km²)	1.32	1.57	1.59	2.09	2.39	2.36
降水量(km²)	556	482	597	327	444	—

从表15-2中可以看出,虽然实施调度前的3年比实施调度后的降水量多,但湿地总面积基本保持稳定,且灌丛、水库湿地面积有所增加,湿地质量有所提高见图15-4。说明水量调度增加了入海水量,保证了一定的生态用水,初步遏制了三角洲湿地面积急剧萎缩的势头,有利于三角洲湿地生态系统完整性和稳定性的维持。

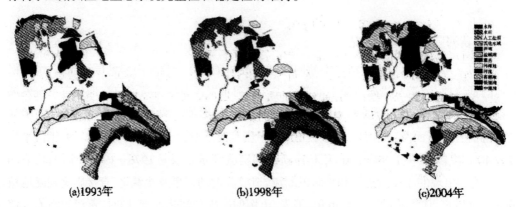

(a)1993年　　　　　(b)1998年　　　　　(c)2004年

图15-4 黄河三角洲湿地变化

另外,水量调度增加了河口地区的生态用水,为河口淡水湿地的恢复提供了条件。为保护好黄河三角洲自然保护区内的资源和环境,有关单位于2001年进行恢复试验研究,并于2002年正式开展了湿地恢复工程,目前河口淡水湿地正逐渐恢复。从2004年遥感影像资料上非常清晰地分辨出,有65835亩稀疏盐碱植被荒草地演变为非常典型的淡水湿地,而且植被长势好,水分含量高。

黄河三角洲自然保护区功能分区见图15-5。

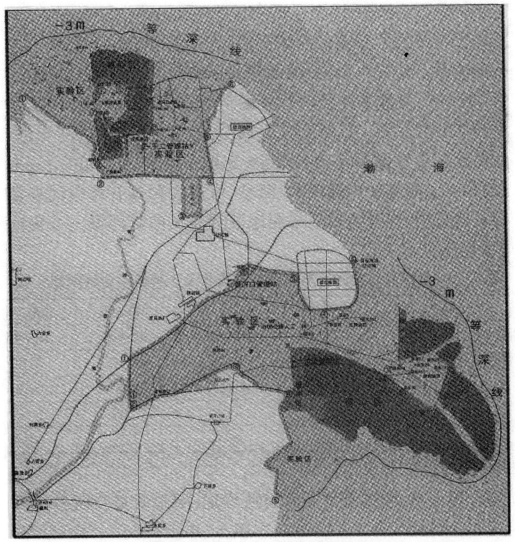

图15-5　黄河三角洲自然保护区功能分区

三、对三角洲生物多样性的影响

黄河水量统一调度使黄河三角洲的生态环境不断得到改善,丰富了三角洲湿地的生物多样性。据2004年最新调查,山东黄河三角洲国家级自然保护区的鸟类数量由1992年的187种增加到283种;靠引黄充蓄的黄河孤北水库附近已经成为鸟类栖息的天堂,2004年发现了31只世界濒危鸟类白鹳,同时栖息于此的还有草鹭、苍鹭、须浮鸥等10多种数量达几万只的鸟类;位于黄河三角洲上的亚洲最大平原水库—广南水库,这些年来以其良好的自然环境、广阔的水面、充足的食物成为各种候鸟及白天鹅南迁越冬的新乐园。特别是自从2000年以来,先后有2000多只白天鹅在此栖息越冬,而且每年来这里越冬的白天鹅数量越来越多。

据中国科学研究院海洋研究所专家2004年最新调查发现,在黄河三角洲第二大自然保护区—贝壳与湿地系统自然保护区内,发现有野生珍稀生物459种,比4年前增加了近一倍,野生珍稀生物众多，有文蛤、四角蛤、扁玉螺等贝类和鱼、虾、蟹、海豹等海洋生物50余种；有落叶盐生灌丛、盐生草甸、浅水沼泽湿地植被等各种植物群落，包含各类植物共350种；湿地动物有豹猫等6种野生动物，有东方铃蛙、黑眉锦蛇等两栖爬行动物8种，有包括国家一级保护动物大鸨、白头鹤，二级保护动物大天鹅等在内的鸟类45种。

由于湿地环境的改善，许多珍稀、濒危鸟类在湿地恢复区内成群的出现，如国家一级保护鸟类丹顶鹤、白鹤、白鹳、黑鹳等；国家二级保护鸟类白枕鹤、灰鹤、大天鹅、疣鼻天鹅、黑脸琵鹭、白琵鹭等。其中，白鹤、黑鹳、疣鼻天鹅、黑脸琵鹭等15种鸟类是自然保护区这些年来新发现的鸟类，并且白鹳在湿地恢复区筑巢繁殖，使黄河三角洲成为白鹳最南的繁殖地。

四、对三角洲湿地演替的影响

黄河是新生湿地的生命线，它的水沙资源造就了黄河三角洲，形成了它特有的生态演替规律。然而，由于人类不合理的利用及黄河水沙资源的减少改变了这种自然演替模式，使黄河口新生湿地发生逆向演替，植物群落不断向盐生灌丛、一年生盐生草本植物群落、盐碱荒地和光板地方向演替，或者大面积消亡。演替的结果是群落的物种组成减少，结构单调化，系统功能降低，进一步恶化了野生动物尤其是鸟类的栖息场所，导致一些动物种类和数量的减少，破坏了黄河口新生湿地作为多种珍稀、濒危鸟类栖息地的生态价值与未来潜在的开发利用价值，影响黄河三角洲生态系统的稳定性乃至黄河健康生命的维持。

水量统一调度，增加了河口地区的水量，最大限度地满足河口地区的生态环境用水，有效地抑制了黄河口新生淡水湿地的逆向演替，使黄河口新生湿地环境演变朝"纵向演进"过程和黄河冲淤填洼的"扇形展开"过程进行，保证了新生湿地内生态系统的顺向演替方向，使新生湿地的植被质量不断得到提高，群落物种组成多样化，系统更加稳定，有效地促进了河口地区生态环境的不断改善。

第四节 对地下水的影响

黄河水量调度促使宁夏、内蒙古地区加大地下水的开采利用，有利于减轻土地盐渍化。根据《黄河水资源公报》统计，宁夏、内蒙古两自治区，调度后的1999—2002年4年间，平均地下水开采量分别增加0.40亿 m^3 和3.53亿 m^3，相当于两自治区水资源耗用量的0.7%和4.70%，减轻了对地表水资源的依赖程度，对控制当地农用耕地的盐渍化有着一定的作用，也促进了两自治区水资源的合理利用。

水量调度保证了引黄济津、引黄济青、引黄入晋工程的供水，减轻了天津、青岛和太原等城市对地下水的开采，有利于地下水水位的恢复和地下水环境的改善。

太原市是中国北方缺水最为严重的城市之一，特别是改革开放后，随着工农业的快速发展和城市人口的增加，城市用水量持续上升，地下水位急剧下降。地下水位的下降不但增加了供水成本,造成水资源匮乏,还引起城市地面下沉,影响水资源的可持续利用和城市的可持续发展。2003年自黄河万家寨引水首次进入太原后,关闭全市公共供水区域内116眼自备井,日压缩地下水开采量12.4万t。随着自备水井的关闭,太原市终于遏制住了地下水水位连年下降的势头,城市地下水水位55年来首次停降转升。据太原市水资源动态监测站2003年监测结果,太原市各个水源地水位均有不同程度的上升,与往年同期相比,最高的上升了3.23m,城区地下水水位上升了3.03m。

2003年9月,济南市有着"天下第一泉"盛誉的趵突泉从1976年3月停喷后首次恢复喷涌,于2004年首次实现了28年来全年不停喷。青岛市利用引黄济青工程补给地下水,减小了工程沿线及青岛市地下水漏斗区的地面沉降,有效地减缓了青岛市海水入侵,扭转了因缺水给青岛对外开放和经济发展造成的被动局面。

第五节　水量调度对近海生态环境影响分析

营养盐主要指水域中由N、P、Si等元素组成的某些盐类。这些盐类是近海水域浮游植物光合作用所必需的营养物质,通常称为"植物营养盐"、"微量营养盐"或"生源要素"。它是水生生物所必须的物质基础,是构成河口及近海生态环境的重要化学物质基础。较高浓度的营养盐是提高渔场初级生产能力的基础,但营养盐浓度过高时易发生富营养化和赤潮问题,使渔业遭受巨大损失。黄河断流不仅破坏了流域本身的生态平衡,而且使入海营养盐通量也大幅降低,直接影响了海域渔业的初级生产力,造成河口海域鱼类种类及数量的大幅度下降,严重破坏了近海的生态环境平衡。统一调度改变了黄河水资源的时空分布,使黄河入海营养盐发生改变,对河口及近海水域的生态环境产生了一定的影响。

一、对黄河入海营养盐的影响分析

由于营养盐入海通量与黄河入海径流量密切相关,黄河水量统一调度使黄河水量在时空分布上趋于均匀,保证黄河非汛期一定的径流量入海,因此水量统一调度也改变了不同时段的营养盐入海通量。以硝酸盐氮为例,选取水量调度前后各两年(1997年、1998年和2000年、2001年)的利津断面监测资料,进行硝酸盐氮入海通量的逐月分析,计算月入海通量占全年入海通量的比例,结果见图15-6和图15-7。

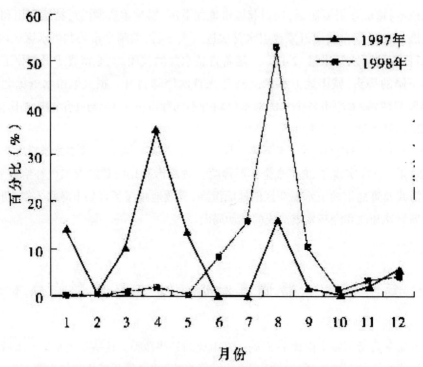

图15-6 水量调度前硝酸盐氮月入海通量占全国通量比值变化图

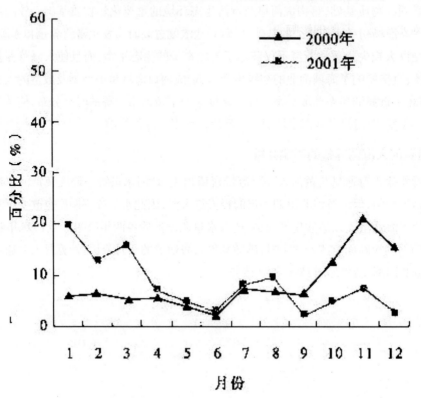

图15-7 水量调度后硝酸盐氮月入海通量占全国通量比值变化图

从图15-6和图15-7中可以看出,水量调度之前,营养盐的入海通量在全年的不同时段相差很大,在全年的各个时段分布极为不均,营养盐大多在汛期入海,非汛期所占比例较小。水量统一调度后,改变了营养盐入海通量的年内分布,保证了各月都有一定数量的营养盐入海,尤其是增加了非汛期的营养盐入海通量,保证了水生植物生长及鱼类产卵育幼期的营养盐供应。

二、营养盐时段分布的改变对黄河河口—近海生态环境的影响

黄河河口—近海生态环境系统是一个开放、复杂的系统,由于黄河每年给近海水域提供了大量的营养物质,所以黄河河口近海区域水生生物种类繁多,鱼类资源丰富。调度前黄河下游频繁断流,使黄河河口—近海的生态环境遭到了较为严重的破坏。水量统一调度使黄河不断流,对黄河河口—近海环境生态系统的修复起到了一定积极作用。

(一)对黄河河口—近海水域浮游植物的影响

营养盐是近海水域浮游植物光合作用所必需的营养物质。水量调度前,黄河断流和入海径流量的减少,切断了营养盐的入海途径,特别是3~6月,正是浮游植物生长繁殖季节,没有营养盐的输入,浮游植物的生长受到限制、数量大大减少,海洋初级生产力降低。水量调度将营养盐入海通量在不同时段内进行了均化,增加了3~6月的入海通量,在浮游植物生长繁殖季节提供了丰富的营养物质,同时减少了汛期的入海通量,降低了赤潮的发生概率。

(二)对水域鱼类资源的影响

水量调度前,黄河入海营养盐的减少或切断,使浮游植物数量降低,恶化了洄游鱼类的生存环境,使大量洄游鱼类游移他处,同时影响了鱼类正常的产卵和仔鱼的生长,使优质卵数量减少,造成使渤海湾海洋生物链的断裂及鱼类种类的减少。水量调度后,增加了营养盐的适时输入,使洄游鱼类的饵料增多,改善了河口近海水域浮游植物生长条件和鱼类的生存环境,提高了鱼类的数量和质量,有利于渤海渔业生产力的恢复。

水量调度产生的生态环境影响是深远的,效益也是多方面的,除以上几方面外,还有对河口地下水、三角洲岸线侵蚀、河口湿地生态系统结构、生物量、近海渔业生产力等的影响,这些生态环境效益研究需要长期的生态环境观测研究工作做支撑。只有通过生态环境观测研究,通过长期的对比分析,研究受水直接影响和间接影响的生态环境因子的长期变化规律,才能科学地揭示水量调度与这些生态环境因子之间的内在联系及制约关系。揭示水量调度对这些因子的影响及效益,从而为黄河水资源优化配置及水量调度生态环境效益充分发挥提出合理的建议与措施。

第十六章　黄河水资源统一管理与调度的经济效果

通过这些年黄河水量统一调度,优化配置了水资源,改善了黄河流域经济带的经济发展环境,使水资源的利用从效益低的部门向效益高的部门转移,支撑GDP快速稳定增长,有力支持了国家西部大开发和中部地区崛起的战略实施,以流域水资源的可持续利用支持流域经济社会的可持续发展。本章全面介绍水量统一调度对于工业、农业和生态环境的供水效益以及促进产业结构调整、提高用水效率等情况,并分析了统一调度对GDP的影响。

第一节　统一调度的经济效益估算

黄河水资源短缺,供需矛盾突出,水量统一调度在协调流域生产、生活和生态用水过程中,增加一个部门的供水,必然要减少另一个部门的供水。也就是说,在单方水供水效益稳定的情况下,一个部门因增加供水而获得效益的同时,另一个部门也会因减少供水而效益减少。从这些年水量统一调度的情况来看,工业生活、生态供水量是增加的,农业灌溉水量是减少的。

一、工业生活供水效益

黄河水量统一调度,不仅保障了兰州、银川、包头、郑州、开封、濮阳、济南、东营等沿黄大中城市及河口地区的生活用水,还解决了距离黄河较远的流域外天津市、河北省、青岛市等地的用水紧张状况。同时,还为国家大型工业基地包头钢铁公司、中原油田和胜利油田的生产提供了水源保证。

统一调度工业供水效益计算,采用工业供水建设项目经济效益计算的分摊系数法,按实施黄河水量统一调度后工业增加值乘以一般工业供水建设项目的效益分摊系数估算统一调度供水效益。生活供水的保证程度高于工业,其单方水效益应大于工业供水单方水效益,但目前还没有比较成熟的可操作方法计算生活供水效益,其经济价值难以准确定量,且在城镇供水管网中生活供水和工业供水密切相关、难以区分,目前暂按工业供水计算效益。计算参数分析选取如下。

(一)工业万元产值耗水定额

各省(区)工业总产值采用调查统计的2000年指标,工业耗水量采用《2000年黄河水资源公报》数据,分析各省(区)工业万元产值耗水定额指标,详见表16-1。

表16-1 各省(区)工业万元产值耗水定额指标

(单位:m³/万元)									
省(区)	青海	四川	甘肃	宁夏	内蒙古	陕西	山西	河南	山东	河北
2000年	67.6	65.0	64.0	31.6	36.0	35.3	27.6	29.9	43.4	28.0

(二)工业供水效益分摊系数

根据有关调查资料,世界银行、亚洲开发银行采用的估算工业供水效益常规方法是,按供水项目投产而增加工业产值的2.5%~3.5%估算;在《南水北调工程东线论证报告》计算河北、天津等省市工业供水效益时,采用的工业供水效益分摊系数为2.5%;在《南水北调工程中线论证报告》计算河南、河北、北京、天津等省(市)工业供水效益时,分摊系数取值为2.28%~2.71%。分摊系数与万元产值耗水定额也有关,一般来说,耗水定额越大,分摊系数也越大。综合考虑上述资料情况,工业供水效益分摊系数取值为:青海、四川、甘肃采用3%,宁夏、内蒙古、陕西、山西、河南、山东、河北采用2.5%。

根据以上分析的有关参数,估算黄河流域及河北省工业供水的效益为4.44~9.06元/m³,平均为6.78元/m³。计算时,各省(区)城乡生活供水单方水效益均采用工业单方水效益平均值6.78元/m³。实施黄河水量统一调度5年来,总增供水量23.79亿m³,总供水效益183.73亿元;年平均增供水量4.76亿m³,年平均供水效益36.75亿元。

二、农业灌溉供水效益

水量统一调度,总体上流域灌溉用水是减少的,河道生态用水和工业生活用水是增加的。各用户配水量的变化,导致了供水效益在各用户之间的转移,但是这种转移是一种有序的转移,并且总体上具有增值意义的转移。一方面提高了工业生活用水的保证程度,促进流域水资源向效益更大、重要性更高的用户转移;另一方面有效遏制了农业用水的严重浪费,促进地方在农业生产中推行节水灌溉,推进流域水资源高效利用,提高水资源利用效率。为估计灌溉效益转移量,假定在不采取其他节水措施的情况下,采用分摊系数法计算灌溉效益减少量。

综合考虑主要作物水分生产函数、作物生长期有效降水、农产品价格等参数,经分析估算,上游地区考虑现状灌溉破坏深度为25%条件下,灌溉综合效益为0.80元/m³,灌溉效益分摊系数取0.6;下游地区考虑现状灌溉破坏深度为50%条件下,灌溉综合效益为1.67元/m³,灌溉效益分摊系数采用0.4;黄河中游汾渭河盆地、伊洛河、沁河的作物种植结构与下游沿黄地区相近,因此黄河中游地区的灌溉综合效益采用与下游相同的估算指标1.67元/m³。

由以上分析计算的沿黄地区灌溉综合单方水效益指标以及相应的年供水量变化,估算黄河水量统一调度带来的农业灌溉效益转移。1999—2003年,减少供水总量58.20亿m³,年均减少11.64亿m³;减少灌溉效益82.01亿元,年均减少16.40亿元。

三、生态环境供水效益

生态系统服务功能的经济价值评估比较复杂,20世纪70年代以来成为国际上研究的热点和难点。根据目前研究成果,生态系统服务功能的经济价值评估方法可分为两类:一是揭示偏好的方法,根据实际的公众消费或社会支出背景,揭示公众或社会选择所反映的生态系统服务功能的潜在经济价值,分析的方法有很多,包括费用支出法、市场价值法、机会成本法、旅行费用法和享乐价格法等;二是陈述偏好的方法,评价方法主要是条件估值法,通过设计问卷进行受益人群的抽样调查,在统计分析的基础上得到生态系统服务功能的价值。考虑到黄河河道及河口地区生态环境问题的复杂性,黄河河道生态环境增供水量的生态效益计算采用机会成本法计算,即黄河河道生态供水效益为河道生态环境增供水量如果不用于河道生态供水,而最可能用于的其他用途所放弃的效益或产生的损失。

整个黄河下游地区的河道内和河口地区的生态环境需水量大约为210亿m³,其中河道耗水量约为10亿m³,汛期输沙维持河道、河口冲淤基本平衡并兼顾河口湿地生态需水量约为150亿m³,非汛期河口地区生态基流需水量约为50亿m³。下游除对生态环境需水总量有要求外,对时空分配也有相应的要求,主要表现在不同断面最小下泄流量有控制要求,年内不同月份也有水量要求。本次生态环境供水效益分析针对非汛期进行,因各断面不同的流量要求是为了满足不同断面的引水水位和流量等要求,有关引耗水的经济效益已在工农业经济效益计算中包含,因此只分析非汛期利津断面生态基流、河口地区湿地等供水量的经济效益。

由于这部分环境供水不用于生态环境供水量,则最有可能用于农业灌溉而带来经济效益,应按黄河下游农业灌溉效益损失估算环境供水效益。但有关专家认为,黄河统一调度解决黄河日益严峻的断流问题,产生了重大的社会、政治、经济影响,具有巨大的间接效益,因此计算河流生态供水效益时,将农业灌溉单方水效益指标进行了适当扩大。经估算,统一调度以来,河流生态供水总效益为70.19亿元,年均14.04亿元。

四、总经济效益

综合上述分析成果,1999—2003年黄河水量统一调度产生的总经济效益为172.9亿元,最大年效益62亿元,最小年效益2.27亿元,年均效益34.58亿元。

第二节　统一调度对国内生产总值(GDP)影响的初步分析

水量统一调度实行总量控制、以供定需、分级管理、分级负责的供配水方式,优化配置了水资源,使水资源的利用从效益低的部门向效益高的部门转移,促进了节水型社会的发展,促进了用水效率的提高,对国民经济的发展做出了一定的贡献。为了分析水量统一调度对国民经济的影响,中国水利科学研究院和清华大学进行了相关数据的调查和分析工作,主要成果分析如下。

一、水量调度促进了产业结构的调整

根据《全国水资源综合规划》中的黄河流域相关各省(区)的统计数据,水量调度以前的1997年流域9个省(区)(含河南、山东流域外供水)GDP总量为7651.9亿元,到1998年流域9个省(区)GDP总量为8266.6亿元,年增加8.03%。1999年3月实施黄河水量统一调度后,到2003年,流域9个省(区)GDP总量增加到13099.5亿元,年增加速度为7.86%。这说明黄河水量调度虽然限制了各省(区)的用水总量,但对国民经济总量影响较小,或者说没有影响国民经济的正常发展。

从1997—2003年黄河流域GDP变化表(见表16-2)中可以看到,水量调度以后,农业在国民经济构成中的比例逐渐减小,第二产业、第三产业的比例则为上升趋势。以上情况说明,虽然水量调度限制了各省(区)用水,但加快各省(区)经济结构调整的步伐,传统的高耗水农业发展受到了限制,第二产业,尤其是耗水量较小的第三产业比例在国民经济中的作用明显增强。

表16-2　1997—2003年黄河流域GDP变化

年份	GDP(亿元)				所占比例(%)		
	总计	农业	第二产业	第三产业	农业	第二产业	第三产业
1997	7651.9	1533.6	3125	2993.3	20.0	40.8	39.2
1998	8266.6	1617.9	3384.2	3264.5	19.6	40.9	39.5
1999	8971.7	1637.2	3667.9	3666.6	18.2	40.9	40.9
2000	9645.7	1639.7	4026.6	3979.4	17.0	41.7	41.3
2001	10406.1	1683.1	4361.5	4361.5	16.2	41.9	41.9
2002	11301.6	1828.7	4708.6	4764.4	16.2	41.7	42.1
2003	13099.5	2089.6	5486.8	5523.1	15.9	41.9	42.2

二、水量调度促进了用水效率的提高

流域的耗水量不仅包括地表水,还包括地下水。根据《全国水资源综合规划》《黄河水资源公报》等资料统计,1997—2003年黄河流域平均总耗水量为413.46亿m³,其中地表耗水量277.69亿m³,占总耗水量的67.1%(见表16-3),可见地表水对国民经济发展具有举足轻重的地位。

表16-3　黄河流域各省(区)平均总耗水量统计

(单位:亿m³)

省(区)	1997年		1998年		1999年		2000年		2001年		2002年		2003年		7年平均	
	总耗水	其中地表水	总耗水	其中地表水	总耗水	其中地表水	总耗水	其中地表水	总耗水	其中地表水	总耗水	其中地表水	总耗水	其中地表水	总耗水	其中地表水
青海	12.23	9.19	14.52	11.58	15.35	12.07	16.52	13.24	14.60	11.26	14.94	11.69	14.83	11.48	14.71	11.50
四川	0.19	0.07	0.17	0.05	0.28	0.25	0.26	0.23	0.27	0.24	0.28	0.25	0.27	0.25	0.25	0.19

甘肃	29.51	22.90	30.04	23.51	32.57	25.81	34.17	27.37	34.13	26.92	33.29	26.12	32.85	26.52	32.37	25.59
宁夏	44.47	38.41	43.11	37.12	47.61	41.50	44.76	37.76	43.59	37.00	41.69	35.74	42.82	36.37	44.01	37.70
内蒙古	79.63	62.89	81.13	61.46	88.12	66.48	81.47	59.46	84.13	61.03	82.62	59.18	83.81	60.11	82.99	61.52
山西	35.57	9.71	35.45	10.45	35.13	9.59	35.25	9.94	35.84	10.46	35.79	10.43	34.99	10.45	35.43	10.15
陕西	66.62	33.10	50.89	19.74	52.13	20.82	53.55	21.78	52.69	21.78	52.05	21.11	51.66	21.45	54.23	22.83
河南	68.40	38.52	54.08	29.54	61.59	34.57	57.48	31.47	57.49	29.42	63.82	36.01	61.84	32.72	60.67	33.18
山东	92.02	77.63	97.37	83.62	98.45	84.46	79.29	63.92	78.34	63.41	93.67	80.32	82.57	71.87	88.81	75.03
总计	428.64	292.42	406.76	277.07	431.07	295.58	402.75	265.17	401.08	261.52	418.15	280.85	405.64	271.22	413.47	277.69

以流域分行业的总耗水量和对应的GDP总量为基础,分析流域内用水效率的变化。从黄河流域一、二、三产业万元GDP用水定额变化(见表16-4)可以看出,水量调度以前的1997年和1998年,各行业平均GDP耗水用水定额平均为526.1m³/万元;水量调度以后,1999—2003年各行业年平均用水定额下降为392.66m³/万元,下降幅度为25.4%。分析黄河流域城市和农村生活用水定额(见表16-5)可以看出,水量调度以后城市和农村生活用水定额有较大幅度的下降。从1997—2003年流域的用水效率来看,统一调度由于限制了各省(区)的用水总量,对于各省(区)的用水效率提高起到了比较大的促进作用。从用水效率的变化趋势还可以看出(见图16-1),1999年以前耗用水农业定额变化不大,而在2000年以后,各种生产用水的定额出现了非常明显的下降趋势,反映了统一调度对流域用水效率提高作用具有滞后性特点,水量调度对用水效率提高的促进作用实际上是从统一调度后的第二年即2000年开始体现的。

表16-4 黄河流域一、二、三产业万元GDP用水定额变化

(单位:m³/万元)							
年份	1997	1998	1999	2000	2001	2002	2003
第一产业GDP耗水	2259.41	1998.67	2111.67	1969.2	1894.77	1827.89	1511.74
第二产业GDP耗水	142.81	134.73	127.66	102.05	97.33	92.39	87.87
第三产业GDP耗水	12.36	11.24	10.49	9.14	8.75	8.37	8.34
平均GDP耗水	56.17	492.03	480.66	417.54	385.42	370	309.66

表16-5 黄河流域城市和农村生活用水定额统计

(单位:m³/(人·月))							
年份	1997	1998	1999	2000	2001	2002	2003
城市生活	2.54	2.51	2.51	2.48	2.48	2.47	2.47
农村生活	1.66	1.65	1.65	1.62	1.62	1.62	1.62

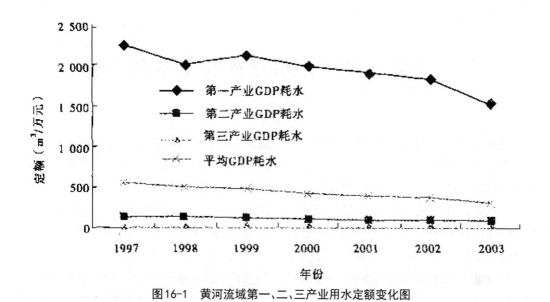

图16-1　黄河流域第一、二、三产业用水定额变化图

三、水量调度对GDP的影响量分析

目前,国内外对水量统一调度对国民经济影响的评估尚没有现成的评价技术和成熟的评价方法。为分析水量统一调度对国民经济的影响,中国水利科学研究院和清华大学进行了相关数据的调查,运用整体模型进行了研究分析。研究的方法为有、无水量统一调度情景对比分析法。

基本思路:第一是进行整体模型研究,从流域经济发展和水资源利用关系的角度,定量分析了水量统一调度对流域经济发展的全方位影响,包括对经济发展总量的影响、对各产业的影响、对粮食生产的影响、对水力发电的影响、对流域外调水量的影响以及对整个流域用水效率和耗水量的影响等;第二是利用调查数据对模型进行了参数率定和校核,并分析水量统一调度对国民经济发展和水资源的供用耗排等影响的边界条件;第三是利用整体模型模拟"无统一调度"情景,重现黄河水量在"无统一调度"下经济社会发展与水资源利用情景;第四是进行"有统一调度"和"无统一调度"两种情景下主要统计指标的对比分析,进而对水量统一调度实施效果进行宏观经济评价。

经过模型逐年重现模拟计算,分析成果是:1999—2003年统一调度使黄河流域及相关地区累计增加国内生产总值(GDP)1544亿元,年均309亿元。

第十七章 黄河水资源配置策略及方案

黄河水资源配置既要适应水资源量减少和重大水工程生效的变化,也不能完全抛弃分水方案沿革、已有用水格局,此外还要进一步满足促进经济社会可持续发展和维持河流健康生命的目标,因此黄河水资源配置是复杂、艰巨和影响深远的。

本章通过分析黄河水资源配置历程和存在问题,确定了以"87"分水方案为基础、协调"三生"用水以及维持一定的河道内用水等原则,并在供需分析的基础上,提出了相应的配置方案以及特殊情况下的水资源调配对策。主要成果如下:

一、提出了现状至南水北调东、中线工程生效前,南水北调东、中线工程生效后至南水北调西线一期工程生效前以及南水北调西线等调水工程生效后三个配置方案,成为新的黄河水资源配置和调控的分水方案。

现状至南水北调东、中线工程生效前,在"87"分水方案的基础上,配置河道外可利用水量为341.16亿m³,入海水量193.63亿m³;南水北调东、中线工程生效后至南水北调两线一期工程生效前,以2020年为配置水平年,下垫面条件变化减少地表径流量15亿m³,配置河道外水量332.79亿m³,入海水量为187.00亿m³;南水北调西线等调水工程生效后,2030年在调入水量97.63亿m³情况下,配置河道外401.05亿m³,入海水量211.37亿m³。

二、新的黄河水资源配置方案提供耗水和供水两套控制指标,实现了黄河水资源耗水和供水双控制,为黄河水资源统一调度提供控制性指标,可在一定程度上保证河道内供水,为维持河流健康生命提供支撑。

三、新的黄河水资源配置方案提出了特殊情况下的水资源调配对策措施,并进一步论证了影响流域水资源格局的重大水工程如南水北调西线一期工程、引汉济渭工程适宜的生效时机。

第一节 黄河流域水资源配置历程和存在问题

20世纪80年代,根据优先保证人民生活用水和国家重点工业建设用水,保证黄河下游输沙入海水量,水资源开发上中下游兼顾、统筹考虑等原则,黄委开展了黄河流域水资源开发利用规划工作,提出黄河流域水资源需求预测成果,并对地表水资源量进行了省(区)间的分配。据此成果,1987年国务院办公厅以国办发[1987]61号文下发了《关于黄河可供水量分配方案报告的通知》,明确了黄河地表水可分配370亿m³的方案,指出该方案为南水北调工程生效以前的黄河水量分配方案,以此分配水量为依据,制定各省(区)的用水规划。

黄河"87"分水方案的实施,为黄河水资源的开发利用提供了重要依据,对黄河水资源的合理利用及节约用水起到了积极的推动作用,是黄河取水许可发放的主要依据。尤其是20世纪90年代以来,黄河下游断流日益严重,分水方案为黄河水资源的管理和调度,保证这些年下游不断流起到了不可替代的作用。但是自1980年以来,黄河流域水资源及其开发利用情况发生了巨大变化,需要对黄河水资源的配置进行调整。

一、南水北调东、中线工程已开始实施。

目前南水北调东线和中线工程已开始建设,计划2014年开始生效,南水北调西线一期工程正在进行前期工作,规划2030年前后生效。南水北调工程三条线路的实施,必将对黄河水资源的配置产生重要的影响。

二、黄河水资源量发生了变化。

"87"分水方案采用的黄河水资源系列为1919—1975年,黄河流域天然年径流量为580亿 m³,随着近几十年人类活动影响的加剧,流域下垫面条件发生了改变,致使产汇流关系发生了变化,从而影响水资源量,1956—2000年系列黄河流域天然径流量为535亿 m³。

三、各地区用水情况发生了变化。

与1980年以前相比,用水结构、各地区用水比例都发生了变化,个别省(区)用水已超出"87"分水指标。

四、保障重点地区和重点行业的用水安全。

随着西部大开发战略的实施和推进,黄河上中游地区经济社会发展迅速,对水资源的需求极其旺盛,城镇规模的不断扩大、能源化工基地的开发建设,使工业生活需水大幅增加,是未来需水增加最快的行业,也是导致流域缺水形势更加严峻的行业。同时,黄河宁夏南部山区、陕西北部、甘肃陇东地区,是黄河流域水资源极度匮乏、贫困人口最为集中的地区,也是全国农村饮水安全最为困难的地区之一,根据黄河水资源条件和南水北调西线一期工程,结合生态环境移民规划,在黄河黑山峡河段适当开发建设一定规模的生态灌区,对促进当地居民的饮水安全和脱贫致富以及改善区域生态环境都有重要意义。因此,黄河水资源配置要统筹河道内外的用水要求,协调区域间、行业间的用水关系,合理利用当地水、外调水和再生水资源,保障重点地区的农村饮水安全、城镇供水安全、能源基地供水安全和粮食安全。

第二节　水资源配置的原则

水资源配置不仅为政府加强水资源的宏观调控提供依据,而且也要与目前的水资源管理紧密结合。根据黄河流域的实际情况和特点,并结合目前的实际管理状况,提出水资源配置的原则。

一、要以维持黄河健康生命和促进经济社会可持续发展为出发点

近几十年来,随着黄河流域国民经济用水量的增加,生态环境用水被挤占,入海水量逐年减少,造成黄河下游持续性断流,主河槽大量淤积,平滩过流能力减少,水污染加重,河口三角洲生态系统遭到破坏,已严重危及黄河的健康生命。同时,黄河流域经济社会发展要求以黄河水资源的可持续利用支撑经济社会的可持续发展。因此,在黄河流域水资源配置时,要以维持黄河健康生命和促进经济社会可持续发展为出发点,2020年水平要遏制维持黄河健康生命的各种不利因素继续恶化的趋势,同时保证生活、生产和生态用水要求,促进经济社会稳步发展;2030年水平在南水北调西线一期工程生效之后,逐步恢复河道基本功能,河流生态系统得到有效改善,经济社会用水紧张局面得到缓解;在南水北调西线一期工程完全生效后,维持黄河健康的生命形态,促进经济社会可持续发展,进而实现人与黄河的和谐相处。

二、要以1987年国务院批准的黄河可供水量分配方案为基础

鉴于1987年以来黄河流域水资源量及开发利用情况的变化,本次水资源配置,以1987年黄河可供水量分配方案和1998年国家计委、水利部联合颁布的《黄河可供水量年度分配及干流水量调度方案》为基础,以黄河水资源可利用量为前提,统筹考虑水资源量的变化,供需平衡分析成果,南水北调东、中、西线跨流域调水工程等因素,对黄河水资源进行配置。

三、要协调好生活、生产、生态用水的关系

生活用水必须优先保证,在此前提下,要以水资源的可持续利用支持工农业生产的发展,但是工农业生产发展的规模和水平要受到水资源量的制约,同时要促进工农业生产提高用水效率。因此,在水资源配置中要统筹兼顾,协调好生活、生产、生态用水的关系。

四、要上、中、下游统筹兼顾

黄河流域来水量主要集中在上游,兰州断面天然径流量占全河的62%,而黄河的用水主要集中在兰州以下及下游流域外地区,并且黄河需要一定的输沙入海水量,因此在黄河水资源配置中,应上、中、下游统筹兼顾,综合考虑。

五、要地表水、地下水统一配置

鉴于20世纪80年代以来黄河流域地下水开采量大量增加,部分地区地下水超采严重,因此在水资源配置中,充分考虑地表水和地下水的空间分布,按照地表水总量控制和地下水采补平衡的原则,统一考虑黄河地表水和流域浅层地下水资源的配置,严格限制并逐步削减地下水超采量,最终达到采补平衡,在地下水尚有潜力的地区,适当考虑增加地下水的开发利用。

六、要保证干支流主要断面维持一定的下泄水量

黄河的主要特点是水少沙多,水沙异源,来水大部分在上游,而用水主要在中下游。为了保持河道内一定的输沙水量和保障下游河段一定的用水要求,在黄河流域水资源配置中,干流主要断面如河口镇、龙门、花园口、利津以及主要支流的入黄口都要保证一定的流量和水量,并提出主要断面的水量控制指标。

第三节　黄河水资源配置方案及分析

根据黄河水资源配置的思路和原则,考虑到黄河水资源量的变化,结合黄河流域供需分析成果,拟定黄河流域水资源配置方案。

到2030年,黄河流域水资源条件将发生较大变化。第一,由于水土保持建设、水利工程建设等人类活动的影响,黄河河川径流量将持续减少,2020年将比目前减少15亿m³,2030年减少20亿m³;第二,南水北调东、中线工程已开始建设,计划2014年开始生效;第三,南水北调西线一期工程暂按2030年生效考虑。

根据黄河水资源条件的变化,黄河水资源配置分为三个阶段,即现状至南水北调东、中线工程生效前,南水北调东、中线工程生效至南水北调西线一期工程生效前,南水北调西线一期工程生效后。

在南水北调西线一期工程生效前,黄河流域供需形势异常严峻,缺水严重,水资源配置要统筹考虑维持河流健康生命和国民经济各部门之间的用水关系。在优先保证城乡饮水安全的前提下,黄河水资源难以满足河道内需水量以及各地区各部门的用水要求,在一些部门和行业将有一定的用水缺口。各地区在配置的水量内,必须做到统筹兼顾、合理安排,实行计划用水、节约用水。

在南水北调西线一期等调水工程生效后,供需矛盾大为缓解,在向河道外国民经济各部门增加供水的同时,增加一部分河道内输沙用水,在考虑河川径流量进一步减少后,入海水量达到210亿m³左右。

一、现状至南水北调东、中线工程生效前

黄河"87"分水方案的适用条件是在南水北调工程生效以前,因此在南水北调东、中线工程生效以前,黄河水资源配置方案仍为黄河"87"分水方案。

1998年国家计委、水利部联合颁布的《黄河可供水量年度分配及干流水量调度方案》和《黄河水量调度管理办法》提出,根据天然来水量预测及水库调节情况,考虑河道输沙水量要求,确定年度全河可供水量;根据正常来水年份可供水量分配指标与年度可供水量比例,确定各省(区)年度分配控制指标,各月份分配指标原则上同比例压缩。

黄河"87"分水方案,是基于2000年需水水平和1919—1975年56年径流系列、多年平均天然径流量580亿m³条件进行配置的,在南水北调工程生效前,各省(区)河道外分水370亿m³,入海水量210亿m³。

本研究采用1956—2000年45年径流系列,黄河多年平均地表径流量为534.79亿m³。考虑到黄河水资源量的减少,统筹考虑河道内外用水需求,在"87"分水方案的基础上配置河道内外水量,配置河道外可利用水量为341.16亿m³,入海水量193.63亿m³。

现状至南水北调东、中线工程生效前黄河水资源配置结果见表17-1。

表17-1　现状至南水北调东、中线工程生效前黄河水资源配置

二级区、省(区)	需水量	向流域内配置的供水量				缺水量	缺水率(%)	黄河地表水消耗量		
(单位:亿m³)		地表水供水量	地下水供水量	其他供水量	合计			流域内消耗量	流域外消耗量	合计
龙羊峡以上	2.44	2.61	0.11	0	2.72	0	0	2.21	0	2.21
龙羊峡一兰州	41.78	28.84	5.30	0.10	34.24	7.54	18.30	21.72	0.40	22.12
兰州一河口镇	204.40	139.20	18.84	0.69	158.73	45.67	22.35	96.72	1.60	98.32
河口镇一龙门	19.40	12.72	4.55	0.10	17.37	2.03	10.45	9.84	5.60	15.44
龙门一三门峡	133.72	75.97	47.27	0.79	124.03	9.69	7.25	68.17	0	68.17
三门峡一花园口	29.89	16.03	13.73	0.02	29.78	0.11	0.38	13.53	8.22	21.75
花园口以下	48.66	25.77	20.13	0	45.90	2.76	5.68	23.45	88.99	112.44
内流区	5.51	0.91	3.29	0.02	4.22	1.29	23.42	0.72	0	0.72
青海	22.63	15.59	3.24	0.03	18.86	3.77	16.61	13.00	0	13.00
四川	0.17	0.44	0.01	0	0.46	0	0	0.37	0	0.37
甘肃	51.95	35.59	5.66	0.35	41.60	10.35	19.93	26.03	2.00	28.03
宁夏	91.24	67.41	5.68	0.69	73.78	17.46	19.15	36.88	0	36.88

内蒙古	107.09	63.90	16.88	0.03	80.81	26.28	24.54	54.03	0	54.03
陕西	78.16	41.65	27.57	0.60	69.82	8.34	10.68	35.04	0	35.04
山西	57.19	36.00	21.08	0	57.08	0.11	0.20	34.14	5.60	39.74
河南	54.86	33.33	21.50	0.02	54.85	0.01	0	30.36	20.72	51.08
山东	22.50	8.14	11.60	0	19.74	2.76	12.29	6.50	58.04	64.54
河北、天津	0	0	0	0	0	0	0	0	18.44	18.44
合计	485.79	302.05	113.22	1.72	416.98	69.10	14.22	236.35	104.81	341.16

二、南水北调东、中线工程生效至南水北调西线一期工程生效前

以2020年为配置水平年，下垫面条件变化减少地表径流量15亿m³，则2020年水平地表径流量为519.79亿m³。以"87"分水方案为基础配置河道内外水量，配置河道外各省（区）可利用水量332.79亿m³，入海水量为187.00亿m³。

对于向河北、天津配置水量，根据2002年国务院批复的《南水北调工程总体规划》，在海河流域水资源供需分析时，"考虑到南水北调即将实施，规划只将引黄济冀水量计入可供水量。引黄济冀可供水量按穿卫枢纽能力5亿m³计（折算至黄河取水口为6.2亿m³），其中供城市1.46亿m³，供农村3.54亿m³"。因此，南水北调东、中线工程建成生效，其供水区包含了河北、天津的部分地区，加上黄河水资源紧缺的实际，仍考虑向河北配置6.2亿m³水量，不再考虑向天津配置水量。但是在必要时，根据河北、天津的缺水情况和黄河流域来水情况，可以向河北、天津应急供水。

南水北调东、中线工程生效至南水北调西线一期工程生效前黄河水资源配置结果见表17-2。

表17-2　南水北调东、中线工程生效至南水北调西线一期工程生效前黄河水资源配置

（单位：亿m³）									
二级区、省（区）	需水量	向流域内配置的供水量				缺水量	缺水率（%）	黄河地表水消耗量		
		地表水供水量	地下水供水量	其他供水量	合计			流域内消耗量	流域外消耗量	合计
龙羊峡以上	2.63	2.60	0.12	0.02	2.74	0	0	2.30	0	2.30
龙羊峡—兰州	48.19	28.99	5.33	1.12	35.44	12.75	26.47	22.28	0.40	22.68
兰州—河口镇	200.26	135.55	26.40	2.46	164.41	35.85	17.91	96.95	1.60	98.55
河口镇—龙门	26.20	14.58	7.48	1.04	23.10	3.10	11.85	11.63	5.60	17.23
龙门—三门峡	150.93	80.19	47.00	5.28	132.47	18.46	12.23	67.34	0	67.34

三门峡—花园口	37.72	22.00	13.76	1.47	37.23	0.49	1.33	17.66	8.22	25.88
花园口以下	49.31	23.38	20.33	0.97	44.68	4.63	9.40	20.34	77.52	97.86
内流区	5.88	1.14	3.29	0.20	19.06	6.86	26.43	13.16	0	13.16
青海	25.92	15.60	3.26	0.20	19.06	6.86	26.43	13.16	0	13.16
四川	0.31	0.42	0.02	0	0.44	0	0	0.37	0	0.37
甘肃	59.96	35.49	5.67	2.30	43.46	16.50	27.50	26.73	2.00	28.73
宁夏	86.40	64.70	7.68	0.89	73.27	13.13	15.19	37.32	0	37.32
内蒙古	107.13	63.95	23.76	1.42	89.13	18.00	16.80	54.68	0	37.32
陕西	90.30	42.00	28.86	3.59	74.45	15.85	17.54	35.46	0	35.46
山西	65.85	41.67	21.11	1.65	64.73	1.42	2.15	34.62	5.60	40.22
河南	60.65	36.57	21.77	1.57	59.91	0.74	1.20	30.97	20.72	51.69
山东	24.62	8.00	11.55	0.80	20.35	4.27	17.30	6.50	58.82	65.32
河北	0	0	0	0	0	0	0	0	6.20	6.20
合计	521.13	308.42	123.70	12.43	444.55	76.58	14.72	239.45	93.34	332.79

注：配置水量仅为黄河水量,不包括南水北调东线工程向山东供水0.17亿 m³,引红济石、引乾济石、引汉济渭向黄河分别调水0.09亿 m³、0.47亿 m³、10.00亿 m³。

三、南水北调西线等调水工程生效后

到2030年,考虑向黄河流域调水的工程有:南水北调东线工程、引红济石、引乾济石、引汉济渭和南水北调西线一期工程。南水北调东线工程调入山东1.26亿 m³,引乾济石调水量0.47亿 m³,引红济石调水量0.90亿 m³,引汉济渭和南水北调西线一期工程调水规模目前尚在研究中,调水量分别按15.00亿 m³、80.00亿 m³考虑,总计调入黄河水量为97.63亿 m³。南水北调西线等调水工程实施以后,为尽量减少黄河下游河道淤积,恢复河道基本功能、改善河流生态环境、维持黄河健康生命,并统筹考虑河道内外的需水要求。南水北调西线一期工程调入水量配置尚在研究中,本研究暂按照配置河道外水量55亿 m³、补充黄河河道内生态环境水量25亿 m³的方案,引乾济石、引红济石、引汉济渭等工程配置河道外水量12亿 m³,补充渭河和黄河下游河道内生态环境水量4.37亿 m³,南水北调东线调入1.26亿 m³配置山东。合计调入水量配置河道外用水68.26亿 m³,补充黄河河道内生态环境水量为29.37亿 m³。

2030年水平,黄河河川径流量将减少到514.79亿 m³,加上调入水量97.63亿 m³,黄河的径流总量为612.42亿 m³,其中配置河道外401.05亿 m³,入海水量211.37亿 m³。

南水北调西线等调水工程生效后黄河水资源配置见表17-3。

表 17-3　南水北调西线等调水工程生效后黄河水资源配置

（单位：亿 m³）

二级区、省（区）	需水量	向流域内配置的供水量				缺水量	缺水率（%）	黄河地表水消耗量			外流域调水			需耗水量合计
		地表水供水量	地下水供水量	其他供水量	合计			流域内消耗量	流域外消耗量	合计				
龙羊峡以上	3.39	3.31	0.12	0.03	3.46	0	0	2.99	0	2.99	0	0	0	2.99
龙羊峡一兰州	50.68	36.72	5.33	1.75	43.80	6.88	13.6	18.99	0.40	19.39	10.50	0	10.50	29.89
兰州一河口镇	205.63	167.16	27.38	3.84	198.38	7.25	3.5	98.25	1.60	99.85	31.30	4.00	35.30	135.15
河口镇一龙门	32.37	21.96	8.62	1.63	32.21	0.16	0.5	10.91	5.60	16.51	7.50	0	7.50	24.01
龙门一三门峡	158.29	97.75	46.77	8.74	153.26	5.03	3.2	68.86	0	68.86	13.70	0	13.70	82.56
三门峡一花园口	40.98	23.43	13.57	2.57	39.57	1.41	3.4	19.24	8.22	27.46	0	0	0	27.46
花园口以下	49.79	23.41	20.20	1.67	45.28	4.581	9.1	19.04	77.52	96.56	1.26	0	1.26	97.82
内流区	6.19	1.39	3.29	0.12	4.80	1.39	22.6	1.17	0	1.17	0	0	0	1.17
青海	27.67	21.35	3.27	0.40	25.02	2.65	9.6	13.16	0	13.16	5.00	0	5.00	18.16
四川	0.36	0.42	0.02	0	0.44	0	0	0.37	0	0.37	0	0	0	0.37
甘肃	62.61	43.14	5.68	3.56	52.38	10.23	16.3	26.37	2.00	28.37	8.00	4.00	12.00	40.37
宁夏	91.16	80.28	7.68	1.34	89.30	1.86	2.0	37.32	0	37.32	15.30	0	15.30	52.62
内蒙古	108.85	78.00	25.08	2.24	105.32	3.53	3.2	54.68	0	54.68	15.20	0	15.20	69.88
陕西	98.09	62.57	29.51	5.68	97.76	0.33	0.3	35.46	0	35.46	17.50	0	17.50	52.96

山西	69.87	43.65	21.06	3.02	67.73	2.14	3.0	34.62	5.60	40.22	2.00	0	2.00	42.22
河南	63.26	36.15	24.55	2.78	60.48	2.78	4.4	30.97	20.72	51.69	0	0	0	51.69
山东	25.48	9.56	11.44	1.33	22.33	3.15	12.4	6.50	58.82	65.32	1.26	0	1.26	66.58
河北	0	0	0	0	0	0	0	0	6.20	6.20	0	0	0	6.20
合计	547.33	375.12	125.28	20.36	520.76	26.57	4.87	239.45	93.34	332.79	64.26	4.0	68.26	401.05
河道内用水								182.00		182.00	29.37		29.37	211.37
入海水量	211.37													

四、配置方案分析

现状至南水北调东、中线工程生效前,配置河道外各省(区)水量341.16亿 m³,入海水量193.63亿 m³。黄河流域缺水量为95.47亿 m³,其中河道外缺水69.10亿 m³,缺水率14.2%;河道内缺水26.37亿 m³,缺水率12.0%。上游省(区)缺水率高,青海、甘肃、宁夏、内蒙古等省(区)缺水在17%~25%,陕西省缺水11%,山东省由于大汶河供需矛盾突出,缺水12%。

南水北调东、中线工程生效至南水北调西线一期工程生效以前,由于需水增加和黄河河川径流量减少,黄河流域缺水量达到109.71亿 m³,其中河道外缺水量76.58亿 m³,缺水率14.7%,河道内缺水量33.13亿 m³,缺水率15.0%。缺水主要集中在河口镇以上,青海、甘肃、宁夏、内蒙古等上游省(区)缺水在15%~28%,陕西省缺水18%,山东省缺水17%。该阶段河口镇以上省(区)缺水较多,在南水北调西线一期工程生效前,只能通过加强节水和产业结构调整缓解缺水矛盾。陕西省可通过引汉济渭等跨流域调水工程解决关中地区的缺水问题。

鉴于该阶段黄河缺水严重,统筹考虑河道内外用水需求,在"87"分水方案的基础上配置河道内外水量,则下游河道平均入海水量只有190亿 m³左右,其中汛期140亿 m³左右。在小浪底拦沙期结束后,进入下游9亿 t 泥沙的情况下,下游河道淤积为2亿 t 左右,在下游漫滩几率减小的情况下,将加剧二级悬河的形势,对维持下游中水河槽构成严重威胁,因此必须及时采取兴建古贤水库、加强多沙粗沙区水土保持建设等多种措施,减缓下游河道淤积。

南水北调西线一期等调水工程生效后,重点针对河口镇以上省(区)缺水情况增加了南水北调西线一期工程调水的配置,西线调水80亿 m³,配置河道外水量55亿 m³,配置河道内25亿 m³,此外考虑引汉济渭等调水工程,各省(区)尤其是河口镇以上省(区)河道外缺水情况得到缓解,全流域河道外缺水率4.9%,甘肃省和山东省缺水仍较多,分别为16%和12%,青海省缺水为10%。由于山西省目前用水量与配置黄河水量尚有较大差距,因此配置南水北调西线一期工程调水量较少,考虑到山西省作为中国的主要能源重化工基地,未来对水资源的需求增加较快,如在2030年水平山西省缺水量较大,可以增加应急供水。由于调水工程补充河道内水量,入海水量增加到211.37亿m³,缺水3.9%,尚未达到220亿m³的需水要求,还需要完善黄河水沙调控体系以调节水沙关系,同时采取水土保持建设、滩区放淤等多种措施进一步减少黄河下游的泥沙淤积,塑造并维持中水河槽。黄河流域不同水平年水资源开发利用规划情况见表17-4。

表17-4 黄河流域不同水平年水资源开发利用规划情况

(单位:亿m³)												
水平年	地表水						地表水耗损量占地表水可利用的比例(%)	平原区浅层地下水			生态环境需水量	入海水量	生态环境水足度需水满程(%)
	地表水可利用量			地表水耗损量				可采量	规划开采量	划采开量占可采(%)			
	当地	调入量	合计	当地	调入量	合计							
现状	314.79	0	314.79	236.35	104.81	341.16	108	119.39	79.97	67	220	193.63	88
2020	299.79	0	299.79	239.45	93.34	332.79	111	119.39	90.45	76	220	187.00	85
2030	294.79	97.63	392.42	307.71	93.34	401.05	102	119.39	92.05	77	220	211.37	96

现状至南水北调东、中线工程生效前,由于水资源短缺、经济社会发展与河流生态环境用水矛盾突出,地表水耗损量超过可利用量,入海水量无法满足要求。

南水北调东、中线工程生效至南水北调西线一期工程生效以前(2020年水平),水资源矛盾更加突出,地表水耗损量超可利用量11%,入海水量缺水33亿m³。因此,这一阶段是黄河流域水资源利用最紧张的阶段,应采取多种措施缓解供需矛盾。

南水北调西线一期等调水工程生效后(2030年水平),西线一期工程和引汉济渭等调水工程调入黄河流域97.63亿m³,有力地缓解了黄河流域极度缺水的矛盾,地表水耗损量达到401亿m³,超过地表水可利用量2%,入海水量达到211亿m³。

第四节　特殊情况下资源调配对策

一、特殊情况供需状况

特殊情况包括出现特殊枯水年和连续枯水段的情况以及出现突发事件的情况。黄河流域 2030 年水平有西线有引汉方案特殊枯水年河道外缺水 146.4 亿 m³,连续枯水段缺水 93.7 亿 m³,分别是多年平均缺水的 5.5 倍和 3.5 倍,同时河道内生态环境用水缺水显著增加,对流域经济社会发展和生态环境都有较大影响。

二、特殊情况总体对策

特殊枯水年和连续枯水段,水资源量和可供水量比正常年景大幅减少,水资源调配的对策主要是:压缩需求、挖掘供水潜力、增强水资源应急调配能力和制定应急预案。

(一)压缩需求。

在保证居民生活和重要行业部门正常合理需求的前提下,适当减少或暂时停止其他部分用户的供水,同时减少河道内生态环境用水,黄河流域在 2030 年水平有西线有引汉方案特殊枯水年入海水量减少到 140.0 亿 m³,相当于多年平均的 66.2%,连续枯水段平均年入海水量减少到 173.9 亿 m³,相当于多年平均的 82.3%。

(二)挖掘供水潜力。

适当超采地下水和开采深层承压水;充分发挥龙羊峡等水库的多年调节作用,增大水库下泄水量,增加向枯水期补水,在特殊枯水年水库补水达到 72.5 亿 m³,连续枯水段年均水库补水 12.2 亿 m³;利用供水工程在紧急情况下可动用的水量,适当增加外区调入的水量;对于水质要求不高的用水部门,适当调整新鲜水和再生水的供水比例,增加再生水供水量以替代新鲜水的供水量等。

(三)增强水资源应急调配能力。

推进城市和重要经济区双水源和多水源建设;加强水源地之间和供水系统之间的联网,便于进行联合调配;积极安排与建设应急储备水源。

(四)制定应急预案。

制定特殊枯水年和连续枯水段等紧急情况下供水量分配方案和水量调度预案以及重要水库与供水工程应急供水调度预案。

第十八章　黄河流域水资源承载能力及保护对策研究

随着经济社会发展,黄河流域用水量和排水量均大幅度增加,大量未经任何处理或有效处理的工业废水和城市污水直接排入河道,造成流域内重要河流近50%河长达不到水功能区水质保护目标要求,主要污染物入河量已远超出黄河流域水域纳污能力,水资源保护已经成为水资源管理的主要内容之一。

本章根据黄河流域水资源的自然条件、功能要求、开发利用现状以及未来经济社会发展的要求,进行了水功能区划分,分析了各水功能区的纳污能力,对污染源进行了预测,提出了规划水平年的纳污能力和污染物入河总量控制方案,并进而提出了水资源保护的对策措施。主要成果如下:

1.根据黄河流域水资源及分布状况,分析流域水域纳污能力设计条件。黄河流域现状水平年COD、氨氮纳污能力分别为125.2万t、5.82万t。在现状纳污能力核定的基础上对水功能区承载现状进行分析,得出黄河流域入河污染物超过纳污能力的超载水功能区COD、氨氮入河污染物量为95.75万t/a、8.99万t/a,占流域总量的92.6%、91.7%,超载水功能区是流域入河污染物总量控制的重点。

2.研究提出基于现状治污模式、达标排放模式和达标排放加中水回用模式三种水污染治理情景模式的流域水污染预测,得到达标排放加中水回用模式污染物排放削减量最大,排入水体的污染物量最小,废污水排放量比另外两种模式减少18.28亿m³,COD和氨氮比达标排放模式分别减少5.77万t、0.87万t,推荐水污染治理模式为达标排放加中水回用模式。

3.结合确定的各水平年水污染治理模式,对规划水平年纳污能力进行分析,得出黄河流域规划水平年COD、氨氮纳污能力分别为155.2万t、7.27万t。针对进入黄河干流和支流的污染物量呈增加趋势,提出并制定全河及重点河段的入河污染物总量控制方案。黄河流域2030年COD入河控制量为25.88万t,入河总削减量达18.28万t;排放控制量39.51万t,排放总削减量达29.50万t。氨氮入河控制量为2.18万t,入河削减量达4.61万t;排放控制量3.17万t,排放削减量7.10万t。

4.从污染源治理控制、提高和合理利用纳污能力,完善水资源保护监控体系,提高监控能力等方面提出黄河流域水污染综合控制措施。

第一节　研究目标

通过对黄河流域水污染现状的调查分析以及未来30年水污染状况的分析预测,提出黄河流域水资源保护规划的目标指标和入河污染物总量控制指标以及实现黄河流域良好水质的水资源保护对策措施,为制定流域水资源综合规划提供技术支持。

第二节　研究思路

水资源的永续利用是社会经济可持续发展的基础和条件,不但需要量的满足,而且需要质的保护。水资源在满足社会经济发展的同时,又作为载体,接纳所产生的废污水,其容量资源是有限的。随着黄河流域社会经济的发展和国家西部大开发战略决策的实施,黄河水资源短缺和水污染加重造成的水资源供需矛盾日益突出,成为制约流域经济社会可持续发展的主要因素。黄河流域的水资源形势客观要求在水资源开发、利用、治理的同时,更注重水资源的配置、节约和保护。根据流域经济社会发展和水资源永续利用的要求,黄河流域入河污染物控制必须在浓度控制的基础上,实行入河污染物总量控制。

本研究以黄河流域水质保护和城镇饮水安全为目标,水功能区为控制单元,水域纳污能力为约束条件,制定入河污染物总量控制方案,提出水污染综合控制措施,统筹协调社会经济发展与水资源保护,流域上下游、左右岸等关系,以水资源的可持续利用促进社会经济的可持续发展。

1. 系统全面开展黄河流域地表水水质现状、流域污染源及入河排污口调查评价,结合流域经济社会发展分布状况,分析流域水污染成因

2. 根据黄河流域水资源分布状况,进行流域水域纳污能力设计条件分析,核定黄河流域水域纳污能力,分析总结流域水域纳污能力分布特征

3. 水资源保护作为流域水资源利用与配置的一个重要有机组成部分,其成果参与流域水资源配置方案的制定,并与之互为反馈

本研究探讨黄河流域水环境承载系统与社会、经济的关系,分析黄河流域水环境承载现状,总结黄河流域水污染特点以及水资源开发利用与保护存在的问题,为制定流域较为合理的水资源利用方式提供技术支持;以黄河流域水资源配置方案作为黄河流域水污染预测初始边界,进行基于流域不同水污染治理情景模式(在非常规水资源的利用方面与水资源配置方案形成互动)下流域水污染预测研究,确定较合理的规划水平年水污染治理模式;进行黄河流域不同水资源配置方案下河流纳污能力设计水文条件分析,开展规划水平年水环境承

载状况分析,提出保障河流水质安全的流量建议;以流域纳污能力为约束条件,制定入河污染物总量控制方案。

4.以落实黄河流域入河污染物总量控制方案为核心,以保证城镇饮水安全为重点,从污染源治理控制、提高和合理利用纳污能力、完善水资源保护监控体系、提高监控能力等方面提出黄河流域水污染综合控制措施

黄河流域水资源保护研究思路详见图18-1和图18-2。

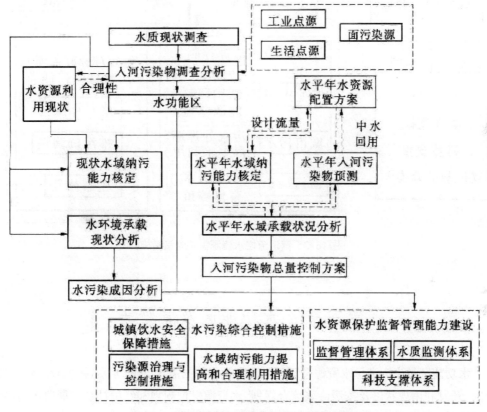

图18-1　黄河流域水资源保护研究思路框图

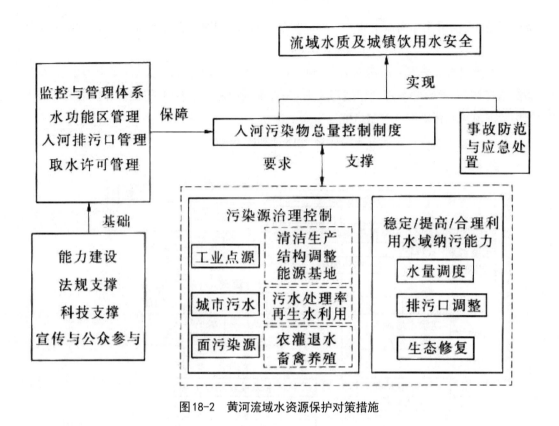

图18-2　黄河流域水资源保护对策措施

第三节　水功能区及其特点

水功能区是指为满足水资源合理开发和有效保护的需求,根据水资源的自然条件、功能要求、开发利用现状以及按照流域综合规划、水资源保护规划和经济社会发展要求,在相应水域按其主导功能划定并执行相应质量标准的特定区域。

一、水功能区的分级分类系统

水功能区包括两级体系,即一级区和二级区。水功能一级区分为四类,即保护区、保留区、缓冲区和开发利用区;水功能二级区在一级区的开发利用区内进行划分,共分为七类,即饮用水水源区、工业用水区、农业用水区、渔业用水区、景观娱乐用水区、过渡区和排污控制区。一级区主要协调地区间的用水关系,长远考虑可持续发展需求,从宏观上解决水资源开发利用与保护的问题;二级区主要协调各用水部门之间的用水关系。水功能区划的分级分类系统见图18-3。

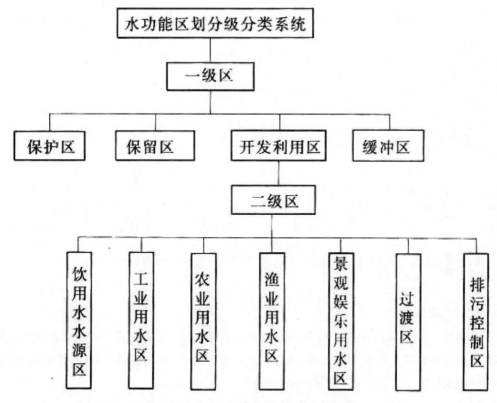

图18-3 水功能区划的分级分类系统

二、水功能区划分结果

根据水资源管理和保护的要求,黄河流域水功能区划共划分河流176条,划分河长共计29740.2km,其中干流河长5463.6km,占总河长的18.4%;划分湖库面积468.7km²,共涉及了9个省(区)的28个水资源三级区。

(一)一级区

水功能一级区共划分358个,其中保护区109个,保留区44个,缓冲区49个,开发利用区156个,详见表18-1。

表18-1 黄河流域水功能一级区划分结果

水资源二级区	一级区总计		保护区		保留区		缓冲区		开发利用区	
	个数	河长(km)	个数	河长(km)	个数	河长(km)	个数	河长(km)	个数	河长(km)
龙羊峡以上	23	5016.6	17	3058.2	5	1815.1			1	143.3
龙羊峡—兰州	38	3721.7	11	908.7	3	520.3	4	173.8	20	2118.9

兰州—河口镇	50	4955.6	6	240.6	8	1023.3	3	189.6	33	3502.1
河口镇—龙门	79	4366.9	19	980.2	8	560.1	24	589.6	28	2237.0
龙门—三门峡	110	7664.2	37	1597.9	15	1062.8	11	354.9	47	4648.6
三门峡—花园口	29	1987.0	11	437.7	1	83.7	4	130.7	13	1334.9
花园口以下	29	2028.2	8	197.4	4	75.1	3	121.0	14	1634.7
总计	358	29740.2	109	7420.7	44	5140.4	49	1559.6	156	15619.5

注:开发利用区中有2个是跨水资源二级区的,若按流域统计,个数为154个,若按二级区统计,个数是156个。

(二)二级区

水功能二级区共划分389个,其中饮用水水源区54个,工业用水区35个,农业用水区153个,渔业用水区8个,景观娱乐用水区15个,过渡区55个,排污控制区69个,详见表18-2。黄河流域水功能二级区长度分布比例见图18-4。

表18-2 黄河流域水功能二级区划分结果

水资源二级区		(单位:个)							合计	
		饮用水水源区	工业用水区	农业用水区	渔业用水区	景观娱乐用水区	过渡区	排污控制区	个数	比例(%)
龙羊峡以上				1					1	0.3
龙羊峡—兰州		4	5	21		3	2	1	36	9.3
兰州—河口镇		8	2	29	5	1	11	14	70	18.0
河口镇—龙门		9	7	24		2	6	11	59	15.2
龙门—三门峡		17	18	46	2	5	18	24	130	33.4
三门峡—花园口		7	1	18	1	4	15	15	61	15.7
花园口以下		9	2	14			3	4	32	8.2
小计	个数	54	35	153	8	15	55	69	389	100.0
	比例(%)	13.9	9.0	39.3	2.1	3.9	14.1	17.7	100.0	

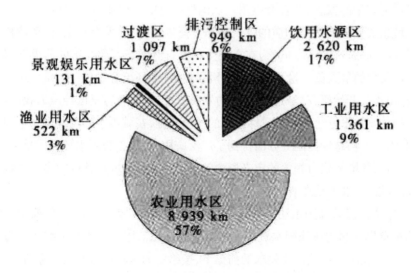

图18-4　黄河流域水功能二级区长度分布比例

第四节　水功能区现状纳污能力及承载水平研究

一、现状水域纳污能力及特征

(一)纳污能力概念及计算模型

1.纳污能力概念。人类社会进入20世纪后,生产力飞速发展,环境污染日趋严重,在某些地区资源的掠夺性开发及环境污染已威胁着人类自身的生存,人们开始思考一个问题:这种社会经济发展模式能够维持多久,什么是健康的社会经济发展模式,由此而出现了可持续发展的观点,即满足当代人的需要,又不对后人满足其自身需要的能力构成危害的发展(1987年,世界环境与发展委员会及挪威首相希伦特兰(Brundtland))。为了实现可持续发展人们很自然地提出了环境承载能力的问题,即人们寻求的资源开发程度和污染水平,不应超过环境承载能力。各国在自己的发展战略中都作了有法律约束的规定,我国《环境保护技术政策》中指出:区域的开发建设,要进行经济社会发展、资源、环境承载能力的综合平衡。但是环境承载能力在其定义、内容、研究方法等方面仍不是十分明确,具体界定到"水环境"中的水环境承载力概念也是如此。

为改善水和大气环境质量状况,1968年日本学者首先提出了环境容量的概念。自日本环境厅委托卫生工学小组提出《1975年环境及量化调查研究报告》以来,环境容量在日本得到广泛应用。以环境容量研究为基础,逐渐形成了日本的环境总量控制制度。欧美国家的学者较少用环境容量这一术语,而是用同化容量、最大容许纳污量和水体容许排污水平等概念。

我国对环境容量的概念、解释及应用是从国外引进的，《辞海》中将环境容量定义为"自然环境或环境组成要素对污染物质的承受量和负荷量"。《中国大百科全书·环境科学》中定义环境容量（environmental capacity）为在人类生存和自然生态不致受害的前提下，某一环境所能容纳的污染物的最大负荷量。其中，水环境容量作为环境容量的一个重要组成部分，我国自20世纪70年代开始研究，经过30多年的发展历程，水环境容量已经成为我国水环境综合整治规划的重要技术方法和水质目标管理的科学基础，在城市水环境综合整治规划、水污染防治规划、水污染物总量控制等方面得到了广泛应用，为改善我国水环境质量起到了重要作用。目前，与水环境承载力相关的定义概念较多，诸如"水环境承载（能）力"、"水域纳污能力"、"水环境容量"、"水体允许纳污量"等。

2002年《中华人民共和国水法》首次在法律上明确了"水域纳污能力"的概念，并与水域限制排污总量意见一起构成我国水资源保护行业的核心工作。水功能区纳污能力，系指对确定的水功能区，在满足水域功能要求的前提下，按给定的水功能区水质目标值、设计水量、排污口位置及排污方式，功能区水体所能容纳的最大污染物量，以t/a或g/s表示。

2.计算模型。污染物进入水体后，受到水体的平流输移、纵向离散和横向混合作用，同时与水体发生物理、化学和生物生化作用，使水体中污染物浓度逐渐降低，水质逐渐好转。为了客观描述水体自净或污染物降解规律，较准确地计算出河段的纳污能力，可采用一定的数学模型来描述此过程。纳污能力计算的数学模型主要有零维模型、一维模型、二维模型和三维模型，通常采用的是一维模型和二维模型。

一维模型主要适用于宽深比比较小、污染物在较短的河段内基本上能混合均匀，且污染物浓度在断面横向上变化不大，或者是计算河段较长，横向和垂向的污染物浓度梯度可以忽略的河段。

二维模型主要适用于入河污染物在水深方向基本上混合均匀，但在河流的纵向和横向上形成混合区的河段，即考虑污染物的混合过程，这时河流的水质变化过程就需要用二维水质模型描述。当计算河段内有取水口，特别是生活饮用取水口时，需要利用二维模型来计算污染物混合长度，以判断排污口对取水口的影响。

根据上述模型的适用条件，结合黄河干、支流实际情况，黄河干流纳污能力计算以一维模型为主，对有重要保护目标的水功能区或计算子单元，采用二维模型计算；对于支流来说，由于河道较窄、水深较小，污染物混合较快，其纳污能力计算均采用一维模型。

（1）一维模型

$$W = C_s \left(Q + \sum q_i \right) \exp\left(k\frac{x_1}{86.4u} \right) - C_0 Q \exp\left(-k\frac{x_2}{86.4u} \right)$$

式中：W—计算单元的纳污能力，g/s；

Q—河段上断面设计流量，m³/s；

C_s—计算单元水质目标值，mg/L；

C_0—计算单元上断面污染物浓度，mg/L；

q_i——旁侧入流量,m^3/s;

k——污染物综合降解系数,l/d;

x_1——旁侧入流概化口至下游控制断面的距离,km;

x_2——旁侧入流概化口至上游对照断面的距离,km;

u——平均流速,m/s。

该模型在不考虑混合过程的前提下,考虑现有排污口(包括支流口)的实际状况,如位置、水量等对纳污能力计算的影响,并在具体计算时对排污口、支流口的位置进行概化。该模型反映了计算单元在确定的水质目标和设计流量条件下,所具有的纳污能力,比较适用于我国北方天然径流量较小的河流。

鉴于纳污能力计算的复杂性,在实际计算时对排污口、支流口位置采用权重概化法,即以排污口、支流口排放污染物的等标负荷为权重进行计算,找出河段的排污重心,并计算出排污重心到上、下断面或水功能保护敏感点的距离。

(2)二维模型(岸边排放)

$$W = \left[C_s \exp\left(k\frac{x_1}{86.4u} \right) - C_0 \exp\left(-k\frac{x_2}{86.4u} \right) \right] \cdot \mathrm{h} \cdot \mathrm{u} \sqrt{\pi E_y \frac{x}{u}}$$

式中:u——设计流量下污染带内的纵向平均流速,m/s;

h——设计流量下污染带起始断面平均水深,m;

E_y——横向扩散系数,m^2/s;

x——计算点(或功能敏感点)至排污口的纵向距离,km;

其他符号意义同前。

该模型认为,排入河道中的污染物,在水深方向上可以迅速混合均匀,而在水体的纵向和横向上形成一定体积的混合区。因此,用于纳污能力计算的水体并不是计算河段的全部水体,而是在混合区内参与混合的那一部分水体。该模型同一维模型相比,不仅考虑了污染物在水体中的纵向变化,而且考虑了污染物在水体中的横向扩散混合过程,这样参与污染物混合、降解的水体相对于一维模型来说有所减少。因此,以该模型计算的结果进行水质控制较为安全,比较适合饮用水水源区的纳污能力计算。

(二)纳污能力核定结果

黄河流域现状水平年COD、氨氮纳污能力分别为125.26万t、5.82万t。黄河流域现状水平年水域纳污能力详见表18-2。

表18-2　黄河流域现状水平年水域纳污能力核定结果

（单位:t/a）						
水资源二级区、省(区)	COD			氨氮		
	总量	可利用量	不可利用量	总量	可利用量	不可利用量
龙羊峡以上	1770	1770	0	100	100	0
龙羊峡一兰州	237635	179087	58548	11317	9655	1662

兰州—河口镇	447017	263735	183282	19119	8678	10441
河口镇—龙门	104523	20950	83573	5439	1372	4067
龙门—三门峡	208629	176840	31789	10665	9033	1632
三门峡—花园口	132360	50232	82128	6025	2390	3635
花园口以下	120416	46347	74069	5500	2138	3362
内流河	226	226	0	11	11	0
青海	49784	31418	18366	1756	1197	559
甘肃	296786	242268	54518	13830	11925	1905
宁夏	211613	136478	75135	9101	3858	5243
内蒙古	152268	48018	104250	6786	1941	4845
陕西	180124	105459	74665	9982	6147	3835
山西	109634	71341	38293	5372	3593	1779
河南	180906	61259	119647	8062	2736	5326
山东	71461	42946	28515	3287	1980	1307
黄河流域	1252576	739187	513389	58176	33377	24799

就二级区来看,黄河流域水域纳污能力主要集中在龙羊峡以下区间,其水域纳污能力总量COD、氨氮分别为125万t、5.81万t,占流域总量的99%以上。其中,兰州—河口镇最大,COD、氨氮分别为44.7万t、1.91万t,占流域总量的35.7%、32.9%;其次是龙羊峡—兰州,COD、氨氮分别为23.8万t、1.13万t,占流域总量的19.0%、19.5%;龙羊峡以上由于地处黄河三江源自然保护区,其纳污能力较小,COD、氨氮分别为1770t、100t,仅占流域总量的0.14%、0.17%。内流区由于干旱少雨地表径流稀少,其纳污能力也较小。

就省(区)来看,黄河流域水域纳污能力以甘肃省为最大,COD、氨氮分别为29.7万t、1.38万t,占流域总量的23.7%、23.8%;其次是宁夏,COD、氨氮分别为21.2万t、9101t,占流域总量的16.9%、15.6%;青海省由于地处黄河上游,大部分河流水功能区处于河流源头水保护区、保留区,现状水质良好,其纳污能力最小,COD、氨氮分别为4.98万t、1756t,占流域总量的3.97%、3.02%。

不可利用纳污能力指受自然、社会经济发展等条件的约束,难以接纳污染物的水功能区纳污能力;可利用纳污能力指适合接纳污染物的水功能区纳污能力。

(三)纳污能力特征

1. 受水资源分布影响,纳污能力空间分布集中。由于黄河、湟水、渭河、汾河、伊洛河、沁河、大汶河等河流是流域境内产汇流的受纳体,这些河流径流量占到流域绝大部分,其中,黄河利津断面在现状下垫面条件下多年平均天然径流量534.8亿m³,湟水民和多年平均天然径流量20.53亿m³,渭河华县80.93亿m³,北洛河状头8.96亿m³,汾河河津18.47亿m³,伊洛河黑石关28.32亿m³,沁河武陟13.00亿m³,大汶河戴村坝13.70亿m³。同样,这些河流水域总纳污能力占到流域总量的80%以上,即黄河流域纳污能力呈现水资源分布集中、纳污能力空间分布集中的分布特征。其中以黄河水域纳污能力最大,COD和氨氮现状纳污能力分别为88.0万t、4.01万t,分别占流域总量的70.3%、68.9%;其次是渭河,COD和氨氮现状纳污能力分别为7.50万t、3570t,分别占流域总量的5.59%、6.13%;再次是汾河,COD和氨氮现状纳污能力分别为3.04万t、1296t,分别占流域总量的2.43%、2.23%。黄河流域水功能区纳污能力分布状况详见图18-5。

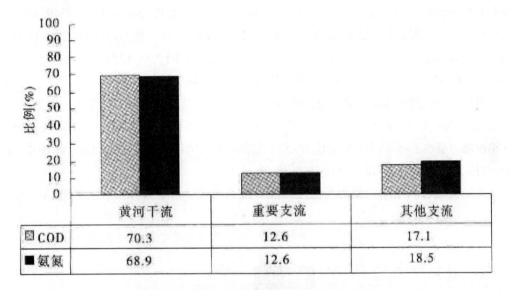

图18-5 黄河流域水功能区纳污能力分布状况

由于黄河流域水资源年内分配集中,干流及主要支流汛期7~10月径流量占全年的60%以上,每年3~5月天然来水仅占年径流量的10%~20%,最小月径流量多发生在1月,仅占年径流量的2.4%。黄河主要支流汾河、渭河、大汶河的水资源利用消耗率近几十年平均分别为73%、52%和59%,已导致入黄水量减少甚至断流、水污染严重、地下水过量超采等一系列问题,最枯月份尤为严重。黄河流域支流水资源开发利用程度较高,严重侵占河道生态环境用水,河流断流,河道内水量严重偏低,造成黄河流域支流纳污能力严重偏小,难以承受支流高度集中的社会经济发展要求。

2.受流域经济发展格局影响,可利用纳污能力比例较低。由于受流域经济发展格局、城市分布、工业布局的影响以及黄河上游源区经济发展水平、黄河中游河段沿河地形条件和黄河下游堤防建设实际情况的制约,本次核定的黄河水功能区纳污能力并不能得到充分的使用。现实情况是部分城市河段的集中排污,造成了其污染物入河量远远超出了水功能区的纳污能力,而远离城市和工业集中排污的水功能区,受纳的污染物量很小。在水资源保护规划和实际管理中,需要综合考虑流域的城市和工业等布局实际及河流的水资源和水环境条件,核定流域可利用的水域纳污能力(可利用纳污能力)。根据黄河流域现状纳污能力核定结果,黄河流域主要接纳污染物的水功能区,其COD、氨氮所核算的纳污能力仅分别为73.9

万 t/a、3.34 万 t/a,分别占流域总纳污能力核定量的 59.0%、57.4%。在考虑流域经济的空间格局不发生显著变化的情况下,黄河流域可利用的水域纳污能力基本在纳污能力总量的 60% 左右。

其中,黄河干流现状水质较好,占黄河总河长 6.3% 的黄河源头水自然保护区、万家寨调水水源地保护区内严格禁止与保护无关的开发利用活动,占黄河总河长 31.5% 的保留区、缓冲区原则上不能进行大规模的开发利用活动;另外,像晋陕峡谷、黄河下游悬河等河段由于受到自然条件约束,水资源开发利用率较低,部分功能区没有排污或不适宜于排污,这部分水体纳污能力暂时也是无法利用的。综合考虑以上因素,黄河干流实际可利用的水体纳污能力要比计算值小。经分析,黄河实际可利用的纳污能力 COD 为 46.4 万 t/a,占黄河流域纳污能力总量的 37.1%,氨氮为 2.00 万 t/a,占设计纳污能力的 34.4%。

另外,湟水、渭河、汾河、伊洛河、沁河和大汶河等重要支流由于河谷两岸人口密集,社会经济发达,流经西宁、天水、成阳、西安、焦作、洛阳、泰安、莱芜等重点城市,这些河流水功能区纳污能力基本上都得到较高利用,其 COD、氨氮可利用纳污能力总量为 13.6 万 t/a、6321t/a,分别占这些支流纳污能力总量的 86.0%、86.4%。

黄河流域可利用纳污能力水域纳污能力可利用量水功能区分布状况见图 18-6 和图 18-7。

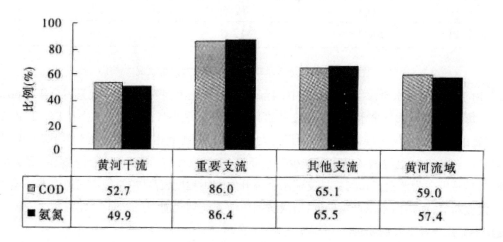

	黄河干流	重要支流	其他支流	黄河流域
▨ COD	52.7	86.0	65.1	59.0
■ 氨氮	49.9	86.4	65.5	57.4

图 18-6　黄河流域可利用纳污能力分布状况

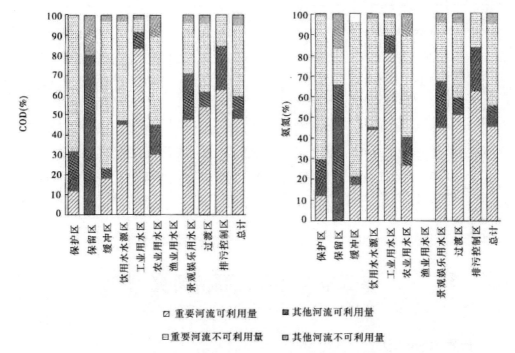

图18-7 黄河流域水域污能力可利用量水功能区分布图

二、水功能区承载现状分析

受流域经济社会布局、沿河地形条件等影响,黄河流域污染物入河相对集中,与流域纳污能力分布不相一致,主要纳污河段以较小的纳污能力承载了全流域绝大部分的污染物入河量,尤其是城市河段入河污染物量远超出其纳污能力,水功能区超载严重,是黄河流域水污染严重、跨界污染问题突出的主要原因。

流域内接纳入河污染物的水功能区274个,占流域水功能区总数的46.2%,接纳污染物水功能区的COD、氨氮纳污能力分别为73.91万 t/a、3.42万 t/a,占流域总量的60%左右。其中入河污染物超过纳污能力的超载水功能区,COD、氨氮纳污能力分别为25.45万 t/a、1.03万 t/a,仅占流域总量的20.3%、17.7%,其COD、氨氮入河污染物量95.75万 t/a、8.99万 t/a,占流域总量的92.6%、91.7%;不超载水功能区COD、氨氮纳污能力分别为48.46万 t/a、2.39万 t/a,分别占流域总量的38.7%、41.1%,COD、氨氮入河污染物量7.65万 t/a、0.81万 t/a,只占流域总量的7.4%、8.3%,详见表18-3。超载水功能区是流域入河污染物总量控制的重点。

表18-3 黄河流域现状年水功能区承载状况

区域	COD				氨氮			
	纳污能力		污染物入河情况		纳污能力		污染物入河情况	
	总量(万 t/a)	比 例 (%)	入河量 (万 t/a)	比 例 (%)	总量(万 t/a)	比 例 (%)	入河量 (万 t/a)	比 例 (%)

不接纳入河污染物水功能区		51.35	41.0			2.40	41.2		
接纳入污染物功能区	纳入河染水能	超载	25.45	20.3	95.75	92.6	1.03	17.7	8.99	91.7
		不超载	48.46	38.7	7.65	7.4	2.39	41.1	0.81	8.3
		小计	73.91	59.0	103.40	100	3.42	58.8	9.80	100
黄河流域		125.26	100	103.40	100	5.82	100	9.80	100

第五节　污染源预测研究

一、预测思路及方法

(一)预测单元

污染源排放量以城镇为基础单元进行预测,并依据当地排污系统的划分情况,以与水功能区对应的陆域为统计单元,将预测的城镇废污水及污染物排放量分解到水功能区,并汇总到水资源三级区、地级行政区和省(区)。

(二)预测思路

1.废污水排放量。废污水排放量预测包括生活污水预测和工业废水预测。以规划水平年需水量预测成果为基础,参考现状年废污水排放量调查成果,采用综合排水系数法进行规划水平年废污水排放量预测。综合排水系数参考现状年的调查成果,同时考虑规划水平年城镇排污管网的完善、工业用水结构的变化、清洁生产水平和水循环利用率的提高以及城市节水力度的加大等因素,经对比分析后综合确定。规划水平年废污水综合排水系数见表18-4。

表18-4　黄河流域不同水平年废污水综合排水系数

水平年	综合排水系数	
	城镇生活污水	工业废水
2020	0.70	0.48
2030	0.70	0.46

由于黄河流域工业需水增长较快,河流水环境难以承受,在后期预测中考虑了污水处理再利用情况。

2.污染物排放量。工业污染物排放量预测采用工业废水排放量乘以工业企业污染物排放浓度的方法进行预测。工业企业污染物排放浓度在预测中考虑两个层次：一是根据现状调查的工业企业排放浓度进行污染物量的预测；二是在工业达标排放的基础上预测分析未来水平年污染物排放浓度，即根据现在各行业实际工业污染物排放浓度，结合预测水平年区域的产业结构、规模、生产工艺与清洁生产水平、水处理技术和排放标准等因素，预测规划年的工业污染物排放浓度。

生活污染物排放量的预测也考虑两种情况：一是按照现状的生活污染物排放浓度进行预测；二是考虑规划水平年的污水处理率，进行城市生活污染物排放量的预测。对于第二种情况，以城市下水道进入城市污水处理厂的污水平均浓度作为生活污水处理前的平均浓度，污水处理厂出水水质按照受纳水体的水质目标执行相应的国家排放标准，具体见下式：

$$M = CQ_{生}(1-\xi) + C_{达}Q_{生}\xi$$

式中：$Q_{生}$—规划水平年生活污水排放量；

$C_{达}$—城市污水处理厂出水排放浓度；

C—未经处理的生活污水排放浓度；

M—城市生活污染物排放量；

ξ—城市污水处理厂收水率。

3.废污水及污染物排放量预测的三种情景模式。污染物削减主要依靠工业企业源内治理和提高城市污水处理厂收水率来实现，按照国家及流域内地方环境和水资源保护法规、政策的要求，根据黄河流域现状年城镇生活污水处理水平、工业点源治理水平，考虑今后流域内经济技术水平和污染控制水平的提高以及黄河水域水环境的可承载水平，本研究以是否考虑工业点源达标排放、城市污水处理率以及中水回用率，按照三种情景模式进行预测，可概括为现状治污模式、达标排放治污模式和达标排放加中水回用模式。在上述三种模式预测的基础上，对不同模式下污染物的削减量进行分析。

现状治污模式是在黄河流域现状治污水平和废污水处理规模的基础上，即根据现状调查的工业污染物排放浓度和城市生活污染物排放浓度，进行污染物排放量的预测。

达标排放模式是指工业废水按源内治理达标排放进行预测，生活污水考虑规划水平年不同的城镇生活污水处理率，进行污染物排放量的预测。

达标排放加中水回用模式是指在上述达标排放模式下，对废污水排放量考虑规划水平年不同的污水处理再利用率，进行废污水及污染物排放量的预测。

二、预测方案比选

黄河流域污染源预测三种情景模式见表18-5。

表18-5　黄河流域污染源预测不同情境模式下主要指标

项目		水平年	现状治污模式	达标排放模式	达标排放加中水回用模式
工业点源达标	达标状况和排放标准	2020	采用现状调查污染物浓度	达标排放,按照《污水综合排放标准》(GB 8978—1996)一级、二级以及行业排放标准执行	达标排放,按照《污水综合排放标准》(GB 8978—1996)一级、二级以及行业排放标准执行
		2030			
城镇污水处理	处理率(%)	2020	和现状一致	80	80
		2030		90	90
	出水标准	2020	—	执行《城镇污水处理厂污染物排放标准》(GB 18918—2002)一级B、二级	执行《城镇污水处理厂污染物排放标准》(GB 18918—2002)一级B、二级
		2030	—		
城镇污水处理再利用	再利用率(%)	2020	—	—	30
		2030	—	—	40
	出水标准	2020	—	—	执行《城镇污水处理厂污染物排放标准》(GB 18918—2002)一级A
		2030	—	—	

(一)现状治污模式下污染源预测

现状治污模式预测中,废污水是采用综合排水系数法进行预测的,工业和生活污染物浓度采用现状调查浓度。根据黄河流域现状年污染源调查,COD平均排放浓度为320mg/L,氨氮平均为31mg/L。

黄河流域在现状治污模式下,预计2030年废污水、COD、氨氮排放量分别为73.97亿 m³、237.74万 t 和22.43万 t,入河量分别达到53.1亿 m³、141.3万 t 和13.4万 t,排放量和入河量较现状年均增加70%以上。黄河流域规划水平年核定的可利用纳污能力COD为81万 t、氨氮为3.7万 t,对比现状治污模式,黄河流域规划水平年污染物入河量,远远超过了流域水域纳污能力,不符合"环境友好型"社会建设的要求。因此,必须对黄河流域内的生活污水及工业废水进行一定程度的处理后才能排入河流水体,否则流域水环境将难以承受。

现状治污模式下黄河流域废污水及污染物排放量预测结果见表18-6。

表18-6 黄河流域不同预测模式废污水及污染物排放量预测结果

预测模式	预测项目	水平年	青海	甘肃	宁夏	内蒙古	山西	陕西	河南	山东	合计
现状治污模式	废污水（亿m³）	2020	3.16	10.49	4.34	7.79	9.73	16.67	8.38	4.72	65.28
		2030	3.45	11.59	4.89	8.41	11.65	19.04	9.75	5.19	73.97
	COD（万t）	2020	7.66	20.31	30.73	43.14	25.92	46.63	23.98	14.91	216.28
		2030	8.33	23.44	33.15	45.01	30.92	52.83	27.96	16.09	237.73
	氨氮（万t）	2020	0.59	2.38	1.83	2.30	5.07	3.40	2.88	1.50	19.95
		2030	0.66	2.75	2.03	2.51	5.78	3.88	3.16	1.66	22.43
达标排放模式	废污水（亿m³）	2020	3.16	10.49	4.34	7.79	9.73	16.67	8.38	4.72	65.28
		2030	3.45	11.59	4.89	8.41	11.65	19.04	9.75	5.19	73.97
	COD（万t）	2020	2.87	10.22	5.35	9.35	11.75	19.33	10.30	4.97	74.32
		2030	2.71	9.87	5.32	9.14	12.08	19.00	10.35	4.71	73.18
	氨氮（万t）	2020	0.34	1.50	0.88	1.57	1.99	2.52	1.63	0.70	11.13
		2030	0.33	1.48	0.90	1.54	2.12	2.58	1.70	0.70	11.35
达标排放加中水回用模式	废污水（亿m³）	2020	2.95	8.87	3.73	6.56	8.14	13.97	6.95	3.95	54.94
		2030	3.07	8.83	3.80	6.39	8.68	13.94	7.13	3.85	55.69
	COD（万t）	2020	2.80	9.60	5.03	8.93	11.17	18.37	9.72	4.72	70.34
		2030	2.60	8.99	4.86	8.30	11.20	17.60	9.50	4.36	67.41
	氨氮（万t）	2020	0.34	1.41	0.83	1.47	1.89	2.40	1.53	0.67	10.54
		2030	0.32	1.35	0.83	1.40	1.98	2.40	1.55	0.65	10.48

（二）达标排放模式下污染源预测

达标排放模式中,废污水仍然采用综合排水系数法进行预测。

工业污染物排放浓度:按照国家有关环保政策要求,规划水平年工业废水要全部做到达标排放。工业废水达标处理排放浓度,有行业水污染排放标准的,执行行业水污染排放标准,没有行业水污染排放标准的,按照《污水综合排放标准》(GB 8978—1996)确定,即排入水质目标要求不低于Ⅲ类的水功能区的污水执行《污水综合排放标准》一级标准:COD 100mg/L,氨氮15mg/L;排入水质目标要求低于Ⅲ类的水功能区的污水执行《污水综合排放标准》二级标准:COD 150mg/L,氨氮25mg/L。

城镇生活污水处理率:参照国家《城市污水处理及污染防治技术政策》的有关规定,2010年水平城镇生活污水处理率,建制镇平均不低于50%,设市城市不低于60%,重点城市不低于70%。考虑到目前黄河流域污染的严重程度及国家对污染的治理力度,预计2020年水平生活污水处理率将不低于80%,2030年将不低于90%。同时,考虑到城市污水处理厂收水时,不可避免地会混入部分工业废水,预计各规划水平年将有30%的工业废水进入城市污水处理厂集中处理。

生活污染物排放浓度:采用各规划水平年考虑相应的污水处理率后的污染物平均排放浓度。其中,未经处理的生活污染物原始排放浓度参考现状年调查成果,一般取COD为300mg/L,氨氮为30mg/L。经过处理的生活污染物排放浓度参照《城镇污水处理厂污染物排放标准》(GB 18918—2002)确定,即排入水质目标为Ⅲ类水功能区的污水,其出水浓度执行一级B标准:COD 60mg/L,氨氮8mg/L;排入水质目标为Ⅳ、Ⅴ类水功能区的污水,执行二级标准:COD 100mg/L,氨氮25mg/L。

达标排放模式下黄河流域废污水及污染物排放量预测结果见表18-6。

黄河流域在达标排放模式下,预计2030年废污水、COD、氨氮排放量分别为73.97亿m³、73.18万t和11.35万t,入河量分别达到53.10亿m³、43.15万t和6.89万t,与现状治污模式相比,流域废污水入河量虽没有减少,但COD、氨氮入河量比现状年可分别减少58.3%和29.7%,比现状治污模式下的污染物入河量预测结果可分别减少69.5%和48.6%。然而,对比黄河流域规划水平年可利用纳污能力,达标处理模式下黄河流域一些重点排污河段仍然超载,流域污染物排放量需要进一步削减,才能达到水功能保护的要求。

(三)达标排放加中水回用模式下污染源预测

在达标排放加中水回用模式下,其工业达标排放浓度、城镇生活污水处理率以及生活污染物排放浓度和达标排放模式一致。但由于考虑中水回用,废污水及污染物排放量都会有大幅度的削减。

根据国家有关要求,北方地区缺水城市污水处理再利用率在2010年要达到污水处理量的20%左右。考虑到黄河流域水资源短缺、供需矛盾日益尖锐,预计规划水平年,污水处理再利用率将得到较快增长,一般城市生活污水处理再利用率2020年将达到30%,2030年达到40%;重点城市生活污水回用率2020年将达到40%,2030年达到50%。考虑青海省的实际情况,预测2020年达到15%,2030年达到20%。

达标排放加中水回用模式下污染源预测结果见表18-6。

在达标排放加中水回用模式下,预计2030年废污水、COD、氨氮排放量分别为55.69亿m³、67.41万t和10.48万t,入河量分别达到39.74亿m³、39.79万t和6.37万t。其中,黄河流域2030年共有18.3亿m³中水被回用,占未回用前废污水排放总量的24.7%。中水回用后,2030年黄河流域废污水、COD、氨氮入河量可分别比现状年减少24.7%、61.5%和35.0%,比达标排放模式下分别减少25.2%、7.79%、7.55%。尽管如此,对比流域可利用纳污能力,仍有一些重点排污河段超载,污染物排放量仍需进一步削减。

三、三种模式预测分析及推荐结果

根据三种模式下的预测结果的对比分析,达标排放加中水回用模式污染物排放削减量最大,排入水体的污染物量最小,废污水排放量比前两种模式减少18.28亿m³,COD和氨氮比达标排放模式分别减少5.77万t、0.87万t。因此,将"达标排放加中水回用模式"下的污染源预测结果作为推荐方案。该方案符合"资源节约、环境友好型"社会建设的要求。随着黄河流域未来经济社会的发展,黄河流域工业点源将按照国家环境保护政策要求做到稳定达标排放,城镇生活污水将逐渐得到有效处理,水资源利用效率将逐步提高,污水处理再利用率也会有所提高,水资源利用效率总体达到较先进水平。在该预测模式下,能够进一步节水减污,达到提高用水效率和减轻水域污染的目的,以促进人与自然和谐发展,保障经济社会用水对河流水功能区水质要求,使流域经济社会可持续发展。

黄河流域不同预测模式下污染物预测结果对比情况见表18-7。

表18-7 黄河流域不同预测模式下污染物预测结果对比情况

预测方案对比	废污水(亿 m³/a)	COD(万 t/a)	氨氮(万 t/a)
现状治污模式—现状	+31.62	+103.06	+9.39
达标排放模式—现状治污模式	0	−164.56	−11.08
达标排放加中水回用模式—达标排放模式	−18.28	−5.77	−0.87

注:+表示增加,−表示减少。

四、推荐方案污染物预测成果

(一)污水处理再利用量

随着黄河流域污水处理再利用率的逐渐提高,预计到2020年和2030年黄河流域污水处理再利用总量将分别达到10.35亿 m³、18.27亿 m³。污水处理再利用量主要为城镇生活污水,考虑黄河流域目前工业废水进入城镇污水集中处理厂的比例,30%的工业废水处理后再利用。

黄河流域规划水平年污水回用量预测结果见表18-8。

表18-8 黄河流域规划水平年污水回用量预测

(单位:亿 m³)				
省(区)	水平年	工业	生活	回用量
青海	2020	0.07	0.14	0.21
	2030	0.10	0.27	0.38
甘肃	2020	0.59	1.04	1.63
	2030	0.85	1.92	2.77
宁夏	2020	0.23	0.39	0.62
	2030	0.35	0.74	1.08
内蒙古	2020	0.43	0.80	1.23
	2030	0.62	1.39	2.02
山西	2020	0.41	1.17	1.59
	2030	0.64	2.33	2.97
陕西	2020	0.72	2.16	0.87

	2030	1.05	4.06	5.10
河南	2020	0.41	1.02	1.43
	2030	0.59	2.02	2.62
山东	2020	0.21	0.56	0.77
	2030	0.30	1.04	1.33
合计	2020	3.07	7.28	10.35
	2030	4.50	13.77	18.27

（二）工业、生活污染物预测结果

随着节水技术的推广和深入，工业产业结构调整力度的加大，水重复利用率的提高，黄河流域工业用水虽有一定幅度的增加，但工业废水增幅不大，同时随着工业点源达标排放的实现，工业排放污染物量将有大幅度下降。预计2020年和2030年黄河流域工业废水排放总量将分别达到35.13亿m³、33.96亿m³，较2000年分别增加5.99亿m³、4.82亿m³，增幅分别为20.6%、16.5%；COD排放总量将分别为44.99万t、43.27万t，较2000年分别减少54.30万t、56.02万t，降幅分别达到54.7%、56.4%；氨氮排放总量将分别为6.69万t。6.44万t，较2000年分别减少2.36万t、2.61万f，降幅分别达到26.1%、28.8%。

随着黄河流域城市化率的逐步提高，未来生活质量、用水水平也会相应提高，城镇生活污水排放量将会大幅增加，但随着城镇污水处理率的逐步提高，城镇生活污水将逐渐得到有效处理，污染物排放量较现状年有所下降。预计2020年和2030年黄河流域生活污水排放总量将分别达到19.81亿m³、21.73亿m³，较2000年分别增加6.50亿m³、8.42亿m³，增幅分别为48.8%、63.3%；COD排放总量分别为25.35万t、24.14万t，较2000年分别减少11.01万t、12.22万t，降幅分别达到30.3%、33.6%；氨氮排放总量分别为3.85万t、4.05万t，与2000年基本持平。

（三）工业、生活污染源排放结构

总体来看，未来30年黄河流域废污水及污染物排放结构将发生一定程度的变化，城镇生活污水及污染物排放量占污染源排放总量的比重将持续上升，2030年城镇生活污水、COD、氨氮排放量将分别达到排放总量的39.0%、35.8%和38.6%，分别比2000年提高了8.6个百分点、11个百分点、7.9个百分点；工业废水及污染物排放量占污染源排放总量的比重将持续下降。

黄河流域规划水平年污染源排放结构情况见图18-8。

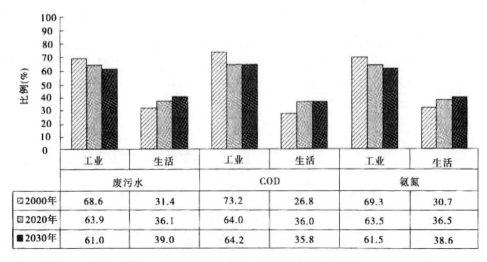

	工业	生活	工业	生活	工业	生活
	废污水		COD		氨氮	
▨2000年	68.6	31.4	73.2	26.8	69.3	30.7
▥2020年	63.9	36.1	64.0	36.0	63.5	36.5
■2030年	61.0	39.0	64.2	35.8	61.5	38.6

图18-8 黄河流域规划水平年污染源排放结构

(四)不同水平年废污水及污染物排放增长率分析

黄河流域2000—2020年废污水年均增长率为1.31%,2020—2030年废污水年均增长率仅为0.05%。

2020年由于工业点源达标排放、城镇生活污水处理率提高,COD、氨氮排放量较现状年有大幅下降。黄河流域2000—2020年COD、氨氮排放量年均下降率为3.20%、1.06%。至2030年中水回用率较2020年仅提高10个百分点左右,2030年较2020年下降幅度明显减缓,COD、氨氮排放量基本与2020年持平略有下降,年均下降率仅为0.14%、0.02%。其中,规划水平年随着工业结构的优化调整、节水力度的加大、城市化率的提高,工业点源排放量增幅明显小于生活点源。

黄河流域不同水平年废污水和污染物排放量及增长率分别见表18-9、表18-10。

表18-9 黄河流域不同水平年废污水和污染物排放量

省(区)	水平年	废污水和污染物排放量								
		废污水(亿m³)			COD(万t)			氨氮(万t)		
		工业	生活	合计	工业	生活	合计	工业	生活	合计
青海	2000	1.60	0.56	2.16	3.96	1.31	5.27	0.26	0.13	0.39
	2020	1.93	1.02	2.95	1.93	0.87	2.80	0.24	0.10	0.34
	2030	1.83	1.24	3.07	1.83	0.78	2.61	0.23	0.09	0.32
甘肃	2000	6.27	1.76	8.03	8.81	5.02	13.83	1.02	0.59	1.61
	2020	6.06	2.80	8.86	6.34	3.26	9.60	0.97	0.44	1.41
	2030	5.81	3.02	8.83	6.06	2.93	8.99	0.92	0.42	1.34
宁夏	2000	1.98	0.88	2.86	17.38	3.09	20.47	0.90	0.31	1.21
	2020	2.71	1.02	3.73	3.62	1.41	5.03	0.59	0.24	0.83

	2030	2.69	1.12	3.81	3.52	1.34	4.86	0.57	0.26	0.83
内蒙古	2000	2.67	1.36	4.03	18.39	4.08	22.47	0.71	0.48	1.19
	2020	4.63	1.93	6.56	6.26	2.67	8.93	1.02	0.45	1.47
	2030	4.45	1.95	6.40	5.99	2.31	8.30	0.98	0.43	1.41
山西	2000	3.76	2.06	5.82	10.26	5.32	15.58	2.58	0.65	3.23
	2020	4.95	3.19	8.14	6.92	4.24	11.16	1.12	0.77	1.89
	2030	5.01	3.67	8.68	6.87	4.33	11.22	1.11	0.87	1.98
陕西	2000	6.99	3.07	10.06	20.75	8.01	28.76	1.43	0.62	2.05
	2020	8.08	5.72	13.80	10.82	7.55	18.37	1.37	1.02	2.39
	2030	7.77	6.17	13.94	10.38	7.22	17.60	1.32	1.08	2.40
河南	2000	4.27	1.52	5.79	12.01	4.43	16.44	1.91	0.31	2.22
	2020	4.40	2.54	6.94	6.29	3.43	9.72	1.04	0.49	1.53
	2030	4.24	2.89	7.13	6.05	3.45	9.50	1.00	0.56	1.56
山东	2000	2.57	1.04	3.61	9.01	2.85	11.86	0.80	0.34	1.14
	2020	2.37	1.58	3.95	2.80	1.92	4.72	0.34	0.33	0.67
	2030	2.18	1.67	3.85	2.58	1.79	4.37	0.31	0.34	0.65
合计	2000	30.11	12.25	42.36	100.57	34.11	134.68	9.61	3.43	13.04
	2020	35.13	19.80	54.93	44.98	25.35	70.33	6.69	3.84	10.53
	2030	33.98	21.73	55.71	43.28	24.15	67.43	6.44	4.05	10.49

表18-10 黄河流域不同水平年废污水和污染物排放增长率

项目		2000—2020年（%）	2020—2030年（%）
废污水	工业	0.78	−0.11
	生活	2.43	0.31
	合计	1.31	0.05
COD	工业	−3.94	−0.13
	生活	−1.47	−0.16
	合计	−3.20	−0.14
氨氮	工业	−1.79	−0.13
	生活	0.58	0.17
	合计	−1.06	−0.02

第六节　规划水平纳污能力及承载水平研究

一、规划水平年纳污能力分析

(一)规划水平年断面出流分析

根据2030年黄河流域水资源配置方案成果确定各规划水平年设计流量,对河道内流量进行生态环境流量满足程度及90%保证率最枯月平均流量分析。

选取黄河干流兰州、河口镇、花园口、利津等控制站以及主要支流湟水民和、洮河红旗、渭河华县+状头、汾河河津、沁河武陟、伊洛河黑石关、大汶河戴村坝等进行2030年有两线有引汉条件下水量分析。黄河流域干支流水库众多,其中具有重要调蓄功能的已建大型水库有龙羊峡、刘家峡、万家寨、三门峡、小浪底等。水库调蓄在蓄丰补枯、减少枯水年份河道内外缺水、保证生态环境水量方面发挥了重要作用。尤其是龙羊峡和小浪底水库对黄河流域水资源调控发挥了重要作用,龙羊峡水库发挥其多年调节的功能,将丰水年的水量调蓄到枯水年份和连续枯水段下泄,小浪底水库对下游水资源配置具有控制作用。经过长系列供需平衡计算,分析黄河干流主要断面月平均流量,在水库调蓄的作用下,主要控制断面最小生态环境流量得到保证,利津断面最小月平均流量和90%保证率月平均流量都为100m³/s,河口镇断面最小月平均流量为250m³/s,90%保证率月平均流量达到250～283m³/s,较现状年90%保证率最枯月平均流量有较大幅度提升,其他水文断面设计流量均不低于现状流量。

(二)规划水平年纳污能力

经核定,黄河流域规划水平年COD、氨氮纳污能力分别为155.2万t、7.27万t,详见表18-11。COD纳污能力黄河流域规划水平年比现状年增加了23.4%,氨氮比现状年增加了24.9%。纳污能力发生变化较大的水域主要集中在黄河干流和湟水等支流。

表18-11　黄河流域纳污能力核定结果

（单位:t/a）						
水资源二级区、省（区）	COD			氨氮		
	总量	可利用量	不可利用量	总量	可利用量	不可利用量
龙羊峡以上	1770	1770	0	100	100	0
龙羊峡—兰州	242579	184031	58548	11533	9871	1662
兰州—河口镇	597967	284035	313932	26647	9632	17015
河口镇—龙门	157405	25846	131559	7974	1623	6351
龙门—三门峡	234421	192248	42173	11965	9802	6351
三门峡—花园口	155156	65157	89999	7053	3068	3985

花园口以下	162717	58541	104176	7430	2697	4733
内流河	226	226	0	11	11	0
青海	54728	36362	18366	1972	1413	559
甘肃	296786	242268	54518	13830	11925	1905
宁夏	227529	150837	76692	9912	4591	5321
内蒙古	300049	54005	246044	14061	2163	11898
陕西	214808	105459	109349	11733	6147	5586
山西	138746	88228	50518	6797	4454	2343
河南	210536	79555	130981	9406	3572	5834
山东	109059	55140	53919	5002	2539	2463
黄河流域	1552241	811854	740387	72713	36804	35909

就二级区来看,黄河流域水域纳污能力仍主要集中在龙羊峡以下区间,其水域纳污能力总量COD、氨氮分别为155万t、7.26万t,占流域总量的99%以上。其中,以兰州—河口镇最大,COD、氨氮分别为59.8万t、2.66万t,占流域总量的38.5%、36.7%;其次是龙羊峡—兰州,COD、氨氮分别为24.3万t、1.15万t,占流域总量的15.6%、15.9%;龙羊峡以上及内流区COD、氨氮分别为1996t、111t,仅占流域总量的0.13%、0.15%。

就省(区)来看,黄河流域水域纳污能力以内蒙古最大,COD、氨氮分别为30.0万t、1.41万t,占流域总量的19.3%、19.3%,主要是黄河干流内蒙古河段设计流量增加较大所致,如黄河头道拐断面规划水平年设计流量由现状水平年的76m³/s提高到250m³/s;其次是甘肃,COD、氨氮分别为29.7万t、1.38万t,占流域总量的19.1%、19.0%;青海省纳污能力仍是最小,COD、氨氮分别为5.47万t、1972t,占流域总量的3.53%、2.71%。

二、污染物入河总量控制方案

(一)污染物总量控制方法概述

黄河流域水污染严重,不少河段现状污染物入河量已明显超过水域纳污能力。随着流域经济增长和人口增加,进入黄河干流和支流的污染物量呈增加趋势,遏制流域水污染,改善河流水环境质量,仅靠以往的污染物浓度控制措施,已不能满足流域水资源保护和监督管理工作的需要。为实现黄河干、支流水功能区水质目标,应进一步实施入河污染物总量控制制度。

总量控制是根据受纳水体的纳污能力,将污染源的排放数量控制在水体所能承受的范围之内,限制排污单位的污染物排放总量,是水功能区水质管理的依据和基础。污染物入河总量控制方案是按照国家及流域地方有关环境和水资源保护法规政策,根据预测所得到的规划水平年污染物入河量和规划配置水量下的功能区纳污能力,充分考虑区域水污染现状、社会经济发展等因素,结合各水平年水功能区水质目标,制定出2020年、2030年规划水平年进入水功能区的污染物入河控制量和相对应的排放控制量,并把污染物入河、排放控制量分配到各省(区)。本次总量控制方案只针对排污口对应的污染物入河量,陆域排放量和面源入河量不列入本次污染物入河总量控制方案的范围。污染物入河总量控制主要针对社会经济发展较快的河段,污染物入河削减任务主要针对黄河流域污染严重的城市区段。对于现状水质较好的水功能区,规划水平年需继续维持现状良好水质,入河污染物按照国家有关环境政策进行管理。

污染物入河控制量:根据水功能区的纳污能力和污染物入河量,综合考虑功能区水质状况、当地技术经济条件和经济社会发展,确定的污染物进入水功能区的最大数量,称为污染物入河控制量。不同的功能区入河控制量按不同的方法分别确定,同一功能区不同水平年入河控制量可以不同。

污染物入河削减量:水功能区的污染物入河量与其入河控制量相比较,如果污染物入河量超过污染物入河控制量,其差值即为该水功能区的污染物入河削减量。

污染物排放控制量:根据陆域污染源污染物排放量和入河量之间的输入响应关系,由功能区污染物入河控制量所推出的功能区相应陆域污染源的污染物排放最大数量,称为污染物排放控制量。污染物排放控制量在数值上等于该功能区入河控制量除以入河系数。

污染物排放削减量:水功能区相应陆域的污染物排放量与排放控制量之差,即为该功能区陆域污染物排放削减量。

(二)控制原则及思路

1.2020水平年。

(1)对于黄河干流及主要支流饮用水源区、省界水体等重要水功能区:无论入河污染物削减量多大,都应在2020年达到水质目标要求,即:若入河量小于纳污能力,则将入河量作为入河控制量;若入河量大于或等于纳污能力,则入河控制量等于纳污能力。

(2)对于其他功能区:若水功能区污染物入河量小于水域纳污能力,一般情况下,污染物入河控制量等于入河量;若水功能区所对应陆域城市今后社会经济发展潜力较大,视具体情况部分水功能区入河控制量可按纳污能力进行控制。

若水功能区污染物入河量大于纳污能力,水功能区污染比较严重,可根据实际情况制定污染物削减方案,但应保证2030年达到功能区水质目标。

2.2030水平年。

(1)若入河量小于纳污能力,则将入河量作为入河控制量;若水功能区今后社会经济发展潜力较大,视具体情况部分水功能区入河控制量可按纳污能力进行控制。

(2)若入河量大于或等于纳污能力,入河控制量等于纳污能力,入河削减量等于入河量与纳污能力之差。

(三)控制方案

1.全流域。根据入河污染物总量控制原则,确定黄河流域水功能区污染物入河控制量和入河削减量、排放控制量和排放削减量。

（1）2020年污染物总量控制方案：黄河流域2020年COD入河控制量29.50万t，入河削减量16.05万t，入河削减率37.6%；排放控制量45.56万t，排放削减量26.15万t，排放削减率38.9%。氨氮入河控制量2.80万t，入河削减量4.02万t，入河削减率60.7%；排放控制量4.13万t，排放削减量6.19万t，排放削减率61.6%。

就水资源二级区来看，以龙门—三门峡入河控制量为最大，COD和氨氮分别为11.05万t、8705t，占入河控制总量的37.5%、31.1%；其次是兰州—河口镇，为8.53万t、8675t，占28.9%、31.0%；再次是龙羊峡—兰州，为3.98万t、5391t，占13.5%、19.3%。

就省（区）来看，陕西、甘肃入河控制量较大，COD和氨氮为13.82万t、1.25万t，占入河控制总量的46.8%、44.8%；其次是宁夏、内蒙古、山西、河南四省（区），为13.46万t、1.36万t，占45.7%、48.5%；青海、山东较小，为2.21万t、1862t，占7.50%、6.66%。

就污染物削减状况来看，污染物削减量主要集中在黄河河口镇以下区间，COD和氨氮入河削减总量为13.50万t、2.99万t，占污染物入河削减总量的84.0%、74.2%；龙门—三门峡污染物入河削减量最大，COD和氨氮分别为7.24万t、1.70万t，削减率高达43.1%、67.1%；其次是三门峡—花园口，COD和氨氮分别为3.08万t、6740t，削减率达59.4%、78.2%。陕西、山西、河南、山东四省COD、氨氮入河削减总量12.65万t、2.75万t，占污染物入河削减总量的78.8%、68.5%；以陕西省污染物入河削减量为最大，COD和氨氮分别为4.68万t、9699t，削减率高达42.3%、64.9%；其次是山西，COD和氨氮分别为3.41万t、7884t，削减率达53.8%、70.1%。

（2）2030年污染物总量控制方案：黄河流域2030年COD入河控制量为25.88万t，需在2020年入河削减总量的基础上再削减2.23万t，入河总削减量达18.28万t，入河总削减率44.4%；排放控制量39.51万t，需在2020年排放削减总量的基础上再削减3.35万t，排放总削减量达29.50万t，排放总削减率45.8%。氨氮入河控制量为2.18万t，需在2020年入河削减总量的基础上再削减5866t，入河削减量达4.61万t，入河总削减率69.8%；排放控制量3.17万t，需在2020年排放削减总量的基础上再削减9082t，排放削减量7.10万t，排放总削减率71.0%。

就水资源二级区来看，仍然是龙门—三门峡、兰州—河口镇、龙羊峡—兰州等3个区间入河控制量较大，COD和氨氮分别为21.16万t、1.90万t，占入河控制总量的81.8%、87.1%；就省（区）来看，陕西、甘肃、宁夏、内蒙古、山西、河南等6省（区）入河控制量较大，COD和氨氮为24.22万t、2.07万t，占入河控制总量的93.6%、95.0%。

就污染物削减状况来看，2030年较2020年削减量主要集中在黄河河口镇以下区间，COD、氨氮削减量分别占入河总削减量的84.4%、76.5%，仍然以龙门—三门峡污染物入河削减量为最大。陕西、山西、河南、山东四省COD、氨氮入河削减总量为14.27万t、3.22万t，占污染物入河削减总量的78.1%、69.9%，仍然以陕西省为最大。

2.重点河段。选定湟水西宁段等13个河段作为黄河流域重点河段，该部分河段是当前和今后人口集中、社会经济较发达的区域，也是今后水资源保护污染物总量控制的重点，2020年、2030年COD、氨氮控制总量占到黄河流域污染物控制总量的80%左右。

2020年重点河段COD入河控制量为24.24万t,占黄河流域入河控制总量的82.2%,入河削减量11.29万t,占黄河流域入河削减总量的70.3%,入河削减率33.5%;排放控制量37.14万t,占黄河流域排放控制总量的81.5%,排放削减量18.30万t,占黄河流域排放削减总量的70.0%,排放削减率34.8%。氨氮入河控制量为2.13万t,占黄河流域入河控制总量的76.1%,入河削减量3.15万t,占黄河流域入河削减总量的78.4%,入河削减率60.1%;排放控制量3.11万t,占黄河流域排放控制总量的75.3%,排放削减量4.83万t,占黄河流域排放削减总量的78.0%,排放削减率61.3%。

2030年重点河段COD入河控制量为22.05万t,占黄河流域入河控制总量的85.2%,需在2020年入河削减总量的基础上再削减6203t,入河总削减量达11.90万t。占黄河流域入河削减总量的65.1%,入河总削减率37.3%;排放控制量33.51万t,占黄河流域排放控制总量的84.8%,需在2020年排放削减总量的基础上再削减8454t,排放总削减量达19.15万t,占排放削减量的64.9%,排放总削减率38.6%。氨氮入河控制量为1.77万t,占黄河流域入河控制总量的81.2%,需在2020年入河削减总量的基础上再削减2769t,入河削减量达3.43万t,占黄河流域入河削减量的74.4%,入河总削减率66.5%;排放控制量2.55万t,占黄河流域排放控制总量的80.4%,需在2020年排放削减总量的基础上再削减4229t,排放削减量5.25万t,占黄河流域排放削减量的73.9%,排放总削减率67.8%。

三、方案可达性分析

黄河流域由于受经济发展格局、城市分布、工业布局等因素的影响,水功能区可利用纳污能力较低,纳污能力与排污地区分布极不匹配。2030年黄河流域在所有工业点源达标排放、城镇污水处理率达到90%、污水处理再利用率达到40%的情况下,污染物COD、氨氮排放控制量分别为39.51万t、3.17万t,需在2020年排放削减总量的基础上再削减3.35万t、9082t,排放总削减量达29.50万t、7.10万t,排放总削减率高达45.8%、71.0%,水功能区距达标所要求的水平还有一定差距。氨氮削减率之所以较高,从黄河流域目前水质状况和发展趋势来看,是因为枯水季节一些重点河段和主要支流常常由于氨氮超标而被定为V类或劣V类,氨氮含量已成为当前和未来影响黄河流域水质的主要参数,应引起高度重视。建议黄河流域所有城镇污水处理厂增加脱氮设施,以减少含氮化合物的排放。

一方面,流域经济要发展,城镇人口在增加,人民生活水平要提高,工业需水和城镇生活需水一直在增加;另一方面河流水域纳污能力是一定的,突破河流纳污能力排放污水必将造成河流水质的污染并诱发水生态问题。两者是相互矛盾的。黄河流域特别西北地区是我国的能源重化工基地,发展的项目多是高耗水重污染的行业,预计未来黄河流域发展与环境的矛盾问题将更为突出,解决这个矛盾的主要出路在于加强水污染控制,提高流域污染治理的整体水平,加强监督管理。目前我国环境保护的污染排放标准和河流水域的水环境标准相距甚远,与欧洲一些发达国家污染物排放标准有很大差距。因此,本研究以保护河流水质、维持黄河健康生命、保障流域经济社会可持续发展为出发点,根据黄河流域入河污染物控制量的要求,对2030年污染物排放削减量进行流域污染物排放浓度的推算,推荐未来水平年黄河流域污染物综合排放标准见表18-12。该标准与《污水综合排放标准》(GB 8978—1996)、《城镇污水处理厂污染物排放标准》(GB 18918—2002)相比更为严格,COD、氨氮排放标准要求提高50%~70%。若未来水平年按照此标准控制污染物的排放和入河量,黄河流域水功能区水质将实现全面达标。

表18-12　未来水平年黄河流域污染物综合排放推荐标准

（单位：mg/L）					
水平年及相关标准	COD		氨氮		
	一级	二级	一级	二级	
2020	70	80	7	8	
2030	60	70	5	6	
《污水综合排放标准》(GB 8978—1996)	100	150	15	25	
《城镇污水处理厂污染物排放标准》(GB 18918—2002)	A:50	100	A:5	25	
	B:60		B:8		

第七节　水资源保护对策措施

一、根据水资源保护要求实施水污染防治工作,确保水功能目标的实现

黄河流域水功能区划为水资源保护监督管理提供了科学依据,水功能区划制度是水资源保护的一项重要管理制度,要建立健全流域管理与区域管理相结合的管理体制,建立和完善以水功能区为基础的流域水资源保护管理体系。本次提出的陆域污染物的入河控制量,是建立在流域及省(区)主要污染源达标排放原则基础上的控制要求。水污染防治是水功能保护的关键与重要手段,也是水资源保护的基础,因此在制定流域和省(区)水污染防治规划时,应将流域水资源保护的规划和要求作为编制的主要依据,做好水污染防治和水资源保护规划的衔接,确保水功能目标的实现。[①]

二、实行更为严格的工业和生活污染物排放的控制政策与标准,提供保护黄河水资源的行政和技术保障

由于黄河水资源匮乏、环境承载能力低,加之受流域经济空间布局的影响,即使规划水平年黄河流域污染源全部实现了达标排放,黄河主要水功能区的水质状况仍不能满足黄河水资源保护的要求。国家和流域、省(区)环境主管部门应针对黄河流域高污染排放量与低水环境承载能力间的尖锐矛盾问题,研究提出流域和区域更为严格的污染排放控制政策和技术标准。建议在黄河流域实行流域管理原则下的省(区)污染物总量和浓度排放的核查制

---

①薛松贵,张会言. 黄河流域水资源利用与保护问题及对策[J]. 人民黄河,2011,(11):32-34.

度,实施行政目标考核和行政责任追究。

考虑黄河水资源和水环境条件及流域技术水平,2030年前,黄河流域各省(区)参照我国目前水污染控制先进省(市)的经验,制定更为严格的地方水污染物控制标准,将COD的一级和二级排放控制标准值分别调整到60mg/L和70mg/L,将氨氮的一级和二级排放控制标准值分别调整到5mg/L和6mg/L,并制定城市污水处理厂的氮、磷控制要求。

三、保障黄河流域重要水域河道内自净水量

在水资源开发利用和配置过程中,应当统筹兼顾,保障江河有一定的河道内环境流量,维持水体的自然净化能力。应根据黄河流域水资源实际状况,综合考虑未来生活、生产用水需求和水体自净及生态环境需水要求,保证黄河流域重要断面下泄水量,并加快南水北调西线工程前期工作的步伐,争取尽早开工,补充黄河水量,增加水体自净用水,提高水体承纳污染物的能力,改善重点水域水功能区水质状况。

四、调整产业结构和优化工业布局,推进流域循环经济和清洁生产技术

黄河流域结构性的水污染问题突出。流域内广为分布的规模以下工业企业,生产技术落后,资源浪费严重,污染控制水平很低。而在流域工业布局方面,也未充分考虑流域和区域的水资源与水环境承载条件,造成了一些河段和水功能区的严重水污染问题。

目前,黄河流域的经济发展模式总体上还没有摆脱长期以来遵循的低生产技术水平运用、高资源消耗投入和重污染产出的发展道路,资源浪费和环境污染是造成黄河水功能目标难以实现的关键问题。为此,黄河流域各省(区)应根据水功能区排污总量控制要求,严格环保准入,限期治理重点工业污染源,提高工业废水处理水平,加强废水处理深度,坚决执行工业污染源达标排放要求。有关省(区)应高度重视产业结构和工业布局的调整,严格执行国家产业政策,强制淘汰污染严重企业和落后工艺、设备与产品,限制在黄河流域规划和建设高耗水、重污染的工业项目。其中,渭河流域重点调整造纸、果汁加工等行业结构,关闭污染严重的造纸企业;汾河流域重点关闭和淘汰不符合产业政策的焦化企业,并对符合产业政策的焦化企业实施深度治理与零排放工程。积极推行清洁生产,大力发展循环经济,建立以工业水污染防治过程控制为主并与末端治理相结合的资源环境新理念,按照循环经济理念调整经济发展模式和产业结构,通过改革生产工艺、进行技术改造和加强生产管理等手段,淘汰物耗能耗大、技术落后的产品和工艺,鼓励企业实行清洁生产和工业用水循环利用,建立节水型工业,对化工、食品酿造、石油加工、炼焦、造纸等行业企业及有严重污染隐患的其他企业要依法实行清洁生产审核。

五、加快生活污水处理设施建设,推进污水资源化

面对黄河流域水资源短缺、现状水污染严重和未来排污量增加的状况,应加快城市污水处理厂建设。流域内所有城市均应建设污水处理厂,并加强雨污合流管网系统的改造等污水处理设施配套工程的建设,2020年和2030年城市污水集中处理率须分别达到80%及90%以上,2020年和2030年城市污水回用率分别达到30%及40%以上。黄河干流主要治理兰

州、白银、中卫、吴忠、银川、石嘴山、乌海、包头、呼和浩特等城市水污染;湟水主要加快治理西宁的城市水污染;渭河主要加快天水、宝鸡、西安、咸阳、渭南等城市的水污染治理;汾河主要加快太原、临汾、运城等城市污水处理与再生利用设施建设。新、改、扩建的污水处理厂要配套脱氮工艺,确保达到一级排放标准。直排水库、湖泊的污水处理厂,应建设除磷设施,大力推进污水处理厂尾水处理工程。在重点地区结合各地区特点,加强和推进污水资源化工作,规划和建设中水回用等污水资源化工程,提高城市水资源综合利用水平,减少污染物入河量。

六、采用生态处理和修复技术,减少污染物入河量,改善水域水质

结合水生态修复和保护的要求,重点在内蒙古河段、黄河下游滩区、渭河、涑水河、汾河、沁河等污染严重干支流河段,在不影响防洪和社会经济发展的前提下,利用生物操纵技术、生物吸收技术、生物过滤技术和生物净化技术等生态修复技术,采用生物膜处理、人工湿地、土地处理等方法提高水域污染物净化水平等,减少水域污染物的接纳量,建议尽快开展黄河流域有关生态修复技术的研究,加快生态处理工程项目可行性研究。

七、以城市生活水源区保护为重点,调整和规范入河排污口设置

城市生活饮用水源的水质安全是水资源保护工作的重点。在黄河重点城市建立和划定饮用水源保护区,制定有效的管理法规,实施水质保护。严格控制水库等水利工程内的排污行为,强化取水许可和实施排污口登记制度,依法管理并调整和规范入河排污口设置,确保城市生活饮用水水质安全。

八、加强面污染源入河控制

黄河流域农田径流、农村生活污水及垃圾、禽畜养殖和水土流失等面污染源,对河流水体造成的氮、磷污染负荷,占氮、磷总污染负荷的50%以上,是湖库富营养化的主要原因。为了有效保护和改善地表水水质,在严格控制点污染源入河量的同时,应重点研究面污染源的特征、污染物产生和入河的规律以及与受纳水体水质间的响应关系,根据不同地区和不同种类的污染来源,有针对性地制定水资源保护方案,逐步加强对面污染源入河量的控制。具体措施是重点加强农业取排水管理,采取截流、导流等措施对规划区坡耕地进行改造,控制农药、化肥入河量;农村生活垃圾、农业生产废弃物以及畜禽粪便,采用堆肥等综合利用办法加以处理,减少其产生量;加强城市垃圾生物处理及卫生填埋场建设,避免垃圾堆集地对河湖水质污染;发展生态农业和有机农业,以推广有机肥,制定农药、化肥的减量计划为主,切实解决农业面源污染问题。

九、加快水质监测站网建设

建立和完善水质监测站网体系,为全面评价流域内水资源质量、掌握流域水质变化动态提供基础资料,为流域水功能区管理提供科学依据,是《中华人民共和国水法》赋予流域水资源保护部门的一项重要职责。黄河流域水质监测工作始于20世纪70年代,截至2000年,流

域内共实施监测的水质站点约230个。现有站点已初步形成了流域的监测站网体系,基本可满足流域重点河段、主要城市污染河段和重要水库、湖泊水质评价的需要。但现有水质站点偏少,且布局不合理,不能全面反映供水水源地、排污控制等水功能区水质状况。因此,有必要在现有站网的基础上,增设部分水质站点,以满足功能区水质管理和流域水资源保护工作的需要。本研究建议在黄河流域省(区)界或地(市)界、重要供水水源地以及污染严重的干、支流河段增设442个水质站点,在重要排污口入黄处增设168个入河排污口站。

十、强化水资源保护宣传教育工作

做好舆论宣传,唤起民众和全社会的重视是做好水资源保护工作的重要一环。为此,要强化宣传教育工作,充分利用媒体,向社会公布水资源保护信息,让公众了解水资源短缺及水环境污染的严峻现实,端正民众的水资源价值观,提高人们爱水、节水的责任感和防治水污染的自觉性。逐步形成全社会对水污染防治和水资源保护的舆论监督,使广大群众积极支持并参与水资源保护工作,形成全社会科学用水、节约用水和污水资源化的社会风气。

第十九章　可持续发展与水资源可持续利用

第一节　可持续发展概论

可持续发展作为一个全球关注的问题,最早被提出可上溯到1972年联合国第一次环境大会,"罗马俱乐部"当年发表的报告中提及了这一概念。1987年,以挪威前首相布伦特兰夫人为首的世界环境与发展委员会在《我们共同的未来》一书中第一次正式使用了"可持续发展"的概念。两年后,联合国环境署第15届理事会期间发表了《关于"可持续发展"的声明》。声明说:"可持续发展系指满足当代人的需要而又不削弱子孙后代满足其需要的能力的发展。"并规定了这一发展涉及的国内合作与跨越国界的合作,且意味着走向国际间的公平,使发达国家向发展中国家提供援助。1992年召开的第二次世界环发大会通过了《里约环境与发展宣言》以及《21世纪议程》等一系列纲领性文件,使可持续发展观念深入人心。

当前,可持续发展已涵盖了经济、社会、生态几方面,它包括:经济的可持续发展,即要经济发展而不是经济增长;代间公平,即实现代与代之间的公平,不牺牲后代子孙利益满足当今需要;代内公平,即实现当代人之间的公平,即在穷国与富国之间、穷人与富人之间实现公平。这三方面紧密相连的基本前提则为生态环境的稳定。没有环境的承载,人类文明的构建不啻于沙地上的摩天大厦,倾覆只在旦夕之间。

一、可持续发展的基本概念[①]

可持续发展观念既包含着古代文明的哲理精华,又富蕴着现代人类活动的实践总结:

"只有当人类向自然的索取,能够同人类向自然的回馈相平衡时;只有当人类为当代的努力,能够同人类为后代的努力相平衡时;只有当人类为本地区发展的努力,能够同为其他地区共建共享的努力相平衡时,全球的可持续发展才能真正实现!"

同时,可持续发展还充分蕴含着人类活动的实践映象,它是对"人与自然关系"、"人与人关系"两大正确认识的完整综合。它始终贯穿着"人与自然的平衡、人与人的和谐"这两大主线,并由此出发去进一步探寻"人类活动的理性规则,人与自然的协同进化,发展轨迹的时空耦合,人类需求的自控能力,社会约束的自律程度以及人类活动的整体效益准则和普遍认同的道德规范"等,通过平衡、自制、优化、协调,最终达到人与自然之间的协同以及人与人之间的公正。

---

①向东,张根保,汪永超,等. 可持续发展CIMS(S-CIMS)的基本概念及体系结构研究[J]. 机械,1998,(6):2-5.

(一)可持续发展应遵循以下四个基本原则。

发展性原则:人均财富不因世代更迭而下降;

公平性原则:代际公平、人际公平和区际公平:

持续性原则:"人口、资源、环境、发展"的动态平衡;

共同性原则:体现全球尺度的整体性、统一性和共享性。

就可持续发展的最终目的而言,可以作如下表述:其一,不断满足当代和后代人的生产和生活对于物质、能量和信息的需求,既从物质或能量等硬件的角度予以不断的提供,也从信息、文化等软件的角度予以不断的满足;其二,代际之间应体现公正、合理的原则去使用和管理属于全体人类的资源和环境,同时每代人也要以公正、合理的原则来负担各自的责任,当代人的发展不能以牺牲后代人的发展为代价;其三,区际之间应体现均富、合作、互补、平等的原则,去促成空间范围内同代人之间的差距缩短,不应造成物质上、能量上、信息上甚至心理上的鸿沟,以共同实现"资源—生产—市场"之间的内部协调和统一发展;其四,创造"自然—社会—经济"支持系统的外部适宜条件,使得人类生活在一种更严格、更有序、更健康、更愉悦的内外环境之中,因此应当将系统的组织结构和运行机制,予以不断地优化。

(二)可持续发展的基本特征。

第一,可持续发展鼓励经济增长,因为它体现国家实力和社会财富。可持续发展不仅重视增长数量,更追求改善质量、提高效益、节约能源、变废为宝,改变传统的生产和消费模式,实施清洁生产和文明消费。

第二,可持续发展要以保护自然为基础,使发展与资源和环境的承载能力相适应。因此,发展的同时必须保护环境,包括控制环境污染、改善环境质量、保护生物多样性、保持地球生态的完整性、保证以持续的方式使用可再生资源,使人类的发展保持在地球承载能力之内。

第三,可持续发展要以改善和提高生活质量为目的,使其与社会进步相适应。可持续发展的内涵均应包括改善人类生活质量,提高人类健康水平,并创造一个保障人们享有平等、自由、教育、人权和免受暴力的社会环境。

可持续可总结为三个特征:生态持续、经济持续和社会持续,它们之间互相关联而不可侵害。孤立追求经济持续必然导致经济崩溃;孤立追求生态持续不能遏制全球环境的衰退。生态持续是基础,经济持续是条件,社会持续是目的。人类共同追求的应该是自然—经济—社会复合系统的持续、稳定与健康发展。

可持续发展问题是21世纪世界面对的最大中心问题之一。它直接关系到人类文明的延续,并成为政府最高决策的不可缺少的基本要素。"可持续发展"概念一经提出,就被迅速地引入到计划制定、区域治理与全球合作等行动中。美国国家科学院专门组织科学家探讨可持续发展战略思想的全球价值,联合国可持续发展委员会正在努力促进全球范围内对于可持续发展的全面行动。我国从国家到地方,更是把可持续发展作为发展的基本战略之一。江泽民同志在党的十四届五中全会上精辟地指出:"在现代化建设中,必须把实现可持续发展作为一个重大战略。要把控制人口、节约资源、保护环境放到重要位置,使人口增长与社会生产力的发展相适应,使经济建设与资源、环境相协调,实现良性循环。"中国科学院可持续发展研究组于1999年、2000年和2001年相继发表了《1999中国可持续发展战略报告》、《2000中国可持续发展战略报告》和《2001中国可持续发展战略报告》,系统、持续地对中国人口、资源、环境等进行了研究,并设计了中国可持续发展战略的实施方案。

二、可持续发展战略的目标与结构

可持续发展思想的核心在于正确把握好两大基本关系,即"人与自然"和"人与人"之间的关系。它要求人类以最高的道德水准和责任感去规范自己的行为,去创造一个"人与自然"和"人与人"关系协调、和谐、美满的典范。为此,可持续发展战略的追求目标可归纳为以下几点:第一,不断满足当代和后代人的生产和生活对物质、文化和环境的需求;第二,代际间应体现公正、合理的原则去使用和管理属于全体人类的资源和环境;第三,应努力缩小同代人之间的差距,使全球人类生活在均富、合作、互补、平等的理想环境之中。

上述目标似乎是一个道德过程的理想目标,因此,在不同的空间尺度和时间尺度下,都应根据不同的发展状况,提出阶段性的可持续发展的具体目标和统一的诊断、核查、监测、评价标准,以保证可持续发展能实实在在地融合于国家发展战略规划的总体思路之中。

根据中国科学院可持续发展研究组的研究,决定可持续发展的水平可由以下5个基本要素及其相互间的复杂关系去衡量。

(一)资源的承载能力

通常又称为"基础支持系统"或"生存支持系统"。这是一个国家或地区按人口平均的资源数量和质量对于该空间内人口的基本生态和发展的支撑能力,务求保持在区域人口需求的范围之内。

(二)区域的生产能力

通常也称为"动力支持系统"或"福利支持系统"。这是一个国家或地区的资源、人力、技术和资本可以转化为产品和服务的总体能力。可持续发展要求此种生产能力在不危及其他子系统的前提下,应当与人的进一步需求同步增长。

(三)环境的缓冲能力

通常也称为"容量支持系统"。人对区域的开发、对资源的利用、对经济的发展、对废物的处理等,均应维持在环境的允许容量之内。

(四)社会的稳定能力

通常也称为"过程支持系统"。在整个发展的轨迹上,不希望出现由于自然波动和经济社会波动所带来的灾难性后果。这里有两条途径可以选择:其一,培植系统的抗干扰能力;其二,增加系统的弹性能力,一旦受到干扰后的恢复能力应当是强劲的,即有迅速的系统重建能力。

(五)管理的调节能力

通常也称为"智力支持系统"。它要求人的认识能力、行动能力、决策能力和创新能力，能够适应总体发展的水平。

上述5个要素组(或支持系统)可作为判定可持续发展行为的基础要素组。它们的逻辑关系是："生存支持系统"是可持续发展的基础条件，"发展支持系统"是可持续发展的动力条件，"环境支持系统"是可持续发展的限制条件，"社会支持系统"是可持续发展的保证条件，"智力支持系统"是可持续发展的持续条件。事实上，任何一个国家或地区可持续发展能力都是由这5个支持系统共同作用而构成的。其中任何一个支持系统失误与崩溃，都会损害或最终导致可持续发展能力的丧失。它们是相互关联、相互支持的一个整体系统。《1999中国可持续发展战略报告》根据可持续发展结构体系的逻辑关系，应用定性和定量相结合的方法，绘制了评价可持续发展基本构成的系统图(图19-1)。

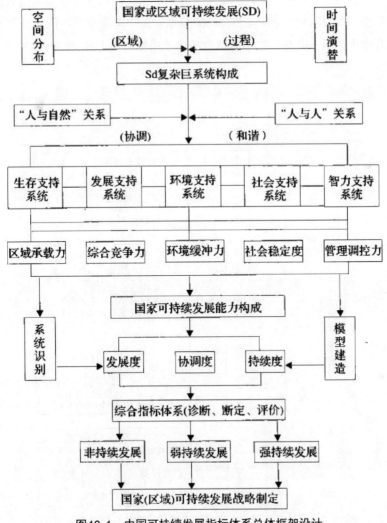

图19-1 中国可持续发展指标体系总体框架设计

三、可持续发展能力评价

自从可持续发展的概念被确认后,很多研究机构为寻求它的测量指标作出了不懈的努力。目前比较有影响的可持续发展指标体系大致有:联合国开发计划署创立的人文发展指数(HDI)、资深经济学家戴尔和库帕制定的持续发展经济福利模型(WMSD)、联合国可持续发展委员会(UNCSD)指标体系和"生态服务"指标体系(Ecological Service)等。

中国科学院可持续发展研究组在《1999中国可持续发展战略报告》中,提出了中国可持续发展战略指标体系。该指标体系由总体层、系统层、状态层、变量层和要素层组成。要素层由208项要素组成。

关于208个指标名称细目和统计方法可查看《1999中国可持续发展战略报告》。由于可持续发展的定义和理论尚在争议和探索中,因此文献提出的208个指标,还有待于在实际应用中进一步修改和规范化。

另外,已经有一些评价指标体系在实践中得到应用。在清华大学与云南省的省校合作项目"澜沧江(湄公河)区域综合开发和协调的信息管理与决策支持系统建设"中,采用了24个指标的综合评价体系。其指标的选取综合考虑了指标的代表性、典型性、独立性和可获取性等多种因素。

其指标体系分为总体层、系统层和变量层3个等级(图19-2)。

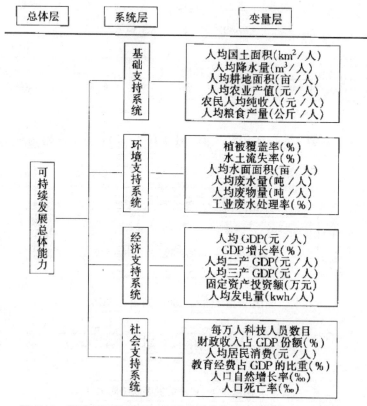

图19-2 澜沧江下游地区可持续发展现状评价指标体系总框架

总体层:代表当前社会经济发展的总体状况,它表达了发展的总体态势和总体效果。

系统层:依据可持续发展的理论体系,将内部的逻辑关系和函数关系分别表达为:基础支持系统、环境支持系统、经济支持系统、社会支持系统。

变量层:采用可测的、可比的、可以获得的指标及指标群,对系统层状态的行为、关系、变化给予直接的度量。它采用了24个指标,分别予以系统地定量描述,构成了指标体系的最基本的要素。

(一)基础支持系统

基础支持系统是指维持人类基本需求所需要的各种要素构成的一个相互联系的有机整体。在原则上它指人类生存和发展所必需的资源和条件。可持续发展的第一阶段,就是必须满足人类生存的需求。在人类历史上,物质水平的发展阶段就是先经过保存自己和延续后代,才逐渐达到发展自己和提高自己。作为发展的起点,应当在温饱得以保证的条件下,这才有可能。基础支持系统正是为解决人类的生存资源问题服务的。它以农业为核心。

我国作为人口大国,自古以来生存压力沉重。其中作为生存基础的粮食问题曾一度引起世界的关注。美国学者摩根索在《国家间政治》一书中曾说"粮食的自给自足永远是巨大力量的源泉"。总之,粮食是发展的基础,是特殊商品,是战略物资,是政治筹码。

农业的可持续发展是澜沧江下游地区可持续发展的重要构成部分。结合农业生产系统自身的特点和当前可持续发展农业的最新理论,可从耕地资源、农业产值、农民收入和人均粮食等方面进行评价,以判定区域的基础生存能力。

1.人均耕地面积。耕地是土地的精华,是生存之本,也是人类从事农业生产的物质基础和先决条件。其数量是衡量一个地区生存条件优劣的主要标志之一。

2.人均农业产值。该指标从数量上体现了农业经济的发展。一个农业基础经济实力雄厚的区域与一个农业经济基础薄弱的区域相比,其自主提供进一步发展所需的物质和资本的能力较强。

3.农民人均纯收入。农业的经济和社会属性决定了农业生产必须有效益,否则农民不能致富。以效益促生产,才能调动农民的积极性,成为农业可持续发展的直接动力。该指标是衡量农业生产经济效益的显著标志。它的高低对于农民生产的积极性会产生直接的影响。

4.人均粮食产量。衡量该地区维持人口最基本生存的能力,它从另一个侧面反映农业的经济效率。

5.人均国土面积。反映该地区地域的辽阔程度。地域狭窄必然导致对生活空间的激烈争夺,不利于该地区的进一步发展。

6.人均降水量。用来衡量一个地区水资源量的多寡。水是生存必不可少的资源,水资源贫乏会成为地区经济发展的瓶颈,甚至严重威胁到人类的生存。

(二)环境支持系统

环境是以人类为主体的整个外部世界的总和,是人类赖以生存和发展的物质能量基础、生存空间基础和社会经济活动基础的综合体。环境支持系统以研究环境支持能力为目的。

所谓环境支持能力是对区域环境容量的动态识别。人类对于区域的开发、人类对于资源的利用以及人类对于自然的改造,均应维持在环境允许的容量之内。也就是说,它是一个国家或地区的"环境缓冲能力"、"环境抗逆能力"与"环境自净能力"的总和,只有实现维持现实环境的质量不超出所允许的标准,才能达到合理发展的要求。

要在所有行业中加强环境保护,发展"绿色生产",不断改善和优化生态环境,促使人与自然和环境相互协调、相互促进,才能实现经济社会的可持续发展。

研究环境支持能力应从区域环境水平和区域抗逆水平两方面进行。其中区域环境水平由水土流失率、人均废水量和人均废物量组成;区域抗逆水平则考虑工业废水处理率指标、植被覆盖率、人均水面面积。

1.区域环境水平。包括现有环境的维持状况和污染物对水和土壤等环境系统的危害程度。在本评价体系中,由于澜沧江下游区域工业较少,废气的危害较轻,所以评价指标中没有予以考虑。

(1)水土流失率:水土流失是生态环境脆弱的基本标志之一。它不仅造成大量的表土丧失,而且带走大量养分,使生存资源流失。所以为了维护赖以生存的资源基础,必须减少水土流失。我们用该指标反映水土流失的治理力度,而且该指标还间接反映了政府、社会公众对水土流失治理的重视程度。

(2)人均废水量。

(3)人均废物量

2.区域抗逆水平。表现为人类保护环境和自然自净能力对生态灾害的抗衡能力。它对环境支持系统起到了培育和加强的作用。其影响要素为:工业废水处理率、植被覆盖率、人均水面面积。

(1)植被覆盖率。它是从生态环境的植物构成角度来衡量生态环境的优劣。植被覆盖率越高,对农作物的屏障和保护作用愈明显,生态环境的质量越高。

(2)人均水面面积

(3)工业废水处理率

反映人类保护环境的能力。它对环境支持系统起到了培育和加强的作用。

(三)经济支持系统

经济支持系统是奠定澜沧江下游区域可持续发展能力的四大基本支持系统之一,它代表了该区域的各种经济要素对人类的持续发展目标的支持水平和保障度。

它分别从区域发展的能力、现状发展水平和未来发展潜力的不同角度,对区域发展支持能力作了全方位的、客观的描述和评价。区域发展能力反映发展历史所造成的发展的基础条件以及使区域经济起飞所必需的基础设施水平。发展水平是对区域发展当前客观水平的度量。现状的描述和认识是进一步发展的前提。真实的即期发展水平是一切发展战略和措施的初始条件,缺少这一条件或对现状的认识脱离实际,制定任何发展战略都只会是空中楼阁,不堪一击。另一方面,可持续发展的目标是面向未来的,未来的持续发展才是人类孜孜以求的终极理想。因此,从发展的现状评价澜沧江下游区域在可预见的将来所具有的发展能力和后劲,是一项必不可少的关键内容。这样,通过对区域发展的过去、现在和未来状况的综合度量和分析,经济支持系统的整体评价结果和统一比较才能达到真实、客观和科学的水平。

1.区域发展能力。这里的区域发展能力是指一个地区为了支持它的经济起飞并实现区域战略发展目标,所具备的前提和准备条件。能力的高低决定了其克服自然条件障碍和人文条件障碍的难易程度。

而区域生产力发展现状、国民财富积累水平以及由此所营造的基础经济环境的优劣是决定发展能力大小的一个重要方面。一个经济实力雄厚、经济环境优越的区域与一个经济基础薄弱、配套基础设施不足的区域相比,其提高发展所需的物质和资本的能力是明显高于后者的。

随着社会生产力的发展和科学技术的进步,自然基础对区域发展的限制作用会逐渐降低,而经济基础的重要性会日益增强。基于以上几点考虑,在计算区域发展能力时我们选取了人均GDP和GDP增长率这两个体现区域经济发展数量和速度指标的因子。

2.区域发展水平。区域发展水平是对区域当前已经达到的发展程度进行定量的描述和分析。研究区域的可持续发展,制定和实施正确的发展战略和措施,都必须从该区域当前的实际水平出发,因地制宜,因时制宜,才能有效地实现可持续发展的战略目标。对现状的客观描述和分析是研究区域可持续发展的基础性工作。

根据澜沧江下游区域经济发展的现状,对于衡量区域发展水平,我们选取固定资产投资和人均发电量这两个可操作性比较强的指标为计算因子。

固定资产投资反映了区域的资本形成能力。投资会改变产业结构,完善市场环境,优化资源配置方式,提高劳动者素质,所以投资将促进生产率的提高。可以认为,由于澜沧江下游区域资源充足,但经济基础薄弱,资本形成能力是决定澜沧江下游区域经济增长速度的关键因素。

人均发电量反映了区域的实物基础生产能力,是区域发展水平高低的一个直接影响因素。

3.区域发展潜力。发展是一个动态的过程,区域未来的能力和可能性是可持续发展的关键因素。因此,只对澜沧江下游区域的基础能力和现状评价和分析是不够的。

在构建度量区域发展潜力的指标时,主要从区域竞争能力的角度加以考虑。而在衡量区域竞争力时,选取了产业结构的合理度来评价。衡量区域产业结构的比较优势,主要分析其结构中各产业部门的比例是否符合产业结构高级化的大趋势。根据以上观点,选择二产GDP值(反映区域工业化水平)和第三产业GDP值(反映区域现代化水平)。

(四)社会支持系统

可持续发展只有运行在有序和平稳的过程中,才有可能实现。因此,社会稳定是可持续发展的必要条件之一。惟有经济增长与社会发展二者形成协同进步、互为调适和良性互补,才是。一个地区综合实力总体水平的健康表征。

另外,当前人类社会面临着各种各样的危机,例如:世界人口加速膨胀、资源短缺、环境污染等。解决这些危机最根本的手段,无疑需要科技进步的参与。因此,加强科学技术的发展和应用应该成为有效地促进和保障可持续发展事业的必然抉择。

社会支持系统由人均居民消费、财政收入占GDP的份额、每万人科技人员数、教育经费占GDP的比重、人口增长速度和死亡率组成。

1.人均居民消费。此项指标代表生活质量,是衡量社会平均水准的指标;同时它也在一定程度上代表了社会安全能力。

2.财政收入占GDP的份额。此项指标反映了该地区经济的调控能力,用来衡量管理的手段和力度。经济调控能力在可持续发展战略的执行中,有着举足轻重的地位,它赋予政府某种手柄和硬手段,用以调控区域的发展并将其纳入到可持续发展的要求中。

3.每万人科技人员数量。反映该地区的科技资源指数,是一个地区科技人力资源数量的体现。这是衡量地区科学技术潜能和实力的重要标准。

4.教育经费占GDP的比重。教育能力是一个国家和地区综合实力的基本成分。在可持续发展系统中,教育水平是培育科学技术的基层土壤。在这里主要应用教育经费占GDP的份额去反映一个地区对于教育的重视程度。事实早已证明,教育投入的比重越高,该地区的总体发展以及发展的潜力就越大。

5.人口自然增长率。说明对于人口的管理功能,反映社会的调控能力。

6.人口死亡率。反映一个地区人口的健康水平。

四、可持续发展分析理论研究现状与趋势

(一)国外研究现状

国外的可持续发展研究,大体可分为两个阶段:

1.80年代初至1992年里约联合国环境与发展大会,这是可持续发展概念形成和理论探讨的阶段。世界观察研究所通过对全球人口、资源、环境的全面综合考察提出了要建设一个可持续发展社会的设想(Brown,1981)。

O'Riordan(1985)阐述了可持续发展思想的产生与范围广泛的环境保护运动之间的密切关系。Regier(1986)考察了区域发展与全球发展的关系,认为只有"着眼于全球,着手于区域"才能实现可持续发展。Dovers(1990)提出了实现可持续发展四个层次的政策框架,反映了澳大利亚实践可持续发展的一种观点,他所提出的四个层次是:社会目标(第一层);政策目标(第二层);政策(第三层);行动(第四层)。Goodland等(1992)认为实现全球可持续发展应分为三步走:第一步是使用合理的经济学;第二步是区别增长和发展;第三步是使用环境

评价作为达到可持续性的手段。此外,在可持续环境管理的理论与实践(Tunner,1988)、可持续发展的模型与管理规划工具(Clark,1989)、第三世界环境与经济可持续发展(Pearce,1990)等方面也进行了一些研究。

2.1992年里约环发大会以来,这是可持续发展开始战略实施的阶段。1992年在巴西里约热内卢召开的联合国环境与发展大会上,可持续发展已成为大会的共识和时代的强音。人类最终理智地选择了可持续发展,这是人类发展史上的重大转折,是人类诀别传统发展模式、开拓现代文明的一个重要里程碑。

在欧洲大陆,国际应用系统分析研究所(IIASA)等一些国际组织,着眼于全球和欧洲,结合IGBP计划,进行了"生物圈的生态可持续发展"研究(Clark te a1.,1987)、"欧洲未来的环境"研究(IIASA,1989)。荷兰、意大利则侧重于帮助政府制定环境可持续发展策略的研究(Archbugi,1989)。在英国,学者们从经济学理论出发,结合具体的生态过程,对可持续发展—特别是对发展中国家的可持续发展—进行了定量化的实证研究,给出了许多案例分析。美国一方面从社会体制角度探讨可持续发展;另一方面在为政府制定可持续发展政策方面进行了许多尝试。

1993年,美国成立"总统可持续发展理事会"(President's Council on Sustainable Development),具体负责和执行1992联合国环境与发展大会制定的《21世纪议程》,起草国家可持续发展战略及行动计划框架。1994年初,日本政府制定了《日本21世纪议程行动计划》,旨在通过可持续发展的途径,逐步实现全球环境保护目标,并声称将为解决全球环境问题发挥主导作用。

(二)国内研究概况

我国政府十分注重可持续发展研究,几乎与世界研究的步伐同步。我国在理论研究的同时,更注重可持续发展战略及其实施的研究。

1.理论研究。早在可持续发展概念提出之前,国内学者就以"良性循环"、"协调发展"、"永续利用"等思想进行环境规划及生态平衡的研究,并在环境承载力、环境—经济协调度研究方面取得了一些成果,这也是具有中国特色的一个方面。1993年,尽管在"中国21世纪议程行动计划优先项目"的编制中,它是以部门可持续发展研究为主,但此后对区域可持续发展的理论及评价方法和指标体系的研究却相对活跃。在区域可持续发展理论研究方面,区域复合协调结构模式和可持续发展世界观、三种生产理论的研究等都卓有成效。在评价方面,通过建立一套多维、多层次的指标体系对发展的各个截面进行评价,评价方法通常是与评价指标同时研究的。在指标体系方面,主要有对指标设置原则、指标体系结构、指标筛选方法等方面的研究。

2.战略实施。联合国环发大会后,我国政府为履行大会提出的任务,在世界银行、联合国开发计划署(UNDP)、环境规划署(UNEP)的支持下,先后完成了几十项重大研究和方案。1992年7月国家计划委员会和原国家科学技术委员会牵头,组织有关部门制定了中国的可持续发展战略—《21世纪议程》。1994年3月25日,国务院通过《中国21世纪议程—中国人口、环境与发展白皮书》。同时,在国家实施可持续发展战略的同时,许多省市都制定了自己的《21世纪议程》并开始实施。

(三)可持续发展研究的趋势

"工欲善其事,必先利其器。"走可持续发展之路,是世界各国未来发展的自身需要和必然选择,这一点大家已达成了共识。而可持续发展战略的实施,必然要落实到一个个具体的空间区域。就以中国为例,我国地域广阔,自然条件差异大,区域发展不平衡,所以制定可持续发展战略必须因地制宜,具有地区特色。因此,必须进行区域可持续发展评价,将可持续发展研究从时空大尺度转向时空小尺度(从全国到地区,从代与代到年与年),从定性到定量,从抽象到具体,提出简单易行、科学合理、反映趋势的定量法则。而如何制定可持续发展指标体系就成为目前研究的热点。

所以今后总的趋势是如何使可持续发展战略具有可操作性,如评价指标体系、决策支持系统等。解决上述问题面临三个方面的挑战:第一,可持续发展要求多专业、多学科的交叉,如何打破相互间的障碍;第二,可持续发展是一个人口、经济、社会发展与资源、生态环境保护相协调的过程,如何运作;第三,可持续发展是一种道德准则,如何融于人的行为和社会道德体系之中。

(四)可持续发展研究的方向

可持续发展理论的建立与完善,一直沿着三个主要的方向去揭示其内涵与实质。这三个主要方向已逐渐被国际公认为经济学方向、社会学方向和生态学方向。

1.可持续发展理论研究的经济学方向。是以区域开发、生产力布局、经济结构优化、物质供需平衡作为基本内容。该方向的一个集中点,是力图把"科技进步贡献率抵销或克服投资的边际效益递减率",作为衡量可持续发展的重要指标和基本手段。该方向的研究尤以世界银行的《世界发展报告》(1990—1998)和莱·布朗在《未来学家》发表的"经济可持续发展"(1996)为代表。

2.可持续发展理论研究的社会学方向。是以社会发展、社会分配、利益均衡等作为基本内容。该方向的一个集中点,是力图把"经济效率与社会公正取得合理的平衡",作为可持续发展的重要判据和基本手段。该方向的研究尤以联合国开发计划署的《人类发展报告》(1990—1998)及其衡量指标"人文发展指数"作为代表。

3.可持续发展理论研究的生态学方向。是以生态平衡、自然保护、资源环境的永续利用等作为基本内容。该方向的一个集中点,是力图把"环境保护与经济发展之间取得合理的平衡",作为可持续发展的重要指标和基本原则。该方向的研究尤以挪威原首相布伦特兰夫人(1992)和巴信尔(1990)等人的研究报告和演讲为代表。

1999年中国科学院可持续发展研究组在上述三个主要方向的基础上,对中国可持续发展战略研究的设计,又独立开创了第四个方向—系统学方向。其突出特色是以综合协调的观点,去探索可持续发展的本源和演化规律,将其"发展度、协调度、持续度的逻辑自恰"作为中心,有序地演绎了可持续发展的时空耦合与三者相互制约、相互作用的关系,建立了人与自然关系、人与人关系的统一解释基础和定量的评判规则。

第二节 21世纪的中国可持续发展

一、中国可持续发展的背景

在人类发展史中,人口的增加和发展无疑对经济社会的发展有着举足轻重的影响。人既是社会财富的生产者,又是社会财富的消费者。在中国古代文明发展史中,中国人口之众(表19-1)使中国在世界各国大家庭中占有辉煌的地位。表19-1表明,在世界发展史上中国人口一直占全球总人口的21%以上。人口众多、地大物博奠定了中国在世界发展史上的大国地位,是举足轻重的成员。

表19-1 历代中国人口[①]

年代＼类别	全球人口(万人)	中国人口(万人)	中国/全球(%)
公元元年	12000	5800	21
1500年	44000	9300	21
1850年	124700	43600	35
1950年	250000	55000	22
1990年	533000	114300	21
1999年	600000	126000	21

但是随着人口迅速的增长,消费的增加和人类对地球影响的规模空前加大,使我国在人口、资源、环境与经济发展关系上,出现了一系列的尖锐矛盾,感受到了承重的压力。表19-2为《1999中国可持续发展战略报告》提供的数据。该报告选择了国土面积超过750万km²的世界大国的人口、经济、资源和环境条件进行比较,以便更好地了解我国的现状以及涉及可持续发展的基础条件。

---

①中国科学院可持续发展研究组.1999年中国可持续发展战略报告[M].北京:科学出版社,1999

表19-2　中国在世界大国发展中的地位[①]

类别＼国别	俄罗斯	加拿大	中国	美国	巴西	澳大利亚
(1)人口密度(人/km²)	8.6	3.2	131.0	27.5	19.1	2.4
(2)具备生产能力的土地面积占国土面积的%	12	8	27	45	28	60
(4)灌溉面积占耕地面积的份额(%)	4.0	2.0	52.0	11.0	6.0	4.0
(5)年平均化肥用量(kg/ha)	29.0	60.0	261.0	108.0	85.0	32.0
(6)谷物平均产量(t/ha)	1.61	2.57	3.29	5.09	2.26	1.71
(8)每年可再生性水资源量(1000m³)	4498	2901	2800	2478	6950	343
(9)人均水资源量(m³/人,1995年)	30599	98462	2292	9413	42975	18963
(10)每年水的开采量(km³)	117.0	45.1	460.0	467.3	36.5	14.6
(11)水的开采量占水资源总量的%	3.0	2.0	16.0	19.0	1.0	4.0
(12)生活、工业、农业用水之比	17:60:23	18:70:12	6:7:87	13:45:42	22:19:59	65:2:33
(13)森林总面积(10000km²)	754.9	247.2	133.8	209.6	566.0	39.8
(15)自然保护区面积占国土面积%	4.1	8.3	6.1	13.3	3.8	12.2
(18)国家海岸线长度(km)	37653	90908	18000	19924	7491	25760
(19)商品能源(10¹⁵J,1993)	43550	9196	29679	81751	3800	3917
(20)水电潜力(mw)	—	614882	2168304	376000	1116900	25248
(22)1992年CO2排放总量(万t)	210313	40986	266798	488135	21707	26794
(24)人为的CH₄排放(万t,1992年)	1700	360	4700	2700	990	480
(27)人口的总生育率1990年—1995年	2.1	1.8	2.2	2.1	2.8	1.9

[①]中国科学院可持续发展研究组.1999年中国可持续发展战略报告[M].北京:科学出版社,1999

(29)恩格尔系数	—	11.0	61.0	13.0	35.0	13.0
(33)总劳动力(千人)	—	12340	583640	116877	—	7713
(34)人文发展指数(HDI)(1995年)	0.854	0.950	0.594	0.937	0.804	0.929
(35)HDI在全世界排名序位(1995年)	52	1	111	2	63	11

表19-2表明,在各项指标的人均数量上中国并不居于前列,而是处于相对较弱的地位,这是中国制定发展战略时必须面对的严峻现实。

(一)人口压力

新中国成立以来,中国人口平均每年以1.8%的速度增长,每40年翻一番。人口密度从1949年的56人/km²上升为127人/km²。每年新增国民产值中约22.3%为新增的人口消费所抵销,而且人口素质较低,受过高等教育的人数不到美国的1/10,日本的1/4,菲律宾的1/2。根据有关方面预测,如果中国计划生育能顺利实施,到2030年中国总人口数量仍将达到16亿,增加人口4亿,这将对中国可持续发展的实施,带来巨大的压力。

(二)资源紧缺

新中国资源的数量和品种,从总体上看处于世界前列,但人均资源量却居于世界之后。按16亿人口计算,届时中国人均耕地面积为1.21亩,人均水资源量为1735m³/人。按照世界粮农组织的一般标准,人均耕地面积小于1.2亩,即处于土地资源出现压力的临界值。世界资源研究所把每人每年拥有的可重复使用的淡水总量低于1000m³,作为水资源数量压力指数的临界值。我国上述两个资源指标均不很乐观,再加上我国在水土资源匹配上的缺欠:南方水多地少、北方水少地多,这就更加重了水土资源开发利用的难度和成本。

(三)生态环境不断恶化

随着工业化的发展,人类活动的规模和强度对生态环境的影响越来越强烈。如以每年搬动和运移岩石和土壤的数量为标志,全世界总量达1360亿t/年,而中国为382亿t/年,占总量的28.1%,远高于国土面积7%和人口22%的比例。中国每年人均搬动土石方的数量达31.8t,总运移数量约等于自然状态下每年从河川径流中搬运泥沙的17倍。这种高强度地对地球表面物质的破坏以及废水、废气、固体废弃物的排放对江河湖海和区域环境的污染严重地威胁着中国可持续发展的进程。

(四)经济基础薄弱

经济发展是可持续发展的重要标志之一。良好经济基础给经济发展提供了重要的发展条件。当前,衡量经济增长的指标一般用国民生产总值(GNP)或人均GNP作为尺度。它能够把国民经济的全部活动概括在极为简明的统计数字之中,从而能清楚地表明各国经济增长水平。人均GNP更是成为各国经济水平的一个综合指数。表19-3给出了世界各大洲与中国的人均GNP与城市人口统计。它表明中国还是处于一个较低的水平。

表19-3　中国与世界部分地区经济发展状况

类别 \ 地区	中国	非洲	亚洲	拉丁美洲	欧洲	大洋洲	北美洲
人均GNP(美元)	380	650	1820	2710	11990	13040	22840
城市人口(%)	28	31	32	71	73	70	75

由此,如果不能有效克服人口增长与物质增长的矛盾并加速经济发展,如果不能有效克服贪婪地、无节制地掠夺自然资源、破坏生态环境从而处理好经济增长效率与保障社会发展公平之间的协调关系,中国可持续发展目标的实现将成为泡影。

二、中国可持续发展的总体目标与战略任务

为了实现中国的可持续发展,必须从整体目标高度制定符合中国实际的战略目标。根据《1999中国可持续发展战略报告》,中国可持续发展战略的总体目标可以设计为:

(一)用50年的时间,全面达到世界中等发达国家的可持续发展水平,进入世界总体可持续发展能力前20名的国家行列

(二)在整个国民经济中科技进步的贡献率达到70%以上

(三)单位能量消耗和资源消耗所创造的价值在2000年基础上提高10倍-12倍

(四)人均预期寿命达到85岁(每10年提高3岁)

(五)人文发展指数进入世界前50名(平均提高1个序位)

(六)全国平均受教育年限在12年以上(每10年平均提高1.2年)

(七)能有效地克服人口、粮食、能源、生态环境等制约可持续发展的瓶颈

(八)确保中国的食物安全、经济安全、健康安全、环境安全和社会安全

(九)2030年实现人口数量的"零增长"

(十)2040年实现能源资源消耗的"零增长"

(十一)2050年实现生态环境退化的"零增长",全面进入可持续发展的良性循环

上述目标的实现,将有望在我国实现人与自然之间的平衡和人与人之间的和谐,营造一个合理、优化、循环、有序的自然环境、经济环境、社会环境,既满足当代人不断增长的需求,又不危及后代,并为他们提供更多的发展机会。

在中国实施可持续发展战略,既是长期以来国家发展战略的必然选择,也是在世界各国发展模式对比中完善自己的必然结论。它的出发点和归宿,都是为了在中国这样一个大国中,能够完成以下标准所规定的战略任务:

1.实现"人与自然"之间的平衡和"人与人"之间的和谐。

2.营造"治理、优化、有序、文明"的自然环境、经济环境和社会环境。

3.完成"发展度、协调度、持续度"的逻辑自恰和多维临界阈值匹配。

4.寻求"自然资本、人力资本、生产资本、社会资本"的科学组合。

5.有序地控制并达到"人口的自然增长率、资源能源的消耗速率、生态环境的退化速率"三个"零增长"。

6.既满足当代人不断增长的需求,又泽及后代并为他们提供更多的发展机会。

7.既满足一个地区不断增长的需求,又不损害其他地区不断增长的需求,消除贫困和不合理的区域差异。

中国推行可持续发展战略,有着比世界其他国家更加严峻的压力,存在着必须克服的基本瓶颈,这不仅仅是由于中国的开发历史久远、生产活动强度过大、人口数量的负担过重、资源的承载负荷过高、生态环境抵抗外界干扰的基础水平脆弱等,还由于地理空间的分布过于不平衡、自然条件严酷,加上科教实力和创新能力还比较弱、管理水平和区域开发能力比较低等,它们一起使得中国在实现可持续发展战略目标时,面临着很大的困难。如何突破这些压力,达到协调发展和优化配置,是世纪中国实施可持续发展战略所面临的重大挑战。

第三节 水资源可持续利用的主要内容

水资源作为一种重要的自然资源,其可持续利用是社会可持续发展的重要组成部分。为了充分利用有限的水资源并保护其不受污染,使其得到可持续利用,以满足我国为实现可持续发展对淡水资源的需求,对以下领域的内容进行研究和探讨,对水资源的可持续利用就显得十分重要。

一、水资源综合开发利用与管理

对水资源进行综合开发利用与整体管理研究,有利于使部门用水计划和活动与国家的总体经济和社会政策大纲相符合,同时对于水资源的可持续利用与保护有重要意义。有必要设立有效的、以流域为单元的跨国、跨地区的实施和协调机构,以改变政出多门的混乱的管理体系。水资源综合管理的主要目标有:

(一)查明和保护各种潜在的供水水源。它包括社会、经济、环境和技术等多方面的统筹考虑。

(二)根据国家经济和社会发展政策,在优先满足人对水的基本需求和保护生态环境系统原则下,进行水资源综合规划。规划应包括利用、保护、养护和管理等方面的内容。

(三)在公众充分参与的基础上,设计、实施和评价战略意义大、经济效益高、社会效益好的项目和方案。

(四)根据具体情况,确立或修订水资源管理体制、法规和财政机制,以确保水资源政策的制订与执行成为社会进步和经济增长的催化剂。

(五)对于跨国界的水资源,沿岸各国都要拟订水资源战略,制订行动方案,包括与其他国家协调统一的战略和行动方案。

二、水资源评价与规划

水资源评价工作的任务是查明和保护各种潜在的水资源,包括水资源的来源、范围、可靠性和质量,而且还要确定影响这些水资源的人类活动。水资源评价的总体目标是确保对水资源的质量和数量进行评价和预测,以便估算现有水资源的总量及今后的供水能力,确定目前的水质状况,预测供需之间可能出现的矛盾以及为水资源的合理开发利用提供一个科学依据。

水资源评价是对水资源进行可持续管理的实际依据,也是评估开发利用的可能性的先决条件。更为精确和可靠的水资源资料是水资源评价工作的基础,应用现代科学技术方法,包括气候变化、植被破坏、土地退化、水质变化等对水资源的影响的评价方法是搞好水资源评价工作的关键。财政资源的不足、水文服务各自为政和合格的工作人员数量不足都给水资源评价工作带来了困难。

在水资源科学评价的基础上,作好以流域或区域为单元的水资源规划。规划的基本任务是研究流域、区域的水利现状,分析流域、区域的条件和特点,探索流域、区域治理和开发的宏观规律,并根据国家建设的方针政策和规定的规划目标,提出一定的时期内防治水害、开发利用和保护水资源的方针、任务、对策、主要工程布局以及实施步骤和管理意见等,作为指导流域、区域水资源开发建设的基本依据。

三、水资源的监测与保护

由于水资源系统复杂的相互关联性,必须强化以流域或区域为单元的水资源整体管理体制,以便从全局和整体的角度来考虑水资源的利用和水质、水生态系统的保护。制订或完善所有类型水体不同使用功能下的生物、卫生、物理和化学等方面的质量标准。制订水源和有关沿岸生态系统的无害环境管理计划,包括研究渔业、水产养殖、农业活动和生物多样性等。完善水源保护区和水源地的水质监测网点,提高监测水平,严格控制工业及城市污水排放和农村化肥、农药的污染,在提高资源和能源利用效率的同时,降低水资源的消耗水平。

由于公众对地表水和地下水资源的保护和污染造成环境和生态系统破坏的后果缺乏认识,必须加强水体水质监测网和综合性立法的建设,以监视所有的污染源,增强遵守水质标准和规章的自觉性,以加强排污许可制度管理。应监测、控制可能对环境产生不利影响的农用化学品的使用。要合理使用土地,防止土地退化和侵蚀以及湖泊、河道与其他水体的泥沙淤积。

四、城市供水与管理

21世纪初,世界人口的一半以上将居住在城市地区。据测算,到2025年将有60%,约有50亿人口居住在城市。城市人口迅速增长和工业化给许多城市的水资源和环保能力带来很大压力。国家与市政管理部门的管理体制和策略将对城市水的供应、使用和处理方面起到关键作用。要制订以流域为基本单元,跨省区水污染管理办法和城市水源保护区保护计划,实行谁受益谁补偿制度,协调上游保护和下游利用之间的关系。制订各行业的用水标准定额,实行用水定额供应计划和合理的消费模式。加强工业布局和产业结构调整,鼓励节约用水和清洁用水,提高水资源的重复利用率和降低单位产品的用水量。严格控制工业污染和提高森林覆盖率,以保护或改善水质和水源保护区。加强宣传教育,提高公众觉悟,推动公众参与保护水资源的活动,树立公众节约用水的观念。

五、粮食生产与农业供水

粮食生产的可持续能力越来越取决于稳定而有效的供水及其保持方法。许多国家把实现粮食自给自足作为国家发展的一个基本国策。但是农业不仅要为越来越多的人口提供粮食,而且必须节约用水,以供其他的用途。农业供水除首先是为农村人口提供更方便、更安全的生活用水外,还应为灌溉农业、雨养农业、牲畜供水、内陆渔业和林业等提供所需的水量。因此,在农村实行整体的、综合的、环境无害化管理的水资源战略是十分重要的。它的具体目标有:

1.根据粮食需求、农业气候区划和水土利用情况,制订农业部门可持续用水规划。

对国家开发新灌区、现有灌溉系统的改善以及通过排水开垦的涝洼地和盐碱地的数量作出定量评估。新发展的灌区可能会破坏湿地、造成水污染、增加泥沙和减少生物多样性等生态环境问题要特别重视,并作出相应的环境影响评价。

2.要千方百计提高农业用水效率和生产率,建立节水型农业,更好地利用好有限的水资源。要教育农民节约用水,使其充分认识农业节水给社会经济发展带来的重大影响。

3.要建立或完善一整套农业水资源管理政策,包括人类健康、粮食生产、保存和分配,抗御自然灾害计划,环境保护和自然资源的养护等。

4.在缺水地区应强调水是一种具有社会、经济和战略价值的物品,应从全局和整体高度上,为农业用水制订长期发展战略和切实可行的实施方案。方案的重点应强调粮食生产和环境保护问题,必要时应拟订专门的抗旱方案。

六、水资源利用保护的科学研究

科学技术是第一生产力。面对21世纪水资源利用和保护,有许多新情况、新问题必须依靠科学技术的进步来解决。必须努力探索水的自然规律与社会、经济、环境等方面的规律相结合,正确处理好水资源与社会、经济、环境各方面的关系,使水资源利用保护事业以较小的代价取得较大的综合效益,这就需要加强水资源利用保护的科学研究与示范工程的建设。这样的研究主要有:

1.采用地理信息系统、专家系统等新的方法和技术,收集、整理、分析、显示多部门信息,建立有效和可持续管理的水资源信息网,实现河流流域管理数字化。

2.加强水资源评价科学研究,改进和改善现有环境监测站和水文观测站网,建立各级用水统计制度,研究各种节水措施与水费收取方案。收费机制应尽量反映水作为宝贵稀有资源的真正机会成本和社会支付能力。

3.积极研究和推广保护水源地、水生态系统和防止水污染的新技术,研究兴建一批跨流域调水工程和调蓄能力较大的水利工程,使水土资源得到合理配置,改造或恢复生态系统的平衡。

4.积极研究和推广节水性示范工程,包括农业、工业、生活等方面的节水示范工程。开展污水资源化技术的研究与示范。

5.加强气候变化对水资源影响的研究,采用新的技术方法评价气候变化对水资源、洪涝灾害以及社会经济和环境影响的研究。

七、国际与区域合作行动

所有国家应按照其能力和现有资源,通过双边或多边合作,包括与联合国和其他国际组织的合作,提高本国的水资源利用和保护的技术水平和改善本国水资源的综合管理水平。主要活动有:

1.与周边国家合作开展水资源评价,吸收发达国家的先进技术和经验。

2.开展水源保护国际合作,共同协商制订全球、跨国界或国家、流域的水资源利用和保护的战略与行动计划。

3.积极参加国际交流与合作,培养一批水资源管理和保护的技术人才。

4.参与气候变化对水资源影响的全球研究计划,培养和培训该领域有关的专业技术人员和队伍。

第四节 水资源可持续利用总战略

针对我国21世纪水资源开发利用面临的问题,中国工程院组织了覆盖多学科的43位两院院士和近300名院外专家,在《中国可持续发展水资源战略研究综合报告》中提出了我国21世纪水资源的总体战略。这个报告基本上代表了我国水资源可持续利用的最高战略思想,在今后也将成为我国21世纪水资源开发利用的基本指导纲领,以下概略性地介绍其主要观点。

一、水资源合理配置战略

(一)生态环境用水战略

生态环境是关系到人类生存发展的基本自然条件。保护和改善生态环境是保障我国社会经济可持续发展所必须坚持的基本方针。在水资源配置中,要从不重视生态环境用水转变为在保证生态环境用水的前提下合理规划和保障社会经济用水。

1.生态环境建设的内容。我国在近50年的发展中,虽然为保护和改善生态环境作了很大努力,也取得了很大成就;但由于我国的人口增长过快、生态环境比较脆弱,我国在过去的工作中又没有对生态环境问题给予足够的重视,因此生态环境总体上呈现恶化趋势,出现了如植被覆盖率下降、水土流失和荒漠化等问题。为了遏制这种恶化趋势，我国政府已经将生态环境建设提到了十分重要的地位。生态环境建设主要内容包括两类：一类是植树种草和封育保护为主的植被建设；另一类是以农田水利和坡沟工程为主要手段的工程建设。两者的密切结合构成生态环境的综合治理，如水土保持和荒漠化防治。

2.生态环境建设与水资源保护利用的关系。生态环境建设和水资源保护利用是一种互相依存的关系，主要表现在以下三个方面。

(1)植被建设：植被包括森林、灌丛、草地、荒漠植被、湿地植被等各种类型，是生态环境的重要组成部分。它对水资源的有利作用表现在：可以涵蓄水分，调节地表径流，控制土壤侵蚀，保护水质，改善流域水环境。森林、灌丛、草地三种植被的水文功能大小取决于各种植被的具体种类、结构及生长情况。这三种植被中，以山丘区森林植被的水文调节功能最大。但另一方面，森林植被蒸散发需要消耗的水量也相对较大，特别在干旱地区(不包括干旱地区中的高山森林)，随着森林覆盖率的增加，流域产水量的减少也比较明显。因此，在植被建设中，应当根据当地天然的生态环境条件，规划乔、灌、草以至荒漠植被的合理布局。

(2)水土保持：水土保持是一项综合治理性质的生态环境工程，主要是组织群众，通过综合措施，充分拦蓄和利用降水资源，控制土壤侵蚀，改善生态环境，发展农业生产。其水文功能与植被建设相同，一般更为明显。

在土厚易蚀的黄土高原，一般小流域经综合治理后，侵蚀模数可从10000t/km² ~ 20000t/km²降到3000t/km² ~ 5000t/km²的水平，如果治理措施得当而且治理年限足够长，把侵蚀模数降到1000t/km²的安全水平是有可能的。对黄河干流，据统计分析，因水土保持而减少的入黄泥沙量年均约3亿t。在长江流域，中小流域的效果也很明显；对干流的效果目前不明显，还需经过长时间的试验观测。

水土保持和植被建设对河川径流都有通过拦蓄洪水而增加枯水的作用，在中小流域，一般暴雨条件下效应明显；对大流域的大洪水和特大洪水的影响不明显。

水土保持也需消耗水量，在一定程度上减少河川的总径流量，这种消耗对湿润地区的影响不大，对干旱与半干旱地区的影响较显著。由于水土保持可以比较有效地减少进入江河的泥沙，从而减少江河下游一部分输沙需水，因此其用水的效益是正面的。应当明确，水土保持的首要作用是改善当地人民的生产条件和脱贫致富，不能由于水土保持耗水而限制其发展，当然，水土保持中的植被建设也应贯彻节水原则。

(3)荒漠化防治：按照国际上通行的概念，土地荒漠化是指干旱区、半干旱区和干旱的半湿润区的土地退化，包括风蚀荒漠化、水蚀荒漠化、冰融荒漠化及土壤盐渍化等，以风蚀荒漠化土地所占比重最大。我国现在所面临的荒漠化和沙尘暴问题，主要是指风蚀荒漠化。荒漠化扩大的主要原因是天然草原和荒漠植被受到破坏。需根据当地的不同条件，采取保护封育天然植被、改良和建设草场以及建设护田林网等措施。在内陆河流域，需要控制上中游用水，留出足够的河川径流，保护和恢复下游滩地的天然植被。在风沙区的边缘，为了阻挡沙漠扩展入侵，必要时可建设乔灌草结合的防沙林带。这些措施都需要耗用一部分水资源。

3.合理安排生态环境用水。如上所述,生态环境建设对水资源保护利用起到了有利的作用,同时,它也要消耗一定的水量。保障生态环境需水,有助于流域水循环的可再生性维持,是实现水资源可持续利用的重要基础。

(1)生态环境用水的计算范围:从广义上说,维持全球生物地理生态系统水分平衡(包括水热平衡、水沙平衡、水盐平衡等)所需用的水,都是生态环境用水。我国降水资源62万亿m³,其中相当部分是用于植被(包括人工植被)蒸腾,土壤水、地下水和地表水的蒸发以及为维持水沙平衡及水盐平衡而必需的入海水量。这部分用水在水资源丰富的湿润地区并不构成问题,而在水资源紧缺的干旱、半干旱地区及季节性干旱的半湿润地区,就成了问题。在经济发展中往往城市和工业用水挤占农业用水,农业用水又挤占生态用水,导致生态环境的恶化。对于如何计算生态环境用水的问题,国内外的研究一致认为,应以生态环境现状作为评价生态用水的起点,而不是以天然生态环境为尺度进行评价。因此,狭义的生态环境用水是指为维护生态环境不再恶化并逐渐改善所需要消耗的水资源总量。生态环境用水计算的区域应当是水资源供需矛盾突出以及生态环境相对脆弱和问题严重的干旱区、半干旱区和季节性干旱的半湿润区。

(2)生态环境用水量的估计。根据我国当前的实际情况,为保护和改善生态环境的用水主要有以下方面:

第一,保护和恢复内陆河流下游的天然植被及生态环境。

第二,水土保持及水保范围之外的林草植被建设。

第三,维持河流水沙平衡及湿地、水域等生态环境的基流。

第四,回补黄淮海平原及其他地方的超采地下水。

估计全国生态环境用水的总量约800亿m³~1000亿m³(包括地下水的超采量50亿m³~80亿m³),主要在黄淮海流域和内陆河流域,其中黄淮海流域约500亿m³左右,内陆河流域400多亿m³。这部分生态环境用水中,约600亿m³由各河流目前尚未控制利用的地表和地下水供给,约200多亿m³由工农业和生活用水的遇水量供给,尚有110亿m³的缺口,需从区外调水补充。

(二)农业水资源战略

在农业用水方面,要从传统的粗放型灌溉农业和旱地雨养农业转变为建设节水高效的现代灌溉农业和现代旱地农业。研究认为,通过建设节水高效的现代农业,我国可以基本立足于现有规模的耕地和灌溉用水量,满足今后16亿人口对农产品的需要。

1.16亿人口所需的农产品和耕地预测。根据原国家土地管理局1996年调查,我国耕地面积为19.51亿亩,其中灌溉耕地约7.76亿亩,占39.8%,雨养农业的旱耕地约11.74亿亩,占60.2%。1997年粮食总产量为4942亿kg,人均410kg。

农产品需求受人口数量、人口年龄结构、城市化水平、收入水平和居民消费行为等因素的影响。考虑到我国人民生活的逐步提高,在粮食消费水平趋于稳定的同时,肉、蛋、奶类的消费水平将逐步增加,因此粮食的人均需求量将比现在有所提高。预测人口达到16亿时

（2030年），人均粮食的需求量为450kg，粮食总需求量为7000亿kg左右。根据主要农产品需求、主要农作物单产和种植业结构的预测，需保证30亿亩的播种面积，耕地面积应保持在18亿亩～18.5亿亩。

2.水土资源供需平衡的几点看法

（1）在节约、高效利用的条件下，我国的水土资源基本能保证未来16亿人口对食物与其他农产品的需求，但在区域间差别较大。

（2）华北地区人口—粮食—水资源不能平衡，是严重的缺水地区，除采取高效节水、建立节水型的社会外，从长江调一部分水，对缓解农业用水紧张与整个地区缺水是必要的。

（3）有潜力增加商品粮供应的是东北地区、长江中下游地区和蒙宁地区；特别是东北地区，应当加紧农业的基础建设，使之保持粮食的稳定增长，成为我国最稳定的商品粮包括饲料的供应基地。

（4）到2030年的奋斗目标是：耕地面积稳定在18亿亩～18.5亿亩，复种指数达到1.65，粮食播种面积单产达350kg/亩；农田灌溉面积扩大到9亿亩，农业灌溉水利用系数达到0.65；在全面节水的基础上，农田灌溉需水量和农业总需水量基本维持目前用水量的水平，分别为4000亿m³和4200亿m³左右。

3.节水高效农业的建设途径

（1）把提高水的利用效率作为节水高效农业的核心：节水高效农业建设要把发挥单位水量效益作为核心，使水利工程措施和农业技术措施相结合，最大限度地利用水资源，提高水分利用效率，争取从现在的每立方米水的平均粮食产量1.1kg提高到1.5kg～1.8kg。为此应采取以下措施：

第一，要充分利用当地水资源，包括充分利用降水、回收回归水和处理利用劣质水。如充分利用降水和土壤水，华北地区的小麦、玉米两熟的灌溉水量可节省50m³/亩～100m³/亩。

第二，节水灌溉建设的重点应放在渠灌区，北方渠灌区推行井渠结合的灌溉方式。在北方的渠灌区内打井，以渠补源，以井保丰，不但可以最大限度地利用地表水和地下水，而且可以控制灌区的地下水位，防治灌区的次生盐碱化。

第三，节水灌溉技术应以改进地面灌溉为主，有条件的发展喷灌和滴灌，要改变那种以为只有喷灌、滴灌才能称为节水灌溉的误解。目前我国地面灌溉面积占总灌溉面积的97%，在相当长的时间内，地面灌溉仍是我国农田灌溉的主要方式。地面灌溉节水技术（如平地、沟灌、间歇灌）耗能少、投入也低，农民易掌握，符合国情和民情。

第四，要十分重视农业节水技术。只有使水利工程和农业技术结合，才能更好地提高用水效率。通过节水农业措施，减少土壤蒸发量和作物蒸腾量，才是真实的节约水资源量。节水农业措施包括节水的轮作制度、节水灌溉制度与管理制度、抗旱高产优质品种、耕作栽培、培肥施肥和化学控制技术等。河北省沧州等地通过科学的农业节水技术使小麦灌水由过去的5～7次降到2～3次，产量有增无减，这种经验在一定地区有指导意义。

（2）实行水旱互补的方针，重视发展旱地农业：节水高效农业应包括灌溉农业与旱地农业两部分。我国在可预见的未来,灌溉面积占耕地的比重不大可能超过50%,因此,在发展节水灌溉农业的同时,还必须进行旱地农业的建设,做到水旱互补,全面发展。旱地农业是指雨养旱作农业和集雨节灌的雨养旱作农业,它是解决我国农业水危机和增加农业产量的重要途径。发展旱地农业除采取改土培肥、抗旱保墒、地膜与秸秆覆盖等常规的农业技术措施外,还要采取以下措施:

第一,充分利用雨水集蓄节灌等现代旱地农业技术。

第二,进行以坡改梯为重点的基本农田建设,并通过各种措施降低无效蒸发,提高土壤有机质,建设土壤水库,增加贮水。

第三,根据不同作物的需水特征和当地水资源条件,合理调整作物布局,优化种植结构,选育高产节水优良品种。

第四,研究以化学制剂改善作物或土壤状况,开展化学调控节水。

(3)将节水高效农业建设列为国家重大基础建设项目:我国的水资源能否支持将来16亿人口的发展需要,一个关键问题是能否以现有的4000亿 m^3 灌溉水资源,将粮食产量从现在的5000亿kg提高到7000亿kg,并满足其他农作物的需水。如将现有的灌溉用水量节省15%,可为扩大灌溉面积和提高灌溉保证率多提供600亿 m^3 水量,超过黄河的年平均径流量。为了提高灌溉水的利用率,必须进行以节水为中心的灌区续建配套和技术改造,从目前情况看,每亩投入约需300元~400元,每节约 $1m^3$ 水约需2元~3元;而新建大中型灌区的投入一般都在每亩1000元以上,大中型的新水源工程 $1m^3$ 水一般要5元~10元以上。因此,发展节水高效农业是经济合理的。但长期以来,在水利建设中重开源、轻节流,重骨干工程建设、轻田间配套建设,重工程、轻管理,灌溉节水和农田水利工程很难列为国家建设项目。而从我国的实际情况看,灌溉节水工程光靠农民投资是不行的。因此,农业水利建设投资的主要方向应实行战略性的转移,从以开源工程和新建灌区为主转到以发展节水高效农业为主,国家应尽早把节水高效农业建设列为国民经济的重大基础建设项目。

(三)城市水资源战略

在城市和工业用水方面,要从不够重视节水、治污和不注意开发非传统水资源转变为节流优先、治污为本、多渠道开源的城市水资源可持续利用战略。中华人民共和国成立50年来,伴随城市化进程在不同阶段的发展,城市水资源的开发利用由单纯开源逐步转向重视节流和治污,先后经历了"开源为主,提倡节水"、"开源与节流并重"和"开源、节流与治污并重"等几次战略性调整。1997年我国城市化水平为30%,城市人口3.7亿。预计21世纪中叶以前,我国城市化水平将可能达到60%,城市人口将增加到9.6亿左右,水资源的供需矛盾将进一步加剧,水质保护的难度也将进一步加大。为此,应进一步明确节流和治污的必要性,以"节流优先,治污为本,多渠道开源"作为城市水资源可持续利用的新战略,以促进城市水系统的良性循环。

1.节流优先。提倡"节流优先",这不仅是根据我国水资源紧缺情况所应采取的基本国策,而且也是为了降低供水投资、减少污水排放、提高资源利用效率的最合理选择,也是世界各发达国家城市工业用水的发展方向。城市工业用水的70%以上将转化为污水,一些水资源丰富的国家近年来也大力推行节水,主要是因为不堪承受污水处理的负担。我国工业万元产值取水量是发达国家的5~10倍,城市输配水管网和用水器具的漏水损失高达20%以上,公共用水浪费惊人。

因此,必须调整产业结构和工业布局,大力开发和推广节水器具和节水的工业生产技术,创建节水型工业和节水型城市,力争将城市人均综合需水量控制在160m³/年以内,使我国城市总需水量在城市人口达到最大值后得到稳定。为了建立节水型的体制,不仅需要提高公众认识,而且还要投入相当的资金和高新技术。根据分析,预测2010年供水设施的单位投资约为8元/m³,污水处理约为10元/m³,而节水仅需3元/m³左右。因此,增加节水的资金投入不但为可持续发展所必需,而且具有明显的经济效益。

2.治污为本。强调"治污为本"是保护供水水质、改善水环境的必然要求,也是实现城市水资源与水环境协调发展的根本出路。水资源本来是可以再生的,但水质污染使水资源不能进入再生的良性循环。新中国成立以来,我们在增加城市供水能力的同时,未能注意防治水污染,至今全国城市废水处理率仅为13.65%,许多城市至今还没有污水处理厂。工业废水处理率较低,许多处理设施没有正常运行,甚至基本不运行,达标排放很多流于形式。大量废水、污水的排放造成了城市水体的严重污染,直接影响人民健康和工农业生产。

经预测,如果要在2010年以前基本遏制城市水污染的发展趋势,保护城市供水水源,并在2030年以前使水环境有明显改善,2010年和2030年城市污水的有效处理率必须达到50%和80%以上。否则,我国的水污染不仅不能得到控制,甚至还要继续发展。这是一个十分严重的问题,也是一项非常艰巨的任务,需要加以认真解决。我们认为,必须加大污染防治力度,增加经费投入,提高规划的城市污水处理率,并采取有效措施修复已经受到污染的城市水环境。

3.多渠道开源。我国缺水城市的类型可分为资源型、设施型和污染型三种,缺水的原因不同,解决缺水的途径也不相同。因此,在加强节水治污的同时,开发水资源也不容忽视。除了合理开发地表水和地下水外,还应大力提倡开发利用处理后的污水以及雨水、海水和微咸水等非传统的水资源。

经净化处理后的城市污水是城市的再生水资源,数量巨大,可以用作城市绿化用水、工业冷却、环境用水、地面冲洗水和农田灌溉水等。通过工程设施收集和利用雨洪水,既可减轻雨洪灾害,又可缓解城市水资源紧缺的矛盾。沿海城市应大力利用海水作为工业冷却水或生活冲厕水。华北和西北地区应重视微咸水的利用。

(四)北方水资源开发利用战略

北方地区要从以超采地下水和利用未经处理的污水来维持经济增长,转变为在大力节水治污和合理利用当地水资源的基础上,有步骤地推进南水北调,保证社会经济的可持续增长。

根据对我国水资源2030年和2050年的供需平衡分析,黄淮海流域特别是黄河下游的黄淮海平原地区是我国最缺水的地区。在过去的年代,这里的许多地方,特别是黄河以北的海河流域,通过超采地下水和利用未经处理的污水维持了经济的增长。据海河水利委员会统计,海河平原1998年超采地下水55亿m³,全流域废污水排放量为63亿t,除排放入海5亿t外,其余或被利用或蒸发渗入地下。据不完全统计,约有20多亿t废污水被用于灌溉。地下水超采最严重的是沧州、衡水和津浦铁路沿线地区,该区的浅层地下水绝大部分为难以利用的咸水和微咸水,多年来超采的是很难再生的含氟的深层地下水。据2000年有关方面的分析,深层地下水耗竭的时间将为10年～15年。太行山麓的京广铁路沿线,由于城市和工业大量抽取地下水,也造成浅层地下水的大面积区域性漏斗。由于水资源的过度开发和对污染的不加防治,许多地方有河无水,有水皆污,洼淀枯竭,造成严重的环境问题。

预测到2030年,经充分挖潜和利用当地水资源,采用节水和污水回用等多种措施和考虑了目前引黄和引江的水量后,在地下水不再超采的情况下,黄淮海平原地区缺水量仍将达到150亿m³(平水年)～300亿m³(枯水年)。考虑到生态环境的用水,今后通过南水北调增补的水量应在300亿m3以上,其中增补黄河以北地区的水量应在一半以上。

(五)西部地区水资源开发利用战略

西部地区是我国长江、黄河、珠江等主要江河的发源地,是全国生态环境保护和建设的重点。西北地区水少地多,西南地区水多地少,自然条件有很大不同,但生态环境都很脆弱,水资源的开发利用都属于全国的后进地区,据统计,西部地区50年来的水利投资仅占全国的15%。

在西部地区大开发中,要从缺乏生态环境意识的低水平开发利用水资源转变为在保护和改善生态环境的前提下,全面合理地开发利用当地水资源,为经济发展创造条件。现就西北和西南两个地区分述如下。

1.西北地区。西北地区又可分为内陆河流域和黄河流域两个不同类型的地区,需要分别加以分析。

(1)内陆河流域:西北内陆河流域是我国的干旱地区,土地资源丰富,但年均降水量和单位面积产生的年均径流量在全国都是最少的。由于人口稀少,人均水资源量并不少,1993年约为5200m³,预计到2050年为3850m³,都高于国际公认的人均1700m³的水资源紧张警戒线(世界上同类地区:埃及为923m³/人,以色列为380m³/人,均包括境外流入的水源)。造成本区生态环境恶化的主要原因是:

第一,灌溉农业还停留在传统的粗放型阶段,农业增产主要依靠扩大耕地面积而不是提高农业用水效率,以致农业用水量过大,产量不高,农田盐碱化,而且挤占了下游的生态环境用水,造成塔里木河和黑河等流域下游荒漠植被的衰亡和沙漠化的发展。

第二,在农、林、牧业的产业配置上重视农业发展,对林牧业注意不够,造成山区的林木过伐、草原牧区的过牧和滥垦。

第三,对水资源的开发利用也停留在粗放型阶段,主要表现在:灌区的配套建设落后;山区的控制性水库不足,平原水库过多,水源大量蒸发渗漏;上下游的统一规划和管理都很不够;这些都造成水资源的严重浪费和配置不当。

针对以上问题,在今后的发展中应当采取以下措施:

第一,充分注意保护森林、草原和荒漠植被。

第二,合理调整农、林、牧业的配置,发挥本地区发展牧业的相对优势。

第三,着重发展现代化的节水高效灌溉农业和高效牧业。主要通过改造中低产田来提高农业的产出,严格控制耕地面积的继续扩大。西部地区大开发决不能理解为西北地区大开荒和大移民。在一些下游生态环境已受影响的河流如塔里木河及黑河,要坚决减少农业用水,恢复应有的生态环境。

第四,在统一规划下进一步合理开发利用水资源,包括兴建山区水库以取代平原水库以及在本区范围内的跨流域调水。

第五,在城市和工业建设中贯彻节水优先、治污为本、多渠道开源的战略。要充分考虑干旱区的特点,合理安排经济结构和发展规划,不应兴建耗水量大的项目。

第六,控制人口的增长。

只要做到这些,在可以预见的未来,该地区的水资源可以支持经济发展的需要。[①]

(2)黄河流域:该地区绝大部分属于土壤易受侵蚀的黄土高原,处在我国从半湿润区、半干旱区向干旱区的过渡带,也是农牧交错区。黄河流域年均径流量580亿 m^3/年,其中青海、甘肃、宁夏、陕西流量约475亿 m^3。但由于本地区山高水深、地形复杂,除一部分河谷台地和较平坦的高原外,其他大部分地区都难以引黄灌溉。有些已建的大型灌溉工程,如引大济秦、盐环定扬黄工程等,因配套工程量巨大,至今没有充分发挥效益,甚至基本没有发挥效益。一些历史悠久的老灌区,如宁蒙的河套灌区和陕西的关中灌区等,也因长期投入不足,灌溉效率很低。大量的丘陵沟壑区依靠陡坡开荒,广种薄收,水土流失严重,生产条件极差,人民生活极为贫困,形成"越穷越垦、越垦越穷"的恶性循环。因此应采取以下措施:

第一,因地因水制宜,大力调整农、林、牧业的生产结构,注意发挥该地区发展牧业的优势,着重发展舍饲畜牧业及相应的畜牧产业。

第二,进行水土保持的综合治理,在陡坡退耕还林、还草的同时,仍要继续加强沟壑治理和基本农田建设等工程措施,并发展蓄集雨水的抗旱补灌,解决人畜饮水困难。

第三,在国家支持下,对已建灌区进行以节水高效为中心的续建、配套和技术改造工程。

第四,在有条件的地方,引用黄河支流的大通河、傥水河、排河、任河、渭河、洛河等支流的水,建设节水高效的新灌区。目前分配给该地区的黄河用水指标为122亿 m^3/年,近年来实际用水约108亿 m^3/年。在今后发展中,可随着南水北调东线和中线工程发挥作用和该地区的用水需要,首先从下游的分水指标中调剂一部分给上中游,然后开展西线南水北调,进一步增加黄河的水量。

第五,对一些缺乏发展条件、生态环境十分严峻的特殊贫困地区,应下决心成建制地迁

---

① 方子云,肖仁春. 中国水利发展总战略:以水资源的可持续利用支持中国社会经济的可持续发展[J]. 水利水电科技进展,2003,(1)1-4.

移人口到新建灌区,摆脱扶贫—脱贫—返贫的怪圈。

第六,严格保护黄河干流和支流的水质,防治污染。

2.西南地区。西南地区主要包括长江、珠江和澜沧江、怒江、元江、雅鲁藏布江等国际河流。该地区的水资源总量达1.01万亿m³,人均水资源量5132m³,均居全国前列。可开发水能蕴藏量(不含西藏)为2.12亿kw,居全国首位。但由于山高水深,地形复杂,还有大片岩溶山区,水资源的开发成本较高,至今开发程度很低。云、贵、川、渝和西藏的人均灌溉面积分别为0.43亩、0.20亩、0.36亩、0.24亩和0.84亩,除西藏外,都低于全国平均数0.57亩,贵州居全国末位。目前仍有1600万山区人口饮水极度困难。

许多地方陡坡开荒,靠天吃饭,与西北的山丘区一样,也形成"越穷越垦、越垦越穷"的恶性循环。比西北山丘区更为严重的是,由于暴雨的强度和频率更大,山区的表土层很薄,有的山坡表上冲刷殆尽,形成触目惊心的"石漠化"。有些经济比较发达的地区如滇中高原、川中和川东丘陵地区,则因地势较高,缺少水利骨干工程,仍形成局部缺水。由于水能资源远离电力负荷集中的东部地区,水电的开发程度只有10.5%(不包括西藏)。因此,发展水利和水电是支持该地区大开发的重要基础条件。因此可采取以下措施:

第一,调整农业生产结构,退耕还林、还草,发展多种经营的大农业。

第二,在退耕还林、还草的同时,要大力支持以中、小、微工程为主的"水利扶贫工程",建设包括集雨窖灌等多种形式的有一定灌溉保证的基本农田,为广大农民恢复、保护生态环境和脱贫致富创造条件。考虑到西南地区山高坡陡的特殊地形条件,建议对该地区的一些中型水库按大型水库给予扶持。

第三,对一些生态环境严重恶化、解决饮水非常困难、交通极为闭塞的山区,要下决心迁移人口,合理调整人口布局。

第四,在局部缺水地区,建设适当的大型水利骨干工程,如滇中高原的补水工程、嘉陵江亭子口水库灌区工程、涪江的武都引水工程以及金沙江的向家坝引水灌溉工程等。

第五,发挥水能资源优势,以"开发水电、西电东送"为大开发的重要项目,加快该地区的总体经济发展。为此需要国家对全国电力布局进行宏观调控,关闭一部分污染严重、效率低下的火电站,并实行厂网分离的电力体制改革,为西电东送开拓市场。同时,对水电的税率和贷款实行国际通行的优惠政策。

第六,严格保护三峡和其他水库及高原湖泊的水质,对已经污染的滇池等水源,要抓紧治理。

第七,西藏地区近期重点开发"一江两河"(雅鲁藏布江、拉萨河、年楚河)的水资源,发展灌溉和水电,同时加强生态环境的保护,为长远发展奠定基础。

二、水环境保护战略

在防污减灾方面,应从以末端治理为主转变为以源头控制为主的综合治理战略。

(一)水污染已成为不亚于洪灾、旱灾甚至更为严重的灾害

我国江河、湖泊和海域普遍受到污染,至今仍在迅速发展。水污染加剧了水资源短缺,直接威胁着饮用水的安全和人民的健康,影响到工农业生产和农作物安全,造成的经济损失约为国民生产总值的1.5%~3%。水污染已成为不亚于洪灾、旱灾甚至更为严重的灾害。与洪灾、旱灾不同的是,受污染的水通过多种方式作用于人体和环境,其影响的范围大、历时长,但其表现却相对较缓,使人失去警觉。水污染的危害早在70年代就已经显现出来,但没有引起足够的注意,采取的措施不够恰当有力,因此出现了今天的严重局面。如再不及时采取有效对策,将产生不可弥补的后果。

(二)从末端治理为主向源头控制为主的战略转移

在我国经济的迅猛发展中,由于工业结构的不合理和粗放型的发展模式,工业废水造成的水污染占据了我国水污染负荷的50%以上,绝大多数有毒有害物质都是由工业废水的排放带入水体的。目前我国排放的污水量与美国、日本相近(美、日还进行污水处理),而经济发展水平却不能与它们相比,可见我国为粗放型经济增长付出了巨大的环境代价。长期以来采用的以末端治理、达标排放为主的工业污染控制战略,已被国内外经验证明是耗资大、效果差、不符合可持续发展的战略。应大力推行以清洁生产为代表的污染预防战略,淘汰物耗能耗高、用水量大、技术落后的产品和工艺,在工业生产过程中提高资源利用率,削减污染排放量。清洁生产可以同时获得环境效益和经济效益,对于我国的经济发展和环境保护有重要的战略意义。

(三)加强点源、面源和内源污染的综合治理

除工业和城市生活排水造成的点源污染外,我国的面源污染也越来越严重。面污染源包括各种无组织、大面积排放的污染源,如:含化肥、农药的农田径流,畜禽养殖业排放的废水、废物等,其严重影响已经在我国很多城市和地区显现出来。如北京近郊畜禽养殖场排放的有机污染物为全市工业和生活废水所含有机污染物总量的3倍,滇池流域的面污染源所排放的氮磷污染占氮磷污染总量的60%以上。因此,面源污染的控制已经到了刻不容缓的地步。面源污染的控制应与生态农业、生态农村的建设相结合,通过合理使用化肥、农药以及充分利用农村各种废弃物和畜禽养殖业的废水,最大限度地减少面源污染,同时也可取得明显的经济效益。湖泊、河流、海湾的底部沉积物蓄积着多年来排入的大量污染物,称为内污染源,目前已是水体富营养化和赤潮形成的重要因素,在适当条件下,还会释放出蓄存的重金属、有毒有机化学品,成为二次污染源,对生态和人体健康造成长期危害,应与点源、面源污染一并考虑,进行综合治理。

(四)把安全饮用水保障作为水污染防治的重点

我国很多城镇的饮用水源受到污染,农村的饮用水安全更得不到保障。饮用水中有机物含量的增加导致了致癌、致畸、致突变的潜在威胁,重金属则会使人迅速中毒、得病,水污染也大大增加了饮用水源中致病微生物的数量。这一切已经并正在造成人们的疾病和早

亡,应该引起严重注意。水污染防治的最终目的是确保人民的身体健康,因此,应把安全饮用水的保障作为水污染防治的重点。应加强对饮用水源地的保护,特别是为城市供水的水库和湖泊(例如北京市的官厅水库),尽快恢复其受污染的水质。

三、防洪减灾战略

在防洪减灾方面,要从无序、无节制地与洪水争地转变为有序、可持续地与洪水协调共处。为此,要从以建设防洪工程体系为主的战略转变为在防洪工程体系的基础上,建成全面的防洪减灾工作体系,达到人与洪水协调共处。

(一)对洪水和洪灾的认识

江河洪水都是一种自然现象,而江河洪灾则是由于人类在开发江河冲积平原的过程中,进入洪泛的高风险区而产生的问题。我国江河洪水形成的主要原因是夏季的季风暴雨和沿海的风暴潮。在气候异常年份,某些江河流域出现多次大暴雨甚至特大暴雨,造成这些江河的大洪水以至特大洪水。在历史上,我国人民为了开发江河中下游的广大冲积平原,不断修筑堤防与水争地,从而缩小了洪水宣泄和调蓄的空间,当洪水来量超过人们给予江河的蓄泄能力时,堤防溃决,形成洪灾。

(二)防洪减灾的战略转变

通过实践,人们逐步认识到,要完全消除洪灾是不可能的。人类既要适当控制洪水,改造自然;又须主动适应洪水,协调人与洪水的关系,这样才能保证自己的继续发展。要约束人类自身的各种不顾后果、破坏生态环境和过度开发利用土地的行为,从无序、无节制地与洪水争地转变为有序、可持续地与洪水协调共处。发生大洪水时,有计划地让出一定数量的土地,为洪水提供足够的蓄泄空间,以免发生影响全局的毁灭性灾害,并将灾后救济和重建作为防洪工作的必要组成部分。因此,要从以建设防洪工程体系为主的战略转变到在防洪工程体系的基础上,建成全面的防洪减灾工作体系,达到人与洪水协调共处。

(三)防洪减灾工作体系的总体目标和主要内容

我国防洪减灾工作体系的总体目标是:在江河发生常遇和较大洪水时,防洪工程设施能有效运用,国家经济活动和社会生活不受影响,保持正常运作;在江河遭遇大洪水和特大洪水时有预定方案和切实措施,国家经济社会活动不致发生动荡,不致影响国家长远计划的完成或造成严重的环境灾难。

防洪减灾工作体系的主要内容包括以下几个方面:

1.根据江河的总体治理目标建设有质量保证的防洪工程系统。各主要江河应在原有规划的基础上,结合近年来的防洪实践和国家的发展要求,进一步走出江河的总体治理目标和全面的治理规划,据此建成有质量保证的防洪工程系统。防洪工程系统的标准要经过技术经济的论证,一般应达到50年一遇以上,重要堤防应达到100年一遇或更高。

长江的治理目标是:再遇类似1998年洪水时,确保安全并大大减轻防汛抢险负担;再遇类似1870年和1954年洪水时,在充分运用三峡等干支流水库和分蓄洪工程的条件下,保证重要堤防、沿江大城市和重点围垸的安全。为此要按统一规划,在完成三峡工程的同时,完成重要堤防和重点围垸的加固、干流河道的整治、分蓄洪区的配套工程并继续兴建金沙江的溪落渡、嘉陵江的亭子口、灌水的皂市等干支流水库。

黄河的治理目标是:保证防御花园口安全通过100年～1000年一遇的洪水;稳定现行的流路,保证黄河不改道,为此要加强水土保持,进一步减少入黄泥沙;充分发挥小浪底水库对下游的防洪减淤作用及其对上游三门峡水库的补救作用,解决三门峡对清河下游的不利影响;整治下游河道及河口,通过放淤抬高两岸大堤附近的地面,使黄河下游逐步成为一条相对的地下河;根据小浪底的运行情况和发展需要,逐步兴建小浪底以上的干流水库。

其他各江河也都要制定治理目标和相应的工程建设计划。

2.江河的各类分蓄行洪区是防洪减灾工作体系的必要组成部分。我国江河冲积平原的土地资源已经过度开发,根据技术和经济的可行性,现在的防洪工程只能达到一定标准(防御常遇洪水或较大洪水),必须安排各类分蓄行洪区作为辅助措施,才能达到规划的防洪标准和处理超标准洪水。要明确认识到,根据我国的实际情况,江河的各类分蓄行洪区是防洪减灾工作体系的必要组成部分。在大洪水或特大洪水时,要首先确保城乡广大居民的生命财产和重要工业、交通的安全,为此,可以也必须让出一部分用于农业的土地作为分、蓄、行洪区。应结合小城镇建设和分蓄洪区内的安全设施建设,妥善安置这些地区的居民,保证他们的生活和生产。一般来说,在确保居民生命财产的前提下,农业土地遭受10年～20年一遇或更稀遇的洪水淹没损失,即相当于90%～95%或更高的防洪安全保证率,是可以承受的,并可采取社会救济和防灾保险等适当措施,予以合理补偿。

3.城乡建设规划要充分考虑各种可能的防洪风险。从总体上看,我国的堤防系统已经达到25万km的规模,不宜再增建和加高,而应在现有基础上进行加固,并充分利用各类分蓄行洪区,解决超标准的洪水。对各种可能遭受洪水淹没的地区,要加强科学指导,分别不同情况,合理安排城乡建设规划,不要无限制地侵占洪水的空间,而要主动与洪水协调共处。例如:

山丘区的中小河流,山洪暴涨暴落,并挟带大量泥沙,要防止在两岸盲目开发行洪河滩,修建堤防。城镇村庄的选址要极其慎重,不准侵占行洪河滩,并注意划分山洪及泥石流危害区,避免地质灾害。

江河冲积平原上的城乡建设和工业交通设施,都要遵守防洪规划,防止盲目占用分蓄行洪区,重大建设项目要经过防洪主管部门的认可。在城市建设中,要注意建成完善的防洪排涝体系,禁止盲目缩窄排洪排涝河道。

在超标准洪水可能淹没的城镇村庄,要进行洪灾风险分析,制定洪水可能淹没的风险图,定出保证居民生命财产安全措施的长远规划,例如建设具有抗洪能力的房屋建筑和道路桥梁等,在国家的组织和支持下,动员社会的力量,有计划地逐步完成。

在沿海的经济发达地区,风暴潮的危害极大,这些地方有必要也有可能逐步建成以防御特大风暴潮为目标的沿海防护林带和高标准海堤,以求长治久安。

4.在全国建立防洪保险、救灾及灾后重建的机制。对各类分蓄行洪区以及其他有防洪风险的地区,可以根据具体情况,进行合理的开发利用,但必须适应防洪的风险。考虑到我国各江河都存在这种问题,应当研究在全国建立防洪保险、救灾及灾后重建的机制,给予法定的社会保障。在过去的防洪工作中,着重建设防洪工程,而没有落实分蓄行洪区的社会保障工作,许多分蓄行洪区不能按规划运用,只能"被动蓄洪"而不能"主动蓄洪",使江河的实际防洪标准大大降低,分蓄行洪区也受到更大的损失。长期以来,许多地方对分蓄行洪区的工作有畏难情绪。我们认为,只要真正认识分蓄行洪区是防洪工作体系的必要组成部分,就能制订出一个合理的规划和相应的运行机制,既可适当地开发利用分蓄行洪区的土地资源,又能兼顾全局和局部利益,保障各类地区都能得到合理的和可持续的发展。国家颁布的《滞洪区运用补偿暂行办法》是一个好的开端,还需要继续进行大量的后续工作。

5.建立现代化的防洪减灾信息技术体系和防汛抢险专业队伍。要研究解决导致洪水的暴雨与洪水的准确预测、预报、预警和决策支持软件,建设一支以高科技武装的防汛抢险专业队伍,提高抗洪斗争中勘测、通讯、查险、除险和抢险的水平,逐步取代现在主要依靠大量人力的防汛抢险办法。

四、水资源管理战略

对水资源的供需平衡,要从过去的以需定供转变为在加强需水管理、提高用水效率的基础上保证供水。

(一)过去对需水量的预测普遍偏高,造成对供水规划和供水工程在不同程度上的误导

就全国的用水需求量而言,80年代初,水利部门预测2000年为7096亿 m^3;1994年,《中国21世纪人口、环境与发展白皮书》预测2000年为6000亿 m^3;而1997年全国的实际用水量为5566亿 m^3,上述预测特别是80年代的预测明显偏高。

就分区而言,可以山西省为例。"七五"期间,当时山西省的缺水现象确实很严重,水利部门据此多次预测,1990年的需水量为72亿 m^3 ~ 76亿 m^3,2000年为90亿 m^3 ~ 100亿 m^3,而1990年和1994年的实际用水量分别为54亿 m^3 和63亿 m^3。实践证明,在缺水的情况下,往往对缺水量的估计和预测偏高。对山西省需水量的过高预测,曾使万家寨引黄工程的近期规模偏大。

对于城市的用水需求,尤其是对工业用水的需求,以往许多预测明显偏大。如建设部门进行的城市缺水问题研究中,以1993年为预测基准年,预测2000年全国城市的工业需水量为406亿 m^3,年均增长率为4.9%,而实际情况是1993年—1997年我国668个城市(不包括小城镇)的用水量非但没有增长,反而由291.5亿 m^3 降至260多亿 m^3。又如北京市,曾预测1995年—2000年市区工业需水量将以6%的速度递增,而实际上从1989年至今,北京市的工业用水量非但没有增长,还减少了12.5%。

预测偏高的情况在国外也曾发生。美国国家水资源委员会1968年的报告中,预测2000

年、2020年全国总取水量将在1965年3725亿 m³的基础上分别增长200%和407%，达到11116亿 m³和18900亿 m³。但到1975年，他们意识到如此高的用水量将无法实现水资源的可持续利用，于是作出第二次评价。他们综合考虑了水污染、水资源量等多种因素，决定大力推行节水措施，并预测：到2000年，随着生产技术水平的提高、经济结构的变化以及防治污染和水价等各种因素的影响，在经济发展中工农业的用水定额将不断降低。在一些发达国家，经济增长中的用水量已达到零增长甚至负增长。

(二)我国应要求在人口达到16亿后，用水量逐渐达到零增长

我国用水的高峰将在2030年左右出现。其中农业用水总量与现在的规模相仿，为4200亿 m³左右；工业用水总量从现在的1100多亿 m³增至2000亿 m³；城市生活用水从现在的500多亿 m³增至1100亿 m³左右；考虑到未来发展前景的不确定性，因而估计全国用水总量有可能达到7000亿 m³~8000亿 m³，较现在增加1300亿 m³~2300亿 m³，人均综合用水量为400m³~500m³。

经研究分析，扣除生态环境用水后，全国实际可能合理利用的水资源量约为8000亿 m³~9500亿 m³，按上述估计的用水量，已接近可合理利用水量的极限。因此，必须严格控制人口的继续增长，同时加强需水管理，做到在人口达到零增长后，需水也逐步达到零增长。

(三)加强需水管理的核心是提高用水效率

正如中央多次指出的，提高用水效率是一场革命。目前我国的用水效率还很低，每立方米水的产出明显低于发达国家，节水还有很大潜力。节约用水和科学用水应成为水资源管理的首要任务。

我们在对农业和城市工业用水的分析中已说明：通过全面建设节水高效农业，可以大大提高农业的用水效率；通过推行工业的清洁生产，使工业用水量降低，这不仅可以节约水资源，而且可使城市废水量相应减少，大大削减污染负荷。提高用水效率，还应包括污水资源化和发展微咸水和海水的利用。

总之，提高用水效率不但为保证我国水资源可持续利用所必需，也是建设现代化工农业和城乡健康生活的重要内容。提高用水效率，是从传统工农业和城乡建设转到现代化工农业和城乡建设的一场革命。

第五节　水资源可持续利用制度建设

制度建设是水资源综合规划的重要组成部分，是保障以水资源的可持续利用支撑经济社会可持续发展的重要措施。要在深化水利改革基础上，重点加强制度建设，逐步形成有利于合理开发、科学配置、高效利用和有效保护的水资源管理体制和机制。

一、建立健全流域与区域相结合的水资源管理体制

《中华人民共和国水法》规定,流域管理机构在所辖范围内行使法律、法规规定和国务院水行政主管部门授予的水资源管理和监督职责。贯彻实施《中华人民共和国水法》,应当对水资源实行统一管理,建立流域与区域相结合的水资源管理体制。

结合黄河流域水资源利用和管理的实际,进一步明确流域与行政区域的管理职责。建立分工负责、各方参与、民主协商、共同决策的流域议事决策机制和高效的执行机制,建立适应社会主义市场经济要求的集中统一、依法行政、具有权威的流域管理新体制,加强流域水资源统一配置、统一调度,在干流已经实施统一调度的基础上,抓紧实施主要支流的统一调度和管理工作。

加强流域机构对流域的统一管理,理顺管理体制,建立权威、高效、协调的流域统一管理体制,有效协调各部门、各省(区)间的关系,更好地解决黄河治理开发中的重大问题。加强行政区域内水资源综合管理,健全完善水资源管理和配套法规、规章,明确流域管理机构与地方水行政管理部门的事权,各司其职、各负其责,以实现水资源评价、规划、配置、调度、节约、保护的综合管理,推进水务的统一管理。

二、完善取水许可和水资源浪费制度

按照《取水许可与水资源费征收管理条例》,严格执行申请受理、审查决定的管理程序,加强取用水的监督管理和行政执法。

加强流域建设项目水资源论证管理,除对建设项目实行水资源论证外,国民经济和社会发展规划、城市总体规划、区域发展规划、重大建设项目的布局、工业园区的建设规划、城镇化布局规划等宏观涉水规划,也要纳入水资源论证管理。

相应于取水许可制度实施范围,确定水资源费征收范围;建立水资源费调整机制,适时调整水资源费征收标准,对超计划或超定额取用水累进收取水资源费;完善水资源费征收管理制度,加大水资源费征收力度,加强水资源费征收使用的监督管理。

三、建立科学合理的水价形成机制

继续推进水价改革,对非农业用水合理调整供水价格,对农业用水实行终端水价,改革水费计收方法,逐步建立促进水资源高效利用的水价体系。

按照补偿成本、合理收益、优质优价、公平负担的原则,完善水价形成机制。建立反映水资源供求状况和紧缺程度的水价形成机制,逐步提高水利工程水价、城市供水水价,合理确定再生水中水水价。合理确定水资源费与终端水价关系,提高水费征收标准。做好污水处理费的征收,未开征污水处理费的地方,要限期开征;已开征的地方,要按照用水外部成本市场化的原则,逐步提高污水排污收费标准,运用经济手段推进污水处理市场化进程。

实行差别水价。对不同水源和不同类型用水实行差别水价,使水价管理走向科学化、规范化轨道。逐步推进水利工程供水两部制水价、城镇居民生活用水阶梯式计量水价、生产用水超定额超计划累进加价制度,缺水城市要实行高额累进加价,适当拉开高用水行业与其他

行业用水的差价。同时,保证城镇低收入家庭和特殊困难群体的基本生活用水。黄河水源丰枯变化较大、用水矛盾突出,可在部分严重缺水地区实行丰枯水价的试点。

提高水费征收率。充分发挥价格杠杆在水需求调节、水资源配置和节约用水方面的作用。完善农业水费计收办法,推行到农户的终端水价制度。扩大水费征收范围,提高水费征收率。

四、建立和完善黄河流域水权转换制度

国家"十一五"规划明确要求,要研究和建立国家初始水权分配制度和水权转换制度,综合运用经济杠杆对用水结构进行合理调整;推进节约用水,提高水资源利用效率和效益;解决水资源供需矛盾,实现水资源的有效保护;增加投入,推进水资源合理开发利用。

黄河流域在初始水权分配和水权转换方面取得一定经验和初步成效,应在总结经验的基础上,进一步推进流域水权制度建设和水权转换制度建设,保障流域水资源的有序、合理利用,促进水资源优化配置,提高水资源利用效率和效益。

五、完善水功能区管理制度

切实加强水资源保护,制定水功能区管理制度,核定水功能区纳污能力和总量,依法向有关地区主管部门提出限制排污的意见。

结合黄河流域实际情况,对已划定的水功能区进行复核、调整,核定水域纳污总量,制定黄河流域水功能区管理条例,制定分阶段控制方案,依法提出限排意见;划定地下水功能区,制定地下水保护规划,全面完成地下水超采区的划定工作,压缩地下水超采量,开展流域地下水保护试点工作。要科学划定和调整饮用水水源保护区,切实加强饮用水水源保护。

完善入河排污口的监督管理。将水功能区污染物控制总量分解到排污口,加强排污口的监督管理;新建、改建、扩建入河排污口要进行严格论证和审查,强化对主要河段的监控,坚决取缔饮用水水源保护区内的直接排污口。

完善取用水户退排水监督管理。依据国家排污标准和入河排污口的排污控制要求,合理制定取用水户退排水的监督管理控制标准。对取用水户退排水加强监督管理,严禁直接向河流排放超标工业污水,严禁利用渗坑向地下退排污水。

六、建立水资源循环利用体系的有关制度

发展循环经济,按照减量化、再利用、资源化的原则,逐步建立健全流域水资源循环利用体系,促进实现流域水资源健康循环和可持续利用。

根据流域水资源和水环境承载能力,按照优化开发、重点开发、限制开发和禁止开发的四类功能区域,合理调配经济结构,实现水资源开发利用的优化布局。

按照循环经济的发展模式,建立流域水资源循环利用体系的发展模式,逐步建立源水、供水、输水、用水、节水、排水、污水处理再利用的综合管理。

按照科学发展观和新时期治水思想的要求,切实转变治水观念和用水观念,以提高水资源利用效率和效益为核心,采取综合措施,依靠科技进步,提高节水水平。加大污水处理能

力,增加再生水资源回用规模,推进水资源循环利用。

七、建立黄河水资源应急调度制度和黄河重大水污染事件应急调查处理制度

黄河流域水资源短缺,年内和年际分配不均,特枯水年和连续枯水段时有发生。应从流域水资源安全战略高度出发,建立与流域特大干旱、连续干旱以及紧急状态相适应的水资源调配和应急预案。建立旱情和紧急情况下的水量调度制度,建立健全应急管理体系,加强指挥信息系统,做好生态补水、调水工作,保证重点缺水地区、生态脆弱地区用水需求。推进城市水资源调度工作,开展水资源监控体系建设,完善黄河流域水资源管理系统建设,加强流域和区域水资源监控,提高水资源管理的科学化和定量化水平。

进一步健全抗旱工作体系,加强抗旱基础工作,组织研究和开展抗旱规划,建立抗旱预案审批制度。继续推进抗旱系统建设,提高旱情监测、预报、预警和指挥决策能力,备足应急物资、专业救灾队伍,以应急需。

完善黄河重大水污染事件应急调查处理制度,进一步加强饮用水源地保护与管理,强化对主要河段排污的监管,完善重大水污染事件快速反应机制,提高处理突发事件的能力。

八、建立水资源战略储备制度

建立水资源战略储备制度是保障国家安全的需要,也是国家水资源安全保障体系的重要组成部分。全球气候变化和人类不合理开发活动已导致我国水资源时空分布不均问题更加突出,北方持续干旱现象更加严重,极端干旱事件的频发加剧了水资源供需的矛盾。面对新时期水资源短缺的严峻态势,在继续加强水资源开发利用和保护基础设施建设的同时,要尽快建立水资源战略储备制度,特别是要尽快建立城乡居民饮用水的应急备用水源制度。采用合理的水资源战略储备模式,包括水源结构的优化配置、高效节约和有效保护,其他水源的利用,战略储备水源的工程建设等,充分发挥水资源的综合效益,提高安全水平和保障能力。

第二十章　保护水资源是每个公民应尽的职责

第一节　保护环境是保护水资源的根本措施

首先,我们一起来听听这样一个真实的故事:

1986年9月,在拉丁美洲的巴拉那河上,举行了一次特殊的葬礼。这个葬礼由巴西总统菲格雷特主持的,而且是为一条瀑布举行的。这究竟是怎么回事呢?

原来,在拉丁美洲的巴西与阿根廷两国国境线的交界处,有一条巴拉那河,河上有一条世界著名的大瀑布——塞特凯达斯大瀑布,又名瓜伊雷瀑布。它曾经是世界上流量最大的瀑布,汹涌的河水从悬崖上咆哮而下,滔滔不绝,一泻千里。尤其是每年汛期,塞特凯达斯瀑布每秒钟有1万立方米的水从几十米的高处飞泻而下,溅起的水雾飘飘洒洒,有时高达近万米,气势更是雄伟壮观,吸引了世界各地的许多游客。人们在这从天而降的巨大水帘面前,陶醉不已,流连忘返。

但这雄伟的景观,竟然不辞而别。20世纪80年代,瀑布上游建立了一座世界上最大的水电站——伊泰普水电站,水电站高高的拦河大坝截住了大量的河水,使得塞特凯达斯大瀑布的水源大减。而且,瀑布周围的许多工厂用水毫无节制,浪费了大量的水资源。沿河两岸的森林被乱砍乱伐,又造成了水土大量流失。大瀑布的水量因此逐年减少。

几年过去了,塞特凯达斯瀑布逐渐枯竭,再也见不到昔日的壮观气势了。它在群山之中无奈地低下了头,像生命垂危的老人,奄奄一息,等待着最后的消亡。许多慕名而来的游客,见到这样的情景,都失望地离去。

科学家们预测,过不了多久,瀑布将完全消失。消息传开,许多人感到十分震惊和痛心,同时也唤起了人们保护环境的责任感。1986年9月下旬,来自世界各地的几十名生态学、环境学的专家教授以及大批热爱大自然的人在大瀑布脚下汇集,一起哀悼即将消失的塞特凯达斯大瀑布。在葬礼上,菲格雷特总统用饱含深情的语调,回忆了塞特凯达斯瀑布曾经给巴西和世界人民带来的欢乐和骄傲,号召人们立即行动起来,保护自然生态,爱护我们赖以生存的地球,使大瀑布的悲剧不再重演。

让我们一起为"保护环境、热爱大自然"立即行动吧。

一、环境与水资源

环境(environment)是指周围所在的条件。对不同的对象和科学学科来说,环境的内容也不同。从环境保护的宏观角度来说,环境就是人类的家园—地球。人们习惯上把环境分为自然环境和社会环境。自然环境亦称地理环境,是指环绕于人类周围的自然界,包括大气、水、土壤、生物和各种矿物资源等。自然环境是人类赖以生存和发展的物质基础。在生态学科得到重视和发展的今天,人们更乐于应用"生态环境"一词来替代"自然环境"。在这里,我们主要探讨生态环境与水资源的密切关系。

水是人类赖以生存的宝贵自然资源,没有水就没有生命,就没有良好的自然环境,也就无法实现社会经济的可持续发展。

水是生态环境的基本要素之一。水在吸热和散热过程中,参与了气温调节,使地球表面的温度不致出现剧烈的变化。海洋以及从海洋进入大气层的水汽,是调节地球气候的主要因素,为地球上的生物体创造了生存与繁衍的条件。当代世界上一些重大生态环境问题,如水土流失、沙漠扩大、水源污染和酸雨等,都与水量和水质有关。森林砍伐引起生态环境恶化,也是由于影响了地球上水的分布与水循环状况。水量不足出现的旱灾和水量过多出现的洪灾,更是对人类生活、生产以及生态环境产生了直接影响。

翻阅一下历史,就可以发现水在人类文明发展和现代化社会进程中的地位和作用,充沛的水源曾使一些地区经济繁荣,社会发展;而持续的干旱缺水也曾使一些地区生态环境恶化,经济落后,社会文明衰退。如公元前的古希腊文明、公元后的美洲印第安文明及至今天的衣阿华州文明,无一不是毁于干旱和缺水。

20世纪以来,全世界工业迅速发展,同时也对人类生存环境造成了严重破坏,如森林特别是热带雨林大量破坏,水土流失和土地荒漠化,大量废气排放产生的酸雨以及臭氧层破坏,江、河、湖、海水体受到严重污染。1952年伦敦烟雾事件及1953年日本水俣事件,给全世界敲响了警钟。它告诫人类,在发展经济的同时如不注意保护环境,将导致人类自身遭到致命打击。

二、保护环境是保护水资源的根本措施[①]

我国著名水利专家张光斗先生提出,水利部门不仅要解决水多、水少、水脏的问题,还要保护生态环境。他说,保护和改善生态环境,是当务之急,关系到国计民生。事实上,保护生态环境与水资源可持续利用密切相关。比如,水土保持和植被建设,能涵养水源,削减小流域洪峰,增加枯水期地下水补给径流,还能减少泥沙入河。过去对河流环境用水重视不够,造成河流污染、天然绿洲退化、泥沙淤积、河湖干涸、湿地退化。另外,局部地区由于大水漫灌,抬高地下水位,造成土壤次生盐碱化。在干旱、半干旱地区,如黄河下游、海河、西北内陆河流,必须在保证环境用水的前提下,开发利用水资源,以改善生态环境。对生态环境的保护,需要各部门、各地方、各界人民的协作,需要全社会的共同关注和努力。

保护环境是保护水资源的根本措施,不仅有利于水资源的可持续利用,而且有利于人水和谐,实现我国经济社会的可持续发展。迄今,我国实施了以淮河、海河、辽河以及太湖、滇池、巢湖等"三江三湖"为重点的水污染防治工程,关停了一大批污染严重的小型企业,加大

---

①何德贤. 浅析河道治理与水环境保护[J]. 农业科技与信息,2017,(14):30,33.

治污和水资源保护的力度,水环境恶化趋势有所遏制,局部地区水环境状况趋于好转。城市河道水系普遍进行了综合整治,增加了城市生态用水,提高了城市污水集中处理率,人居环境逐渐向舒适美化的方向发展,如上海市的苏州河治理、成都市的府南河治理。

三、保护环境,热爱大自然,尽公民责任

一个绿色的地球是我们人类生存的先决条件。两千年的人类文明进程没有牺牲地球的绿色,但是两百年的现代文明却使我们绿色的地球日渐披黄蒙黑。人类在逐步毁灭地球绿色的同时,也就是在逐步毁灭人类自己。在经济高速发展的今天,全球环境问题日趋严重,世界各国必须积极行动起来,加大环境保护力度。为了保持更清新的空气、更清澈的水源,任何一家负责任的企业,任何一家谋求长远发展的公司,都不能漠视生产经营活动对环境所造成的影响,都应通过自己的努力来改善我们的环境。消除污染、保护环境,担负起每一个生存在地球上的人所应负起的责任,我们应做好:

1.大力宣传普及环境保护知识。提高广大公众的环保意识,结合与环境有关的纪念日,在社区及公共场所宣传环保,参与社区的环保实践和监督。

2.从我做起、从现在做起、从身边小事做起,提倡绿色生活,节约资源,减少污染,回收资源,绿色消费,支持环保。

3.积极、认真搞好居住社区、公共场所的绿化、美化、净化工作,清除或有效控制日常生活中产生的污染,对环境少一份破坏、多一份关爱,共建绿色家园。

4.全面提高环境与发展意识,树立正确的环境价值观和环境道德风尚。负起环保责任,促进社会、经济和环境的可持续发展。

5.认真贯彻国家方针政策、法律法规,为改善人类居住环境作出实质性的贡献;积极从事和广泛参与改善人类居住环境工作。

作为居住在地球上的村民,为了保护地球、为了我们子孙后代,让我们立即行动起来吧!为此,我们倡议每个人在生活、工作中力所能及地做到以下方面:

1.提倡穿着采用棉、麻、毛、丝绸等天然植物制作的"生态时装",不穿野兽毛皮制作的服装。

2.食用无污染、无公害且安全、优质、营养的"绿色食品",拒绝食用野生动物。

3.简化房屋装修,室内、院内养花种草。

4.倡步行,骑单车。

5.少驾私家车,尽量使用公共交通工具。

6.选择低排量小轿车,尽量不买SUV或越野车。

7.节约每一滴水,随手关闭水龙头,使用节水型马桶。

8.多用肥皂,尽量使用无磷洗涤剂和洗衣粉。

9.使用节能灯具,随手关灯,节约用电。

10.可能使用太阳能热水器,而不是电热水器。

11.使用无污染、低能耗、低噪音符合环保要求的家用电器。

12.夏天将空调温度调高一度,冬天将空调调低一度。

13.不让电器长时间处于待机状态,如电视、电脑、打印机。

14.节约纸张,尽量采用双面打印。

15.不使用一次性筷子、塑料袋、纸杯、纸饭盒等一次性用品。

16.不乱扔烟头,少吃口香糖。

17.不烧散煤,不焚烧秸秆,不乱倒生活垃圾。

18.不随意处置废旧电池、金属、玻璃、电器等,尽量交到回收站。

我们相信,总有那么一天,人类共同的家园—地球将变得更美好!

第二节　节约用水是保护水资源的重要途径

中国是一个水资源紧缺的国家,淡水资源人均仅为世界平均水平的1/3,在世界上名列121位,是全球人均水资源最贫乏的国家之一。全国已有2/3的城市存在供水不足的问题,其中比较严重的缺水城市达110个。因水资源紧缺而影响经济社会发展的矛盾日益突出。但令人触目惊心的是,在我们的周围,在人们的日常生活和工作中,浪费水资源的现象仍随处可见,如人们洗脸、刷牙时不关水龙头,公共场所自来水长流无人问津,农田大水浸灌等。总之,长期以来公民的节水意识缺乏,以致我国已成为水资源的浪费大国。

一滴水,微不足道,但是不断累计起来,数量就很惊人了。据测定,"滴水"在1小时内可以收集到3.6千克水,1个月内可收集到2.6吨水,这些水足够供给一个人一个月的生活需要。至于连续成线的小流水,每小时可集水17千克,每月可集水12吨。哗哗响的"大流水",每小时可集水670千克,每月可集水482吨。所以,节约用水要从点滴做起,从今天做起,从自我做起。

一、节约用水的内涵

"节约用水"这一概念,目前尚无被广泛认可、统一的定义。但可以肯定,"节约用水"并不等于减少水的使用量,它具有丰富、深刻的内涵,在西方发达国家,与我国"节约用水"相近、相对应的词汇是"saving water"和"water conservation",其中前者是指具体的节约用水;后者的含义比较广泛,特别含有"自然资源保护、保持、守恒"的意思,一般译为"合理用水"。但人们对"合理用水"的定义和内涵进行了研究,他们对"合理用水"也有不同的解释,其中美国自20世纪70年代以来,政府机构、学术团体和专家学者相继对"合理用水"的定义和内涵进行了研究,他们对"合理用水"的主要见解包括:减少需水量、提高水的利用效率、减少水的损失和浪费或增加水的重复利用和回用等。要求能够区分合理用水与通常完善有效供水规划和管理之间的差别。

在我国,人们也已经认识到,提倡节约用水并不是简单地号召少用水,而是要在合理用水、科学用水和提高水的使用效率和效益上做文章,把水管好、用好;节水还对降低污水处理投资、减少环境污染,起着事半功倍的作用。节水的一个常见定义是:"通过行政、技术、经济等管理手段加强用水管理,调整用水结构,改进用水工艺,实行计划用水,杜绝用水浪费,运用先进的科学技术建立科学的用水体系,有效地使用水资源,保护水资源,适应经济社会可持续发展的需要。"

二、科学节水小常识

(一)家庭节水

1.洗脸节水常识。

(1)脸盆洗脸节水:每天早晨起来,人们都要做的第一件事就是洗脸、洗手,而在极为平常的洗脸、洗手中却有着不平常的节水奥妙。人们洗脸时,可以在不关自来水龙头的情况下,用手捧水洗脸。洗脸过程中水龙头一直流水,俗称长流水洗脸。也可以利用洗脸盆洗脸,在盆中放一定量的清水,然后再捧水洗脸。两种方法洗脸的效果虽然相同,但是用水量相差很大。

长流水洗脸时,洗脸耗时为2~3分钟,水龙头一直开着,水也长流2~3分钟。据试验和统计表明,一般水龙头开1分钟,就会耗掉自来水8升左右,2~3分钟则耗清水16~24升。人手捧起的水约占流水的1/8,其他的则白白地浪费了。如果改用洗脸盆洗脸,每人每次仅用4升左右的水足矣。如此看来,不同的洗脸方法,其用水量真的相差很大。

比如一个3口之家,若用洗脸盆洗脸,每人每次可节约清水16升左右。按每人每天洗脸2~3次计算,则全家每天可节约用水120升左右,一个月全家可节水3600升左右。有关调查显示,有50%~60%的人在洗脸时不关水龙头,如果这些人都改变一下洗脸的习惯,这对一个小区、一个城市、一个国家甚至整个地球来讲,可以节约很多的清水资源,这可是一个不小的数目。

(2)选用新型喷水式龙头:选用新型能向上喷水的水龙头洗脸,既舒适又节水。这种能向上喷水的节水龙头在结构上采用了双出水孔换向阀芯,并专门设计了一种带保护盖的调节阀,其特点是上下都能出水,并可以随意调节喷出的水柱高度。当需要洗脸时,只需要改变转换阀的方向,调节好喷水的水柱高度,就可以得到最适宜洗脸的喷泉,会让您在感觉十分舒适、方便的洗脸同时实现节水。这样,既减少了洗脸时出现交叉感染的可能,也可节约70%的洗脸用水,可谓一举多得。

普通人用手捧水洗脸,水龙头流出的水多,而真正捧起来洗脸的水少,水的利用率很低、浪费很大。根据有关部门测算,一般每次捧起来的水还不到水龙头出水量的1/8,大量的水都白白地流进了下水道。比如,对一个3口之家分析,按每人每天洗脸按3次计,每次洗脸假定为3分钟,用普通的水龙头长流水洗脸,则每家每天用水量216升;用洗脸盆节水洗脸,则每家每天用水量为36升;用新型喷水式水龙头长流水洗脸,则每家每天用水量为108升(见表21-1)。

表21-1　家庭洗脸用水分析表

洗脸方式	普通水龙头长流水	新型水龙头长流水	洗脸盆节水	备注
日用水量(L)	216	108	36	3人、一天3次、一次3分钟计
年用水量(L)	78840	39420	13140	一年365天
年节水量(L)	0	39420	65700	与普通的长流水方式比较

（3）改用新型感应式水龙头：饭前便后要洗手，洗手的过程也是节水的过程。用新型感应式水龙头可节水。这种水龙头节水效果很好，当手离开时，水阀就会自动关闭。现在家居用的水龙头，一般用陶瓷芯代替以前的铸铁阀，这样的水龙头在短时间内不会因阀门磨损而产生跑、冒、滴、漏现象，防止了因漏水而带来的浪费。新型感应式水龙头能做到用水自如，与常规水龙头相比，可节水35%～50%。

2.刷牙节水。人们每天都要刷牙，但各人刷牙的方式不同。有的人刷牙时水龙头一直开着，长流水刷牙，如果刷牙用2～4分钟，就要流掉24升左右的清水，而其中绝大部分都白白地浪费了。而同样是刷牙，如果用水杯来节水，然后关闭水龙头开始刷牙。浸润牙刷、短时冲洗，并勤开、勤关水龙头，其刷牙的效果完全一样，这种刷牙方式一般只用3杯(1.0升左右)清水即可。比起长流水刷牙的方式，可节约水量23升左右，节水率达96%，效果非常明显。若一家3口人都采用水杯节水刷牙的方法，按每天刷牙2次计算，一天可节水140升左右，则一年可节约用水51000升之多。

据有关资料统计，约有70%的城市居民是边刷牙边开着水龙头，只有30%的居民常记得刷牙时关闭水龙头。因此，请大家一定要改变长流水刷牙的毛病，勤关水龙头，养成良好的节水习惯。

3.厕所节水常识。

(1)减少抽水马桶的水箱容积：据有关用水管理部门测算，城市家庭冲洗厕所用水量约占家庭总水量的1/3。因此，在保证卫生清洁的前提下，家庭厕所节水大有文章可做。

许多家庭中安装的老型号抽水马桶，其容积一般为9～12升，有的达15升，而冲厕所时用6升水就能冲洗干净。对一些老型号抽水马桶，如果全部换掉会造成不小的浪费。那么，能否考虑在不更换抽水马桶的情况下达到同样节水的目的呢？其实很简单，就是压缩水箱的容积，在水箱中放几只装满水的瓶子(每瓶1升)或砖块。根据水箱大小，多的可放3～4个，少的也可放2个。这个方法简单易学，实实在在，材料随处可见，收到的成效也非常明显。

(2)采用新型家用厕所节水器具：采用新型节水器具，节水效果很明显。为了有效节水，国家已经颁布了新的卫生洁具标准，要求家庭新装修时应采用6升的标准水箱。有条件的家庭和单位应更换国家推荐的节水型卫生器具。建议大家在安装节水型用水器具和卫生洁具时，采用陶瓷芯片密封式水嘴，淘汰螺旋升降式铁水嘴。

当前新型节水器具主要采用3/6升双键水箱。这种双键水箱可以根据需要冲出3升或6

升的水量。比如,按一家3口人计算,仅采用3/6升马桶一项,每月可节约自来水2000升左右,还能减少2000升污水的排放。这种节水方式,对自己有利,对国家有利,对环境有益,真是太好了。

(3)改造老式水箱:改造老式水箱,可节水1/3～1/2。这种改造老式水箱的节水原理是:对于分离式水箱和座便器,在水箱里用一根金属丝制成"弹性装置",先把金属丝紧紧地缠在水箱的溢水管上,然后再把金属丝的两端搭在水箱的皮阀上。冲水时,按下水箱的扳手后,拉起皮阀把金属丝抬起;松开手后,金属丝的弹力就把皮阀弹回关闭状态。这样可通过扳手随时控制用水量。

使用节水装置后,每次冲小便的用水量可以控制在水箱总量的1/3左右,约4升水。冲大便时用水量控制在水箱总容积的1/2,大约6升水。以全家每日用厕所15次计算,12升的老式水箱每日需要约180升水;用了改进的节水装置,一天仅用水约70升,节水量为110升左右,这样一个月可节约3300升左右。

4.洗澡节水常识。

(1)洗澡时即时关水龙头:洗澡是必需的日常生活用水项目,特别是城市居民,在炎热的夏天每天都要洗澡。据有关部门的统计分析,居民洗澡用水约占生活总用水量的1/3。

洗澡的形式不同,其消耗的水量也不同,多则100多升,少则只用几十升,相差悬殊。据美国纽约市民节水资料报道:淋浴时,长流水洗澡,其用水量是120升左右;如果先冲湿后抹肥皂,再打开水龙头清洗,用水量只是40升左右。两种洗澡形式,用水量相差80升左右。怎样才能达到既保障洗澡的效果,又能节约用水呢?

洗澡应尽量用淋浴,淋浴比盆浴省水。

能熟练调节冷热水比例,一开龙头就能冲洗。

不要让喷头的水自始自终地流着,用时打开,抹肥皂搓背时关闭。喷头不要开到最大,以适中为好。

尽可能先从头到脚淋湿,然后通身搓洗,最后一次冲净。不要分别洗头、身、脚。

洗澡要钻心致志,抓紧时间,不要悠然自得,或边聊边洗,更不能利用洗澡的机会"顺便"洗衣服、袜子等。

采用以上这些方法洗澡,对家庭而言,如果每次每人可节水60升左右,平均每人2天洗一次澡,全家一个月即可节水700升左右。

(2)采用新型淋浴喷头:采用新型喷头洗澡,节水效果好。这种喷头的节水原理是:利用专业技术把水粉碎成千百万个细小的颗粒,并混合空气,形成淋浴流。传统喷头喷出的水流是线行的,而该喷头喷出的水流是颗粒状的,由一颗颗细小的水粒组成一串串水流,虽然水流量减小了,但给人的感觉与传统喷头没有差别,可节水40%～50%。这种节水喷头主要有两类:一种是每分钟水流量稍多一些,喷出的水较有力,适合年轻人选用,另一种是涡流喷头,根据流体动力学和涡流增压原理研制而成,水流量稍少一些,喷出的水较柔软,水雾大,比普通淋浴头出水压力增加25%,具有节水、节能、不结垢、增压、按摩、磁化理疗等功能特点,适合老年人和婴幼儿使用。

(3)巧用浴盆节水:使用浴盆也能节水。对一些老年人,习惯用浴盆、浴缸洗澡,认为热水泡体能舒展筋骨、去乏解累。虽然,在一般条件下,浴盆比淋浴费水,但在满足老年人习惯泡盆浴的要求下,巧安排、勤动脑,充分利用好浴缸洗澡水,也可以达到很好的节水效果。具体做法是:

盆浴时,放水量一般为盆内体积的1/3～1/2,更不能使水溢出。

盆浴时,切忌一边放水,一边注水,造成无益的浪费。

盆浴后的水可用于冲洗厕所、拖地等,做到一水多用。

5.洗衣节水常识。

(1)学会合理使用洗衣机:洗衣机的功能较多,使用时要弄清楚功能,合理选用,即可实现节水。洗衣机耗水是现代家庭用水的一大部分,特别是全自动洗衣机,虽然节省了人力和时间,却大大增加了洗衣的用水量。当我们使用洗衣机时,应注意以下几个问题,有效地节约用水。

先将新洗衣机的功能弄清楚。根据洗衣机的说明书和实际使用的经验,了解清楚洗衣机的洗衣容量、各种不同衣物的洗涤时间和漂洗次数。

了解洗衣机各档的大约用水量和衣物的洗涤重量。一般洗衣机高、中、低水位相对应的用水量约为160升、130升、80升。洗衣机高、中、低水位时的洗衣量应根据洗衣机的性能决定,一般说明书上都写得很详细,要仔细阅读。

根据所洗衣物的多少,确定洗衣机中的水位,这样既保证洗衣的质量,又可控制用水量。当洗少量衣服时,用高水位,衣服在高水里漂来漂去,互相之间缺少摩擦,反而洗不净衣服,还浪费水量。

目前,各洗衣机厂商开发出了更多水位段洗衣机,将水位段细化,洗涤启动水位也降低了1/2,洗涤功能可设定一清,二清或三清等几种情况。可根据不同的需要选择不同的洗涤水位和清洗次数,从而达到节水的目的。

(2)洗衣时提前浸泡衣物:提前浸泡衣物可节水。在洗衣的过程中,正式洗涤前先将适量洗衣粉放入水中,摇匀,然后将衣物浸泡在水中10～14分钟,让洗涤剂对衣服上的污垢起作用后再洗涤,这样可以减少洗涤时间和漂洗次数,既节省电能,又有减少漂洗耗水量。

洗衣服时,加入洗衣粉的多少不但是衣物洗得干净不干净的问题,也是漂洗次数和时间的问题,更是节水、节电的关键。因此,应根据衣物的性质和脏净程度,适量掌握好水中洗衣粉的浓度。以额定洗衣量2千克的洗衣机为例,低泡型洗衣粉,低水位时约用40克,高水位时约需50克。按用量计算,最佳的洗涤浓度为0.1%～0.3%,这样浓度的溶液表面活性最大,去污效果较佳。

(3)洗衣节水小窍门:根据衣物性质、脏净度巧用洗衣机。要更好地利用洗衣机,达到既洗干净衣物,又节水的目的。一般可从以下几个方面寻找窍门:

先薄后厚。一般质地薄软的化纤、丝绸织物,4～5分钟就可洗干净;而质地较厚的棉毛织品,要10分钟才能洗干净。厚、薄衣物分开洗,可有效缩短洗衣机的运转时间和降低用水量(水位)。

分色洗涤。不同颜色的衣服分开洗,先浅后深,可以节水。

分类洗涤。将需要洗的衣服根据脏净程度、污物情况的分类,分别采取不同的洗涤方式、不同的水位、不同的洗涤时间和不同的漂洗次数。一般应先洗较干净的衣物,然后再洗较脏的衣物。对不太脏的衣物,尽量少用洗涤剂并减少漂洗次数,每次漂洗水量宜少不宜多,以基本淹没衣服为准,可达到节水目的。

集中洗涤。当所洗的衣物较多时,最好采用集中洗涤的办法,即一桶洗涤剂连续洗几批衣物,洗衣粉可适当增添,全部洗完后再逐一漂清。这样就可省电省水,节省洗衣粉和洗衣时间。

(4)选用节水、节能的洗衣机:选用节水、节能、洗净比高的洗衣机。在日常生活中,人们都想买一台称心的洗衣机,以减轻家务劳动的强度。那么,在买洗衣机时应注意哪些方面呢? 如何选择一台适合自己的洗衣机呢?

2004年,我国新的<家用电动洗衣机国家标准》开始全面实施。新标准按洗净比、用电量、用水量、噪声、寿命等指标给洗衣机评级。按新标准将洗衣机分为A、B、C、D四级,分别代表国际先进水平、国内先进水平、国内中等水平和国内一般水平。我们具体选择可从以下几个方面入手:

洗净比。当前洗净比的国家标准为0.7~0.8,有的洗衣机洗净比可达0.911。一般可从产品说明书上获得该指标。

节水、节能率。节水、节能是相关的指标,也是目前人们最关注的目标。节水、节能从洗衣机的水位档、可调洗涤时间、可调漂洗次数等参数上可以反映出来。目前市场上海尔“变频A8双动力”洗衣机的节水、节能优势明显,若洗5千克衣物,全过程标准用水仅为56升,比A级洗衣机节省55%;在节能方面,其用电量仅为每千克0.013千瓦时,比A级国家标准节约13%,噪音也比普通洗衣机低10分贝。

洗衣机的噪声、寿命及价格等指标也应适当考虑。

6.洗菜节水技巧。在生活中,厨房用水约占家庭全部用水的1/3。淘米、洗菜是家庭主妇最普通、最日常的工作,而其中节约用水的窍门也有许多。

一般人们洗菜时,先将菜全部放入清水中浸泡,然后清洗菜上的污物,再用清水冲洗几遍。这样用水较多,一般要用5~10升清水。然而,洗过菜的水并不是很脏,不加以利用就白白地流进了下水道。介绍一种节水洗菜法:先择菜,将认为不能食用的部分去掉,只洗有用的部分;对土豆、胡萝卜之类的蔬菜先削皮,后冲洗;洗菜时一盆一盆地洗,尽量少用水龙头冲洗或最后冲洗一遍。这样每次洗菜可节约清水5升左右。一个家庭每天洗菜3~5次,一年下来,其节水挺是非常可观的。

每天淘米也一样。尽量让米多浸泡一会,多翻洗几遍,淘洗2~3遍即可洗净。冲洗时再打开水龙头,用后及时关闭,并控制水龙头流量适中,这样也能节约大量的清水。

7.养鱼节水。随着人民群众生活水平的提高,从城镇到农村,越来越多的人加入养花、养鱼的行列。花卉越养越多,鱼缸也越来越大,随之而来的是用水也在不断增加。在养鱼方面,同样有节水的高招:

(1)根据各种鱼的大小、习性和对水的要求,分门别类进行分缸饲养:在观赏鱼的同时,注意按鱼的需要增氧补水。补水时既要考虑鱼的需求,同时还要注意节水。

(2)可用鱼缸换出原来的水来浇花:因为这些水中有鱼的粪便,比其他浇花水更有营养,能促进花木生长,真是一举多得。

8.浇花节水。浇花也需要节水。如住二楼的家庭在阳台上浇花时,用水量过大,使楼下过道淋湿了一大片,甚至浇花水都流到了马路上。这样不但浪费了水,而且给他人带来了不便,搞不好还会影响到邻里关系,不利于和谐社会的建设。

其实,家庭浇花并不是水浇得越多越好。首先应根据不同花卉的习性和生长期,把握好浇水的次和量。对于喜湿性不高的花可以将湿润的纱布一端裹在花盆表面的土上,另一头放在水杯里,通过纱布的渗透作用供水,也可以将底部扎个小子L的塑料瓶装满水,放在花盆里,一小瓶就足够一盆花用一周。在干燥地区可以在花盆底下放一个装有水的盘子,给花提供一个湿润的环境,平时只需要每天给花喷少量水即可。

有一些养花的人士建议:浇花时间尽量安排在早晨和晚上;根据花卉的习性,可利用一些淘米水、洗莱水浇花。

所以,用家庭节水法浇花,既省水又不影响他人。

9.空调节水。随着居民生活水平的提高,空调的普及率越来越高。夏天,居民使用空调时排出大量冷凝水不被利用,是十分可惜的。据了解,空调滴下来的水是从空气中凝结下来的冷凝水,一般条件下是干净无害的,水质较好,酸碱度为中性,与蒸馏水相近,并且是软水,适合于洗衣服、洗莱、养花养鱼等。

据粗略估算,一台功率为2匹的空调,在酷暑季节每天开6小时,平均每小时可回收3升左右的冷凝水,每天就可回收冷凝水18升。一个夏天,按使用空调60天、每家按一台空调(功率为2匹)来算,可回收1吨水左右。对于一个中等城市,按全市60万户计算,一个夏天可回收60万吨水,这不仅关系到经济效益,其社会效益也是很大的。

利用空调冷凝水,不仅可以节水,还有化解邻里矛盾的妙处。有些住宅楼上的空调水从高层滴落,滴滴答答落在下层住户的遮阳篷上,声音就像敲鼓,有碍于楼下邻居的休息。空调冷凝水存在着许多不利因素,空调滴水还会使地面滋生绿苔、杂草,积水处还容易滋生蚊子。如果把空调冷凝水收集起来充分利用,既可以缓解邻里之间的矛盾,又可以实现科学节水。

10.剩茶水再利用。对喝茶的人来讲,常常冲泡茶后不能当天喝完,而所剩下的茶水隔夜后又不能再喝,其实这些剩茶水是可以再利用的。

(1)剩茶水可用于浇花草。茶水所含的物质花草也同样需要,所以用它来浇花一举两得。

（2）茶水洗脚不仅可除臭，还可消除疲劳：洗脚前把茶水倒入脚盆，洗脚时就像用了肥皂一样光滑，洗后轻松舒服，还能缓解疲劳。这是因为剩茶水中含有微量矿物质，如氨基酸、茶绿素之类的矿物质。

（3）用洗发液洗净头发后，再用茶水洗一遍，坚持一段时间后能使头发乌黑亮丽。

（4）用剩茶水擦在眼睫毛上，可以促进眼睫毛的生长。

有一点要注意：直接把茶叶和茶水一起倒在花草盆里是不好的。因为湿茶叶风吹日晒后，会生霉，所产生的这些霉菌对花草有一定的伤害。

我们要想真正做到节约用水，应该从人人做起，从点滴水做起，要认识到滴滴清水是宝贝、滴滴清水有用途。不要小瞧每一滴水。

11.不玩耗水的游戏。玩具是儿童的亲密伙伴。但是有的玩具（如喷水枪）耗费水量，就不值得推荐，特别在水资源稀缺的地方，更不宜推荐了。还有一些顽皮的青少年大打水仗，水花四溅，十分开心，不知不觉之间，干净的地面弄湿了，过往的行人被吓得躲躲闪闪，大量清水也浪费了。家长应教育小孩子，从小养成节约用水的好习惯，让孩子们知道自来水是来之不易的，应该珍惜才对。

12.建立家庭水循环利用系统。家庭生活中用于洗菜、淘米后的水，一般都比较干净，这些水能否再利用？答案是肯定的。洗过菜又比较干净的水，可以用于擦地板（瓷砖）或冲洗厕所等，而用淘米水浇花、浇树，则是一些养花爱好者的窍门和经验。此外，利用淘米水来洗碗、洗菜，还具有杀菌消毒作用。

在洗菜盆和洗脸盆下面各接一个水桶，按水的脏净程度和用途决定取舍。例如，淘米后保留淘米水，将淘米水用于洗碗，先将炊具和食具上的剩菜、油污，用废纸刮净擦除后，再放入水中浸泡一会儿，然后再用清水冲洗，清洗的效果既好，又节约了自来水。

如果每个家庭都能根据用水的多少和特点，建立一套家庭水循环利用系统，就能更好地做到节约用水、节约能源。

13.做好家庭用水记录也能节水。俗话说，勤笔免思。记日记（包括"流水账"）是一个良好的习惯，如果在记日记的同时，每天或每周（某一固定时段）把家中水表的读数记录下来，对节水也会有一定的好处。

（1）每周、每月、一年的用水量，可以很容易地查算出来，交水费也就不再盲目了。

（2）因为用水情况已记录在案，所以有没有浪费就可以看得出来，节水该从何处下手也会心中有数。

（3）记下这本"流水账"，可以看出家庭用水量的变化。通过分析这种变化和气温、降雨、干湿等因素的关系，可以得出家庭生活水平变化（如热水器、电冰箱、空调机、节水设备等改变）的关系，分析确定节水方式和方法。这也是一项小小的科学研究！

14.养成良好的节水习惯。在居家生活中，家庭成员均应树立节约用水的意识，努力克服一些不良的用水习惯，如用抽水马桶冲一个烟头和一片碎纸等废物；冲洗过后再择蔬菜；水龙头打开期间去开门、接电话、换电视频道等；停水时不关水龙头，来水时水流没人管；洗手、刷牙、洗脸时不关水龙头,形成长流水现象;用洗涤灵清洗瓜果蔬菜,超量用清水反复冲洗等。

有关专家分析,只要家庭成员均能养成良好的节水习惯,就可节水50%左右。这不仅为自己省了钱,也为社会节约了水资源。

(二)国外家庭节水

1.美国家庭节水。美国家庭用水和污水处理花费仅为年均474美元,占家庭总收入的比例很小,在所有发达国家中是最低的,这与美国提倡家庭节约用水的要求是分不开的。美国环保署从改变不良用水习惯和使用节水产品等两方面采取措施,同事兼顾到家庭用水的各个环节。

环保署提醒大众:勿开着水龙头刮胡子和刷牙;尽量缩短淋浴时间;打肥皂和抹香波的时候关上水龙头;勿把马桶当成垃圾桶;盆浴时浴缸半满就可以了;洗衣机满负荷使用时用水最省,要根据衣服多少调节水量。

厨房节水的办法有:把水果和蔬菜放在盆里洗;勿用水解冻食品;洗碗机满负荷使用,并根据负荷调整水量;用水洗碗时,在洗涤槽内充水漂洗。

美国环保署目前正在推行节水产品市场促进计划。家用节水产品主要是水龙头、淋浴喷头、马桶和洗衣机。美国国会1992年立法要求所有在美国出售的马桶必须达到一次耗水量不超过1.6加仑(约7.3升)的标准。目前,美国制造的淋浴喷头要求每分钟水流量不超过2.5加仑(约11.4升)。滚筒洗衣机是美国家庭洗衣节水的推广产品。

推广使用低流量水龙头是有效的节水措施。美国西雅图2001年的一项调查表明,使用低流量水龙头可节水13%。

2.德国家庭节水。自20世纪90年代末以来,德国家庭每人每天平均消耗130升自来水。尽管比其他工业国家消耗量低,但政府认为,仍然存在相当大的节水潜力。有关调查表明,德国人日常用水中,做饭和饮水总共只需4~6升水,大约2/3的水用在洗澡和冲厕上。

德国环境部为此通过互联网等形式,向公众介绍节约用水的小窍门。政府首先倡导改变个人用水习惯,如尽量使用淋浴而不是浴缸洗澡,这样可以节约70%的水,同时也降低了加热水所需的能耗。

在技术环节上,政府建议公众在购买抽水马桶、洗衣机时,注意选择节水型产品。德国降雨比较充沛,雨水利用具有很大潜力。厕所用水并不需要达到饮用标准的自来水,因此可以考虑用储备的雨水来代替。在德国的一些州和社区,当地政府提供一部分补贴,鼓励和帮助居民购买雨水收集设备。专家建议,给花园浇水最好用雨水。另外,最好早晨或者晚上浇水,而不是中午,这样可以减少蒸发造成的损失。

调节水价也是德国政府节约用水的一个重要杠杆。过去十多年,德国全国平均水价呈逐年上升趋势,但上升幅度逐渐减少。1994年每吨自来水平均价格为1.43欧元;而2002年,每吨自来水平均价格增到1.71欧元。

3.日本家庭节水。保护水资源、节约用水的观念,早已渗入日本的日常生活和生产活动的实际行动中。

日本的厕所很注意节约用水,有很多地方冲洗厕所用的都是再生水。日本的水龙头大多有伸手即出水的自动感应装置,而且不少水龙头像淋浴喷头那样通过许多细孔喷头,即可满足洗手用水,又不浪费水。

在家庭生活中,日本人很注意节水。日本电视台曾播放过节水的节目,如洗完菜后要注意先关水龙头,然后再把菜放好,而不是先把菜放好再来关水龙头;做油炸食物后锅里溅满了油,洗起来很废水,要先用纸把油擦净后再用水洗,这样既可以节约用水,又可以减少对水源的污染。同时,吸了油的纸作为可燃垃圾,燃烧时可增加回收的热量。总之,日本人节水意识是从点滴做起,从我做起。

日本的各大企业都竞相开发节水产品,如节水洗碗机、节水洗衣机等。有的洗碗机从各个角度喷出细细的水流,用水量仅为用手洗完的几十分之一。松下公司开发的洗衣机,滚筒上方呈斜面,可节约一半的用水,深受人们的欢迎。

节约用水可以减少家庭开支,但,日本人节水不仅仅是为了省钱,而是在尽自己的社会责任。每个人都是社会的一员,在满足个人需要的同时,必须考虑是否有利于社会,这样才能形成良好的社会环境。节约用水于己有利,同时也有益于社会的可持续发展。

第三节 节约用水,从我做起

1993年世界水日确定后,从1994开始,水利部将水法宣传周的日期改为3月22～28日。1992年,建设部将每年5月15日所在的一周定为全国城市节约用水宣传周,旨在提高城市居民的节水意识,建设节水型社会,应对水资源短缺。我国于2002年1月颁布新水法,其第一章第七条明确规定:"国家实行计划用水,厉行节约用水",把节约用水以法的形式给予规范。水资源已成为我国《国家中长期科学和技术发展规划纲要(2006—2020年)》11个重点领域之一,水资源优化配置和综合开发利用及综合节水已成为68项优先主题之一,由此可见水资源在国家经济社会发展中的地位非同一般。2011年中央"一号文件"指出:"水是生命之源、生产之要、生态之基","水利是现代农业建设不可或缺的首要条件,是经济社会发展不可替代的基础支撑,是生态环境改善不可分割的保障系统"。作为党中央、国务院的重大战略决策,节水工作也已经列入了各级政府工作的议事日程,节约用水的观念正在一步步深入人心。

"节约用水"并不是限制人用水,更不是不让用水。其实,节约水是让人合理地用水,高效率地用水。节约用水并不影响我们的生活质量。在日常用水中存在着相当严重的问题,稍加留意就会发现自己身边的确存在着这样或那样浪费水资源的现象。究其原因,主要是意识不够,没有养成节约用水的观念和习惯。那种认为"只要我交了水费,就可以随意挥霍,浪费水是我自己的事,别人管不着"的观点是错误的,那种认为"水只有几角钱,很便宜,多用一点无关紧要"的观点更是有害的。节约用水，不仅仅是一句口号，应该从爱惜一点一滴水做起，牢固树立"节约用水光荣，浪费用水可耻"的观念，时时处处注意节约用水。

人人有珍惜水资源、纠正他人浪费水之义务，节约用水是每个公民的责任。

参考文献

[1]布莱恩特著,刘东生译.气候过程与气候变化[M].北京:科学出版社,2004.

[2]常炳炎,薛松贵,张会言等.黄河流域水资源合理分配和优化调度[M].郑州:黄河水利出版社,1998.

[3]陈先德.黄河水文[M].郑州:黄河水利出版社,1996.

[4]丁一汇,任国玉,中国气候变化科学概论[M].北京:气象出版社,2008.

[5]冯尚友.水资源持续利用与管理导论[M].北京:科学出版社.

[6]解建仓.水资源调度管理决策支持系统的理论与实践[M].西安:陕西科学技术出版社,1997.

[7]李爱贞,刘厚凤,张桂芹等.气候系统变化与人类活动[M].北京:气象出版社,2003.

[8]李爱贞,刘厚凤.气象学与气候学基础[M].北京:气象出版社,2004.

[9]李国英.维持黄河健康生命[M].郑州:黄河水利出版社,2005.

[10]刘国纬.跨流域调水运行管理[M].北京:中国水利水电出版社,1995.

[11]秦毅苏,朱延华等.黄河流域地下水资源合理开发利用[M].郑州:黄河水利出版社,1998.

[12]盛承禹.世界气候[M].北京:气象出版社,1988.

[13]水利部黄河水利委员会.黄河近期重点治理开发规划[M].郑州:黄河水利出版社,2002.

[14]孙广生,乔西现,孙寿松.黄河水资源管理[M].郑州:黄河水利出版社,2001.

[15]王浩,陈敏建,秦大庸.西北地区水资源合理配置和承载能力研究[M].郑州:黄河水利出版社,2003.

[16]王绍武.气候系统引论[M].北京:气象出版社,1994.

[17]席家治.黄河水资源[M].郑州:黄河水利出版社,1996.

[18]谢新民,张海庆.水资源评价及可持续利用规划理论与实践[M].郑州:黄河水利出版社,2003.

[19]叶笃正,黄荣辉.黄河长江流域旱涝规律和成因研究[M].济南:山东科学技术出版社,1996.

[20]张岳等.中国水资源与可持续发展[M].广西:广西科学技术出版社,2000.

[21]周淑贞,张如一.气象学与气候学[M].北京:人民教育出版社,1979.

[22]左其亭,陈曦.面向可持续发展的水资源规划与管理[M].北京:中国水利水电出版社,2003.